Adobe Animate CC（Flash）动画设计与制作案例教程

于瑞玲　编著

清华大学出版社
北　京

内容简介

全书共9章，介绍了Animate CC的使用方法和操作技巧，具体内容包括设计卡通插画——绘制基本图形，设计宣传海报——图形的编辑与操作，设计宣传广告——色彩工具的使用，设计视音频播放器——素材文件的导入，设计动画短片——文本的编辑与应用，设计简单动画——元件库和实例，设计卡通动画——制作简单的动画，设计广告动画——补间与多场景动画的制作，设计网站动画——ActionScript基础与基本语句。

本书由浅入深，循序渐进，内容翔实，结构清晰，实例分析透彻，操作步骤简洁，每一章都围绕综合实例来介绍，便于提高和拓宽读者对Animate CC基本功能的掌握与应用。本书适合广大初学者使用，也可作为各类高等院校相关专业的教材用书。

图书在版编目（CIP）数据

Adobe Animate CC（Flash）动画设计与制作案例教程 / 于瑞玲编著 . —北京：清华大学出版社，2020.1
（2021.8重印）
ISBN 978-7-302-54038-0

Ⅰ. ① A… Ⅱ. ①于… Ⅲ. ①超文本标记语言－程序设计－教材 Ⅳ. ① TP312.8

中国版本图书馆CIP数据核字（2019）第249841号

责任编辑：韩宜波
封面设计：杨玉兰
责任校对：李玉茹
责任印制：沈 露
出版发行：清华大学出版社

网 址：http://www.tup.com.cn, http://www.wqbook.com
地 址：北京清华大学学研大厦A座 **邮 编**：100084
社 总 机：010-62770175 **邮 购**：010-62786544
投稿与读者服务：010-62776969, c-service@tup.tsinghua.edu.cn
质量反馈：010-62772015, zhiliang@tup.tsinghua.edu.cn
课件下载：http://www.tup.com.cn, 010-62791865

印 装 者：涿州汇美亿浓印刷有限公司
经 销：全国新华书店
开 本：185mm×260mm **印 张**：19.5 **字 数**：474千字
版 次：2020年1月第1版 **印 次**：2021年8月第4次印刷
定 价：79.80元

产品编号：084438-01

前 言 PREFACE

网站作为新媒介，其最大魅力在于可以真正实现动感和交互，在网页中添加 Animate 动画是进行网页设计的重要内容。Animate 强大的交互功能和人性化风格吸引了越来越多的用户。Animate 是二维动画软件，其文件包括用于设计和编辑的 Animate 文档，格式为 FLA，以及用于播放的 Animate 文档，格式为 SWF。其生成的影片占用的存储空间较小，是大量应用于互联网网页的矢量动画文件格式。

1. 本书内容

全书共 9 章，包括设计卡通插画——绘制基本图形，设计宣传海报——图形的编辑与操作，设计宣传广告——色彩工具的使用，设计视音频播放器——素材文件的导入，设计动画短片——文本的编辑与应用，设计简单动画——元件库和实例，设计卡通动画——制作简单的动画，设计广告动画——补间与多场景动画的制作，设计网站动画——ActionScript 基础与基本语句。

2. 本书特色

本书面向 Animate 的初、中级用户，采用由浅入深、循序渐进的讲解方法，内容丰富。

◎ 本书案例丰富，每章都有不同类型的案例，适合上机操作教学 。

◎ 每个案例都经过编写者精心挑选，可以引导读者发挥想象力，调动学习的积极性。

◎ 案例实用，技术含量高，与实践紧密结合。

◎ 配套资源丰富，方便教学。

3. 海量的电子学习资源和素材

本书附带大量的学习资料和视频教程，下面截图给出部分概览。

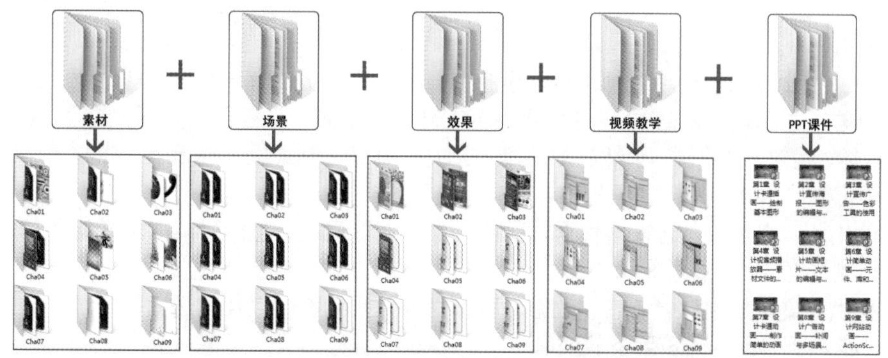

本书附带所有的素材文件、场景文件、效果文件、多媒体有声视频教学录像，读者在学习完本书内容以后，可以调用这些资源进行深入学习。

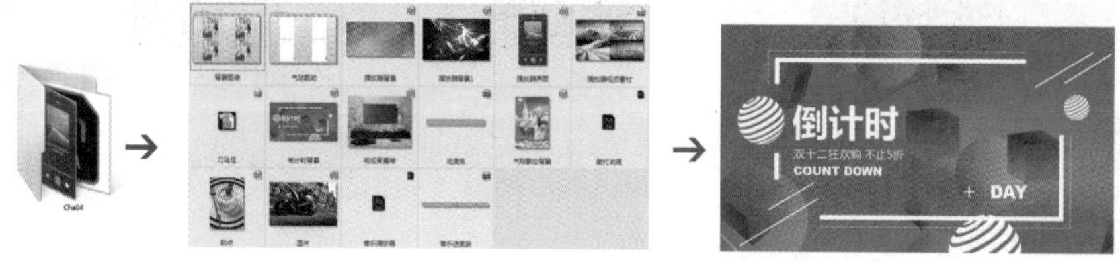

本书视频教学贴近实际，且手把手进行教学。

绘制草莓
绘制风景插画
绘制卡通木板——生动的线条
绘制苹果——工具的使用
绘制熊猫——几何图形的运用
制作店铺墙上LOGO——任意变形工具的使用
制作购物促销海报
制作圣诞节海报
制作新年海报——图形的其他操作
制作中秋海报——选择工具的使用
绘制健身宣传广告
绘制酒店招聘广告
绘制母亲节广告——【颜色】和【样板】的使用
绘制特色水果捞广告——笔触和填充工具的使用
设计视音频播放器——素材文件的导入
制作节目动画——素材的导出
制作视频播放器——导入视音频文件
制作数字倒计时动画——导入图像文件
制作音乐波形频谱
制作音乐进度条
创建滚动文本
制作冬至宣传动画——应用文本滤镜
制作风吹文字动画
制作花纹旋转文字——文本的其他应用
制作碰撞文字——编辑文本
制作圣诞节宣传片头——文本工具
制作律动的音符——元件的创建与转换
制作闪光文字——实例的应用
制作展开的画
制作放鞭炮动画效果——处理普通帧
制作汽车行驶动画——图层的使用
制作太阳升起动画——使用图层文件夹管理图层
制作下雨动画——处理关键帧
制作向日葵生长动画——编辑多个帧
制作小鸟飞行动画
制作熊猫说话动画效果
制作“新品上市”广告动画
制作护肤品广告动画——遮罩动画
制作汽车行驶广告动画——创建补间动画
制作情人节广告动画——引导层动画
制作按钮切换背景颜色——AtionScript的语法
制作餐厅网站动画
制作风景网站切换动画——变量
制作美食网站切换动画——运算符
制作旋转的摩天轮——数据类型

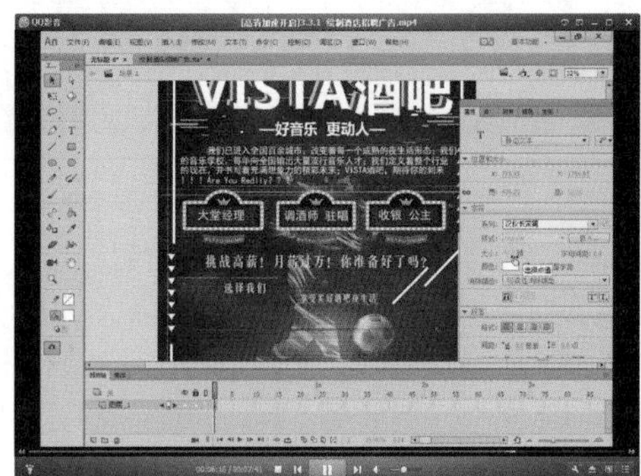

4. 本书约定

为便于阅读理解，本书的写作格式进行如下统一：

本书中出现的中文菜单和命令将用鱼尾号（【】）括起来，以示区分。此外，为了使语句更简洁易懂，所有的菜单和命令之间以竖线（|）分隔。例如，单击【编辑】菜单，再选择【移动】命令，就用【编辑】|【移动】来表示。

用加号（+）连接的两个或 3 个键表示快捷键，在操作时表示同时按下这两个或 3 个键。例如，Ctrl+V 是指在按下 Ctrl 键的同时，按下 V 字母键；Ctrl+Alt+F10 是指在按下 Ctrl 键和 Alt 键的同时，按下功能键 F10。

在没有特殊指定时，单击、双击和拖动是指用鼠标左键单击、双击和拖动，右击是指用鼠标右键单击。

5. 读者对象

（1）Animate 初学者。

（2）大中专院校和社会培训班平面设计及相关专业人员。

（3）平面设计从业人员。

6. 致谢

本书由德州学院的于瑞玲老师编著，其他参与编写的人员还有朱晓文、刘蒙蒙、封建朋、冯景涛、李少勇、刘希望、孙艳军 、时林水、李志虹、冯景海、张泽会、曹丽、刘峥、陈月娟、陈月霞、刘希林、黄健、刘雪敏、李然、刘婷婷、刘月、刘晶、刘德生、刘云争、张桂芳、刘景君、耿子涵、李玉霞、田冰、田磊、黄永生。

本书的出版可以说凝结了许多优秀教师的心血，在这里衷心感谢对本书出版给予帮助的编辑老师、视频测试老师，感谢你们！

本书提供了案例的素材、场景、效果、PPT 课件、视频教学以及赠送素材资源，扫一扫下面的二维码，推送到自己的邮箱后下载获取。

素材

场景

PPT课件、视频、效果

由于作者水平有限，疏漏在所难免，希望广大读者批评、指正。

编　者

目 录 CONTENTS

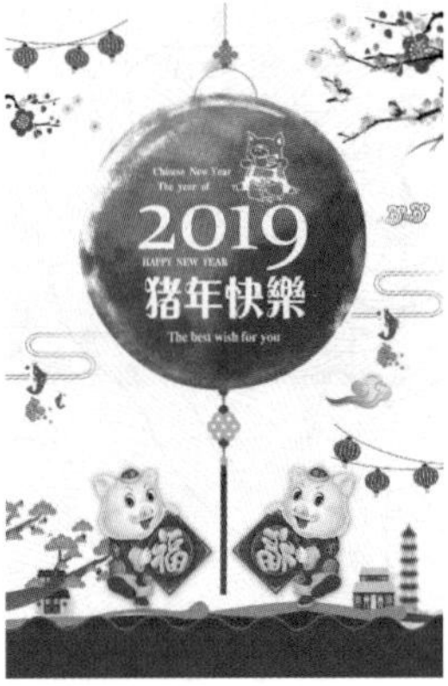

视频讲解：3个

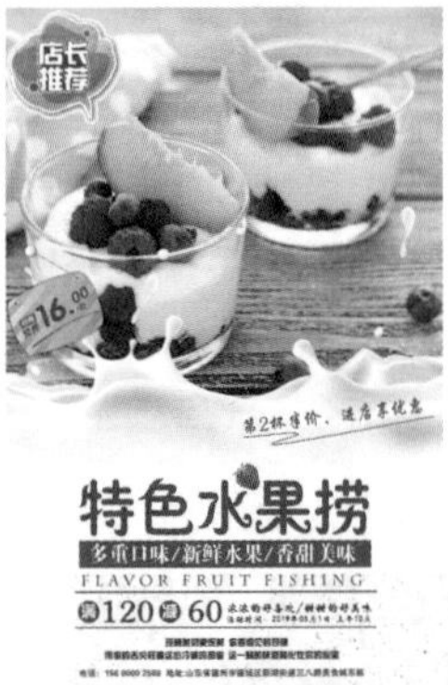

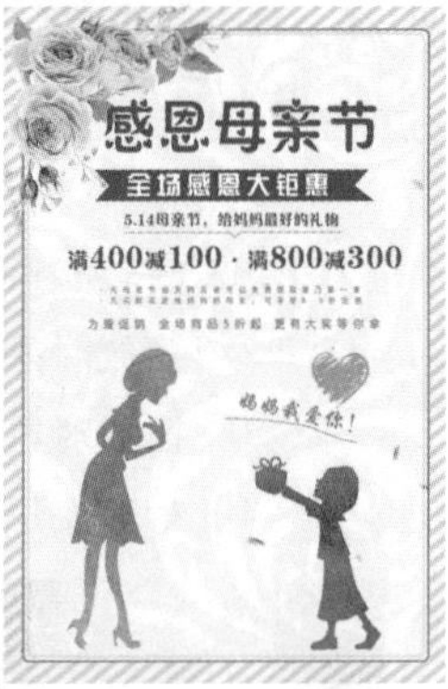

视频讲解：5个

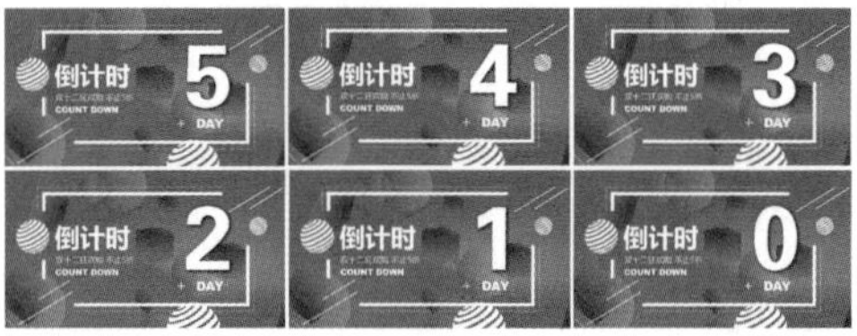

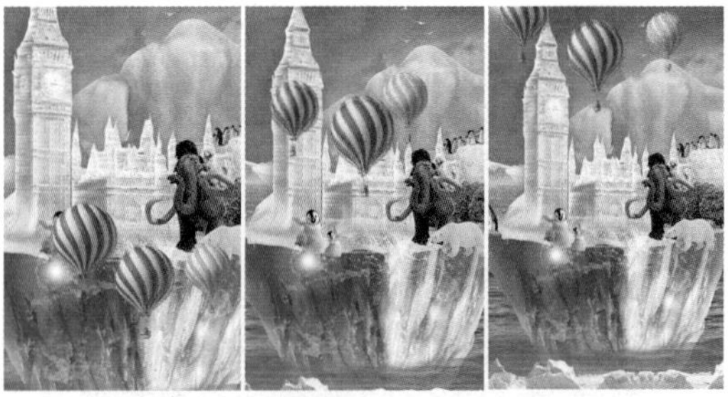

第7章 设计卡通动画——制作简单的动画 ……………172

视频讲解：6个

麻辣
香锅
CHINESE FOOD
经典传统美味
麻辣鲜香好吃还不上火
400-888889999

第1章 设计卡通插画——绘制基本图形

插画作为现代设计的一种视觉传达形式和艺术形式，以其直观的形象、真实的生活感和审美的感染力，广泛应用于现代设计的多个领域，例如文化活动、社会公共事业、商业活动、影视文化等。本章通过绘制卡通插画介绍如何使用椭圆工具、矩形工具和画笔工具等。

基础知识

- 隐藏工具箱
- 选择复合工具

重点知识

- 线条工具
- 椭圆工具

提高知识

- 钢笔工具
- 多角星形工具

现代插画的含义已从过去狭义的概念（只限于画和图）变为广义的概念，各种刊物中所加插的图画，均被称为“插画”。插画，在拉丁文的字义里，是“照亮”的意思，是用于增加刊物中文字的趣味性，使文字能更生动、更具象地活跃在读者心中。而在现今各种出版物中，插画的重要性已远远超过“照亮”文字，它不但能突出主题思想，还会增强艺术感染力。

1.1 绘制苹果——工具的使用

苹果是人们经常食用的水果之一。本例介绍如何绘制苹果，通过使用【钢笔工具】绘制图形，然后在【属性】面板中进行相应设置，从而完成绘制，效果如图 1-1 所示。

图1-1 绘制苹果

素材	素材\Cha01\苹果背景.jpg
场景	场景\Cha01\绘制苹果——工具的使用.fla
视频	视频教学\Cha01\绘制苹果——工具的使用.mp4

01 在菜单栏中选择【文件】|【新建】命令，弹出【新建文档】对话框，在【类型】列表框中选择 ActionScript3.0 选项，在右侧区域中将【宽】、【高】设置为 396、550，将【背景颜色】的 RGB 值设置为 255、255、255，单击【确定】按钮，如图 1-2 所示。

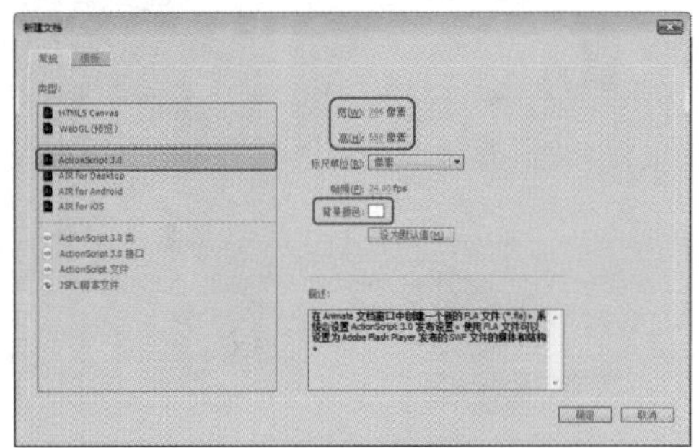

图1-2 【新建文档】对话框

02 按 Ctrl+R 组合键，弹出【导入】对话框，选择“苹果背景.jpg”素材文件，单击【打开】按钮，如图 1-3 所示。

图1-3 选择素材文件

知识链接：Animate的启动与退出

1. 启动 Animate CC 2018

若要启动 Animate CC 2018，可执行以下操作之一：

- 选择【开始】|【程序】|Adobe Animate CC 2018 命令，即可启动 Animate CC 2018 软件，如图 1-4 所示。

图1-4 选择Adobe Animate CC 2018命令

- 单击桌面上的 Adobe Animate CC 2018 快捷图标。
- 双击 Animate CC 2018 相关联的文档。

启动 Animate CC 2018 软件后，首先打开 Animate CC 2018 的开始界面，如图 1-5 所示。

一般情况下都会选择新建一个 ActionScript 3.0 空白文档，如图 1-6 所示。

可以在开始页中选择任意一个项目进行工作。开始页主要分为 4 栏，分别为【从模板创建】、【新建】、【学习】和【打开】，它们的作用分别如下。

- 【从模板创建】：单击此栏中的任意一个选项，即可创建一个软件内自带的模板动画。
- 【新建】：新建一个 ActionScript 3.0。
- 【学习】：在连接互联网的情况下，用户选择任一个选项，都会出现相应的介绍，以便于学习。

- 【打开】：单击【打开】按钮，在弹出的【打开】对话框中选择一个 Animate CC 2018 项目文件，单击【打开】按钮，系统即可自动跳转到打开后的项目文档中。

图1-5 开始界面

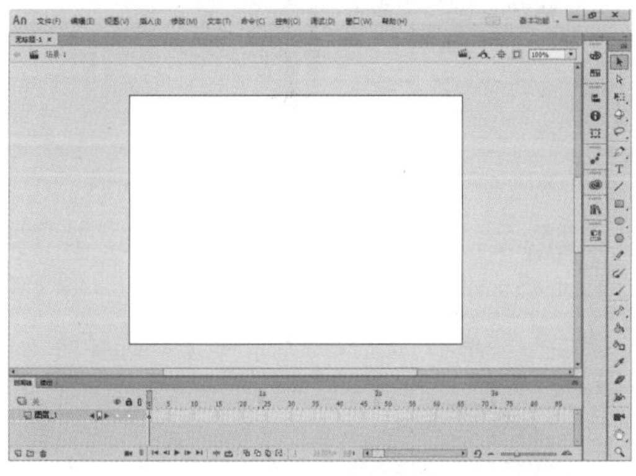

图1-6 空白文档

2. 退出 Animate CC 2018

在菜单栏中选择【文件】|【退出】命令，即可退出 Animate CC 2018。

还可以在程序窗口左上角的图标上右击，在弹出的快捷菜单中选择【关闭】命令，如图 1-7 所示。或单击程序窗口右上角的【关闭】按钮，如图 1-8 所示。按 Alt+F4 组合键、Ctrl+Q 组合键等操作也可退出 Animate CC 2018。

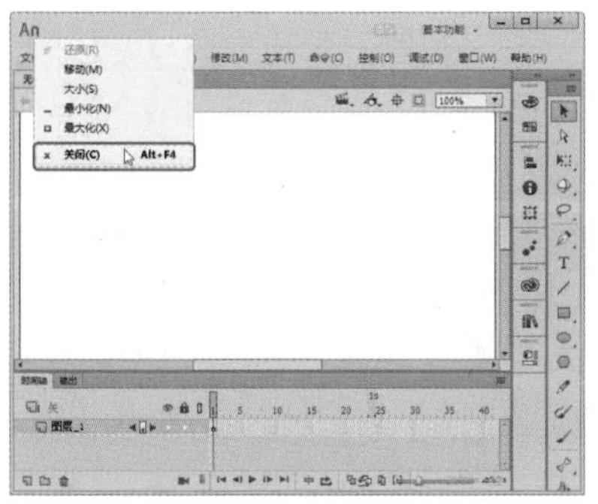

图1-7 选择【关闭】命令

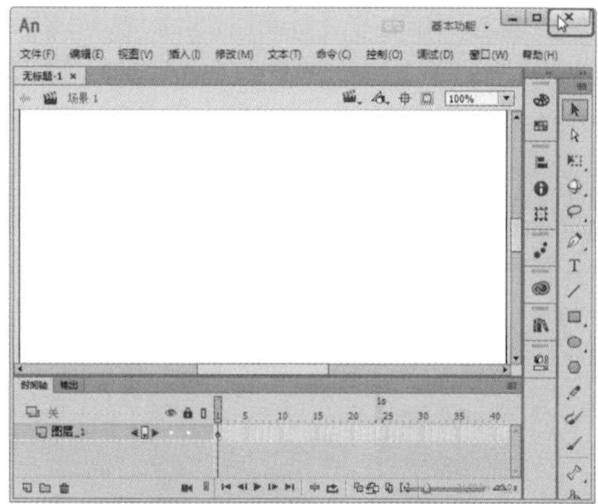

图1-8 单击【关闭】按钮

提 示

在 Adobe Animate CC 2018 命令上右击，在弹出的快捷菜单中选择【发送到】|【桌面快捷方式】命令，即可在桌面上创建 Animate CC 2018 的快捷方式，在下次启动 Animate CC 2018 时，只需双击桌面上的快捷图标即可。

03 在【对齐】面板中，勾选【与舞台对齐】复选框，单击【水平中齐】、【垂直中齐】和【匹配宽和高】按钮，如图 1-9 所示。

图1-9 对齐对象

04 在【时间轴】面板中将【图层 1】名称更改为【背景】，新建【苹果】图层，如图 1-10 所示。

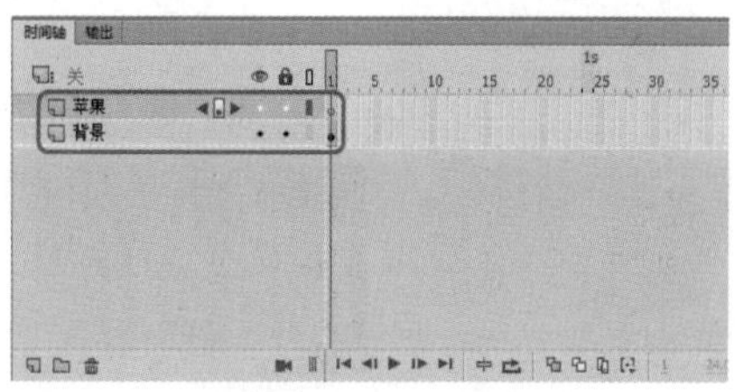

图1-10 新建图层

05 在工具箱中选择【钢笔工具】，在

【属性】面板中单击【绘制对象】按钮，使用【钢笔工具】绘制图形，在【属性】面板中将【笔触颜色】设置为无，将【填充颜色】设置为 #EB2027，如图 1-11 所示。

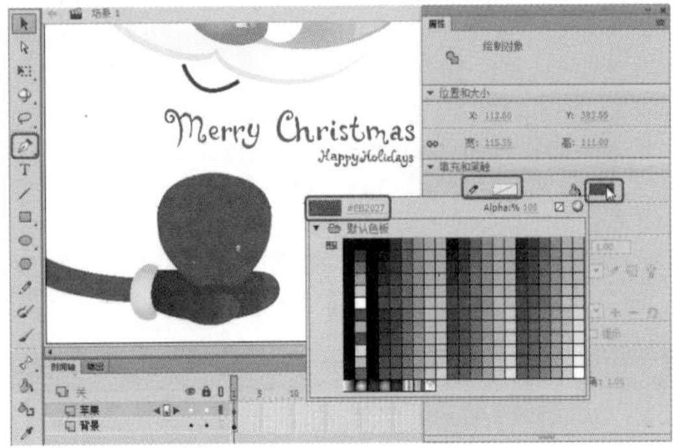

图1-11　绘制图形并设置【填充和笔触】

06 使用【钢笔工具】绘制图形，在【属性】面板中将【笔触颜色】设置为无，将【填充颜色】设置为 #D91F25，如图 1-12 所示。

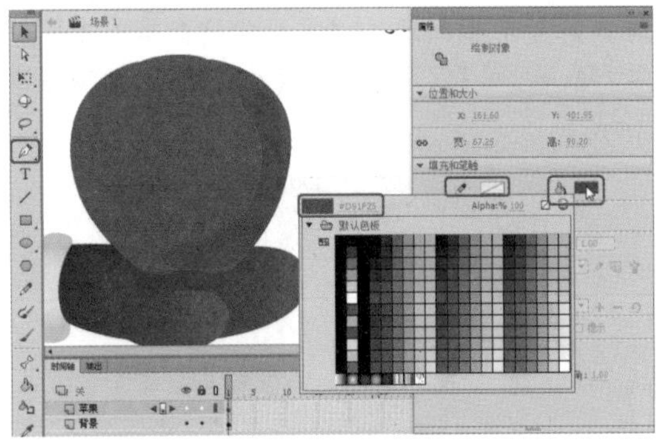

图1-12　绘制图形并设置【填充和笔触】

07 使用【钢笔工具】绘制图形，在【属性】面板中将【笔触颜色】设置为无，将【填充颜色】设置为 #D61F26，如图 1-13 所示。

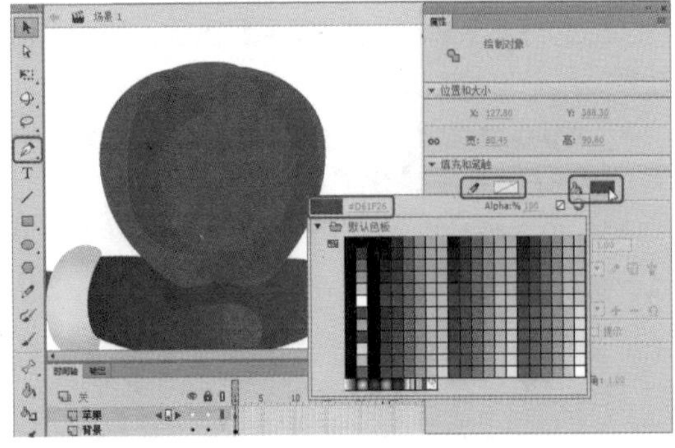

图1-13　绘制图形并设置【填充和笔触】

疑难解答　为什么所绘制的图形是分散的?

在 Animate 中，可以使用不同的绘制模式绘制图形对象。选择绘图工具，在【属性】面板中单击【绘制对象】按钮，所绘制的图形将会成为一个整体，且该形状的笔触和填充不是单独的元素，重叠的形状也不会相互更改。若不单击该按钮，则绘制的图形将是分散的，当形状既包含笔触又包含填充时，这些元素会被视为可以进行独立选择和移动的单独的图形元素。

08 使用【钢笔工具】绘制图形，在【属性】面板中将【笔触颜色】设置为无，将【填充颜色】设置为 #C32125，如图 1-14 所示。

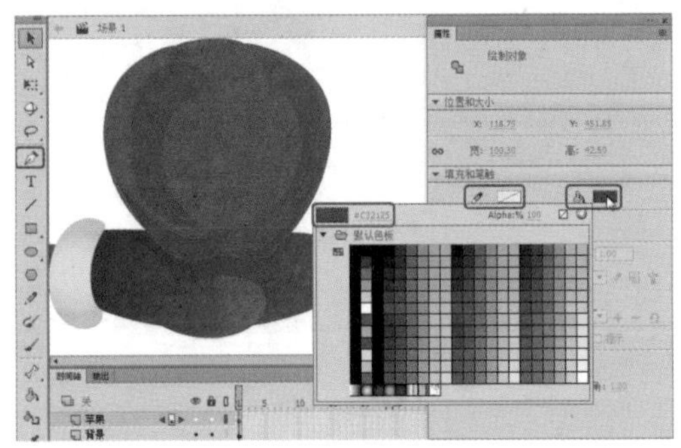

图1-14　绘制图形并设置【填充和笔触】

09 使用【钢笔工具】绘制图形，在【属性】面板中将【笔触颜色】设置为无，将【填充颜色】设置为 #A51E21，如图 1-15 所示。

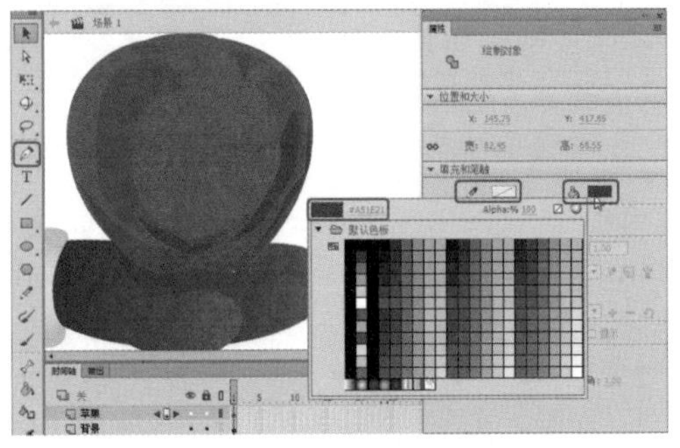

图1-15　绘制图形并设置【填充和笔触】

10 再次使用【钢笔工具】在舞台中绘制图形，在【属性】面板中将【笔触颜色】设置为无，将【填充颜色】设置为 #A51E21，如图 1-16 所示。

11 使用【钢笔工具】绘制图形，在【属性】面板中将【笔触颜色】设置为无，将【填充颜色】设置为 #D61F26，如图 1-17 所示。

12 使用【钢笔工具】绘制图形，在【属性】面板中将【笔触颜色】设置为无，将【填充颜色】设置为 #EB2027，如图 1-18 所示。

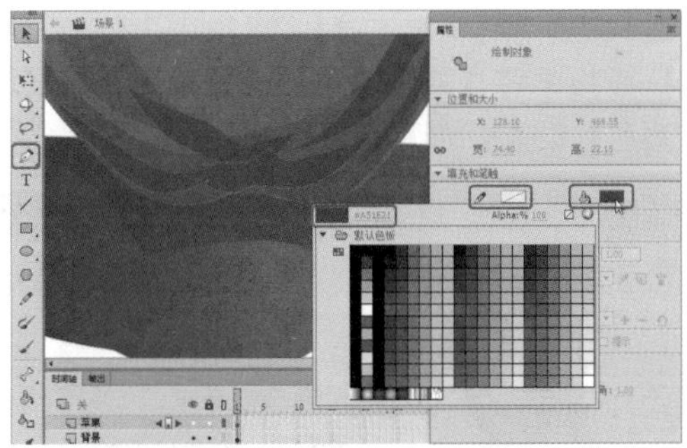
图1-16　再次绘制图形

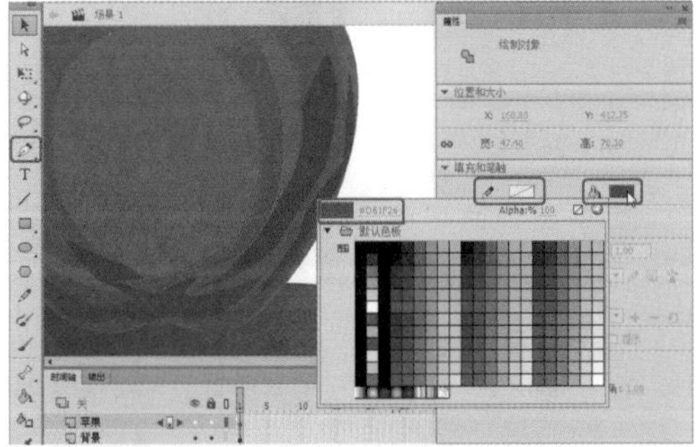
图1-17　绘制图形并设置【填充和笔触】

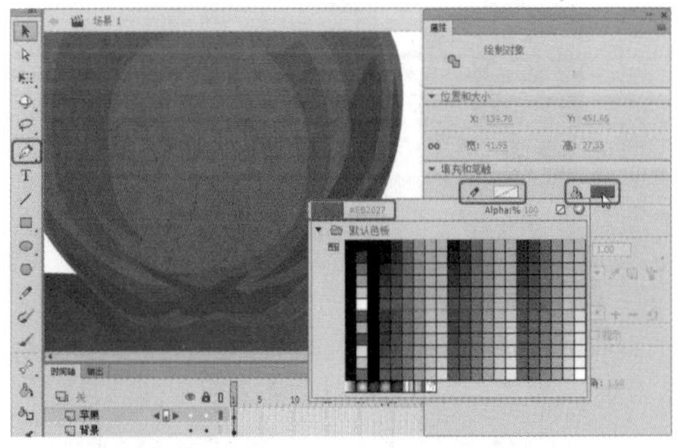
图1-18　绘制图形并设置【填充和笔触】

13 使用【钢笔工具】绘制图形，在【属性】面板中将【笔触颜色】设置为无，将【填充颜色】设置为 #FFFFFF，如图 1-19 所示。

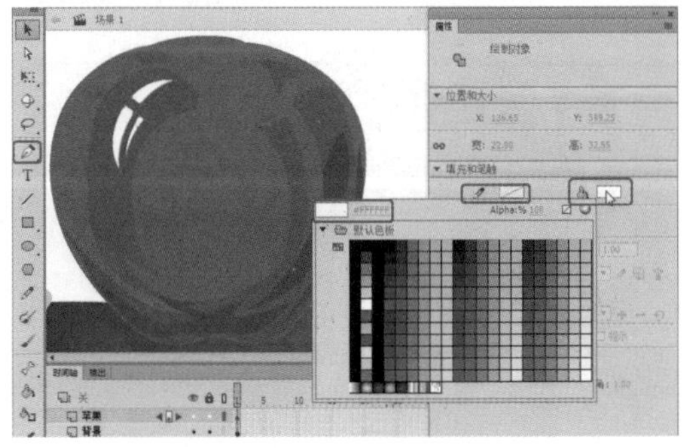
图1-19　绘制图形并设置【填充和笔触】

14 使用【钢笔工具】绘制图形，在【属性】面板中将【笔触颜色】设置为无，将【填充颜色】设置为 #F9A622，如图 1-20 所示。

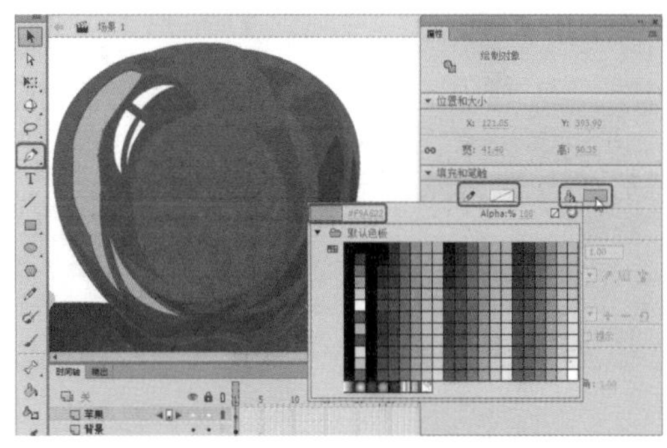
图1-20　绘制图形并设置【填充和笔触】

15 使用【钢笔工具】绘制图形，在【属性】面板中将【笔触颜色】设置为无，将【填充颜色】设置为 #FDD318，如图 1-21 所示。

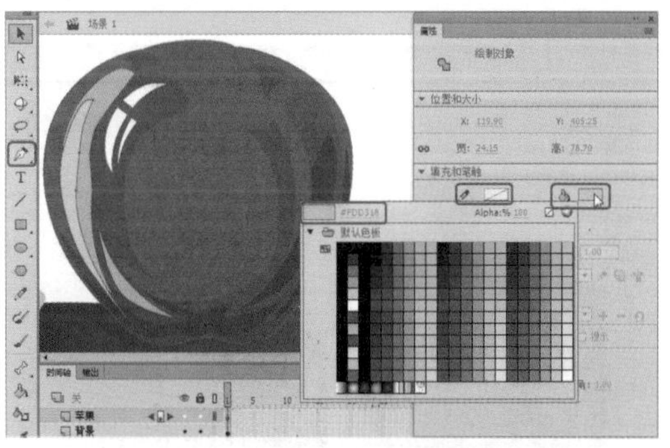
图1-21　绘制图形并设置【填充和笔触】

16 使用【钢笔工具】绘制图形，在【属性】面板中将【笔触颜色】设置为无，将【填充颜色】设置为 #A51E21，如图 1-22 所示。

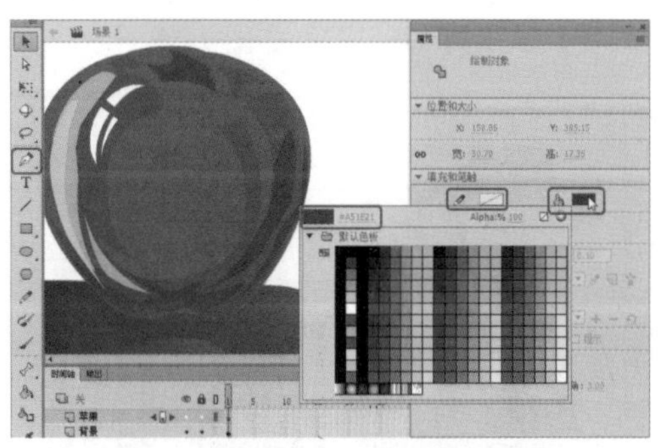
图1-22　绘制图形并设置填充和笔触

17 使用【钢笔工具】绘制图形，在【属性】面板中将【笔触颜色】设置为 #865122，将【填充颜色】设置为#A36847，将【笔触】设置为0.7，如图1-23所示。

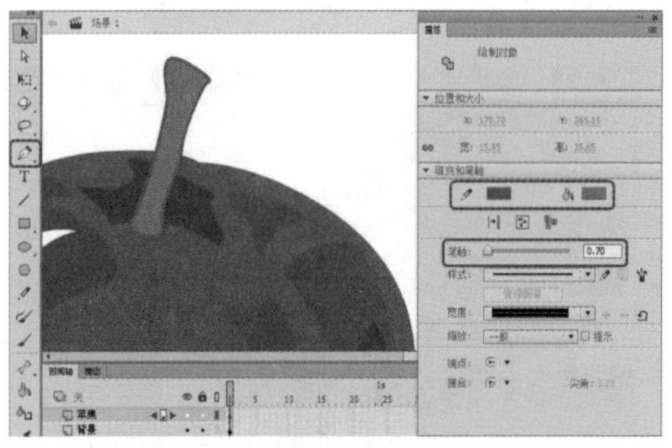

图1-23　绘制并设置图形

18 使用【钢笔工具】绘制图形，在【属性】面板中将【笔触颜色】设置为无，将【填充颜色】设置为#FECA1B，如图1-24所示。

提　示

绘制此图形时，为了更好地观察绘制的图形，在此将【图层】的【轮廓颜色】设置为#000000。

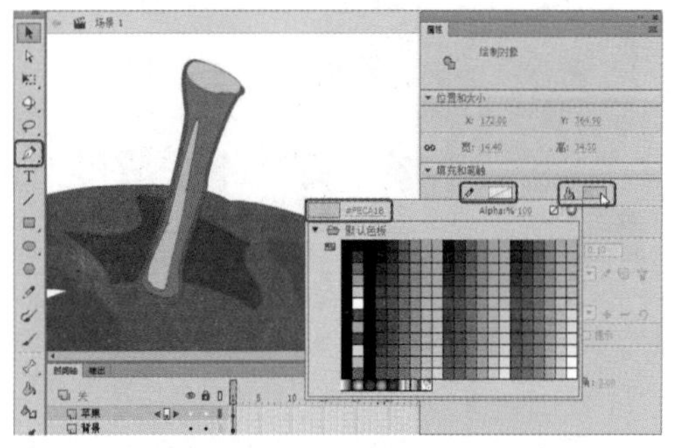

图1-24　绘制图形并设置【填充和笔触】

19 使用【钢笔工具】绘制图形，在【属性】面板中将【笔触颜色】设置为无，将【填充颜色】设置为#865122，如图1-25所示。

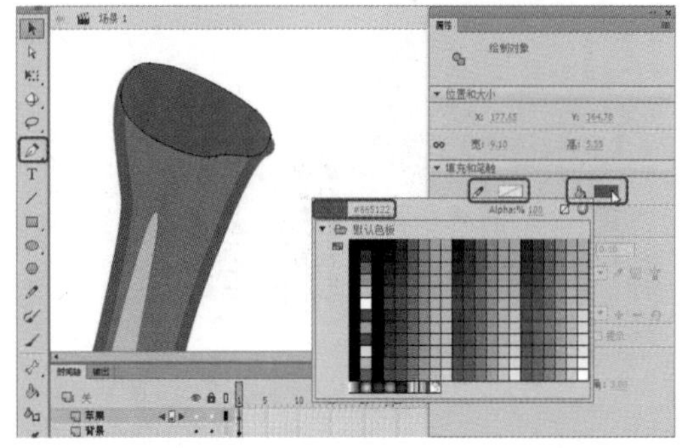

图1-25　绘制图形并设置【填充和笔触】

20 使用【钢笔工具】绘制图形，在【属性】面板中将【笔触颜色】设置为无，将【填充颜色】设置为#FF0000，如图1-26所示。

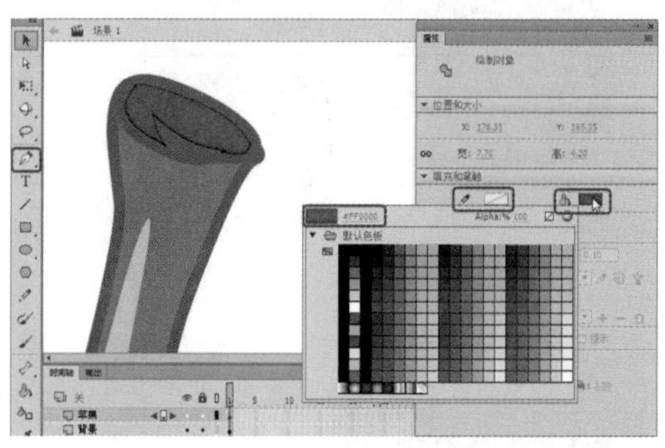

图1-26　绘制图形并设置【填充和笔触】

21 在舞台中选择两个图形，在菜单栏中选择【修改】|【合并对象】|【打孔】命令，如图1-27所示。

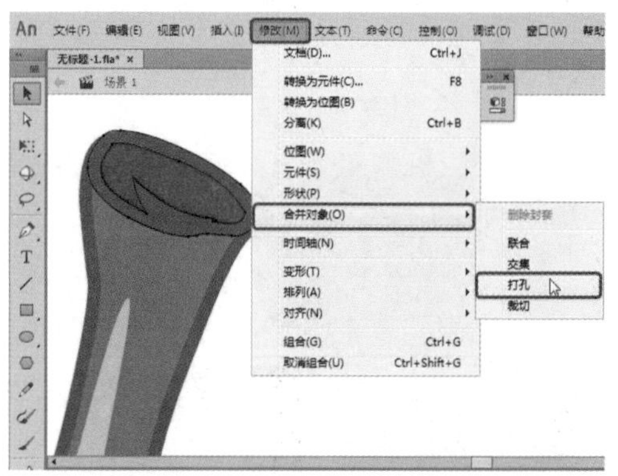

图1-27　选择【打孔】命令

22 继续使用【钢笔工具】绘制图形，在【属性】面板中将【笔触颜色】设置为无，将【填充颜色】设置为#FDF5A9，如图1-28所示。

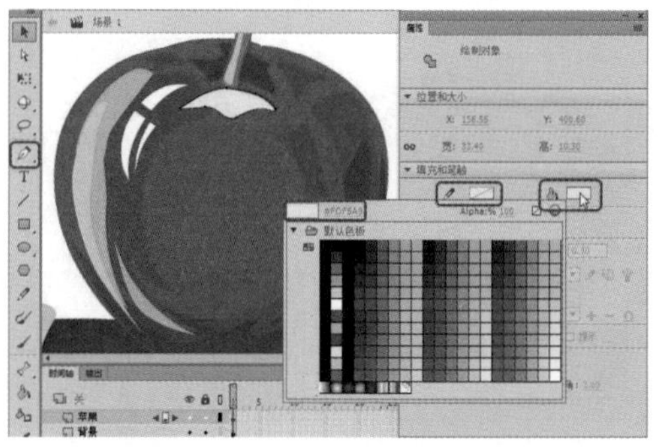

图1-28　绘制图形并设置【填充和笔触】

23 使用【钢笔工具】绘制图形，在【属性】面板中将【笔触颜色】设置为无，将【填充颜色】设置为 #EB2027，如图 1-29 所示。

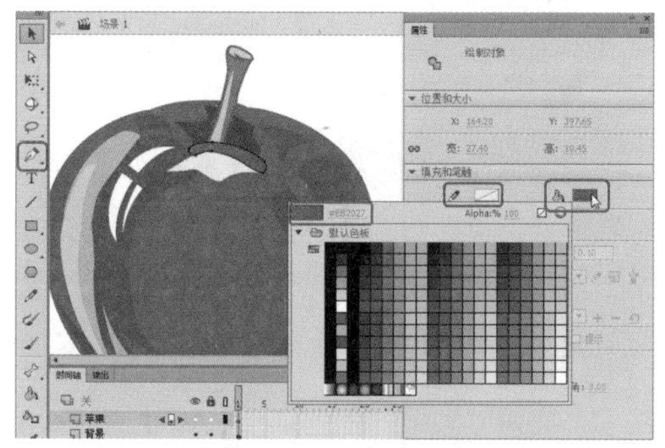

图1-29 绘制图形并设置【填充和笔触】

24 在【时间轴】面板中新建一个图层，将其命名为【叶子】，使用【钢笔工具】绘制图形，在【属性】面板中将【笔触颜色】设置为无，将【填充颜色】设置为 #008B46，如图 1-30 所示。

图1-30 新建图层并绘制图形

25 使用【钢笔工具】绘制多个图形，在【属性】面板中将【笔触颜色】设置为无，将【填充颜色】设置为 #3BB44C，如图 1-31 所示。

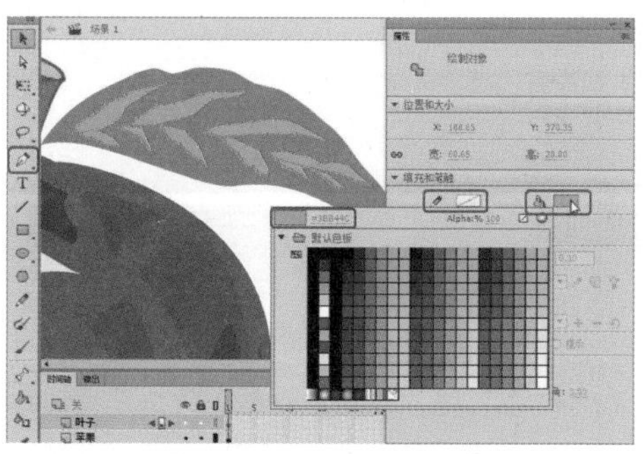

图1-31 绘制多个图形并设置【填充和笔触】

26 使用【钢笔工具】绘制图形，在【属性】面板中将【笔触颜色】设置为无，将【填充颜色】设置为 #74BF47，如图 1-32 所示。

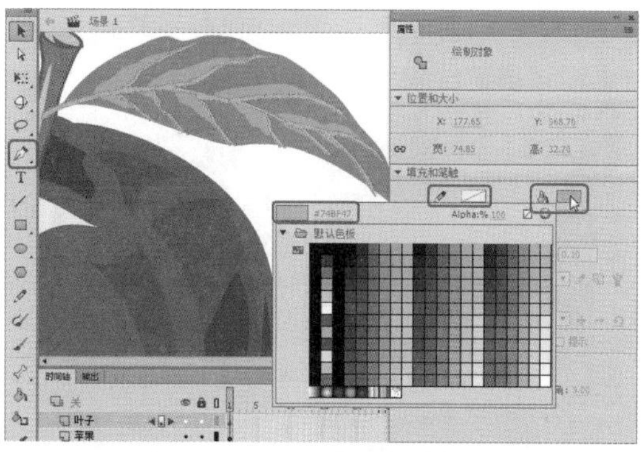

图1-32 绘制图形并设置【填充和笔触】

27 使用【钢笔工具】绘制图形，在【属性】面板中将【笔触颜色】设置为无，将【填充颜色】设置为 #B7D339，如图 1-33 所示。

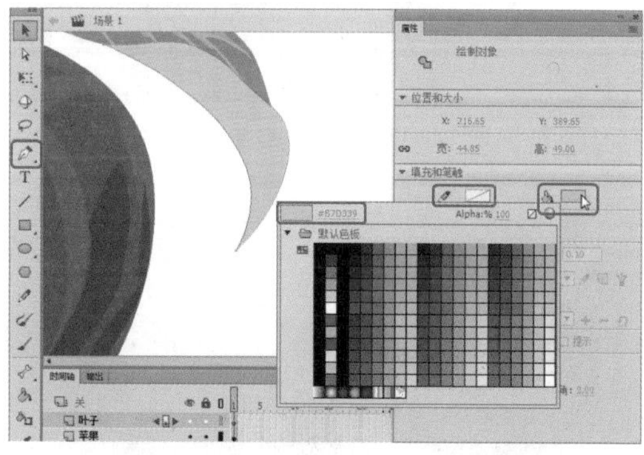

图1-33 绘制图形并设置【填充和笔触】

28 使用【钢笔工具】绘制图形，在【属性】面板中将【笔触颜色】设置为无，将【填充颜色】设置为 #7EC246，如图 1-34 所示。

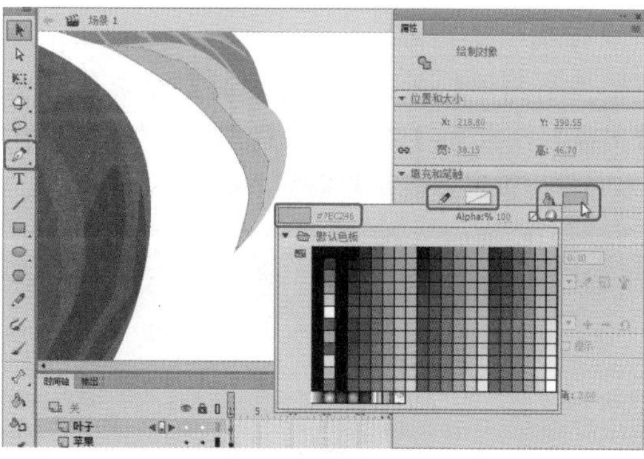

图1-34 绘制图形并设置【填充和笔触】

29 使用【钢笔工具】绘制图形，在【属性】面板中将【笔触颜色】设置为无，将【填充颜色】设置为 #3BB44C，如图 1-35 所示。

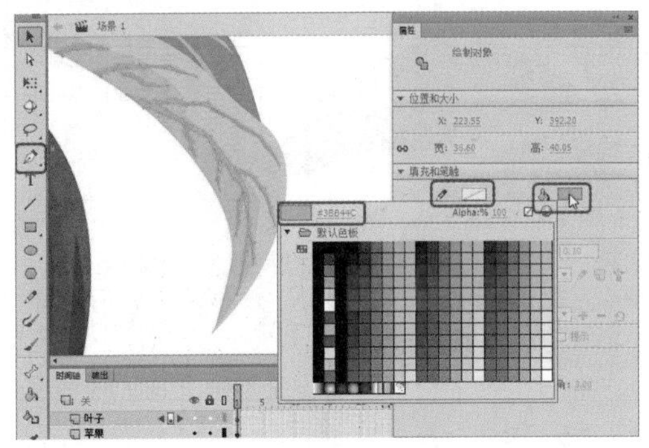

图1-35 绘制图形并设置【填充和笔触】

30 在【时间轴】面板中将【叶子】图层调整至【苹果】图层的下方，选择【叶子】图层，单击【新建图层】按钮，创建一个新图层，将其命名为【阴影】，在工具箱中选择【椭圆工具】，在舞台中绘制一个椭圆，在【属性】面板中将【笔触颜色】设置为无，将【填充颜色】设置为 #000000，如图 1-36 所示。

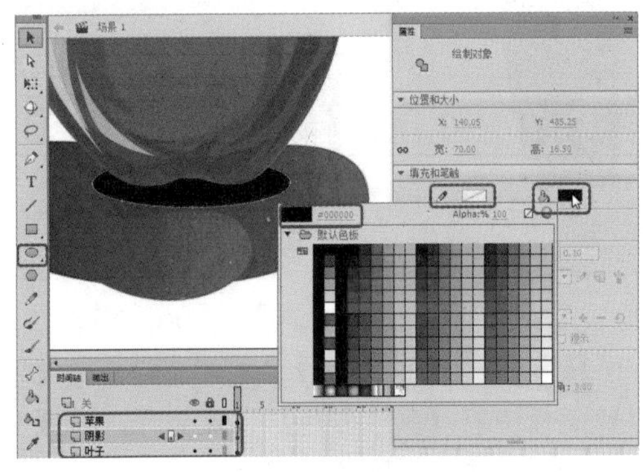

图1-36 新建图层并绘制椭圆

31 选中绘制的椭圆，按 F8 键，在弹出的【转换为元件】对话框中使用其默认名称，将【类型】设置为【影片剪辑】，将【对齐】设置为居中，单击【确定】按钮，如图 1-37 所示。

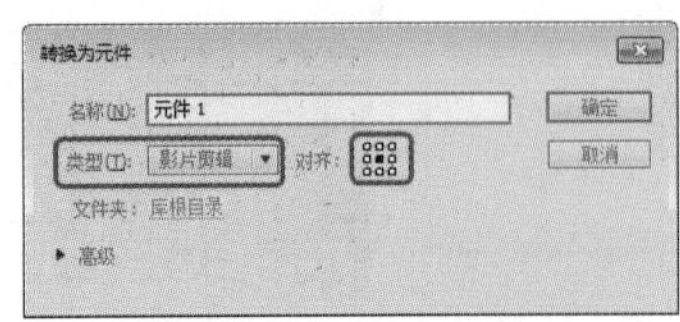

图1-37 【转换为元件】对话框

32 打开【属性】面板，将【样式】设置为 Alpha，将 Alpha 设置为 42，如图 1-38 所示。

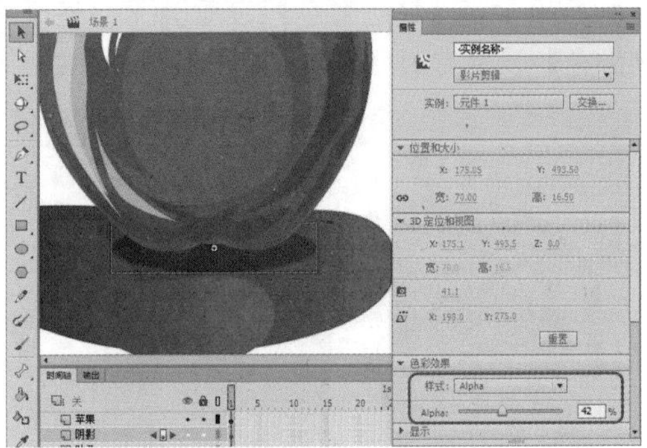

图1-38 设置Alpha

33 在【滤镜】选项卡中单击【添加滤镜】按钮，在弹出的下拉列表中选择【模糊】命令，将【模糊 X】、【模糊 Y】都设置为 10，将【品质】设置为【高】，如图 1-39 所示。

图1-39 设置【模糊】参数

34 至此，苹果就绘制完成了，按 Ctrl+S 组合键，在弹出的【另存为】对话框中指定保存路径，将【文件名】设置为“绘制苹果——工具的使用”，将【保存类型】设置为“Animate 文档 (*.fla)”，单击【保存】按钮，如图 1-40 所示。

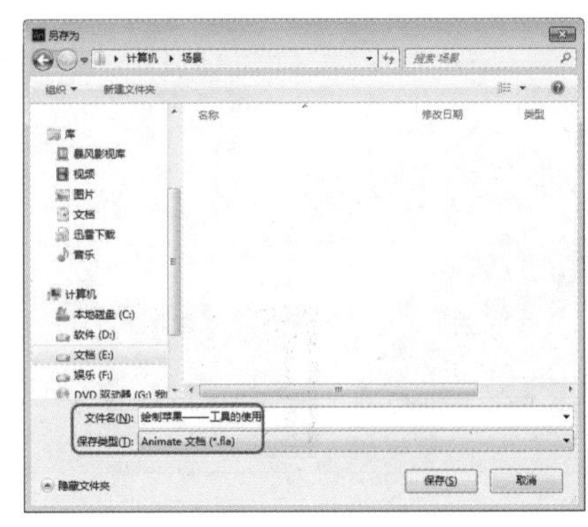

图1-40 设置【文件名】与【保存类型】

知识链接：保存文档

当绘制完成后，需要及时保存文件，其方法如下。

方法一：在菜单栏中选择【文件】|【保存】命令，在【另存为】对话框中设置文件的保存位置，在【文件名】文本框中输入文件名，单击【保存】按钮。

方法二：单击文件窗口左上角的【关闭】按钮时，系统会自动提示文件是否保存，单击【是】按钮，将会打开【另存为】对话框，设置文件的保存位置，单击【保存】按钮。

方法三：按 Ctrl+S 组合键即可保存当前文档。

如果文件之前已经保存，修改后不想被覆盖，在菜单栏中选择【文件】|【另存为】命令，可以对文件进行另存为操作，设置文件保存的位置，以及输入文件名，最后单击【保存】按钮。

1.1.1 移动工具箱

工具箱在界面的最右侧，其中包括一套完整的Animate CC图形创作工具，与Photoshop等其他图像处理软件的绘图工具类似，放置了编辑图形和文本的各种工具。选择某一工具时，其对应的附加选项也会在工具箱最下方的位置出现，附加选项的作用是改变相应工具对图形处理的效果，如图 1-41 所示。

图1-41 工具箱

启动 Animate CC 应用程序，新建一个文件，将鼠标指针移动到右侧工具箱上方灰色的区域并按住，然后向左移动到适当的位置，即可移动工具箱，如图 1-42 所示。

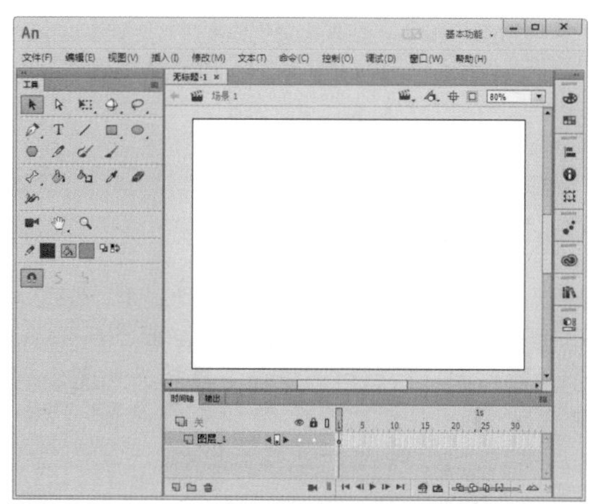

图1-42 移动工具箱

知识链接：认识工具箱

使用工具箱中的工具可以绘图、上色、选择和修改插图，并可以更改舞台的视图。工具箱分为工具区、查看区、颜色区、选项区和信息区 5 个区域，各工具的名称和功能如下。

- 【选择工具】：用于选择图形、拖曳、改变图形形状。
- 【部分选取工具】：用于选择图形、拖曳和分段选取。
- 【任意变形工具】：用于变换图形形状。
- 【渐变变形工具】：用于变换一些特殊图形的外观，如渐变图形的变化。
- 【套索工具】：用于选择部分图像。
- 【多边形工具】：用于定义由一系列连续直线构成的选区。
- 【魔术棒】：用于选择包含相同或类似颜色的位图区域，但使用该工具前，需要先将位图图像进行分离。
- 【钢笔工具】：用于制作直线和曲线。
- 【添加锚点工具】：用于在路径上添加新锚点。
- 【删除锚点工具】：用于删除路径上已经存在的锚点。
- 【转换锚点工具】：用于锚点在角点、平滑点和转角之间进行转换。
- 【文本工具】：用于制作和修改字体。
- 【线条工具】：用于绘制直线。
- 【椭圆工具】：用于绘制椭圆。
- 【矩形工具】：用于绘制矩形和圆角矩形。
- 【铅笔工具】：用于绘制线条和曲线。
- 【画笔工具】：用于在舞台中绘制图形。
- 【墨水瓶工具】：用于改变线条的颜色、大小和类型。

- 【颜料桶工具】：用于填充和改变封闭图形的颜色。
- 【滴管工具】：用于选取颜色。
- 【橡皮擦工具】：用于去除选定区域的图形。

1.1.2 隐藏工具箱

启动 Animate CC 应用程序，在菜单栏中选择【窗口】|【工具】命令，如图 1-43 所示，操作完成后就可以隐藏工具箱，如图 1-44 所示。

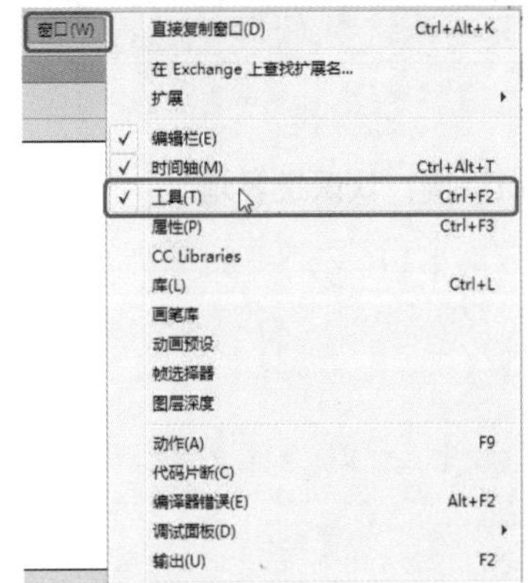

图1-43 选择【工具】命令

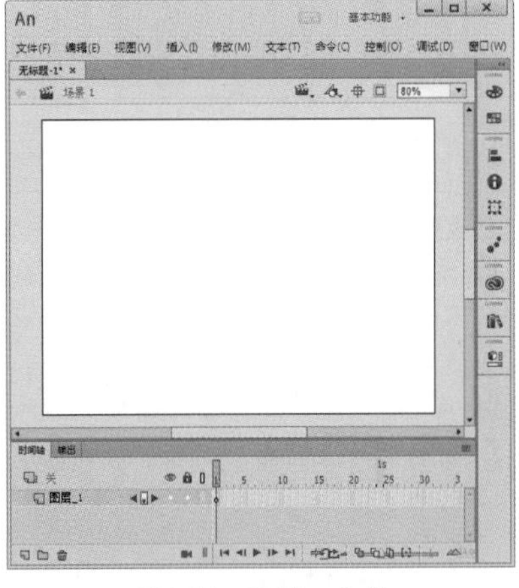

图1-44 隐藏工具箱

> **提 示**
>
> 此外，还可以通过按 Ctrl+F2 组合键关闭 / 打开工具箱。

1.1.3 选择复合工具

启动 Animate CC 应用程序，将鼠标指针移动到工具箱中的【钢笔工具】上，按住鼠标左键不放，在展开的复合工具组中，选择需要的工具，如图 1-45 所示。

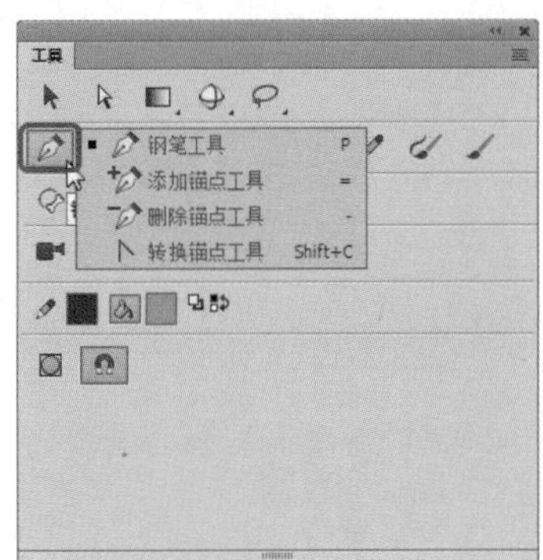

图1-45 选择复合工具

1.1.4 设置工具参数

启动 Animate CC 应用程序。在工具箱中单击【椭圆工具】，打开【属性】面板。

在【属性】面板上会显示矩形工具的各类参数，如图 1-46 所示。

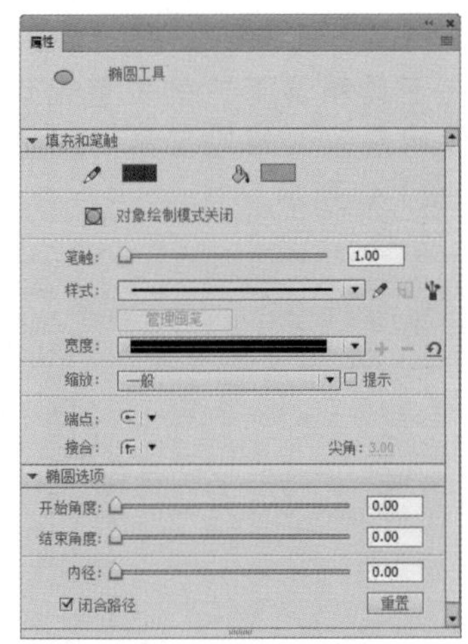

图1-46 【属性】面板

1.2 绘制卡通木板——生动的线条

木板坚固耐用、纹路自然，是装修时优中之选。在卡通插画设计中，木板卡通效果尤为常见，本例将介绍如何制作卡通木板，主要使用钢笔工具、画笔工具等进行绘制并设置，效果如图 1-47 所示。

图1-47 绘制卡通木板

素材	素材\Cha01\木板背景.jpg
场景	场景\Cha01\绘制卡通木板——生动的线条.fla
视频	视频教学\Cha01\绘制卡通木板——生动的线条.mp4

01 启动软件，按 Ctrl+N 组合键，弹出【新建文档】对话框，在【类型】列表框中选择 ActionScript3.0 选项，然后在右侧的设置区域中将【宽】、【高】分别设置为 800、900，单击【确定】按钮，即可新建一个文档，如图 1-48 所示。

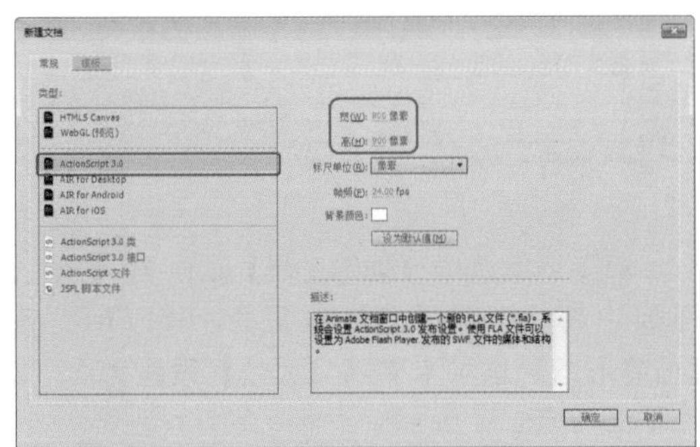

图1-48 设置【新建文档】参数

02 按 Ctrl+R 组合键，在弹出的【导入】对话框中选择“木板背景.jpg”素材文件，单击【打开】按钮，如图 1-49 所示。

03 在【对齐】面板中勾选【与舞台对齐】复选框，单击【水平中齐】、【垂直中齐】和【匹配宽和高】按钮，如图 1-50 所示。

04 在【时间轴】面板中单击【新建图层】按钮，新建图层 2，在工具箱中单击【钢笔工具】，在舞台中绘制一个图形，选中绘制的图形，在【属性】面板中将【填充和笔触】分别设置为 #6E2A1B 和 #ECD184，将【笔触】设置为 2，如图 1-51 所示。

图1-49 选择素材文件

图1-50 设置素材

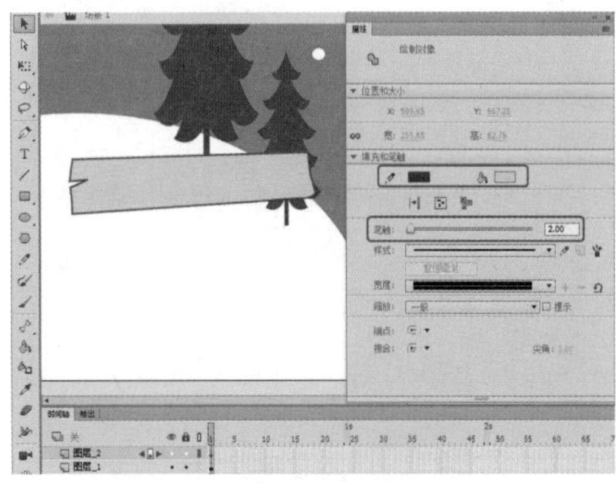

图1-51 绘制图形并设置

05 使用【钢笔工具】在舞台中绘制一个图形，并调整其位置，在【属性】面板中将【填充颜色】设置为 #ECD184，效果如图 1-52 所示。

06 使用【钢笔工具】在舞台中绘制一个图形，并调整其位置，效果如图 1-53 所示。

07 在【时间轴】面板中单击【新建图层】按钮，新建图层 3，在工具箱中单击【画笔工具】，将填充颜色设置为 #CCA163，将画笔【大小】设置为最小，在【属性】面板中将【平滑】设置为 100，如图 1-54 所示。

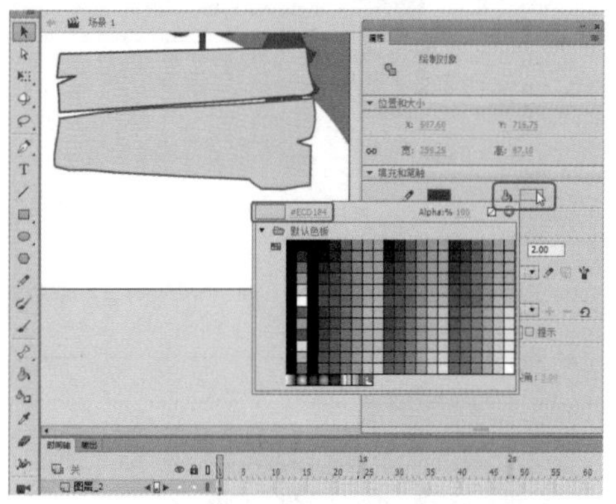

图1-52　绘制图形并进行设置

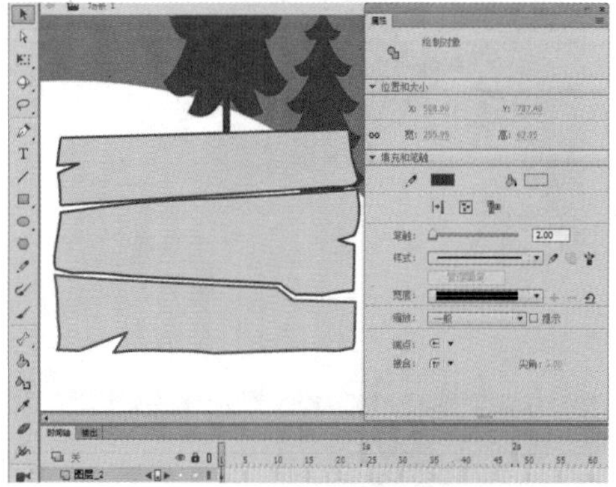

图1-53　绘制图形并调整其位置

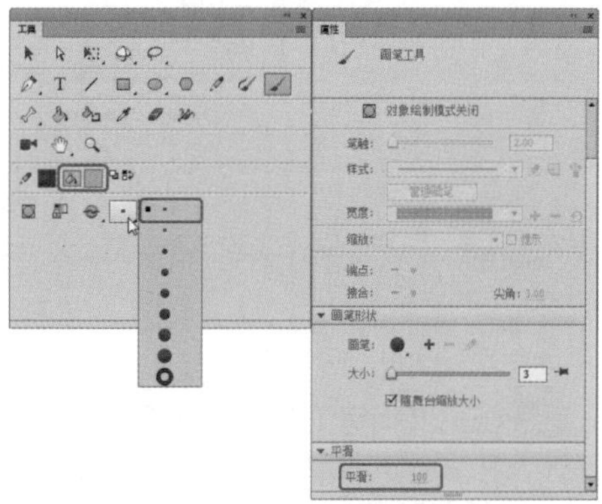

图1-54　设置画笔属性

疑难解答　设置【画笔工具】时需要注意什么？

当单击【画笔工具】后，若希望在【属性】面板中对【画笔工具】进行【平滑】设置，需要使用【画笔工具】在舞台中单击鼠标，才可设置【平滑】参数，【画笔工具】无法设置【笔触颜色】，只可通过【填充颜色】来设置。

知识链接：画笔工具

【画笔工具】能绘制出刷子般的笔触，就像涂色一样。它可以创建特殊效果，包括书法效果。使用【画笔工具】功能键可以设置画笔大小和形状。

对于新笔触来说，当舞台缩放比例降低时，同一个画笔大小就会显得太大。例如，将舞台缩放比例设置为 100%，并使用【画笔工具】以最小的画笔大小涂色，然后，将舞台缩放比例更改为 50%，并用最小的画笔大小再画一次，绘制的新笔触会比之前粗 50%（更改舞台的缩放比例并不更改现有画笔笔触的大小）。

同时，在使用【画笔工具】涂色时，可以使用导入的位图作为填充。

08 设置完成后，在新建的图层上进行绘制，效果如图 1-55 所示。

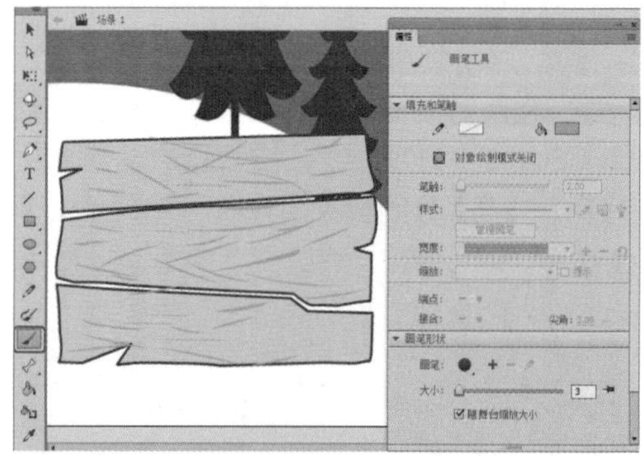

图1-55　绘制图形

09 继续选中【画笔工具】，在【属性】面板中将【填充颜色】设置为 #FFFFFF，在【画笔形状】选项卡中将【大小】设置为 5，如图 1-56 所示。

图1-56　设置【填充颜色】

10 在【属性】面板中将【填充颜色】设置为 #732F20，在【画笔形状】选项卡中将【大小】设置为 1，如图 1-57 所示。

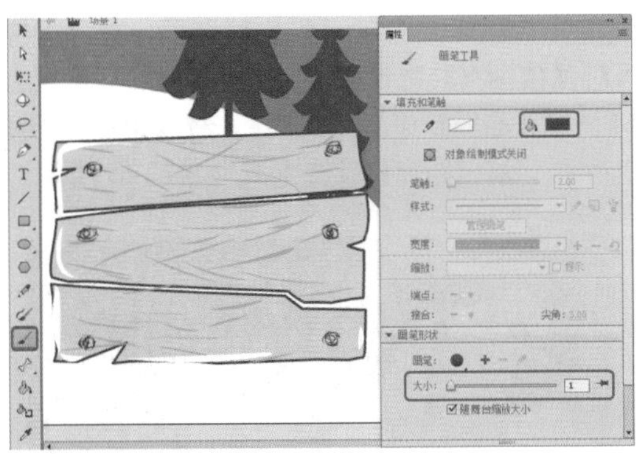

图1-57　设置【填充颜色】

11 在【时间轴】面板中单击【新建图层】按钮，新建图层，在工具箱中单击【钢笔工具】，在舞台中绘制一个图形，调整其位置，选中绘制的图形，在【属性】面板中将【笔触颜色】设置为无，将【填充颜色】设置为#C6985E，将Alpha设置为84，在【时间轴】面板中将图层4向下移一层，如图1-58所示。

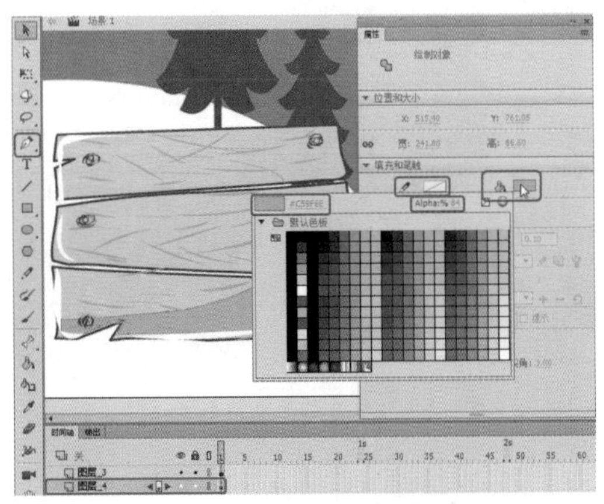

图1-58　绘制图形并进行调整

12 在【时间轴】面板中选中最上方的图层，单击【新建图层】按钮，新建图层，使用【钢笔工具】在舞台中绘制一个图形，选中绘制的图形，在【属性】面板中将【笔触颜色】设置为#CCA163，将【填充颜色】设置为#732F20，将【笔触】设置为0.1，如图1-59所示。

13 使用【画笔工具】在图形上进行绘制，效果如图1-60所示。

14 在【时间轴】面板中选择新建的图层，单击鼠标右键，在弹出的快捷菜单中选择【复制图层】命令，如图1-61所示。

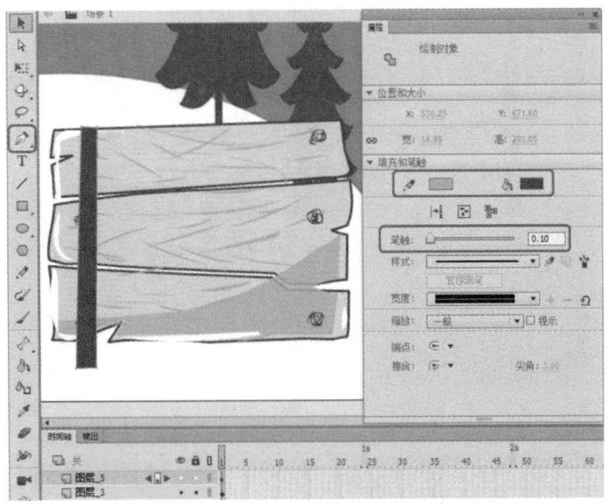

图1-59　绘制图形并设置

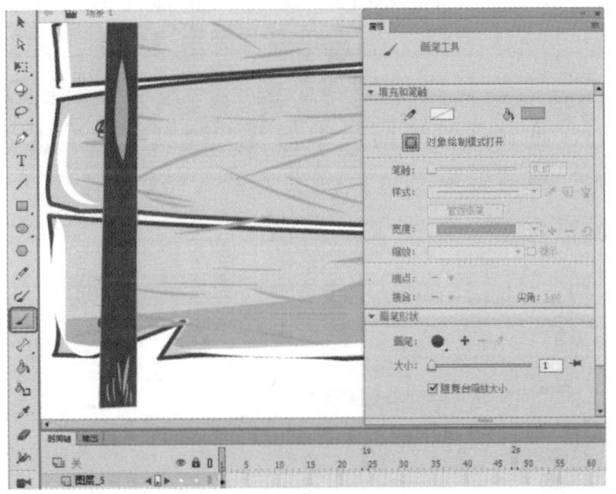

图1-60　绘制图形

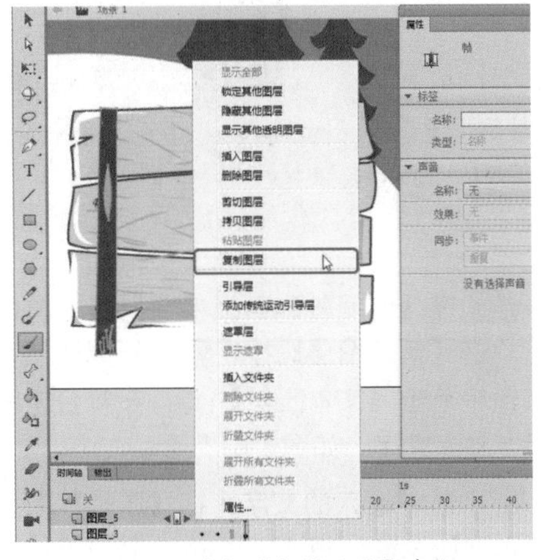

图1-61　选择【复制图层】命令

15 选择复制后的图层中的对象，在舞台中调整其位置，如图1-62所示。

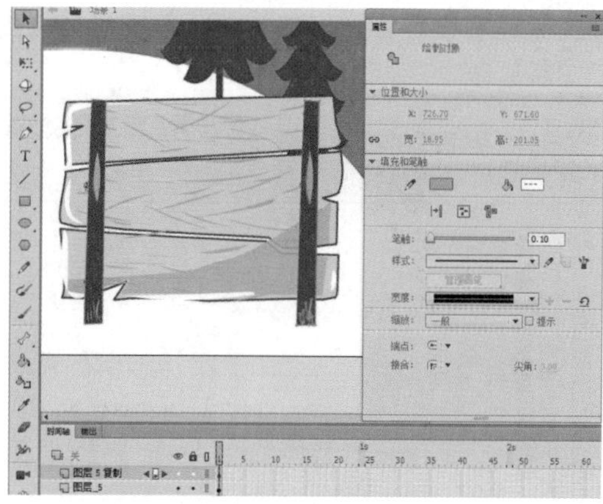

图1-62　调整对象的位置

16 在【时间轴】面板中选择【图层 _5】、【图层 5 复制】两个图层，并调整至图层 2 的下方，选中【图层 1】，单击【新建图层】按钮，新建图层，在工具箱中单击【钢笔工具】，在舞台中绘制两个图形，选中绘制的图形，在【属性】面板中将【笔触颜色】设置为无，将【填充颜色】设置为 #732F20，将 Alpha 设置为 44，如图 1-63 所示。

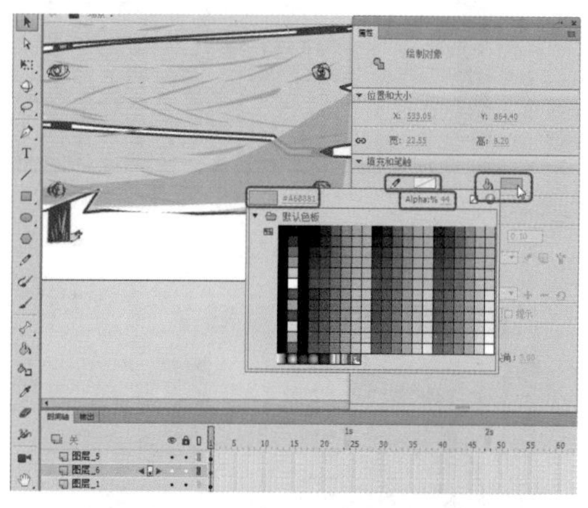

图1-63　绘制图形并进行设置

17 在【时间轴】面板中选择最上方的图层，单击【新建图层】按钮，新建图层，在工具箱中单击【文本工具】T，在舞台中单击鼠标，输入文字，如图 1-64 所示。

18 选中输入的文字，在【属性】面板中将【系列】设置为 FFAD Matro，将【大小】设置为 37，将【颜色】设置为 #990000，将 Alpha 设置为 100，并在舞台中调整其位置，在【滤镜】选项卡中单击【添加滤镜】按钮，在弹出的下拉列表中选择【投影】选项，将【模糊 X】、【模糊 Y】都设置为 2，将【强度】设置为 61，将【品质】设置为【高】，将【角度】设置为 45°，将【距离】设置为 3，如图 1-65 所示。

图1-64　新建图层并输入文字

图1-65　设置文字

1.2.1　线条工具

使用线条工具可以轻松绘制出平滑的直线。单击工具箱中的【线条工具】，将鼠标指针移动到工作区，光标变为十字状态，即可绘制直线。

在绘制直线前可以在【属性】面板中设置直线的属性，如直线的颜色、粗细和类型等，如图 1-66 所示。

线条工具的【属性】面板中各选项说明如下。

- 笔触颜色：单击色块即可打开调色板，用户可直接选取某种颜色作为所绘制线条的颜色，也可以在上面的文本框中输入线条颜色的十六进制 RGB 值，如 #00FF00，如图 1-67 所示。如果预设颜色不能满足需要，还可以通过单击【颜色】按钮，打开如图 1-68 所示的【颜色选择器】对话框，在其中进行设置。

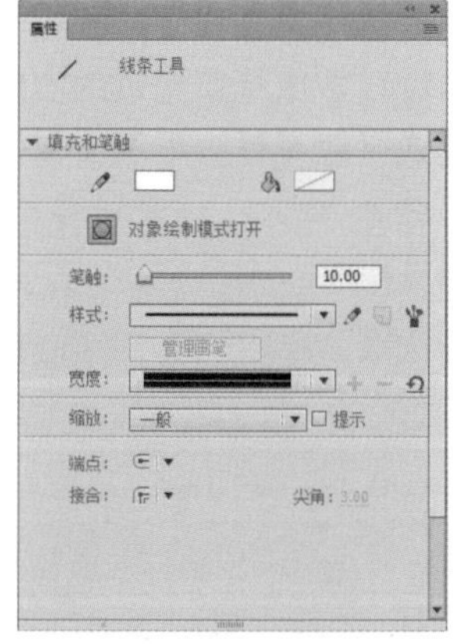

图1-66　线条工具【属性】面板

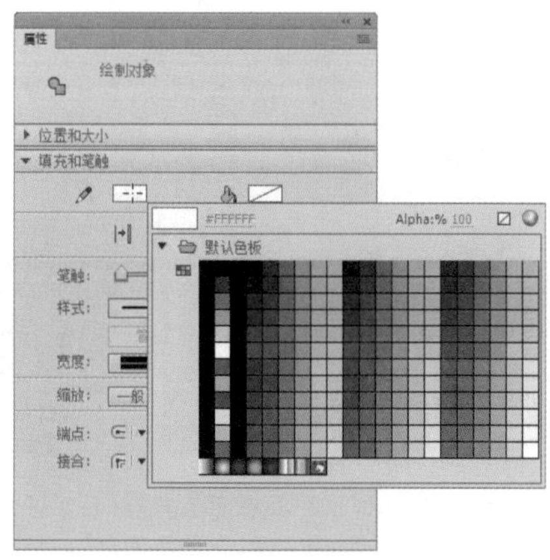

图1-67　笔触颜色调色板

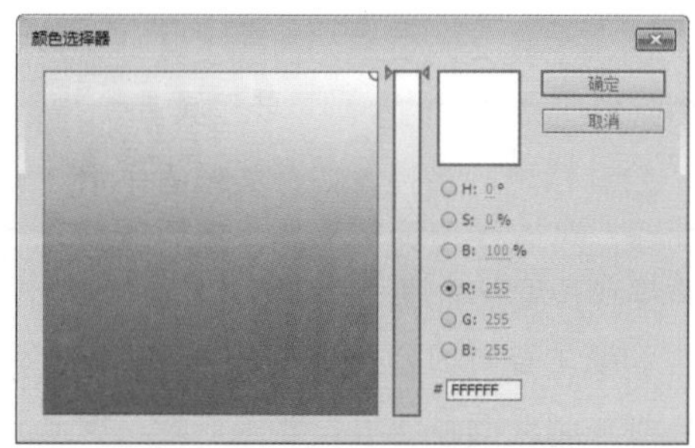

图1-68　【颜色选择器】对话框

- 笔触：用来设置所绘制线条的粗细，可以直接在文本框中输入参数，范围为 0.10 ～ 200，也可以通过调节滑块来改变笔触的大小，Animate CC 2018 中的线条粗细是以像素为单位的。
- 样式：用来选择所绘制的线条类型，Animate CC 2018 中预置了一些常用的线条类型，如实线、虚线、点状线、锯齿线和斑马线等。单击右侧的【编辑笔触样式】按钮，打开【笔触样式】对话框，可以在该对话框中进行设置，如图 1-69 所示。

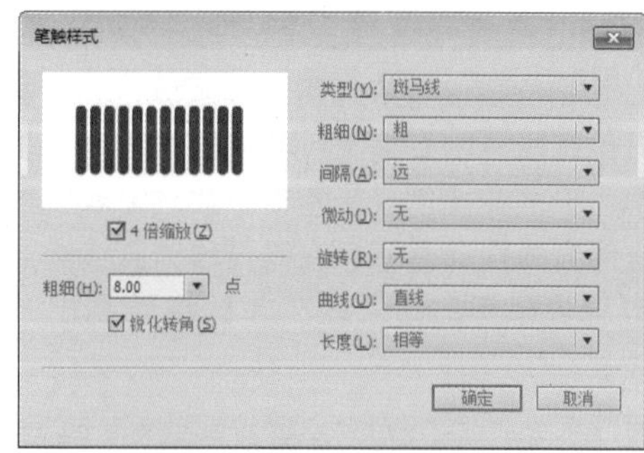

图1-69　【笔触样式】对话框

- 宽度：可以在该下拉列表框中选择线条的宽度。
- 缩放：在播放器中保持笔触缩放，可以选择【一般】、【水平】、【垂直】或【无】选项。
- 端点：用于设置直线端点的三种状态——无、圆角或方形。如图 1-70 所示，左下角为方形端点，右上角为圆角端点。

图1-70　直线效果

- 接合：用于设置两条线段的相接方式——尖角、圆角或斜角。

提　示

在使用【接合】时，需要将绘制的两条相接的线段进行合并才会显示相应的效果，例如绘制两条呈 90° 的直线，在菜单栏中选择【修改】|【合并对象】|【联合】命令，将两条直线进行合并，在【属性】面板中设置【接合】选项，即可发生变化，自左侧起分别为尖角、圆角和斜角效果，如图 1-71 所示。

图1-71　接合效果

根据需要设置好【属性】面板中的参数，便可以开始绘制直线了。将鼠标指针移至工作区中，单击并按住鼠标左键不放，沿着要绘制的直线方向拖动鼠标，在需要作为直线终点的位置释放鼠标，即可在工作区中绘制出一条直线。

提　示

在绘制的过程中如果按住 Shift 键，可以绘制出垂直或水平的直线，或者 45° 斜线，这给绘制特殊直线提供了方便。按住 Ctrl 键可以暂时切换到【选择工具】，对工作区中的对象进行选取，当松开 Ctrl 键时，又会自动换回到【线条工具】。Shift 键和 Ctrl 键在绘图工具中经常被用到，是许多工具的辅助键。

要绘制线条和形状，可以使用铅笔工具，它们的使用方法和真实铅笔大致相同。要在绘制时平滑或伸直线条，可以给铅笔工具选择一种绘画模式。铅笔工具和线条工具在使用方法上有许多相同点，但是也存在一定的区别，最明显的就是铅笔工具可以绘制出比较柔和的曲线并可绘制各种矢量线条。选择工具箱中的【铅笔工具】，单击工具箱选项设置区中的【铅笔模式】按钮，弹出如图 1-72 所示的铅笔模式设置菜单，其中包括【伸直】、【平滑】和【墨水】3 个选项。

- 伸直：这是铅笔工具中功能最强的一种模式，它具有很强的线条形状识别能力，可以对所绘制的线条进行自动校正，将画出的近似直线取直，平滑曲线，简化波浪线，自动识别椭圆形、矩形和半圆形等。还可以绘制直线并将接近三角形、椭圆形、矩形和正方形的形状转换为这些常见的几何形状。
- 平滑：使用此模式绘制线条，可以自动平滑曲线，减少抖动造成的误差，从而明显地减少线条中的碎片，达到一种平滑的线条效果。
- 墨水：使用此模式绘制的线条就是绘制过程中鼠标所经过的实际轨迹，此模式可以在最大限度上保持实际绘出的线条形状，只做轻微的平滑处理即可。

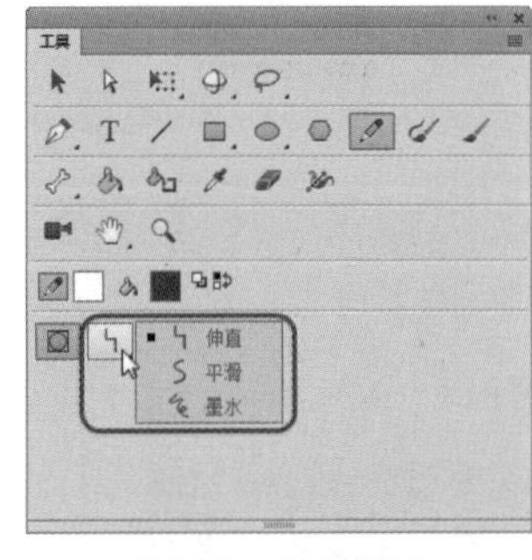

图1-72　铅笔模式

伸直模式、平滑模式和墨水模式的效果如图 1-73 所示。

图1-73　不同模式的效果

1.2.2　钢笔工具

钢笔工具又叫贝塞尔曲线工具，它是许多绘图软件广泛使用的一种重要工具。

绘制精确的路径，如直线或者平滑、流动的曲线，可以使用钢笔工具，然后调整直线段的角度和长度及曲线段的斜率。

钢笔工具可以像线条工具一样绘制直线，并可对绘制好的直线进行曲率调整，使之变为相应的曲线。

使用钢笔工具的具体操作步骤如下。

01 在工具箱中选择【钢笔工具】，鼠标指针在工作区中会变为钢笔状态。

02 在【属性】面板中设置参数，如图 1-74 所示。

图1-74　设置钢笔属性参数

03 将鼠标指针移到工作区，在所绘制曲线的起点按住鼠标左键不放，沿着轨迹拖动鼠标，在需要作为曲线终点的位置释放鼠标，即可绘制出一条曲线。如图 1-75、图 1-76 所示为使用钢笔工具绘制线条的过程和效果。

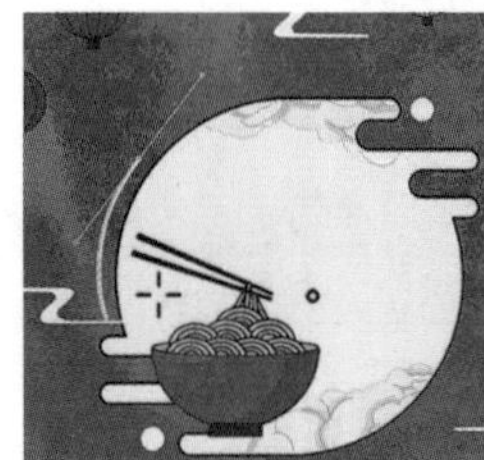

图1-75　绘制线条的过程

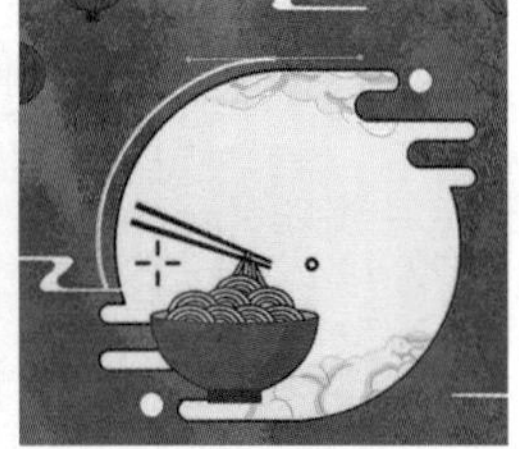

图1-76　绘制线条后的效果

当使用钢笔工具绘画时，单击和拖动鼠标可以在曲线段上创建点。通过这些点可以调整直线段和曲线段，也可以将曲线转换为直线，反之亦然。还可以使用其他绘画工具在线条上创建点，以调整线条。

提　示

在使用【钢笔工具】绘制曲线时，会出现许多控制点和曲率调节杆，通过它们可以方便地进行曲率调整，画出各种形状的曲线。也可以将鼠标指针放到某个控制点上，当出现一个“-”号时，单击鼠标可以删除不需要的控制点，当所有控制点被删除后，曲线将变为一条直线。将鼠标指针放在曲线上没有控制点的地方会出现一个“+”号，单击鼠标可以增加新的控制点。

使用钢笔工具还可以对存在的图形轮廓进行修改。当用钢笔工具单击某个矢量图形的轮廓线时，轮廓的所有节点会自动出现，可对其进行调整。调整直线段可以更改线段的角度或长度，调整曲线段可以更改曲线的斜率和方向。移动曲线点上的切线手柄可以调整该点两边的曲线。移动转角点上的切线手柄只能调整该点切线手柄所在的那一边曲线。

知识链接：钢笔工具的不同绘制状态

钢笔工具显示的不同指针反映其当前的绘制状态。

- 初始锚点指针：选中钢笔工具后看到的第一个指针。指示下一次在舞台上单击鼠标时将创建初始锚点，它是新路径的开始（所有新路径都以初始锚点开始）。
- 连续锚点指针：指示下一次单击鼠标时将创建一个锚点，并用一条直线与前一个锚点相连接。
- 添加锚点指针：指示下一次单击鼠标时将向现有路径添加一个锚点。若要添加锚点，必须选择路径，并且钢笔工具不能位于现有锚点的上方。根据其他锚点，重绘现有路径。一次只能添加一个锚点。
- 删除锚点指针：指示下一次在现有路径上单击鼠标时将删除一个锚点。若要删除锚点，必须用选取工具选择路径，并且指针必须位于现有锚点的上方。根据删除的锚点，重绘现有路径。一次只能删除一个锚点。
- 连续路径指针：从现有锚点扩展新路径。若要激活此指针，鼠标指针必须位于路径上现有锚点的上方。仅在当前未绘制路径时，此指针才可用。锚点未必是路径的终端锚点；任何锚点都可以是连续路径的位置。
- 闭合路径指针：只能闭合当前正在绘制的路径，并且现有锚点必须是同一个路径的起始锚点。生成的路径没有将任何指定的填充颜色设置应用于封闭形状；单独应用填充颜色。
- 连接路径指针：除了鼠标指针不能位于同一个路径的初始锚点上方外，与闭合路径工具基本相同。该指针必须位于唯一路径的任一端点上方。
- 回缩贝塞尔手柄指针：当鼠标指针位于显示其贝塞尔手柄的锚点上方时显示。单击鼠标将回缩贝塞尔手柄，并使得穿过锚点的弯曲路径恢复为直线段。

1.2.3　画笔工具

画笔工具是模拟软笔的绘画方式，但使用

起来更像是在用刷漆用的刷子。它可以比较随意地绘制填充区域，并带有书写体的效果。在大多数压敏绘图板上，可以通过改变笔上的压力来改变画笔笔触的宽度。

画笔工具是在影片中进行大面积上色时使用的，可以给任意区域和图形填充颜色，它多用于对填充目标的填充精度要求不高的场合。

画笔工具的特点是画笔大小甚至在更改舞台的缩放比例级别时也能保持不变，所以当舞台缩放比例降低时，同一个画笔大小就会显得过大。

画笔工具的具体操作步骤如下。

01 选择工具箱中的画笔工具，鼠标指针变成一个黑色的圆形或方形画笔，即可在工作区中绘制图像。

02 在【属性】面板中进行设置，如图 1-77 所示。

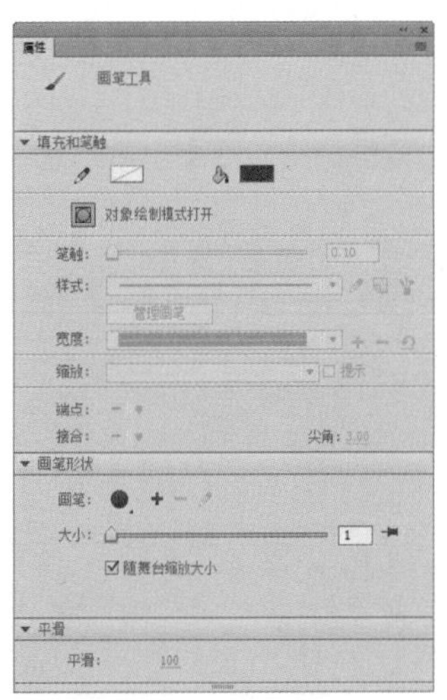

图1-77　画笔工具的【属性】面板

03 设置好属性后进行绘画，如图 1-78 所示。

图1-78　绘制的图形

画笔工具还有一些附加的功能选项，如图 1-79 所示。

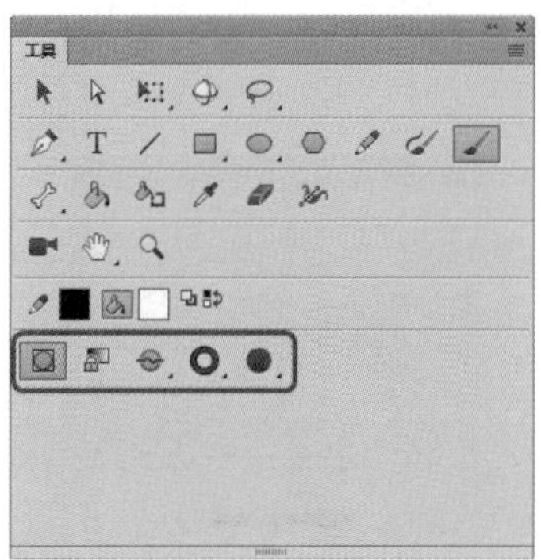

图1-79　画笔工具的附加功能选项

各选项功能如下。

- 【画笔模式】：在选项设置区中单击【画笔模式】按钮，打开下拉菜单，如图 1-80 所示。

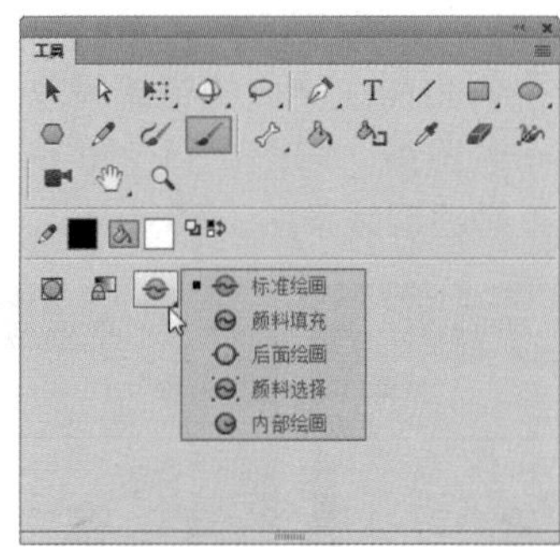

图1-80　画笔模式

- 标准绘画：为笔刷的默认设置，使用画笔工具进行标准绘画，可以涂改工作区的任意区域，并可在同一图层的线条和图像上涂色。
- 颜料填充：画笔的笔触可以互相覆盖，但不会覆盖图形轮廓的笔迹，即涂改对象时不会对线条产生影响。
- 后面绘画：涂改时不会涂改对象本身，只涂改对象的背景，即在同层舞台的空白区域涂色，不影响线条和填充。
- 颜料选择：画笔的笔触只能在被预先选择的区域内保留，涂改时只涂改选定的对象。

- 内部绘画：涂改时只涂改起始点所在封闭曲线的内部区域。如果起始点在空白区域，只能在该空白区域内涂改；如果起始点在图形内部，则只能在图形内部进行涂改。

- 【画笔大小】：一共有 9 种不同的画笔大小尺寸可供选择，如图 1-81 所示。

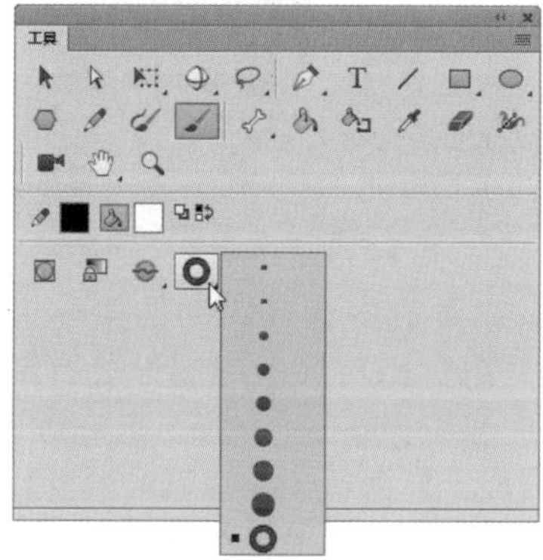

图1-81 画笔大小

- 【画笔形状】：有 9 种笔头形状可供选择，如图 1-82 所示。

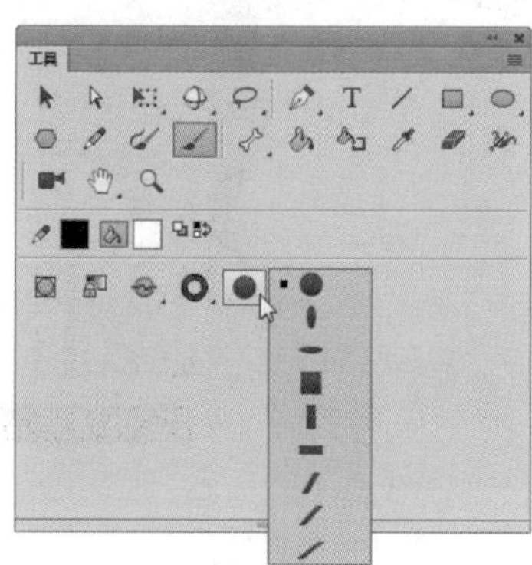

图1-82 画笔形状

- 【锁定填充】：该选项是一个开关按钮。当使用渐变色作为填充色时，单击【锁定填充】按钮，可将上一笔触的颜色变化规律锁定，作为这一笔触对该区域的色彩变化规范。也可以锁定渐变色或位图填充，使填充看起来好像扩展到整个舞台。

提 示

如果在刷子上色的过程中按住 Shift 键，则可在工作区中给一个水平或者垂直的区域上色，如果按住 Ctrl 键，则可以暂时切换到选择工具，对工作区中的对象进行选取。

1.3 绘制熊猫——几何图形的运用

本例将介绍卡通熊猫的制作，在【时间轴】面板中创建各个图层，使用【钢笔工具】和【椭圆工具】等来绘制图形，效果如图 1-83 所示。

图1-83 绘制熊猫

素材	素材\Cha01\熊猫背景.jpg、树枝.fla
场景	场景\Cha01\绘制熊猫——几何图形的运用.fla
视频	视频教学\Cha01\绘制熊猫——几何图形的运用.mp4

01 启动软件，按 Ctrl+N 组合键，弹出【新建文档】对话框，在【类型】列表框中选择 ActionScript3.0 选项，在右侧的设置区域中将【宽】、【高】分别设置为 585、390，单击【确定】按钮，如图 1-84 所示。

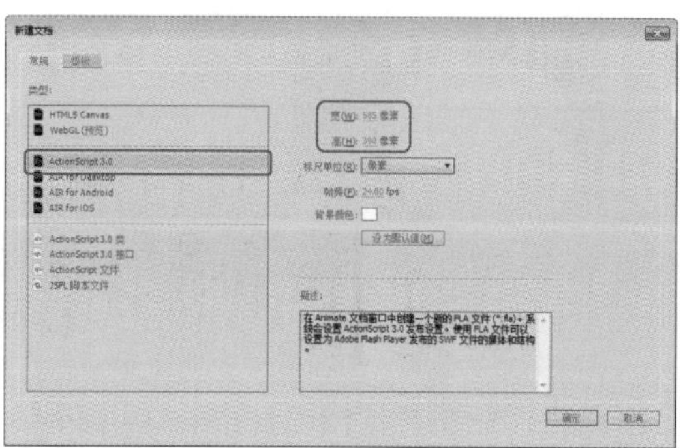

图1-84 设置新建文档参数

02 按 Ctrl+R 组合键，在弹出的【导入】对话框中选择“熊猫背景 .jpg”素材文件，单击【打开】按钮，如图 1-85 所示。

图1-85　选择素材文件

03 在【对齐】面板中，勾选【与舞台对齐】复选框，单击【水平中齐】、【垂直中齐】和【匹配宽和高】按钮，如图 1-86 所示。

图1-86　设置导入的素材文件

04 在【时间轴】面板中新建图层 2，在工具箱中单击【钢笔工具】，在舞台中绘制图形，在【属性】面板中将【填充颜色】设置为 #E6E6E6，将【笔触颜色】设置为无，效果如图 1-87 所示。

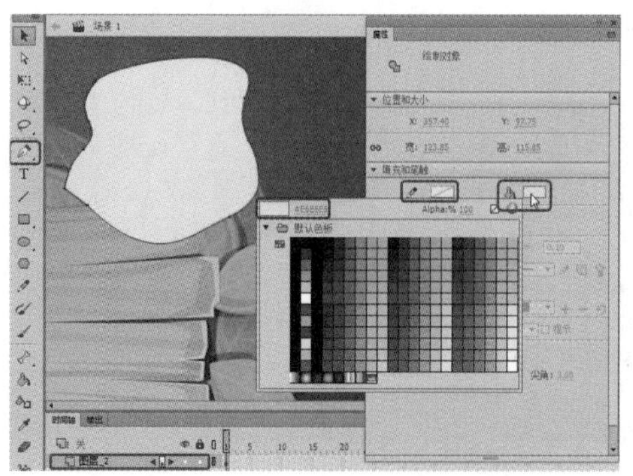

图1-87　绘制图形并设置【填充和笔触】

05 再次使用【钢笔工具】在舞台中绘制图形，选中绘制的图形，在【属性】面板中将【填充颜色】设置为 #FFFFFF，将【笔触颜色】设置为无，如图 1-88 所示。

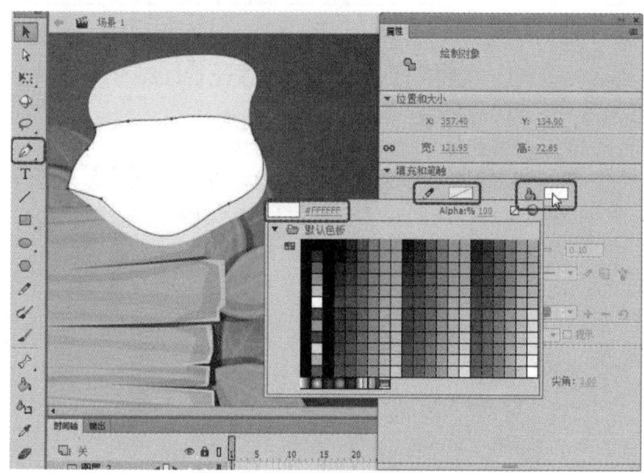

图1-88　绘制图形并设置【填充和笔触】

06 在舞台中选择绘制的第一个图形，按 Ctrl+C 组合键对选中的图形进行复制，按 Ctrl+Shift+V 组合键进行粘贴，选中粘贴后的图形，在【颜色】面板中将【笔触颜色】设置为 #000000，在【属性】面板中将【填充颜色】设置为无，将【笔触】设置为 0.5，如图 1-89 所示。

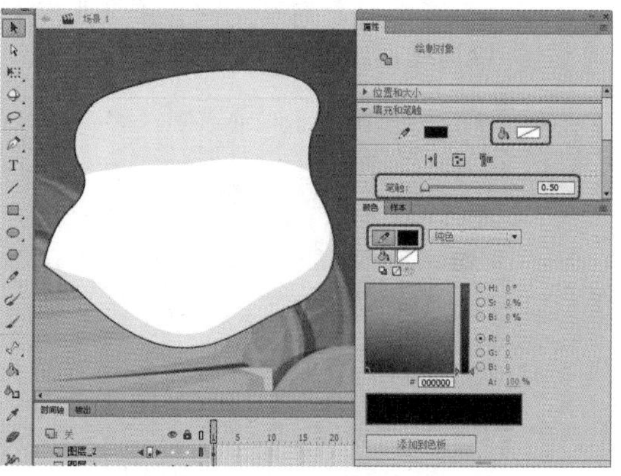

图1-89　复制图形并进行设置

07 在工具箱中单击【钢笔工具】，在舞台中绘制图形，选中绘制的图形，在【属性】面板中将【填充颜色】设置为 #D7D7D7，将【笔触颜色】设置为无，如图 1-90 所示。

08 再次使用【钢笔工具】在舞台中绘制图形，选中绘制的图形，在【属性】面板中将【填充颜色】设置为 #F2F2F2，将【笔触颜色】设置为无，如图 1-91 所示。

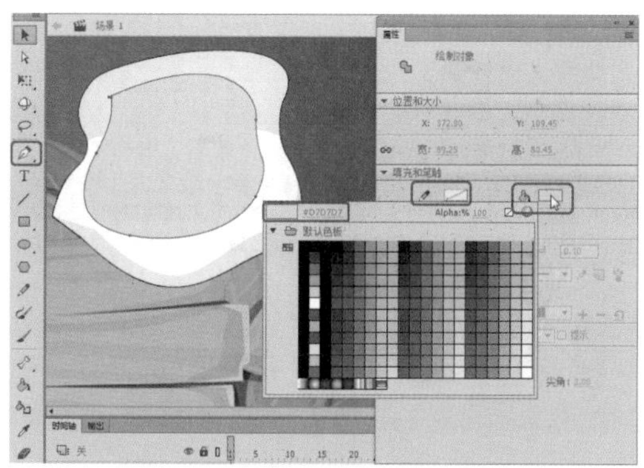
图1-90 绘制图形并设置【填充和笔触】

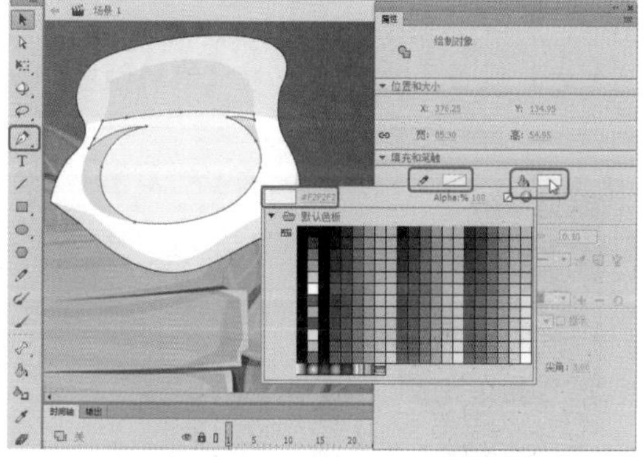
图1-91 绘制图形并设置【填充和笔触】

09 在工具箱中单击【选择工具】，在舞台中选择图形，如图 1-92 所示。

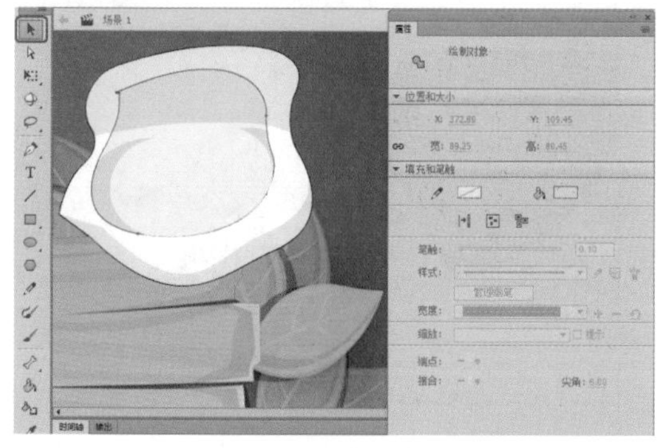
图1-92 选择图形对象

10 按 Ctrl+C 组合键对其进行复制，按 Ctrl+Shift+V 组合键进行粘贴，选中粘贴后的图形，在【颜色】面板中将【笔触颜色】设置为 #000000，在【属性】面板中将【填充颜色】设置为无，将【笔触】设置为 0.5，如图 1-93 所示。

11 在【时间轴】面板中将【图层_2】设置为【熊猫身体】，然后新建一个图层，将其命名为【熊猫四肢】，在工具箱中单击【钢笔工具】，在舞台中绘制一个图形，选中绘制的图形，在【属性】面板中将【填充颜色】设置为 #0F0F0F，将【笔触颜色】设置为无，如图 1-94 所示。

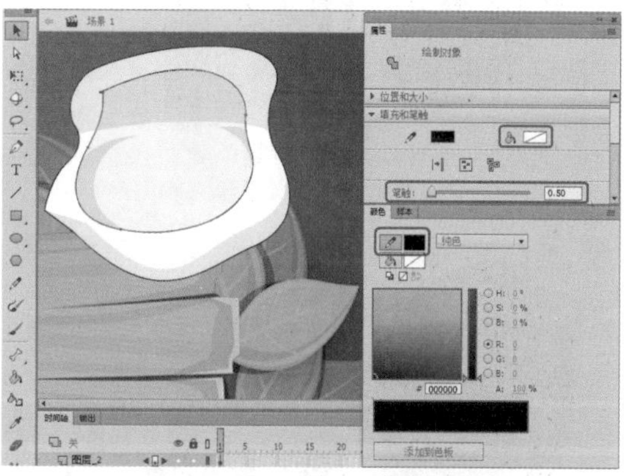
图1-93 复制图形并进行设置

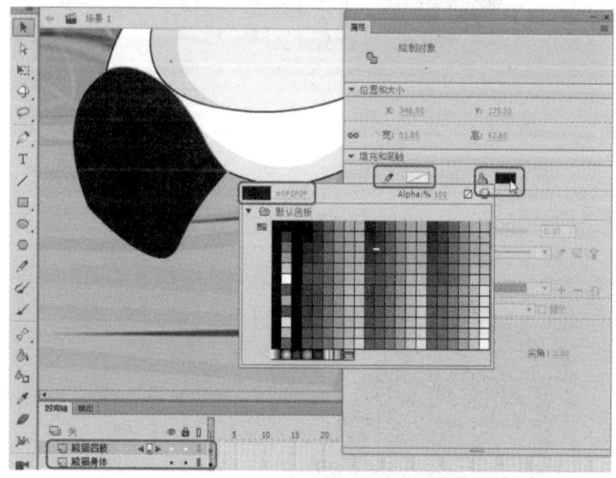
图1-94 新建图层并绘制图形

疑难解答 利用Ctrl+V组合键与Ctrl+Shift+V组合键粘贴有什么区别？

按Ctrl+V组合键粘贴，可以将复制的对象粘贴到中心位置，按Ctrl+Shift+V组合键可以将复制的对象粘贴到与复制对象相同的位置。

12 使用【钢笔工具】在舞台中绘制一个图形，选中绘制的图形，在【属性】面板中将【填充颜色】设置为 #141414，将【笔触颜色】设置为无，如图 1-95 所示。

13 使用【钢笔工具】在舞台中绘制一个图形，选中绘制的图形，在【属性】面板中将【填充颜色】设置为 #1A1A1A，将【笔触颜色】设置为无，如图 1-96 所示。

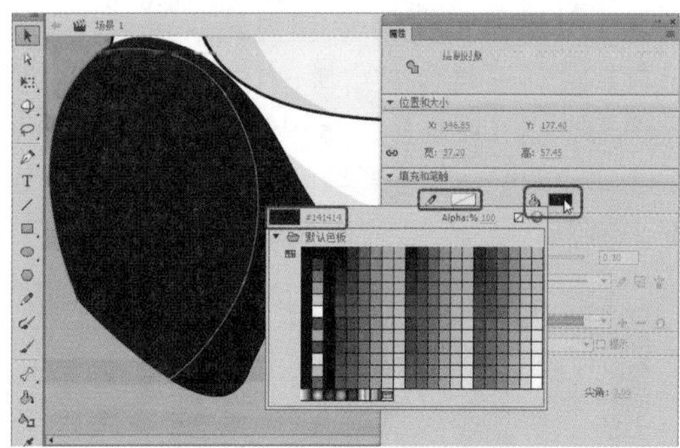

图1-95　绘制图形并设置【填充和笔触】

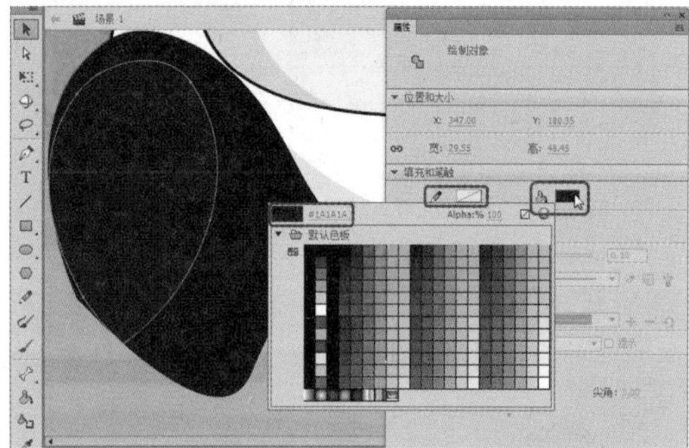

图1-96　绘制图形并设置【填充和笔触】

14 在舞台中选择如图 1-97 所示的图形，按 Ctrl+C 组合键进行复制。

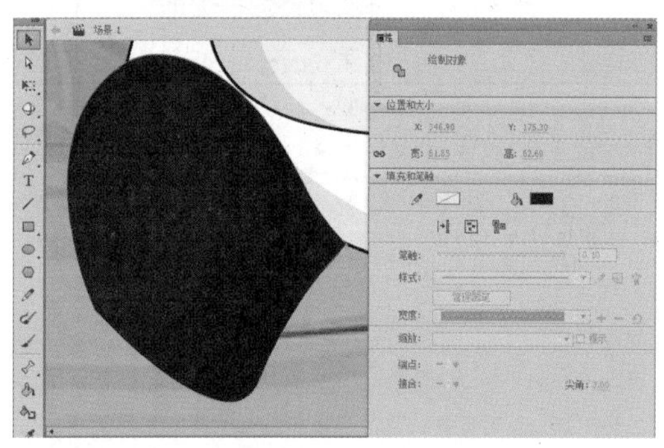

图1-97　选择图形并进行复制

15 按 Ctrl+Shift+V 组合键进行粘贴，选中粘贴后的图形，在【颜色】面板中将【笔触颜色】设置为 #000000，在【属性】面板中将【填充颜色】设置为无，将【笔触】设置为 0.5，如图 1-98 所示。

16 再次使用【钢笔工具】在舞台中绘制一个图形，选中该图形，在【属性】面板中将【填充颜色】设置为 #0F0F0F，将【笔触颜色】设置为无，如图 1-99 所示。

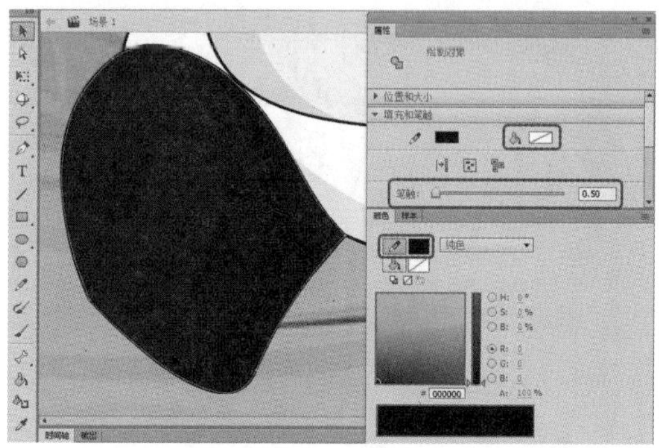

图1-98　粘贴并进行设置

17 使用【钢笔工具】在舞台中绘制两个图形，选中该图形，在【属性】面板中将【填充颜色】设置为 #000000，将【笔触颜色】设置为无，如图 1-100 所示。

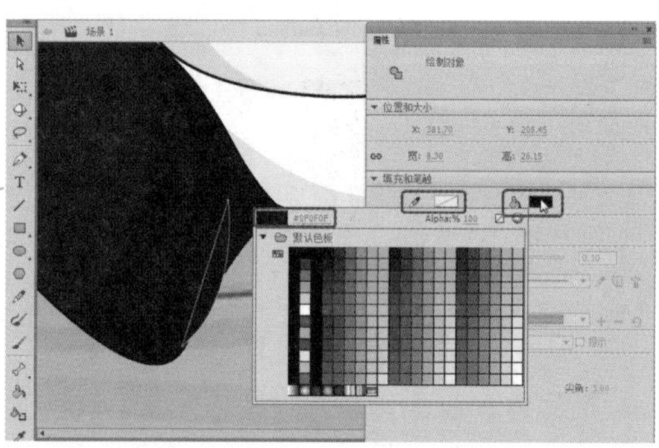

图1-99　绘制并设置图形

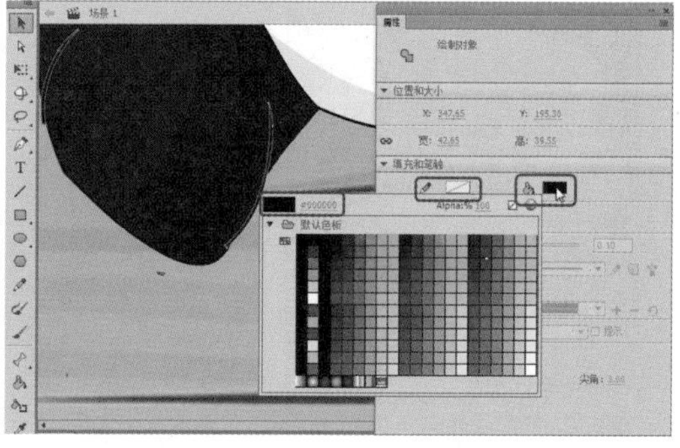

图1-100　绘制两个图形并设置

18 使用【钢笔工具】在舞台中绘制一个图形，选中绘制的图形，在【属性】面板中将【填充颜色】设置为 #0F0F0F，将【笔触颜色】设置为无，如图 1-101 所示。

19 使用【钢笔工具】在舞台中绘制一个图形，选中绘制的图形，在【属性】面板中将【填充颜色】设置为 #141414，将【笔触颜色】设置为无，如图 1-102 所示。

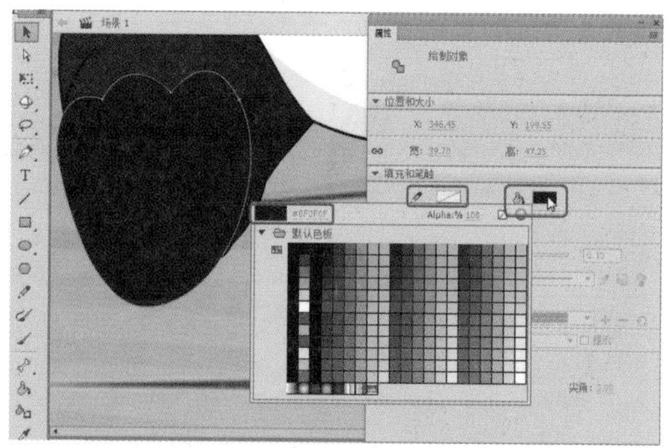

图1-101 绘制图形并设置【填充和笔触】

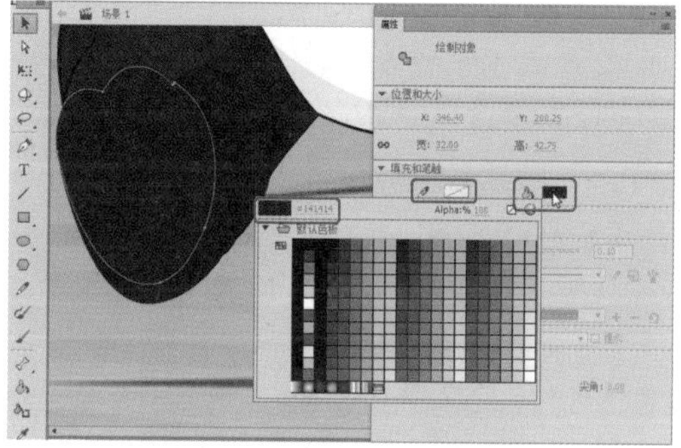

图1-102 绘制图形并设置

20 使用【钢笔工具】在舞台中绘制一个图形，选中绘制的图形，在【属性】面板中将【填充颜色】设置为 #1A1A1A，将【笔触颜色】设置为无，如图 1-103 所示。

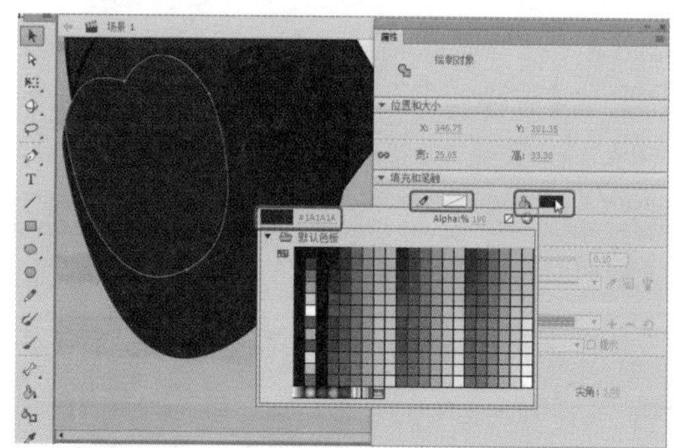

图1-103 绘制图形并设置【填充和笔触】

21 在舞台中选择如图 1-104 所示的图形，按 Ctrl+C 组合键进行复制。

22 按 Ctrl+Shift+V 组合键进行粘贴，选中粘贴后的图形，在【颜色】面板中将【笔触颜色】设置为 #000000，在【属性】面板中将【填充颜色】设置为无，将【笔触】设置为 0.5，如图 1-105 所示。

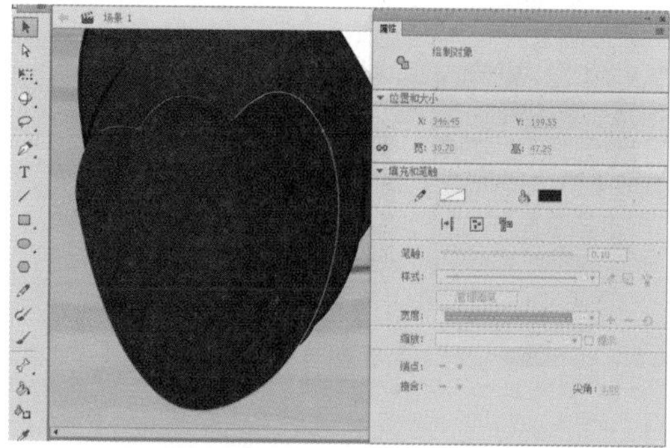

图1-104 选择图形并进行复制

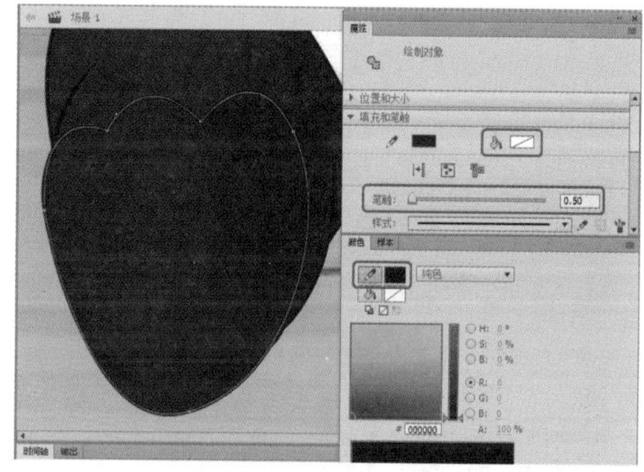

图1-105 粘贴图形并进行设置

23 在工具箱中单击【钢笔工具】，在舞台中绘制两个图形，在【属性】面板中将【填充颜色】设置为 #000000，将【笔触颜色】设置为无，如图 1-106 所示。

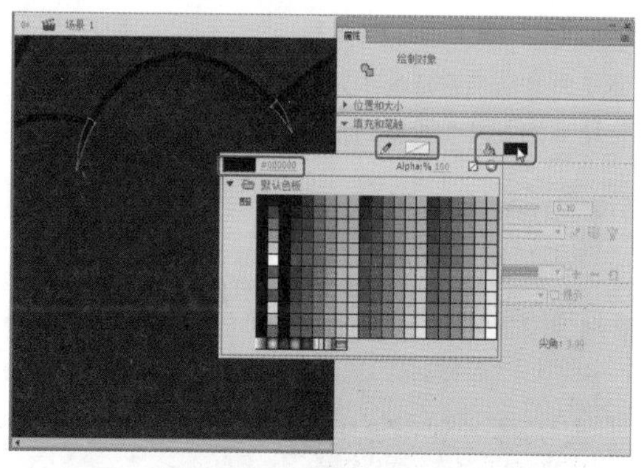

图1-106 绘制两个图形

24 在工具箱中单击【椭圆工具】，在舞台中绘制一个椭圆，在【属性】面板中将【填充颜色】设置为 #4D4D4D，将【笔触颜色】设置为无，如图 1-107 所示。

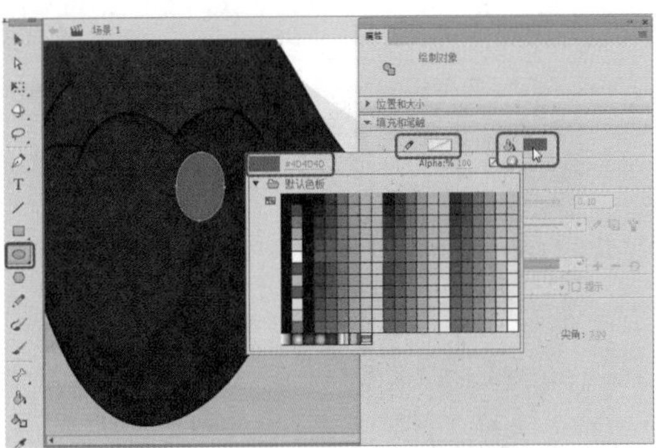

图1-107　绘制椭圆并设置【填充和笔触】

25 再次使用【椭圆工具】在舞台中绘制一个椭圆，在【属性】面板中将【填充颜色】设置为#666666，将【笔触颜色】设置为无，如图 1-108 所示。

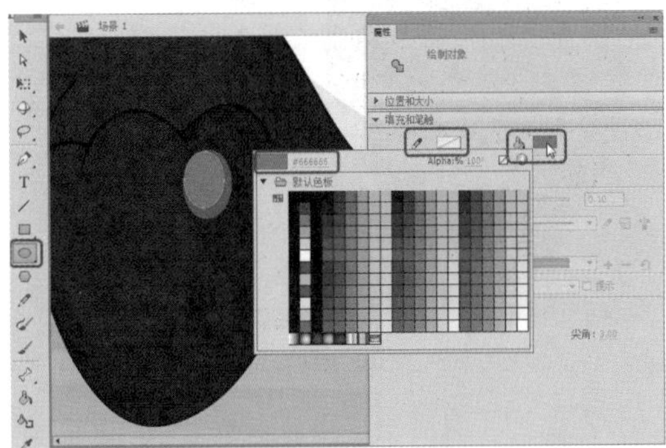

图1-108　绘制椭圆并设置【填充和笔触】

26 在工具箱中单击【椭圆工具】，在【属性】面板中将【笔触颜色】设置为#000000，将【填充颜色】设置为无，将【笔触】设置为 0.5，在舞台中绘制一个椭圆，并调整其位置，如图 1-109 所示。

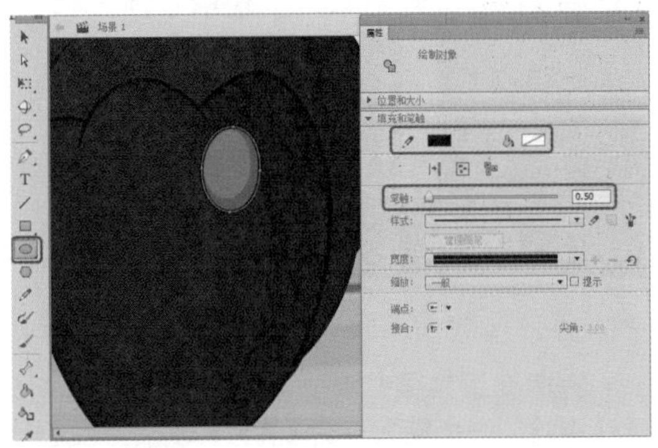

图1-109　绘制椭圆

27 使用同样的方法绘制其他图形，如图 1-110 所示。

图1-110　绘制其他图形后的效果

28 根据前面的方法绘制四肢，效果如图 1-111 所示。

图1-111　绘制四肢

29 在【时间轴】面板中新建一个图层，将其命名为【树枝】，打开"树枝 .fla"素材文件，在打开的素材文件中选择树枝对象，将其复制到前面所制作的文档中，并在舞台中调整其位置，在【时间轴】面板中将【树枝】图层调整至【熊猫四肢】图层的下方，如图 1-112 所示。

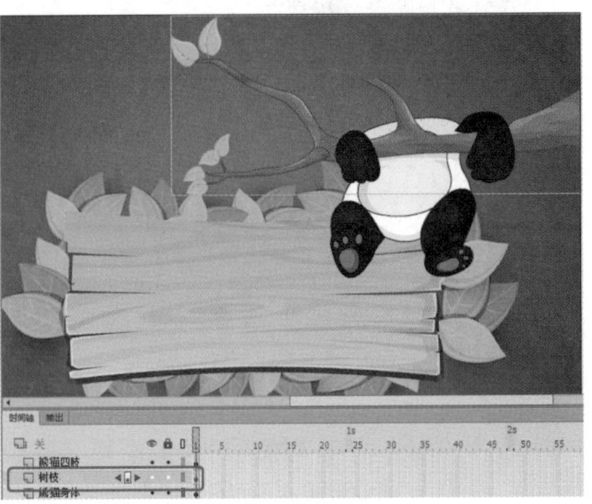

图1-112　新建图层并添加素材文件

30 在【时间轴】面板中选择【熊猫四肢】图层，新建一个图层，命名为【熊猫头】，在工具箱中单击【钢笔工具】，在舞台中绘制一个图形，选中该图形，在【属性】面板中将【填充颜色】设置为 #333333，将【笔触颜色】设置为无，如图 1-113 所示。

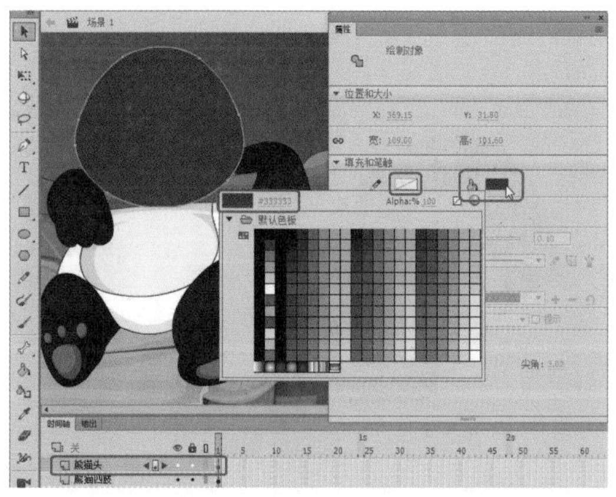

图1-113　绘制图形并设置【填充和笔触】

31 再次使用【钢笔工具】，在舞台中绘制一个图形，选中绘制的图形，在【属性】面板中将【填充颜色】设置为 #F4F4F4，将【笔触颜色】设置为无，如图 1-114 所示。

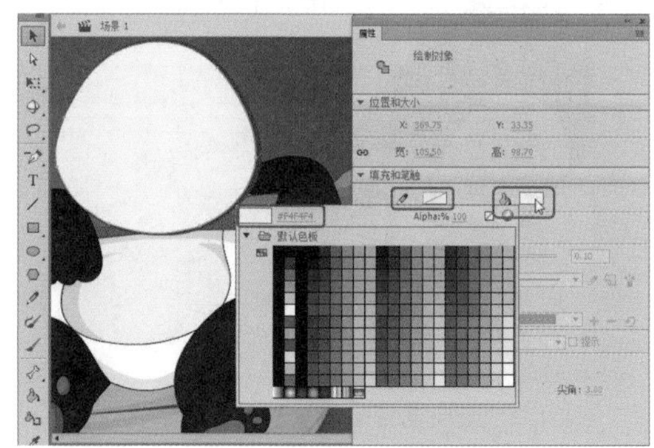

图1-114　绘制图形并设置【填充和笔触】

32 使用【钢笔工具】，在舞台中绘制一个图形，选中绘制的图形，在【属性】面板中将【填充颜色】设置为 #E2E2E2，将【笔触颜色】设置为无，如图 1-115 所示。

33 使用【钢笔工具】，在舞台中绘制一个图形，选中绘制的图形，在【属性】面板中将【填充颜色】设置为 #333333，将【笔触颜色】设置为无，如图 1-116 所示。

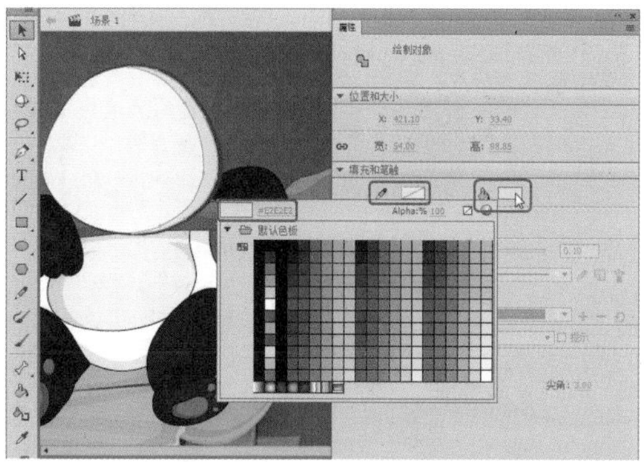

图1-115　绘制图形并设置【填充和笔触】

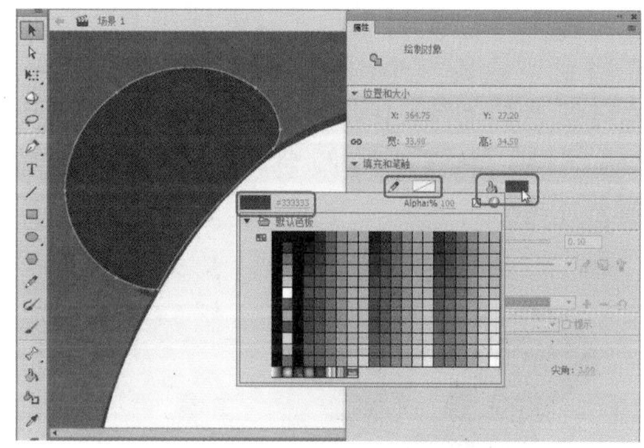

图1-116　绘制图形并设置【填充和笔触】

34 再次使用【钢笔工具】，在舞台中绘制一个图形，选中绘制的图形，在【属性】面板中将【填充颜色】设置为 #333333，将【笔触颜色】设置为无，如图 1-117 所示。

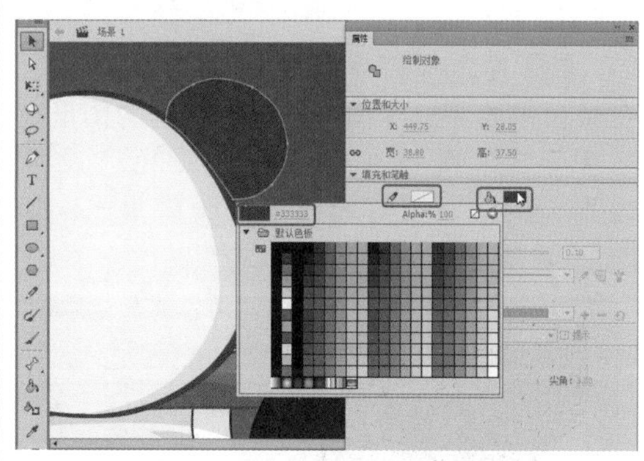

图1-117　绘制图形并设置【填充和笔触】

35 在工具箱中单击【钢笔工具】，在舞台中绘制一个图形，选中绘制的图形，在【属性】面板中将【填充颜色】设置为 #E6E6E6，将【笔触颜色】设置为无，如图 1-118 所示。

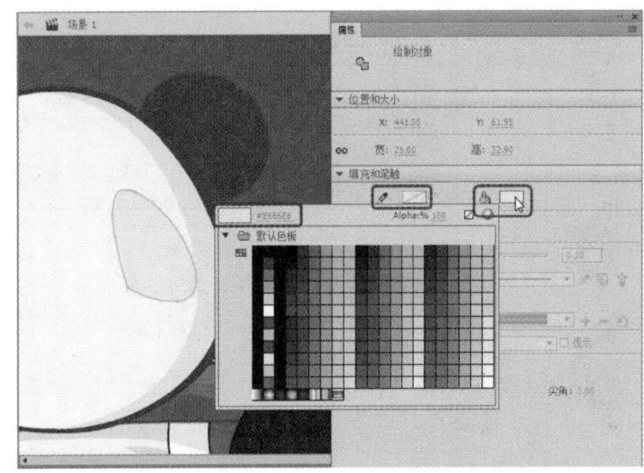

图1-118　绘制图形并设置【填充和笔触】

36 在工具箱中单击【钢笔工具】，在舞台中绘制一个图形，选中绘制的图形，在【属性】面板中将【填充颜色】设置为#1A1A1A，将【笔触颜色】设置为无，如图1-119所示。

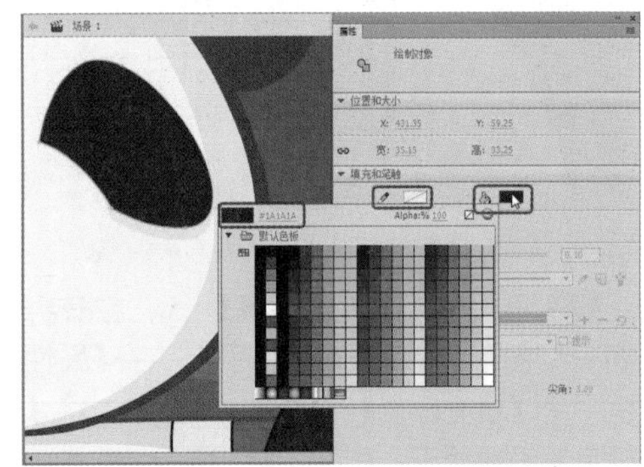

图1-119　绘制图形并设置【填充和笔触】

37 在工具箱中单击【钢笔工具】，在舞台中绘制一个图形，选中绘制的图形，在【属性】面板中将【填充颜色】设置为#0F0F0F，将【笔触颜色】设置为无，如图1-120所示。

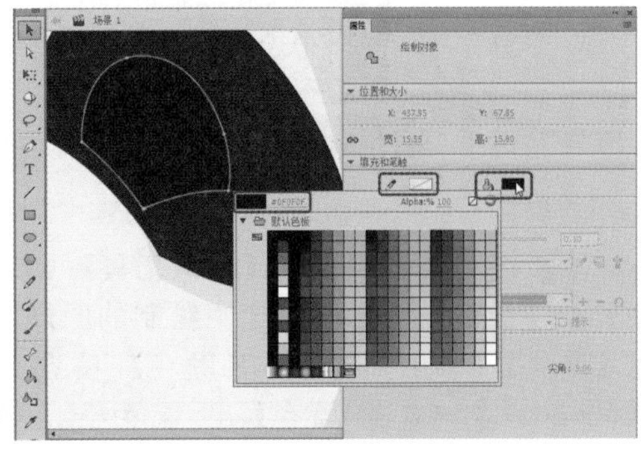

图1-120　绘制图形并设置【填充和笔触】

38 在工具箱中单击【钢笔工具】，在舞台中绘制一个图形，选中绘制的图形，在【颜色】面板中将【笔触颜色】设置为#000000，在【属性】面板中将【填充颜色】设置为#FFFFFF，将【笔触】设置为0.6，如图1-121所示。

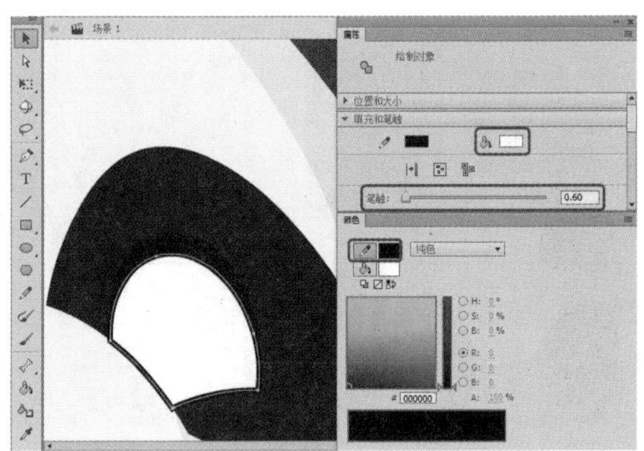

图1-121　绘制图形并设置

39 在工具箱中单击【椭圆工具】，在舞台中绘制一个椭圆形，选中绘制的椭圆形，在【属性】面板中将【填充颜色】设置为#00AEFF，将【笔触颜色】设置为无，如图1-122所示。

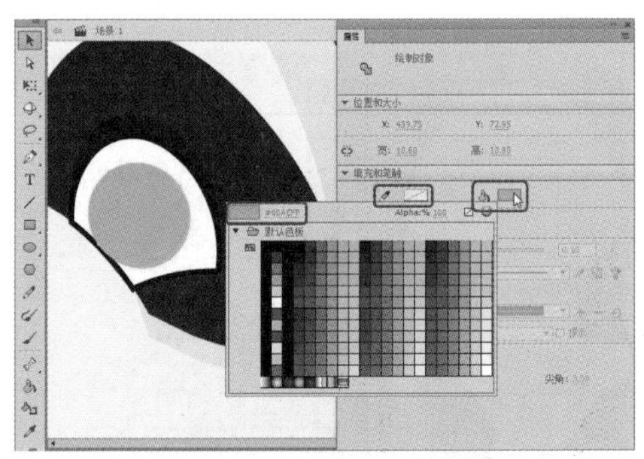

图1-122　绘制椭圆形并设置【笔触和填充】

40 使用相同的方法绘制其他图形，并对绘制的图形进行相应设置，效果如图1-123所示。

图1-123　绘制其他图形后的效果

41 在【时间轴】面板中新建一个图层，将其命名为【文字】，在工具箱中单击【文本工具】T，在舞台中单击鼠标，输入文字，选中输入的文字，在【属性】面板中将【系列】设置为 Cooper Std，将【样式】设置为 Black，将【大小】设置为 95，将【字母间距】设置为 17，将【颜色】设置为 #D19B4E，如图 1-124 所示。

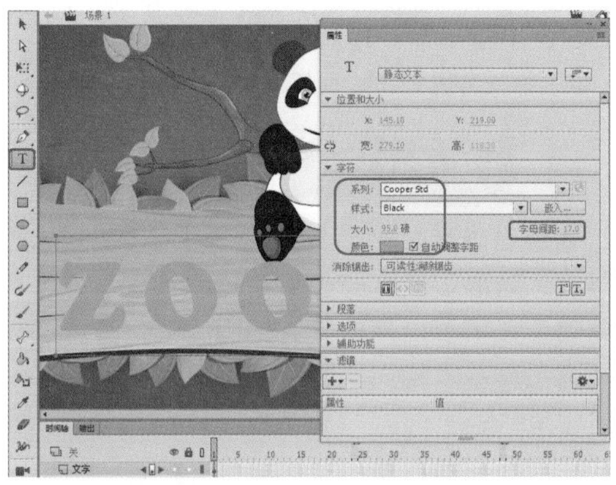

图1-124 输入文字并进行设置

42 选中该文字，进行复制粘贴，选中粘贴后的文字，在舞台中调整其位置，在【属性】面板中将【颜色】设置为 #4E3921，如图 1-125 所示。

图1-125 复制文字并进行设置

知识链接：【属性】面板

【属性】面板中的内容不是固定的，它会随着选择对象的不同而显示不同的设置项，如图 1-126 所示。

例如，在选择绘图工具、选择工作区中的对象或选择某一帧时，【属性】面板都将提供与其对应的选项。灵活应用【属性】面板既可以节约时间，还可以减少面板个数，提供足够大的操作空间。

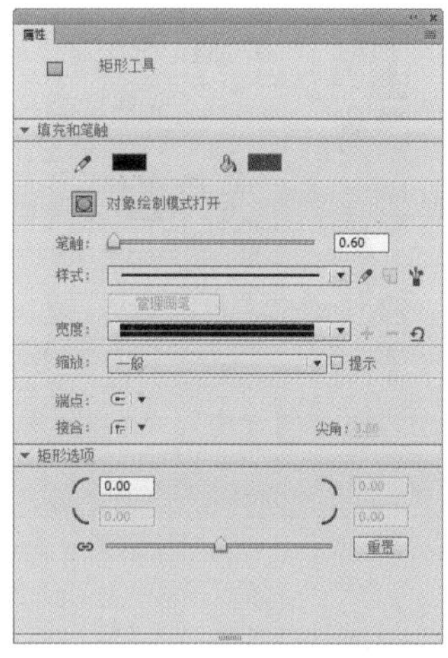

图1-126 【属性】面板

1.3.1 椭圆工具和基本椭圆工具

用椭圆工具绘制的图形是椭圆形或圆形图案。

选择工具箱中的【椭圆工具】，将鼠标指针移至工作区，当指针变成一个十字状态时，即可绘制，如果不想使用默认的绘制属性进行绘制，可以在【属性】面板中进行设置，如图 1-127 所示。

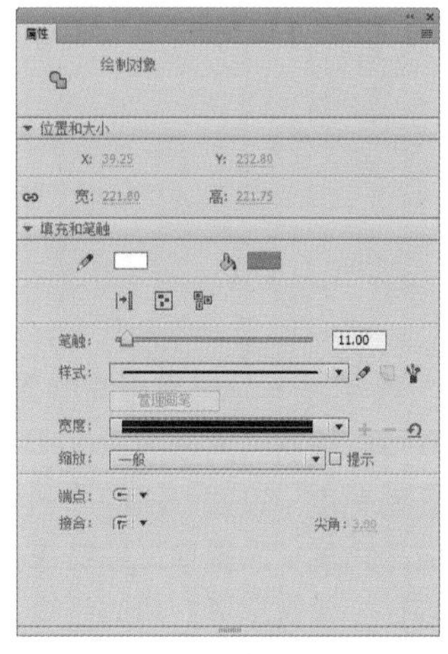

图1-127 【属性】面板

设置好属性后，将鼠标指针移动到工作区，按住左键不放，沿着要绘制的椭圆形方向拖动鼠标，在适当位置释放鼠标，即可在工作区中绘制出一个有填充色和轮廓的椭圆形，如图 1-128 所示。

图1-128　椭圆形绘制完成后的效果

提　示

如果在绘制椭圆形的同时按住 Shift 键，则在工作区中将绘制出一个正圆，按住 Ctrl 键可以暂时切换到选择工具，对工作区中的对象进行选取。

相对于椭圆工具来讲，基本椭圆工具绘制的是更加易于控制的扇形对象。

可以在【属性】面板中更改基本椭圆工具的绘制属性，如图 1-129 所示。

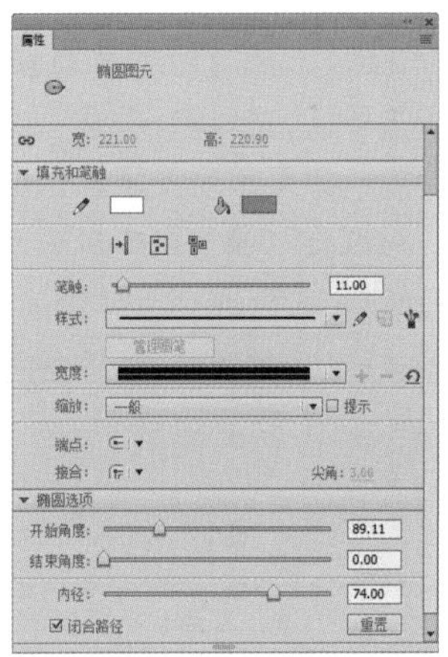

图1-129　【属性】面板

除了与绘制线条时使用相同的属性外，利用以下设置可以绘制出扇形图案。

- 开始角度：设置扇形的起始角度。
- 结束角度：设置扇形的结束角度。
- 内径：设置扇形内角的半径。
- 闭合路径：使绘制出的扇形为闭合扇形。
- 重置：恢复角度、半径的初始值。

使用基本椭圆工具绘制图形的方法与使用椭圆工具是相同的，但绘制出的图形有区别。使用基本椭圆工具绘制出的图形具有节点，通过使用选择工具拖动图形上的节点，可以调出多种形状，如图 1-130 所示。

图1-130　绘制的各种图形

1.3.2　矩形工具和基本矩形工具

顾名思义，矩形工具就是用来绘制矩形图形的。矩形工具有一个很明显的特点，它是从椭圆工具扩展出来的一种绘图工具，其用法与椭圆工具基本相同，利用它可以绘制出带有一定圆角的矩形。

在工具箱中单击【矩形工具】，当鼠标指针在工作区中变成一个十字状态时，即可进行绘制。用户可以在【属性】面板中进行设置，如图 1-131 所示。

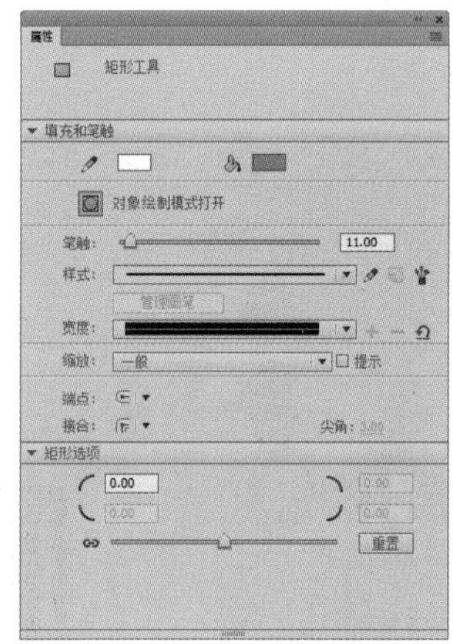

图1-131　矩形工具的【属性】面板

除了与绘制线条时使用相同的属性外，利用以下设置可以绘制出圆角矩形。

- 角度：可以分别设置圆角矩形四个角的角度值，范围为 -100 ～ 100，数字越小，绘制的矩形的 4 个角上的圆角弧度就越小，默认值为 0，即没有弧度，表示 4 个角为直角。也可以拖动下方的滑块，来调整角度的大小。单击按钮，将其变为状态，这样可将 4 个角设置成不同的值。

- 重置：单击【重置】按钮，即可恢复矩形角度的初始值。

设置好属性后，将鼠标指针移动到工作区中，按住左键不放，沿着要绘制的矩形方向拖动鼠标，在适当位置释放鼠标，即可在工作区中绘制出一个矩形，如图 1-132 所示。

图1-132　矩形绘制完成后的效果

> **提　示**
>
> 如果在绘制椭圆形的同时按住 Shift 键，则将在工作区中绘制出一个正方形；按住 Ctrl 键可以暂时切换到选择工具，对工作区中的对象进行选取。

单击工具箱中的【基本矩形工具】，当工作区中的鼠标指针变成十字状态时，即可在工作区中进行绘制。用户可以在【属性】面板中修改默认的绘制属性，如图 1-133 所示。

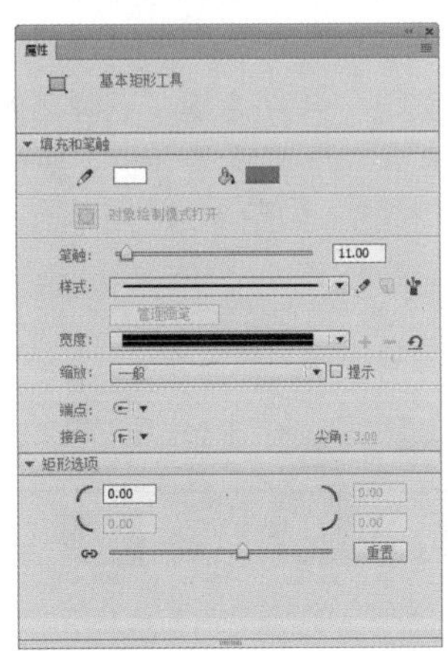

图1-133　基本矩形工具的【属性】面板

设置好属性后，将鼠标指针移动到工作区中，在所绘矩形的大概位置按住鼠标左键不放，沿着要绘制的矩形方向拖动鼠标，在适当位置释放鼠标，工作区中会自动绘制出一个有填充色和轮廓的矩形对象。使用选择工具可以拖动矩形对象上的节点，从而改变矩形对角外观，使其形成不同形状的圆角矩形，如图 1-134 所示。

图1-134　不同形状的圆角矩形

使用基本矩形工具绘制图形的方法与使用矩形工具相同，但绘制出的图形有区别。使用基本矩形工具绘制的图形上面具有节点，通过使用选择工具拖动图形上的节点，可以改变矩形圆角的大小。

1.3.3　多角星形工具

多角星形工具用来绘制多边形或星形，单击工具箱中的【多角星形工具】，当工作区中的鼠标指针变成十字状态时，在工作区中进行绘制。用户可以在【属性】面板中进行设置，如图 1-135 所示。

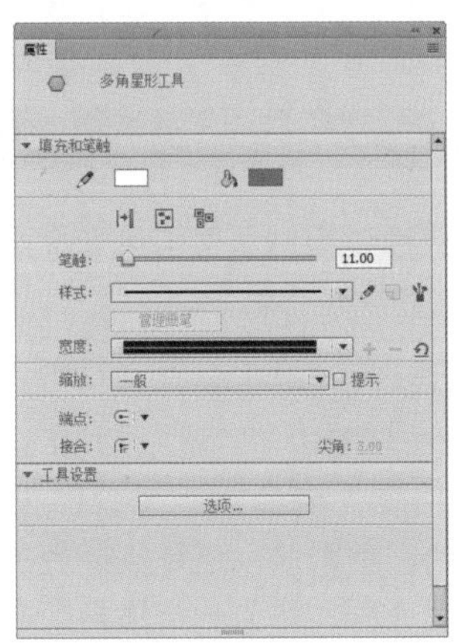

图1-135　多角星形工具的【属性】面板

单击【属性】面板中的【选项】按钮，打开【工具设置】对话框，如图 1-136 所示。

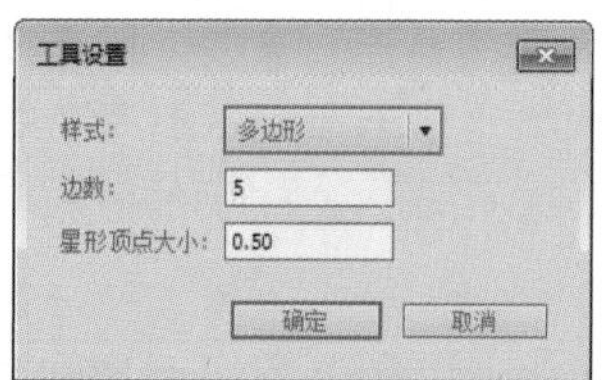

图1-136 【工具设置】对话框

各选项介绍如下。

- 样式：可选择【多边形】或【星形】两个选项。
- 边数：用于设置多边形或星形的边数。
- 星形顶点大小：用于设置星形顶点的大小。

设置好属性后，将鼠标指针移动到工作区中，按住左键不放，沿着要绘制的多角星形方向拖动鼠标，在适当位置释放鼠标，即可在工作区中绘制出多角星形，如图 1-137 所示。

图1-137 不同星形绘制完成后的效果

1.4 上机练习

本节将通过绘制草莓与风景插画两个案例对所学习的内容进行巩固。

1.4.1 绘制草莓

插画带有作者的主观意识，无论是幻想的、夸张的、幽默的，还是象征性的情绪，都能自由表现处理，作为一个插画师必须消化创意主题，对事物有较深刻的理解，才能创作出优秀的插画作品。本节将介绍如何绘制草莓，效果如图 1-138 所示。

图1-138 绘制草莓

素材	素材\Cha01\草莓背景.jpg、草莓文字.png
场景	场景\Cha01\绘制草莓.fla
视频	视频教学\Cha01\绘制草莓.mp4

01 启动软件，按 Ctrl+N 组合键，弹出【新建文档】对话框，在【类型】列表框中选择 ActionScript3.0 选项，在右侧的设置区域中将【宽】【高】分别设置为 450、474，设置完成后，单击【确定】按钮，如图 1-139 所示。

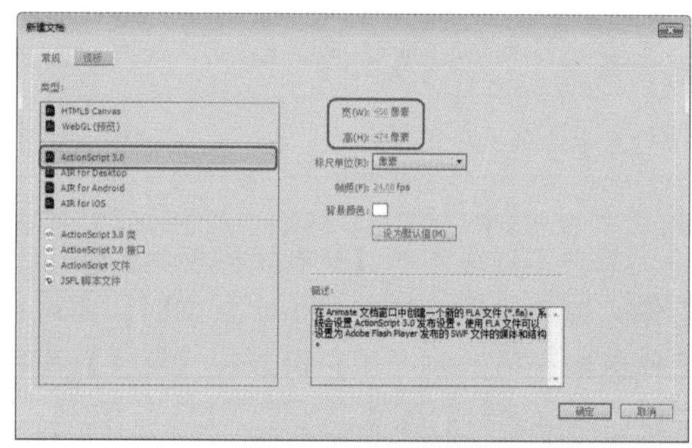

图1-139 设置【新建文档】参数

02 按 Ctrl+R 组合键，在弹出的【导入】对话框中选择“草莓背景 .jpg”素材文件，单击【打开】按钮，如图 1-140 所示。

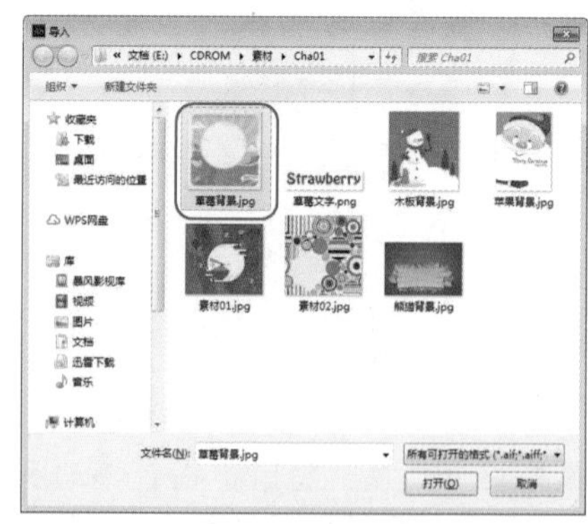

图1-140 选择素材文件

03 在【对齐】面板中，勾选【与舞台对

齐】复选框，单击【水平中齐】、【垂直中齐】和【匹配宽和高】按钮，如图 1-141 所示。

图1-141 导入素材文件

04 在【时间轴】面板中将【图层_1】设置为【背景】，新建一个图层，命名为【叶子】，在工具箱中单击【钢笔工具】，在舞台中绘制一个图形，选中绘制的图形，在【属性】面板中将【填充颜色】设置为 #528236，将【笔触颜色】设置为无，如图 1-142 所示。

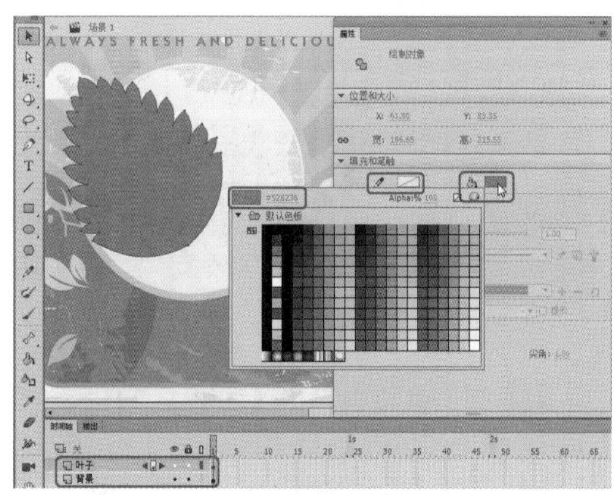

图1-142 绘制图形并设置【填充和笔触】

05 在工具箱中单击【钢笔工具】，在舞台中绘制一个图形，选中绘制的图形，在【属性】面板中将【填充颜色】设置为 #6CA930，将【笔触颜色】设置为无，如图 1-143 所示。

06 在工具箱中单击【钢笔工具】，在舞台中绘制一个图形，选中绘制的图形，在【属性】面板中将【填充颜色】设置为 #41612F，将【笔触颜色】设置为无，如图 1-144 所示。

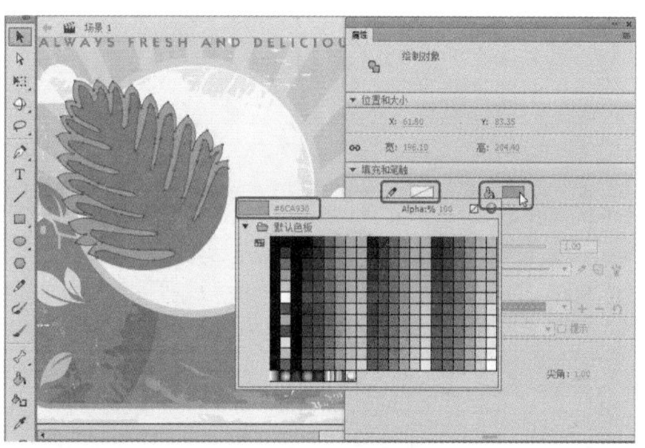

图1-143 绘制图形并设置【填充和笔触】

图1-144 绘制图形并设置【填充和笔触】

07 使用相同的方法绘制其他叶子，如图 1-145 所示。

图1-145 绘制其他叶子后的效果

08 在【时间轴】面板中新建一个图层，将其命名为【草莓】，在工具箱中单击【钢笔工具】，在舞台中绘制一个图形，选中绘制的图形，在【属性】面板中将【填充颜色】设置为 #CC151D，将【笔触颜色】设置为无，如图 1-146 所示。

疑难解答　在利用【钢笔工具】绘制图形时需要注意什么？

利用【钢笔工具】绘制直线的方法比较简单，但是在操作时需要记住单击鼠标左键的同时不要按住鼠标进行拖动，否则将会创建曲线路径。如果绘制水平、垂直或以45°为增量的直线时，可以按住Shift键的同时进行单击。

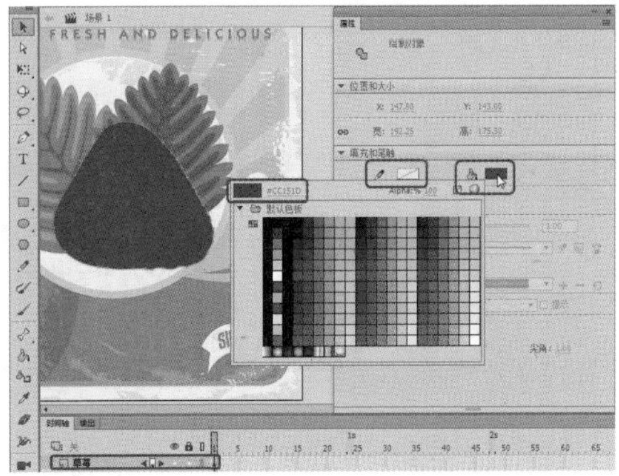

图1-146　绘制图形并设置【填充和笔触】

09 在工具箱中单击【钢笔工具】，在舞台中绘制一个图形，选中绘制的图形，在【属性】面板中将【填充颜色】设置为 #9A1F24，将【笔触颜色】设置为无，如图 1-147 所示。

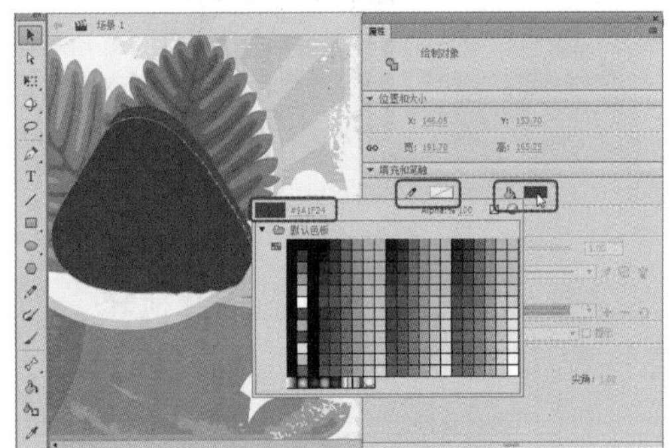

图1-147　绘制图形并设置【填充和笔触】

10 在工具箱中单击【钢笔工具】，在舞台中绘制一个图形，选中绘制的图形，在【属性】面板中将【填充颜色】设置为 #B61D24，将【笔触颜色】设置为无，如图 1-148 所示。

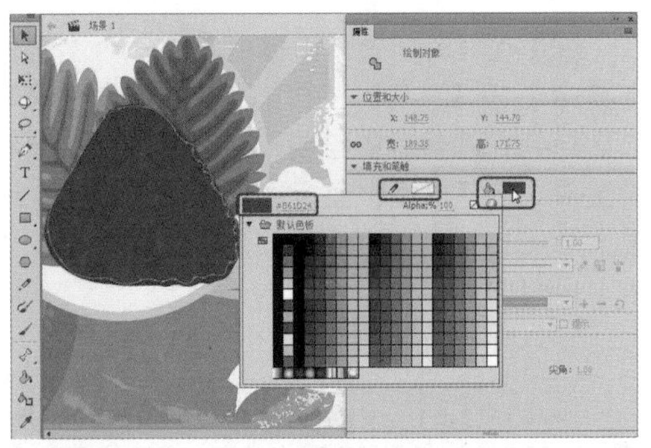

图1-148　绘制图形并设置【填充和笔触】

11 在工具箱中单击【钢笔工具】，在舞台中绘制一个图形，选中绘制的图形，在【属性】面板中将【填充颜色】设置为 #CC151D，将【笔触颜色】设置为无，如图 1-149 所示。

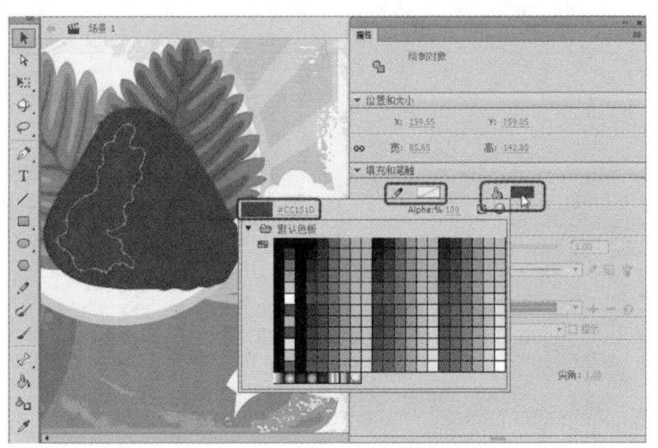

图1-149　绘制图形并设置【填充和笔触】

12 在工具箱中单击【钢笔工具】，在舞台中绘制一个图形，选中绘制的图形，在【属性】面板中将【填充颜色】设置为 #DA4332，将【笔触颜色】设置为无，如图 1-150 所示。

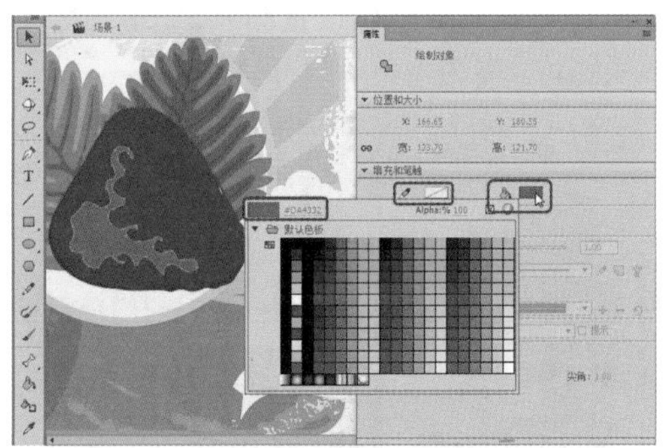

图1-150　绘制图形并设置【填充和笔触】

13 在工具箱中单击【钢笔工具】，在舞台中绘制一个图形，选中绘制的图形，在【属性】面板中将【填充颜色】设置为 #E99B91，将【笔触颜色】设置为无，如图 1-151 所示。

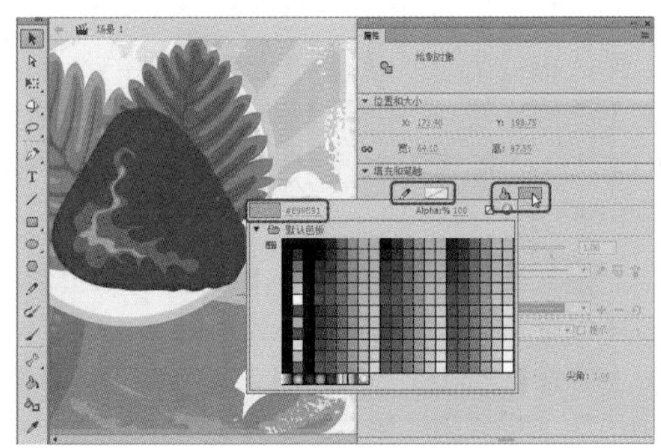

图1-151　绘制图形并设置【填充和笔触】

14 在工具箱中单击【钢笔工具】，在舞台中绘制一个图形，选中绘制的图形，在【属性】面板中将【填充颜色】设置为#CC151D，将【笔触颜色】设置为无，如图 1-152 所示。

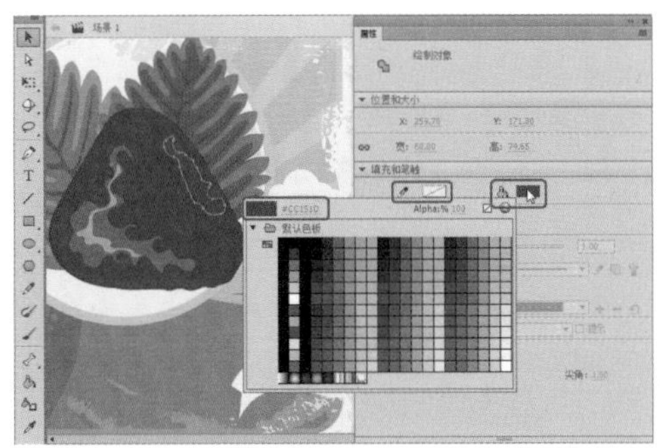

图1-152 绘制图形并设置【填充和笔触】

15 在工具箱中单击【钢笔工具】，在舞台中绘制一个图形，选中绘制的图形，在【属性】面板中将【填充颜色】设置为 #9A1F24，将【笔触颜色】设置为无，如图 1-153 所示。

图1-153 绘制图形并设置【填充和笔触】

16 在工具箱中单击【钢笔工具】，在舞台中绘制一个图形，选中绘制的图形，在【属性】面板中将【填充颜色】设置为 #9A1F24，将【笔触颜色】设置为无，如图 1-154 所示。

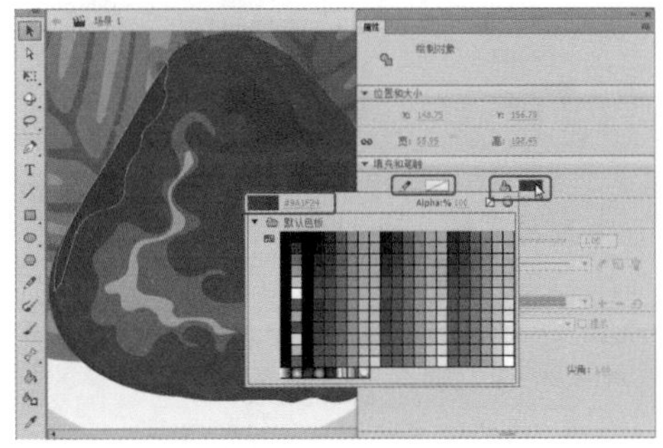

图1-154 绘制图形并设置【填充和笔触】

17 使用【钢笔工具】在舞台中绘制一个图形，在【属性】面板中将【填充颜色】设置为 #E89573，将【笔触颜色】设置为无，如图 1-155 所示。

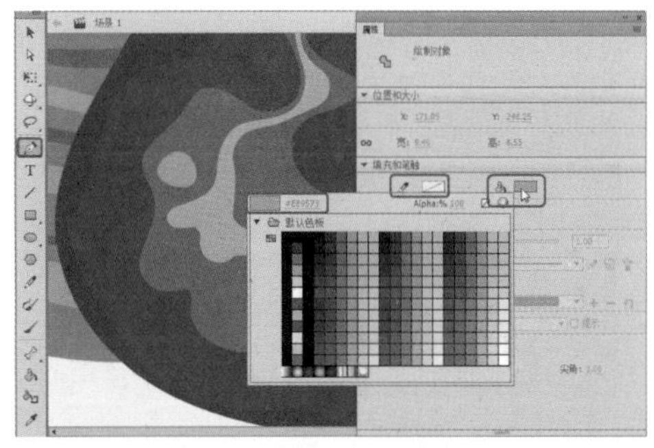

图1-155 绘制图形并设置【填充和笔触】

18 再次使用【钢笔工具】在舞台中绘制一个图形，在【属性】面板中将【填充颜色】设置为 #B61D24，将【笔触颜色】设置为无，效果如图 1-156 所示。

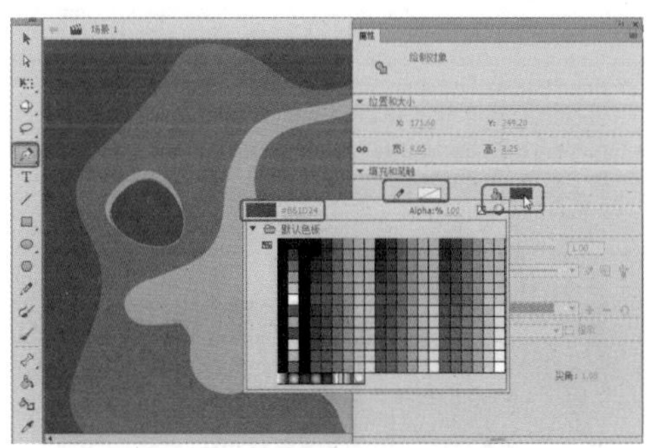

图1-156 再次绘制图形并设置【填充和笔触】

19 使用【钢笔工具】在舞台中绘制一个图形，选中该图形，在【属性】面板中将【填充颜色】设置为 #C15C1D，将【笔触颜色】设置为无，如图 1-157 所示。

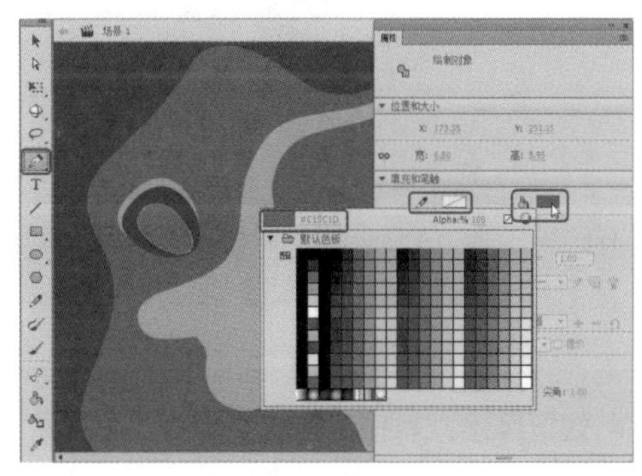

图1-157 绘制图形并设置【填充和笔触】

20 使用【钢笔工具】在舞台中绘制一个图形，选中该图形，在【属性】面板中将【填充颜色】设置为#F2C820，将【笔触颜色】设置为无，如图1-158所示。

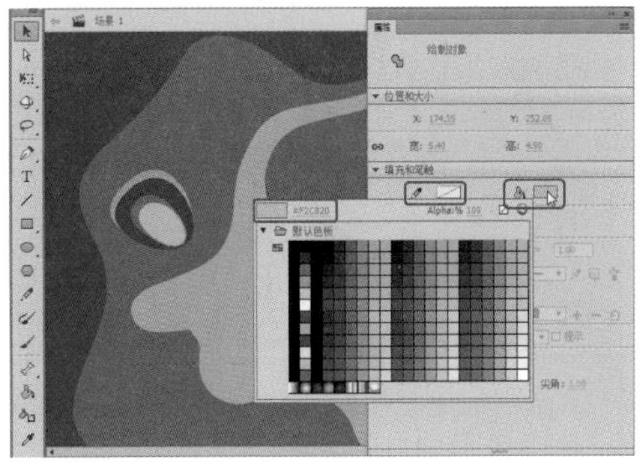

图1-158　绘制图形并设置【填充和笔触】

21 使用【钢笔工具】在舞台中绘制一个图形，选中该图形，在【属性】面板中将【填充颜色】设置为#FFFFFF，将【笔触颜色】设置为无，如图1-159所示。

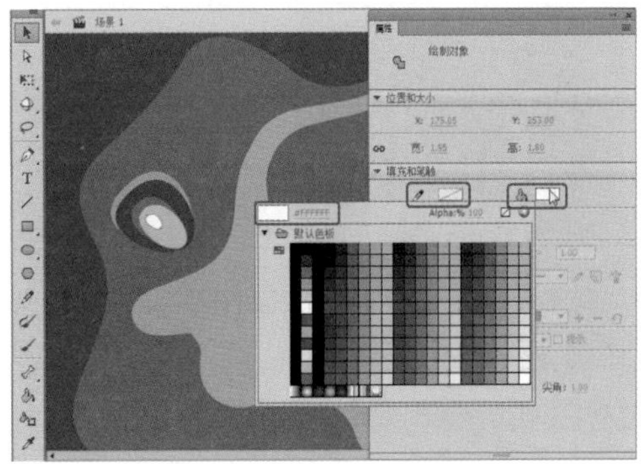

图1-159　绘制图形并设置【填充和笔触】

22 使用同样的方法绘制其他图形，并对绘制的图形进行设置，效果如图1-160所示。

图1-160　绘制其他图形后的效果

知识链接：网格工具的使用

当图形中有多个图形时，放置的位置有时会不统一，可以通过显示网格来方便绘图。

网格是显示或隐藏在所有场景中的绘图栅格，网格的存在可以方便绘图，如图1-161所示。

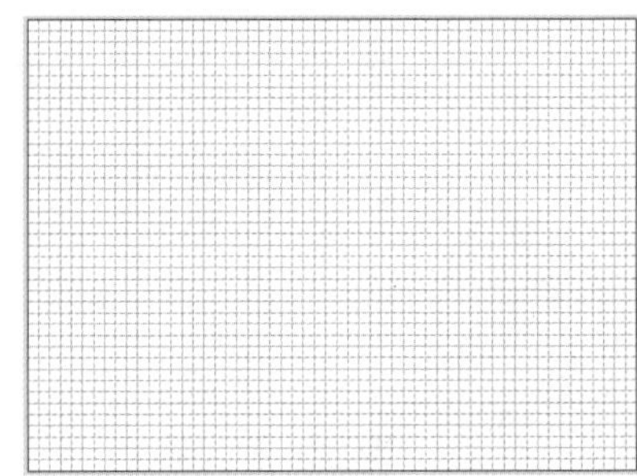

图1-161　显示网格

1. 显示/隐藏网格

默认情况下网格是不显示的，若在菜单栏中选择【视图】|【网格】|【显示网格】命令，如图1-162所示，则舞台上将出现灰色的小方格，默认大小为10像素×10像素。

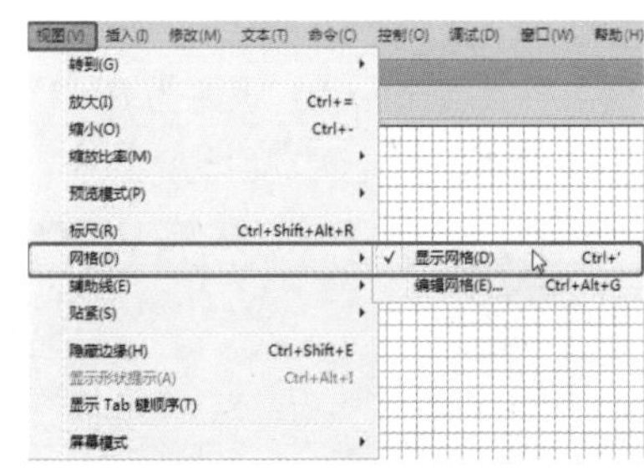

图1-162　选择【显示网格】命令

2. 对齐网格

要对齐网格线，可以在菜单栏中选择【视图】|【贴紧】|【贴紧至网格】命令，如图1-163所示。再次执行该命令，则可以取消对齐网格。

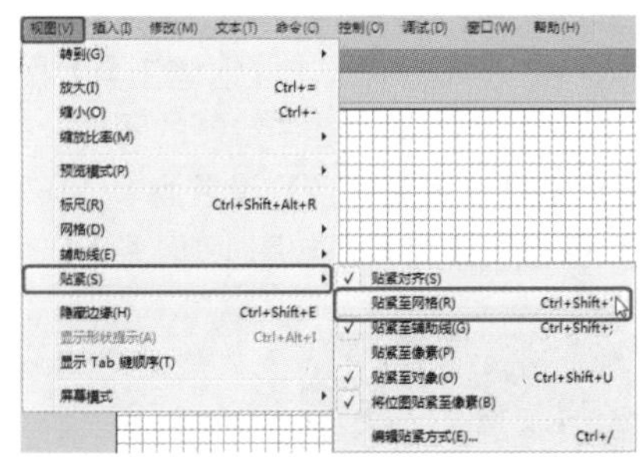

图1-163　选择【贴紧至网格】命令

3. 修改网格参数

网格的作用是辅助绘图。在菜单栏中选择【视图】|【网格】|【编辑网格】命令，打开【网格】对话框，如图1-164所示。

【网格】对话框中的各项参数功能如下。

- 颜色：单击色块可以打开拾色器，在其中选择一种颜色作为网格线的颜色。

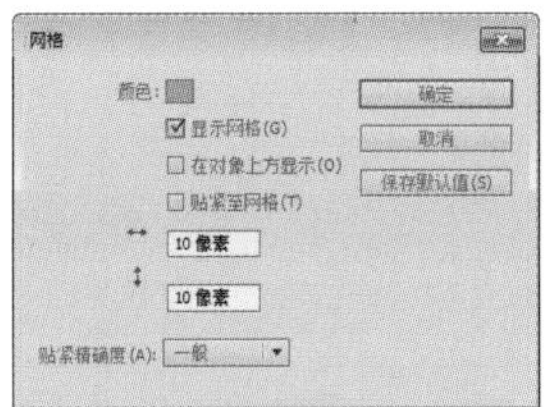

图1-164 【网格】对话框

- 显示网格：勾选该复选框，在文档中显示网格。
- 在对象上方显示：勾选该复选框，网格将显示在文档的对象上方，如图 1-165 所示。

图1-165 在对象上方显示网格

- 贴紧至网格：勾选该复选框，在移动对象时，对象的中心或某条边会贴紧附近的网格。
- 【宽度】↔、【高度】↕：分别用于设置网格的宽度和高度。
- 【贴紧精确度】：用于设置对齐精确度，有【必须接近】、【一般】、【可以远离】和【总是贴紧】四个选项。
- 保存默认值：单击该按钮，可以将当前的设置保存为默认设置。

23 在【时间轴】面板中新建图层，将其命名为【文字】，按 Ctrl+R 组合键，在弹出的【导入】对话框中选择“草莓文字 .png”素材文件，单击【打开】按钮，如图 1-166 所示。

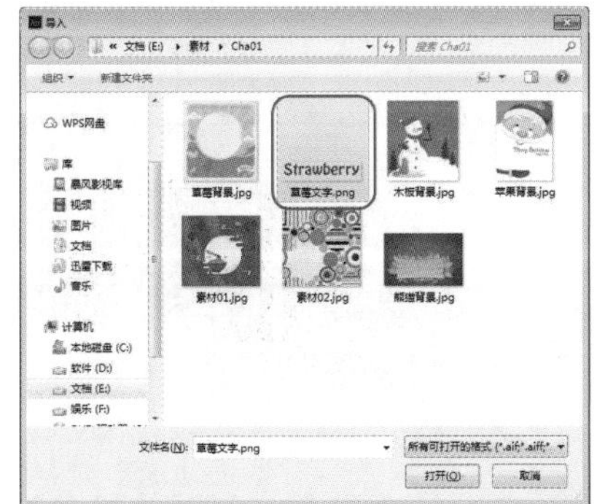

图1-166 新建图层并选择素材文件

24 在舞台中调整文字的位置、大小及旋转角度，效果如图 1-167 所示。

图1-167 调整素材文件后的效果

1.4.2 绘制风景插画

随着艺术的日益商品化和新的绘画材料及工具的出现，插画艺术进入商业化时代。本节将介绍如何绘制风景插画，效果如图 1-168 所示。

素材	无
场景	场景\Cha01\绘制风景插画.fla
视频	视频教学\Cha01\绘制风景插画.mp4

图1-168 绘制风景插画

01 启动软件，按 Ctrl+N 组合键，弹出【新建文档】对话框，在【类型】列表框中选择 ActionScript3.0 选项，在右侧的设置区域中将【宽】、【高】分别设置为 500、544，设置完成后单击【确定】按钮，如图 1-169 所示。

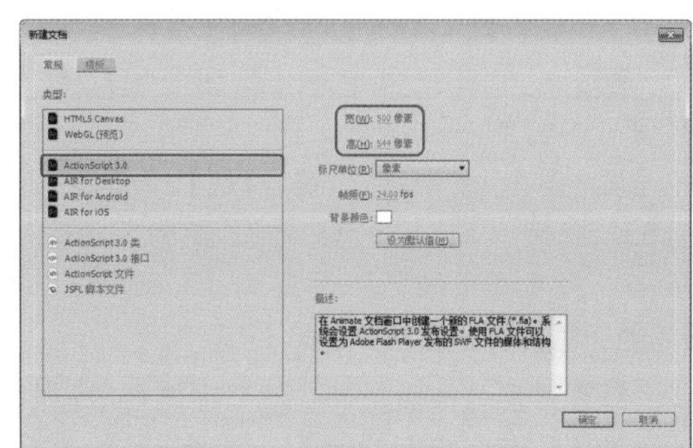

图1-169 设置新建文档参数

02 在工具箱中单击【矩形工具】，在舞台中绘制一个矩形，选中绘制的矩形，在【属性】面板中将【宽】、【高】设置为500、544，将X、Y都设置为0，将【填充颜色】设置为#C4E8FA，将【笔触颜色】设置为无，如图1-170所示。

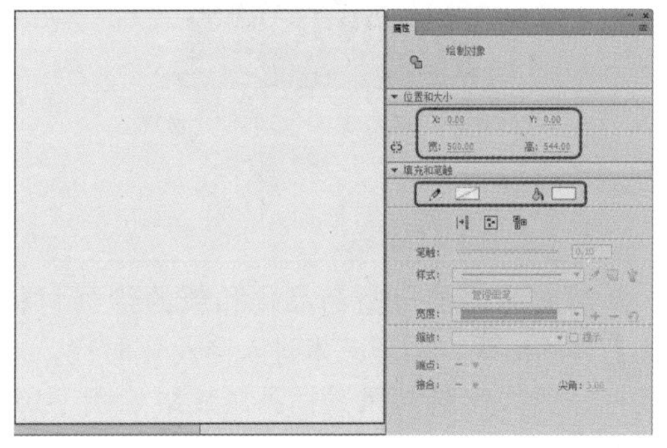

图1-170　绘制矩形并进行设置

03 在工具箱中单击【椭圆工具】，在舞台中绘制一个椭圆，选中绘制的椭圆，在【属性】面板中将【宽】、【高】分别设置为600、105，将X、Y分别设置为-50.45、462.6，将【填充颜色】设置为#6B9B30，将【笔触颜色】设置为无，如图1-171所示。

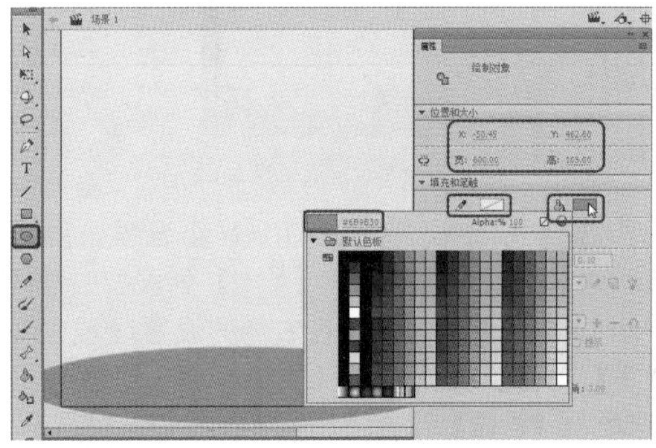

图1-171　绘制椭圆并进行设置

04 在工具箱中单击【椭圆工具】，在舞台中绘制一个椭圆，选中绘制的椭圆，在【属性】面板中将【宽】、【高】分别设置为535.5、59，将X、Y分别设置为-10.35、465.6，将【填充颜色】设置为#7CAB34，将【笔触颜色】设置为无，如图1-172所示。

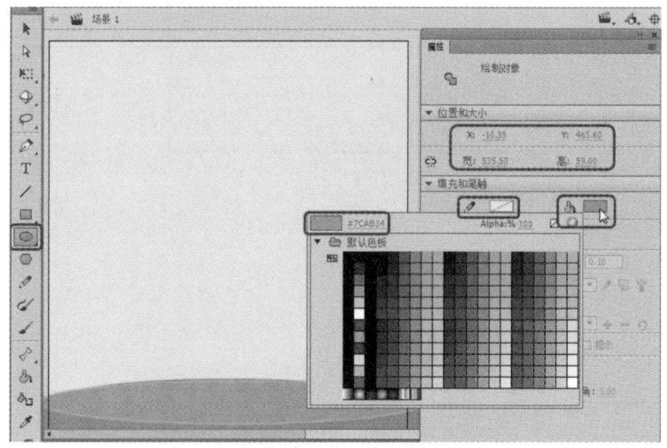

图1-172　绘制椭圆

05 使用【椭圆工具】，在舞台中绘制一个椭圆，选中绘制的椭圆，在【属性】面板中将【宽】、【高】分别设置为455、38，将X、Y分别设置为32.75、464.3，将【填充颜色】设置为#92BB35，将【笔触颜色】设置为无，如图1-173所示。

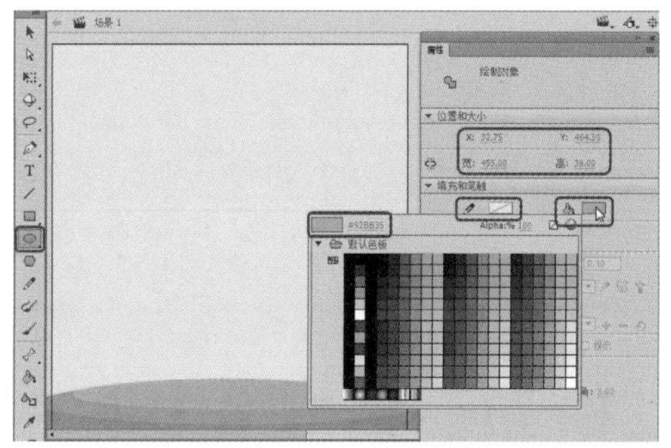

图1-173　绘制椭圆并进行设置

06 使用【椭圆工具】，在舞台中绘制一个椭圆，选中绘制的椭圆，在【属性】面板中将【宽】、【高】分别设置为363、27.8，将X、Y分别设置为82.75、461.4，将【填充颜色】设置为#A0CC3A，将【笔触颜色】设置为无，如图1-174所示。

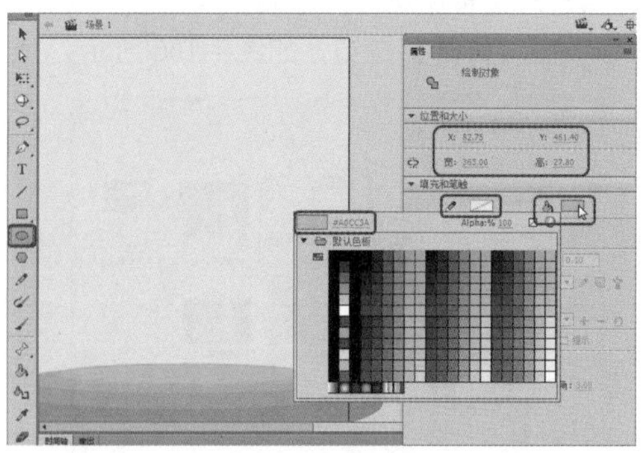

图1-174　绘制椭圆并进行设置

07 在工具箱中单击【钢笔工具】，在舞台中绘制一个图形，选中绘制的图形，在【属性】面板中将【填充颜色】设置为#EEF8FD，将【笔触颜色】设置为无，如图 1-175 所示。

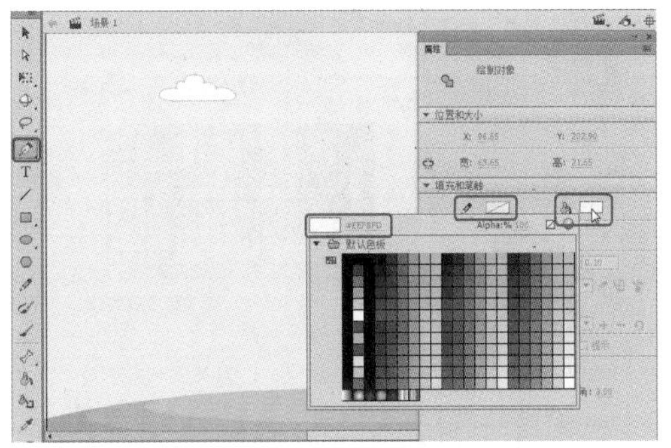

图1-175 绘制图形并设置【填充和笔触】

08 再次使用【钢笔工具】在舞台中绘制三个图形，选中绘制的图形，在【属性】面板中将【填充颜色】设置为 #EEF8FD，将【笔触颜色】设置为无，如图 1-176 所示。

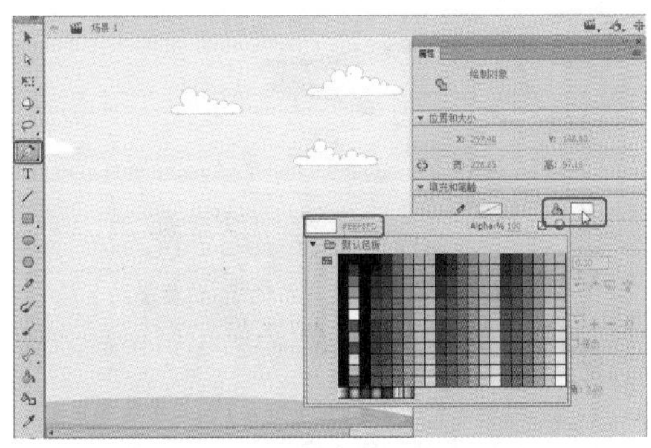

图1-176 绘制其他图形并设置【填充和笔触】

09 使用【钢笔工具】在舞台中绘制一个图形，在【属性】面板中将【填充颜色】设置为 #603913，将【笔触颜色】设置为无，如图 1-177 所示。

图1-177 绘制图形并设置【填充和笔触】

10 使用【钢笔工具】在舞台中绘制一个图形，在【属性】面板中将【填充颜色】设置为 #83440F，将【笔触颜色】设置为无，如图 1-178 所示。

图1-178 绘制图形并设置【填充和笔触】

11 使用【钢笔工具】在舞台中绘制一个图形，选中绘制的图形，在【属性】面板中将【填充颜色】设置为 #2F8B03，将【笔触颜色】设置为无，如图 1-179 所示。

提 示

在绘制树干形状时，起初绘制的图形并不圆滑，可以使用【部分选取工具】对绘制的图形进行调整。

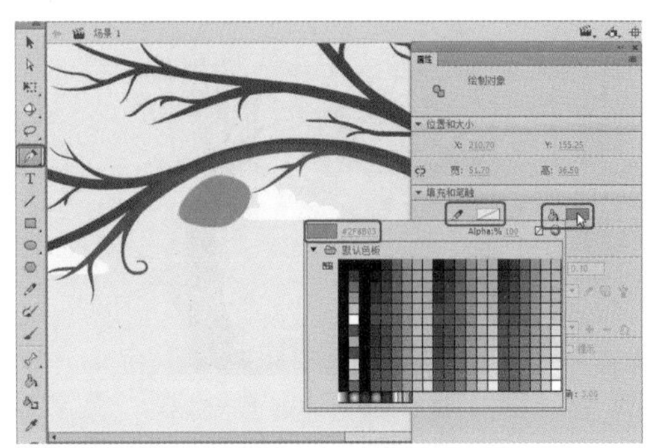

图1-179 绘制图形并设置【填充和笔触】

12 使用【钢笔工具】在舞台中绘制一个图形，选中绘制的图形，在【属性】面板中将【填充颜色】设置为 #34AC00，将【笔触颜色】设置为无，如图 1-180 所示。

13 再次使用【钢笔工具】在舞台中绘制一个图形，选中绘制的图形，在【属性】面板中将【填充颜色】设置为 #2B7703，将【笔触颜色】设置为无，如图 1-181 所示。

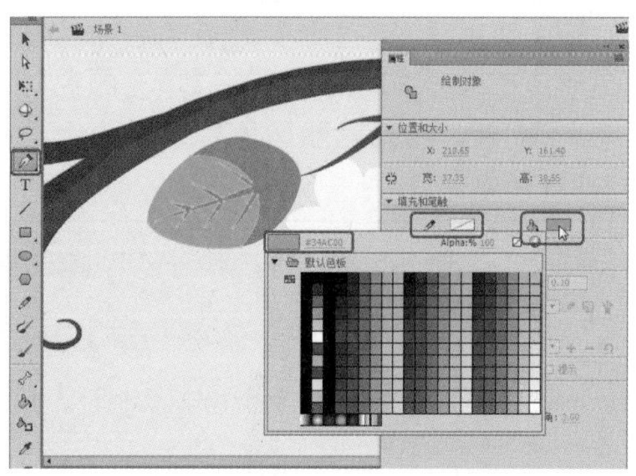

图1-180　绘制图形并设置【填充和笔触】

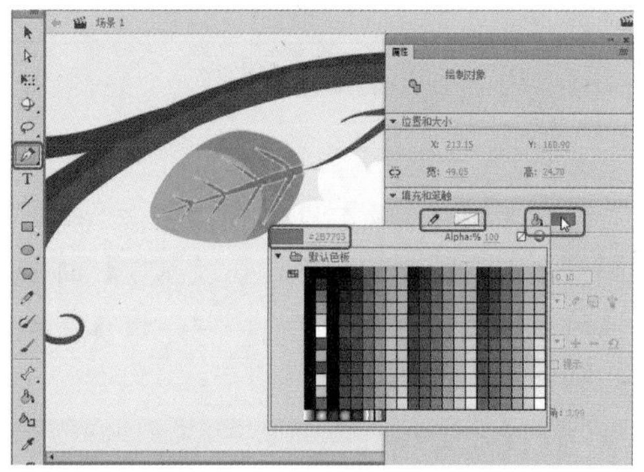

图1-181　绘制图形并设置【填充和笔触】

14 使用同样的方法绘制其他叶子图形，如图 1-182 所示。

图1-182　绘制其他叶子图形

疑难解答　在绘制完一片叶子对象时，有什么快捷方法绘制其他叶子图形吗？

用户可以选中绘制的第一片叶子对象，按Ctrl+C组合键，对其进行复制，然后按Ctrl+V组合键进行粘贴，粘贴完成后，用户可以通过使用【部分选取工具】对叶子进行简单调整，既简单又快捷。

15 在工具箱中单击【钢笔工具】，在舞台中绘制一个图形，选中绘制的图形，在【属性】面板中将【填充颜色】设置为 #FFC9D4，将【笔触颜色】设置为无，如图 1-183 所示。

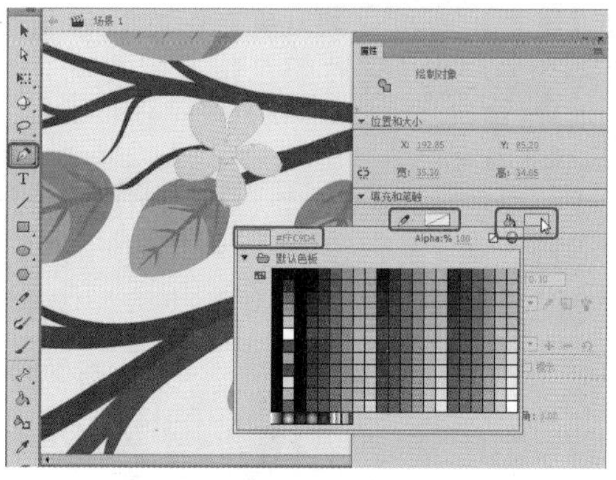

图1-183　绘制图形并设置【填充和笔触】

16 在工具箱中单击【钢笔工具】，在舞台中绘制一个图形，选中绘制的图形，在【属性】面板中将【填充颜色】设置为 #EE9DB1，将【笔触颜色】设置为无，如图 1-184 所示。

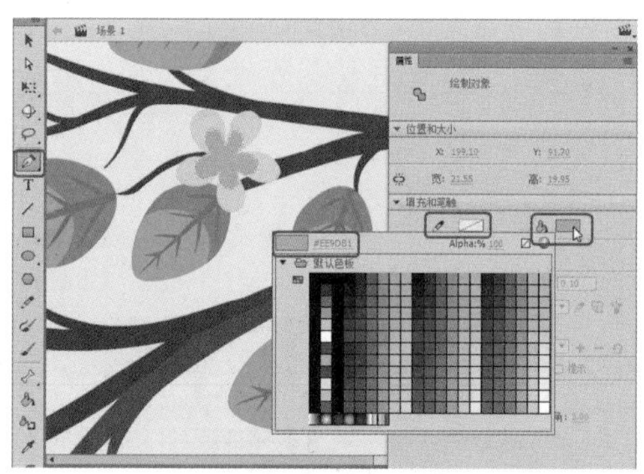

图1-184　绘制图形并设置【填充和笔触】

17 在工具箱中单击【钢笔工具】，在舞台中绘制一个图形，选中绘制的图形，在【属性】面板中将【填充颜色】设置为 #EC82A1，将【笔触颜色】设置为无，如图 1-185 所示。

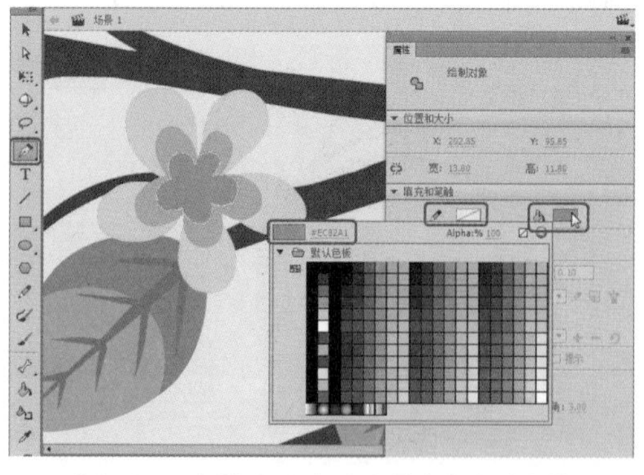

图1-185　绘制图形并设置【填充和笔触】

18 使用同样的方法绘制其他图形，如图 1-186 所示。

图1-186 绘制其他图形后的效果

19 在菜单栏中选择【修改】|【组合】命令，将选中的图形进行成组并复制，调整其位置及大小，效果如图 1-187 所示。

图1-187 复制图形并进行调整

20 根据前面的方法绘制小草图形，效果如图 1-188 所示。

图1-188 绘制小草图形

21 在【时间轴】面板中新建一个图层，在工具箱中单击【矩形工具】，在舞台中绘制一个矩形，在【属性】面板中将 X、Y 都设置为 0，将【宽】、【高】分别设置为 500、544，随意设置一种填充颜色，将【笔触颜色】设置为无，如图 1-189 所示。

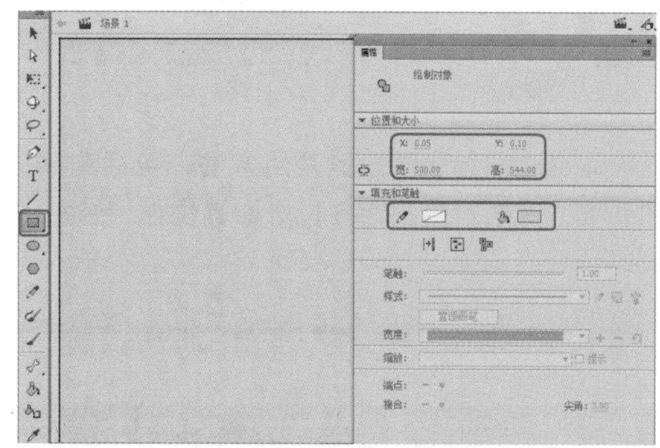

图1-189 新建图层并设置

22 在【时间轴】面板中选择【图层_2】图层，单击鼠标右键，在弹出的快捷菜单中选择【遮罩层】命令，执行完成后，即可创建一个遮罩图层，效果如图 1-190 所示。

图1-190 创建遮罩层后的效果

1.5 习题与训练

1. 在使用【线条工具】绘制图形时，Ctrl 键和 Shift 键分别有什么作用？

2. 如何利用【椭圆工具】绘制正圆？

3. 如何利用【多角星形工具】绘制五角星？

第 2 章 设计宣传海报——图形的编辑与操作

本章介绍编辑图形的常用方法，包括选择工具的使用，任意变形工具的使用，图形的组合和分离，图形对象的对齐与修饰等操作，缩放工具和手形工具等辅助工具的使用。

基础知识

- 选择工具
- 部分选取工具

重点知识

- 任意变形工具
- 组合对象和分离对象

提高知识

- 扭曲对象
- 对象的对齐

海报设计是视觉传达的表现形式之一，通过版面的构成在第一时间内将人们的目光吸引，并获得瞬间的刺激。这要求设计者将图片、文字、色彩、空间等要素进行完美的结合，以恰当的形式展示宣传信息。

2.1 制作中秋海报——选择工具的使用

海报是一种常见的宣传方式，多用于影视剧和新品、商业活动等宣传中，通过对图片、文字、色彩、空间等要素进行完美的结合，展示宣传信息，效果如图 2-1 所示。

图2-1 中秋海报

素材	素材\Cha02\中秋海报素材.fla
场景	场景\Cha02\制作中秋海报——选择工具的使用.fla
视频	视频教学\Cha02\制作中秋海报——选择工具的使用.mp4

01 打开“中秋海报素材 .fla”素材文件，如图 2-2 所示。

图2-2 打开素材文件

02 在工具箱中单击【选择工具】按钮，选择文本“中”，如图 2-3 所示。

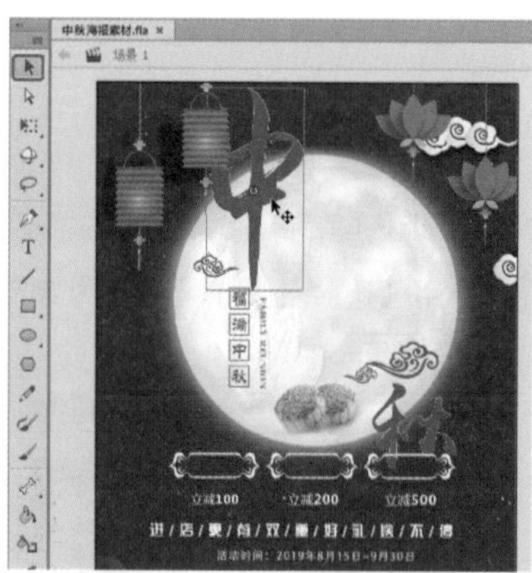

图2-3 选择文本

提 示

选择对象是进行对象编辑和修改的前提条件，Animate 提供了丰富的对象选取方法，理解对象的概念并清楚各种对象在选中状态下的表现形式是很有必要的。使用工具箱中的【选择工具】可以选取线条、填充区域和文本等对象。

03 将文本移动至如图 2-4 所示的位置。

图2-4 移动文本的位置

04 再次使用【选择工具】，选择“秋”文本，调整文本的位置，如图 2-5 所示。

图2-5 调整位置

疑难解答 如何取消选择单个项?

可以通过以下方法，取消选择单个项。

(1) 按住 Shift 键。

(2) 单击此单个项。

单个项可以是任何笔触、填充或绘制对象。

05 使用【选择工具】选择装饰框对象，如图 2-6 所示。

图2-6 选择装饰框对象

06 调整装饰框的位置，如图 2-7 所示。

图2-7 调整位置

提 示

在【属性】面板中设置 X、Y，可调整对象的具体位置。

2.1.1 使用选择工具

在绘图过程中，选择对象的过程通常就是使用选择工具的过程。使用选择工具的操作方法如下。

1. 选择对象

在工作区中使用【选择工具】选择对象的方法如下。

(1) 单击图形对象的边缘部位，即可选中该对象的一条边，双击图形对象的边缘部位，即可选中该对象的所有边，如图 2-8 所示。

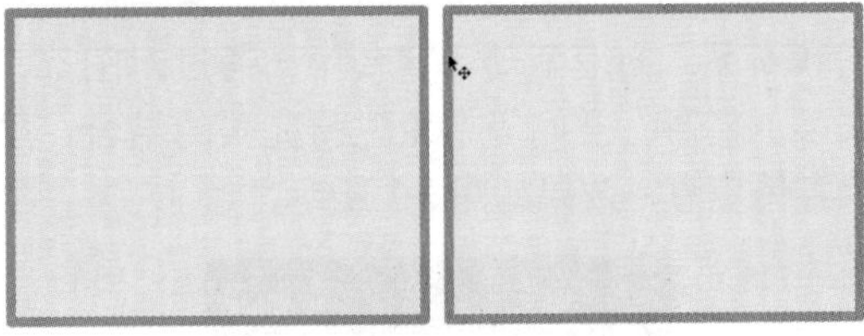

图2-8 选择边

(2) 单击图形对象的面，则会选中对象的面；双击图形对象的面，则会同时选中该对象的面和边，如图 2-9 所示。

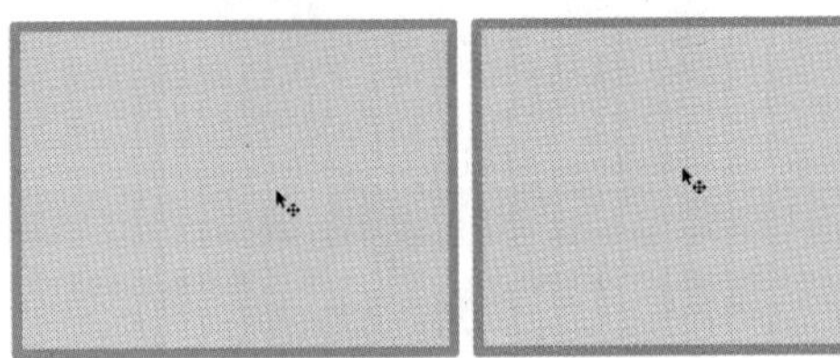

图2-9 选择面

(3) 通过拖曳鼠标可以选取整个对象，如图 2-10 所示。

图2-10 选择整个对象

(4) 按住 Shift 键依次单击要选取的对象，可以同时选择多个对象；如果再次单击已被选中的对象，则可以取消选取，如图 2-11 所示。

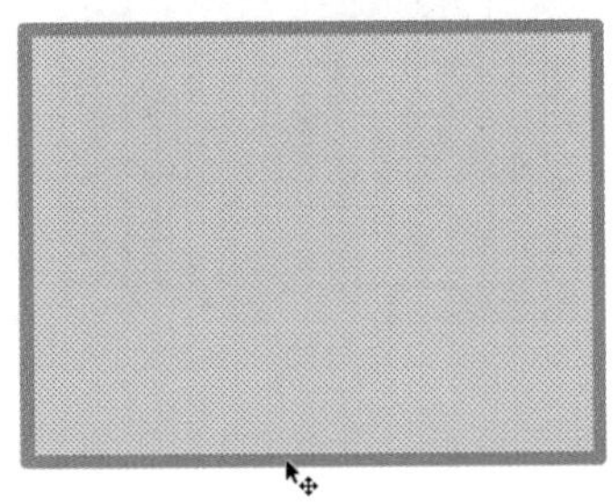

图2-11 选择面和边

2. 移动对象

使用【选择工具】▶也可以对图形对象进行移动操作，但是根据对象的不同属性，会有下面几种不同的情况。

（1）使用鼠标双击选取图形对象的边后，拖动鼠标使对象的边和面分离，如图 2-12 所示。

图2-12 进行移动

（2）使用鼠标单击边线外的面，拖动选取的面可以获得边线分割面的效果，如图 2-13 所示。

图2-13 分割效果

（3）选择【选择工具】▶，双击矩形图像，将其拖曳到圆形的左方，此时覆盖的区域已经被删除，如图 2-14 所示。

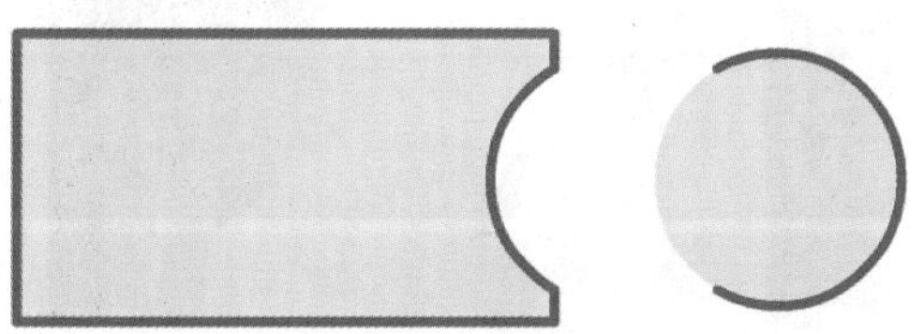

图2-14 覆盖区域被删除

（4）两个组合后的图形对象叠加放置，移走覆盖的对象后，下面被覆盖的部分不会被删除，如图 2-15 所示。

图2-15 没有变化

3. 变形对象

使用【选择工具】▶除了可以选取对象外，还可以对图形对象进行变形操作。当鼠标处于选择工具的状态时，指针放在对象的不同位置，会有不同的变形操作方式。

（1）放在对象的边角上时，指针会变成↖形状，此时单击并拖动鼠标，可以实现对象的边角变形操作，如图 2-16 所示。

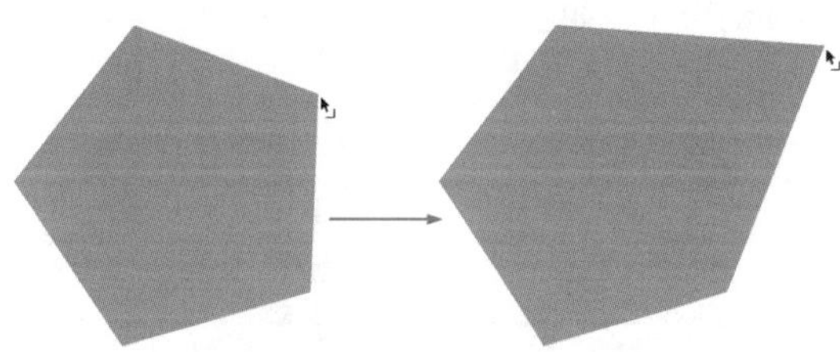

图2-16 边角变形操作

（2）放在对象的边线上时，指针会变成↖形状，此时单击并拖动鼠标，可以实现对象的边线变形操作，如图 2-17 所示。

图2-17 边线变形操作

2.1.2 使用部分选取工具

【部分选取工具】不仅具有像【选择工具】那样的选择功能，而且还可以对图形进行变形处理，被【部分选取工具】选择的对象轮廓线上会出现很多控制点，表示该对象已被选中。

（1）使用【部分选取工具】▷单击矢量图的边缘部分，形状的路径和所有的锚点会自动显示出来，如图 2-18 所示。

图2-18 显示描点

(2) 使用【部分选取工具】选择对象任意锚点后，拖动鼠标到任意位置即可完成对锚点的移动操作，如图 2-19 所示。

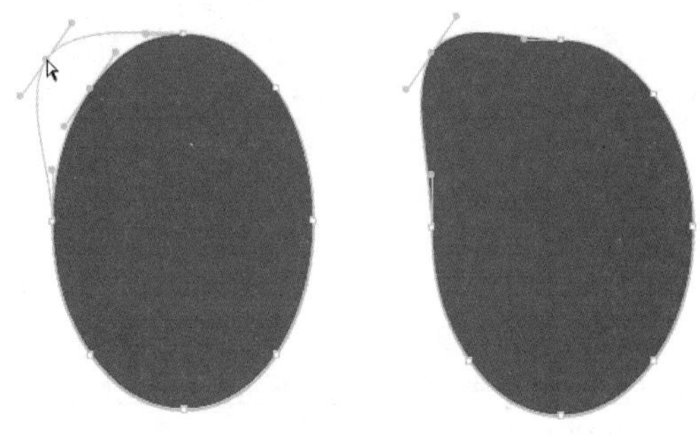

图2-19 变形操作

(3) 使用【部分选取工具】单击要编辑的锚点，此时该锚点的两侧会出现调节手柄，拖动手柄的一端可以实现对曲线的形状编辑操作，如图 2-20 所示。

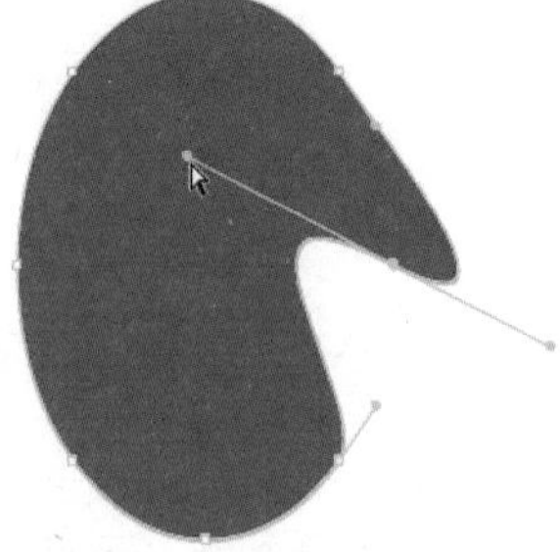

图2-20 编辑曲线

提 示

按住 Alt 键拖动手柄，可以只移动一边的手柄，而另一边手柄则保持不动。

2.2 制作店铺墙上LOGO——任意变形工具的使用

LOGO 是徽标或者商标的外语缩写，起到对徽标拥有公司的识别和推广作用，有创意的徽标可以让消费者记住公司主体和品牌文化。网络中的徽标主要是各个网站用来与其他网站链接的图形标志，代表一个网站或网站的一个板块。本例通过使用【任意变形】工具，对图形对象进行自由变换操作。效果如图 2-21 所示。

图2-21 店铺墙上的LOGO

素材	素材\Cha02\店铺墙上LOGO素材.fla、字母LOGO.png
场景	场景\Cha02\制作店铺墙上LOGO——任意变形工具的使用.fla
视频	视频教学\Cha02\制作店铺墙上LOGO——任意变形工具的使用.mp4

01 打开“店铺墙上 LOGO 素材 .fla”素材文件，如图 2-22 所示。

图2-22 打开素材文件

02 按 Ctrl+R 组合键，弹出【导入】对话框，选择“字母 LOGO.png”素材文件，单击【打开】按钮，如图 2-23 所示。

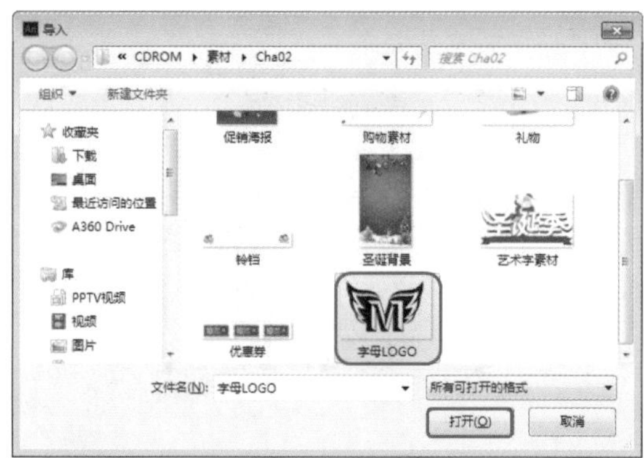

图2-23 导入素材文件

03 选择导入的素材文件，打开【变形】面板，将【缩放宽度】、【缩放高度】都设置为 18，如图 2-24 所示。

图2-24 设置变形参数

04 单击【任意变形工具】，在素材上单击鼠标右键，在弹出的快捷菜单中选择【变形】|【旋转与倾斜】命令，如图 2-25 所示。

图2-25 选择【旋转与倾斜】命令

知识链接：【任意变形工具】的选择操作

在进行移动、旋转和各种变形操作前，需要先选择这个对象，可以用【任意工具】选择，也可以直接用【任意变形工具】选择。

使用【任意变形工具】进行选择同【选择工具】的使用是相同的。在工具箱中选择【任意变形工具】，将鼠标指针移动到想要选择的对象上，单击左键即可选中对象。与使用【选择工具】不同的是：对象被选中的同时，周围多出一个变形框，如图 2-26 所示。

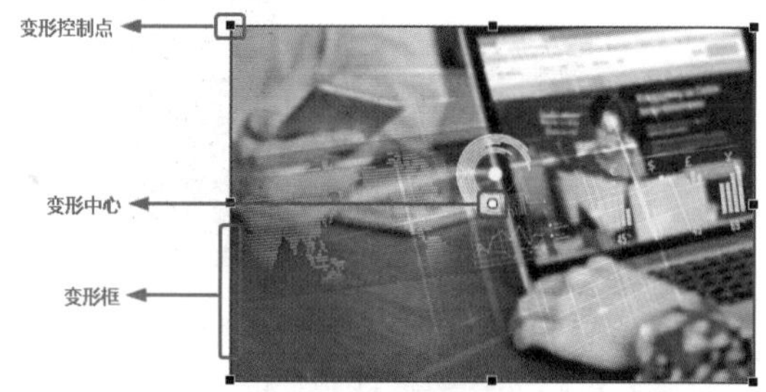

图2-26 使用【任意变形工具】

- 变形控制点：通过对变形控制点的控制，可以完成一系列变形操作。
- 变形框：框住要进行的一系列变形操作的对象。
- 变形中心：缩放、旋转、变形等操作的中心。

如果只需要选择对象的一部分内容，可以框选这个对象。按住鼠标并拖动，拉出一个选择区域，选择区域内的对象内容将被选中。

05 将鼠标移动至控制框的左上角，此时鼠标指针变为↻形状，旋转对象，如图 2-27 所示。

图2-27 旋转对象

06 将鼠标移动至控制框的左侧，此时鼠标指针变为⇕形状，倾斜对象，如图 2-28 所示。

图2-28 倾斜对象

07 将鼠标移动至控制框的右方，此时鼠标指针变为⇃形状，倾斜对象，如图 2-29 所示。

图2-29　倾斜对象

08 将鼠标移动至控制框的上方，根据情况调整其最终效果，如图 2-30 所示。

图2-30　最终效果

疑难解答　如何通过参数来更改旋转参数、倾斜角度?

按Ctrl+T组合键，打开【变形】面板，选中【旋转】、【倾斜】单选按钮，设置相应参数，可进行角度的变换，如图2-31所示。

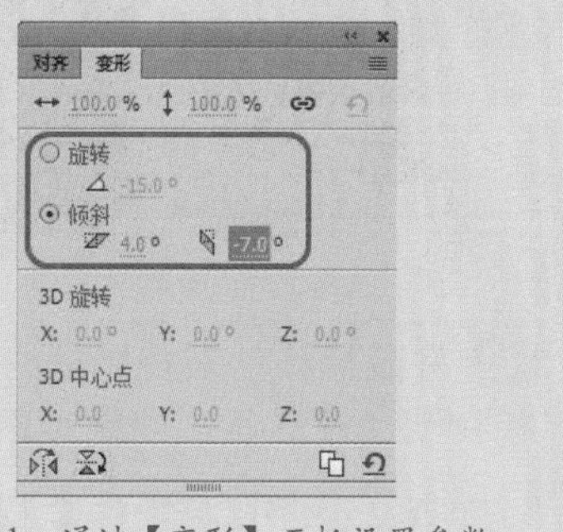

图2-31　通过【变形】面板设置参数

2.2.1　旋转和倾斜对象

下面介绍如何使用【任意变形工具】对对象进行旋转和倾斜。

01 绘制多角星形，使用【任意变形工具】将其选中，此时图形进入端点模式，如图 2-32 所示。

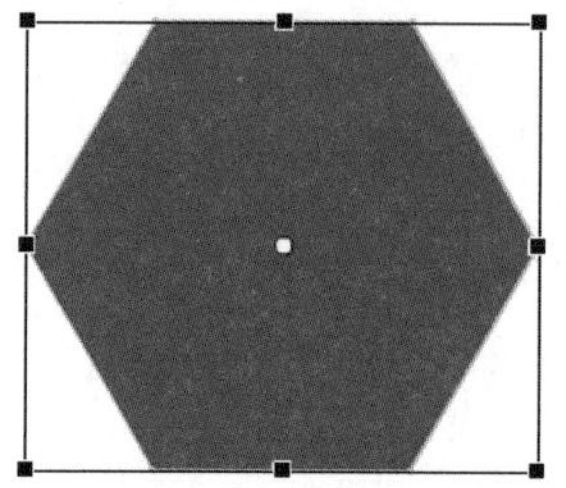

图2-32　选择多角星形

02 将鼠标放在边角位置，此时鼠标指针会发生变化，如图 2-33 所示。

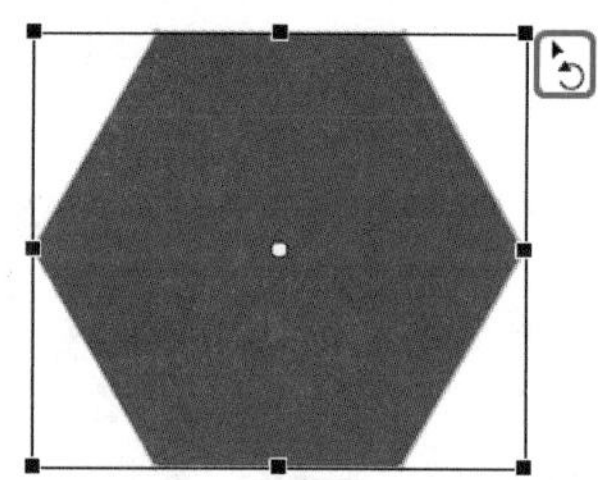

图2-33　出现旋转符号

03 按住鼠标左键并拖动，此时图形就会旋转，效果如图 2-34 所示。

图2-34　旋转后的效果

04 将鼠标指向对象的边线部位，当鼠标指针的形态发生变化时，按住鼠标左键并拖动，进行水平或垂直移动，可实现对象的倾斜操作，如图 2-35 所示。

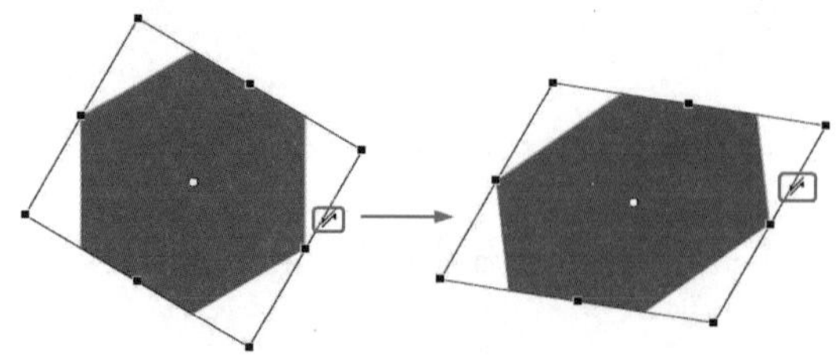

图2-35　发生倾斜

2.2.2 缩放对象

下面介绍如何使用【任意变形工具】缩放对象。

01 使用【多角星形工具】绘制五角星，并使用【任意变形工具】将其选中，如图 2-36 所示。

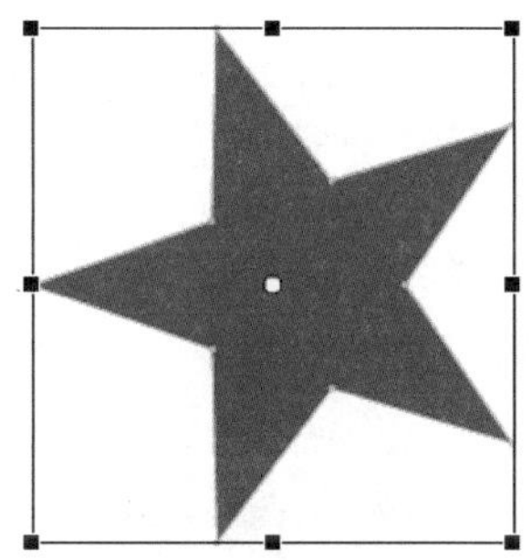

图2-36 选择五角星

02 将鼠标移动至任意端点处，此时鼠标指针会变为双向箭头模式，按住鼠标左键并拖动，此时图形发生了变化，如图 2-37 所示。

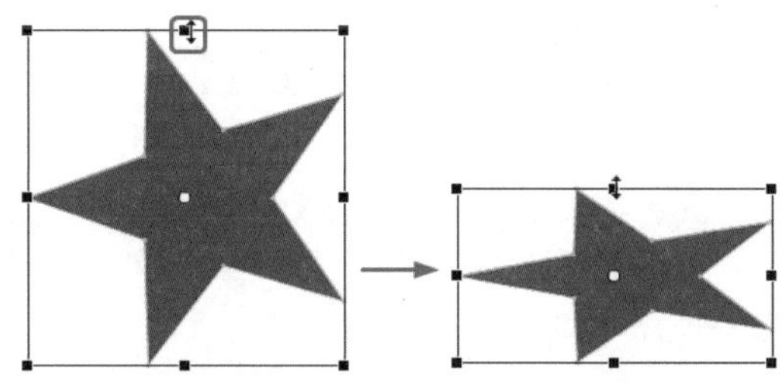

图2-37 进行缩放

提 示

按住 Shift 键进行拖动，可以对图形进行等比缩放。

2.2.3 扭曲对象

通过扭曲变形功能可以用鼠标直接编辑图形对象的锚点，从而实现多种图像的变形效果。

01 使用【多角星形工具】绘制五角星，并使用【任意变形工具】将其选中，在工具箱中单击【扭曲】按钮，如图 2-38 所示。

02 将鼠标移动到顶点处，按住鼠标左键并拖动，此时图形呈现扭曲变形，如图 2-39 所示。

图2-38 选择图形

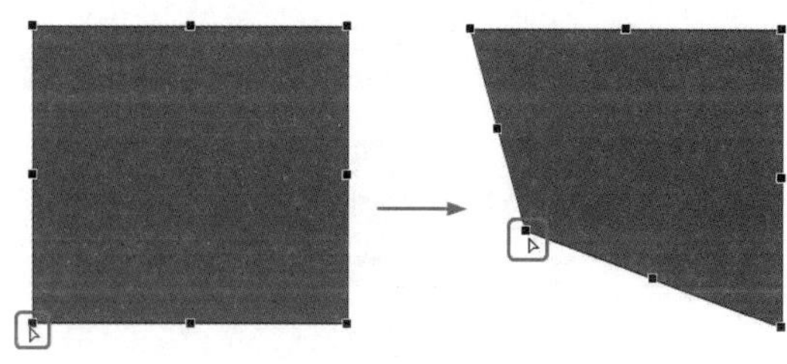

图2-39 扭曲图形

2.2.4 封套变形对象

使用封套变形功能可以编辑对象边框周围的切线手柄，通过对切线手柄的调节实现更复杂的对象变形效果。

01 使用【多角星形工具】绘制六边形，并使用【任意变形工具】将其选中，在工具箱中单击【封套】按钮，如图 2-40 所示。

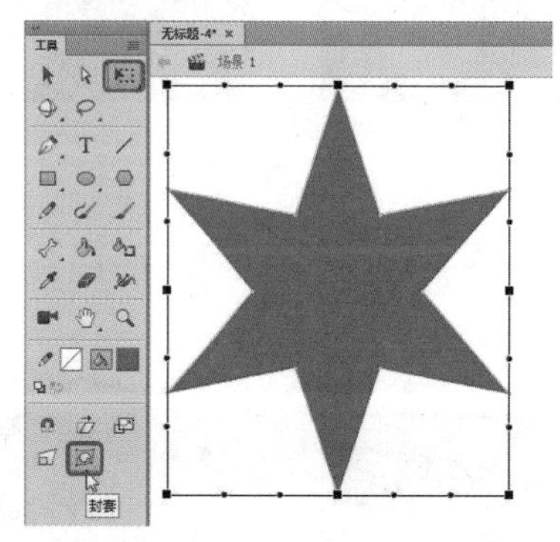

图2-40 选择图形

02 按住鼠标左键并拖动对象边角锚点的切线手柄，则只在单一方向上进行变形调整，如图 2-41 所示。

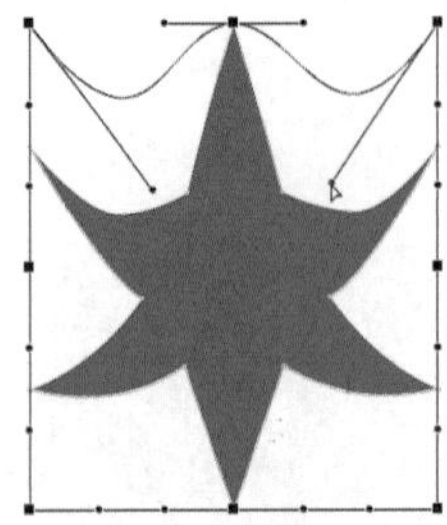

图2-41 封套对象

03 按 Alt 键时，按住鼠标左键并拖动中间锚点的切线手柄，则只对该锚点的一个方向进行变形调整，如图 2-42 所示。

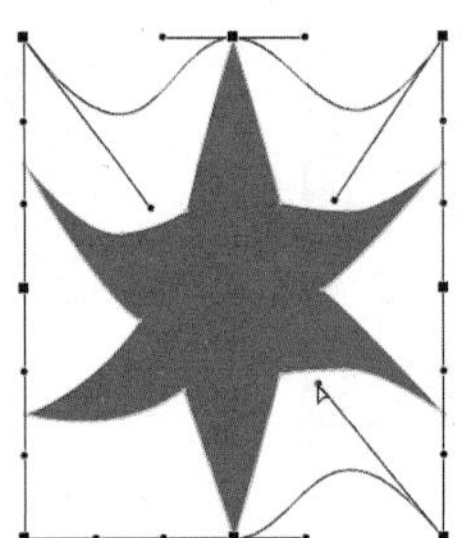

图2-42 封套对象

知识链接：使用【任意变形工具】调整中心点

进行变形操作前，不仅要选中对象，有时还需要调整变形中心点。用鼠标单击并拖动，即可改变其位置。如图 2-43 所示。

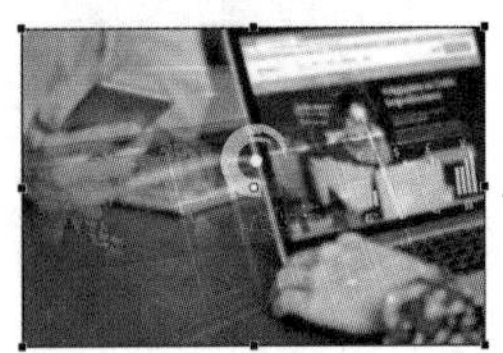

图2-43 移动中心点

改变中心点后，对图形的变形操作将会围绕新的变形中心点进行，例如旋转将围绕新的中心点位置，如图 2-44 所示。

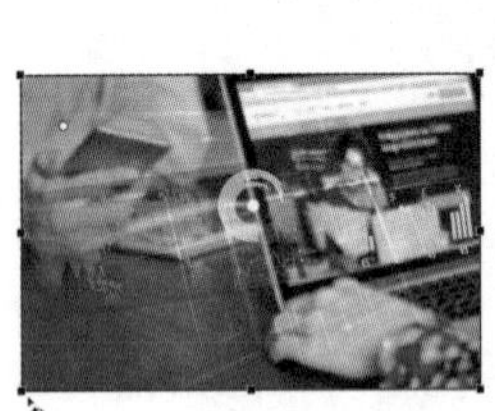

图2-44 围绕中心点旋转

2.3 制作新年海报——图形的其他操作

本例讲解如何通过分离文本制作新年海报的标题部分，效果如图 2-45 所示。

素材	素材\Cha02\新年海报素材.fla
场景	场景\Cha02\制作新年海报——图形的其他操作.fla
视频	视频教学\Cha02\制作新年海报——图形的其他操作.mp4

图2-45 新年海报

01 在菜单栏中选择【文件】|【打开】命令，打开“新年海报素材.fla”素材文件，如图 2-46 所示。

图2-46 打开素材文件

02 在工具箱中单击【选择工具】，选择“2019”文本，按两次 Ctrl+B 组合键将文本分离，如图 2-47 所示。

图2-47 分离文本对象

03 确认分离后的文本处于被选中状态，按 Delete 键将对象删除，如图 2-48 所示。

> **提 示**
>
> 在菜单栏中选择【修改】|【分离】命令，也可对文本进行分离。

图2-48 删除后的效果

2.3.1 组合对象和分离对象

当绘制出多个对象后，为了防止它们之间的相对位置发生改变，可以将它们绑在一起，这时就需要用到组合。下面介绍如何组合对象和分离对象。

01 打开“熊猫 .fla”素材文件，如图 2-49 所示。

02 按 Ctrl+A 组合键，选择熊猫图形，在菜单栏中选择【修改】|【组合】命令，此时图形处于组合状态，如图 2-50 所示。

> **提 示**
>
> 组合对象还可以使用 Ctrl+G 组合键来实现。

图2-49 打开素材文件

图2-50 组合对象

03 如果需要将组合的对象分解，可以在菜单栏中选择【修改】|【取消组合】命令或按 Ctrl+Shift+G 组合键，如图 2-51 所示。

04 此时图形被分解，可以单独移动，如图 2-52 所示。

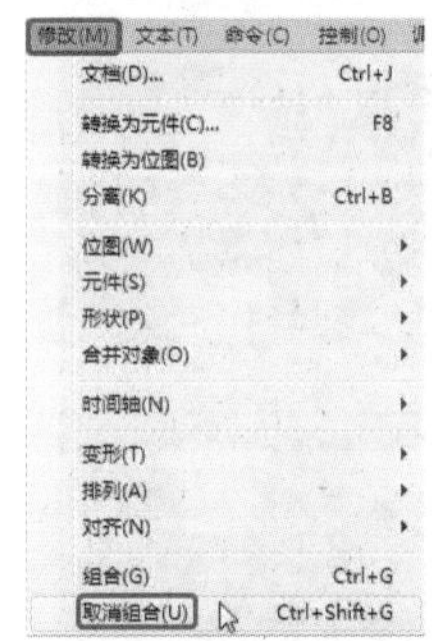

图2-51 选择【取消组合】命令

图2-52 分离图形

2.3.2 对象的对齐

在制作动画时，有时需要对舞台中的对象进行对齐，可以使用【对齐】面板。下面介绍如何使对象对齐。

01 打开“对象的对齐 .fla”素材文件，如图 2-53 所示。

图2-53 打开素材文件

02 在菜单栏中选择【窗口】|【对齐】命令，弹出【对齐】面板，如图 2-54 所示。

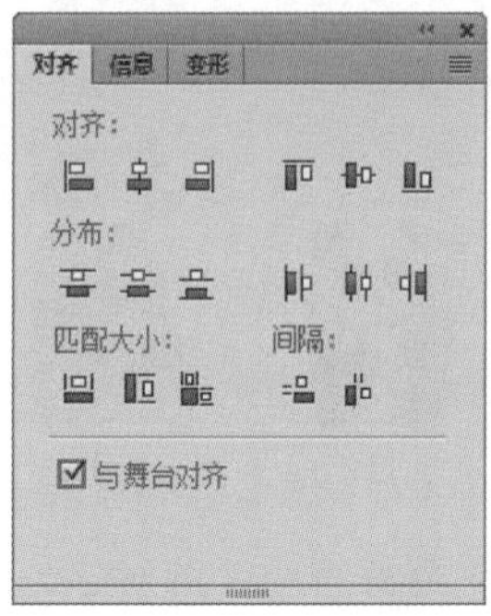

图2-54 【对齐】面板

03 单击【选择工具】，选中如图 2-55 所示的对象。

图2-55 选择对象

04 取消勾选【与舞台对齐】复选框，在【对齐】面板中单击【水平中齐】按钮，此时图形发生了变化，如图 2-56 所示。

提 示

有时需要将图形放到整个舞台的边缘或中央，可以勾选【与舞台对齐】复选框。

图2-56 水平中齐后的效果

2.3.3 修饰图形

Animate 提供了几种修饰图形的方法，包括将线条转换为填充、扩展填充、优化曲线及柔化填充边缘等。

1. 将线条转换为填充

01 在工具箱中选择【线条工具】，打开【属性】面板，设置【笔触颜色】为 #FF3300，将【笔触】大小设置为 5，如图 2-57 所示。

02 在舞台中绘制图形，如图 2-58 所示。

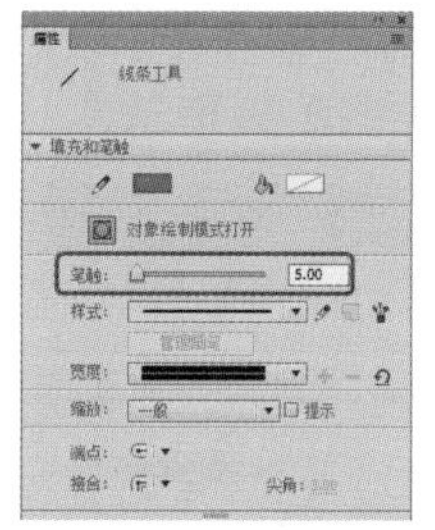

图2-57 【属性】面板

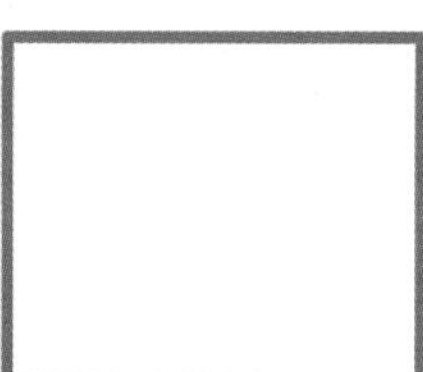

图2-58 绘制图形

03 选择所有图形，在菜单栏中选择【修改】|【形状】|【将线条转换为填充】命令，如图 2-59 所示。

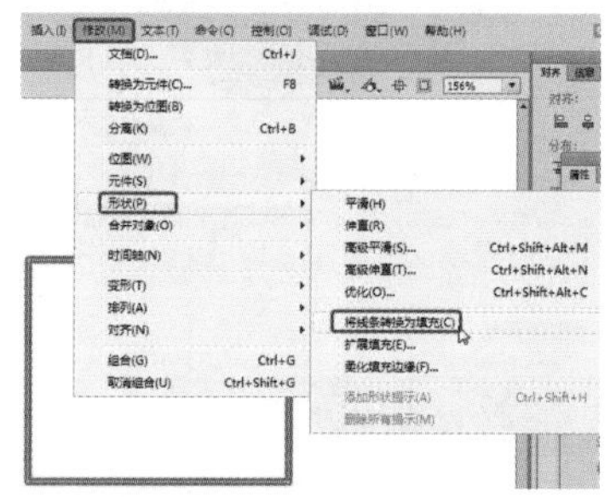

图2-59 选择【将线条转换为填充】命令

04 在工具箱中，设置【填充颜色】为蓝色，此时上一步绘制的线条颜色变为蓝色，如图 2-60 所示。

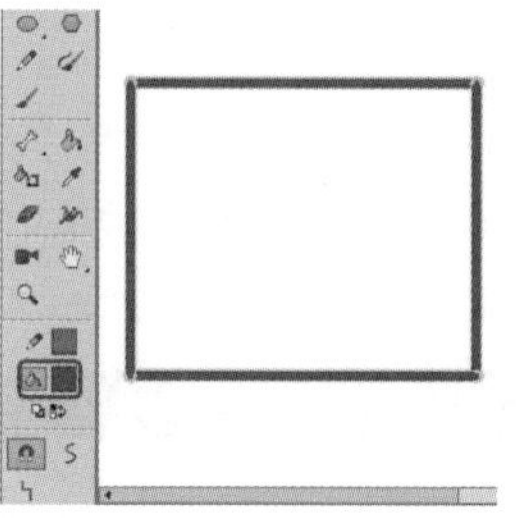

图2-60 完成后的效果

2. 扩展填充

通过扩展填充，可以扩展填充形状。使用【选择工具】选择一个图形，在菜单栏中选择【修改】|【形状】|【扩展填充】命令，弹出【扩展填充】对话框，如图 2-61 所示。

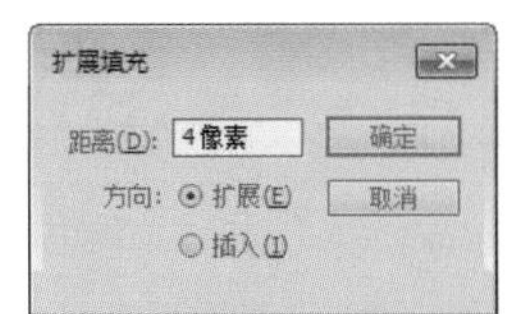

图2-61 【扩展填充】对话框

- 【距离】：用于指定扩充、插入的尺寸。
- 【方向】：如果希望扩充形状，选中【扩展】单选按钮；如果希望缩小形状，选中【插入】单选按钮。

3. 优化曲线

优化曲线通过减少用于定义这些元素的曲线数量来改变曲线和填充轮廓。使用优化曲线的操作步骤如下。

01 打开“优化曲线 .fla”文件，单击【打开】按钮，如图 2-62 所示。

图2-62 选择素材文件

02 按 Ctrl+A 组合键，选择所有对象，在菜单栏中选择【修改】|【形状】|【优化】命令，如图 2-63 所示。

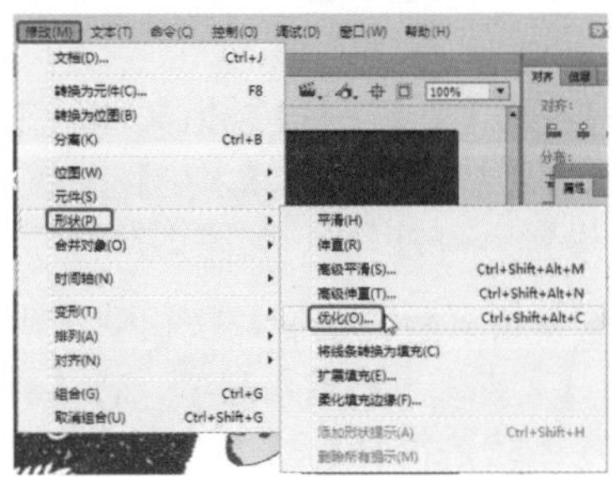

图2-63 选择【优化】命令

03 弹出【优化曲线】对话框，将【优化强度】设置为 10，如图 2-64 所示。

图2-64 【优化曲线】对话框

04 弹出 Adobe Animate 对话框，单击【确定】按钮，如图 2-65 所示。

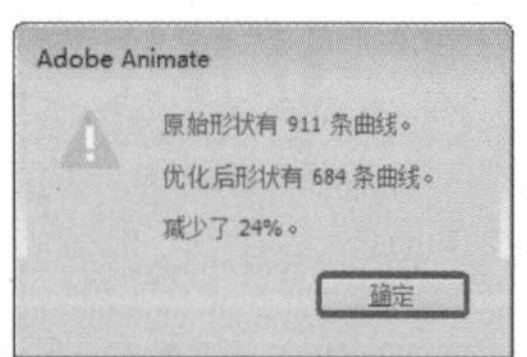

图2-65 提示对话框

4. 柔化填充边缘

在绘图时，有时颜色对比会非常强烈，绘出的实体边界太过分明，影响整体效果。

使用【选择工具】选择一个形状，选择【修改】|【形状】|【柔化填充边缘】命令，打开【柔化填充边缘】对话框，如图 2-66 所示。

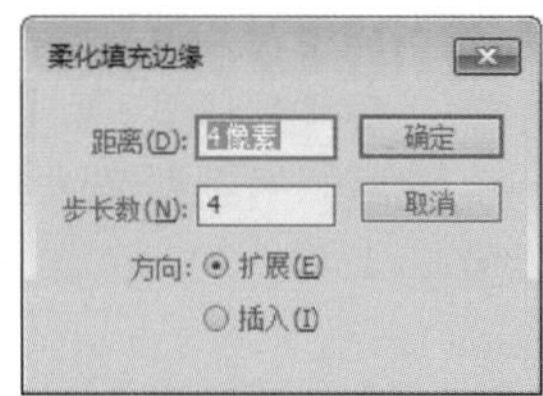

图2-66 【柔化填充边缘】对话框

- 【距离】：用于指定扩充、插入的尺寸。
- 【步长数】：步长数越大，形状边界的过渡越平滑，柔化效果越好。但是，这样会导致文件过大及减慢绘图速度。
- 【方向】：如果希望向外柔化形状，选中【扩展】单选按钮；如果希望向内柔化形状，选中【插入】单选按钮。

2.4 上机练习

下面通过制作购物促销海报和圣诞节海报来巩固本章所学的知识。

2.4.1 制作购物促销海报

促销是指在商业活动中，商家通过各种方式将与产品或服务的有关信息在市场上传播，帮助消费者了解并认识产品，使得消费者对产品或服务产生兴趣，刺激其购买欲望，从而采取购买行动的系列活动。效果如图 2-67 所示。

图2-67 购物促销海报

素材	素材\Cha02\促销海报.jpg、购物素材.png
场景	场景\Cha02\制作购物促销海报.fla
视频	视频教学\Cha02\制作购物促销海报.mp4

01 按Ctrl+N组合键，弹出【新建文档】对话框，在【类型】列表框中选择ActionScript3.0，在右侧的设置区域中将【宽】、【高】分别设置为1389、2083，单击【确定】按钮，如图 2-68 所示。

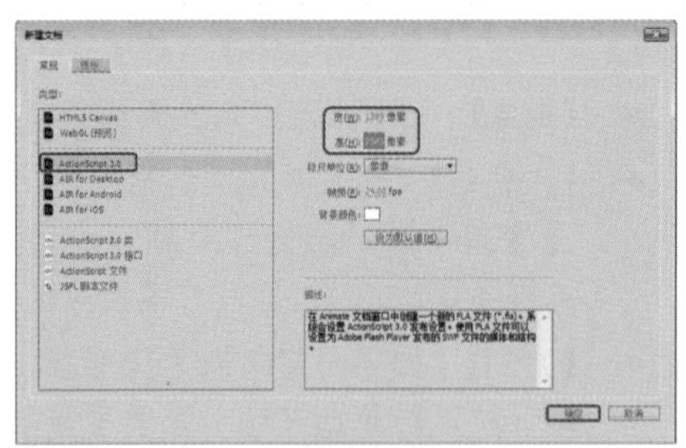

图2-68 设置新建文档参数

02 在菜单栏中选择【文件】|【导入】|【导入到库】命令，如图 2-69 所示。

03 弹出【导入到库】对话框，选择“促销海报.jpg”和“购物素材.png”文件，单击【打开】按钮，如图 2-70 所示。

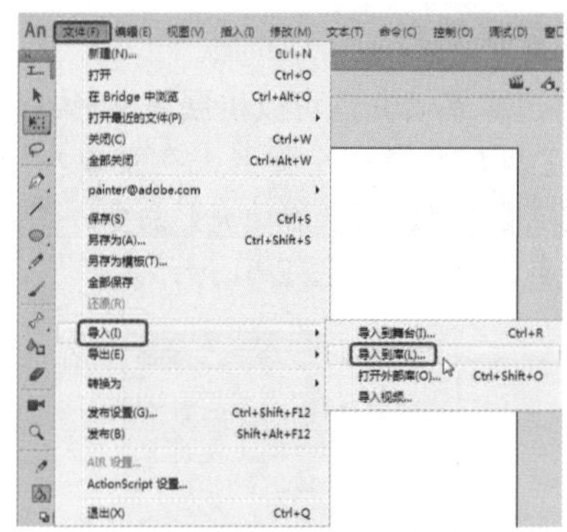

图2-69 选择【导入到库】命令

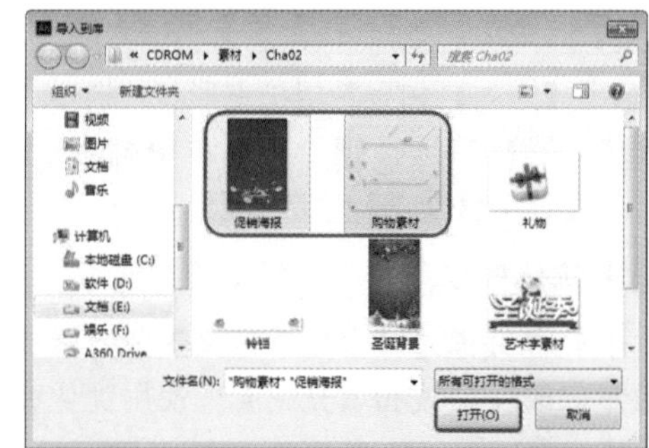

图2-70 选择素材文件

04 在【库】面板中，将“促销海报.jpg”拖曳至舞台中，并调整位置，然后将“购物素材.png”拖曳至舞台中，使用【任意变形工具】调整素材的位置和大小，如图 2-71 所示。

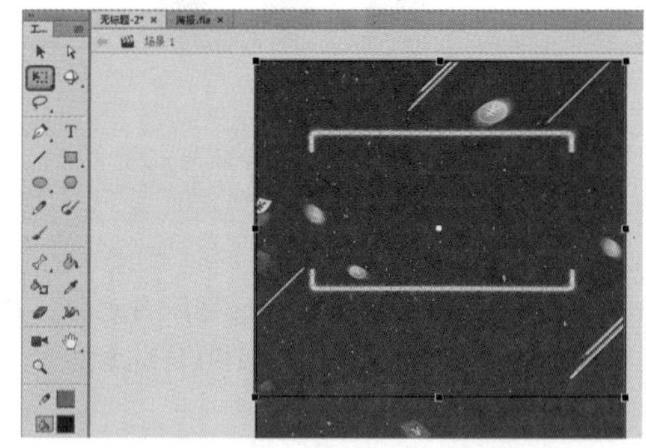

图2-71 调整素材的位置和大小

05 使用【文本工具】输入文本，将【系列】设置为【方正综艺简体】，【大小】设置为 230，【颜色】设置为 #F9F1B1，如图 2-72 所示。

06 单击【新建图层】按钮，新建图层2，使用【文本工具】输入文本，将【系列】设置为【方正综艺简体】，【大小】设置为 300，【颜色】设置为 #F9F1B1，如图 2-73 所示。

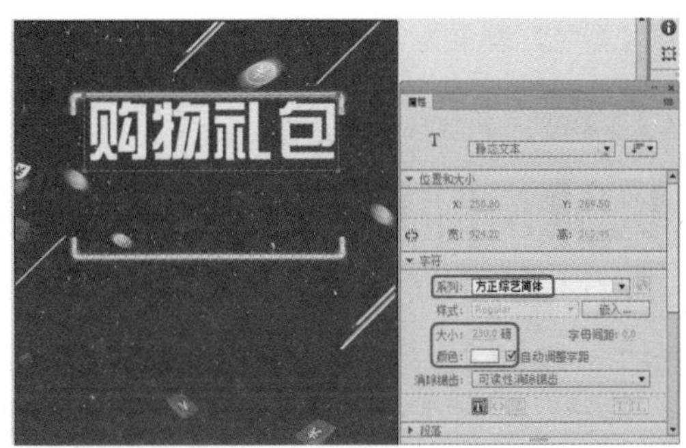
图2-72 设置文本参数

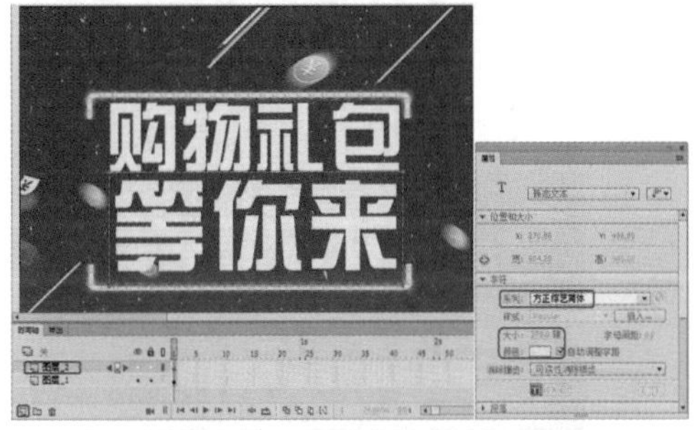
图2-73 设置文本参数

07 按两次 Ctrl+B 组合键，分离文本，如图 2-74 所示。

图2-74 分离文本

08 单击【橡皮擦工具】，设置橡皮擦形状，然后擦除文本内容，如图 2-75 所示。

图2-75 擦除文本效果

知识链接：橡皮擦工具的使用

【橡皮擦工具】可以用来擦除图形的外轮廓和内部颜色。使用【橡皮擦工具】的操作步骤如下。

01 在工具箱中选择【橡皮擦工具】，此时鼠标指针变为形状，需要注意的是，【橡皮擦工具】只能对当前图层中的对象进行擦除，其他图层中的对象不会被擦除。

02 在工作区中，在需要擦除的区域内按住鼠标左键不放并拖动到目标区域进行擦除，效果如图 2-76 所示。

在使用【橡皮擦工具】时，在工具箱的选项设置区中有一些相应的附加选项，如图 2-77 所示。

图2-76 擦除后的效果

图2-77 附加选项

在 Animate 中提供了 5 种擦除方式，单击如图 2-78 所示的橡皮擦模式按钮，将弹出橡皮擦模式下拉菜单。

- 标准擦除：擦除橡皮擦经过的所有区域，可以擦除同一层上的笔触和填充。此模式是 Animate 的默认工作模式，效果如图 2-79 所示。

图2-78 橡皮擦模式

图2-79 标准擦除

- 擦除填色：只擦除图形的内部填充颜色，而对图形的外轮廓线不起作用，效果如图 2-80 所示。

图2-80 擦除填色

- 擦除线条：只擦除图形的外轮廓线，而对图形的内部填充颜色不起作用，效果如图 2-81 所示。

图2-81 擦除线条

- 擦除所选填充：只擦除图形中事先被选中的内部区域，其他没有被选中的区域不会被擦除，不影响笔触（不管笔触是否被选中），效果如图 2-82 所示。
- 内部擦除：只有从填充色内部擦除才有效，如果擦除的起点是图形外部，则不会起任何作用，效果如图 2-83 所示。

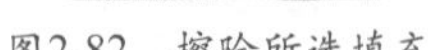

图2-82 擦除所选填充　　图2-83 内部擦除

水龙头：水龙头的功能可以被看作是颜料桶和墨水瓶功能的反作用，也就是要将图形的填充色整体去掉，或者将图形的轮廓线全部擦除，只需在要擦除的填充色或者轮廓线上单击一下即可，效果如图 2-84 所示。

橡皮擦形状：在这里可以选择橡皮擦的形状与尺寸，如图 2-85 所示。

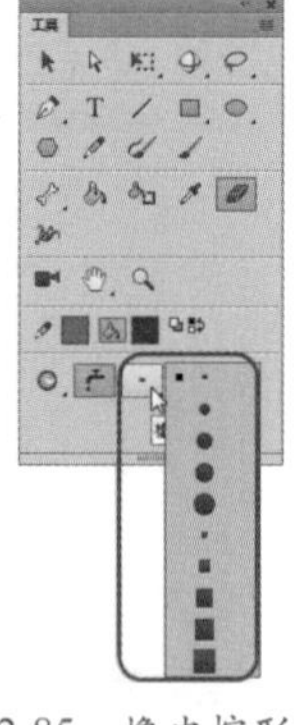

图2-84 去除颜色　　图2-85 橡皮擦形状

09 使用【文本工具】输入文本，将【系列】设置为【方正综艺简体】，【大小】设置为 60，【颜色】设置为 #F9F1B1，如图 2-86 所示。

图2-86 设置文本参数

10 继续通过【文本工具】输入文本，将【系列】设置为【黑体】，【大小】分别设置为 80、38，如图 2-87 所示。

图2-87 设置文本参数

11 单击【矩形工具】，将【笔触颜色】设置为无，【填充颜色】设置为黑色，单击【对象绘制模式打开】按钮，将【笔触】设置为 5，【矩形边角半径】设置为 50，如图 2-88 所示。

图2-88 设置矩形属性

12 绘制圆角矩形，打开【颜色】面板，将【类型】设置为【线性渐变】，单击【填充颜色】按钮，将左侧到右侧的颜色值分别设置为 #FF008A、#FF0046、#FF2E1C、#FF9B4C、FFDE89，如图 2-89 所示。

提 示

如果想删除渐变条上的色块，先选择要删除的色块，然后用鼠标单击并拖动到渐变条以外的区域。

图2-89　设置渐变颜色

13 使用【文本工具】输入文本，将【系列】设置为【汉仪中楷简】，【大小】设置为 60，【颜色】设置为白色，如图 2-90 所示。

图2-90　设置文本参数

14 继续输入文本，将【系列】设置为【汉仪超粗宋简】，【大小】设置为 53，分别设置字体的颜色，如图 2-91 所示。

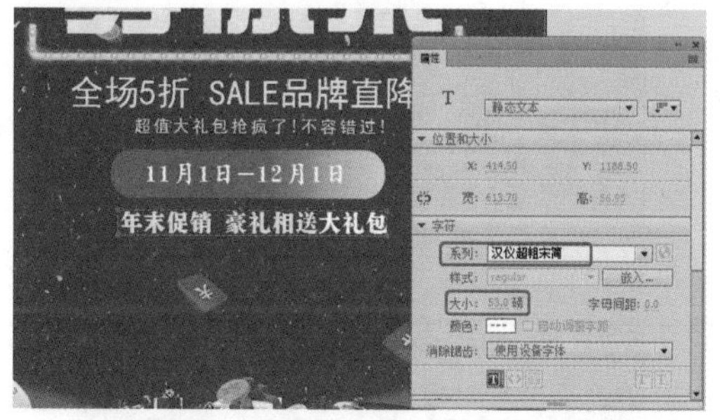

图2-91　设置文本参数

提 示

用户可打开场景文件，了解具体参数，设置文本的系列及大小。

15 使用同样的方法输入其他文本，如图 2-92 所示。

图2-92　输入其他文本

16 单击【线条工具】，将【笔触颜色】设置为白色，【填充颜色】设置为无，【笔触】设置为 5，绘制线条，如图 2-93 所示。

图2-93　绘制线条后的效果

2.4.2 制作圣诞节海报

海报同广告一样，具有介绍某一物体、事件的特性，所以又是一种广告。海报是极为常见的一种招贴形式，其语言要求简明扼要，形式新颖美观。效果如图 2-94 所示。

图2-94　圣诞节海报

素材	素材\Cha02\圣诞背景.jpg、艺术字素材.png、礼物.png、优惠券.png、铃铛.png
场景	场景\Cha02\制作圣诞节海报.fla
视频	视频教学\Cha02\制作圣诞节海报.mp4

01 按 Ctrl+N 组合键，弹出【新建文档】对话框，将【宽】和【高】分别设置为 1000、1771，单击【确定】按钮，如图 2-95 所示。

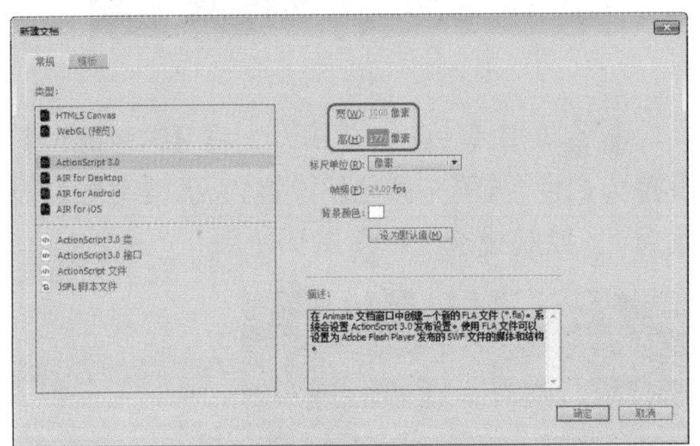

图2-95　设置新建文档参数

02 按 Ctrl+R 组合键，弹出【导入】对话框，选择“圣诞背景.jpg”素材文件，单击【打开】按钮，如图 2-96 所示。

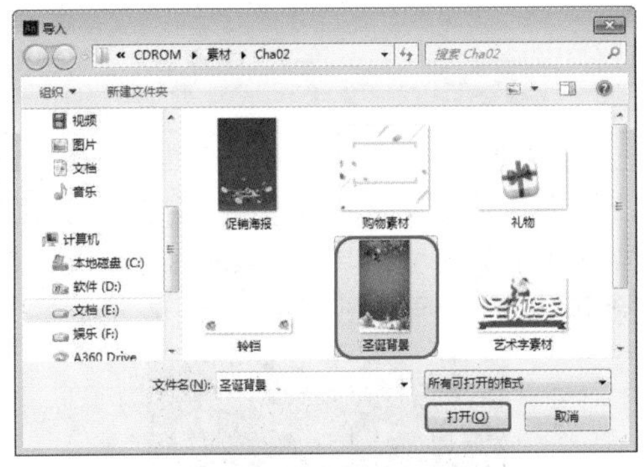

图2-96　选择素材文件

03 选择【椭圆工具】，在【属性】面板中将【笔触颜色】设置为无，【填充颜色】设置为 #63a839，绘制正圆形，如图 2-97 所示。

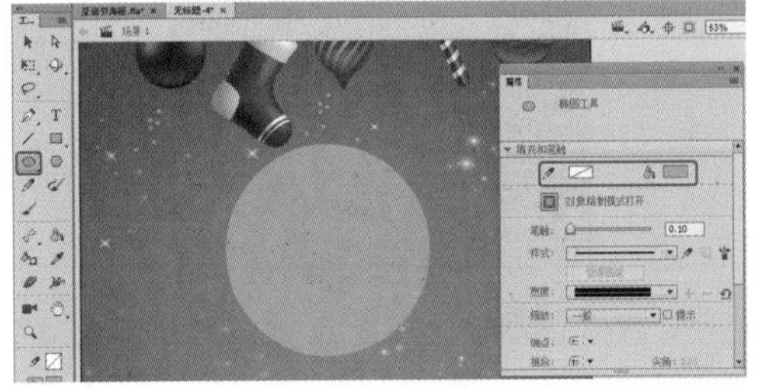

图2-97　绘制图形并设置【填充和笔触】

04 继续绘制正圆形，将【笔触颜色】设置为无，【填充颜色】设置为 #7eb734，如图 2-98 所示。

图2-98　绘制图形并设置【填充和笔触】

疑难解答　如何绘制正圆形?

按住Shift键的同时拖动鼠标可绘制正圆形，按住Alt+Shift组合键，则根据指定位置绘制一个等比正圆。

05 绘制正圆，将【笔触颜色】设置为无，【填充颜色】设置为 # 1e771a，如图 2-99 所示。

图2-99　绘制图形并设置【填充和笔触】

06 导入“艺术字素材.png”素材文件，使用【选择工具】调整对象的位置，如图 2-100 所示。

图2-100　调整对象的位置

07 使用【文本工具】输入文本，将【系列】设置为【方正综艺简体】，【大小】设置为 100，【颜色】设置为白色，如图 2-101 所示。

图2-101 设置文本属性

08 按 Ctrl+R 组合键，弹出【导入】对话框，选择“礼物.png”素材文件，单击【打开】按钮，如图 2-102 所示。

图2-102 选择素材文件

09 使用【选择工具】调整对象的位置，如图 2-103 所示。

图2-103 调整素材位置

10 使用【文本工具】输入文本，将【系列】设置为【微软雅黑】，【样式】设置为 Bold，【大小】设置为 50，【颜色】设置为白色，如图 2-104 所示。

11 使用【钢笔工具】绘制图形，将【笔触颜色】设置为无，【填充颜色】设置为 #B52726，如图 2-105 所示。

12 使用【文本工具】输入文本，在【属性】面板中将【系列】设置为【微软雅黑】，【样式】设置为 Regular，【大小】设置为 38，【颜色】设置为白色，如图 2-106 所示。

图2-104 设置文本属性

图2-105 绘制图形并设置【填充和笔触】

图2-106 设置文本属性

13 使用【文本工具】输入文本，在【属性】面板中将【系列】设置为【微软雅黑】，【样式】设置为 Bold，【大小】设置为 50，【颜色】设置为白色，如图 2-107 所示。

图2-107 设置文本属性

14 使用【文本工具】T 输入文本，在【属性】面板中将【系列】设置为【微软雅黑】，【大小】设置为47，【颜色】设置为白色，如图2-108所示。

图2-108　设置文本属性

15 使用【文本工具】输入文本，在【属性】面板中将【系列】设置为【微软雅黑】，【大小】设置为20，【颜色】设置为白色，如图2-109所示。

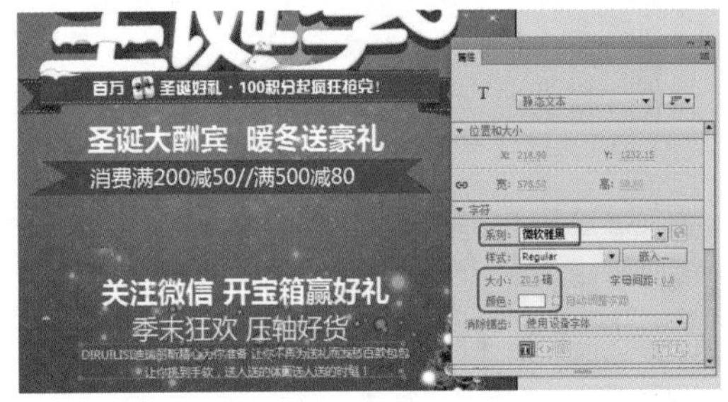

图2-109　设置文本属性

16 按Ctrl+R组合键，弹出【导入】对话框，选择“铃铛.png”“优惠券.png”素材文件，单击【打开】按钮，如图2-110所示。

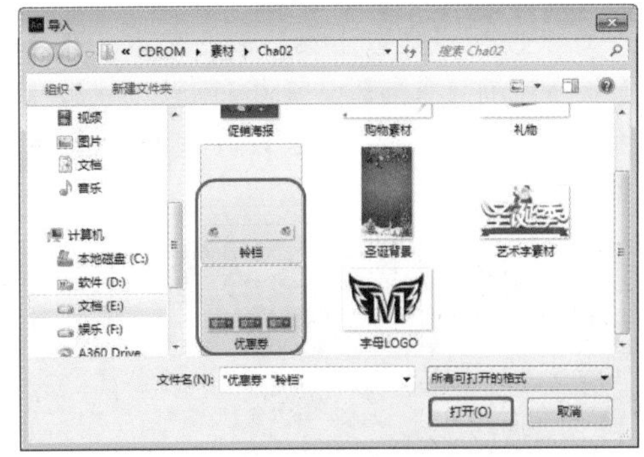

图2-110　选择素材文件

17 导入素材文件后，调整对象位置，如图2-111所示。

图2-111　调整对象位置

知识链接：海报格式

促销海报一般由标题、正文和落款三部分组成。

1. 标题

促销海报的标题写法较多，大体可以有以下一些形式。

（1）单独由文种名构成。即在第一行中间写上“海报”字样。

（2）直接由活动的内容承担题目。如“舞讯”“影讯”“球讯”等。

（3）可以是一些描述性的文字。如“××× 再显风采”“×× 寺旧事重提”。

2. 正文

促销海报的正文要求写清楚以下内容。

（1）活动的目的和意义。

（2）活动的主要项目、时间、地点等。

（3）参加的具体方法及一些必要的注意事项等。

3. 落款

要求署上主办单位的名称及促销海报的发文日期。

以上格式是就海报整体而言的，在实际中，有些内容可以少写或省略。

注意事项：

海报一定要具体真实地写明活动地点、时间及主要内容。文中可以用些策动性的词语，但不可夸大事实。

海报文字要求简洁明了，篇幅短小精悍。

海报的版式可以做些艺术性的处理，以吸引眼球。

2.5 习题与训练

1. 【选择工具】和【任意变形工具】有什么相同点和不同点？

2. 如何使用【任意变形工具】对图形进行等比缩放？

3. 优化曲线有什么作用？

第3章 设计宣传广告——色彩工具的使用

本章介绍滴管工具、渐变变形工具的使用以及【颜色】和【样本】面板的设置。

基础知识

- 笔触和填充工具的使用
- 颜料桶工具的使用

重点知识

- 渐变变形工具的使用
- 任意变形工具的使用

提高知识

- 【颜色】面板的使用
- 【样本】面板的使用

广告，顾名思义，就是广而告之，即向社会广大公众告知某件事务，有广义和狭义之分。广义广告是指不以营利为目的的广告，如政府公告，政党、宗教、教育、文化、市政、社会团体等方面的启事、声明等。狭义广告是指以营利为目的的广告，通常指的是商业广告，或称经济广告，它是工商企业为推销商品或提供服务，以付费方式，通过广告媒体向消费者或用户传播商品或服务信息的手段。商品广告就是这样的经济广告。

3.1 绘制特色水果捞广告——笔触和填充工具的使用

酸奶水果捞是时下饮品店非常流行的一款酸奶制品，它选取香滑浓稠的手工现酿酸奶，放入整颗鲜红草莓、甜脆哈密瓜以及清香木瓜等大块果粒，每一颗果粒都被浓稠的酸奶包裹，效果如图 3-1 所示。

图3-1　特色水果捞

素材	素材\Cha03\水果捞背景.jpg、店长推荐logo.png、经典营养.png、牛奶.png、草莓.png
场景	场景\Cha03\绘制特色水果捞广告——笔触和填充工具的使用.fla
视频	视频教学\Cha03\绘制特色水果捞广告——笔触和填充工具的使用.mp4

01 按 Ctrl+N 组合键，弹出【新建文档】对话框，将【宽】和【高】分别设置为 1500、2250，单击【确定】按钮，如图 3-2 所示。

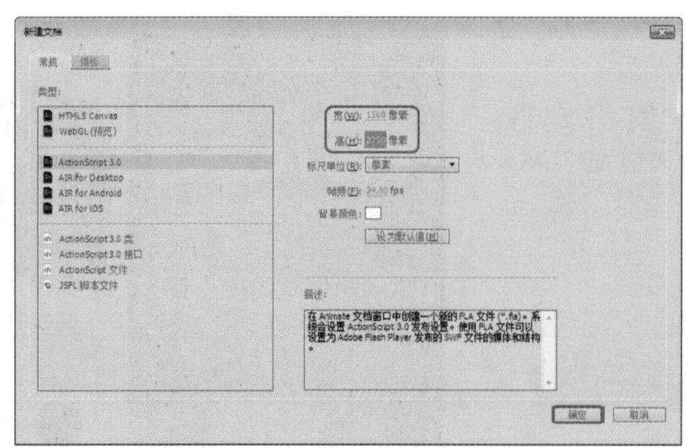

图3-2　设置【新建文档】参数

02 按 Ctrl+R 组合键，弹出【导入】对话框，选择“水果捞背景.jpg”素材文件，单击【打开】按钮，如图 3-3 所示。

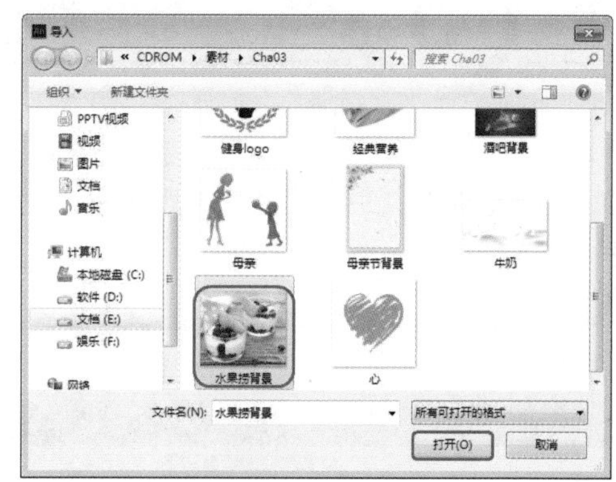

图3-3　导入素材文件

03 选择导入的素材图片，打开【变形】面板，将【缩放宽度】和【缩放高度】都设置为 210，并调整对象位置，如图 3-4 所示。

图3-4　设置素材的大小

04 在菜单栏中选择【文件】|【导入】|【导入到库】命令，如图 3-5 所示。

图3-5　选择【导入到库】命令

05 弹出【导入到库】对话框，选择“店长推荐 logo.png”“经典营养 .png”“牛奶 .png”素材文件，单击【打开】按钮，如图 3-6 所示。

图3-6 导入素材文件到库

06 打开【库】面板，将“店长推荐 logo.png”拖曳至场景中，打开【变形】面板，将【缩放宽度】和【缩放高度】都设置为 20，如图 3-7 所示。

图3-7 调整logo大小

提 示

按 Ctrl+L 组合键可打开【库】面板。

07 将“经典营养 .png”“牛奶 .png”素材文件拖曳至场景中，并调整位置，如图 3-8 所示。

08 使用【文本工具】输入文本，将【系列】设置为【方正行楷简体】，【大小】设置为 60，【颜色】设置为 #C6171E，【消除锯齿】设置为【可读性消除锯齿】，如图 3-9 所示。

09 选择文本，在【变形】面板中将【旋转】设置为 -6.5，如图 3-10 所示。

图3-8 调整对象位置

图3-9 输入文本并设置参数

图3-10 设置【旋转】参数

疑难解答 设置旋转参数时，将消除锯齿类型设置为【使用设备字体】，有什么效果？

若将【消除锯齿】设置为【使用设备字体】，在设置变形【旋转】参数时，将不显示文本，如图3-11所示。

图3-11 【使用设备字体】旋转后的效果

10 选择【钢笔工具】，将【笔触颜色】设置为 #C5171E，【填充颜色】设置为无，单击【对象绘制模式打开】按钮，将【笔触】设置为 3，如图 3-12 所示。

图3-12　设置钢笔的填充和笔触

11 绘制如图 3-13 所示的线条。

图3-13　绘制线条

12 使用【文本工具】输入文本，将【系列】设置为【汉仪秀英体简】，【大小】设置为 200，【颜色】设置为 #C6171E，【消除锯齿】设置为【可读性消除锯齿】，如图 3-14 所示。

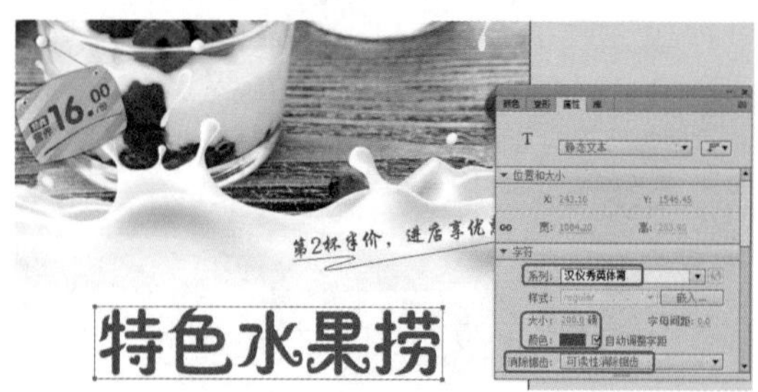

图3-14　输入文本并设置参数

13 按 Ctrl+R 组合键，弹出【导入】对话框，选择“草莓 .png”素材文件，单击【打开】按钮，如图 3-15 所示。

图3-15　导入素材文件

14 调整草莓的位置，如图 3-16 所示。

图3-16　调整草莓的位置

15 选择【矩形工具】，将【笔触颜色】设置为无，【填充颜色】设置为 #C7181F，绘制矩形，如图 3-17 所示。

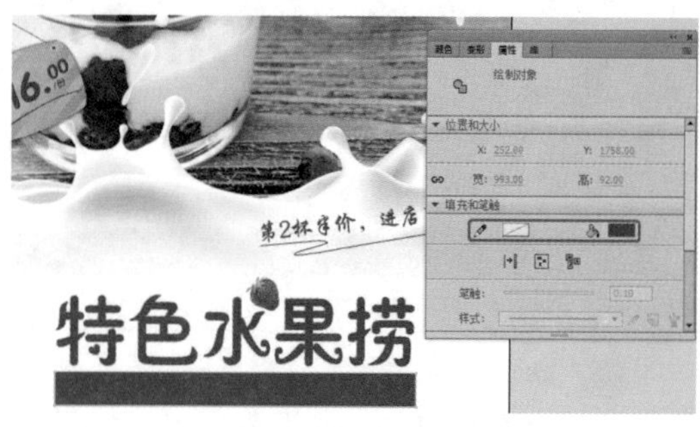

图3-17　绘制矩形并设置【填充和笔触】

16 使用【文本工具】输入文本，将【系列】设置为【方正大标宋简体】，【大小】设置为 70，【颜色】设置为白色，如图 3-18 所示。

17 使用【文本工具】输入文本，将【系列】设置为 Charlemagne Std，【大小】设置为 50，【字母间距】设置为 16，【颜色】设置为 #C7181F，如图 3-19 所示。

图3-18 输入文本并设置参数

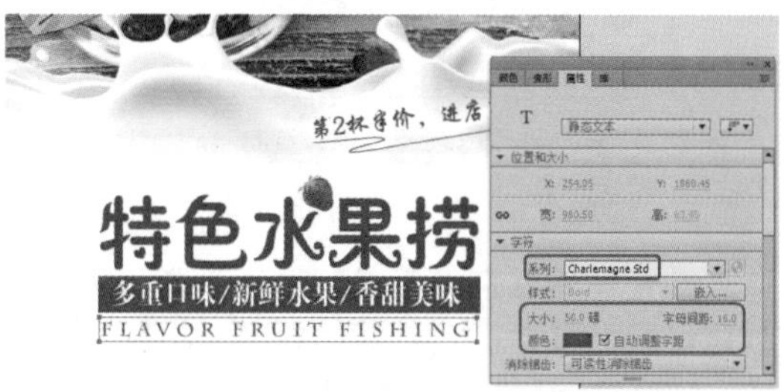

图3-19 输入文本并设置参数

18 选择【线条工具】，在【属性】面板中将【笔触颜色】设置为黑色，【填充颜色】设置为无，单击【对象绘制模式打开】按钮，将【笔触】设置为4，如图3-20所示。

图3-20 设置线条的填充和笔触

19 绘制两条水平线段，如图3-21所示。

图3-21 绘制水平线段

20 选择【椭圆工具】，在【属性】面板中将【笔触颜色】设置为无，【填充颜色】设置为#C7181F，单击【对象绘制模式打开】按钮，将【笔触】设置为0.1，如图3-22所示。

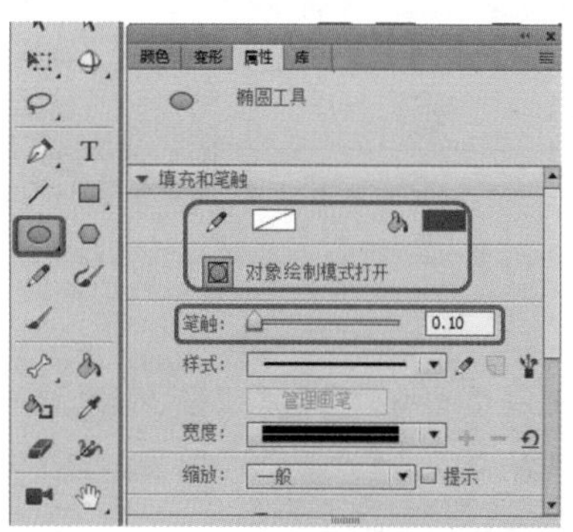

图3-22 设置椭圆的填充和笔触

21 按住Shift键绘制两个正圆，如图3-23所示。

图3-23 绘制正圆

知识链接：椭圆工具

使用【椭圆工具】可以绘制椭圆形或圆形图案。另外，用户可以设置椭圆的填充颜色以及轮廓线的颜色、线宽和线型。如果在绘制椭圆形的同时按住Shift键，将绘制出一个正圆。按住Ctrl键可以暂时切换到选择工具，对工作区中的对象进行选取。

22 使用【文本工具】输入文本，将【系列】设置为【方正综艺简体】，【大小】设置为52，【颜色】设置为白色，如图3-24所示。

提 示

这里将【字母间距】设置为0。

23 使用【文本工具】输入文本，将【系列】设置为【方正水柱简体】，【大小】设置为95，【颜色】设置为#C5171E，如图3-25所示。

图3-24　输入文本并设置参数

图3-25　输入文本并设置参数

24 使用【文本工具】输入文本，将【系列】设置为【汉仪魏碑简】，【大小】设置为39，【颜色】设置为黑色，如图3-26所示。

图3-26　输入文本并设置参数

25 使用【文本工具】输入文本，将【系列】设置为【汉仪魏碑简】，【大小】设置为31，【颜色】设置为黑色，如图3-27所示。

图3-27　输入文本并设置参数

26 使用【文本工具】输入文本，将【系列】设置为【汉仪综艺体简】，【大小】设置为29，【颜色】设置为黑色，如图3-28所示。

图3-28　输入文本并设置参数

27 使用【文本工具】输入文本，将【系列】设置为【方正大黑简体】，【大小】设置为29，【颜色】设置为黑色，【消除锯齿】设置为【使用设备字体】，如图3-29所示。

图3-29　输入文本并设置参数

28 打开【颜色】面板，将【颜色】设置为#AB1F24，如图3-30所示。

图3-30　设置文本颜色

疑难解答　为什么这里的文本不可以使用【可读性消除锯齿】？

若将【消除锯齿】设置为【可读性消除锯齿】，在文本中间的空格将自动转换为如图3-31所示的图形，这样不利于作图。

图3-31 【可读性消除锯齿】模式

> **提 示**
>
> 按 Ctrl+Shift+F9 组合键也可以打开【颜色】面板。

3.1.1 颜料桶工具的使用

使用【颜料桶工具】不仅可以给封闭区域的图形填色，还可以给一些没有完全封闭但接近于封闭的图形区域填充颜色，其有 3 种填充模式：单色填充、渐变填充和位图填充。通过在【颜色】面板中选择不同的填充模式，可以制作出不同的视觉效果。具体操作步骤如下。

01 绘制图形，将【笔触颜色】设置为蓝色，将【填充颜色】设为无，如图 3-32 所示。

02 在工具箱中选择【颜料桶工具】，打开【属性】面板，将【填充颜色】设为红色，如图 3-33 所示。

图3-32 绘制五角星

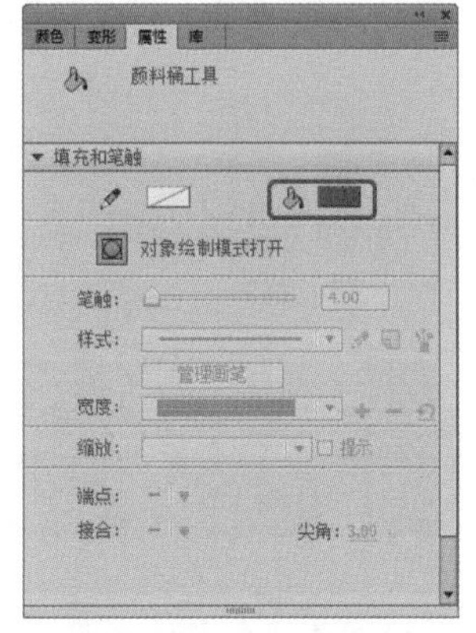

图3-33 设置【颜料桶工具】属性

03 单击五角星内的区域，进行填充，如图 3-34 所示。

图3-34 填充颜色

3.1.2 滴管工具的使用

【滴管工具】就是吸取某种对象颜色的管状工具。在 Animate 中，滴管工具的作用是采集某一对象的色彩特征，以便应用到其他对象上。具体操作步骤如下。

01 选择“01.fla”素材文件，单击【打开】按钮，如图 3-35 所示。

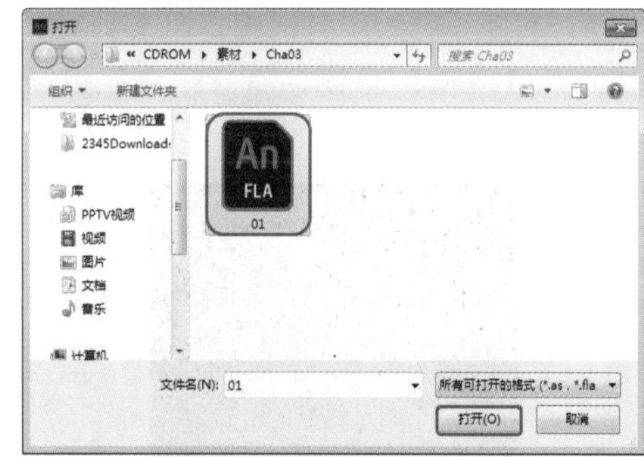

图3-35 选择素材文件

02 新建【图层_2】，在工具箱中选择【椭圆工具】，将【笔触颜色】设置为无，【填充颜色】设置为白色，绘制椭圆，如图 3-36 所示。

图3-36 绘制椭圆并设置【填充和笔触】

03 在工具箱中选择【滴管工具】 ，单击鼠标左键吸取除黑色以外的其他颜色，如图 3-37 所示。

图3-37　使用【滴管工具】吸取颜色

04 此时鼠标指针变为【颜料桶工具】，对椭圆部分进行填充颜色，填充后，单击【图层 _2】，选择绘制的所有椭圆，将其转换为元件并添加【模糊】滤镜，将【模糊】设置为 24，效果如图 3-38 所示。

图3-38　完成后的效果

提　示

按 F8 键可将对象转换为元件。

3.1.3　渐变变形工具的使用

【渐变变形工具】 用于对对象进行各种方式的填充颜色变形处理，如选择过渡色、旋转颜色和拉伸颜色等。具体操作步骤如下。

01 绘制一个心形，选择【渐变变形工具】 ，将【笔触颜色】设置为 #CC3300，将【填充颜色】设置为线性渐变，为其添加一个渐变色，如图 3-39 所示。

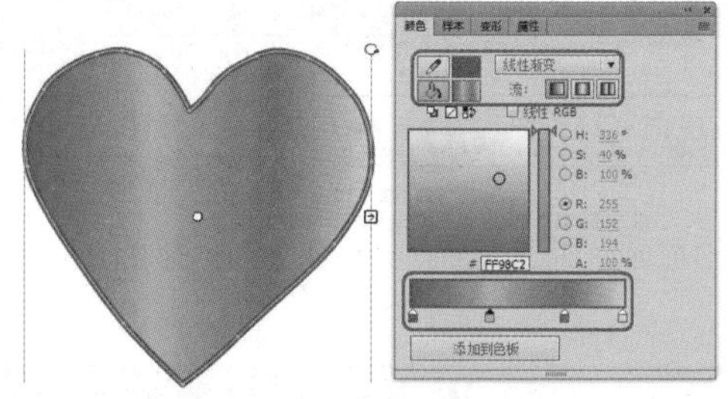

图3-39　绘制心形并填充渐变色

02 单击绘制的心形，将鼠标移动到右上侧的旋转按钮上，按住鼠标左键进行旋转，此时渐变发生变化，如图 3-40 所示。

03 将鼠标移动到 图标处，拖动鼠标，效果如图 3-41 所示。

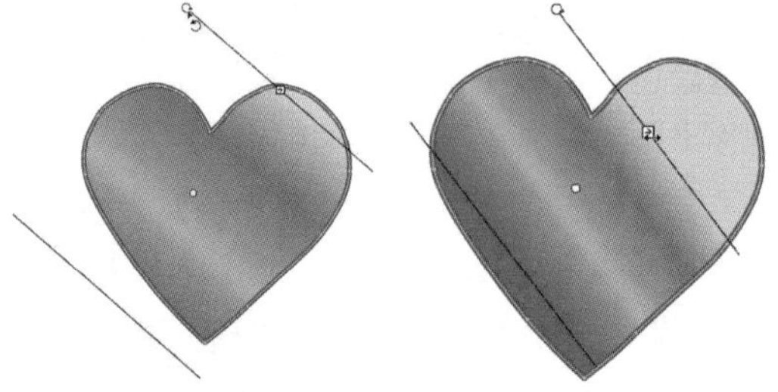

图3-40　旋转后的效果图　　图3-41　完成后的效果

知识链接：渐变变形工具

【渐变变形工具】可以将选择对象的填充颜色处理为需要的各种色彩。由于在影片制作中经常要用到颜色的填充和调整，因此，Animate 将该工具作为一个单独的工具添加到绘图工具箱中，以方便使用。

3.2　绘制母亲节广告——【颜色】面板和【样本】面板的使用

母亲节，是一个感谢母亲的节日。这个节日最早出现在古希腊；而现代的母亲节起源于美国，是每年 5 月的第二个星期日。母亲们在这一天通常会收到礼物，康乃馨被视为献给母亲的花，而中国的母亲花是萱草花，又叫忘忧草。效果如图 3-42 所示。

图3-42 母亲节海报

素材	素材\Cha03\母亲.png、母亲节背景.jpg、心.png
场景	场景\Cha03\绘制母亲节广告——【颜色】和【样本】的使用.fla
视频	视频教学\Cha03\绘制母亲节广告——【颜色】和【样本】的使用.mp4

01 按Ctrl+N组合键，弹出【新建文档】对话框，将【宽】和【高】分别设置为1574、2358，单击【确定】按钮，如图3-43所示。

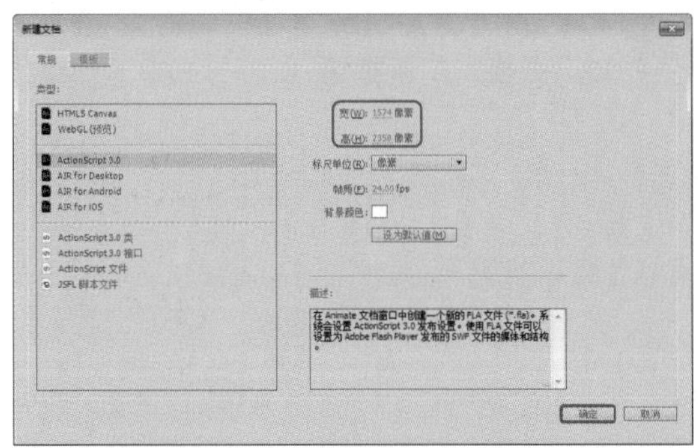

图3-43 设置【新建文档】参数

02 在菜单栏中选择【文件】|【导入】|【导入到库】命令，如图3-44所示。

03 弹出【导入到库】对话框，选择“母亲.png”“母亲节背景.jpg”“心.png”素材文件，单击【打开】按钮，如图3-45所示。

04 将“母亲节背景.jpg”拖曳至舞台中，如图3-46所示。

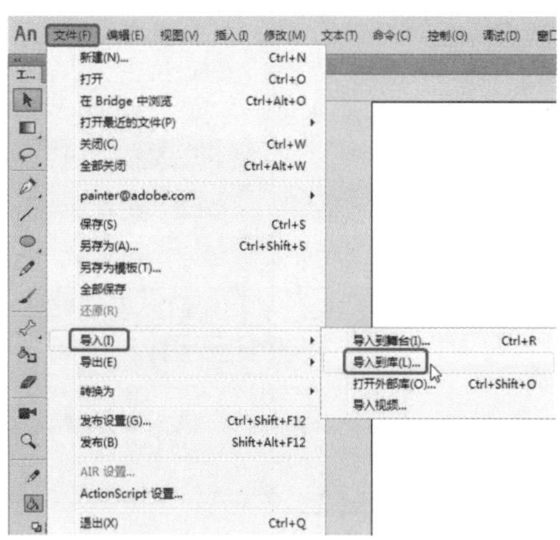

图3-44 选择【导入到库】命令

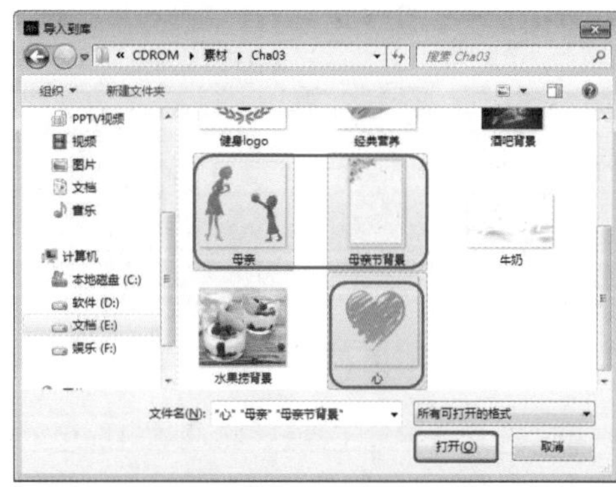

图3-45 导入素材文件

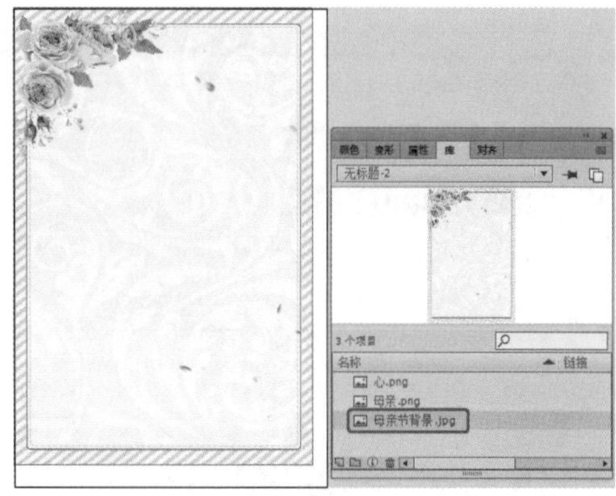

图3-46 将背景拖曳至舞台中

05 选择素材文件，在【对齐】面板中勾选【与舞台对齐】复选框，单击【水平中平】、【垂直中齐】、【匹配宽和高】按钮，如图3-47所示。

06 使用【文本工具】输入文本，将【系列】设置为【汉仪秀英体简】，【大小】设置为200，【颜色】设置为#D21458，如图3-48所示。

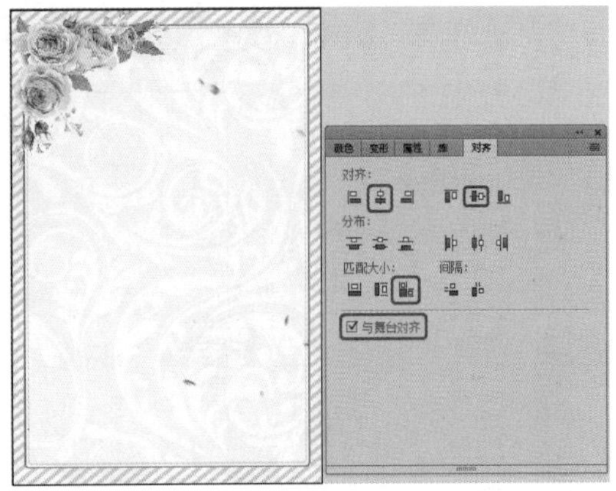

图3-47　设置对齐

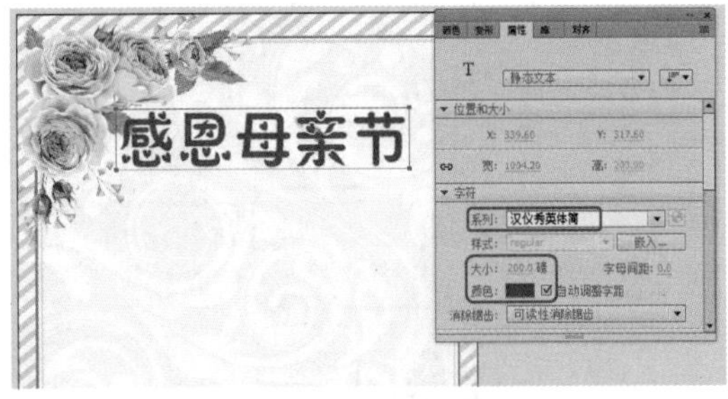

图3-48　输入文本并设置参数

07 选择【钢笔工具】，将【笔触颜色】设置为无，【填充颜色】设置为#D21458，绘制图形，如图3-49所示。

图3-49　绘制图形并设置【填充和笔触】

08 使用【文本工具】输入文本，将【系列】设置为【方正综艺简体】，【大小】设置为88.3，【字母间距】设置为17.6，【颜色】设置为白色，如图3-50所示。

09 使用【文本工具】输入文本，将【系列】设置为【方正粗活意简体】，【大小】设置为55，【字母间距】设置为0，【颜色】设置为#D21458，如图3-51所示。

10 选择【钢笔工具】，将【笔触颜色】设置为#D21458，【填充颜色】设置为无，【笔触】设置为2，绘制线条，如图3-52所示。

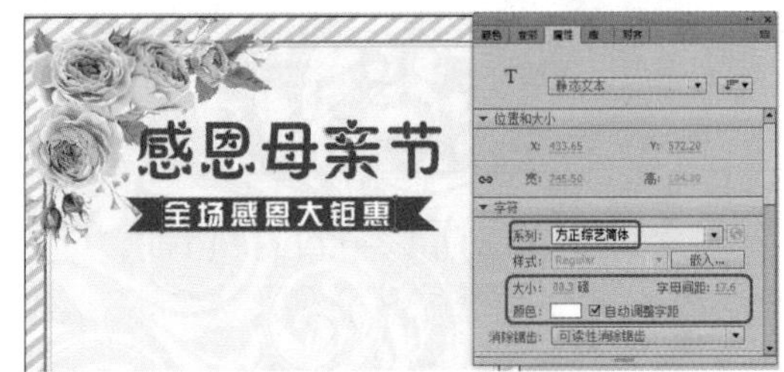

图3-50　输入文本并设置参数

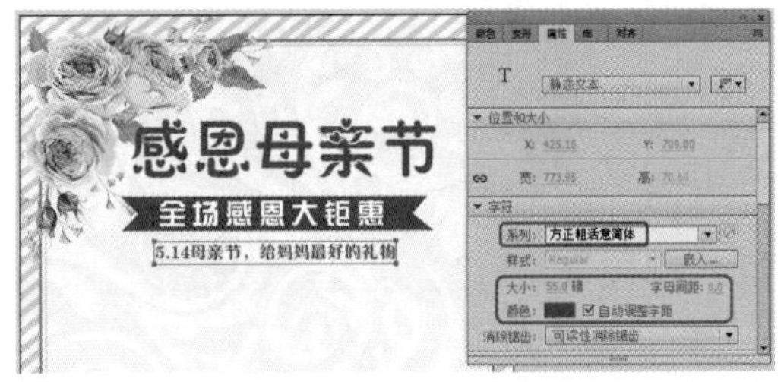

图3-51　输入文本并设置参数

图3-52　绘制线条并设置参数

知识链接：广告宣传

广告宣传（Advertising Propaganda）是指广告客户（包括工商企业、机关团体、个人等）借助广告经营者的策略、手段，通过一定的媒体或形式向公众宣传、传播广告信息的活动。

其重点决定于广告的具体内容。观念广告重点在于宣传所倡导的观念和思想，引导公众树立新的观念。商品广告重点是宣传、介绍商品的功能、质量，引导消费。广告宣传主要通过广播、电视、报刊等各种媒体进行。为了保证宣传效果，必须选择合适的媒体，采取恰当的方式，制作高质量的广告，并依法进行。

11 使用【文本工具】输入文本，将【系列】设置为【方正粗活意简体】，【大小】设置为80，【字母间距】设置为3，【颜色】设置为#D21458，如图3-53所示。

12 选择数字，将【大小】设置为110，如图3-54所示。

图3-53 输入文本并设置参数

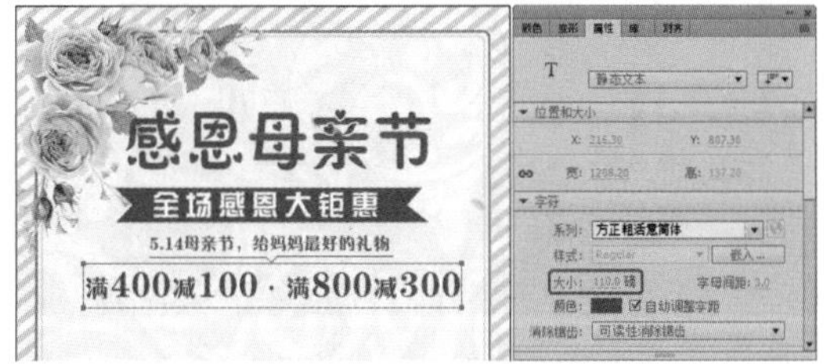

图3-54 设置【大小】参数

13 使用【文本工具】输入文本，将【系列】设置为【黑体】，【大小】设置为27，【字母间距】设置为18.7，【颜色】设置为#D31559，展开【段落】选项卡，将【行距】设置为10，如图3-55所示。

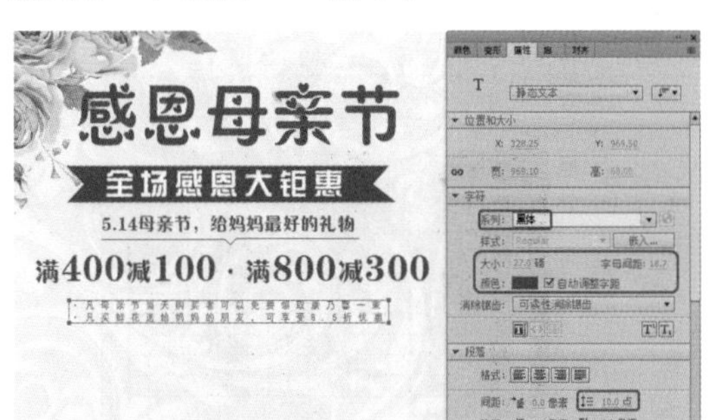

图3-55 输入文本并设置参数

14 使用【文本工具】输入文本，将【系列】设置为【微软雅黑】，【大小】设置为38，【字母间距】设置为18.7，【颜色】设置为#D31559，如图3-56所示。

图3-56 输入文本并设置参数

15 将“母亲.png”素材文件拖曳至舞台中，打开【变形】面板，将【缩放宽度】和【缩放高度】都设置为40，如图3-57所示。

图3-57 设置变形参数

16 将“心.png”拖曳至舞台中，如图3-58所示。

图3-58 将素材拖曳至舞台中

17 使用【文本工具】输入文本，将【系列】设置为【方正行楷简体】，【大小】设置为80，【颜色】设置为#D65770，如图3-59所示。

图3-59 输入文本并设置参数

18 选择文本，打开【变形】面板，将【旋转】设置为11.3°，如图3-60所示。

19 使用【钢笔工具】绘制线条，将【笔触】设置为3，如图3-61所示。

图3-60　设置【旋转】参数

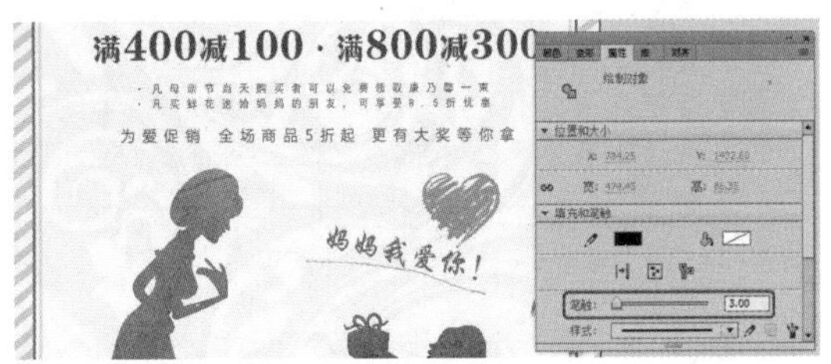

图3-61　设置线条【笔触】

20 打开【颜色】面板，将【笔触颜色】设置为 #D65770，【填充颜色】设置为无，如图 3-62 所示。

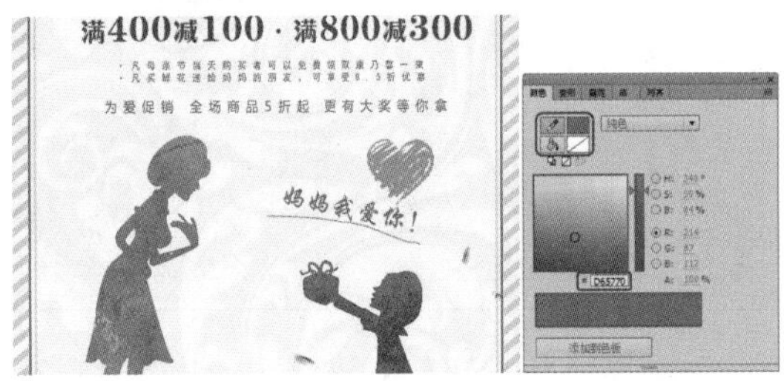

图3-62　设置颜色

3.2.1 【颜色】面板的使用

在菜单栏中选择【窗口】|【颜色】命令，打开【颜色】面板，如图 3-63 所示。【颜色】面板主要设置图形的颜色。

如果已经在舞台中选定了对象，则在【颜色】面板中所做的颜色更改会被应用到该对象上。用户可以在 RGB、HSB 模式下选择颜色，或者使用十六进制模式直接输入颜色代码，还可以指定 Alpha 值定义颜色的透明度，另外，用户还可以从现有调色板中选择颜色。也可对图形应用渐变色，使用【亮度】调节控件可修改所有颜色模式下的颜色亮度。

将【颜色】面板的填充样式设置为线性或者放射状时，【颜色】面板会变为渐变色设置模式。这时需要先定义好当前颜色，然后再拖动渐变定义栏下面的调节指针来调整颜色的渐变效果。用鼠标单击渐变定义栏还可以添加更多的色标，从而创建更复杂的渐变效果，如图 3-64 所示。

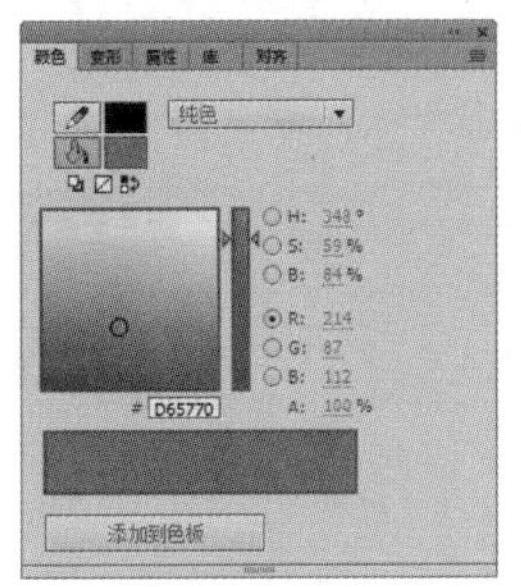

图3-63　【颜色】面板

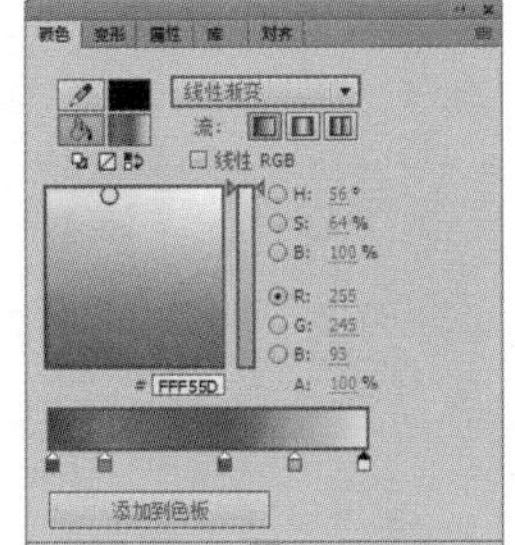

图3-64　添加色标

3.2.2 【样本】面板的使用

为了便于管理图像中的颜色，Animate 文件都包括一个颜色样本。在菜单栏中选择【窗口】|【样本】命令，打开【样本】面板，如图 3-65 所示。

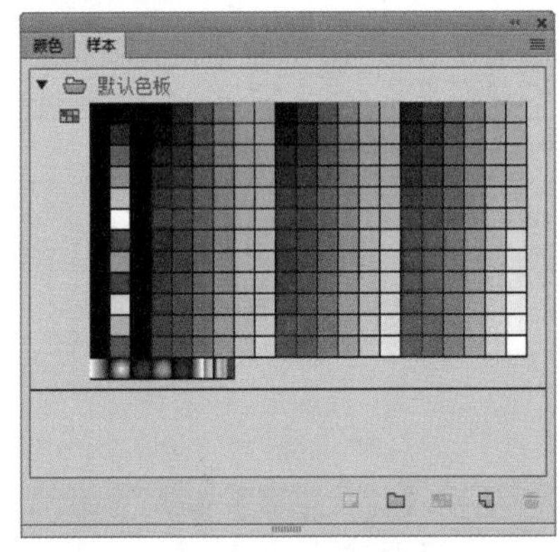

图3-65　【样本】面板

【样本】面板用来保存软件自带的或者用户自定义的一些颜色，包括纯色和渐变色，以方便重复使用。另外，还可以单击标题栏右侧的面板菜单按钮，打开面板菜单，其中提供了对颜色库中各元素的各种相关操作。

【样本】面板分为上下两个部分：上部是纯色样表，下部是渐变色样表。默认纯色样表中的颜色称为“Web 安全色”。

3.3 上机练习

下面通过绘制酒店招聘广告和健身宣传广告来巩固本章所学的知识。

3.3.1 绘制酒店招聘广告

酒吧是指提供啤酒、葡萄酒、洋酒、鸡尾酒等酒精类饮料的消费场所。Bar 多指娱乐休闲类的酒吧，提供现场的乐队或歌手、专业舞蹈团队表演。效果如图 3-66 所示。

图3-66　酒店招聘广告

素材	素材\Cha03\酒吧背景.jpg、酒吧素材1.png、酒吧素材2.png
场景	场景\Cha03\绘制酒店招聘广告.fla
视频	视频教学\Cha03\绘制酒店招聘广告.mp4

01 按 Ctrl+N 组合键，弹出【新建文档】对话框，将【宽】和【高】分别设置为 1763、2500，单击【确定】按钮，如图 3-67 所示。

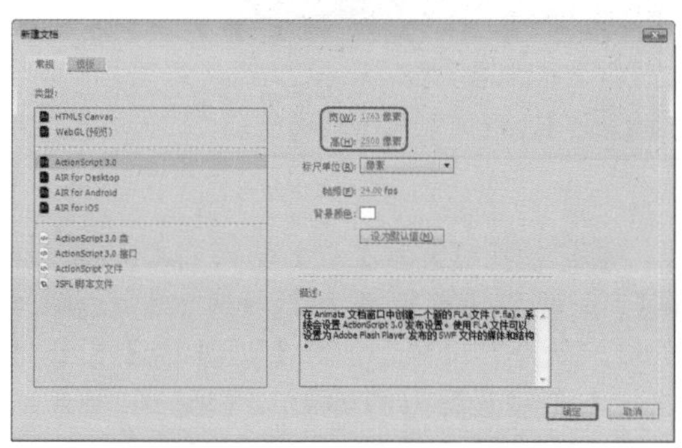

图3-67　设置【新建文档】参数

02 按 Ctrl+R 组合键，弹出【导入】对话框，选择“酒吧背景.jpg”素材文件，单击【打开】按钮，如图 3-68 所示。

图3-68　导入素材文件

03 选择【线条工具】，将【笔触颜色】设置为白色，【填充颜色】设置为无，【笔触】设置为 14，绘制白色线条，如图 3-69 所示。

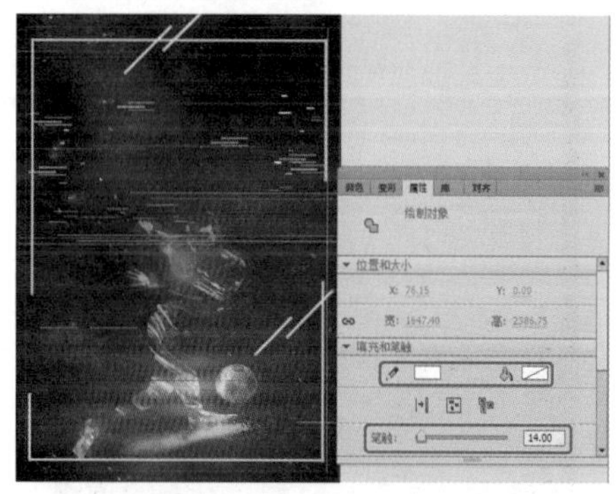

图3-69　绘制白色线条

04 选择【钢笔工具】，将【笔触颜色】设置为无，【填充颜色】设置为白色，绘制多个三角形，如图 3-70 所示。

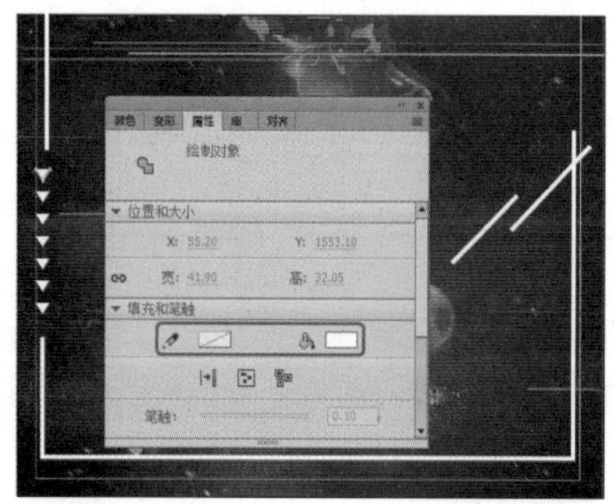

图3-70　绘制多个三角形

05 选择绘制的所有三角形，在菜单栏中选择【修改】|【组合】命令，如图 3-71 所示。

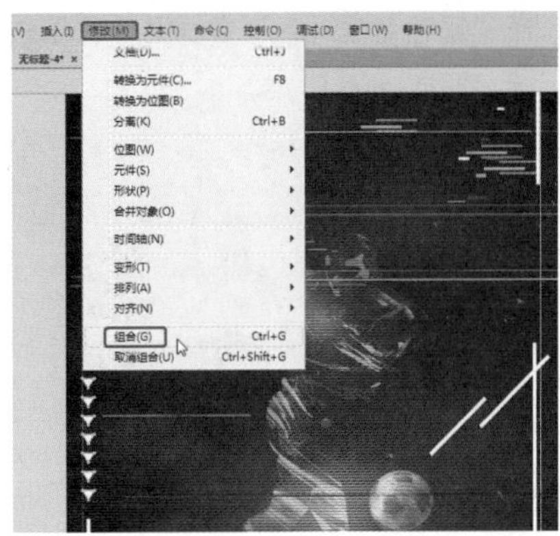
图3-71　选择【组合】命令

06 对三角形进行复制，并调整位置，在菜单栏中选择【修改】|【变形】|【垂直翻转】命令，如图 3-72 所示。效果如图 3-73 所示。

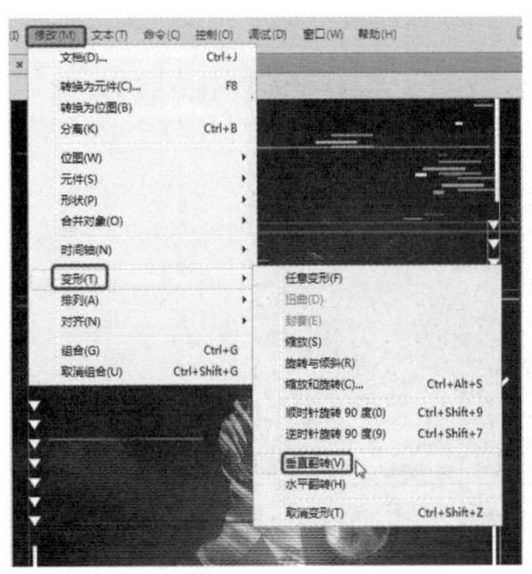
图3-72　选择【垂直翻转】命令

提　示

按住 Shift 键可选择多个对象。

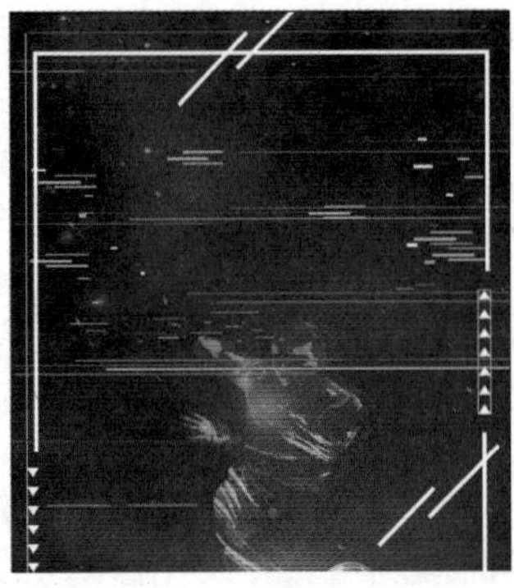
图3-73　垂直翻转后的效果

07 在菜单栏中选择【文件】|【导入】|【导入到库】命令，如图 3-74 所示。

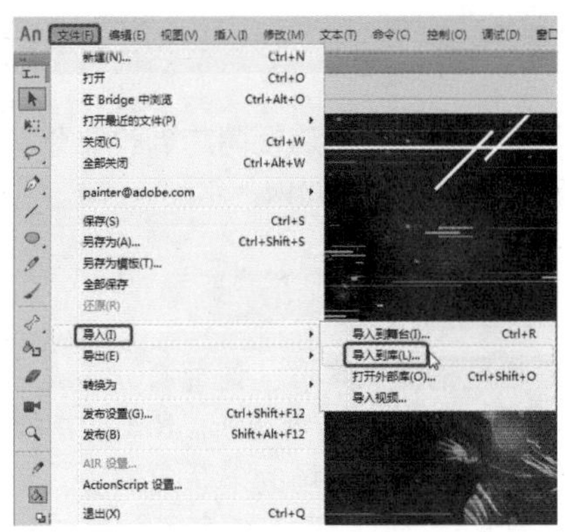
图3-74　选择【导入到库】命令

08 弹出【导入到库】对话框，选择“酒吧素材 1.png”“酒吧素材 2.png”素材文件，单击【打开】按钮，如图 3-75 所示。

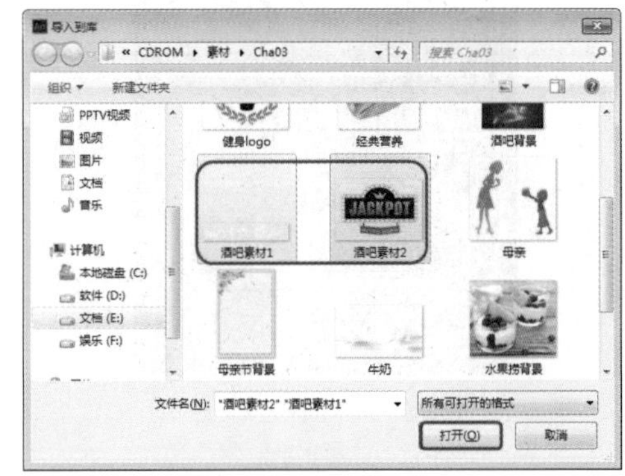
图3-75　导入素材文件

09 将“酒吧素材 1.png”拖曳至舞台中，并调整位置，如图 3-76 所示。

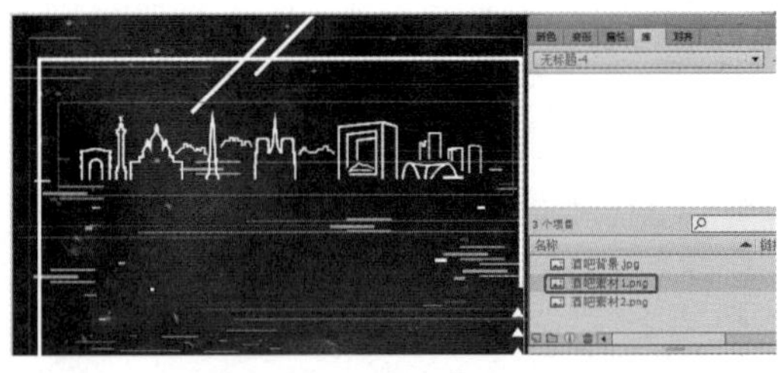
图3-76　调整对象的位置

10 使用【文本工具】输入文本，将【系列】设置为【微软雅黑】,【样式】设置为 Bold，【大小】设置为 270，【字母间距】设置为 17.4，【颜色】设置为 #97D4DE，如图 3-77 所示。

11 对文本进行复制，将【颜色】更改为 #C21A21，如图 3-78 所示。

图3-77　输入文本并设置参数

图3-78　复制文本并设置颜色

12 对文本进行复制，将【颜色】更改为白色，如图 3-79 所示。

图3-79　设置文本颜色

13 使用【文本工具】输入文本，将【系列】设置为【微软雅黑】，【样式】设置为 Bold，【大小】设置为 80，【字母间距】设置为 0，【颜色】设置为白色，如图 3-80 所示。

图3-80　输入文本并设置参数

14 使用【文本工具】输入文本，将【系列】设置为【黑体】，【大小】设置为 48，【颜色】设置为白色，如图 3-81 所示。

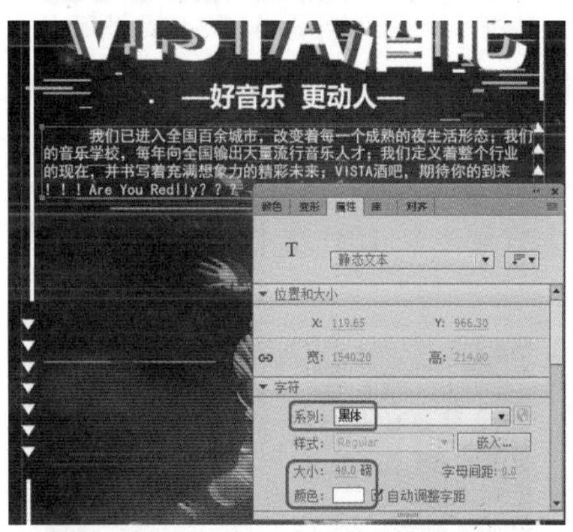

图3-81　输入文本并设置参数

15 在【库】面板中将“酒吧素材 2.png”拖曳至舞台中，如图 3-82 所示。

图3-82　将素材拖曳到舞台中

16 使用【矩形工具】绘制矩形，将【笔触颜色】设置为无，【填充颜色】设置为 #282247，如图 3-83 所示。

图3-83　绘制矩形并设置【填充和笔触】

17 选择绘制的对象，对其进行多次复制，如图3-84所示。

图3-84　多次复制图形

18 使用【文本工具】输入文本，将【系列】设置为【黑体】，【大小】设置为63，【字母间距】设置为3，【颜色】设置为白色，如图3-85所示。

图3-85　输入文本并设置参数

19 使用【文本工具】输入文本，将【系列】设置为【汉仪长宋简】，【大小】设置为75，【字母间距】设置为0，【颜色】设置为白色，如图3-86所示。

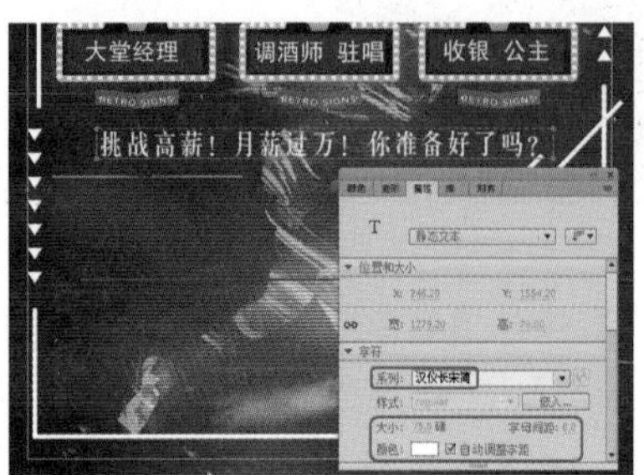

图3-86　输入文本并设置参数

20 使用【文本工具】输入文本，将【系列】设置为【汉仪长宋简】，【大小】设置为60，【颜色】设置为白色，如图3-87所示。

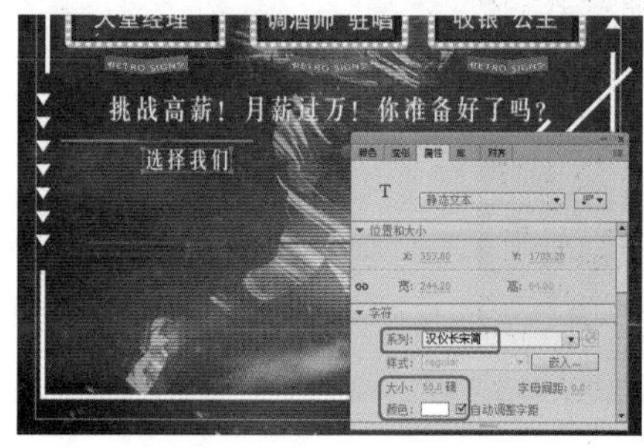

图3-87　输入文本并设置参数

21 使用【文本工具】输入文本，将【系列】设置为【汉仪长宋简】，【大小】设置为48，【颜色】设置为白色，如图3-88所示。

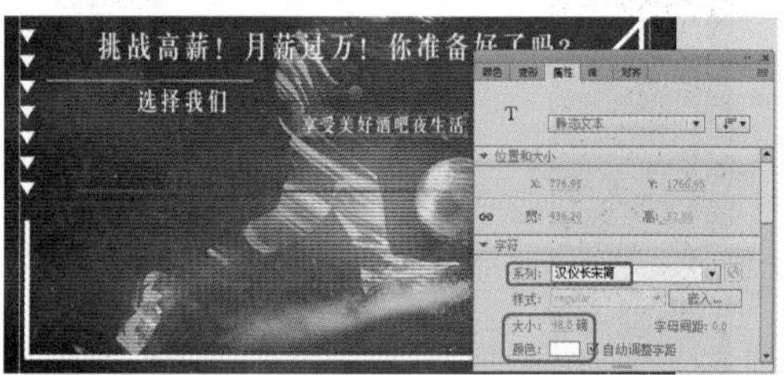

图3-88　输入文本并设置参数

22 使用【矩形工具】绘制两个矩形，将【笔触颜色】设置为无，【填充颜色】设置为#282247，Alpha设置为54，如图3-89所示。

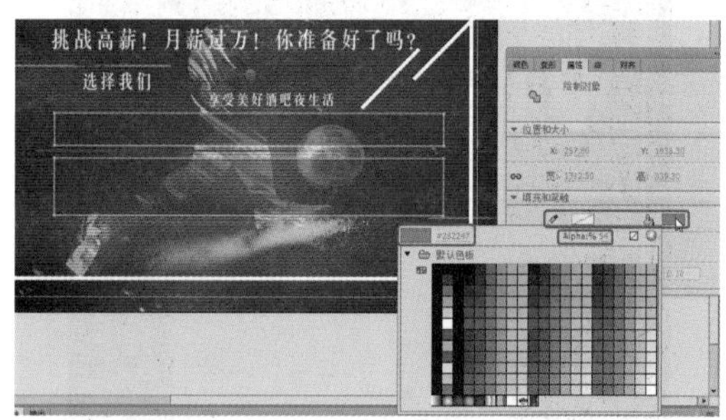

图3-89　设置矩形的笔触和填充颜色

23 使用【文本工具】输入文本，将【系列】设置为【汉仪长宋简】，【大小】设置为80，【颜色】设置为白色，如图3-90所示。

24 使用【文本工具】输入文本，将【系列】设置为【Adobe 黑体 Std】，【大小】设置为36，【字母间距】设置为2.9，【颜色】设置为白色，如图3-91所示。

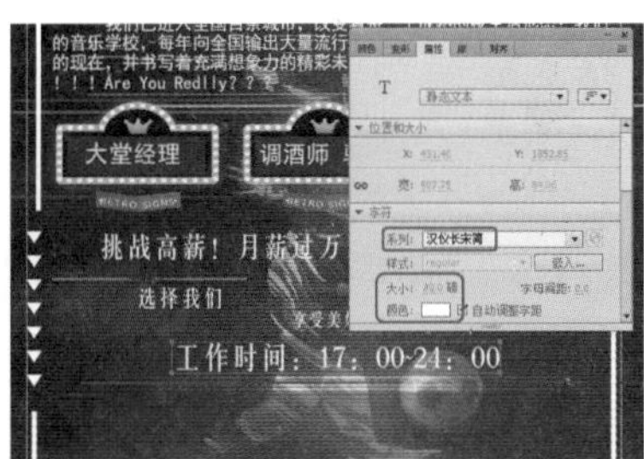

图3-90　输入文本并设置参数

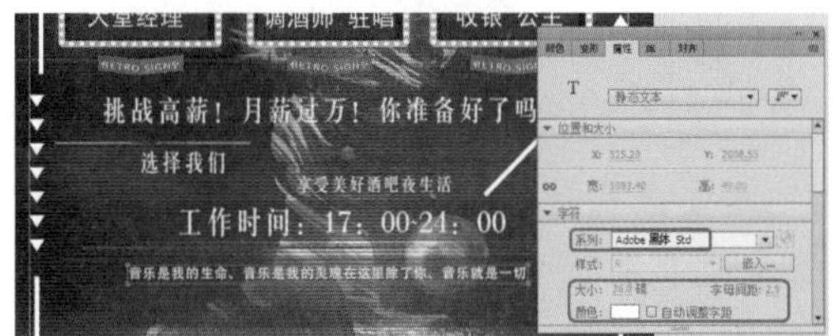

图3-91　输入文本并设置参数

25 使用【文本工具】输入文本，将【系列】设置为 Myriad Pro，【大小】设置为 36，【字母间距】设置为 2.9，【颜色】设置为白色，展开【段落】选项卡，将【行距】设置为 11，如图 3-92 所示。

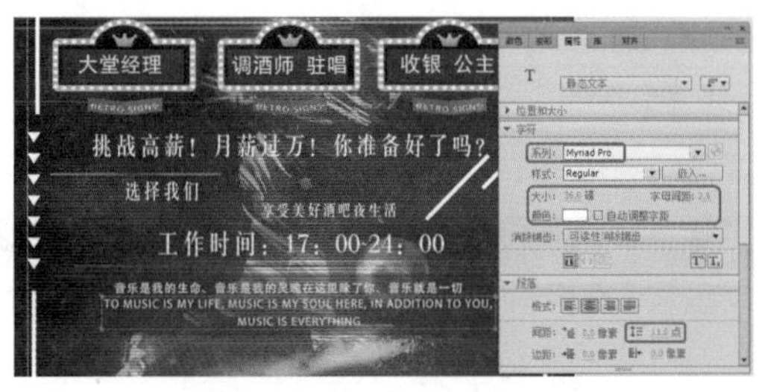

图3-92　输入文本并设置参数

26 使用【文本工具】输入文本，将【系列】设置为【黑体】，【大小】设置为 30，【字母间距】设置为 0，【颜色】设置为白色，展开【段落】选项卡，将【行距】设置为 3，如图 3-93 所示。

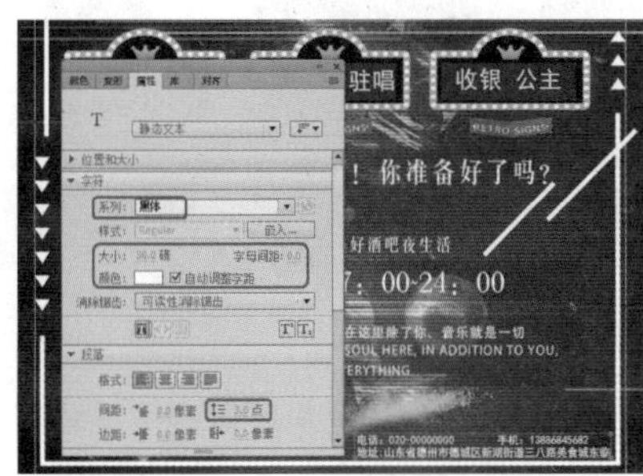

图3-93　输入文本并设置参数

3.3.2　绘制健身宣传广告

健身现在很流行，如各种徒手健美操、韵律操、形体操以及各种自抗力动作，如果要达到缓解压力的目的，至少一周锻炼 3 次，效果如图 3-94 所示。

图3-94　健身宣传广告

素材	素材\Cha03\健身logo.png、健身1.png~健身4.png、电话.png
场景	场景\Cha03\绘制健身宣传广告.fla
视频	视频教学\Cha03\绘制健身宣传广告.mp4

01 按 Ctrl+N 组合键，弹出【新建文档】对话框，将【宽】和【高】分别设置为 2270、5011，单击【确定】按钮，如图 3-95 所示。

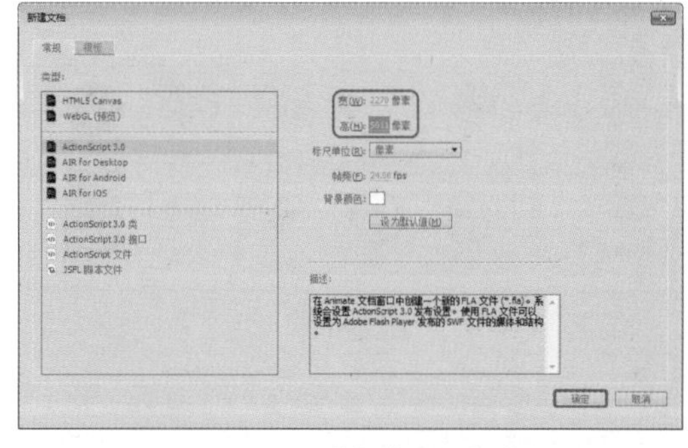

图3-95　设置【新建文档】参数

02 使用【文本工具】输入文本，将【系列】设置为【创艺简老宋】，【大小】设置为 77，【字母间距】设置为 30，【颜色】设置为 #EB6718，如图 3-96 所示。

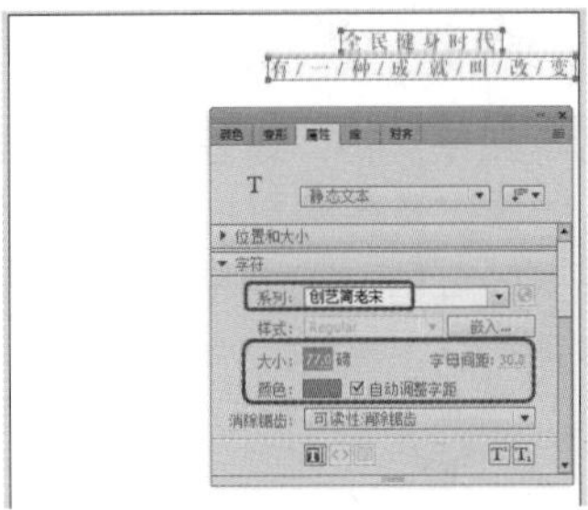

图3-96　输入文本并设置参数

03 在菜单栏中选择【文件】|【导入】|【导入到库】命令，如图 3-97 所示。

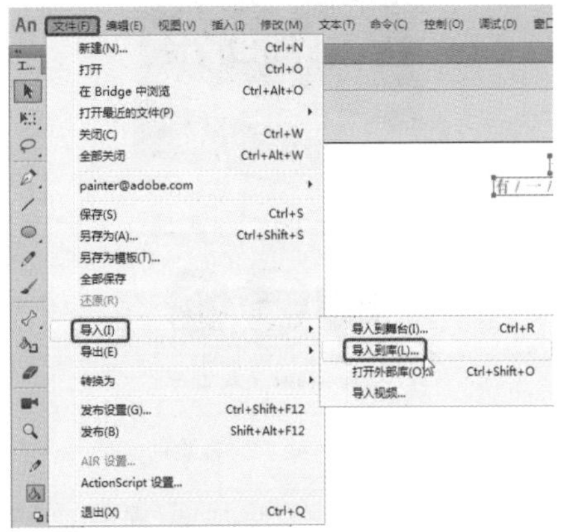

图3-97　选择【导入到库】命令

04 弹出【导入到库】对话框，选择“电话.png”“健身 1.png~健身 4.png”“健身 logo.png”素材文件，单击【打开】按钮，如图 3-98 所示。

图3-98　选择素材文件

05 打开【库】面板，选择“健身 logo.png”素材文件，将其拖曳至舞台中并调整位置，如图 3-99 所示。

图3-99　调整logo位置

06 使用【钢笔工具】绘制图形，将【笔触颜色】设置为无，【填充颜色】设置为#EB6718，Alpha 设置为 100，如图 3-100 所示。

图3-100　设置图形颜色

提　示

使用【钢笔工具】绘制完成后，还可以使用【部分选取工具】、【转换锚点工具】、【添加锚点工具】和【删除锚点工具】来调整绘制的图形。

07 将“健身 1.png”拖曳至舞台中，并调整位置，如图 3-101 所示。

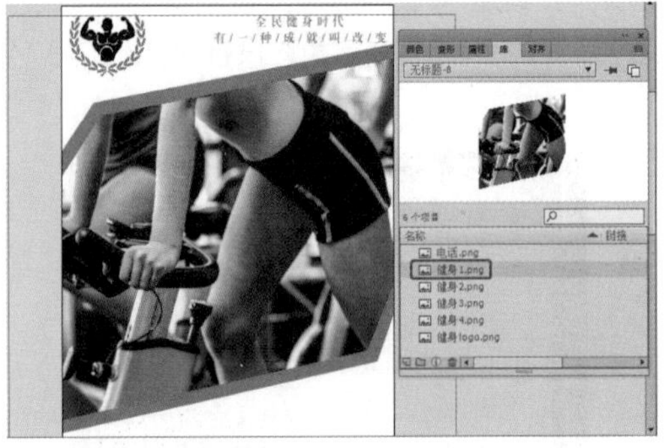

图3-101　调整素材位置

08 使用【钢笔工具】绘制图形，将

【笔触颜色】设置为无，【填充颜色】设置为 #DDE2E6，如图 3-102 所示。

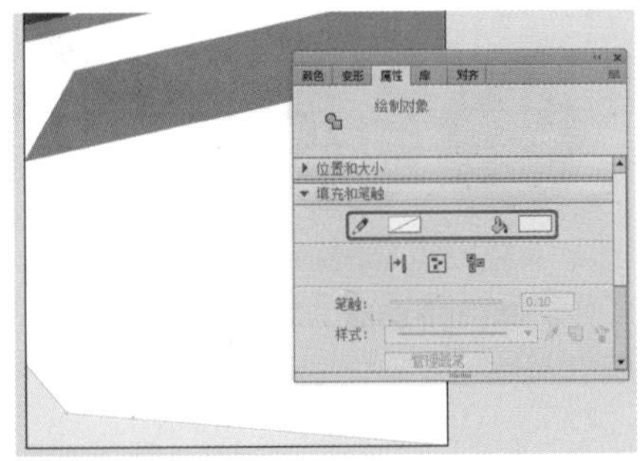

图3-102 绘制图形并设置【填充和笔触】

09 使用【钢笔工具】绘制图形，将【笔触颜色】设置为无，【填充颜色】设置为 #EB6718，如图 3-103 所示。

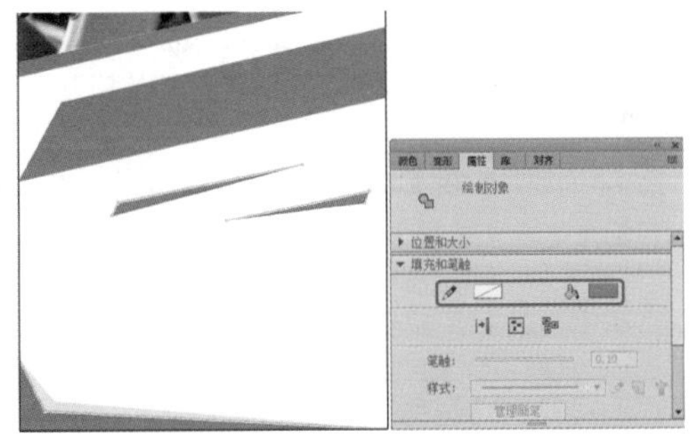

图3-103 绘制图形并设置【填充和笔触】

10 使用【文本工具】输入文本，将【系列】设置为【创艺简老宋】，【大小】设置为 125，【颜色】设置为 #EB6718，如图 3-104 所示。

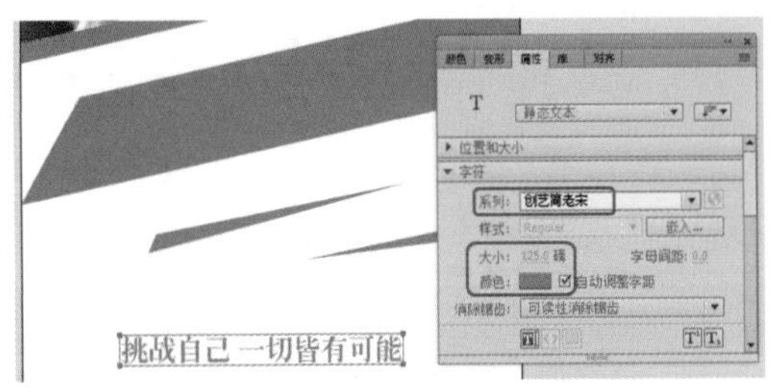

图3-104 输入文本并设置参数

11 在【变形】面板中，选中【倾斜】单选按钮，将【水平倾斜】和【垂直倾斜】分别设置为 -3、-13，并调整位置，如图 3-105 所示。

12 使用【文本工具】继续输入文本，如图 3-106 所示。

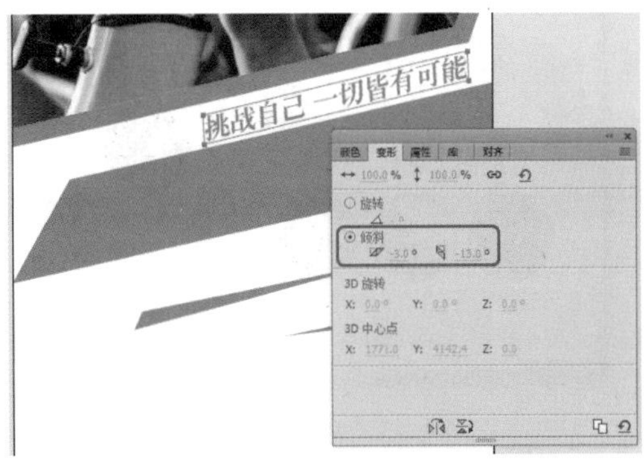

图3-105 设置【倾斜】参数

图3-106 输入文本

知识链接：广告要素

以广告活动的参与者为出发点，广告构成要素包括广告主、广告公司、广告媒体、广告信息、广告思想、广告技巧、广告受众、广告费用及广告效果。

以大众传播理论为出发点，广告构成要素包括广告信源、广告信息、广告媒介、广告信宿。

13 选择【椭圆工具】，将【笔触颜色】设置为无，【填充颜色】设置为 #4C4949，绘制三个椭圆，如图 3-107 所示。

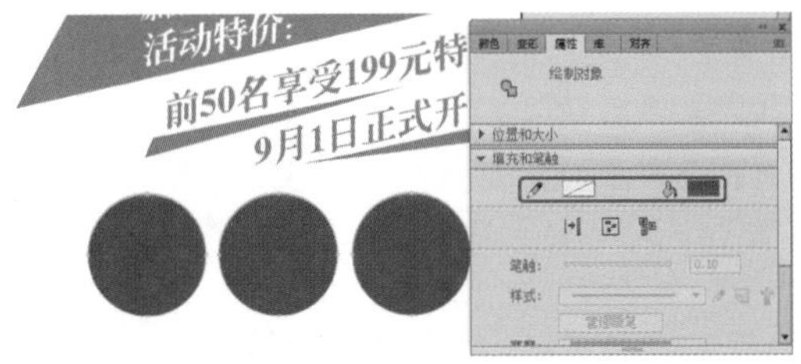

图3-107 绘制椭圆并设置【填充和笔触】

14 将“健身 2.png~ 健身 4.png”拖曳至舞台中，并调整位置，如图 3-108 所示。

15 使用【文本工具】输入其他文本，如图 3-109 所示。

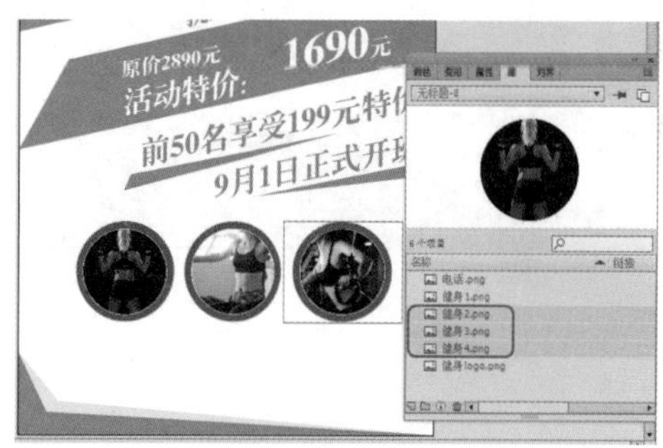

图3-108　调整素材位置

图3-109　输入其他文本

16 将“电话.png”拖曳至舞台中，调整素材位置，如图 3-110 所示。

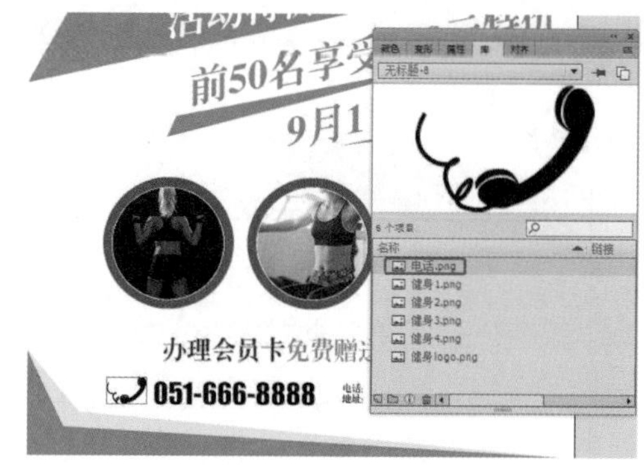

图3-110　调整素材位置

3.4 习题与训练

1. 【颜料桶工具】与【滴管工具】有什么不同用处?

2. 使用【任意变形工具】调整中心点的位置，有何用处?

3. 如何利用【渐变变形工具】设置填充颜色的变形?

第4章 设计视音频播放器——素材文件的导入

Animate CC 2018软件的各项功能都很完善，但是本身无法产生一些素材文件，本章将介绍如何导入图像文件，并对导入的位图进行压缩和转换。讲解导入AI文件、PSD文件和FreeHand文件等各种格式文件的方法；介绍导入视频文件和音频文件的方式，以及对音频文件进行编辑和压缩的方法。

基础知识

- 导入图像文件
- 导入视频文件

重点知识

- 数字倒计时动画
- 聊天动画

提高知识

- 导入其他图形格式
- 素材的导出

本章通过制作数字倒计时动画、气球飘动动画、视频播放器、节目动画、音乐进度条、音乐波形频谱来讲解视音频播放器的使用方法。

4.1 制作数字倒计时动画——导入图像文件

各种晚会中常常有倒计时，怎样制作数字倒计时 GIF 图呢？本例介绍数字倒计时动画的制作，通过在不同的帧上设置不同的数字，最终得到倒计时动画效果，如图 4-1 所示。

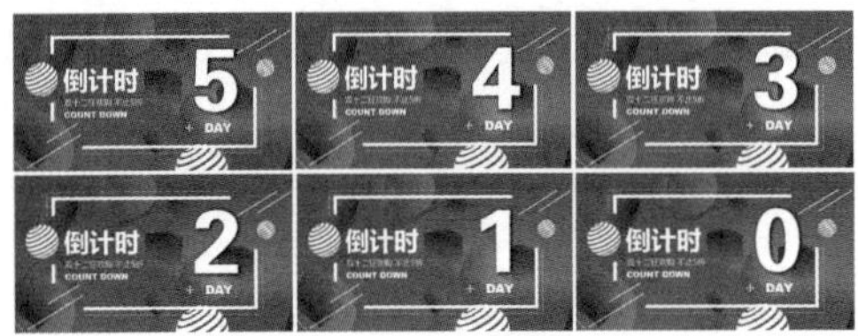

图4-1　数字倒计时动画

素材	素材\Cha04\倒计时背景.jpg
场景	场景\Cha04\制作数字倒计时动画——导入图像文件.fla
视频	视频教学\Cha04\制作数字倒计时动画——导入图像文件.mp4

01 启动软件，按 Ctrl+N 组合键，弹出【新建文档】对话框，将【宽】和【高】分别设置为 889、494，将【帧频】设置为 1，【背景颜色】设置为白色，单击【确定】按钮，如图 4-2 所示。

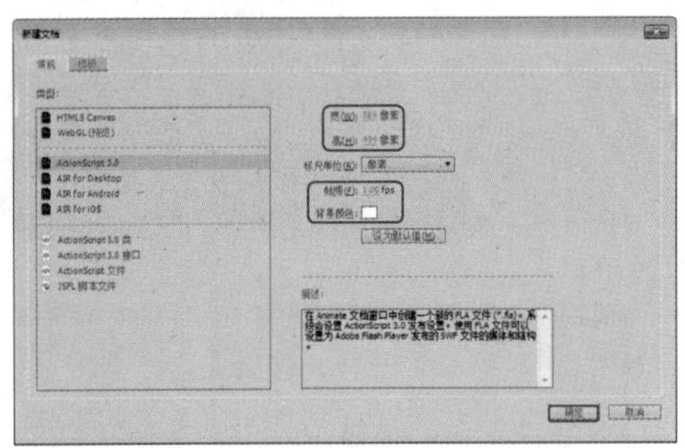

图4-2　设置【新建文档】参数

02 在菜单栏中选择【文件】|【导入】|【导入到舞台】命令，弹出【导入】对话框，选择“倒计时背景 .jpg”文件，将背景图片导入至舞台中，如图 4-3 所示。

图4-3　导入素材文件

03 在【时间轴】面板中选择【图层 1】的第 6 帧，单击鼠标右键，在弹出的快捷菜单中选择【插入帧】命令，如图 4-4 所示。

图4-4　选择【插入帧】命令

04 在【时间轴】面板中将【图层 1】重命名为【背景】并将其锁定，单击【时间轴】面板下方的【新建图层】按钮，新建一个图层，并将其命名为【数字】，如图 4-5 所示。

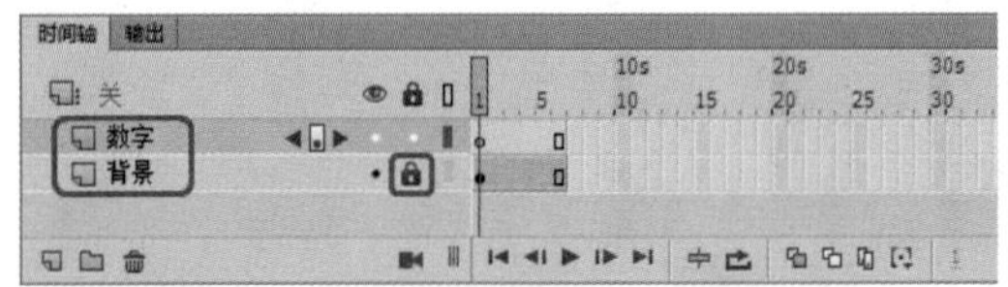

图4-5　创建【数字】图层

05 确定新创建的【数字】图层处于被选择状态，选择第 1 个关键帧，如图 4-6 所示。

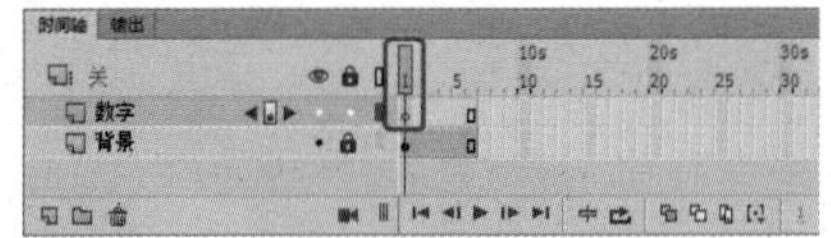

图4-6　选择第1个关键帧

06 在工具箱中选择【文本工具】T，在舞台中输入文本“5”。确定新创建的文本处于被选择状态，打开【属性】面板，在【字符】选项下，将【系列】设置为【方正大黑简体】，【大小】设置为 280，【颜色】设置为白色，将 X 设置为 566.2，Y 设置为 58.2，如图 4-7 所示。

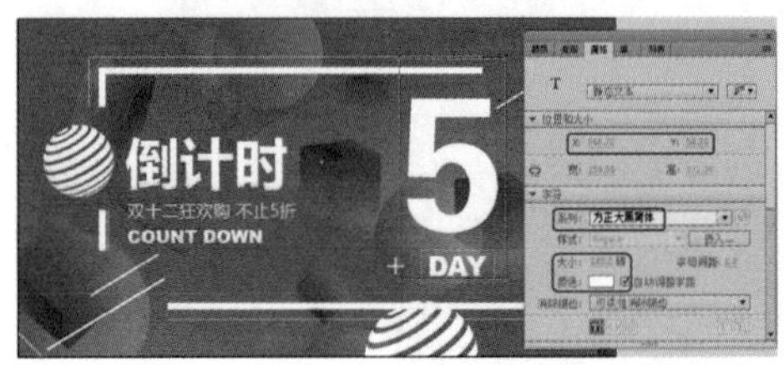

图4-7　输入文本并设置参数

07 在舞台中选择文本“5”，在【属性】面板中打开【滤镜】，单击【添加滤镜】按钮 ，在弹出的菜单中选择【投影】命令。在【投影】选项下，将【模糊 X】和【模糊 Y】都设置为 20，其他参数使用默认值，如图 4-8 所示。

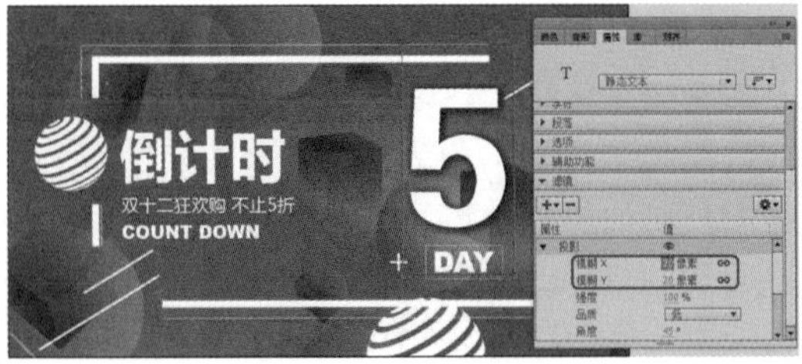

图4-8 设置【投影】

08 在【时间轴】面板中，选择【数字】图层的第 2 帧，单击鼠标右键，在弹出的快捷菜单中选择【插入关键帧】命令，为第 2 帧添加关键帧，如图 4-9 所示。

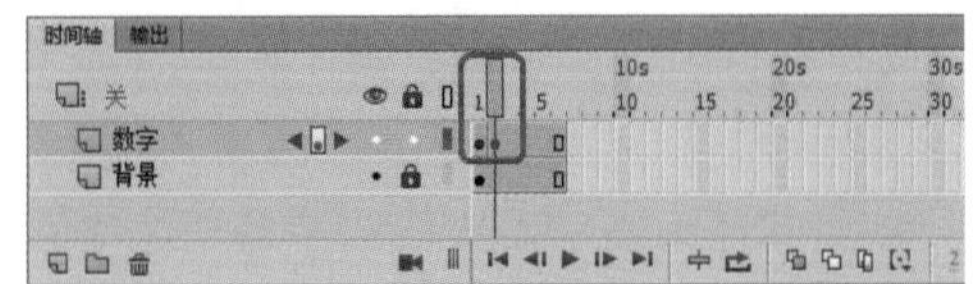

图4-9 添加关键帧

09 使用【选择工具】，在舞台中双击文本“5”，使其处于编辑状态，然后将“5”改为“4”，如图 4-10 所示。

图4-10 更改文本

10 使用相同的方法，在其他帧处插入关键帧并更改文本数字，如图 4-11 所示。最后将场景文件进行保存。

图4-11 插入关键帧

4.1.1 导入位图

在 Animate 中可以导入位图图像，具体操作步骤如下。

01 在菜单栏中选择【文件】|【导入】|【导入到舞台】命令，弹出【导入】对话框，如图 4-12 所示。

图4-12 【导入】对话框

02 在【导入】对话框中，选择需要导入的文件，单击【打开】按钮，即可将图像导入到场景中。

如果导入的是图像序列中的某一个文件，则 Animate 会自动将其识别为图像序列，并弹出提示对话框，如图 4-13 所示。

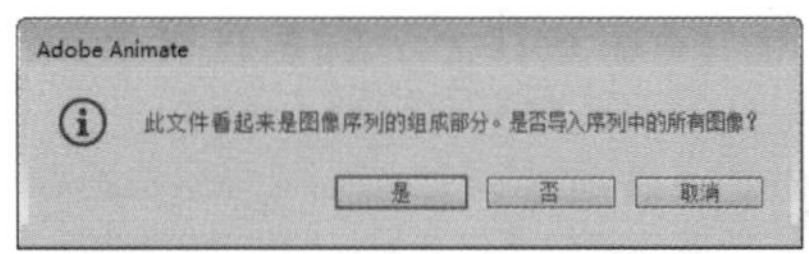

图4-13 提示对话框

如果将一个图像序列导入 Animate 中，那么在场景中显示的只是选中的图像，其他图像则不会显示。如果要使用序列中的其他图像，可以在菜单栏中选择【窗口】|【库】命令，打开【库】面板，在其中选择需要的图像，如图 4-14 所示。

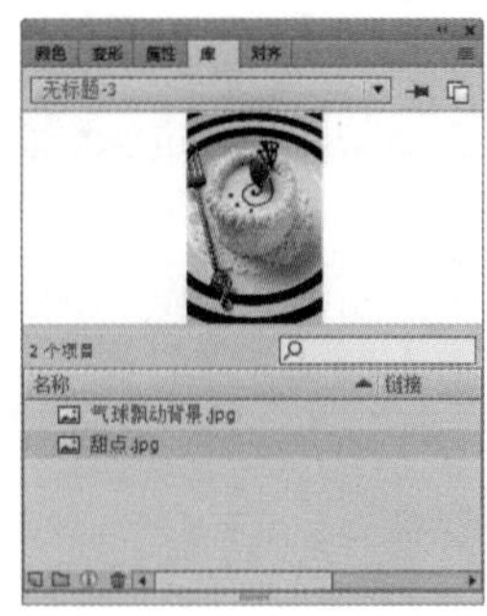

图4-14 【库】面板

4.1.2 压缩位图

Animate 虽然可以很方便地导入图像素材，但是有一个重要的问题经常会被使用者忽略，就是导入图像的容量大小。大多数人认为导入的图像容量会随着图片在舞台中缩小尺寸而减小，其实这是错误的想法，导入图像的容量和缩放比例毫无关系。如果要减小导入图像的容量就必须对图像进行压缩，具体操作步骤如下。

01 在【库】面板中找到导入的图像素材，在该图像上单击鼠标右键，在弹出的快捷菜单中选择【属性】命令，打开【位图属性】对话框，如图 4-15 所示。

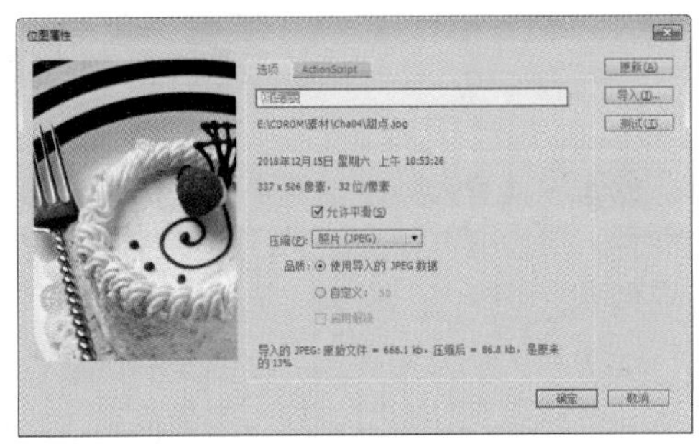

图4-15 【位图属性】对话框

02 勾选【允许平滑】复选框，可以消除图像的锯齿，从而平滑位图的边缘。

03 在【压缩】下拉列表框中选择【照片(JPEG)】选项。

> **提 示**
> 用户可以在【品质】选项组中选中【自定义】单选按钮，然后在文本框中输入品质数值，最大可设置为 100。设置的数值越大得到的图形显示效果越好，而文件占用的空间也会相应增大。

04 单击【测试】按钮，可查看当前设置的 JPEG 品质、原始文件及压缩后文件的大小、图像的压缩比率。

> **提 示**
> 对于具有复杂颜色或色调变化的图像，如具有渐变填充的照片或图像，建议使用【照片（JPEG)】压缩方式。对于具有简单形状和颜色较少的图像，建议使用【无损（PNG/GIF)】压缩方式。

4.1.3 转换位图

在 Animate 中可以将位图转换为矢量图，尤其对色彩少、没有色彩层次感的位图，即非照片的图像运用转换功能，会收到很好的效果。

将位图转换为矢量图的具体操作步骤如下。

01 在菜单栏中选择【文件】|【导入】|【导入到舞台】命令，弹出【导入】对话框，选择一幅位图图像，将其导入场景中。

02 在菜单栏中选择【修改】|【位图】|【转换位图为矢量图】命令，打开【转换位图为矢量图】对话框，单击【预览】按钮，可以先预览转换的效果，单击【确定】按钮，可将位图转换为矢量图，如图 4-16 所示。

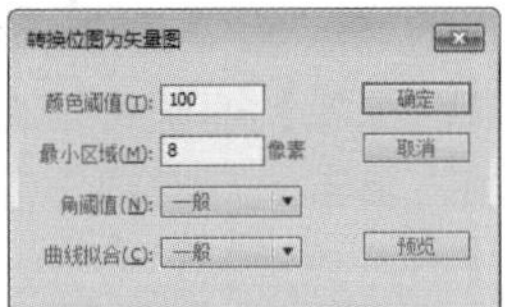

图4-16 【转换位图为矢量图】对话框

【转换位图为矢量图】对话框中的各项参数功能如下。

- 颜色阈值：设置位图中每个像素的颜色与其他像素的颜色在多大程度上的不同可以被当作是不同颜色。范围是 1~500 的整数，数值越大，创建的矢量图越小，但与原图的差别越大；数值越小，颜色转换越多，与原图的差别越小。
- 最小区域：设定以多少像素为单位来转换成一种色彩。数值越低，转换后的色彩与原图越接近，但是会浪费较多的时间，其范围为 1~1000。
- 角阈值：设定转换成矢量图后，曲线的弯度要达到多大范围才能转换为拐点。
- 曲线拟合：设定转换成矢量图后曲线的平滑程度，包括【像素】、【非常紧密】、【紧密】、【一般】、【平滑】和【非常平滑】。

> **提 示**
> 并不是所有的位图转换成矢量图后都能缩小文件。将图像转换成矢量图后，有时会发现转换后的文件比原文件还要大，这是由于在转换过程中需要较多的矢量图来匹配它。

03 左侧为位图，右侧为转换后的矢量图，如图 4-17 所示。

图4-17 转换后的矢量图效果

4.2 制作气球飘动动画——导入其他图形格式

气球缓缓上升，仿佛是在放飞我们的梦想。本例将介绍如何制作气球飘动动画，主要通过创建影片剪辑元件，然后导入序列图片来制作气球飘动效果，效果如图 4-18 所示。

图4-18 气球飘动动画效果

素材	素材\Cha04\气球飘动背景.jpg、“背景图像”文件夹、“气球飘动”文件夹
场景	场景\Cha04\制作气球飘动动画——导入其他图形格式.fla
视频	视频教学\Cha04\制作气球飘动动画——导入其他图形格式.mp4

01 在菜单栏中选择【文件】|【新建】命令，弹出【新建文档】对话框，在【类型】列表框中选择 ActionScript3.0 选项，在右侧的设置区域中将【宽】、【高】设置为 384、606，单击【确定】按钮，如图 4-19 所示。

02 按 Ctrl+F8 组合键，在弹出的【创建新元件】对话框中将【名称】设置为【背景图像】，【类型】设置为【影片剪辑】，单击【确定】按钮，如图 4-20 所示。

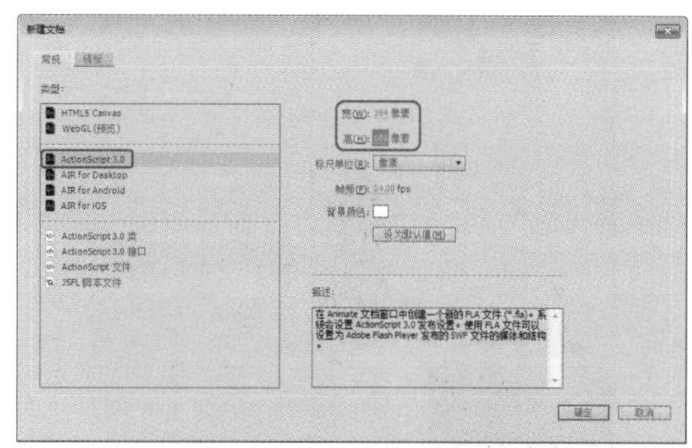

图4-19 设置【新建文档】参数

图4-20 【创建新元件】对话框

03 在菜单栏中选择【文件】|【导入】|【导入到舞台】命令，在弹出的【导入】对话框中选择“背景图像”文件夹中的“00100.png”素材文件，单击【打开】按钮，如图 4-21 所示。

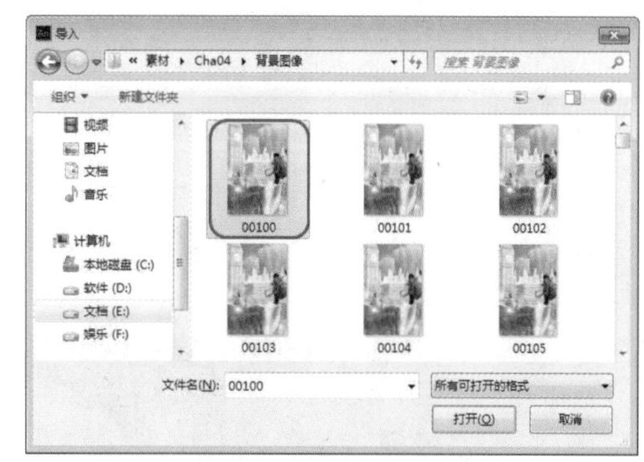

图4-21 选择素材文件

04 在弹出的对话框中单击【是】按钮，返回至场景 1 中，在【时间轴】面板中单击【新建图层】按钮，在【库】面板中选择【背景图像】，按住鼠标将其拖曳至舞台中，在【对齐】面板中勾选【与舞台对齐】复选框，单击【水平中齐】、【垂直中齐】，【匹配宽和高】按钮，如图 4-22 所示。

05 制作【气球飘动】影片剪辑，在【时间轴】面板中单击【新建图层】按钮，新建【图层 2】，在【库】面板中选择【气球飘动】，按住鼠标将其拖曳至舞台中，将 X、Y 都设置为 0，如图 4-23 所示。

图4-22 调整位置

图4-23 调整对象

06 按 Ctrl+Enter 组合键测试影片，效果如图 4-24 所示。

图4-24 测试影片

4.2.1 导入AI文件

Animate 可以导入和导出 Illustrator 软件生成的 AI 格式文件。当 AI 格式文件导入 Animate 中后，可以像其他 Animate 对象一样进行处理。

导入 AI 格式文件的具体操作步骤如下。

01 弹出【导入】对话框后，在其中选择要导入的 AI 格式文件。

02 单击【打开】按钮，弹出【将“Lai”导入到舞台】对话框，如图 4-25 所示。

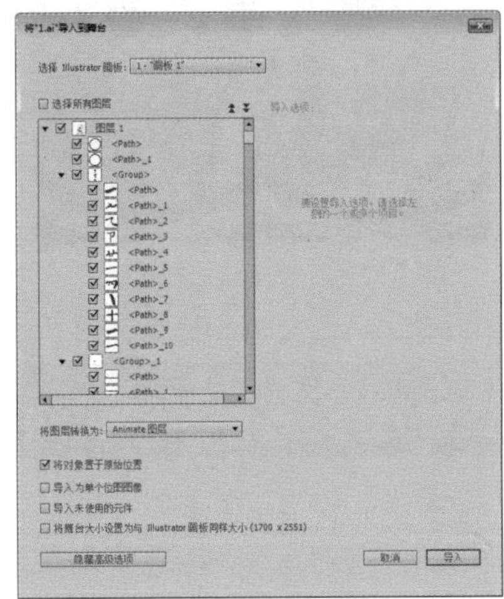

图4-25 【将“Lai”导入到舞台】对话框

03 设置完后，单击【导入】按钮，即可将 AI 格式文件导入到 Animate 中，如图 4-26 所示。

图4-26 将AI文件导入Animate

4.2.2 导入PSD文件

Photoshop 产生的 PSD 文件，也可以导入到 Animate 中，并可以像其他 Animate 对象一样进行处理。

导入 PSD 格式文件的具体操作步骤如下。

01 打开【导入】对话框后，在其中选择要导入的 PSD 格式文件，单击【打开】按钮。

02 打开【将“2.psd”导入到舞台】对话框，如图 4-27 所示。

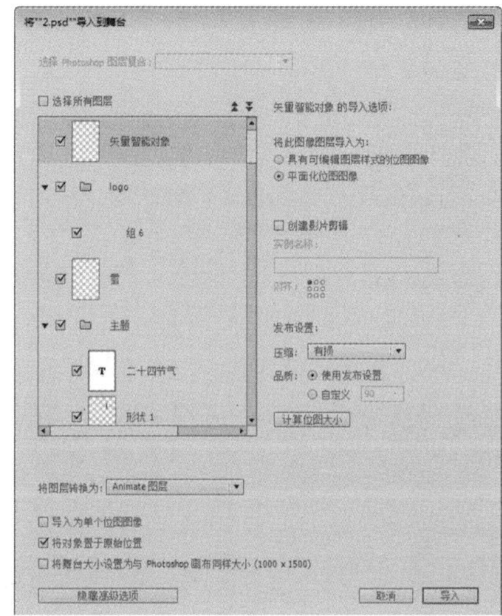

图4-27 【将“2.psd”导入到舞台】对话框

03 设置完成后，单击【导入】按钮，即可将 PSD 文件导入到 Animate 中，如图 4-28 所示。

图4-28 将PSD文件导入Animate

4.2.3 导入PNG文件

Fireworks 软件生成的 PNG 格式文件可以作为平面化图像或可编辑对象导入 Animate 中。

如果将 PNG 文件作为平面化图像导入，则可以从 Animate 中启动 Fireworks，并可编辑原始的 PNG 文件（具有矢量数据）。当成批导入多个 PNG 文件时，只需进行一次导入设置，Animate 对于一批中的所有文件使用同样的设置。在 Animate 中编辑位图图像，方法是将位图图像转换为矢量图或将位图图像分离。

导入 Fireworks PNG 文件的具体操作步骤是：打开【导入】对话框后，在其中选择要导入的 PNG 格式文件。单击【打开】按钮，即可将 Fireworks PNG 文件导入 Animate 中，如图 4-29 所示。

图4-29 将Fireworks PNG文件导入Animate

4.3 制作视频播放器——导入视音频文件

视频播放器是指能播放以数字信号形式存储的视频的软件，也指具有播放视频功能的电子器件产品。下面介绍如何制作播放器，使用软件自带的播放器组件加载外部的视频进行制作，效果如图 4-30 所示。

图4-30 视频播放器效果

素材	素材\Cha04\播放器背景.jpg、播放器视频素材.mp4
场景	场景\Cha04\制作视频播放器——导入视音频文件.fla
视频	视频教学\Cha04\制作视频播放器——导入视音频文件.mp4

01 启动软件后，在欢迎界面中单击【新建】选项组中的ActionScript3.0按钮，如图4-31所示。

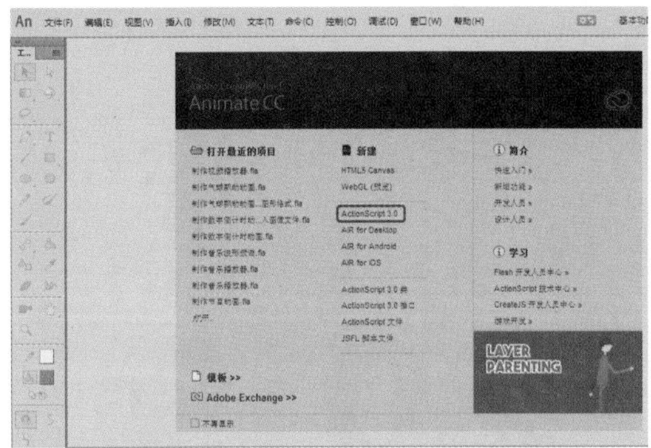

图4-31 选择新建类型

02 进入工作界面后，在工具箱中单击【属性】按钮，在打开的【属性】面板中，将【大小】选项组中的【宽】、【高】分别设置为360、241，如图4-32所示。

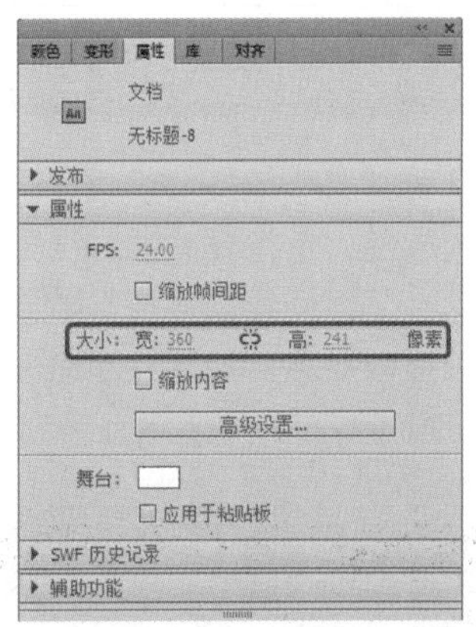

图4-32 设置场景大小

03 在菜单栏中选择【文件】|【导入】|【导入到舞台】命令，如图4-33所示。

04 在弹出的【导入】对话框中，选择素材文件"播放器背景.jpg"，单击【打开】按钮并对齐舞台，效果如图4-34所示。

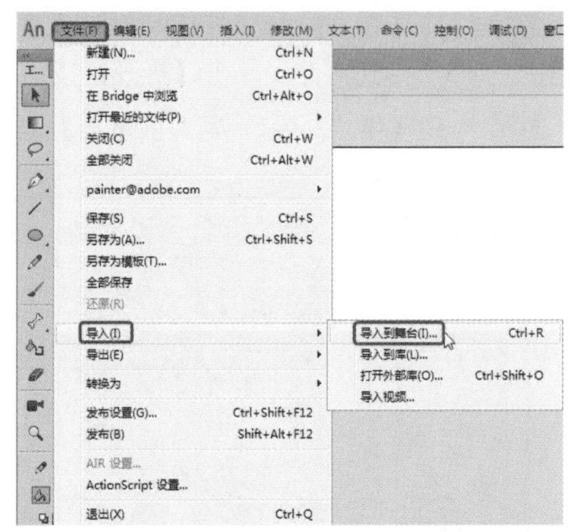

图4-33 选择【导入到舞台】命令

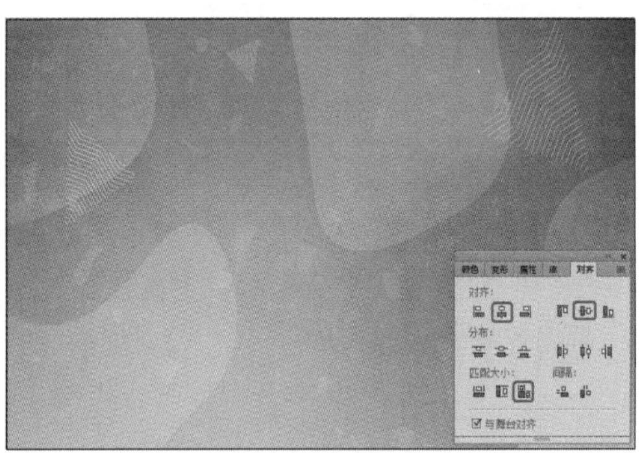

图4-34 导入图片

05 在菜单栏中选择【文件】|【导入】|【导入视频】命令，在弹出的【导入视频】对话框中，选中【使用播放组件加载外部视频】单选按钮，然后单击【浏览】按钮，如图4-35所示。

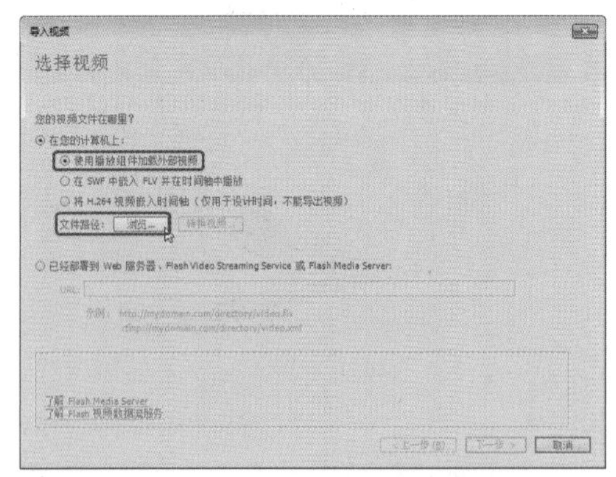

图4-35 单击【浏览】按钮

06 在弹出的【打开】对话框中选择"播放器视频素材.mp4"文件，单击【打开】按钮，如图4-36所示。

图4-36 打开外部视频

07 返回到【导入视频】对话框，单击【下一步】按钮，在打开的界面中选择一种【外观】，单击【下一步】按钮，如图 4-37 所示。

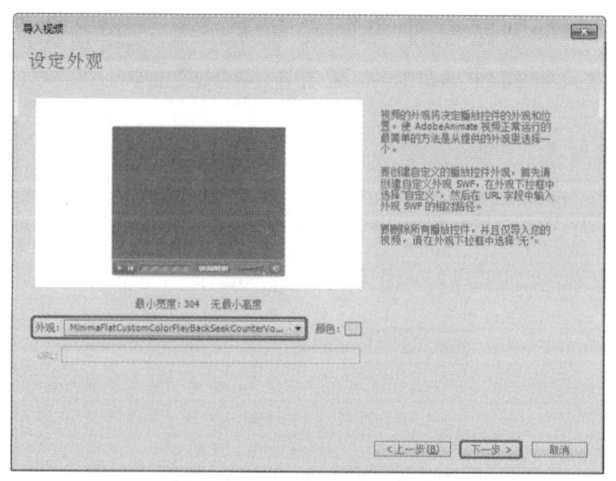

图4-37 选择【外观】

08 在再次打开的界面中单击【完成】按钮，即可将素材视频导入舞台中，选中视频素材，在工具箱中选择【任意变形工具】调整其大小和位置，如图 4-38 所示。

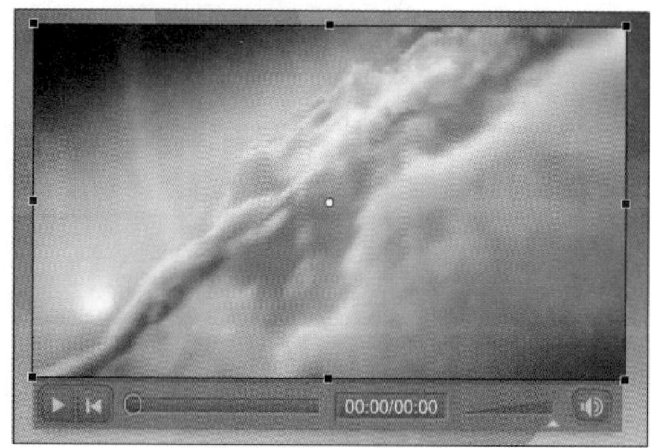

图4-38 调整组件和视频

09 按 Ctrl+Enter 组合键测试视频效果，如图 4-39 所示。

图4-39 测试效果

4.3.1 导入视频文件

Animate 支持动态影像的导入功能，根据导入视频文件的格式和方法的不同，可以将含有视频的影片发布为 Animate 影片格式（.SWF 文件）或者 QuickTime 影片格式（.MOV 文件）。

Animate 可以导入多种格式的视频文件。

- QuickTime 影片文件：扩展名为 *.mov。
- Windows 视频文件：扩展名为 *.avi。
- MPEG 影片文件：扩展名为 *.mpg、*.mpeg。
- 数字视频文件：扩展名为 *.dv、*.dvi。
- Windows Media 文件：扩展名为 *.asf、*.wmv。
- Animate 视频文件：扩展名为 *.flv。

4.3.2 导入音频文件

除了可以导入视频文件外，还可以单独为 Animate 影片导入音频文件，使 Animate 动画效果更加丰富。Animate 提供了多种声音文件的使用方法，例如，让声音文件独立于时间轴单独播放或者声音与动画同步播放；让声音播放的时候产生渐出渐入的效果；让声音配合按钮的交互性操作播放等。

Animate 中的声音类型分为两种，分别是事件声音和音频流。它们的不同之处在于：事件声音必须完全下载后才能播放，在播放时除非强制其静止，否则会一直连续播放；而音频流的播放则与 Animate 动画息息相关，它是随动画的播放而播放，随动画的停止而停止，即只要下载足够的数据就可以播放，而不必等待数据全部读取完毕，可以做到实时播放。

由于有时导入的声音文件容量很大，会对影片的播放有很大影响，因此 Animate 还专门提供了音频压缩功能，有效地控制了最后导出的 SWF 文件中的声音品质和容量大小。

在 Animate 中导入音频文件，具体操作步骤如下。

01 在菜单栏中选择【插入】|【时间轴】|【图层】命令，为音频文件创建一个独立图层。如果要同时播放多个音频文件，也可以创建多个图层。

> **提　示**
>
> 直接在【时间轴】面板中单击【新建图层】按钮，即可新建图层。

02 选择【文件】|【导入】|【导入到舞台】命令，弹出【导入】对话框，选择一个要导入的音频文件，单击【打开】按钮，如图 4-40 所示。

图4-40　【导入】对话框

> **提　示**
>
> 也可以在菜单栏中选择【文件】|【导入】|【导入到库】命令，直接将音频文件导入到影片的库中。音频被加到【库】面板后，最初并不会显示在【时间轴】面板上，还需要对插入音频的帧进行设置。用户既可以使用全部音频文件，也可以将其中的一部分重复放入电影中的不同位置，这并不会显著地影响文件的大小。

03 导入的音频文件会自动添加到【库】面板中，在【库】面板中选择一个音频文件，在【预览】窗口中即可观察到音频的波形，如图 4-41 所示。

图4-41　【库】面板

单击【库】面板【预览】窗口中的【播放】按钮，即可在【库】中试听导入的音频效果。音频文件被导入到 Animate 中后，就成为 Animate 文件的一部分，也就是说，声音或音轨文件会使 Animate 文件的体积变大。

4.3.3 编辑音频

用户可以在【属性】面板中对导入的音频文件进行设置，如图 4-42 所示。

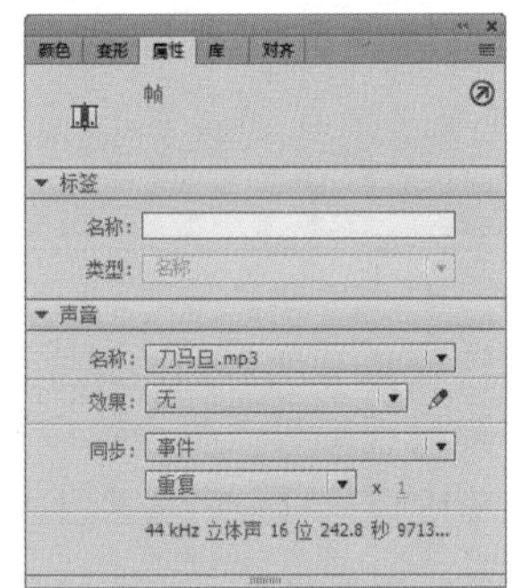

图4-42　【属性】面板

1. 设置音频效果

在音频层中任意选择一帧（含有声音数据的），并打开【属性】面板，在【效果】下拉列表框中选择一种效果。

- 左声道：只用左声道播放声音。
- 右声道：只用右声道播放声音。
- 从左到右淡出：声音从左声道转换到右声道。
- 从右到左淡出：声音从右声道转换到左声道。

- 淡入：音量从无逐渐增加到正常。
- 淡出：音量从正常逐渐减少到无。
- 自定义：选择该选项后，弹出【编辑封套】对话框，可自定义声音效果，如图 4-43 所示。

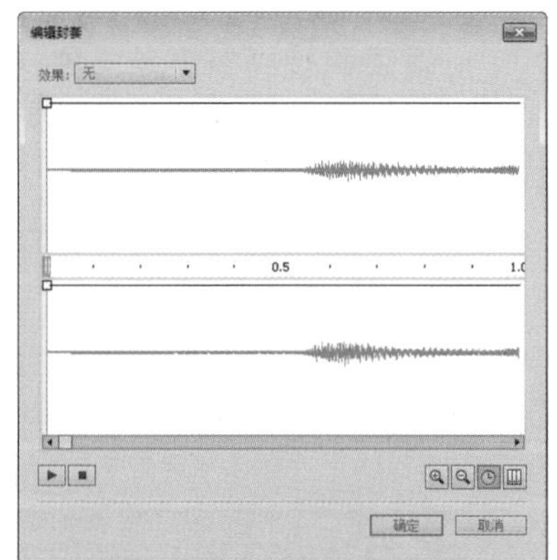

图4-43 【编辑封套】对话框

提 示

单击【效果】右侧的【编辑声音封套】按钮，也可以弹出【编辑封套】对话框。

2. 设置音频同步

在【属性】面板的【同步】下拉列表框中可以选择音频的同步类型。

- 事件：该选项可以将声音和一个事件的发生过程同步。事件声音在它的起始关键帧开始显示时播放，并独立于时间轴播放完整声音，即使 SWF 文件停止也继续播放。当播放发布 SWF 文件时，事件和声音也同步进行播放。事件声音的一个实例就是当用户单击一个按钮时播放声音。如果事件声音正在播放，而声音再次被实例化（例如，再次单击按钮），则第一个声音实例继续播放，而另一个声音实例也开始播放。
- 开始：与【事件】选项的功能相近，但如果原有的声音正在播放，使用【开始】选项后则不会播放新的声音实例。
- 停止：使指定的声音静音。
- 数据流：用于同步声音，以便在 Web 站点上播放。选择该选项后，Animate 将强制动画和音频流同步。如果 Animate 不能流畅地运行动画帧，就跳过该帧。与事件声音不同，音频流会随着 SWF 文件的停止而停止。

3. 设置音频循环

一般情况下音频文件的字节数较多，如果在一个较长的动画中引用很多音频文件，就会造成文件过大。为了避免这种情况发生，可以使用音频重复播放的方法，在动画中重复播放一个音频文件。

在【属性】面板的【声音】下拉列表框中可设置【重复】音频，要连续播放音频，可以选择【循环】，以便在一段持续时间内一直播放音频。

4.3.4 压缩音频

在【库】面板中选择一个音频文件，单击鼠标右键，在弹出的快捷菜单中选择【属性】命令，打开【声音属性】对话框，单击【压缩】右侧的下拉按钮，弹出压缩选项，如图 4-44 所示。

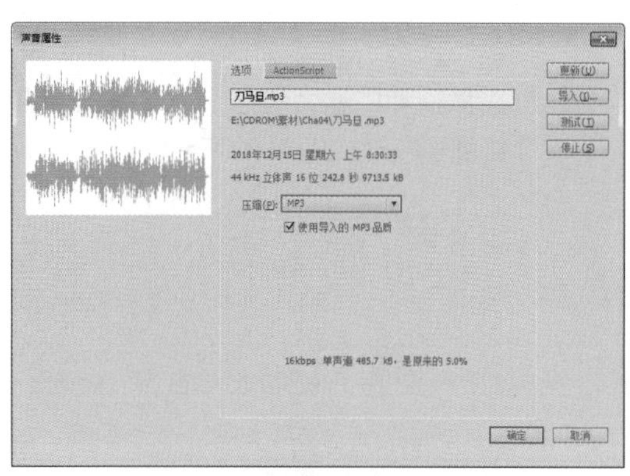

图4-44 【声音属性】对话框

【压缩】下拉列表中各选项功能如下。

- 默认：这是 Animate CC 2018 提供的一个通用的压缩方式，可以对整个文件中的声音用同一个压缩比进行压缩，而不用分别对文件中不同的声音进行单独的属性设置，避免了不必要的麻烦。
- ADPCM：用于压缩诸如按钮音效、事件声音等比较简短的声音，选择该项后，其下方将出现新的设置选项，如图 4-45 所示。

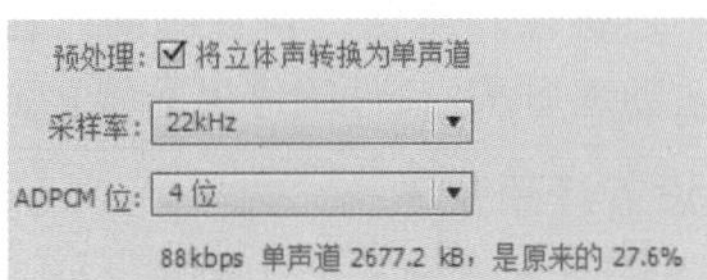

图4-45　设置选项

- 预处理：勾选【将立体声转换为单声道】复选框，可以自动将混合立体声（非立体声）转化为单声道的声音，文件相应减小。
- 采样率：可在此选择一个选项以控制声音的保真度和文件大小。较低的采样率可以缩小文件，但同时也会降低声音品质。
- ADPCM 位：设置编码时的比特率。数值越大，生成的声音音质越好，而声音文件的容量也越大。

- MP3：使用该方式压缩声音文件可使文件体积变为原来的 1/10，而且不损坏音质。这是一种高效的压缩方式，常用于压缩较长且不用循环播放的声音，这种方式在网络传输中很常用。选择这种压缩方式后，其下方会出现新的选项，如图 4-46 所示。

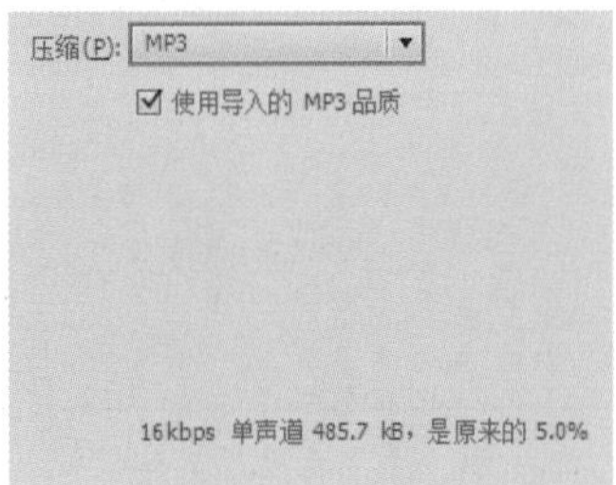

图4-46　设置选项

  - 比特率：MP3 压缩方式的比特率可以决定导出声音文件中每秒播放的位数。设定的数值越大得到的音质越好，文件的容量也会相应增大。Animate 支持 8kb/s 到 160kb/s CBR（恒定比特率）的速率。但导出音乐时，需将比特率设置为 16kb/s 或更高，以获得最佳效果。
  - 品质：用于设置导出声音的压缩速度和质量。它包括三个选项——【快速】、【中】、【最佳】。【快速】可以使压缩速度加快而降低声音质量；【中】可以获得稍慢的压缩速度和较高的声音质量；【最佳】可以获得最慢的压缩速度和最佳的声音质量。

- 原始：此选项在导出声音时不进行压缩。
- 语音：选择该项，则会选择一个适合于语音的压缩方式导出声音。

4.4 制作节目动画——素材的导出

电视动画一般也叫动画片，是指在电视频道上播映的动画作品。动画技术较规范的定义是采用逐帧拍摄对象并连续播放而形成运动的影像技术。不论拍摄对象是什么，只要它的拍摄方式是采用的逐格方式，观看时连续播放形成了活动影像，它就是动画。本例将介绍节目动画的制作，主要通过导入图片文件和制作传统补间动画完成，效果如图 4-47 所示。

图4-47　节目动画

素材	素材\Cha04\电视背景墙.jpg、图片.jpg
场景	场景\Cha04\制作节目动画——素材的导出.fla
视频	视频教学\Cha04\制作节目动画——素材的导出.mp4

01 按 Ctrl+N 组合键弹出【新建文档】对话框，在【类型】列表框中选择 ActionScript3.0，在右侧区域将【宽】、【高】分别设置为 750、600，单击【确定】按钮，如图 4-48 所示。

02 在菜单栏中选择【文件】|【导入】|【导入到舞台】命令，如图 4-49 所示。

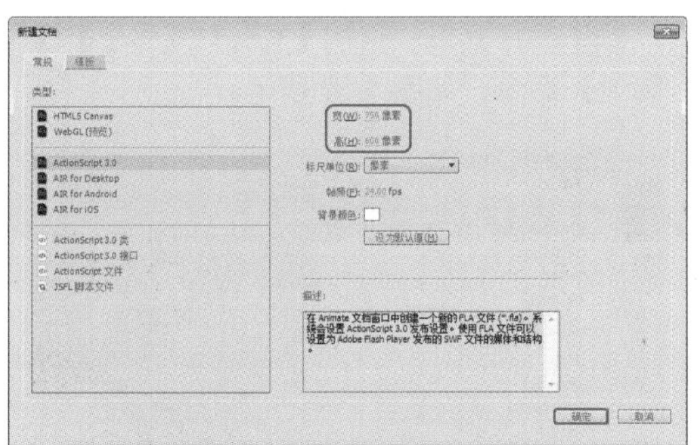

图4-48 设置【新建文档】参数

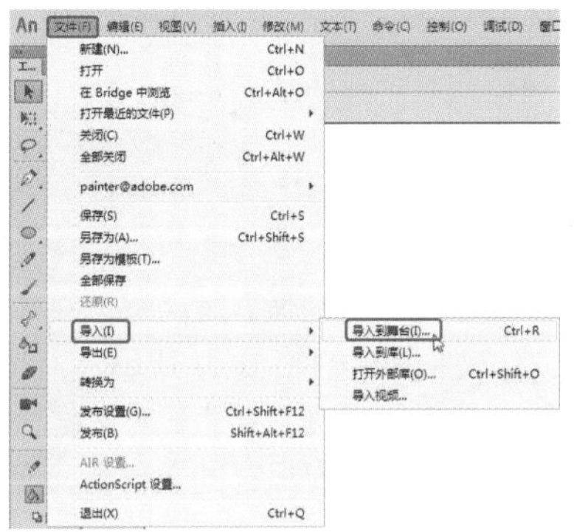

图4-49 选择【导入到舞台】命令

03 选择"电视背景墙.jpg"和"图片.jpg"素材文件，单击【打开】按钮，在【库】面板中可观察导入的素材文件，如图4-50所示。

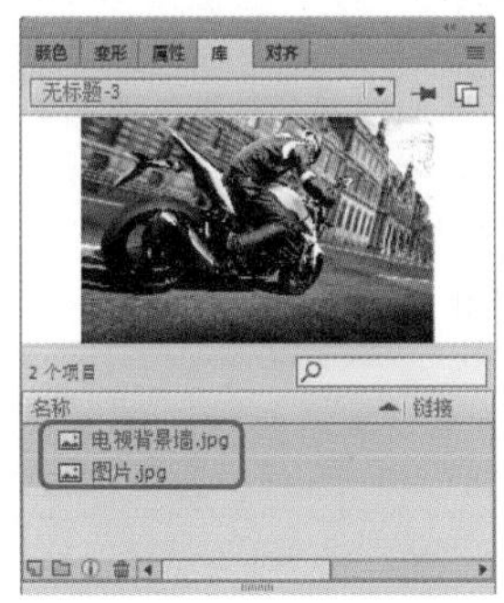

图4-50 导入素材文件

04 将"电视背景墙.jpg"素材文件拖曳至舞台中，按Ctrl+K组合键打开【对齐】面板，勾选【与舞台对齐】复选框，单击【水平中齐】、【垂直中齐】和【匹配宽和高】按钮，如图4-51所示。

05 选择【图层_1】的第35帧，单击鼠标右键，在弹出的快捷菜单中选择【插入关键帧】命令，如图4-52所示。

图4-51 对齐素材

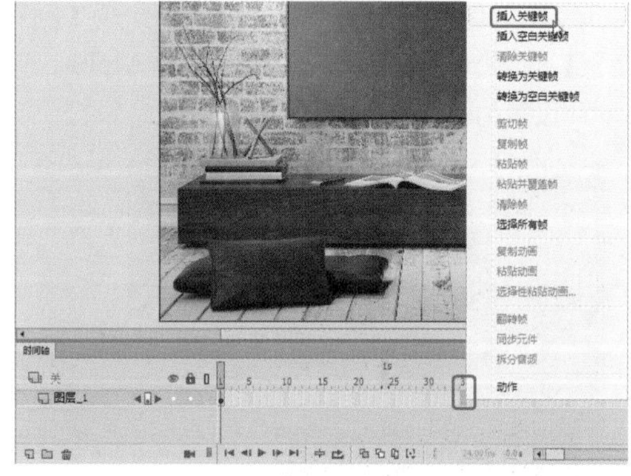

图4-52 插入关键帧

06 在【时间轴】面板中单击左下角的【新建图层】按钮，新建【图层_2】，将"图片.jpg"拖曳至舞台中，将其转换为元件，设置【位置和大小】，并在第35帧插入关键帧，如图4-53所示。

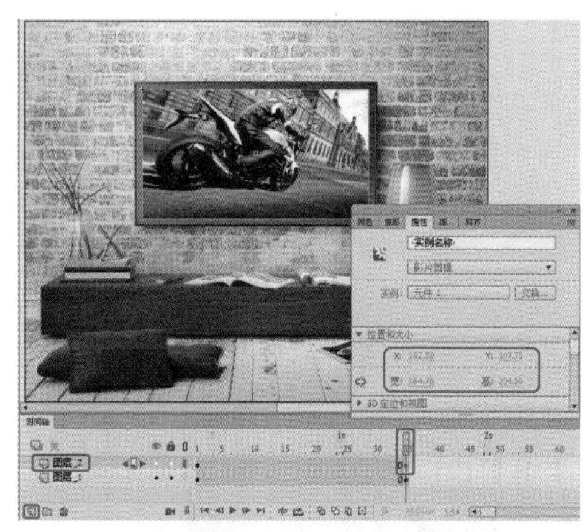

图4-53 设置属性

提 示

在创建补间动画前一定要按F8键，将图片转换为元件。

07 在【时间轴】面板中【图层_2】第 16 帧处单击鼠标右键，在弹出的快捷菜单中选择【创建传统补间】命令，创建一个补间动画，如图 4-54 所示。

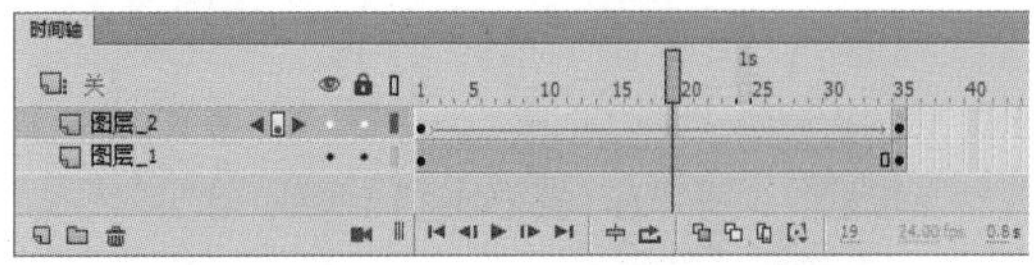

图4-54 创建补间动画

08 选择【图层_2】第 1 帧和舞台中的“图片 .jpg”文件，在【属性】面板中展开【色彩效果】选项卡，将【样式】设置为 Alpha，将 Alpha 设置为 0，如图 4-55 所示。

图4-55 设置Alpha参数

4.4.1 导出图像文件

Animate 文件可以导出为其他图像格式的文件，具体操作步骤如下。

01 打开“敲打动画 .fla”文件，如图 4-56 所示。

图4-56 打开素材文件

02 选择菜单栏中的【文件】|【导出】|【导出图像】命令，如图 4-57 所示。

图4-57 选择【导出图像】命令

03 弹出【导出图像】对话框，在【预设】下方设置文件保存的格式为 JPEG，单击【保存】按钮，接着弹出【另存为】对话框，在【文件名】文本框中输入要保存的文件名，单击【保存】按钮，如图 4-58 所示。

图4-58 输入文件名

04 单击【完成】按钮即可导出 JPEG 图片。

4.4.2 导出SWF影片

Animate 文件可以导出 SWF 影片格式的文件，具体操作步骤如下。

01 打开“敲打动画 .fla”文件，如图 4-59 所示。

02 在菜单栏中选择【文件】|【导出】|【导出影片】命令，如图 4-60 所示。

图4-59 打开素材文件

图4-60 选择【导出影片】命令

03 弹出【导出影片】对话框，选择保存位置，输入文件名称，将【保存类型】设置为【SWF 影片 (*.swf)】格式，单击【保存】按钮，如图 4-61 所示。

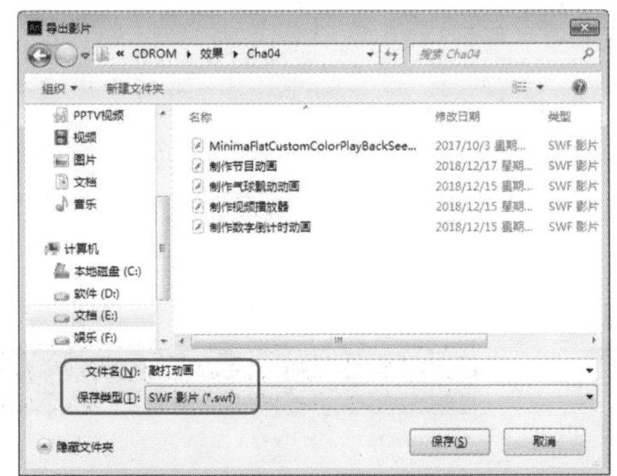

图4-61 【导出影片】对话框

知识链接：SWF文件

.swf 是 Animate 影片的后缀文件名，凡是制作好的 Animate 作品都需要在导出时经过【导出 Animate Player】的设置，才能最终导出成为 Animate 影片。

4.5 上机练习

下面通过制作音乐进度条和音乐波形频谱来巩固本章所学的知识。

4.5.1 制作音乐进度条

本例将介绍音乐进度条的制作方法，首先添加【音乐进度条】影片剪辑元件，然后为其设置遮罩层，效果如图 4-62 所示。

图4-62 音乐进度条

素材	素材\Cha04\音乐播放器.fla、进度条.png、音乐进度条.png
场景	场景\Cha04\制作音乐进度条.fla
视频	视频教学\Cha04\制作音乐进度条.mp4

01 启动软件，打开"音乐播放器 .fla"文件，如图 4-63 所示。

图4-63 打开素材文件

02 新建图层，并将其重命名为【音乐进度条】，如图 4-64 所示。

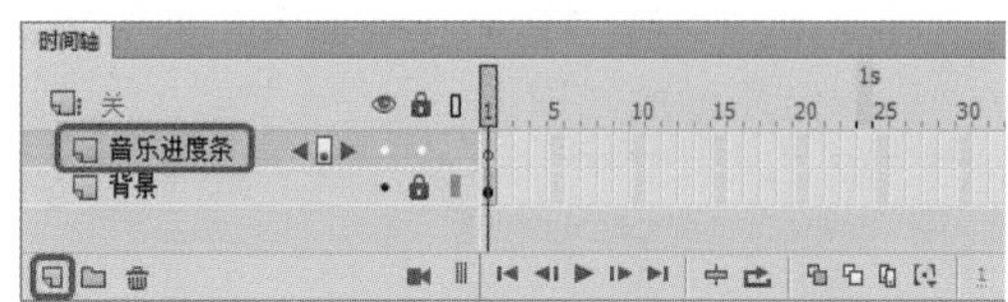

图4-64　新建图层

03 在【库】面板中，将【音乐进度条】影片剪辑元件添加到舞台中，在【属性】面板中，将【实例名称】设置为 bfjdt_mc，【宽】设置为 325，如图 4-65 所示。

图4-65　添加【音乐进度条】影片剪辑元件

04 新建图层，并将其重命名为【遮罩层】，如图 4-66 所示。

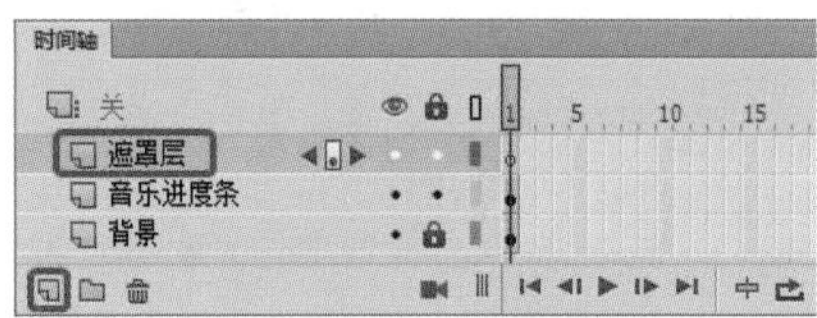

图4-66　新建图层

05 选择【矩形工具】，将【笔触颜色】设置为无，【填充颜色】设置为任意颜色，在舞台中绘制一个矩形，将【音乐进度条】影片剪辑元件遮盖，如图 4-67 所示。

图4-67　绘制矩形并设置【填充和笔触】

06 在【时间轴】面板中，右击【遮罩层】图层，在弹出的快捷菜单中选择【遮罩层】命令，如图 4-68 所示。

图4-68　设置遮罩层

07 制作完成后，将文件导出为 JPEG 格式即可。

4.5.2 制作音乐波形频谱

本例介绍制作音乐波形频谱，主要通过脚本代码显示音乐波形频谱，效果如图 4-69 所示。

图4-69　制作音乐波形频谱

素材	素材\Cha04\播放器背景1.jpg、刀马旦.mp3
场景	场景\Cha04\制作音乐波形频谱.fla
视频	视频教学\Cha04\制作音乐波形频谱.mp4

01 启动软件后，在欢迎界面中单击【新建】选项组中的 ActionScript3.0 按钮，如图 4-70 所示。

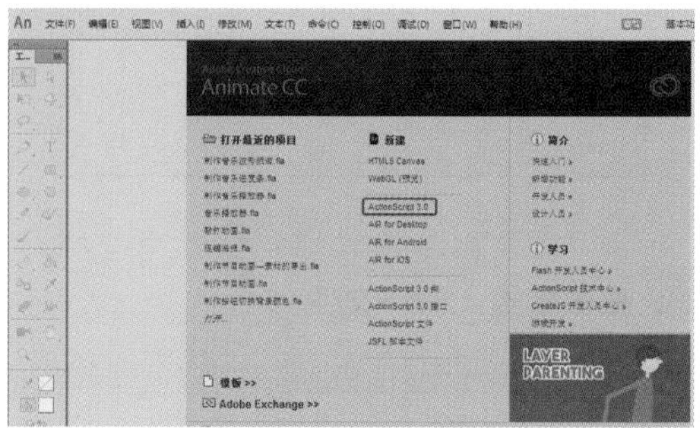

图4-70　选择新建类型

02 进入工作界面后，在工具箱中单击【属性】按钮，在打开的【属性】面板中，将【大小】选项组中的【宽】、【高】设置为 511、309，如图 4-71 所示。

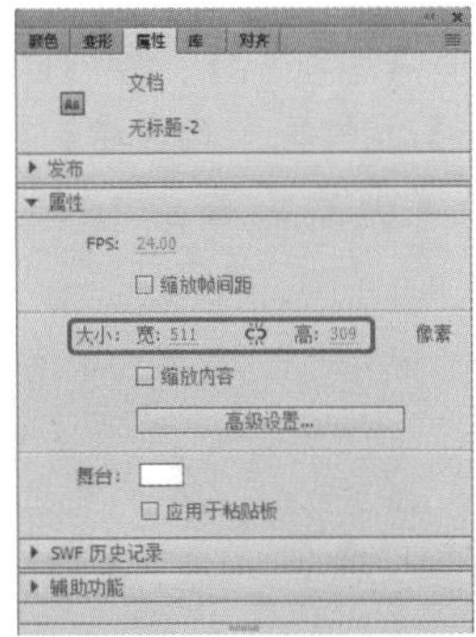

图4-71 设置场景大小

03 在菜单栏中选择【文件】|【导入】|【导入到舞台】命令，如图 4-72 所示。

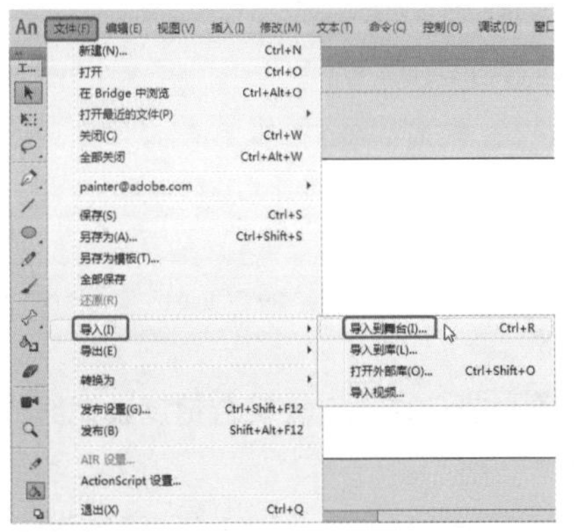

图4-72 选择【导入到舞台】命令

04 弹出【导入】对话框，打开“播放器背景 1.jpg”素材文件，并使其对齐舞台，效果如图 4-73 所示。

图4-73 导入图片

05 按 Ctrl+F8 组合键，弹出【创建新元件】对话框，在【名称】文本框中输入【代码】，在【类型】下拉列表框中选择【影片剪辑】，单击【确定】按钮，如图 4-74 所示。

图4-74 【创建新元件】对话框

06 进入元件中，按 F9 键打开【动作】面板，输入代码，如图 4-75 所示。

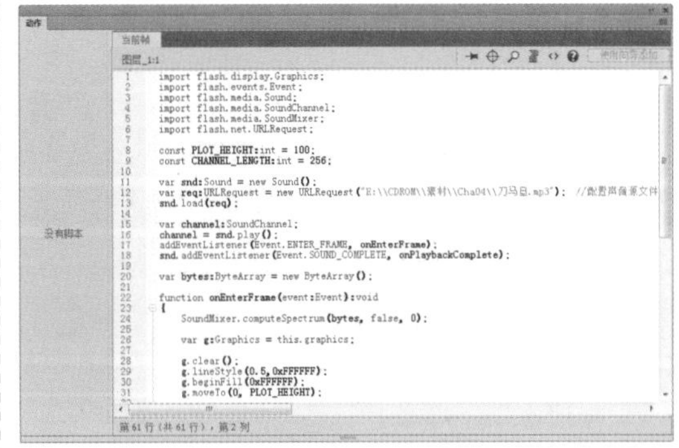

图4-75 输入代码

在此输入的代码如下。

```
import flash.display.Graphics;
import flash.events.Event;
import flash.media.Sound;
import flash.media.SoundChannel;
import flash.media.SoundMixer;
import flash.net.URLRequest;

const PLOT_HEIGHT:int = 100;
const CHANNEL_LENGTH:int = 256;

var snd:Sound = new Sound();
var req:URLRequest = new URLRequest ("E:\\CDROM\\素材\\Cha04\\刀马旦.mp3"); //配置声音源文件地址（此为本地，可配置远程）
snd.load (req) ;

var channel:SoundChannel;
channel = snd.play();
addEventListener (Event.ENTER_FRAME, onEnterFrame) ;
snd.addEventListener (Event.SOUND_COMPLETE, onPlaybackComplete) ;
```

```
    var bytes:ByteArray = new
ByteArray();

    function onEnterFrame
(event:Event) :void
    {
        SoundMixer.computeSpectrum
(bytes, false, 0) ;

        var g:Graphics = this.
graphics;

        g.clear();
        g.lineStyle (0.5, 0xFFFFFF) ;
        g.beginFill (0xFFFFFF) ;
        g.moveTo (0, PLOT_HEIGHT) ;

        var n:Number = 0;

        //left channel
        for (var i:int = 0; i <
CHANNEL_LENGTH; i++)
        {
            n = (bytes.readFloat() *
PLOT_HEIGHT) ;
            g.lineTo (i * 2, PLOT_
HEIGHT - n) ;
        }
        g.lineTo (CHANNEL_LENGTH * 2,
PLOT_HEIGHT) ;
        g.endFill();

        //right channel
        g.lineStyle (0.5, 0xFFFFFF) ;
        g.beginFill (0xFFFFFF, 0.5) ;
        g.moveTo (CHANNEL_LENGTH * 2,
PLOT_HEIGHT) ;

        for (i = CHANNEL_LENGTH; i > 0;
i--)
        {
            n = (bytes.readFloat() *
PLOT_HEIGHT) ;
            g.lineTo (i * 2, PLOT_
HEIGHT - n) ;
        }
        g.lineTo (0, PLOT_HEIGHT) ;
        g.endFill();
    }

    function onPlaybackComplete
(event:Event)
    {
        removeEventListener (Event.
ENTER_FRAME, onEnterFrame) ;
    }
```

07 新建【图层_2】，在【库】面板中将创建的【代码】元件拖至舞台中，打开【属性】面板，将X、Y分别设置为0、55.2，如图4-76所示。

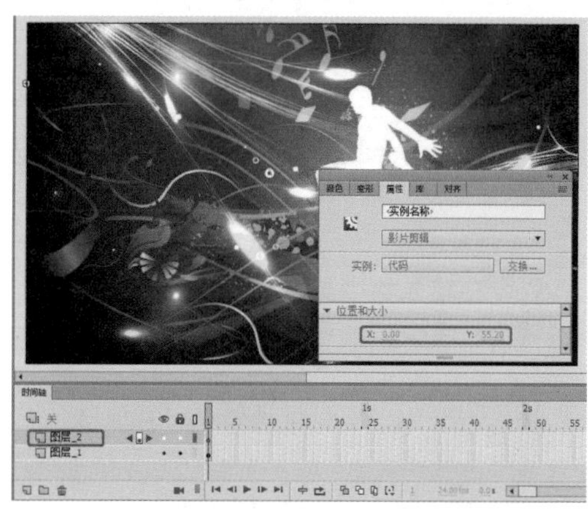

图4-76　设置元件的位置

疑难解答　输入代码后，测试影片不显示音乐波形频谱

将“刀马旦.mp3”放到“素材\Cha04”文件夹中，此代码才会生效。

08 按Ctrl+Enter组合键测试视频效果，如图4-77所示。

图4-77　测试效果

4.6 习题与训练

1. 如何导入位图?
2. 如何设置导入音频的效果?
3. 如何将音频设置为循环播放?

第5章 设计动画短片——文本的编辑与应用

本章主要介绍如何使用和设置文本工具，包括在舞台中输入文本，并在【属性】面板中对文本的类型、位置、大小、字体、段落进行设置；对文本进行编辑和分离的操作；给文本增加不同的滤镜效果；字体元件的创建和使用。

基础知识

- 文本工具
- 图层组的使用方法

重点知识

- 文字的分离
- 应用文本滤镜

提高知识

- 字体元件的创建和使用
- 缺失字体的替换

动画短片技术较规范的定义是采用逐帧对象并连续播放而形成运动的影像技术。不论拍摄对象是什么，只要它采用的是逐格方式，观看时连续播放形成了活动影像，它就是动画短片。动画短片的概念不同于一般意义上的动画片，动画短片是一种综合艺术，它是集合了绘画、电影、数字媒体、摄影、音乐、文学等众多艺术门类于一身的艺术表现形式。

5.1 制作圣诞节宣传片头——文本工具

圣诞节又称耶诞节，是西方传统节日，起源于基督教，在每年公历 12 月 25 日。

本例将介绍立体文字的制作，首先复制文字，然后将位于下层的文字分离为形状并进行调整，最后制作传统补间动画，效果如图 5-1 所示。

图5-1 圣诞节宣传动画效果图

素材	素材\Cha05\圣诞背景图.jpg
场景	场景\Cha05\制作圣诞节宣传片头——文本工具.fla
视频	视频教学\Cha05\制作圣诞节宣传片头——文本工具.mp4

01 在菜单栏中选择【文件】|【新建】命令，弹出【新建文档】对话框，在【类型】列表框中选择 ActionScript3.0，在右侧区域将【宽】、【高】分别设置为 900、425，单击【确定】按钮，如图 5-2 所示。

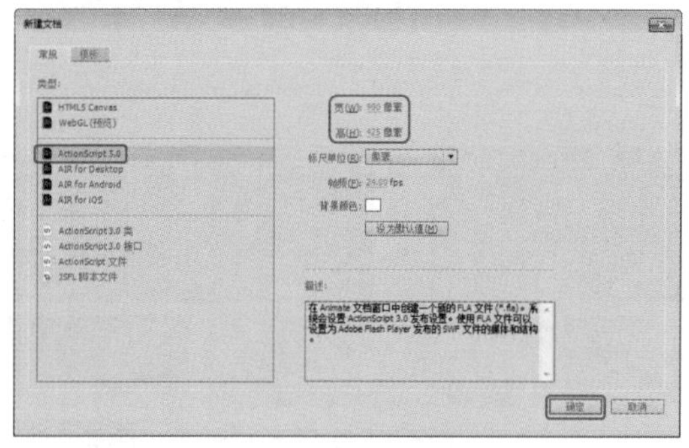

图5-2 设置【新建文档】参数

02 在菜单栏中选择【插入】|【新建元件】命令，弹出【创建新元件】对话框，在【名称】文本框中输入【圣】，将【类型】设置为【影片剪辑】，单击【确定】按钮，如图 5-3 所示。

图5-3 【创建新元件】对话框

03 新建影片剪辑元件后，在工具箱中选择【文本工具】T，在【属性】面板中，将【系列】设置为【文鼎中特广告体】，【大小】设置为 150，【颜色】设置为 #FFCC00，输入文字【圣】，如图 5-4 所示。

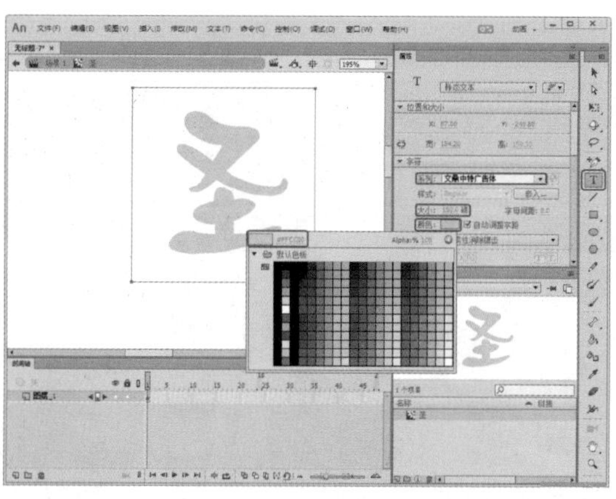

图5-4 输入文字

04 在工具箱中单击【选择工具】，选择输入的文字，在【属性】面板中，将【位置和大小】选项组中的 X、Y 都设置为 0，如图 5-5 所示。

图5-5 调整文字位置

05 按 Ctrl+C 组合键复制选择的文字，在【时间轴】面板中单击【新建图层】按钮，新建【图层_2】，按 Ctrl+V 组合键粘贴选择的文字，在【属性】面板中，将【位置和大小】选项组中的X、Y都设置为8，在【字符】选项组中将【颜色】设置为#FFFFFF，如图5-6所示。

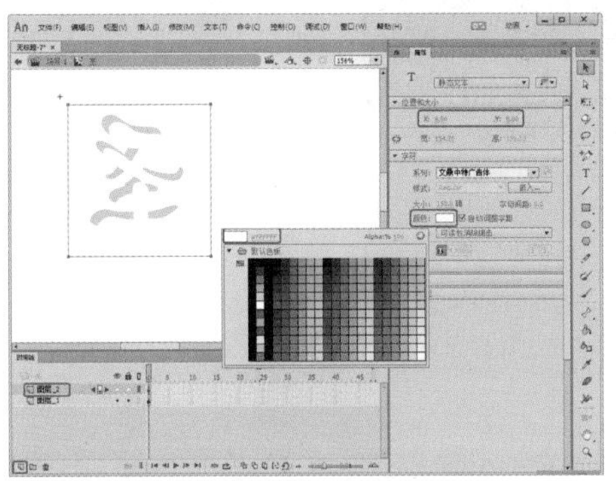

图5-6 新建图层并复制文字

06 锁定【图层2】，使用【选择工具】选择【图层1】中的文字【圣】，然后按Ctrl+B组合键分离文字，如图5-7所示。

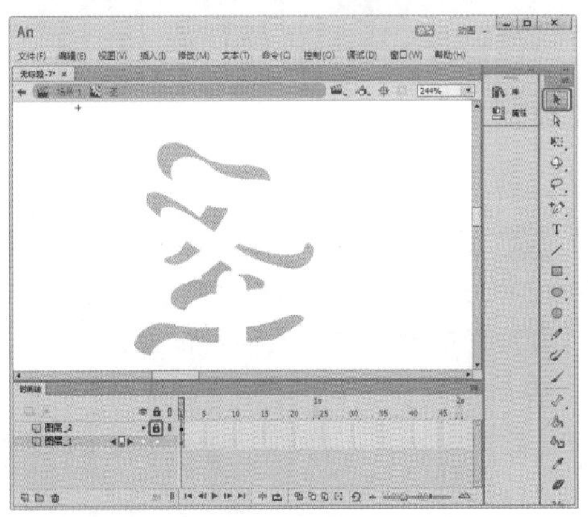

图5-7 分离文字

07 将场景中的文字放大，在工具箱中选择【添加锚点工具】添加锚点，如图5-8所示。

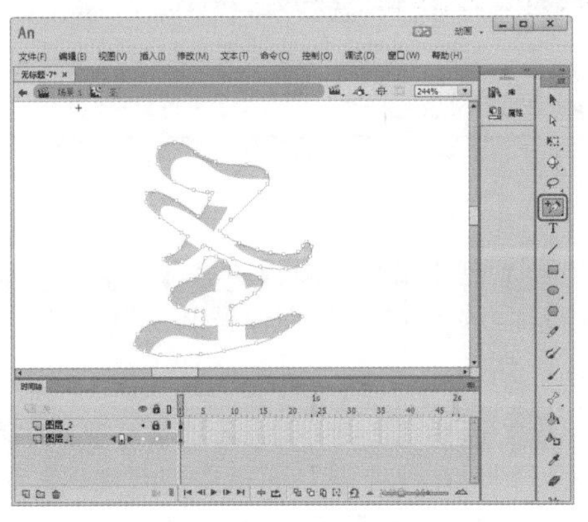

图5-8 添加锚点

08 使用工具箱中的【部分选取工具】调整锚点位置，如图5-9所示。

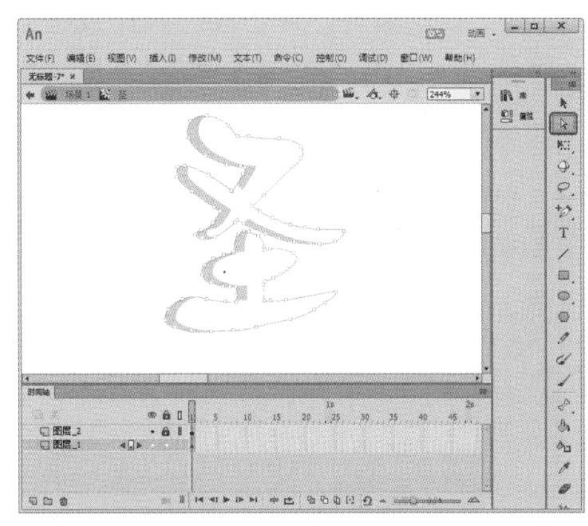

图5-9 调整锚点位置

09 调整分离后的文字显示效果如图5-10所示。

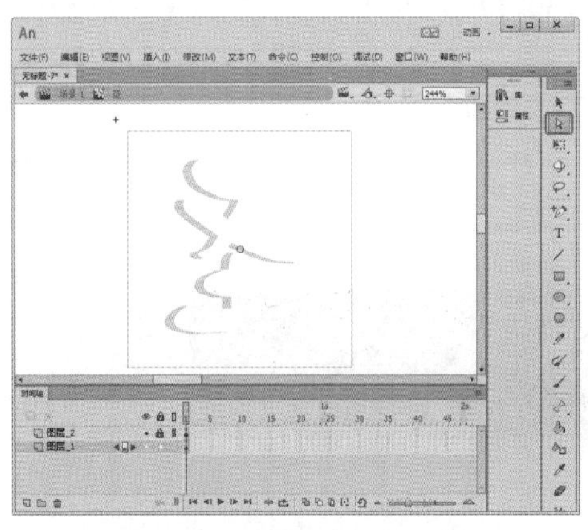

图5-10 调整分离后的文字

10 使用同样的方法，制作【诞】、【快】和【乐】影片剪辑元件，如图5-11所示。

图5-11 制作其他影片剪辑元件

11 返回到【场景1】中，按Ctrl+R组合键，弹出【导入】对话框，选择“圣诞背景图.jpg”素材文件，单击【打开】按钮，如图5-12所示。

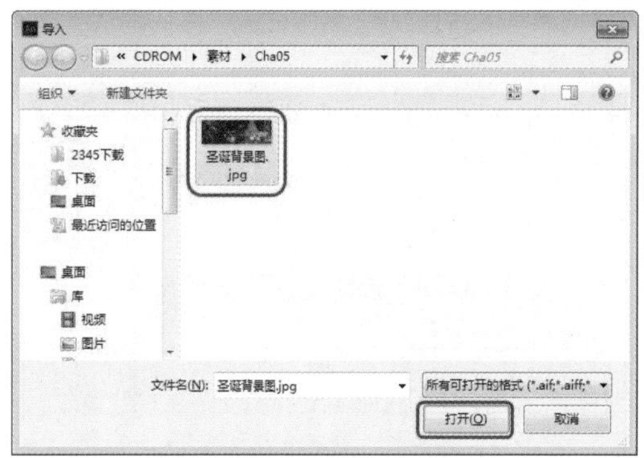

图5-12 选择素材文件

12 选中【图层_1】的第1帧，按Ctrl+K组合键打开【对齐】面板，勾选【与舞台对齐】复选框，并单击【右对齐】和【底对齐】按钮，如图5-13所示。

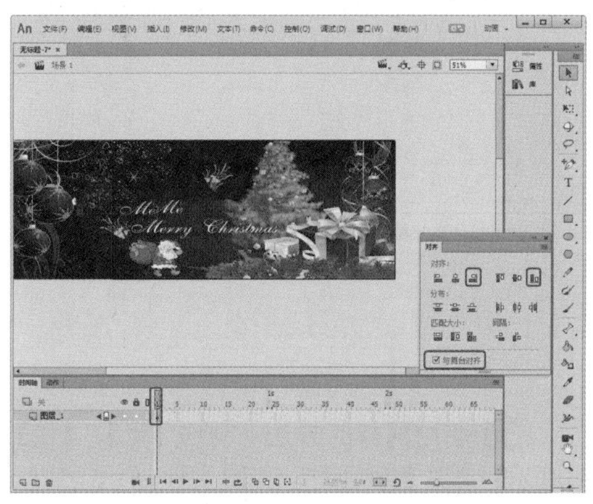

图5-13 调整素材文件

13 在【时间轴】面板中选择第55帧，按F6键插入关键帧，按Ctrl+K组合键打开【对齐】面板，单击【左对齐】按钮，选择【图层_1】中第1帧到第55帧中的任意一帧，单击鼠标右键，在弹出的快捷菜单中选择【创建传统补间】命令，在弹出的对话框中单击【确定】按钮，如图5-14所示。

14 单击【新建图层】按钮，新建【图层_2】，在【时间轴】面板中选择第55帧，按F6键插入关键帧，如图5-15所示。

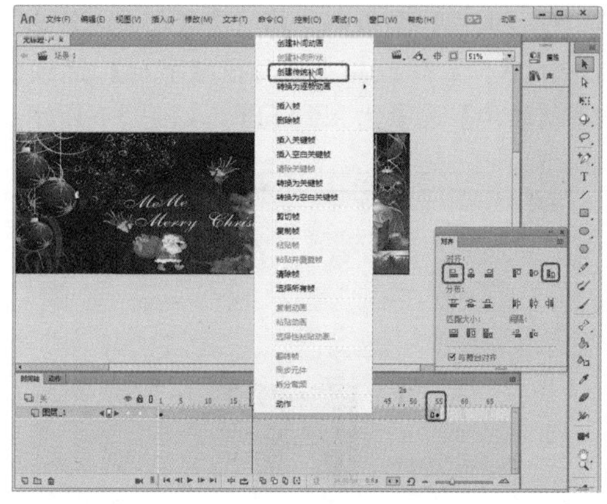

图5-14 插入关键帧并调整图层

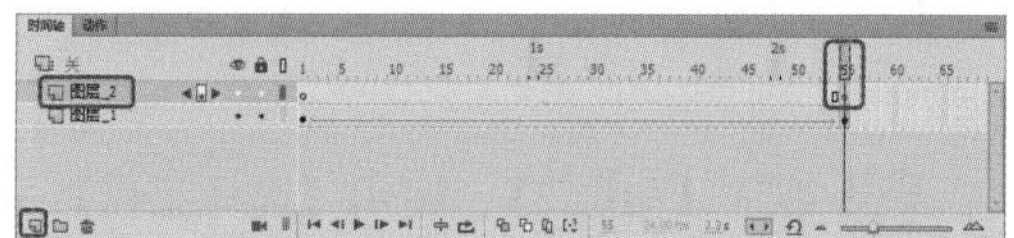

图5-15 新建图层并插入关键帧

提 示

在菜单栏中选择【插入】|【时间轴】|【关键帧】命令，或者在【时间轴】面板上要插入关键帧的地方单击鼠标右键，在弹出的快捷菜单中选择【插入关键帧】命令，也可以插入关键帧。

15 选择【图层_2】第1帧，在【库】面板中将【圣】影片剪辑元件拖曳至舞台中，在【变形】面板中将【旋转】设置为-90°，如图5-16所示。

图5-16 旋转元件

16 在【属性】面板中将【位置和大小】选项组中的X和Y分别设置为-150、400，如图5-17所示。

17 选择【图层_2】第11帧，按F6键插入关键帧，在【变形】面板中将【旋转】设置为0°，在【属性】面板中将【位置和大小】

选项组中的X和Y分别设置为226、94，如图5-18所示。

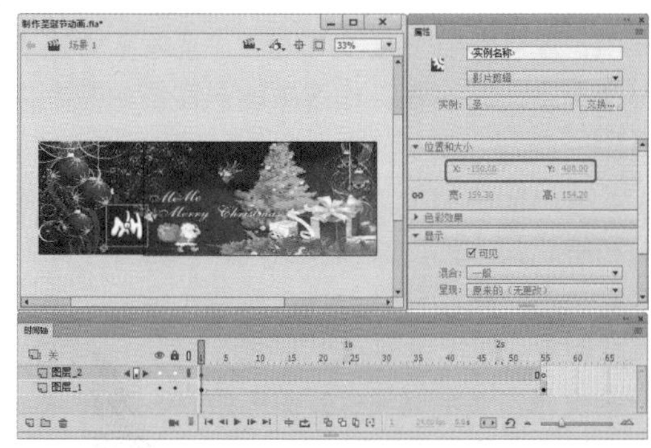

图5-17 调整元件位置

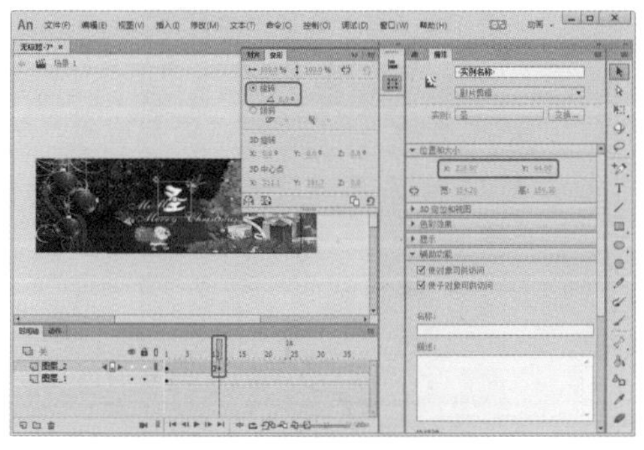

图5-18 插入关键帧并调整元件位置

18 选择【图层_2】第5帧并单击鼠标右键，在弹出的快捷菜单中选择【创建传统补间】命令，如图5-19所示。

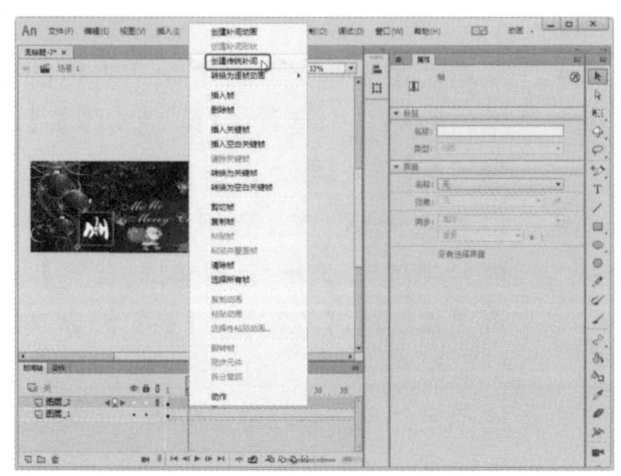

图5-19 选择【创建传统补间】命令

19 创建传统补间动画，效果如图5-20所示。

20 新建【图层_3】，选择【图层_3】第11帧，按F6键插入关键帧，将【诞】元件拖曳至舞台中，在【变形】面板中将【旋转】设置为-90°，在【属性】面板中将【位置和大小】选项组中的X和Y分别设置为-150和400，如图5-21所示。

图5-20 创建传统补间动画

提 示

Animate CC 2018文件中的层数只受计算机内存的限制，不会影响MP4文件的大小。

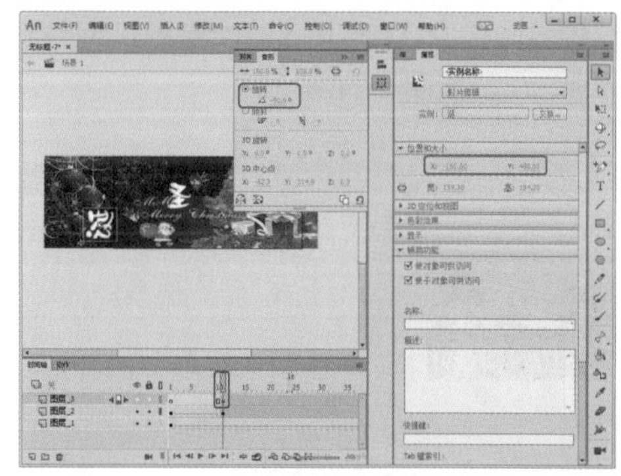

图5-21 插入关键帧并调整元件位置

21 选择【图层_3】第25帧，按F6键插入关键帧，在【变形】面板中将【旋转】设置为0°，在【属性】面板中将【位置和大小】选项组中的X和Y分别设置为341、51，并创建传统补间动画，如图5-22所示。

图5-22 调整元件位置并创建动画

22 使用同样的方法，新建图层，调整【快】和【乐】影片剪辑元件，并创建传统补间动画，如图 5-23 所示。

图5-23　制作其他动画

23 新建图层，选择第 55 帧并按 F6 键插入关键帧，按 F9 键打开【动作面板】对话框并输入 stop();，如图 5-24 所示。

图5-24　【动作面板】对话框

24 按 Ctrl+Enter 组合键测试影片，如图 5-25 所示。

图5-25　测试影片

疑难解答　如何将创建的动画元件停止？

在制作动画的过程中最后都需要有一个结束点，只要选中要结束位置的关键帧，按F9键打开【动作】面板，输入stop();即可。

5.1.1　文本工具的属性

单击工具箱中的【文本工具】T，一旦被选中，鼠标指针将变为字母 T，且左上方还有一个十字。此时在工作区中输入需要的文本内容即可。

在 Animate CC 2018 中，文本工具是用来输入和编辑文本的。文本和文本输入框处于绘画层的顶层，这样处理的优点是既不会因文本而搞乱图像，也便于输入和编辑文本。

文本工具的【属性】面板如图 5-26 所示。其中的选项及参数说明如下。

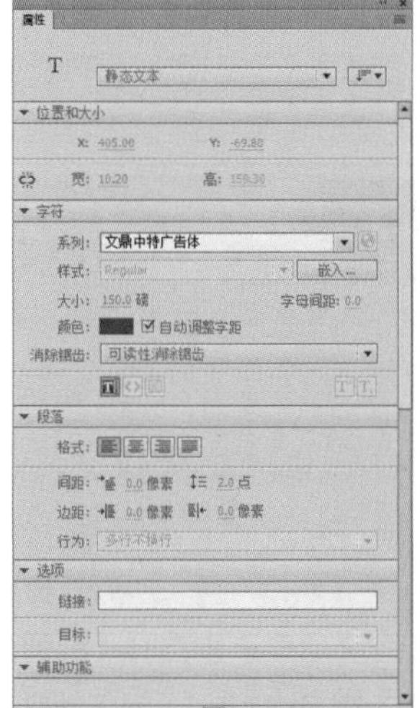

图5-26　【属性】面板

- 文本类型：用于设置所绘文本框的类型，包括 3 个选项：【静态文本】【动态文本】和【输入文本】。
- 位置和大小：X、Y 用于指定文本在舞台中的 X 坐标和 Y 坐标。【宽】设置文本块区域的宽度，【高】设置文本块区域的高度。按钮为断开长宽比的锁定，单击后将变成，可将长宽比锁定。
- 字符：用于设置字体属性。
  - 系列：用于在系列中选择字体。
  - 样式：包括 Regular（正常）、Italic（斜体）、Bold（粗体）、Bold Italic（粗体、斜体）选项。

- 大小：用于设置文字的大小。
- 字母间距：用于调整选定字符或整个文本块的间距。可以在其文本框中输入 -60 ～ +60 的数字，单位为磅，也可以通过右边的滑块进行设置。
- 颜色：用于设置字体的颜色。
- 可选：用于在影片播放时选择动态文本或者静态文本，取消选中此按钮将阻止选择文本。
- 切换上标：用于将文字切换为上标显示。
- 切换下标：用于将文字切换为下标显示。
- 自动调整字距：用于设置字符间的水平距离和垂直距离。
- 消除锯齿：用于设置文本边缘的锯齿，以便更清楚地显示较小文本。
- 使用设备字体：用于生成一个较小的 MP4 文件。
- 位图文本 [无消除锯齿]：用于生成明显的文本边缘，没有消除锯齿。
- 动画消除锯齿：用于生成可顺畅进行动画播放的消除锯齿文本。生成的 MP4 文件中包含字体轮廓，所以生成一个较大的 MP4 文件。
- 可读性消除锯齿：此选项使用高级消除锯齿引擎，提供了品质最高、最易读的文本。
- 自定义消除锯齿：用于直观地操作消除锯齿参数，以生成特定外观。
- 间距：【缩进】按钮确定了段落边界和首行开头之间的距离。对于水平文本，可将首行文本向右移动指定的距离；【行距】按钮确定了段落中相邻行之间的距离。
- 边距：用于确定文本块的边框和文本段落之间的间隔量。
- 格式：用于设置文字的对齐方式，包括左对齐、居中对齐、右对齐和两端对齐四种方式。
- 链接：用于将动态文本框和静态文本框中的文本设置为超链接，还可以在【目标】下拉列表框中对超链接属性进行设置，如图 5-27 所示。

图5-27 【选项】选项组

5.1.2 文本的类型

在 Animate CC 2018 中可以创建 3 种不同类型的文本字段：静态文本字段、动态文本字段和输入文本字段，所有文本字段都支持 Unicode 编码。

1. 静态文本

在默认情况下，使用【文本工具】创建的文本框为静态文本框，静态文本框创建的文本在影片播放过程中是不会改变的。要创建静态文本框，首先选择【文本工具】，然后在舞台上拉出一个固定大小的文本框，在舞台中输入文本。绘制好的静态文本框没有边框。

不同类型文本框的【属性】面板不太相同，这些属性的异同也体现了不同类型文本框之间的区别。静态文本框的【属性】面板如图 5-28 所示。

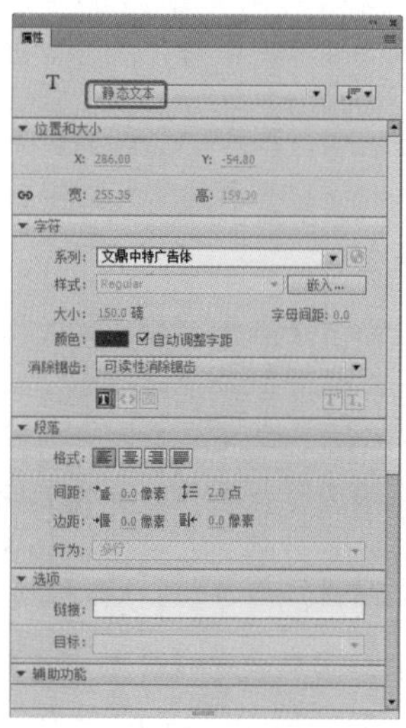

图5-28 静态文本框的【属性】面板

2. 动态文本

使用动态文本框创建的文本是可以变化的。动态文本框中的内容可以在影片制作过程中输入，也可以在影片播放过程中设置动态变化，通常的做法是使用 ActionScript 对动态文本框中的文本进行控制，这样可大大增强影片的灵活性。

要创建动态文本框，首先在舞台上拉出一个固定大小的文本框，在舞台上输入文本，然后从动态文本框的【属性】面板中的【文本类型】下拉列表框中选择【动态文本】选项。绘制好的动态文本框会有一个黑色的边界。动态文本框的【属性】面板如图 5-29 所示。

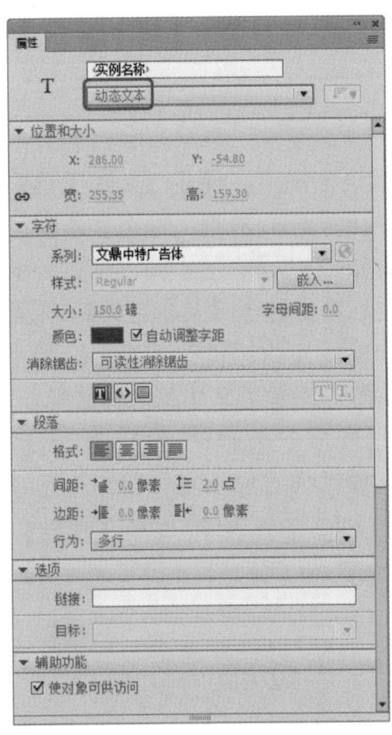

图5-29 动态文本框的【属性】面板

3. 输入文本

可以在影片播放过程中即时地输入文本，一些用 Animate CC 2018 制作的留言簿和邮件收发程序使用的都是输入文本。

要创建输入文本框，首先在舞台上拉出一个固定大小的文本框，在舞台上输入文本。然后从输入文本框的【属性】面板中的【文本类型】下拉列表框中选择【输入文本】选项。输入文本框的【属性】面板如图 5-30 所示。

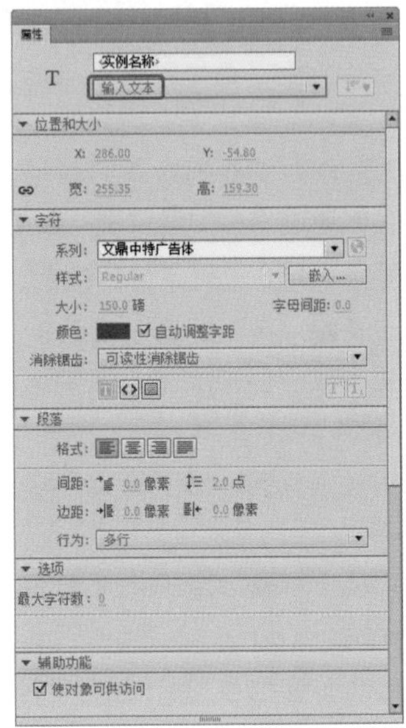

图5-30 输入文本的【属性】面板

5.2 制作碰撞文字——编辑文本

本例介绍如何制作碰撞文字，主要通过将输入的文字转换为元件，然后通过调整其参数为其创建传统补间，从而完成碰撞文字的制作，效果如图 5-31 所示。

图5-31 碰撞文字效果

素材	素材\Cha05\制作碰撞文字素材1.jpg和制作碰撞文字素材2.png
场景	场景\Cha05\制作碰撞文字——编辑文本.fla
视频	视频教学\Cha05\制作碰撞文字——编辑文本.mp4

01 在菜单栏中选择【文件】|【新建】命令，弹出【新建文档】对话框，在【类型】列表框中选择 ActionScript3.0 选项，在右侧的设置区域中将【宽】、【高】设置为 1500、454，将【帧频】设置为 23，单击【确定】按钮，如图 5-32 所示。

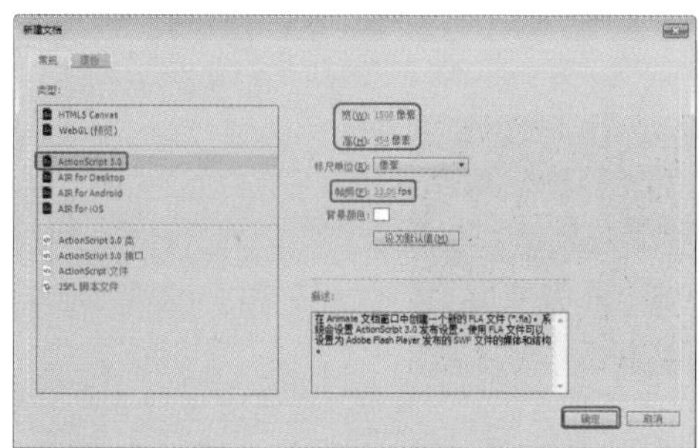

图5-32 设置【新建文档】参数

02 按Ctrl+R组合键，弹出【导入】对话框，选择“制作碰撞文字素材1.jpg”素材文件，单击【打开】按钮，按Ctrl+K组合键，在弹出的【对齐】面板中勾选【与舞台对齐】复选框，单击【匹配大小】选项组中的【匹配宽和高】按钮，单击【水平中齐】按钮和【垂直中齐】按钮，如图5-33所示。

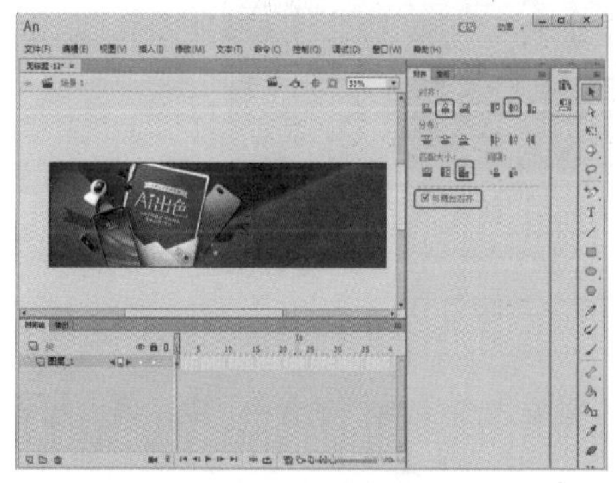

图5-33 添加素材文件

03 按Ctrl+F8组合键，弹出【创建新元件】对话框，在【名称】文本框中输入【碰撞动画】，将【类型】设置为【影片剪辑】，单击【确定】按钮，如图5-34所示。

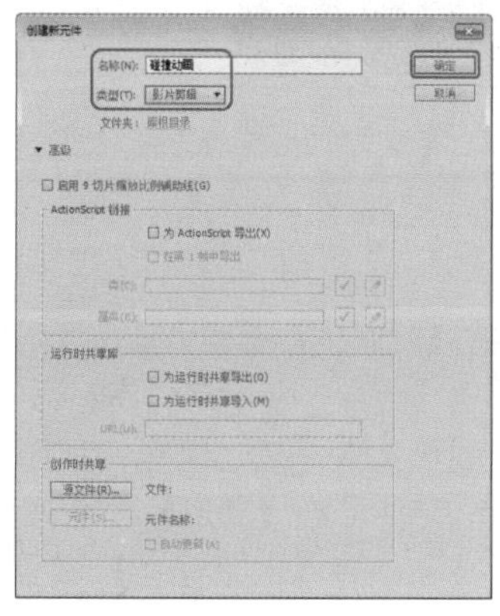

图5-34 【创建新元件】对话框

04 在工具箱中单击【选择工具】，单击舞台的任意位置，在【属性】面板中将舞台颜色设置为#000000，如图5-35所示。

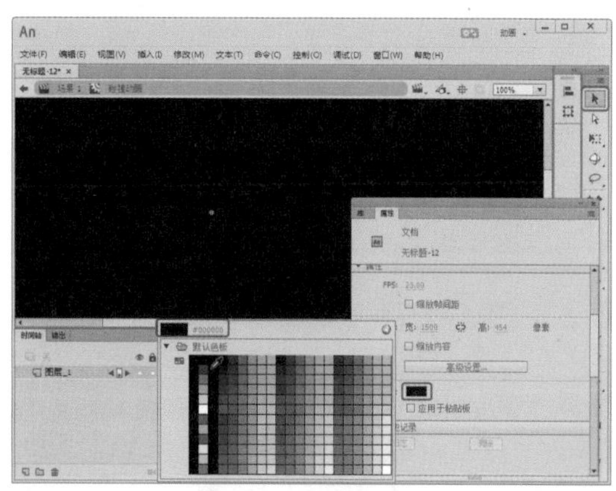

图5-35 设置舞台颜色

05 在工具箱中单击【文本工具】，在舞台中单击鼠标，输入文字，选中输入的文字，在【属性】面板中，将字体设置为【华文中宋】，【大小】设置为90，【颜色】设置为#F7E3A6，如图5-36所示。

提 示

设置字体颜色时要注意，字体颜色要与背景色形成明显的对比，并且和素材图片相衬托。

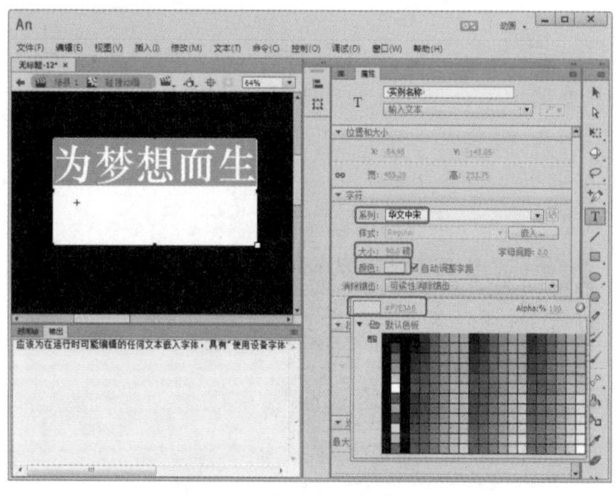

图5-36 输入文字并设置

06 选中该文字，按F8键，弹出【转换为元件】对话框，在【名称】文本框中输入【文字1】，将【类型】设置为【图形】，并调整其对齐方式，单击【确定】按钮，如图5-37所示。

07 选中创建的元件，在【属性】面板中将X、Y分别设置为0、-110，如图5-38所示。

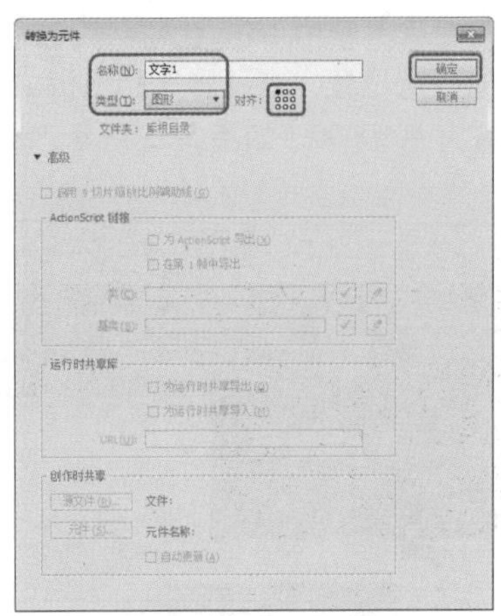

图5-37 【转换为元件】对话框

图5-38 调整元件的位置

08 选中该图层的第 27 帧，按 F6 键插入关键帧，选中该帧上的元件，在【属性】面板中将 Y 设置为 -50，如图 5-39 所示。

图5-39 插入关键帧并调整元件的位置

09 选中该图层的第 15 帧，单击鼠标右键，在弹出的快捷菜单中选择【创建传统补间】命令，如图 5-40 所示。

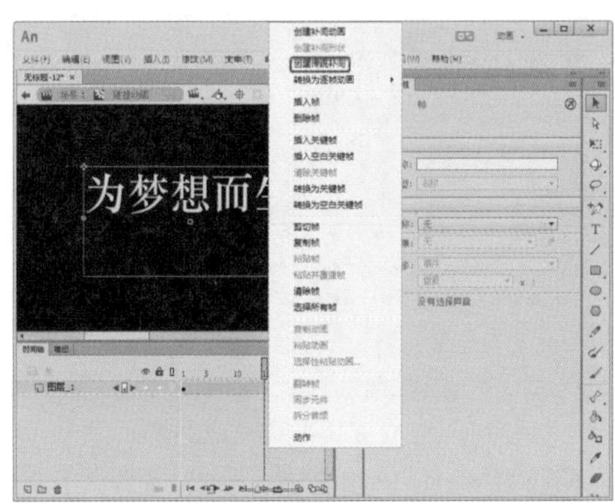

图5-40 选择【创建传统补间】命令

10 选中该图层的第 57 帧，按 F6 键插入关键帧，选中该帧上的元件，在【属性】面板中将 Y 设置为 -110，如图 5-41 所示。

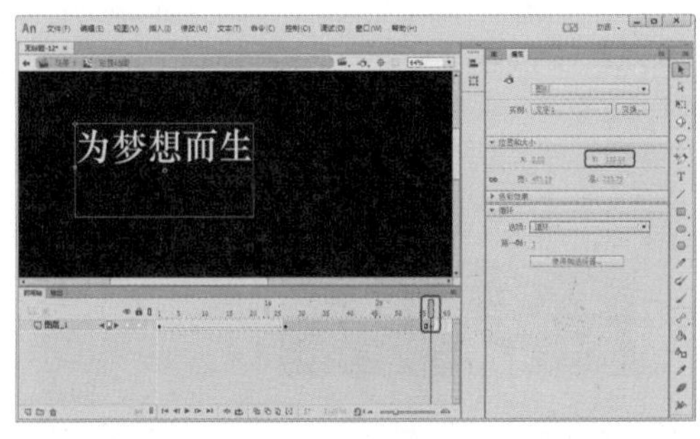

图5-41 插入关键帧并调整元件的位置

11 选中该图层的第 43 帧，单击鼠标右键，在弹出的快捷菜单中选择【创建传统补间】命令，如图 5-42 所示。

图5-42 选择【创建传统补间】命令

12 在【时间轴】面板中单击【新建图层】按钮，新建【图层_2】，在【库】面板中选择【文字 1】图形文件，按住鼠标将其拖曳至舞台中，选中该元件，在【变形】面板中选中【倾斜】单选按钮，将【水平倾斜】设置为 180，将【垂直倾斜】设置为 0，在【属性】面板中将X、Y分别设置为0、220，如图5-43所示。

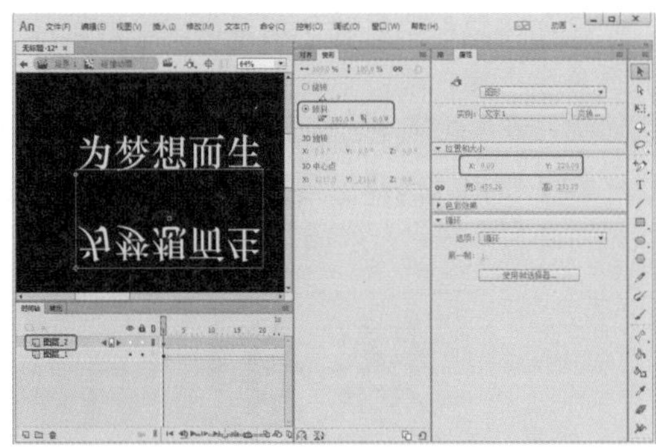
图5-43 添加元件并设置其位置和倾斜参数

知识链接：【时间轴】面板

【时间轴】面板由显示影片播放状况的帧和表示阶层的图层组成，如图5-44所示。【时间轴】面板是Flash中最重要的部分，它控制着影片播放和停止等操作。Flash动画的制作方法与一般的动画一样，将每个帧画面按照一定的顺序和速度播放。图层可以理解为将各种类型的动画以层级结构重放的空间。如果要制作包括多种动作或特效、声音的影片，就要建立放置这些内容的图层。

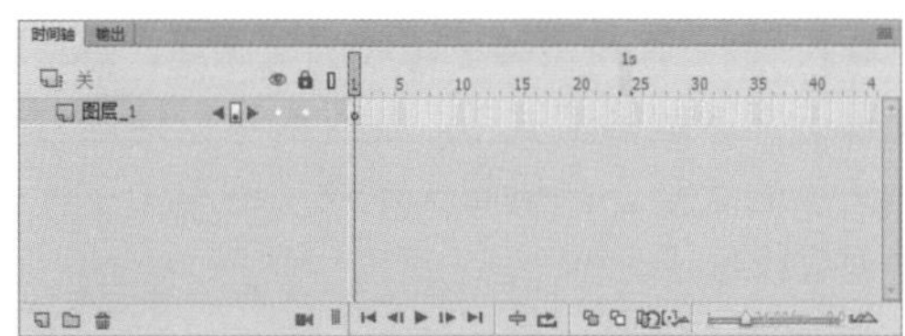
图5-44 【时间轴】面板

13 选中第27帧，按F6键插入关键帧，选中该帧上的元件，在【属性】面板中将Y设置为150，如图5-45所示。

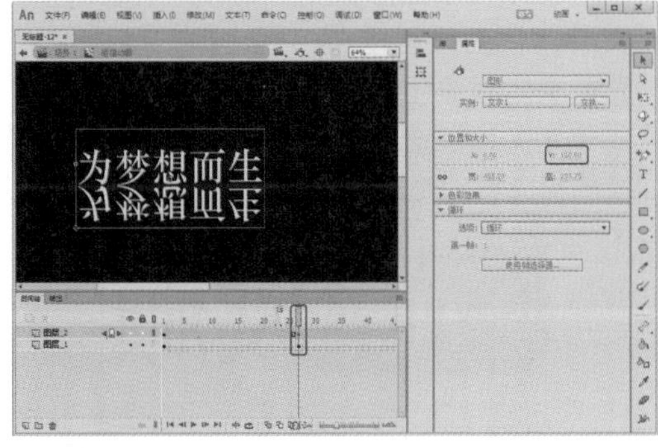
图5-45 插入关键帧并调整元件位置

14 选中该图层的第22帧，单击鼠标右键，在弹出的快捷菜单中选择【创建传统补间】命令，如图5-46所示。

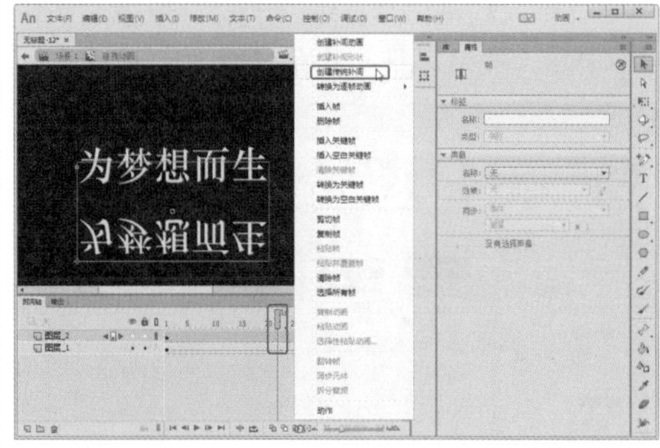
图5-46 选择【创建传统补间】命令

15 选中该图层的第57帧，按F6键插入关键帧，选中该帧上的元件，在【属性】面板中将Y设置为220，如图5-47所示。

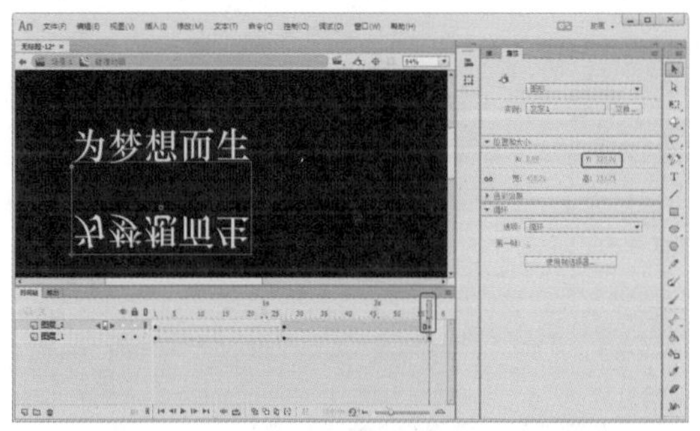
图5-47 插入关键帧并调整元件的位置

16 选中该图层的第40帧，单击鼠标右键，在弹出的快捷菜单中选择【创建传统补间】命令，返回至【场景1】中，在【时间轴】面板上单击【新建图层】按钮，新建图层，在【库】面板中选择【碰撞动画】影片剪辑元件，用鼠标将其拖曳至舞台中，并调整位置和大小，如图5-48所示。

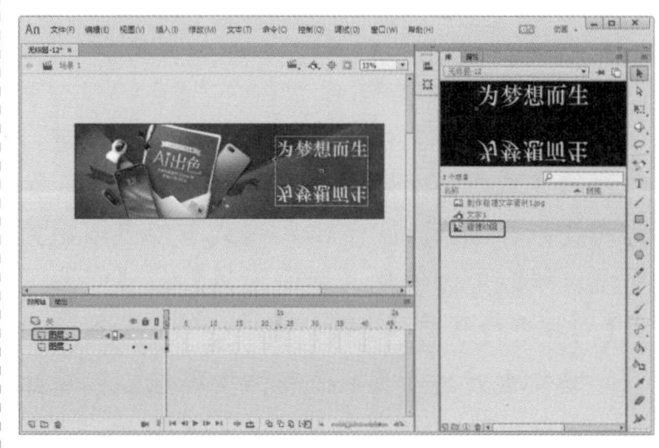
图5-48 新建图层并添加元件

17 再新建一个图层，按 Ctrl+R 组合键，弹出【导入】对话框，选择“制作碰撞文字素材 2.png”素材文件，单击【打开】按钮，如图 5-49 所示。

图5-49　添加素材

18 按 Ctrl+K 组合键，在弹出的【对齐】面板中勾选【与舞台对齐】复选框，单击【水平中齐】按钮和【底对齐】按钮，如图 5-50 所示。

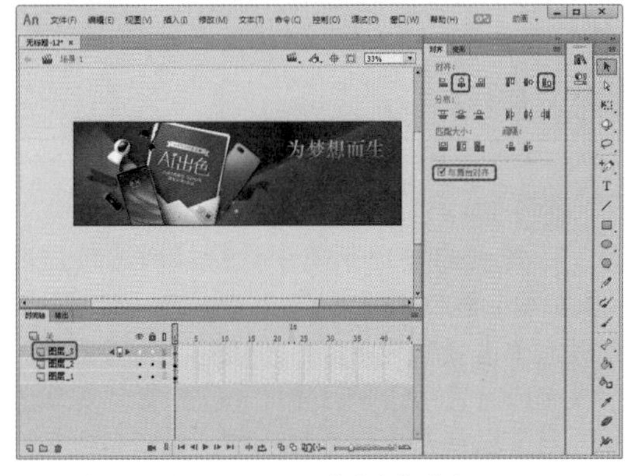

图5-50　设置【对齐】参数

5.2.1　文本的编辑

在编辑文本之前，用文本工具单击要进行处理的文本框，然后进行插入、删除、改变字体和颜色等操作。由于输入的文本都是以组为单位，所以可以使用【选择工具】或【变形工具】对其进行移动、旋转、缩放和倾斜等操作。

将文本对象作为一个整体进行编辑的具体操作步骤如下。

01 在工具箱中单击【选择工具】。

02 将鼠标指针移到场景中，单击舞台中的任意文本块，此时文本块四周会出现一个蓝色轮廓，表示此文本已被选中。

03 使用【选择工具】调整、移动、旋转或对齐文本对象，如图 5-51 所示。

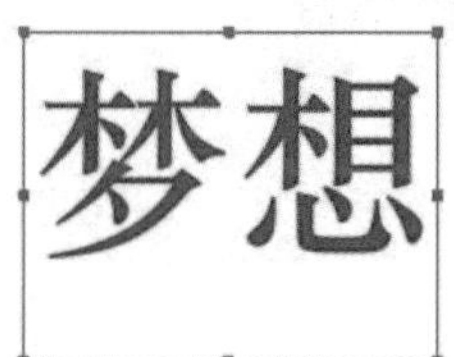

图5-51　选择文字

如果要编辑文本对象中的个别文字，其具体操作步骤如下。

01 在工具箱中单击【选择工具】或者【文本工具】。

02 将鼠标指针移到舞台中，如果选取的是【选择工具】，选择要修改的文本块，就可将其置于文本编辑模式下。如果选取的是【文本工具】，则只需单击将要修改的文本块，就可将其置于文本编辑模式下。这样就可以通过对个别文字的选择，来编辑文本块中的单个字母、单词或段落了。

03 在文本编辑模式下，对文本进行修改即可。

5.2.2　修改文本

若要添加或删除文本，则在绘制窗口中输入文字，在工具箱中单击【选择工具】，在已创建的文本对象上双击，文本对象上将出现蓝色，代表文本被选取，可以在文本框内进行添加或删除内容的修改，如图 5-52 所示。

图5-52　选择文字

可扩展文本输入框为圆形控制手柄，限制范围的文本输入框为方形控制手柄。

两种不同的文本输入框之间可以互相转换。

若将可扩展文本输入框转换为限制范围输入框，只需按住 Shift 键，用鼠标双击右角的方形控制手柄即可。

单击文本之外的部分，退出文本内容修改模式，文本外的黑色实线框将变成蓝色实线框，此时可通过属性栏对文本属性进行控制，如图 5-53 所示。

图5-53 文本属性控制

5.2.3 文字的分离

文本可以分离为单独的文本块，可以将文本分散到各个图层中，还可以转换为图形。

1. 分离文本

文本在 Animate CC 2018 动画中是作为单独对象使用的，但有时需要把文本当作图形来使用，以便使这些文本具有更多的变换效果，这时就需要将文本对象进行分解。

将文本分离为单独的文本块的操作方法如下。

01 使用【选择工具】，选择文本块，如图 5-54 所示。

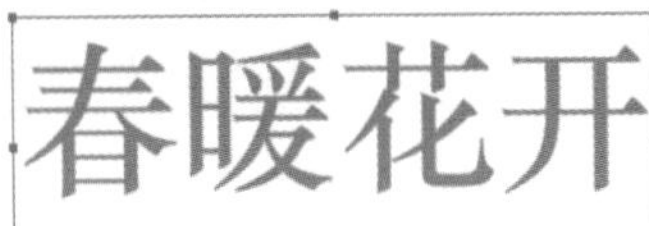

图5-54 选择文本

02 在菜单栏中选择【修改】|【分离】命令，这样文本中的每个字将分别位于一个单独的文本块中，如图 5-55 所示。

图5-55 分离效果

2. 分散到图层

分离文本后可以迅速地将文本分散到各个图层。

选择【修改】|【时间轴】|【分散到图层】命令，如图 5-56 所示。这时将把文本块分散到自动生成的图层中，如图 5-57 所示。

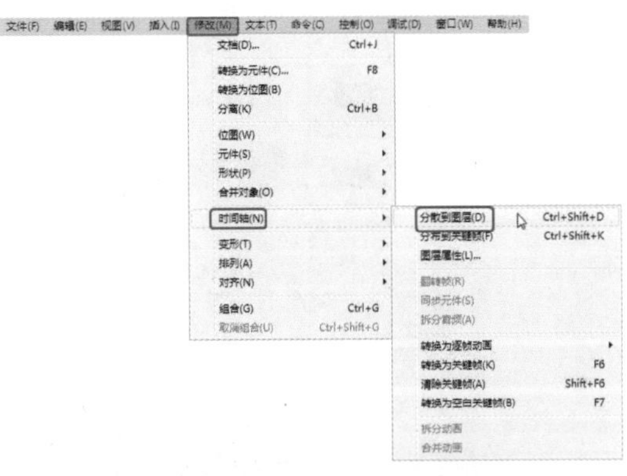

图5-56 选择【分散到图层】命令

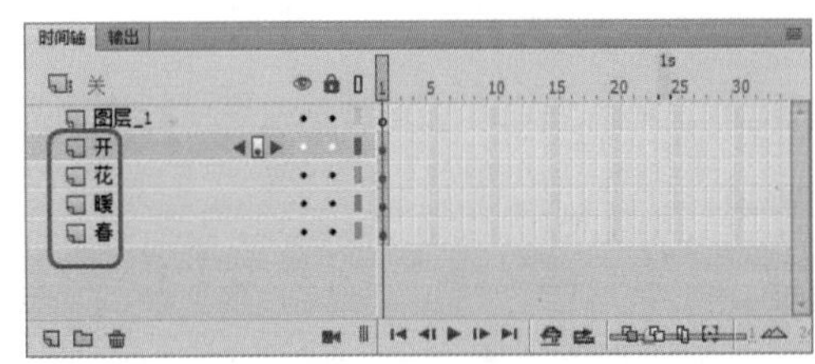

图5-57 查看图层

3. 转换为图形

还可以将文本转换为组成它的线条和填充，以便进行改变形状、擦除和其他操作。选中文本，然后两次选择【修改】|【分离】命令，即可将舞台上的字符转换为图形，如图 5-58 所示。

春暖花开

图5-58 转换为图形

5.3 制作冬至宣传动画——应用文本滤镜

冬至，俗称“冬节”“长至节”或“亚岁”等。冬至是农历二十四节气中一个重要的节气，也是中华民族的一个传统节日。在古代民间有“冬至大如年”的说法。

本例主要制作文字放大的效果，主要通过对文本创建传统补间制作动画，效果如图 5-59 所示。

图5-59　冬至宣传动画效果

素材	素材\Cha05\冬至素材1.jpg～冬至素材4.jpg
场景	场景\Cha05\制作冬至宣传动画——应用文本滤镜.fla
视频	视频教学\Cha05\制作冬至宣传动画——应用文本滤镜.mp4

01 在菜单栏中选择【文件】|【新建】命令，弹出【新建文档】对话框，在【类型】列表框中选择 ActionScript3.0 选项，在右侧的设置区域中将【宽】、【高】设置为 298、448，【帧频】设置为 12，单击【确定】按钮，如图 5-60 所示。

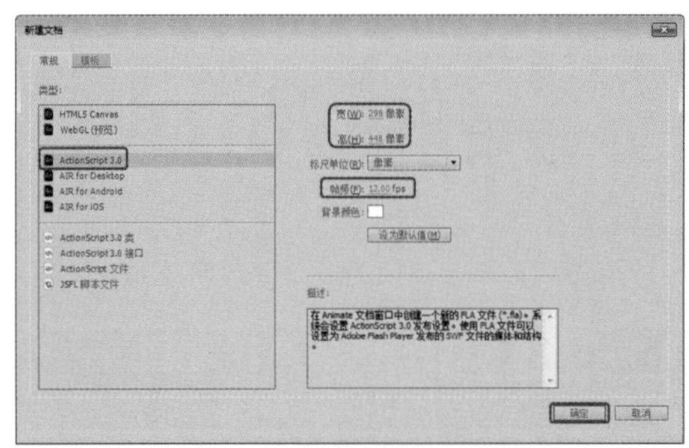

图5-60　设置【新建文档】参数

02 在菜单栏中选择【文件】|【导入】|【导入到库】命令，在弹出的【导入到库】对话框中选择“冬至素材 1.jpg”素材文件，单击【打开】按钮，如图 5-61 所示。使用同样的方法将“冬至素材 2.jpg”“冬至素材 3.jpg”“冬至素材 4.jpg”素材依次导入到库。

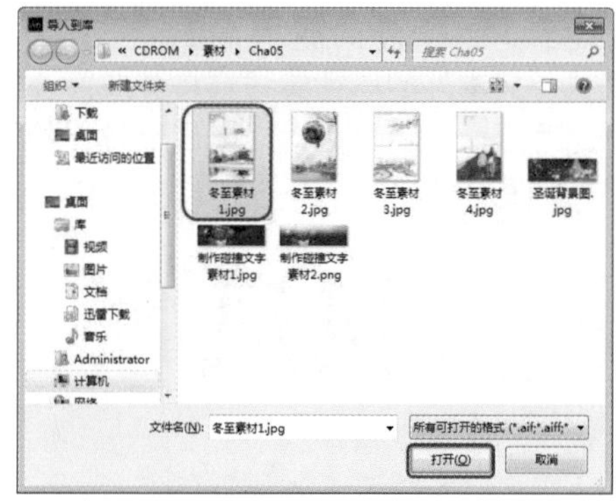

图5-61　【导入到库】对话框

03 打开【库】面板，将素材“冬至素材 1.jpg”拖曳到舞台中，然后在【对齐】面板中单击【水平中齐】按钮、【垂直中齐】按钮和【匹配宽和高】按钮，如图 5-62 所示。

图5-62　调整素材文件

04 选择【图层_1】的第 98 帧，按 F5 键插入帧，如图 5-63 所示。

05 新建【图层_2】，选择【图层_2】的第 31 帧，按 F6 键插入关键帧，打开【库】面板，将素材“冬至素材 2.jpg”拖曳到舞台中，在【对齐】面板中单击【水平中齐】按钮、【垂直中齐】按钮和【匹配宽和高】按钮，如图 5-64 所示。

06 在舞台中确认选中素材，按 F8 键，在弹出的【转换为元件】对话框中保持默认设置，将【类型】设置为【图形】，单击【确定】按钮，如图 5-65 所示。

图5-63 插入关键帧

图5-64 调整素材文件

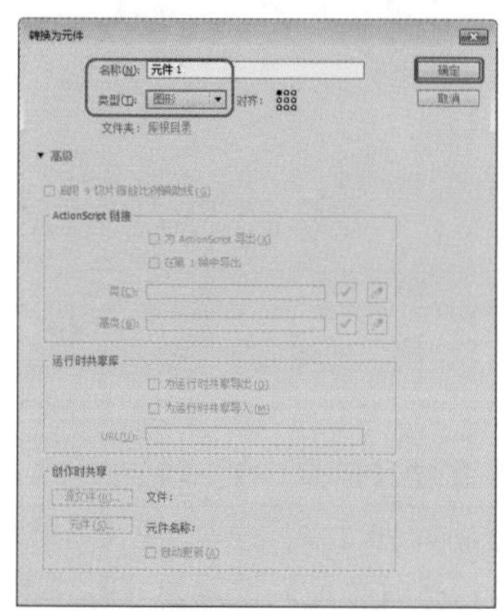
图5-65 【转换为元件】对话框

07 选择【图层_2】的第 31 帧并在舞台中选中元件，打开【属性】面板，将【色彩效果】选项组中的【样式】设置为 Alpha，Alpha 设置为 30，如图 5-66 所示。

08 选择该图层的第 60 帧，按 F6 键插入关键帧，并选中元件，在【属性】面板中将【样式】设置为无，如图 5-67 所示。

图5-66 设置第31帧处的元件属性

图5-67 设置第60帧处的元件属性

09 在【图层_2】的第 31 帧至第 60 帧之间的任意帧位置，单击鼠标右键，在弹出的快捷菜单中选择【创建传统补间】命令，如图 5-68 所示。

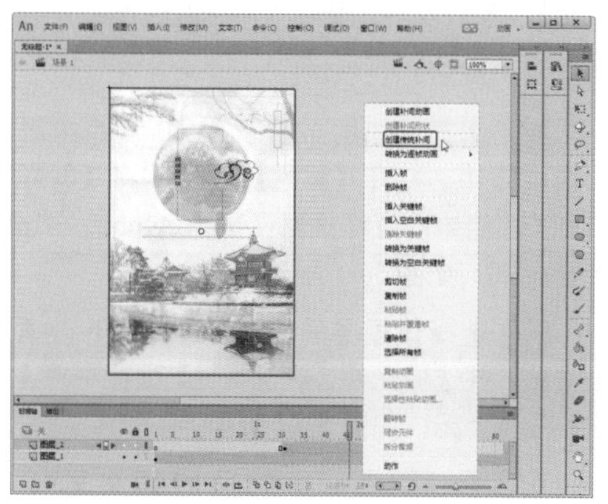
图5-68 选择【创建传统补间】命令

10 新建【图层_3】，选择【图层_3】的第 60 帧，按 F6 键插入关键帧，打开【库】面板，将素材“冬至素材 3.jpg”拖曳到舞台中，在【对齐】面板中单击【水平中齐】按钮、【垂直中齐】按钮和【匹配宽和高】按钮，如图 5-69 所示。

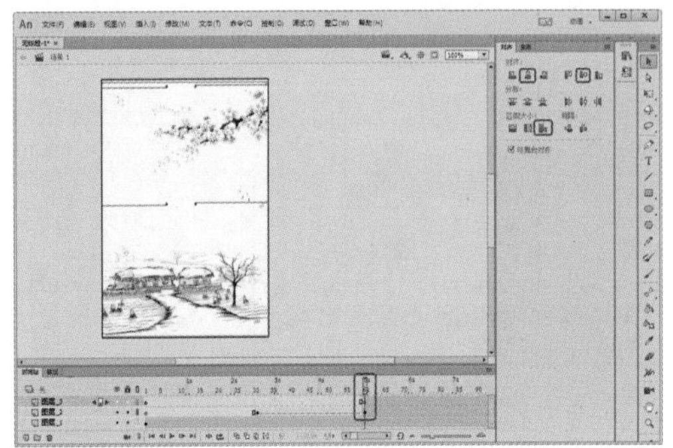

图5-69　添加素材

11 在舞台中确认选中素材，按 F8 键，在弹出的【转换为元件】对话框中保持默认设置，将【类型】设置为【图形】，单击【确定】按钮，如图 5-70 所示。

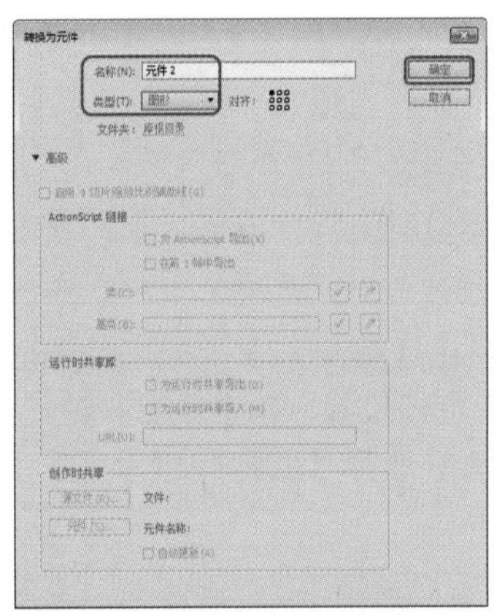

图5-70　【转换为元件】对话框

12 选择【图层 _3】的第 60 帧并在舞台中选中元件，打开【属性】面板，将【色彩效果】选项组中的【样式】设置为 Alpha，Alpha 设置为 30，如图 5-71 所示。

13 选择该图层的第 89 帧，按 F6 键插入关键帧，并选中元件，在【属性】面板中将【样式】设置为无，如图 5-72 所示。

14 在【图层 _3】的第 60 帧至第 89 帧之间的任意帧位置，单击鼠标右键，在弹出的快捷菜单中选择【创建传统补间】命令，如图 5-73 所示。

图5-71　设置第60帧处的元件属性

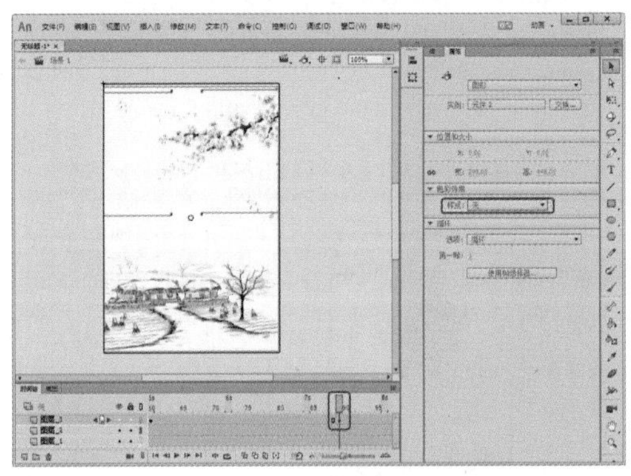

图5-72　设置第89帧处的元件属性

图5-73　选择【创建传统补间】命令

15 新建【图层 _4】，按 Ctrl+F8 组合键打开【创建新元件 】对话框，在【名称】中输入【文字 1】，将【类型】设置为【影片剪辑】，单击【确定】按钮，如图 5-74 所示。

16 在工具箱中选择【文本工具】，在舞台区中输入文本【冬至】并选中，在【属性】面板中将字体【系列】设置为【方正行楷简体】，【大小】设置为 90，【颜色】设置为 #666666，如图 5-75 所示。

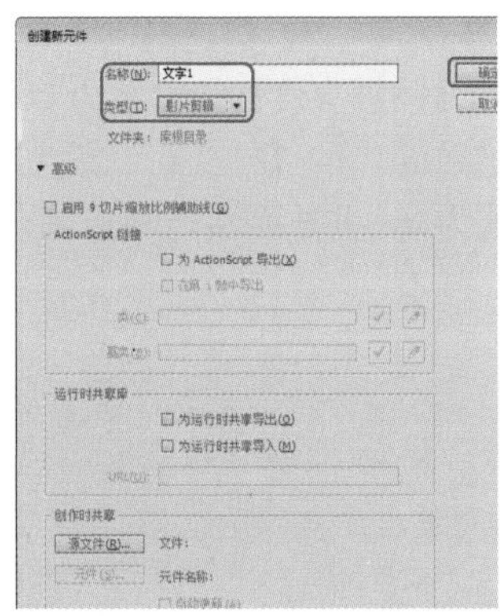

图5-74　新建元件

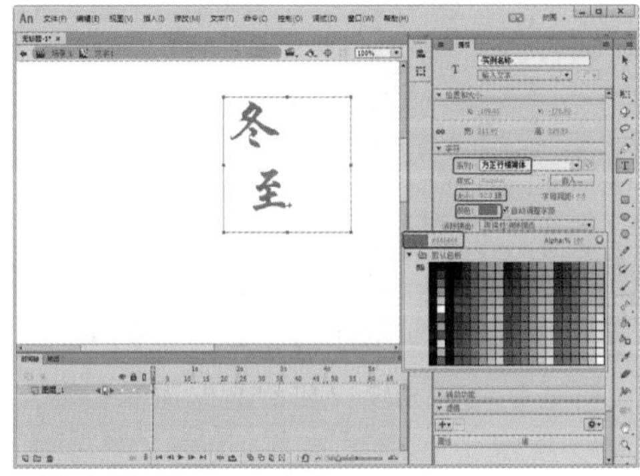

图5-75　设置文本属性

17 使用同样方法新建名称为【文字 2】、【文字 3】、【文字 4】、【文字 5】的元件，在相应的元件中分别输入“余寒消尽暖回初　江南园里待春来”“情暖冬至　平安团圆”“愿大家冬至快乐”“幸福一家欢”文本，并设置参数，在【库】面板中查看新建的元件效果，如图 5-76 所示。

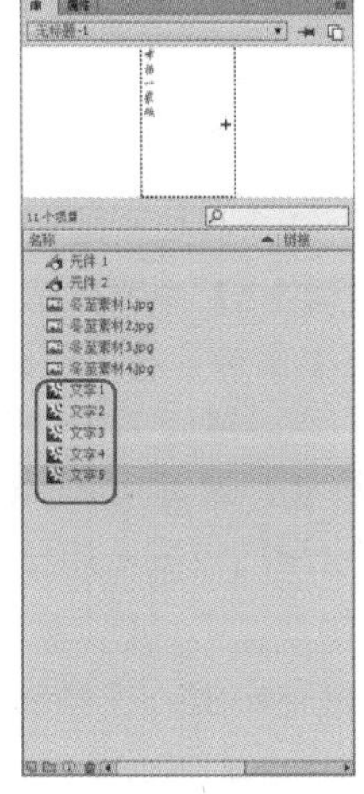

图5-76　新建的其他元件效果

18 在左上角单击按钮，返回到场景中，选中【图层 _4】，在【库】面板中将【文字 1】元件拖曳至舞台中，选中【图层 _4】的第 31 帧，按 F6 键插入关键帧，在【属性】面板中调整元件的位置，效果如图 5-77 所示。

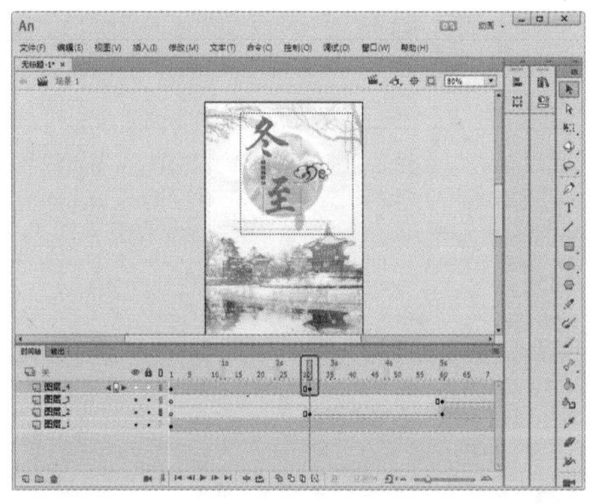

图5-77　插入关键帧并调整元件的位置

19 选中【图层 _4】的第 1 帧，在【变形】面板中，将【缩放宽度】和【缩放高度】均设置为 1000，打开【属性】面板，将【色彩效果】选项组中的【样式】设置为 Alpha，Alpha 设置为 7，并调整元件的位置，如图 5-78 所示。

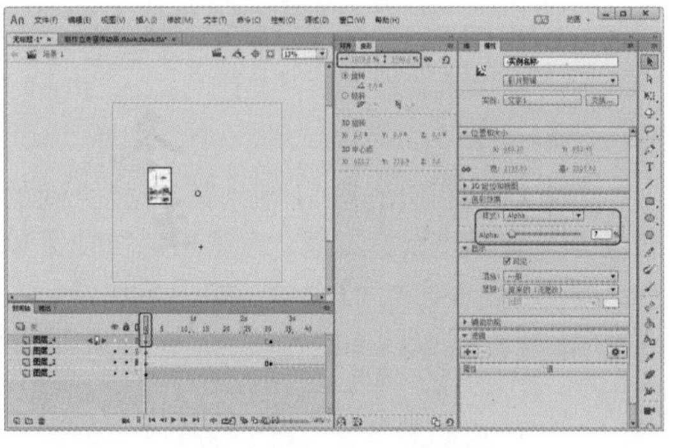

图5-78　设置元件参数

提　示

在【变形】面板中，调整【缩放宽度】和【缩放高度】参数为相同的时候，单击参数后面的【约束】按钮，输入【缩放宽度】和【缩放高度】的任何一个参数，另外一个自动修改。

20 在该图层的第 1 帧到第 31 帧之间的任意帧位置单击鼠标右键，在弹出的快捷菜单中选择【创建传统补间】命令，如图 5-79 所示。

21 选中【图层 _4】的第 50 帧，插入关键帧，打开【属性】面板，将【色彩效果】选项组中的【样式】设置为 Alpha，将 Alpha 设置为 0，并调整元件的位置，如图 5-80 所示。

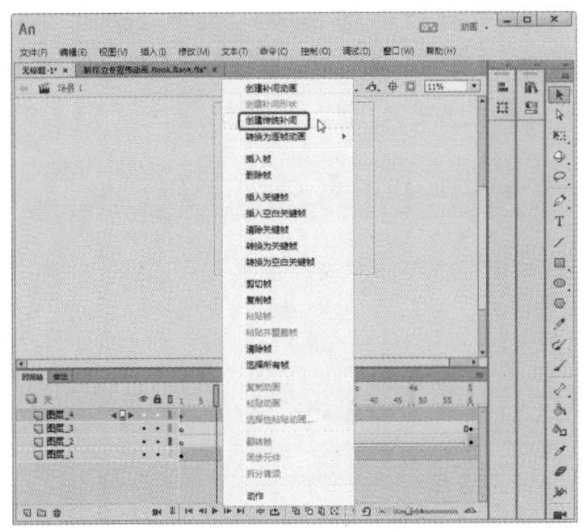

图5-79　选择【创建传统补间】命令

图5-80　插入关键帧并调整元件的位置

22 在该图层的第 31 帧到第 50 帧之间的任意帧位置单击鼠标右键，在弹出的快捷菜单中选择【创建传统补间】命令，如图 5-81 所示。

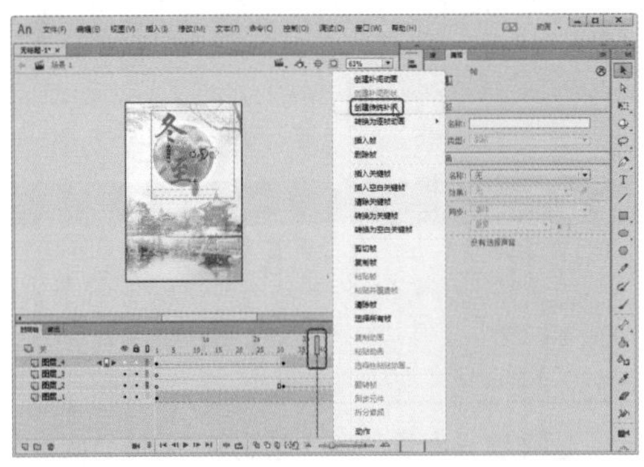

图5-81　选择【创建传统补间】命令

23 新建【图层 _5】，选择第 35 帧并插入关键帧，在【库】面板中将【文字 2】元件拖曳到舞台中，使用【选择工具】选择舞台中的【文字 2】元件，在【变形】面板中，将【缩放宽度】和【缩放高度】均设置为 200，将【色彩效果】选项组中的【样式】设置为 Alpha，将 Alpha 设置为 0，并放至合适的位置，如图 5-82 所示。

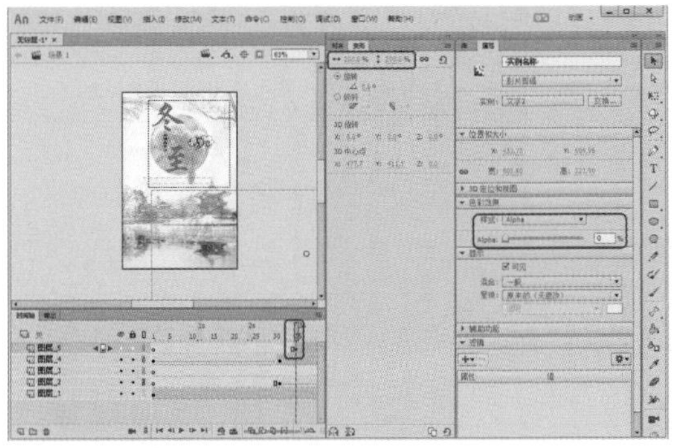

图5-82　设置第35帧的元件参数

24 在该图层第 60 帧处插入关键帧，在【变形】面板中将元件的【缩放宽度】和【缩放高度】均设置为 100，【色彩效果】选项组中的【样式】设置为无，并放至合适的位置，如图 5-83 所示。

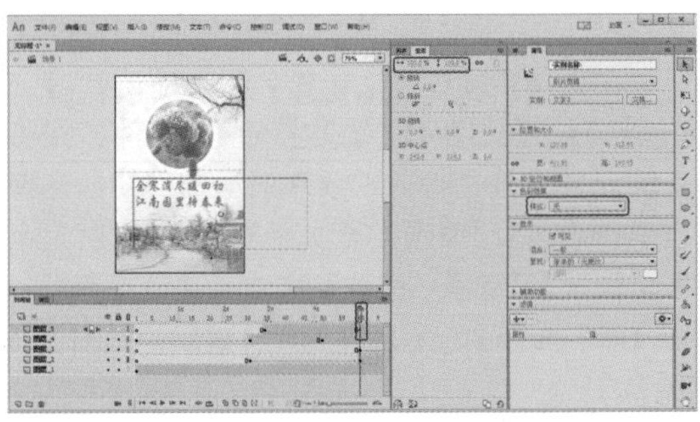

图5-83　设置第60帧的元件参数

25 在该图层的第 35 帧到第 60 帧之间的任意帧位置单击鼠标右键，在弹出的快捷菜单中选择【创建传统补间】命令。

26 在【图层 _5】中选择第 92 帧，插入关键帧，在【变形】面板中将元件的【缩放宽度】和【缩放高度】均设置为 120，将【色彩效果】选项组中的【样式】设置为 Alpha，Alpha 设置为 39，并放至合适的位置，如图 5-84 所示。

27 在该图层的 60 帧到第 92 帧之间的任意帧位置单击鼠标右键，在弹出的快捷菜单中选择【创建传统补间】命令。

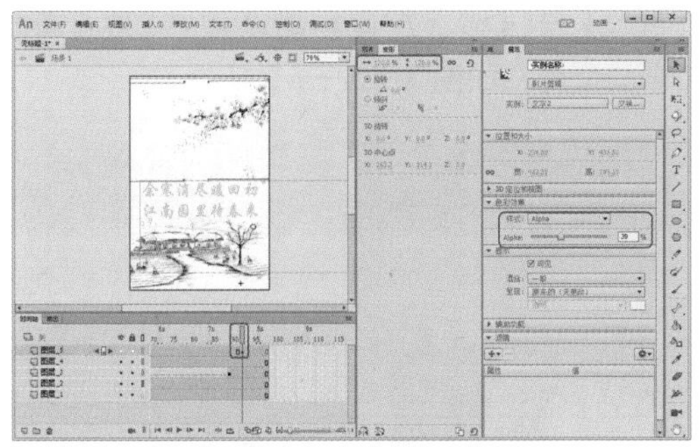

图5-84 设置第92帧的元件参数

28 新建【图层_6】，选择第288帧，按F5键添加帧，选择该图层的第95帧并插入关键帧，在【库】面板中将“冬至素材4.jpg”素材拖曳至舞台中，在【对齐】面板中单击【水平中齐】按钮、【垂直中齐】按钮和【匹配宽和高】按钮，如图5-85所示。

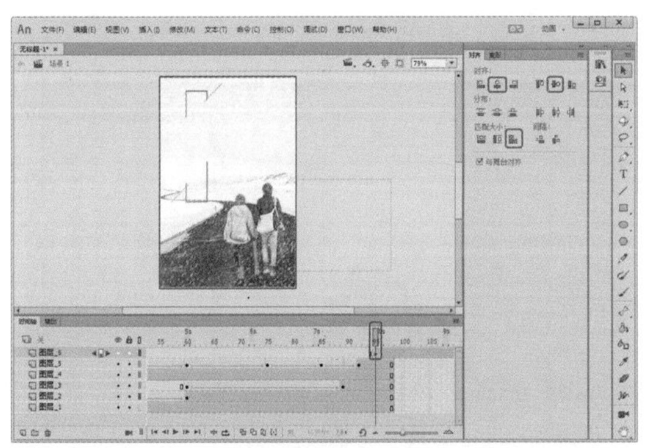

图5-85 添加素材并设置参数

疑难解答 如何将导入的图片与创建的文档吻合放置？

首先将图片导入，然后在【对齐】面板中单击【水平中齐】按钮、【垂直中齐】按钮和【匹配宽和高】按钮，即可将导入的图片与创建的文档吻合放置。

29 在舞台中确认选中素材，按F8键，在弹出的【转换为元件】对话框中保持默认设置，将【类型】设置为【图形】，单击【确定】按钮，如图5-86所示。

30 选择【图层_6】的第95帧并在舞台中选中元件，打开【属性】面板，将【色彩效果】选项组中的【样式】设置为Alpha，Alpha设置为0，如图5-87所示。

31 选择该图层的第160帧，按F6键插入关键帧，并选中元件，在【属性】面板中将【样式】设置为无，如图5-88所示。

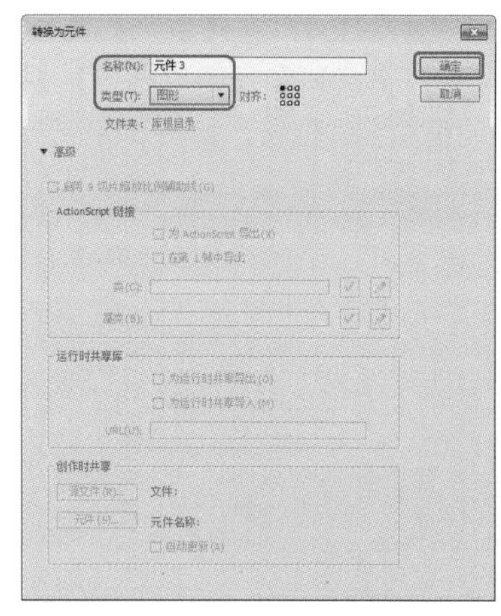

图5-86 【转换为元件】对话框

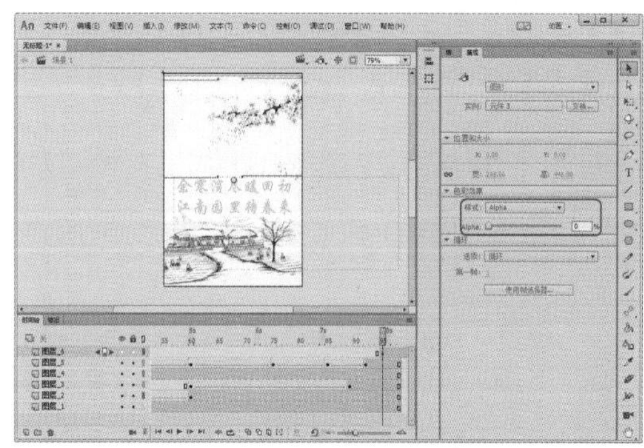

图5-87 设置第95帧的元件参数

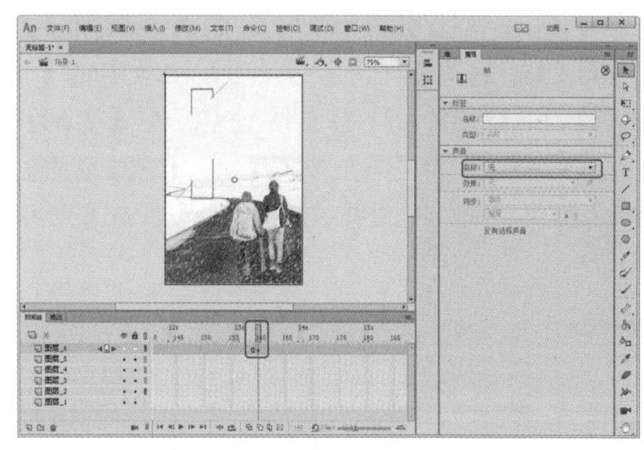

图5-88 设置第160帧的元件参数

32 在【图层_6】的第95帧至第160帧之间的任意帧位置单击鼠标右键，在弹出的快捷菜单中选择【创建传统补间】命令，如图5-89所示。

33 新建【图层_7】，并选择第113帧插入关键帧，在【库】面板中将【文字3】元件拖曳到舞台中，并放至合适的位置，在【属性】面板中添加【模糊】滤镜，将【模糊X】和【模糊 Y】都设置为 150，在【变形】面板中，将元件的【缩放宽度】和【缩放高度】都设置为 200，并调整文字的位置，如图 5-90 所示。

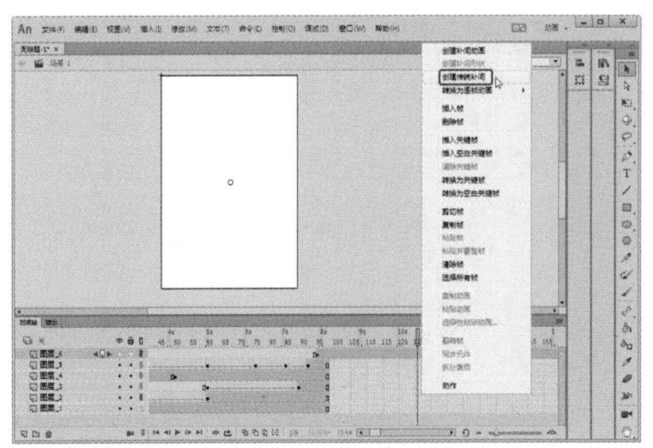

图5-89　选择【创建传统补间】命令

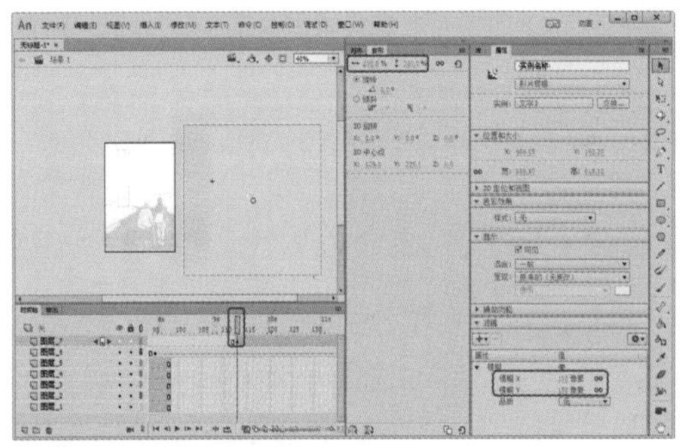

图5-90　设置第113帧的元件参数

34 在该图层第 129 帧处插入关键帧，选中第 129 帧的关键帧并在【属性】面板中将【模糊 X】和【模糊 Y】都设置为 0，在【变形】面板中将元件的【缩放宽度】和【缩放高度】都设置为 100，并调整文字的位置，如图 5-91 所示。

图5-91　设置第129帧的元件参数

35 在该图层第 144 帧处插入关键帧，选中第 144 帧的关键帧并在【变形】面板中将【缩放宽度】和【缩放高度】都设置为 130，调整文字的位置，如图 5-92 所示。

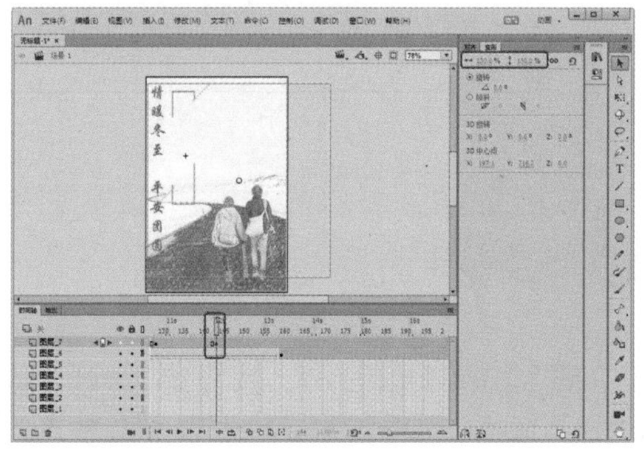

图5-92　设置第144帧处的元件参数

36 在该图层第 159 帧处插入关键帧，选中第 159 帧的关键帧并在【变形】面板中将【缩放宽度】和【缩放高度】都设置为 100，调整文字的位置，如图 5-93 所示。

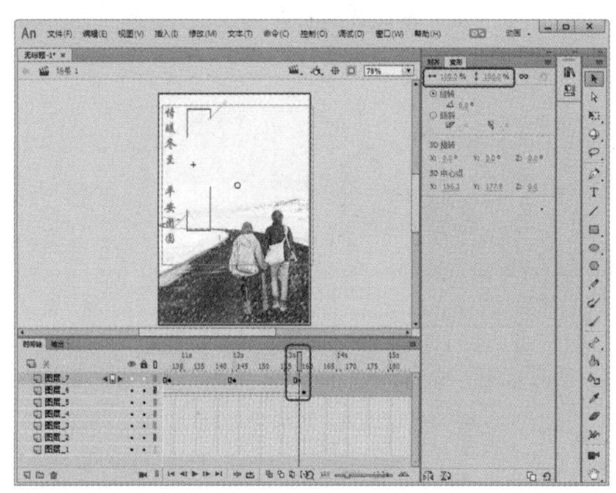

图5-93　设置第159帧处的元件参数

37 分别在【图层_7】的第 113 帧至第 129 帧、第 129 帧至 144 帧和第 144 帧至第 159 帧之间的任意帧位置单击鼠标右键，在弹出的快捷菜单中选择【创建传统补间】命令，如图 5-94 所示。

38 新建【图层_8】，选择第 165 帧并插入关键帧，在【库】面板中将【文字 4】元件拖曳到舞台中，添加【模糊】滤镜，在【属性】面板中将【模糊 X】和【模糊 Y】都设置为 150，并调整文字的位置，如图 5-95 所示。

39 在该图层第 180 帧处插入关键帧，选中第 180 帧的关键帧并在【属性】面板中将【模糊 X】和【模糊 Y】都设置为 0，调整文字的位置，如图 5-96 所示。

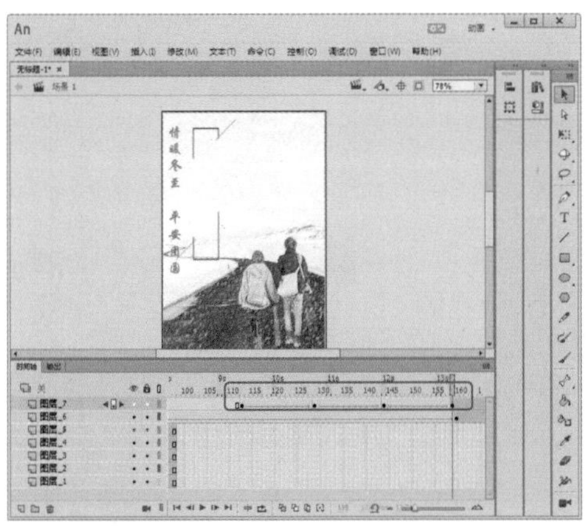

图5-94 创建传统补间

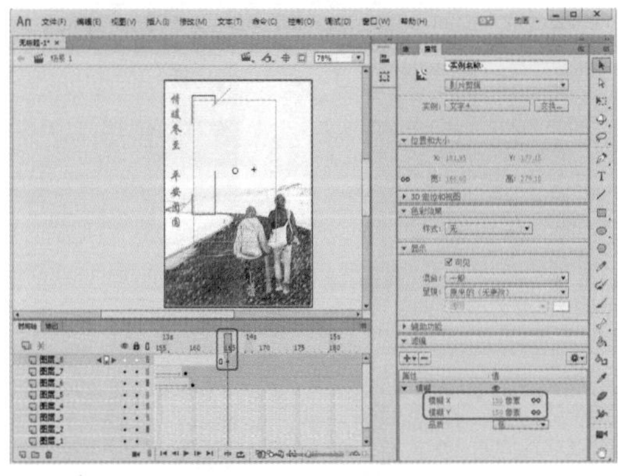

图5-95 设置第165帧的元件参数

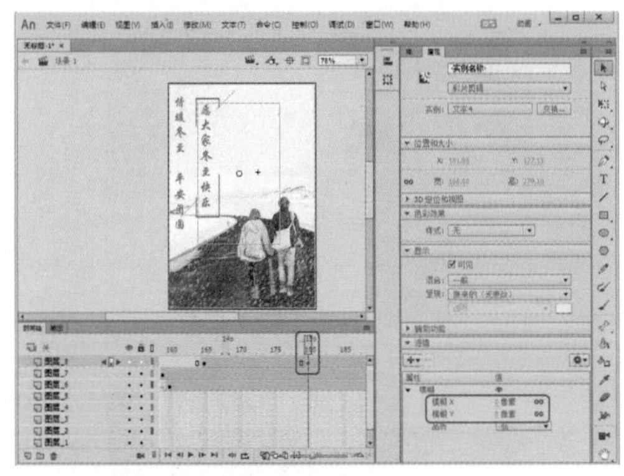

图5-96 设置第180帧的元件参数

40 在该图层第 199 帧处插入关键帧，选中第 199 帧的关键帧并在【变形】面板中将【缩放宽度】和【缩放高度】都设置为 200，调整文字的位置，如图 5-97 所示。

41 在该图层第 224 帧处插入关键帧，选中第 224 帧的关键帧并在【变形】面板中将【缩放宽度】和【缩放高度】都设置为 100，调整文字的位置，如图 5-98 所示。

图5-97 设置第199帧的元件参数

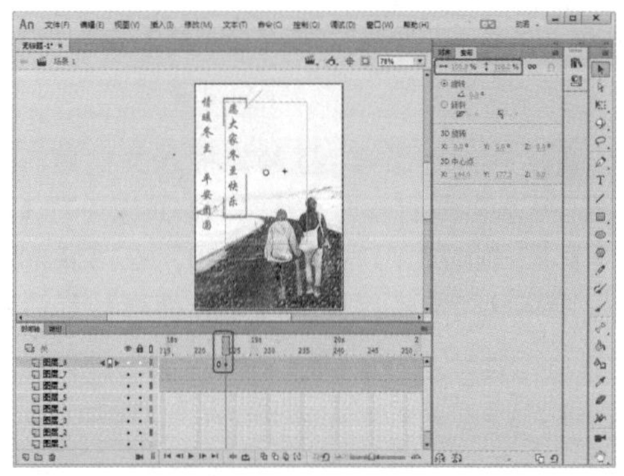

图5-98 设置第224帧的元件参数

42 分别在【图层_8】的第 165 帧至第 180 帧、第 180 帧至 199 帧和第 199 帧至第 224 帧之间的任意帧位置单击鼠标右键，在弹出的快捷菜单中选择【创建传统补间】命令，如图 5-99 所示。

图5-99 创建传统补间

43 新建【图层_9】，选择第 226 帧并插入关键帧，在【库】面板中将【文字5】元件拖曳到舞台中，添加【模糊】滤镜，在【属性】面板中将【模糊X】和【模糊Y】都设置为150，在【变形】面板中将【缩放宽度】和【缩放高度】都设置为180，并调整文字的位置，如图5-100所示。

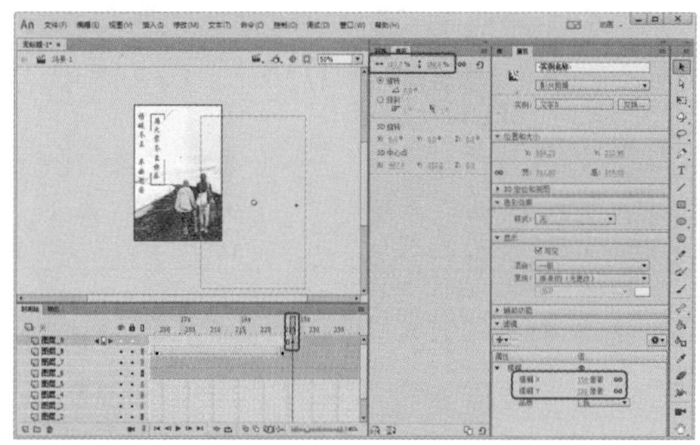

图5-100　设置第226帧的元件参数

44 在该图层第245帧处插入关键帧，选中第245帧的关键帧并在【属性】面板中将【模糊X】和【模糊Y】都设置为0，在【变形】面板中将【缩放宽度】和【缩放高度】都设置为125，调整文字的位置，如图5-101所示。

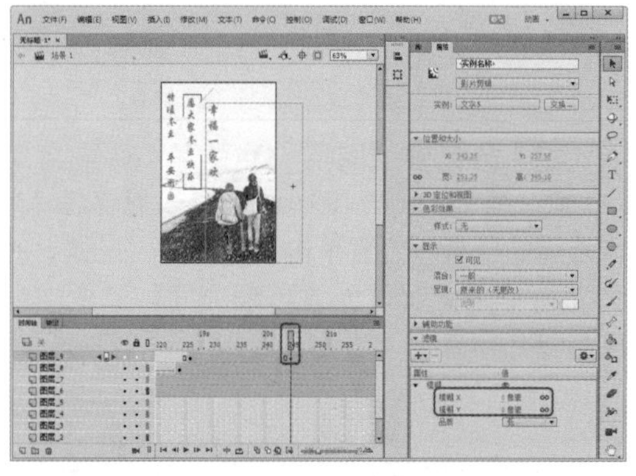

图5-101　设置第245帧的元件参数

45 在【图层_9】的第226帧至第245帧之间的任意帧位置单击鼠标右键，在弹出的快捷菜单中选择【创建传统补间】命令，如图5-102所示。

46 新建图层，选择第288帧并按F6键插入关键帧，按F9键打开【动作】面板并输入stop();，如图5-103所示。

47 按Ctrl+Enter组合键测试动画效果，如图5-104所示。

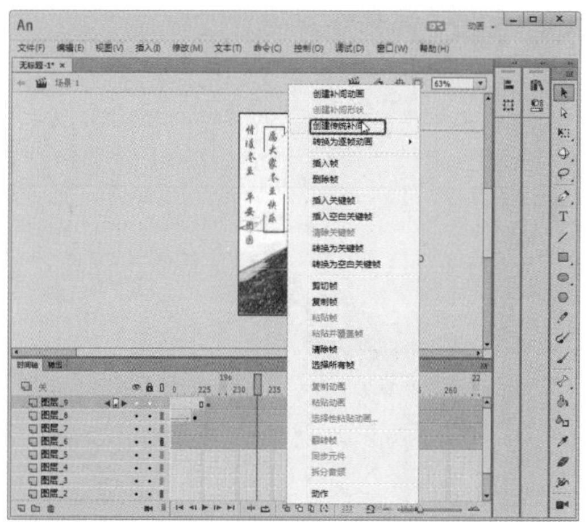

图5-102　选择【创建传统补间】命令

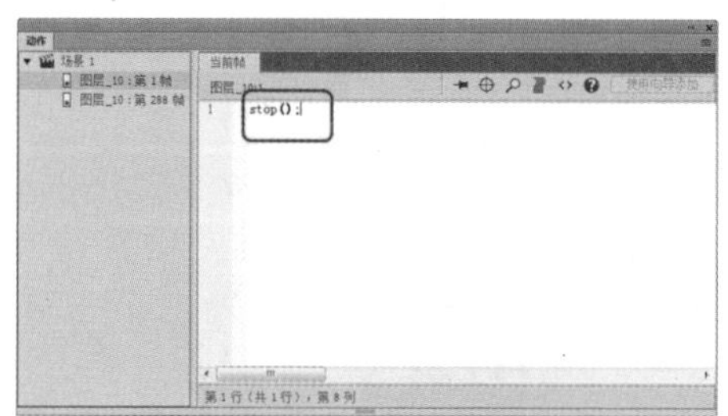

图5-103　【动作】面板

图5-104　测试动画

48 在菜单栏中选择【文件】|【导出】|【导出影片】命令，在弹出的【导出影片】对话框中选择存储路径，输入文件名称，在【保存类型】下拉列表框中，选择【SWF影片(*.swf)】，单击【保存】按钮，如图5-105所示。

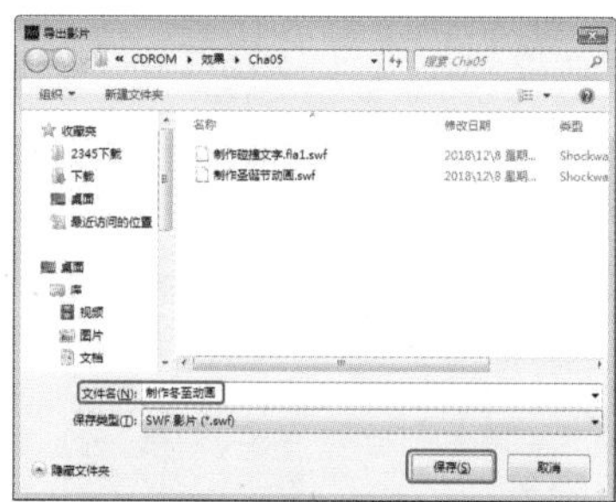

图5-105 导出影片

49 在菜单栏中选择【文件】|【另存为】命令，在弹出的【另存为】对话框中为其指定存储路径，将其命名为【制作冬至动画】，在【保存类型】下拉列表框中，选择【Animate 文档(*.fla)】，单击【保存】按钮，如图5-106所示。

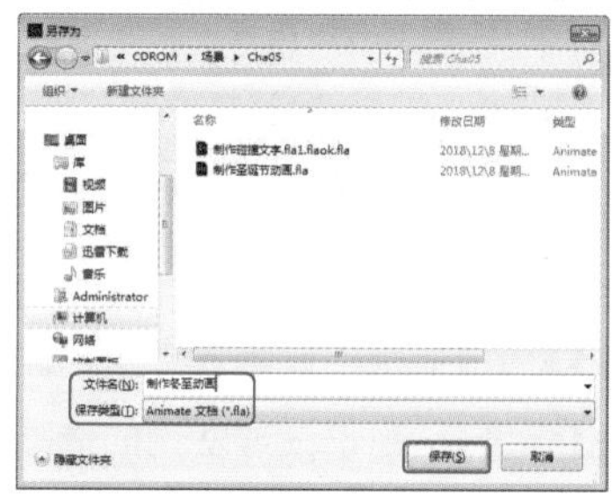

图5-106 保存文件

5.3.1 为文本添加滤镜效果

为文本添加滤镜可以实现斜角、投影、发光、模糊、渐变发光、渐变模糊和调整颜色等多种效果。

可以对选定的对象应用一个或多个滤镜，如图5-107所示。

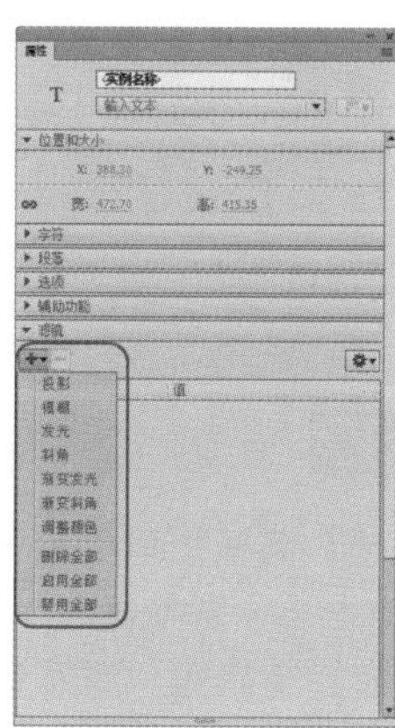

图5-107 添加滤镜

在【滤镜】选项卡中可以启用、禁用或者删除滤镜。删除滤镜时，对象恢复原来的外观。通过选择对象，可以查看应用于该对象的滤镜。该操作会自动更新【滤镜】选项卡所选对象的滤镜列表。

5.3.2 投影滤镜

使用【投影】滤镜可以模拟对象向一个表面投影的效果；或者在背景中剪出一个形似对象的洞，来模拟对象的外观。在【属性】面板左下方单击【添加滤镜】按钮，在打开的滤镜列表中选择【投影】选项，选择【投影】滤镜，如图5-108所示。滤镜参数如图5-109所示。

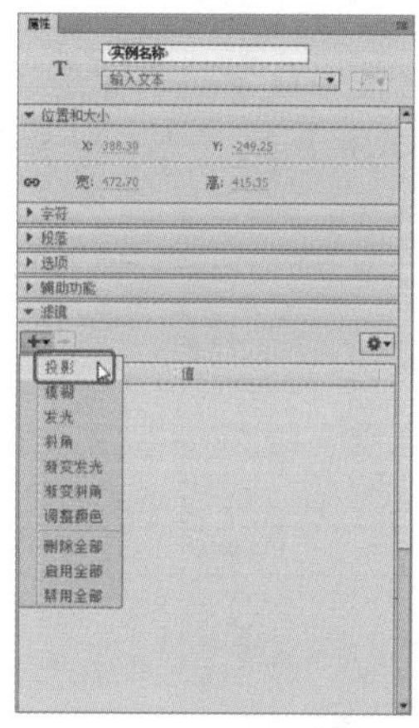

图5-108 选择【投影】

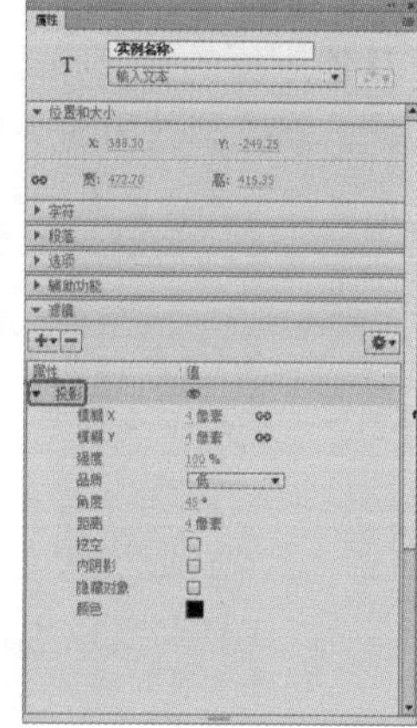

图5-109 滤镜参数

各参数含义说明如下。

- 【模糊X】、【模糊Y】：用于设置投影的宽度和高度。
- 【强度】：用于设置阴影暗度。数值越大，阴影就越暗。
- 【品质】：用于选择投影的质量级别。把质量级别设置为【高】，就近似于高斯模糊。建议把质量级别设置为【低】，以实现最佳的回放性能。
- 【角度】：用于设置阴影的角度。
- 【距离】：用于设置阴影与对象之间的距离。
- 【挖空】：用于挖空（即从视觉上隐藏）原对象，并在挖空图像上只显示投影。

- 【内阴影】：用于在对象边界内应用阴影。
- 【隐藏对象】：用于隐藏对象，并只显示其阴影。
- 【颜色】：用于设置阴影颜色。

投影的效果如图 5-110 所示。

图5-110 投影效果

5.3.3 模糊滤镜

使用【模糊】滤镜可以柔化对象的边缘和细节。将模糊应用于对象，可让其看起来像位于其他对象的后面，或者使对象看起来像是运动的。滤镜参数如图 5-111 所示。

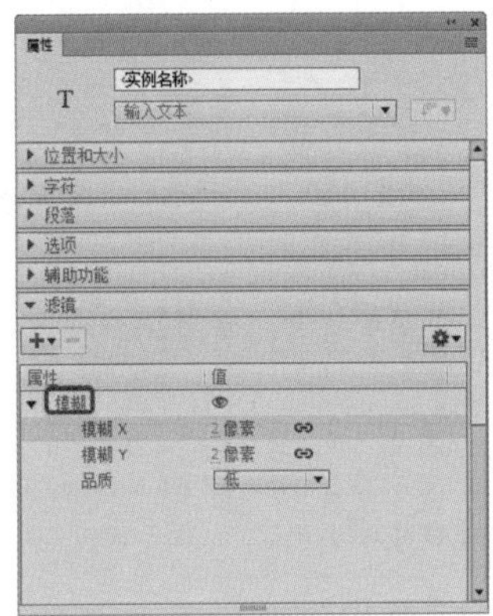

图5-111 滤镜参数

各参数含义说明如下。

- 【模糊 X】、【模糊 Y】：用于设置模糊的宽度和高度。
- 【品质】：用于选择模糊的质量级别。把质量级别设置为【高】，就近似于高斯模糊。建议把质量级别设置为【低】，以实现最佳的回放性能。

模糊的效果如图 5-112 所示。

图5-112 模糊效果

5.3.4 发光滤镜

使用【发光】滤镜可以为对象的整个边缘应用颜色。滤镜参数如图 5-113 所示。

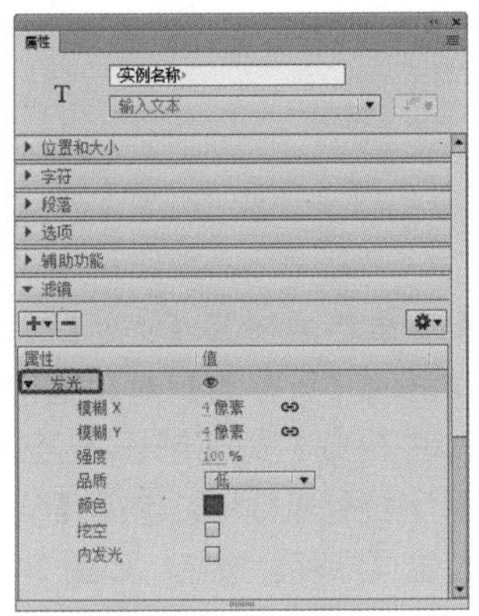

图5-113 滤镜参数

各参数含义说明如下。

- 【模糊 X】、【模糊 Y】：用于设置发光的宽度和高度。
- 【颜色】：用于设置发光颜色。
- 【强度】：用于设置发光的清晰度。
- 【挖空】：用于挖空（即从视觉上隐藏）原对象，并在挖空图像上只显示发光。
- 【内发光】：用于在对象边界内应用发光。
- 【品质】：用于选择发光的质量级别。把质量级别设置为【高】，就近似于高斯模糊。建议把质量级别设置为【低】，以实现最佳的回放性能。

发光的效果如图 5-114 所示。

图5-114 发光效果

5.3.5 斜角滤镜

使用【斜角】滤镜可以向对象应用加亮效果，使其看起来凸出于背景表面。可以创建内斜角、外斜角或者完全斜角。滤镜参数如图 5-115 所示。

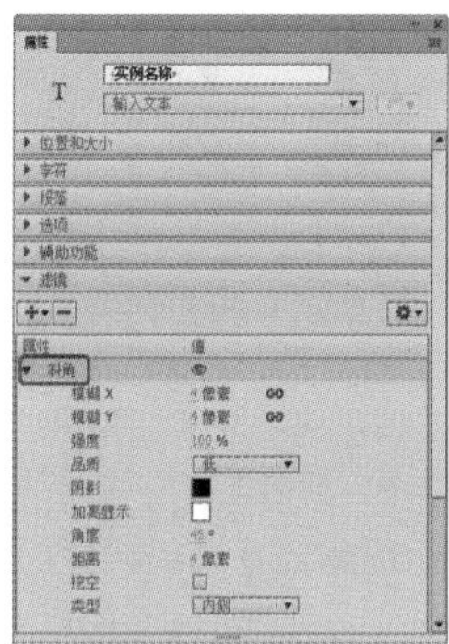

图5-115 滤镜参数

各参数含义说明如下。

- 【模糊 X】、【模糊 Y】：用于设置斜角的宽度和高度。
- 【强度】：用于设置斜角的不透明度，而不影响其宽度。
- 【品质】：用于选择斜角的质量级别。把质量级别设置为【高】，就近似于高斯模糊。建议把质量级别设置为【低】，以实现最佳的回放性能。
- 【阴影】、【加亮显示】：用于选择斜角的阴影和加亮颜色。
- 【角度】：用于拖动角度盘或输入值，更改斜边投下的阴影角度。
- 【距离】：用于定义斜角的宽度。
- 【挖空】：用于挖空（即从视觉上隐藏）原对象，并在挖空图像上只显示斜角。
- 【类型】：用于选择要应用到对象的斜角类型。可以选择内斜角、外斜角或者完全斜角。

斜角的效果如图 5-116 所示。

图5-116 斜角效果

5.3.6 渐变发光滤镜

使用【渐变发光】滤镜可以在发光表面产生带渐变颜色的发光效果。渐变发光要求选择一种颜色作为渐变开始的颜色，该颜色的Alpha 值为 0。用户无法移动此颜色的位置，但可以改变该颜色。滤镜参数如图 5-117 所示。

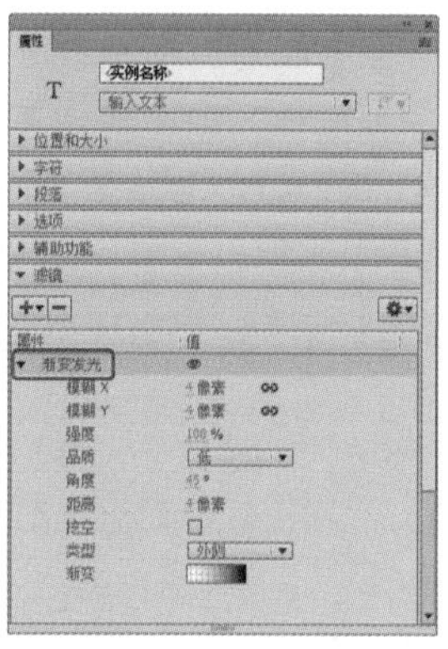

图5-117 滤镜参数

各参数含义说明如下。

- 【模糊 X】、【模糊 Y】：用于设置发光的宽度和高度。
- 【强度】：用于设置发光的不透明度，而不影响其宽度。
- 【品质】：用于选择渐变发光的质量级别。把质量级别设置为【高】，就近似于高斯模糊。建议把质量级别设置为【低】，以实现最佳的回放性能。
- 【角度】：用于拖动角度盘或输入值，更改发光投下的阴影角度。
- 【距离】：用于设置阴影与对象之间的距离。
- 【挖空】：用于挖空（即从视觉上隐藏）原对象，并在挖空图像上只显示渐变发光。
- 【类型】：从下拉列表框中选择要为对象应用的发光类型。可以选择【内侧】、【外侧】或者【整个】选项。
- 【渐变】：包含两种或多种可相互淡入或混合的颜色。

渐变发光的效果如图 5-118 所示。

图5-118 渐变发光效果

5.3.7 渐变斜角滤镜

使用【渐变斜角】滤镜可以产生一种凸起效果，使得对象看起来好像从背景中凸起，且斜角表面有渐变颜色。渐变斜角要求渐变的中间有一个颜色，颜色的 Alpha 值为 0。滤镜参数如图 5-119 所示。

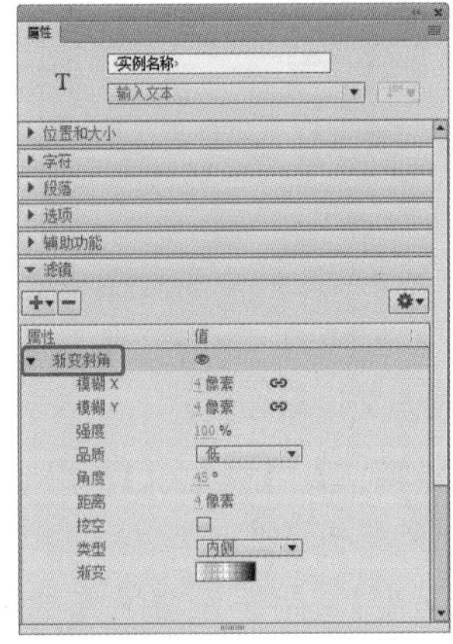

图5-119 滤镜参数

各参数含义说明如下。

- 【模糊 X】、【模糊 Y】：用于设置斜角的宽度和高度。
- 【强度】：用于影响其滑度，而不影响斜角宽度。
- 【品质】：用于选择渐变斜角的质量级别。把质量级别设置为【高】，就近似于高斯模糊。建议把质量级别设置为【低】，以实现最佳的回放性能。
- 【角度】：用于设置光源的角度。
- 【距离】：用于设置斜角与对象之间的距离。
- 【挖空】：用于挖空（即从视觉上隐藏）原对象，并在挖空图像上只显示渐变斜角。
- 【类型】：在下拉列表框中选择要应用到对象的斜角类型。可以选择【内侧】、【外侧】或者【整个】选项。
- 【渐变】：包含两种或多种可相互淡入或混合的颜色。

渐变斜角的效果如图 5-120 所示。

图5-120 渐变斜角效果

5.3.8 调整颜色滤镜

使用【调整颜色】滤镜可以调整对象的亮度、对比度、色相和饱和度。滤镜参数如图 5-121 所示。

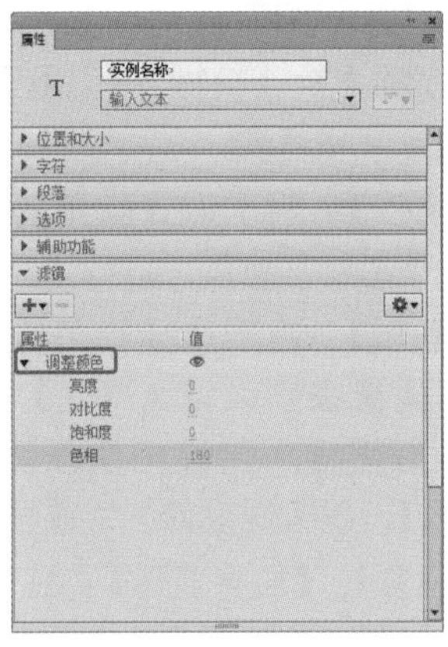

图5-121 滤镜参数

各参数含义说明如下。

- 【亮度】：用于调整对象的亮度。
- 【对比度】：用于调整对象的对比度。
- 【饱和度】：用于调整对象的饱和度。
- 【色相】：用于调整对象的色相。

调整颜色的效果如图 5-122 所示。

图5-122 调整颜色效果

5.4 制作花纹旋转文字——文本的其他应用

花纹旋转文字既有动感又有代入感，使标题更加绚烂夺目，吸引眼球。

本例将介绍花纹旋转文字的制作方法，主要

通过对创建的文字和图形创建传统补间，使其达到渐隐渐现的效果，效果如图5-123所示。

图5-123 花纹旋转文字

素材	素材\Cha05\花纹旋转素材.jpg
场景	场景\Cha05\制作花纹旋转文字——文本的其他应用.fla
视频	视频教学\Cha05\制作花纹旋转文字——文本的其他应用.mp4

01 在菜单栏中选择【文件】|【新建】命令，弹出【新建文档】对话框，在【类型】列表框中选择ActionScript3.0选项，在右侧的设置区域中将【宽】、【高】设置为658、368，将【背景颜色】设置为#CCCCCC，单击【确定】按钮，如图5-124所示。

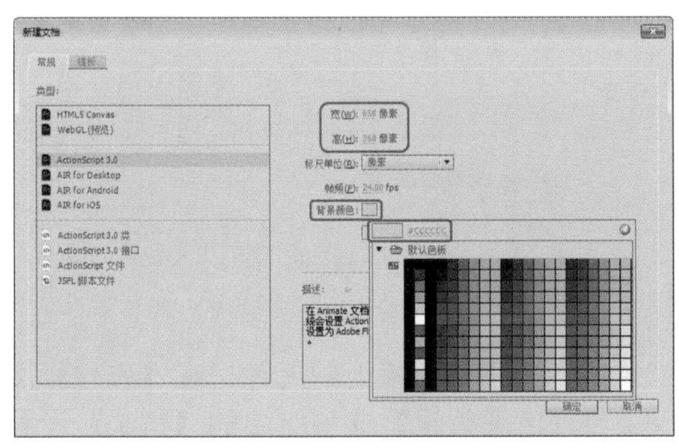

图5-124 设置【新建文档】参数

02 按Ctrl+R组合键弹出【导入】对话框，选择“花纹旋转素材.jpg”素材文件，单击【打开】按钮，按Ctrl+K组合键，在弹出的【对齐】面板中勾选【与舞台对齐】复选框，单击【水平中齐】按钮、【垂直中齐】按钮和【匹配宽和高】按钮，如图5-125所示。

03 按Ctrl+F8组合键，在弹出的对话框中将【名称】设置为【花】，将【类型】设置为【图形】，如图5-126所示。

04 在工具箱中单击【钢笔工具】，在舞台中绘制一个图形，选中该图形，在【属性】面板中将【笔触颜色】设置为无，将【填充颜色】设置为#D57DE5，如图5-127所示。

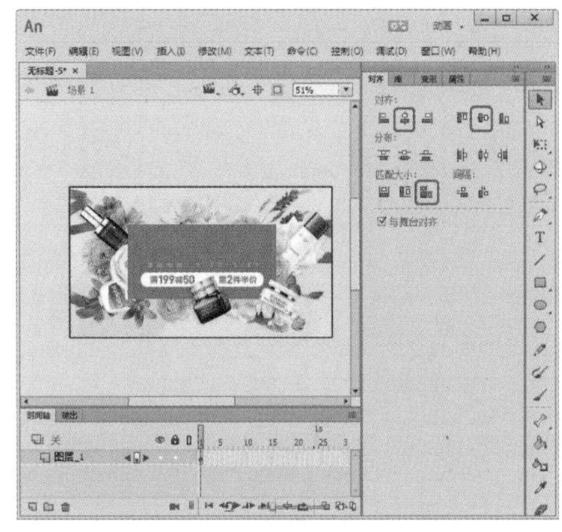

图5-125 添加素材文件并设置大小

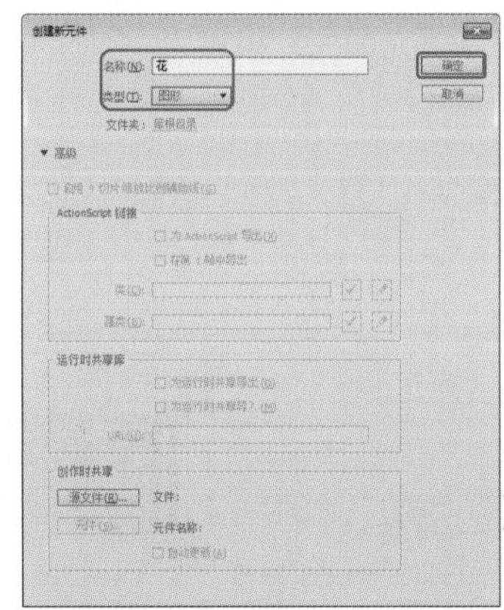

图5-126 【创建新元件】对话框

提 示

在用钢笔工具绘制图形时，为了显示一条路径，需在【属性】面板的【填充和笔触】中单击【对象绘制模式打开】按钮，将对象绘制模式打开。

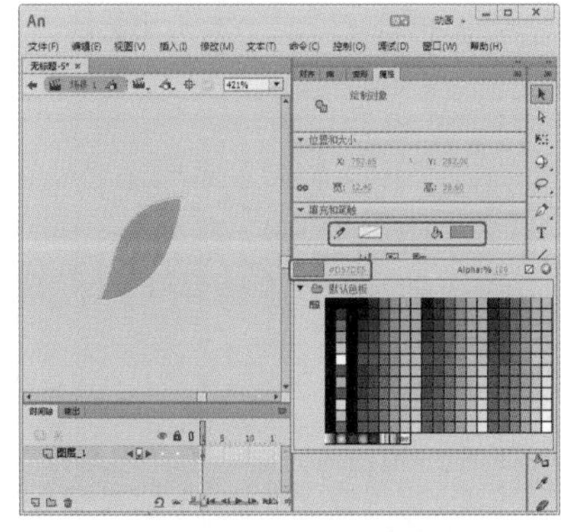

图5-127 绘制图形并设置【填充和笔触】

05 选中该图形，对其进行复制粘贴，并调整粘贴后的对象的位置及角度，如图 5-128 所示。

图5-128 复制粘贴图形

06 使用相同的方法在舞台中绘制其他图形，并将【填充颜色】设置为 #f3a8cb，效果如图 5-129 所示。

图5-129 绘制其他图形后的效果

07 按 Ctrl+F8 组合键，在弹出的对话框中将【名称】设置为【变换颜色】，将【类型】设置为【影片剪辑】，单击【确定】按钮，如图 5-130 所示。

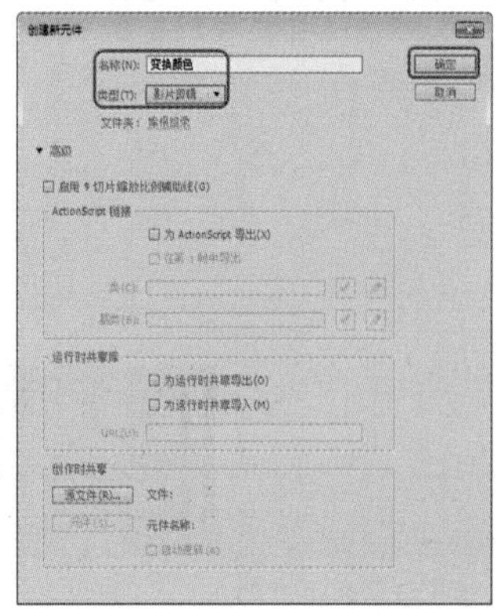

图5-130 【创建新元件】对话框

08 按 Ctrl+L 组合键，在【库】面板中选择【花】图形元件，将其拖曳至舞台中，并调整其位置，如图 5-131 所示。

图5-131 添加图形元件

09 在【时间轴】面板中选择【图层_1】的第 5 帧，单击鼠标右键，在弹出的快捷菜单中选择【插入关键帧】命令，如图 5-132 所示。

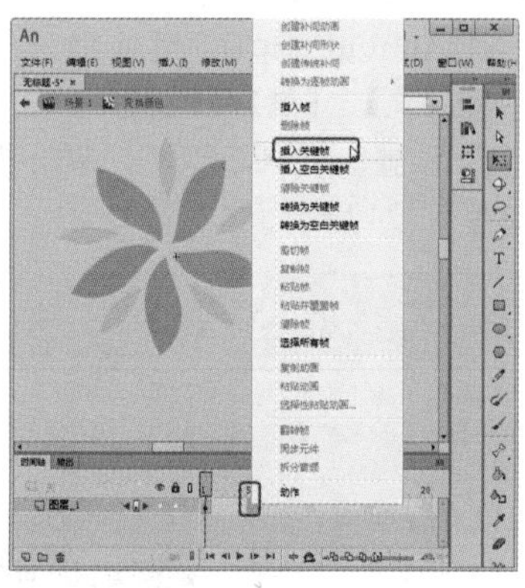

图5-132 选择【插入关键帧】命令

10 选中第 5 帧上的元件，在【属性】面板中将【色彩效果】选项组中的【样式】设置为【高级】，如图 5-133 所示。

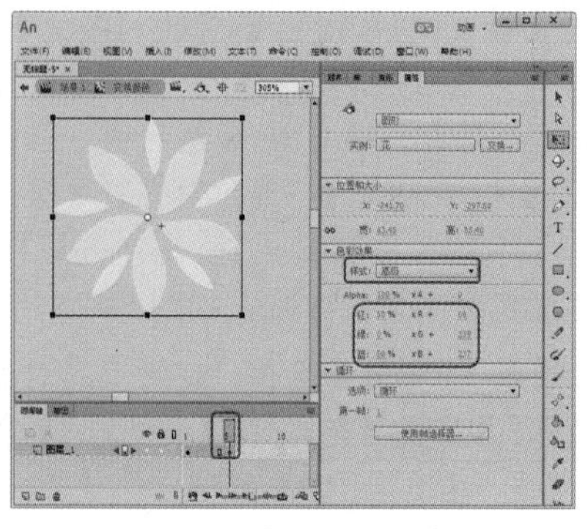

图5-133 为元件添加样式

11 在【时间轴】面板中选择【图层_1】的第3帧，单击鼠标右键，在弹出的快捷菜单中选择【创建传统补间】命令，如图5-134所示。

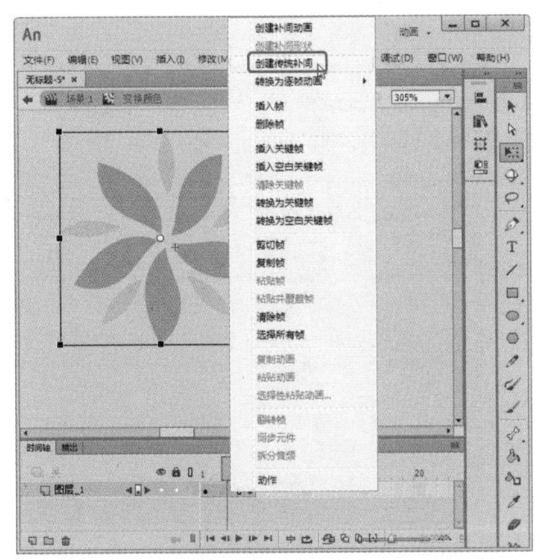

图5-134 选择【创建传统补间】命令

12 在【时间轴】面板中选择【图层_1】的第10帧，单击鼠标右键，在弹出的快捷菜单中选择【插入关键帧】命令，如图5-135所示。

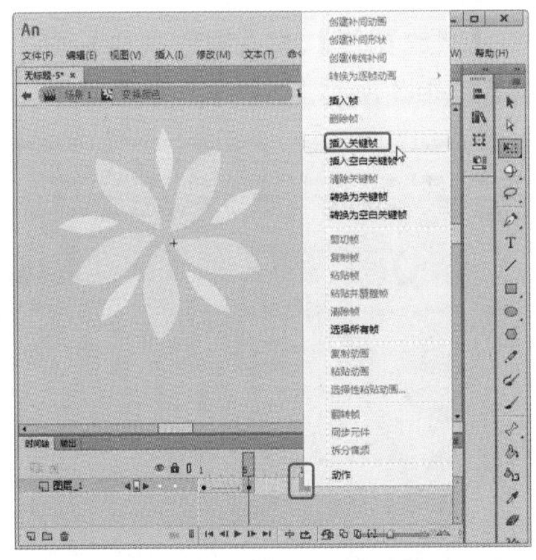

图5-135 选择【插入关键帧】命令

13 选中第10帧上的元件，在【属性】面板的【色彩效果】选项组中设置高级样式的参数，如图5-136所示。

14 在【时间轴】面板中选择【图层_1】的第7帧，单击鼠标右键，在弹出的快捷菜单中选择【创建传统补间】命令，如图5-137所示。

15 选中该图层的第15帧，按F6键插入关键帧，选中该帧上的元件，在【属性】面板的【色彩效果】选项组中设置高级样式的参数，如图5-138所示。

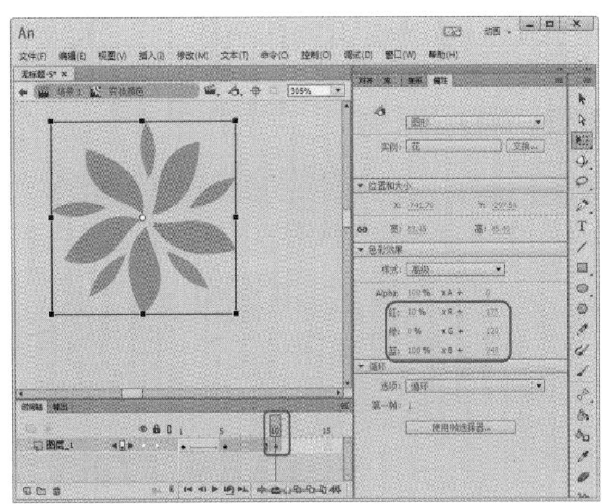

图5-136 设置高级样式参数

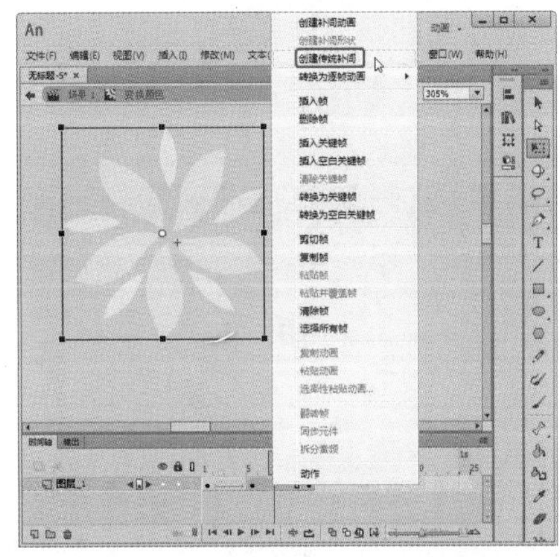

图5-137 选择【创建传统补间】命令

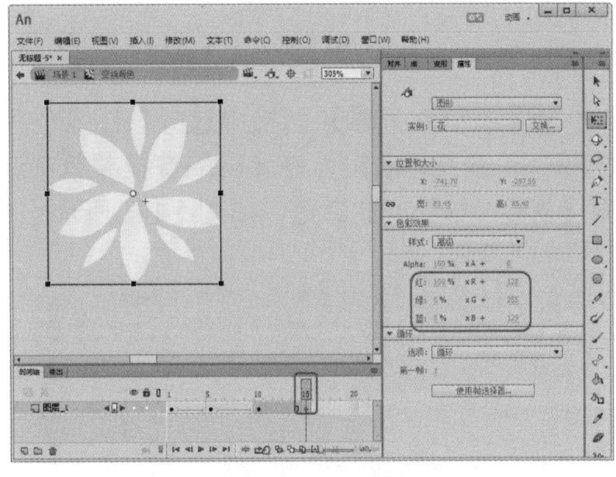

图5-138 设置高级样式参数

16 在【时间轴】面板中选择【图层_1】的第12帧，单击鼠标右键，在弹出的快捷菜单中选择【创建传统补间】命令，如图5-139所示。

17 选中该图层的第20帧，按F6键插入关键帧，选中该帧上的元件，在【属性】面板中将【色彩效果】选项组中的【样式】设置为【高级】，参照如图 5-140 所示设置【红】、【绿】、【蓝】的参数。

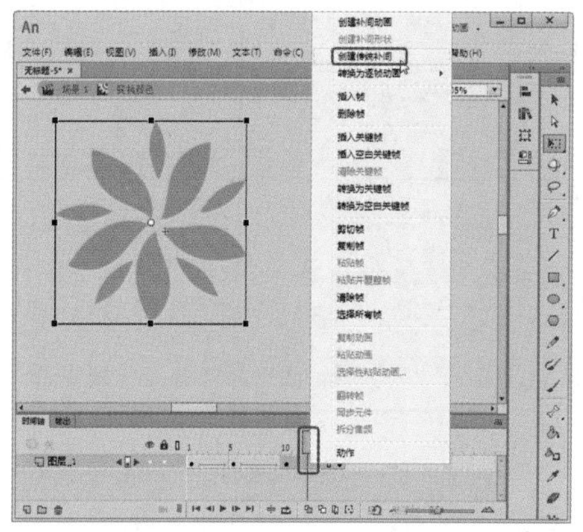

图5-139　选择【创建传统补间】命令

图5-140　设置【样式】

18 在【时间轴】面板中选择该图层的第 17 帧，单击鼠标右键，在弹出的快捷菜单中选择【创建传统补间】命令，如图 5-141 所示。

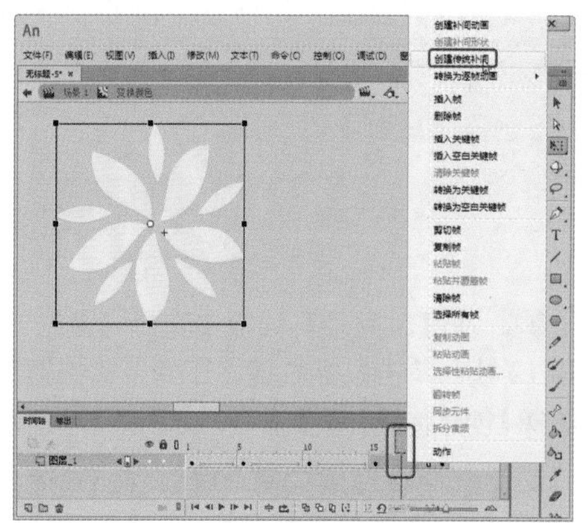

图5-141　选择【创建传统补间】命令

19 按 Ctrl+F8 组合键，在弹出的对话框中将【名称】设置为【旋转的花】，将【类型】设置为【影片剪辑】，单击【确定】按钮，如图 5-142 所示。

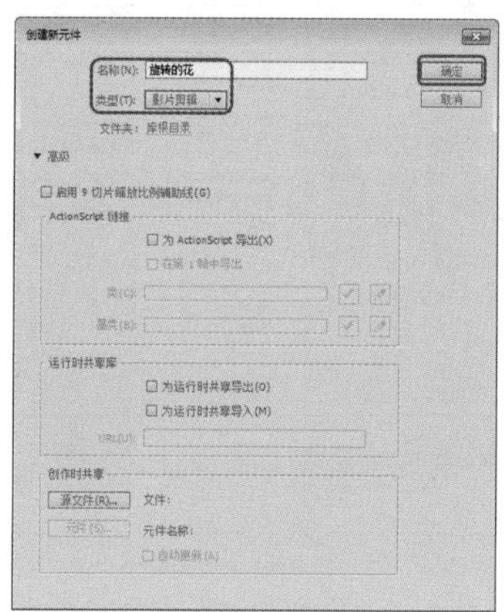

图5-142　【创建新元件】对话框

20 在【库】面板中选择【变换颜色】影片剪辑元件，将其拖曳至舞台中，并调整其位置，按 Ctrl+T 组合键，在弹出的【变形】面板中将【缩放宽度】和【缩放高度】都设置为 70，如图 5-143 所示。

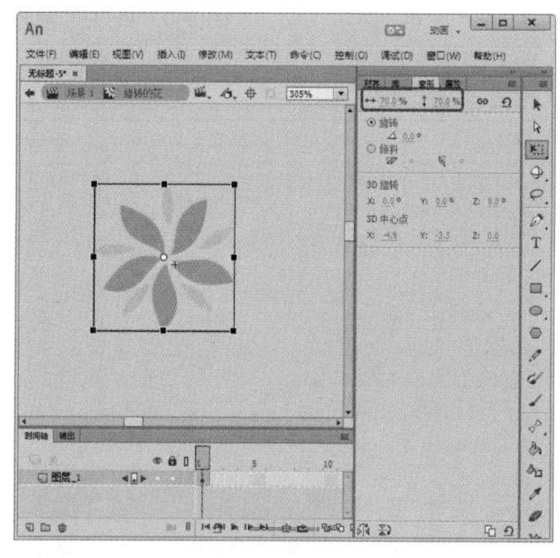

图5-143　添加影片剪辑元件并设置参数

21 在【时间轴】面板中选择【图层_1】的第 10 帧，按 F6 键插入关键帧，选中该帧上的元件，在【变形】面板中将【缩放宽度】和【缩放高度】都设置为 100，【旋转】设置为 180，如图 5-144 所示。

22 在【时间轴】面板中选择该图层的第 5 帧，单击鼠标右键，在弹出的快捷菜单中选择【创建传统补间】命令，如图 5-145 所示。

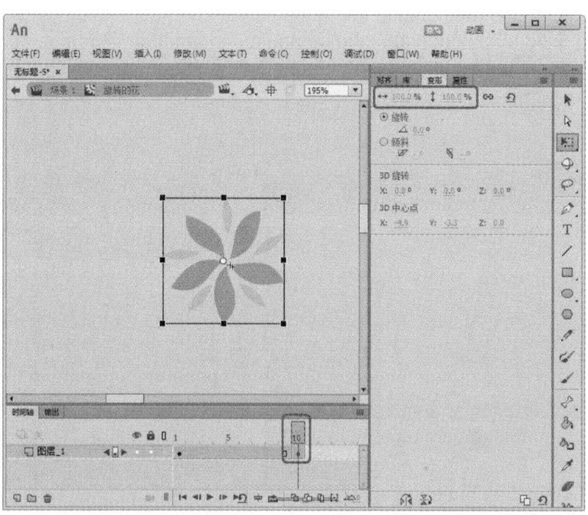

图5-144 插入关键帧并设置参数

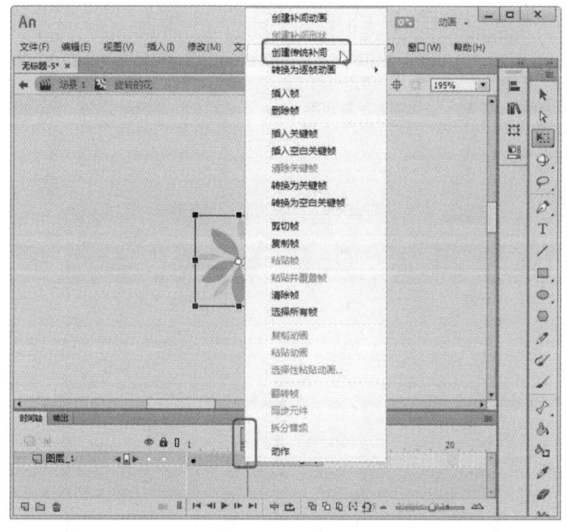

图5-145 选择【创建传统补间】命令

23 在【时间轴】面板中选择【图层_1】的第20帧，按F6键插入关键帧，选中该帧上的元件，在【变形】面板中将【缩放宽度】和【缩放高度】都设置为70，【旋转】设置为-1，如图5-146所示。

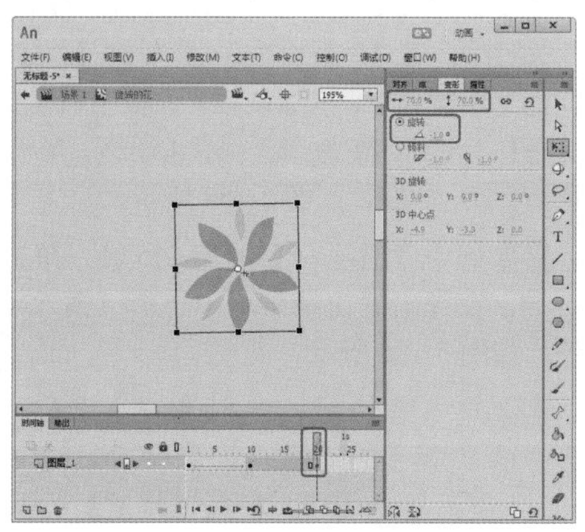

图5-146 插入关键帧并设置参数

24 在【时间轴】面板中选择该图层的第15帧，单击鼠标右键，在弹出的快捷菜单中选择【创建传统补间】命令，如图5-147所示。

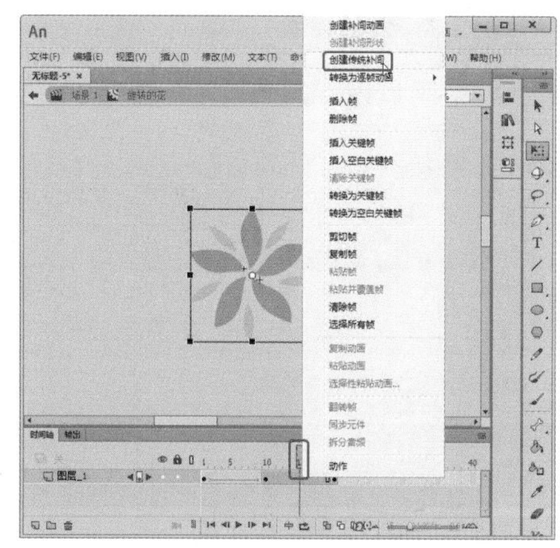

图5-147 选择【创建传统补间】命令

25 按Ctrl+F8组合键，在弹出的对话框中将【名称】设置为【护】，将【类型】设置为【图形】，单击【确定】按钮，如图5-148所示。

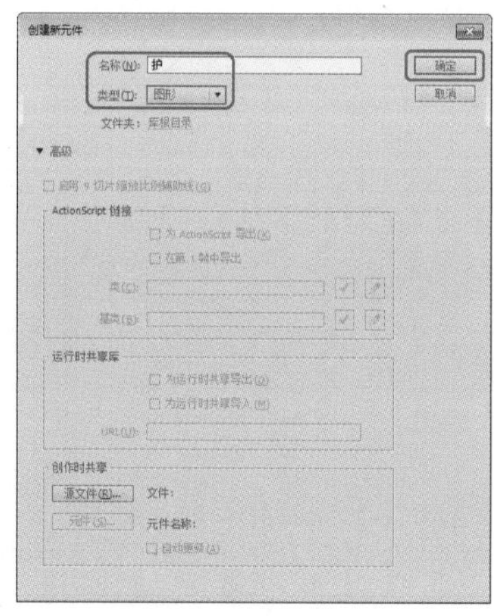

图5-148 【创建新元件】对话框

26 在工具箱中单击【文本工具】T，输入文字并选中，在【属性】面板中将【系列】设置为【方正粗宋简体】，【大小】设置为25，【颜色】设置为白色，如图5-149所示。

27 按Ctrl+F8组合键，在弹出的对话框中将【名称】设置为【肤】，将【类型】设置为【图形】，单击【确定】按钮，如图5-150所示。

28 在工具箱中单击【文本工具】T，输入文字并选中，在【属性】面板中将X、Y分别设置为-8.25、-47.55，【系列】设置为【方正粗宋简体】,【大小】设置为25,【颜色】设置为白色，如图5-151所示。

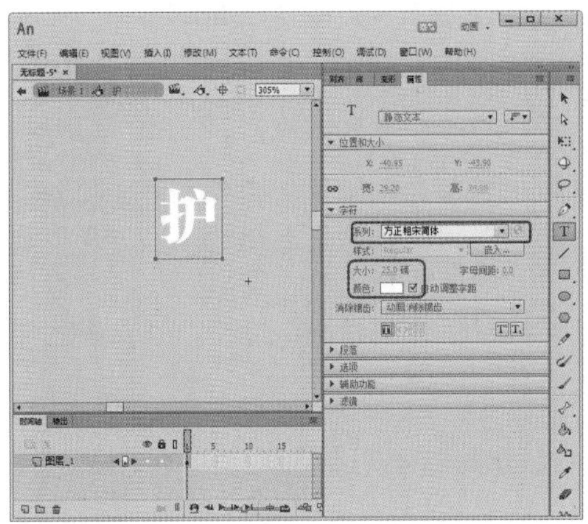

图5-149　输入文字并设置

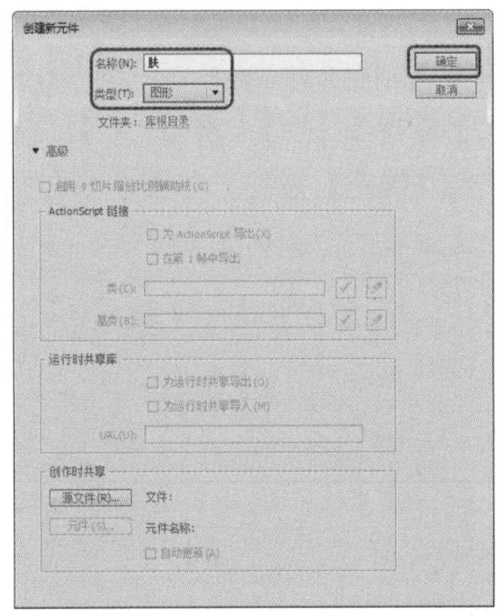

图5-150　【创建新元件】对话框

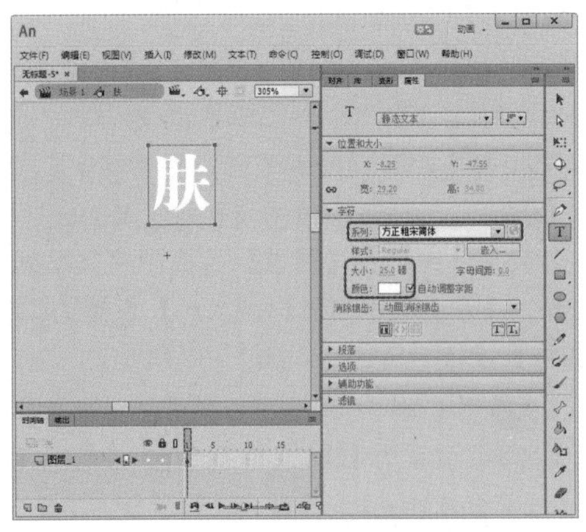

图5-151　输入文字并设置

29 使用同样的方法创建【欢】、【乐】和【颂】，并进行设置，如图5-152所示。

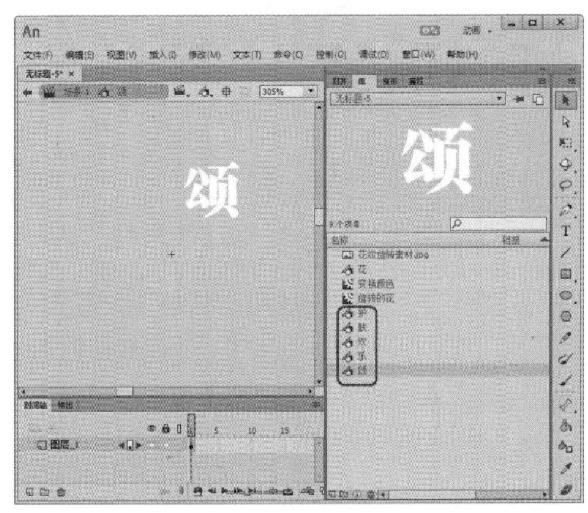

图5-152　创建其他文字并设置

30 按Ctrl+F8组合键，在弹出的对话框中将【名称】设置为【文字动画】，将【类型】设置为【影片剪辑】元件，单击【确定】按钮，如图5-153所示。

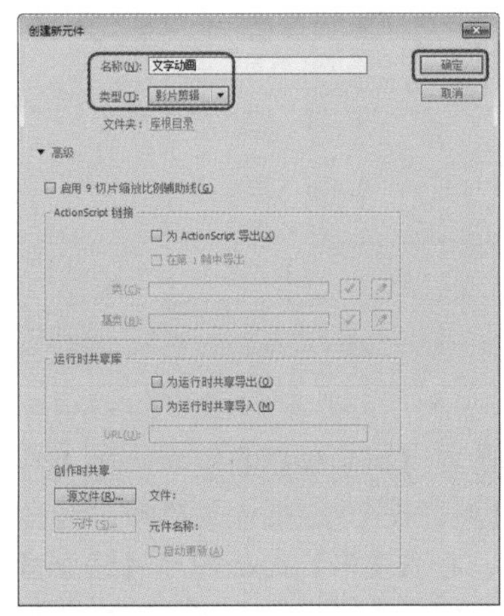

图5-153　【创建新元件】对话框

31 选中【图层_1】的第19帧，按F6键插入关键帧，在【库】面板中选择【护】元件，将其拖曳至舞台中，在【属性】面板中将【宽】和【高】分别设置为28.7、42.15，X、Y分别设置为60.0、30.0，如图5-154所示。

32 选中【图层_1】的第155帧，单击鼠标右键，在弹出的快捷菜单中选择【插入帧】命令，如图5-155所示。

33 选中第25帧，按F6键插入关键帧，再选中第19帧上的元件，在【属性】面板中将X、Y分别设置为60.0、35.0,【样式】设置为Alpha，Alpha设置为0，如图5-156所示。

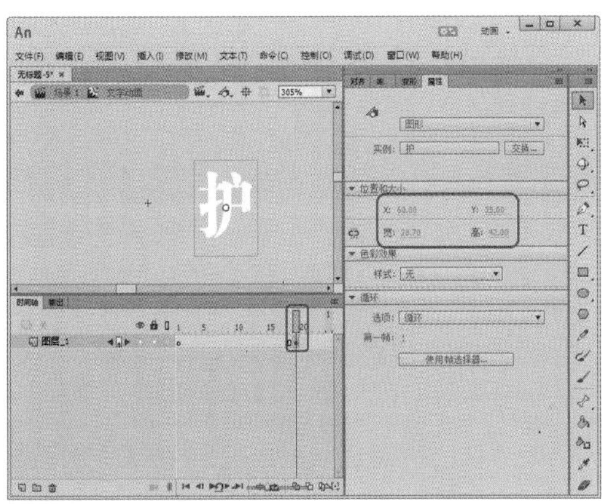

图5-154 调整元件的位置

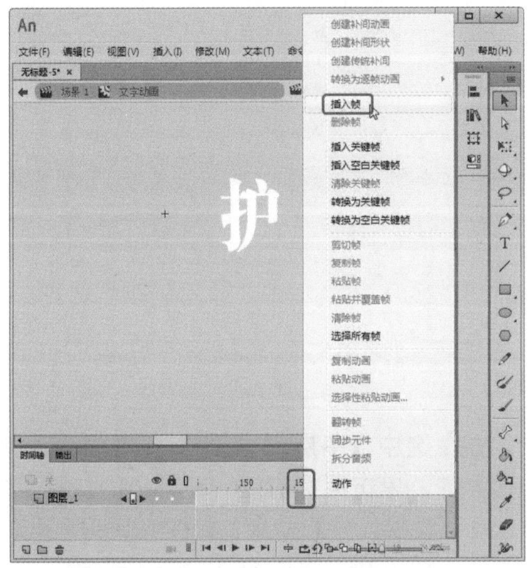

图5-155 选择【插入帧】命令

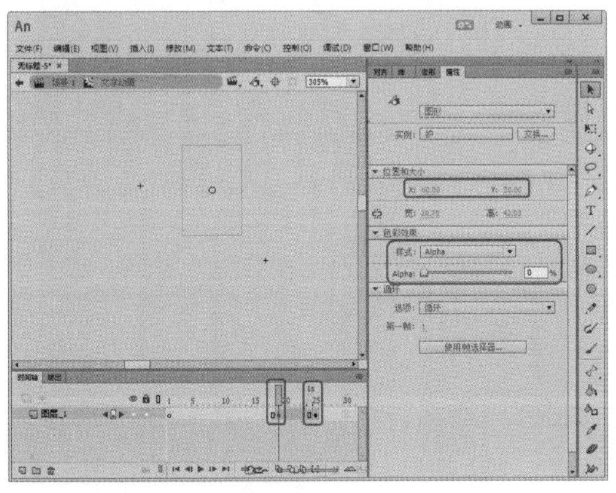

图5-156 插入关键帧并设置参数

34 选择第21帧，单击鼠标右键，在弹出的快捷菜单中选择【创建传统补间】命令，如图5-157所示。

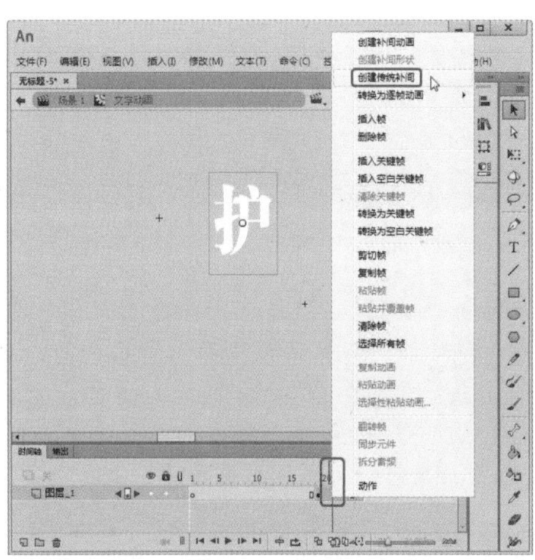

图5-157 选择【创建传统补间】命令

35 在【时间轴】面板中单击【新建图层】按钮，新建【图层_2】，在【库】面板中选择【旋转的花】影片剪辑元件，将其拖曳至舞台中，在【属性】面板中将X、Y分别设置为36.0、-5.0，在【变形】面板中将【缩放宽度】和【缩放高度】都设置为50，如图5-158所示。

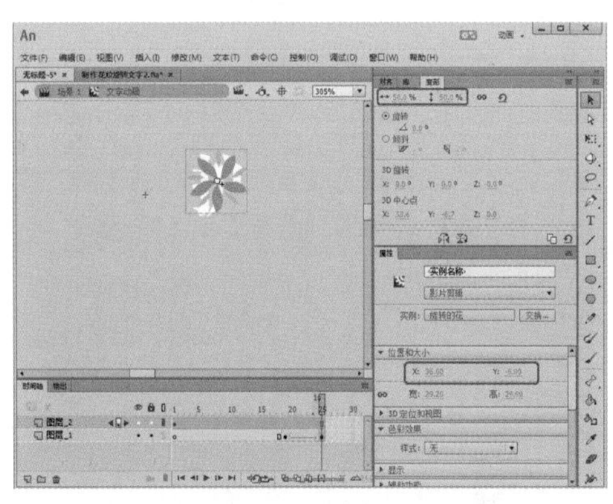

图5-158 添加影片剪辑元件并设置

36 在【时间轴】面板中选择【图层_2】的第20帧，按F6键插入关键帧，再在第25帧处插入关键帧，选中第25帧上的元件，在【属性】面板中将【样式】设置为Alpha，Alpha设置为0，如图5-159所示。

37 在【时间轴】面板中选择【图层_2】的第22帧，单击鼠标右键，在弹出的快捷菜单中选择【创建传统补间】命令，如图5-160所示。

38 在【时间轴】面板中选择【图层_1】和【图层_2】，单击鼠标右键，在弹出的快捷菜单中选择【复制图层】命令，如图5-161所示。

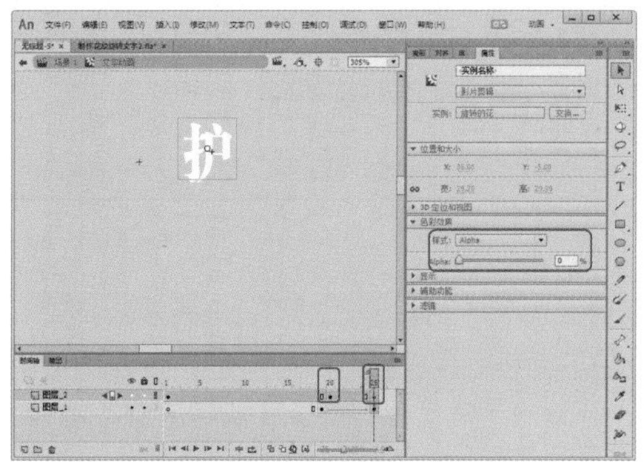

图5-159　插入关键帧并设置参数

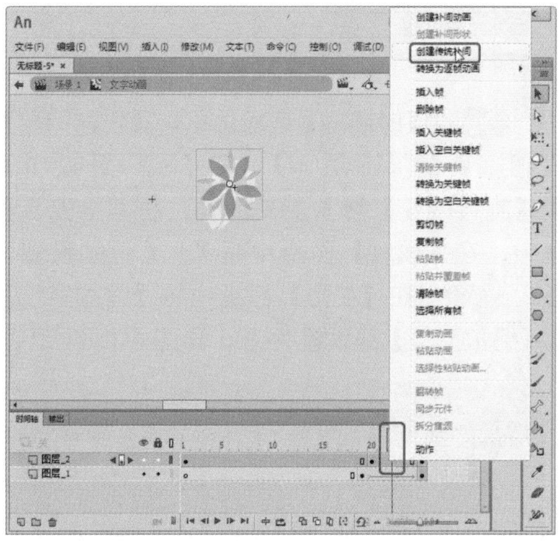

图5-160　选择【创建传统补间】命令

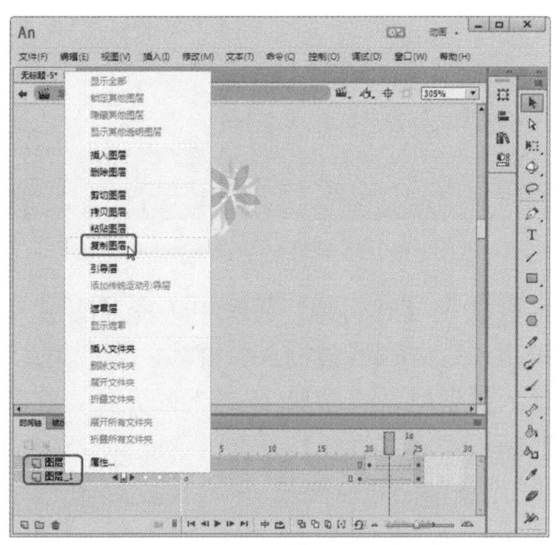

图5-161　选择【复制图层】命令

39 选中复制后的两个图层的第1帧至第26帧，将其移动至第30帧处，如图5-162所示。

40 将【图层_2复制】图层中所有元件的X、Y分别设置为66.0、-5.0，如图5-163所示。

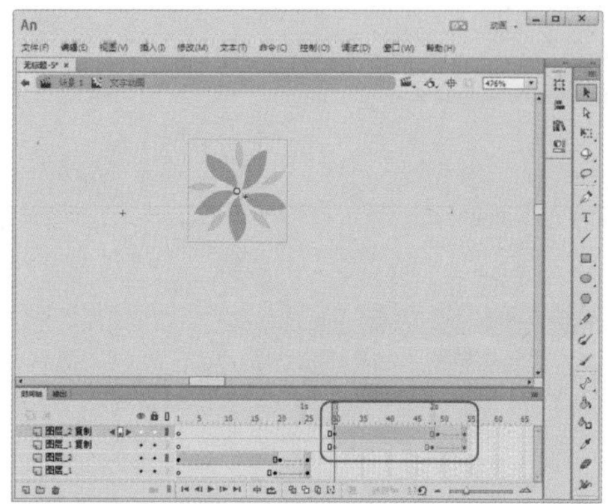

图5-162　调整关键帧的位置

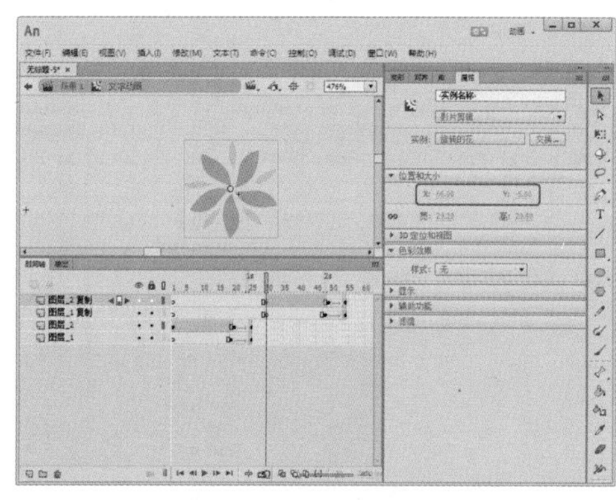

图5-163　调整元件的位置

41 选中【图层_1复制】图层中第48帧上的元件，单击鼠标右键，在弹出的快捷菜单中选择【交换元件】命令，如图5-164所示。

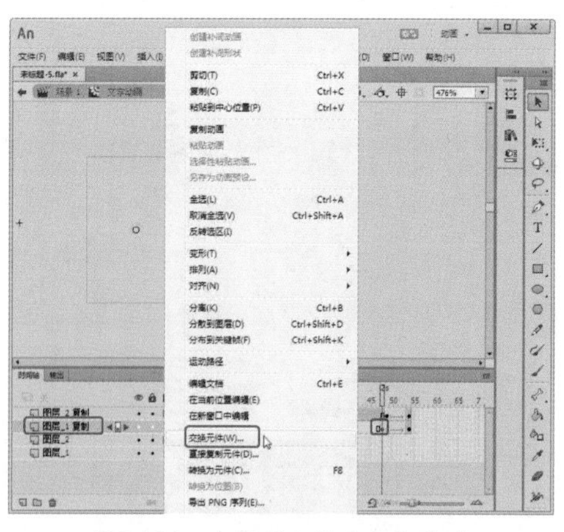

图5-164　选择【交换元件】命令

疑难解答　如何交换元件?

首先在图层上选择关键帧，然后在该帧的元件上单击鼠标右键，在弹出的快捷菜单中选择【交换元件】命令，打开【交换元件】对话框，选择要交换的图形元件即可。

42 打开【交换元件】对话框，选择【肤】图形元件，单击【确定】按钮，如图5-165所示。

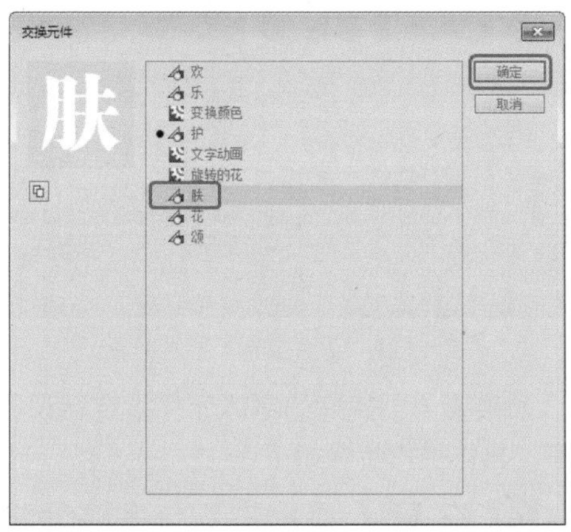

图5-165 【交换元件】对话框

43 继续选中该元件，在【属性】面板中将X、Y分别设置为57.50，40.0，如图5-166所示。

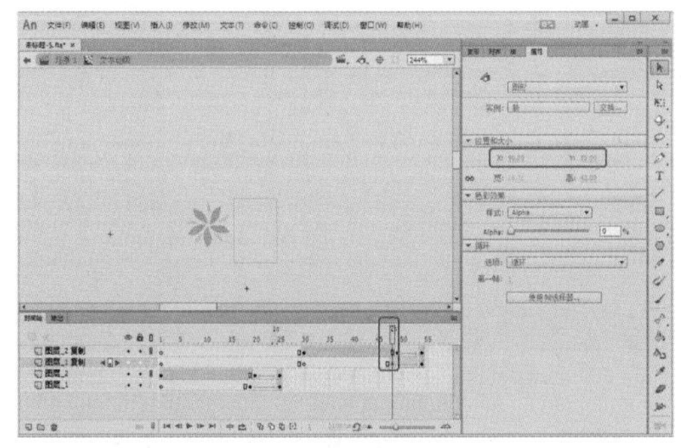

图5-166 调整元件的位置

44 使用相同的方法将第54帧上的元件进行交换，在【属性】面板中将X、Y分别设置为57.50，35.0，如图5-167所示。

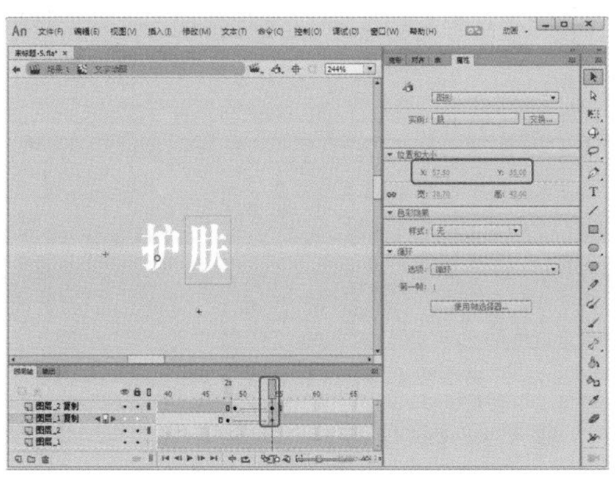

图5-167 交换元件并调整其位置

45 使用同样的方法复制其他图层并对复制的图层进行调整，效果如图5-168所示。

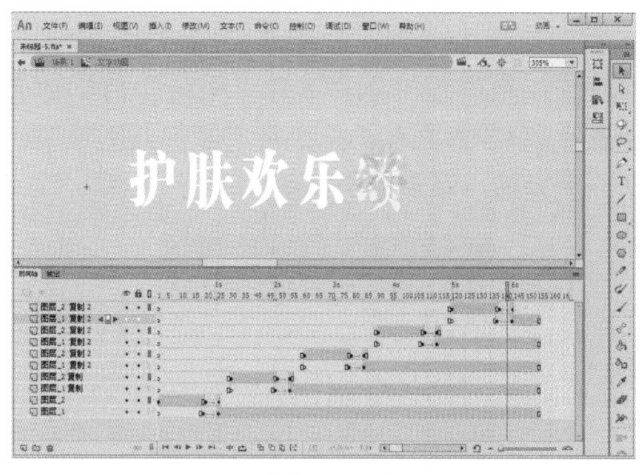

图5-168 复制图层并进行调整

46 返回至【场景1】中，在【时间轴】面板中单击【新建图层】按钮，新建【图层2】，在【库】面板中选择【文字动画】影片剪辑元件，将其拖曳至舞台中，并调整位置，在【变形】面板中将【缩放宽度】和【缩放高度】都设置为200，如图5-169所示。

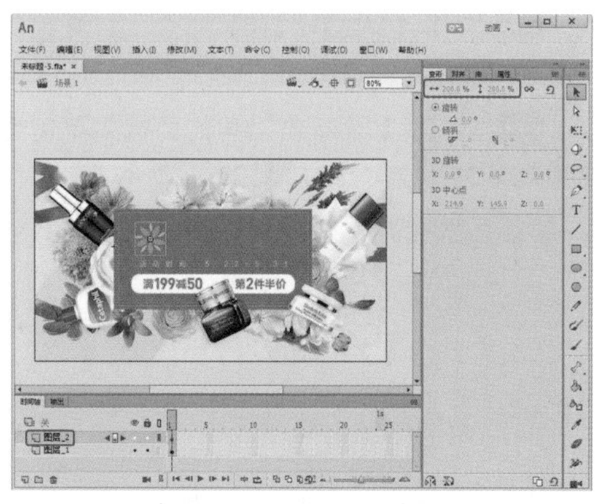

图5-169 添加影片剪辑元件

47 按Ctrl+Enter组合键测试动画效果，如图5-170所示。

图5-170 测试效果

5.4.1 字体元件的创建和使用

将字体作为共享库项，就可以在【库】面板中创建字体元件，如图 5-171 所示。给该元件分配一个标识符字符串和一个包含该字体元件影片的 URL 文件，无须将字体嵌入影片中，从而大大缩小了影片的体积。

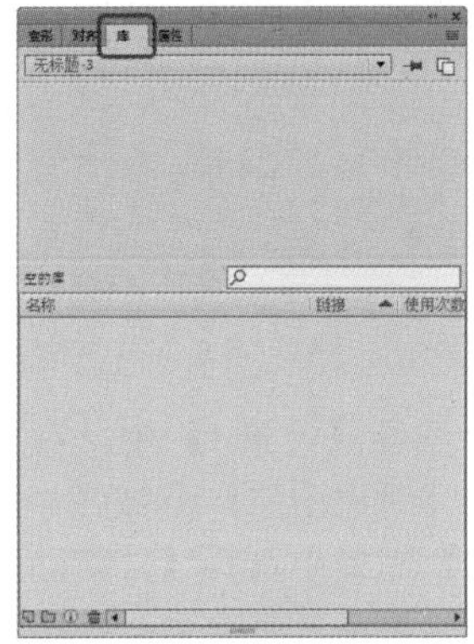

图5-171 【库】面板

创建字体元件的具体操作步骤如下。

01 选择【窗口】|【库】命令，打开想向其中添加字体元件的库。

02 从【库】面板右上角的面板菜单中选择【新建字型】命令，如图 5-172 所示。

图5-172 选择【新建字型】命令

03 弹出【字体嵌入】对话框，设置字体元件的名称，如图 5-173 所示。

04 在【系列】下拉列表框中选择一种字体，或者直接输入字体名称。

05 在【样式】选项区中选择字体参数，单击【确定】按钮。

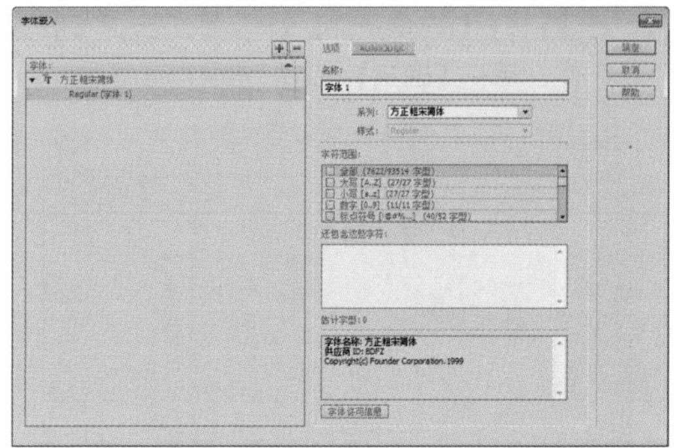

图5-173 【字体嵌入】对话框

如果要为创建好的字体元件指定标识符字符串，具体操作步骤如下。

01 在【库】面板中双击字体元件前的字母 A，弹出【字体嵌入】对话框，单击 ActionScript 按钮，如图 5-174 所示。

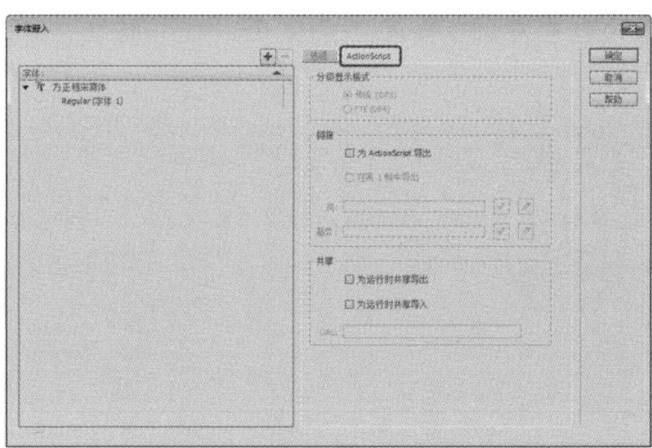

图5-174 【字体嵌入】对话框

02 在【字体嵌入】对话框的【共享】选项组中，勾选【为运行时共享导入】复选框，如图 5-175 所示。

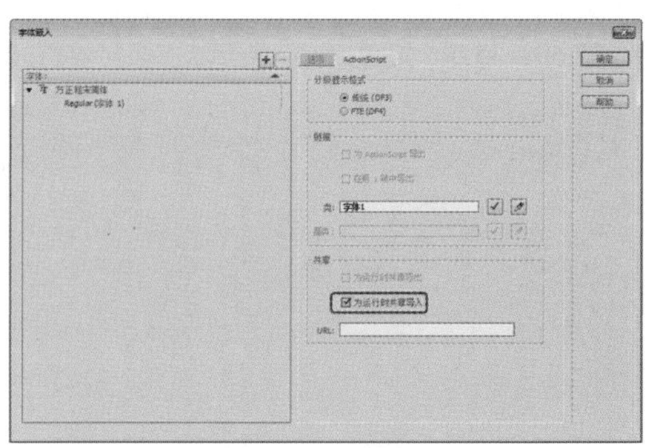

图5-175 【字体嵌入】对话框

03 在【标识符】文本框中输入一个字符串，以标识该字体元件。

04 在 URL 文本框中，输入包含该字体元件的 SWF 影片文件将要发布到的 URL。

05 单击【确定】按钮完成操作。至此，完成为字体元件指定标识符字符串的操作。

5.4.2 缺失字体的替换

如果 Animate CC 2018 文件中包含的某些字体在用户的系统中没有安装，则会以用户系统中可用的字体来替换缺少的字体。可在系统中选择要替换的字体，或者用 Animate CC 2018 系统默认字体替换缺少的字体。

用户可以将缺少字体应用到当前文件的新文本或现有文本中，该文本会使用替换字体在用户的系统上进行显示，但缺少字体信息会和文件一同保存起来，如果文件在包含缺少字体的系统上再次打开，文本会使用该字体显示。

当文本以缺少字体显示时，需要调整字体大小、行距、字距等文本属性。

替换指定字体的具体操作步骤如下。

01 从菜单栏中选择【编辑】|【字体映射】命令，弹出【字体映射】对话框，此时可以从计算机中选择系统已经安装的字体进行替换，如图 5-176 所示。

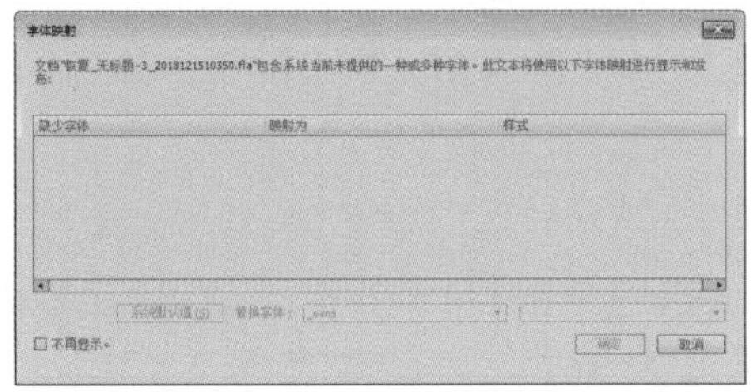

图5-176 【字体映射】对话框

02 在【字体映射】对话框中，选中【缺少字体】栏中的某种字体，在用户选择替换字体之前，默认替换字体会显示在【映射为】栏中。

03 从【替换字体】下拉列表框中选择一种字体。

04 设置完毕后，单击【确定】按钮。

查看文件中所有缺少字体并重新选择替换字体的具体操作步骤如下。

01 当文件在 Animate CC 2018 中处于活动状态时，选择【编辑】|【字体映射】命令，打开【字体映射】对话框。

02 按照前面的步骤，选择一种替换字体。

查看系统中保存的所有字体映射的具体操作步骤如下。

01 关闭 Animate CC 2018 中的所有文件。

02 选择【编辑】|【字体映射】命令，打开【字体映射】对话框。

03 查看完毕后，单击【确定】按钮，关闭对话框。

5.5 上机练习

下面通过制作风吹文字动画和滚动文字来巩固本章所学的知识。

5.5.1 制作风吹文字动画

风吹文字动画使画面更具动态感，可使画面效果更加真实。

本例制作风吹文字的效果，主要通过对创建的文本进行打散，并转换为元件，最后为其添加关键帧来实现风吹效果，效果如图 5-177 所示。

图5-177 风吹文字动画效果

素材	素材\Cha05\风吹文字素材.jpg
场景	场景\Cha05\制作风吹文字动画.fla
视频	视频教学\Cha05\制作风吹文字动画.mp4

01 在菜单栏中选择【文件】|【新建】命令，弹出【新建文档】对话框，在【类型】列表框中选择 ActionScript3.0 选项，在右侧的区域中将【宽】、【高】设置为 1024、681，将【背景颜色】设置为 #00CCFF，单击【确定】按钮，如图 5-178 所示。

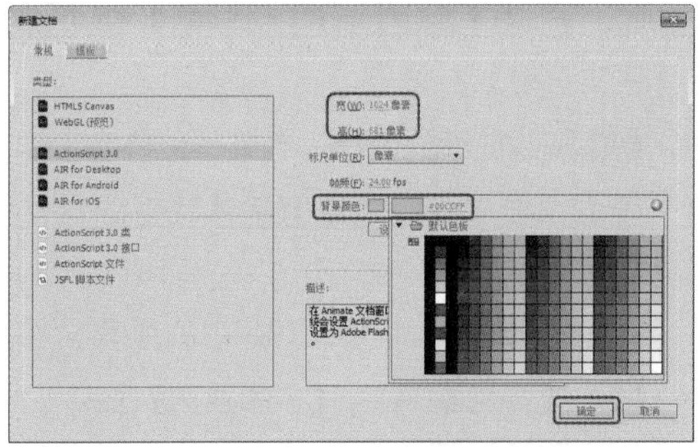

图5-178　设置【新建文档】参数

02 按 Ctrl+R 组合键，在弹出的对话框中，将“风吹文字素材.jpg”素材文件导入舞台中，并使素材与舞台大小相同，如图 5-179 所示。

图5-179　导入素材

03 按 Ctrl+F8 组合键打开【创建新元件】对话框，将【名称】设置为【背景】，将【类型】设置为【图形】，单击【确定】按钮，如图 5-180 所示。

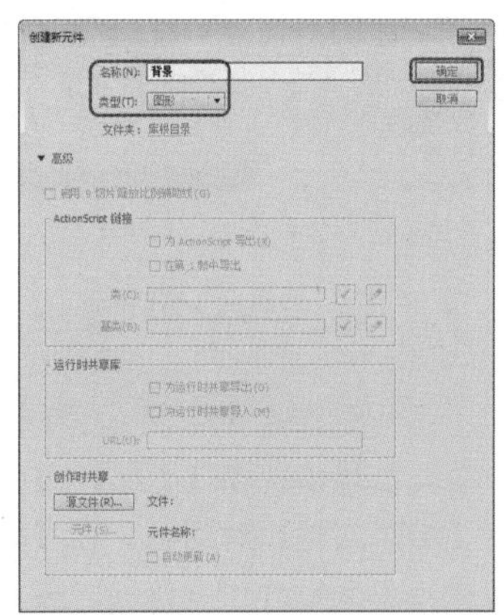

图5-180　【创建新元件】对话框

04 在【库】面板中选择“风吹文字素材.jpg”文件，将其拖曳至舞台中，并调整其位置，如图 5-181 所示。

图5-181　添加元件到舞台

05 按 Ctrl+F8 组合键打开【创建新元件】对话框，将【名称】设置为【背景动画】，将【类型】设置为【影片剪辑】，将【背景】图形元件拖曳到舞台中，单击【确定】按钮，如图 5-182 所示。

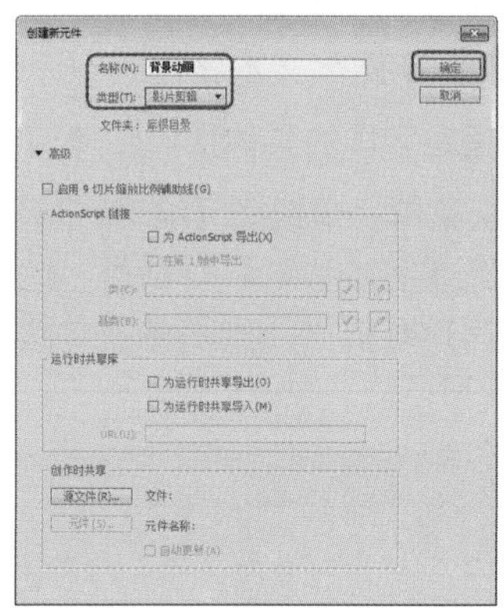

图5-182　【创建新元件】对话框

06 选择第 120 帧并按 F6 键插入关键帧，如图 5-183 所示。

图5-183　插入关键帧

07 选择该图层的第一帧，在【变形】面板中将【缩放宽度】和【缩放高度】都设置为300，并调整位置，如图5-184所示。

图5-184 设置【变形】

08 选择【图层_1】中第1帧到第120帧中的任意一帧，单击鼠标右键，在弹出的快捷菜单中选择【创建传统补间】命令，如图5-185所示。

图5-185 选择【创建传统补间】命令

09 选择【图层_1】中的第120帧，按F9键打开【动作】面板并输入stop();，如图5-186所示。

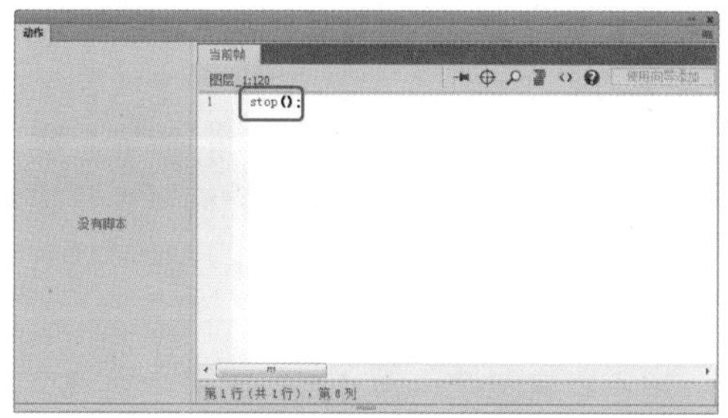

图5-186 【动作】面板

10 按Ctrl+F8组合键打开【创建新元件】对话框，将【名称】设置为【文字动画】，将【类型】设置为【影片剪辑】，单击【确定】按钮，如图5-187所示。

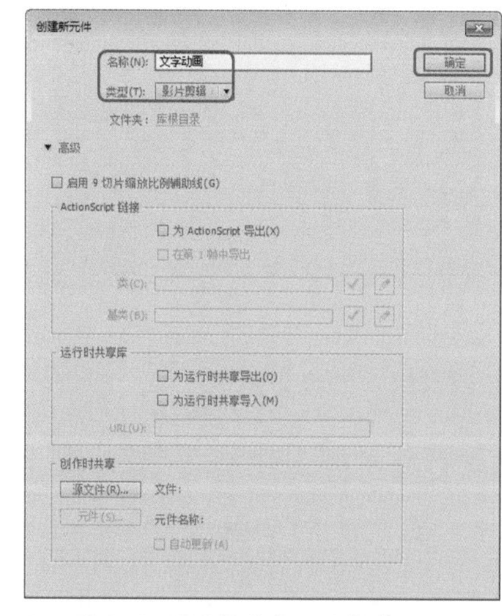

图5-187 【创建新元件】对话框

11 使用【文本工具】T输入文字并选中，在【属性】面板中，将【系列】设置为【汉仪行楷简】，【大小】设置为130，【颜色】设置为白色，如图5-188所示。

图5-188 设置文字属性

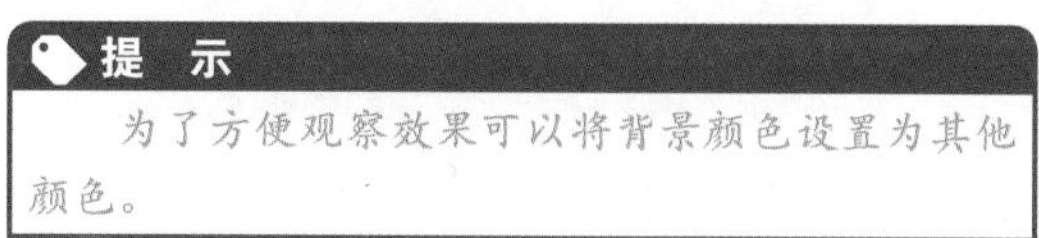

提 示

为了方便观察效果可以将背景颜色设置为其他颜色。

12 使用【选择工具】选中输入的文字，按Ctrl+B组合键分离文字，如图5-189所示。

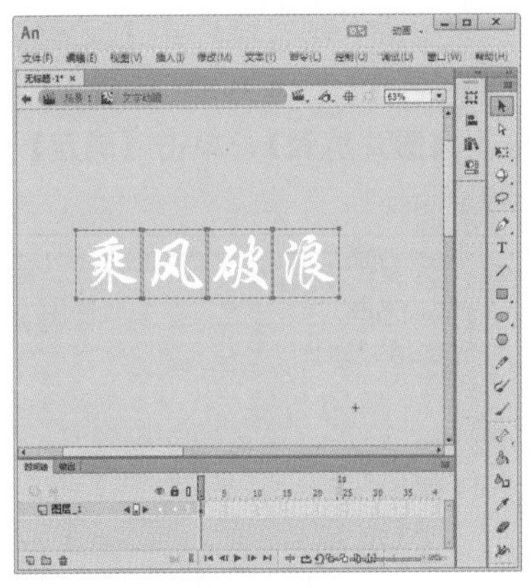

图5-189　分离文字

知识链接：转换为图形

还可以将文本转换为组成它的线条和填充，以便进行改变形状、擦除和其他操作。选中文本，然后两次选择【修改】|【分离】命令，即可将舞台上的字符转换为图形，如图 5-190 所示。

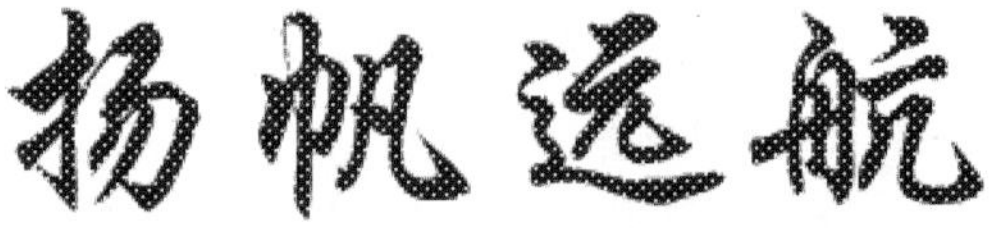

扬帆远航

图5-190　转换为图形

13 选中第一个【乘】字，按 F8 键，打开【创建新元件】对话框，使用默认名称，将【类型】设置为【影片剪辑】，如图 5-191 所示。

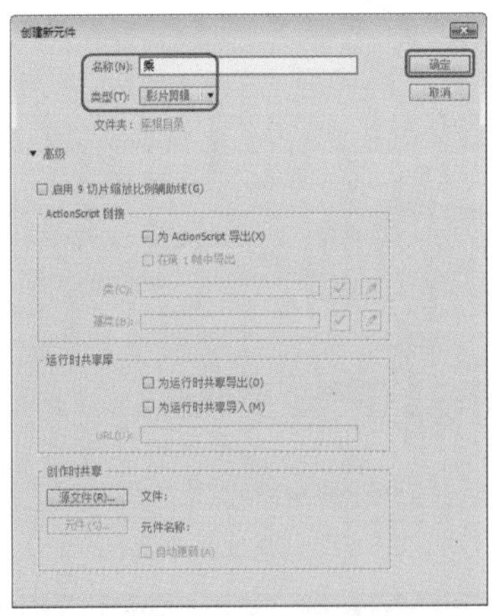

图5-191　【创建新元件】对话框

14 使用同样的方法将其他文字转换为元件，效果如图 5-192 所示。

15 只保留【乘】文字，将多余文字删除，在【图层_1】第 119 帧的位置插关键帧，在第 12 帧的位置插入关键帧，选中第 12 帧，在【变形】面板中将【缩放宽度】和【缩放高度】都设置为 115.0，选中【倾斜】单选按钮，将【水平倾斜】设置为 -111.0，【垂直倾斜】设置为 71.0，如图 5-193 所示。

疑难解答　如何将文字转换为元件?

首先选择需要转化的文字对象，按F8键，打开【创建新元件】对话框，将元件设置为【影片剪辑】并单击【确定】按钮，然后将文字对象复制到相应的新建元件中即可。

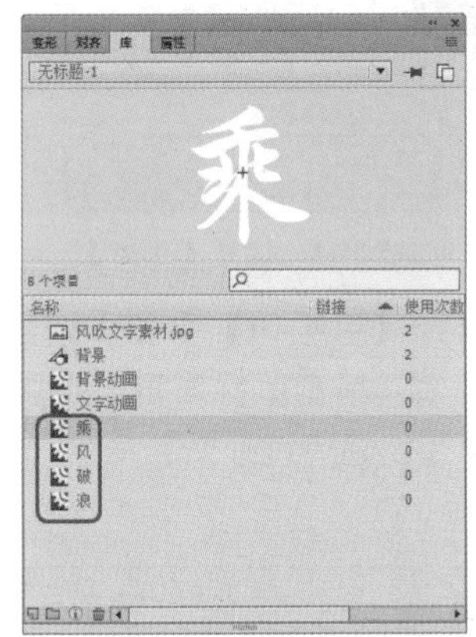

图5-192　转换为元件后的【库】面板效果

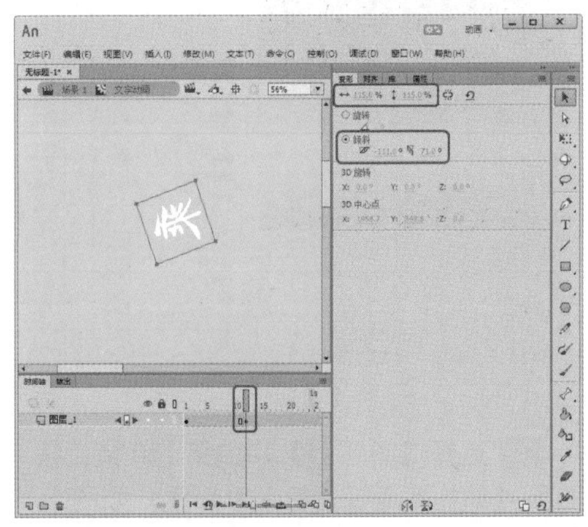

图5-193　调整文字

16 使用同样的方法，在第 23、34、45、56、67、78、89、100、111 帧的位置插入关键帧，在不同关键帧处调整文字的位置、旋转和反转，并在关键帧与关键帧之间创建传统补间，使文字在该图层中呈现，出现被风从右向左吹的效果，如图 5-194 所示。

17 新建图层，在【库】面板中将【风】元件拖曳至舞台中并调整位置，在第 12 帧处插入关键帧，如图 5-195 所示。

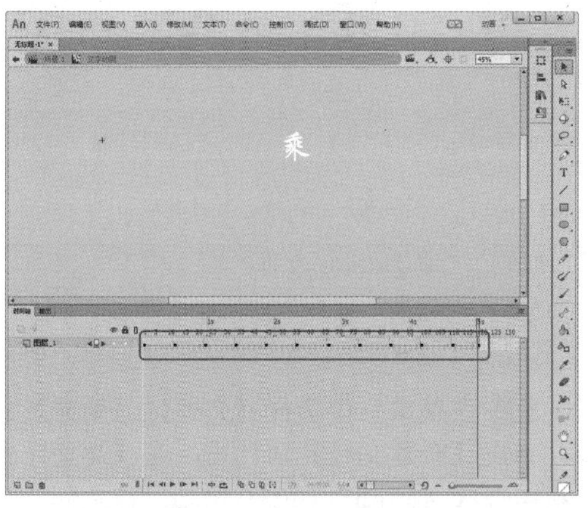

图5-194 在不同关键帧中调整文字

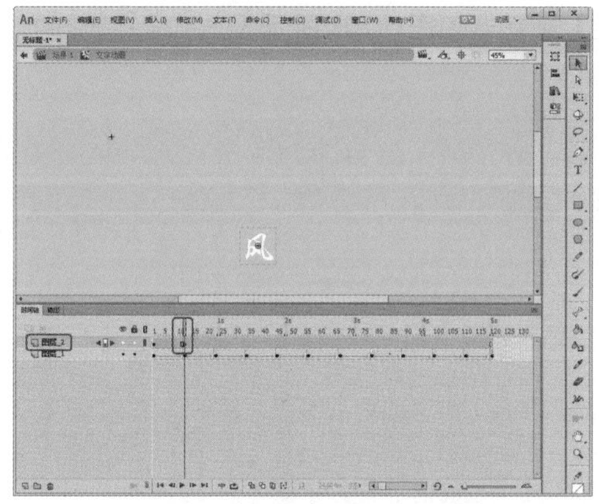

图5-195 新建图层并插入关键帧

18 在第 20 帧的位置插入关键帧，调整位置，使用同样的方法插入关键帧并调整元件的位置。使用同样的方法新建其他图层并分别拖入元件，效果如图 5-196 所示。

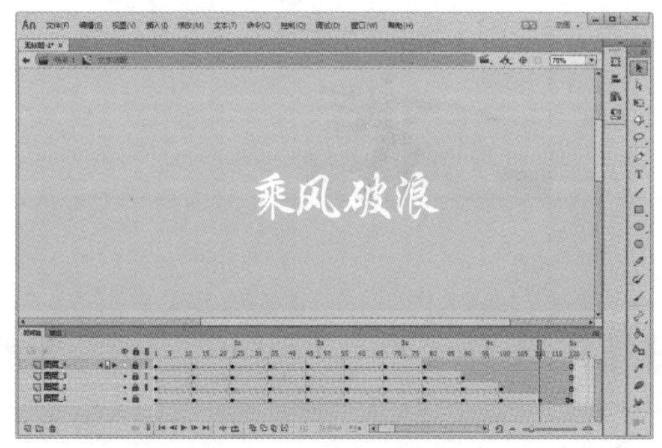

图5-196 制作其他图层和元件

19 新建图层，选择第 119 帧并按 F6 键插入关键帧，按 F9 键打开【动作】面板并输入 stop();，如图 5-197 所示。

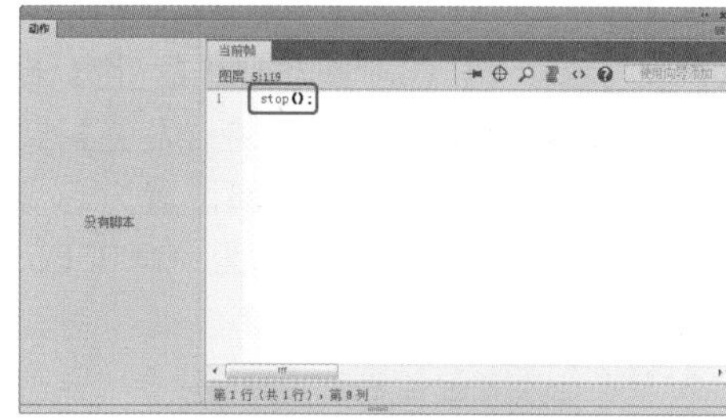

图5-197 【动作】面板

20 在左上角单击按钮，返回场景，新建图层，在【库】面板中将【背景动画】元件拖曳至舞台，在【属性】面板中，将【位置和大小】选项组中的【宽】和【高】分别设置为 3072 和 2043，X、Y 分别设置为 512.0 和 340.50，如图 5-198 所示。

图5-198 新建图层并设置

21 新建图层，在【库】面板将【文字动画】元件拖曳至舞台中，在【属性】面板中，将【位置和大小】选项组中的【宽】和【高】分别设置为 723.15 和 1164.5，将 X、Y 分别设置为 -31.65 和 316.85，如图 5-199 所示。

图5-199 新建图层并设置

22 打开【属性】面板，为文本添加【投影】和【发光】滤镜，将【投影】选项中的【模糊 X】和【模糊 Y】都设置为 12，【强度】设置为 56，【颜色】设置为白色，将【发光】选项中的【模糊 X】和【模糊 Y】都设置为 5，【强度】设置为 75，【颜色】设置为 #0000FF，如图 5-200 所示。

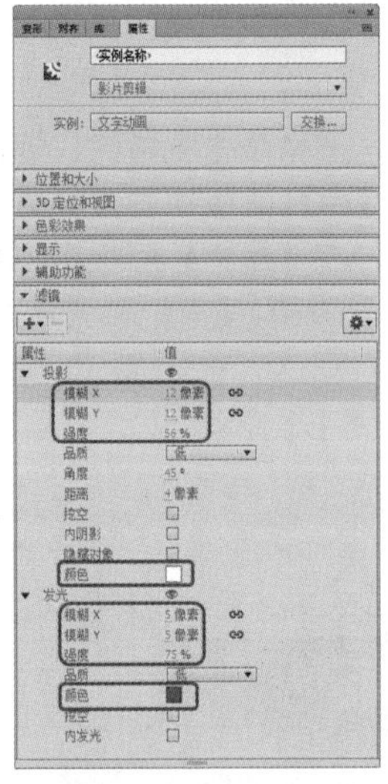

图5-200　【属性】面板

23 按 Ctrl+Enter 组合键，测试动画效果，如图 5-201 所示。

图5-201　测试效果

5.5.2 制作滚动文字动画

当在一个空间中不能显示更多文本内容时，可以用 UI 的模式进行展现，用滚动的效果将所有文本对象都显示出来。

本例主要制作滚动文字的效果，效果如图 5-202 所示。

图5-202　滚动文字效果

素材	素材\Cha05\滚动文字.jpg
场景	场景\Cha05\制作滚动文字动画.fla
视频	视频教学\Cha05\制作滚动文字动画.mp4

01 在菜单栏中选择【文件】|【新建】命令，弹出【新建文档】对话框，在【类型】列表框中选择 ActionScript3.0 选项，在右侧的区域中将【宽】、【高】设置为 320，460，单击【确定】按钮，如图 5-203 所示。

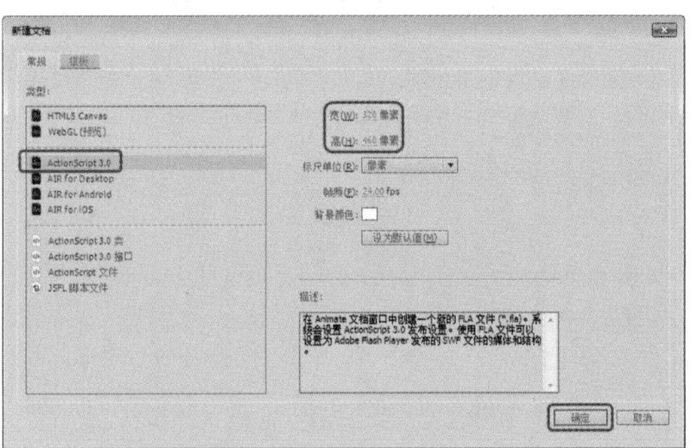

图5-203　设置【新建文档】参数

02 按 Ctrl+R 组合键，将“滚动文字 .jpg”素材文件导入舞台中，并使素材与舞台大小相同，如图 5-204 所示。

图5-204　导入素材文件

03 新建图层，使用【文本工具】T 输入文字并选中，选择【选择工具】，在文本上单击鼠标右键，在弹出的快捷菜单中选择【可滚动】命令，如图5-205所示。

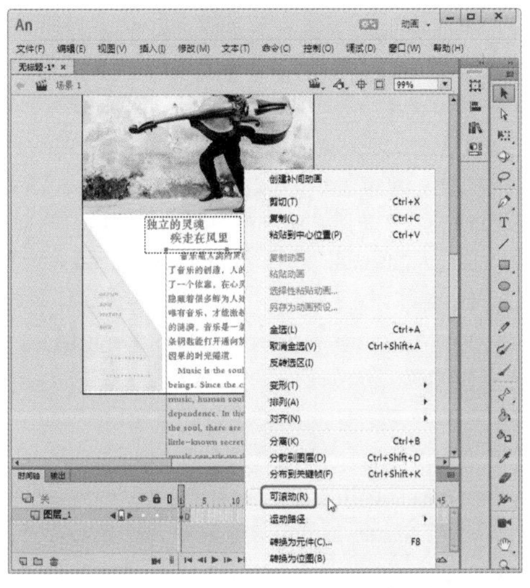

图5-205 选择【可滚动】命令

04 选择【独立的灵魂 疾走在风里】文本，在【属性】面板中，将【实例名称】命名为【标题】，【文本类型】设置为【动态文本】，将X设置为96.55，Y设置为230.05，【宽】设置为133.2，【高】设置为48.85，【系列】设置为【方正大标宋简体】，【大小】设置为16.0，【颜色】设置为#666666，【消除锯齿】设置为【使用设备字体】，单击【格式】右侧的【左对齐】按钮，如图5-206所示。

图5-206 设置文字参数

05 选择大段文本对象，在【属性】面板中将【实例名称】命名为【文本段落】，【文本类型】设置为【动态文本】，将X设置为120.40，Y设置为276.75，【宽】设置为170.2，【高】设置为181.30，【系列】设置为【方正大标宋简体】，【大小】设置为12.0，【颜色】设置为#666666，【消除锯齿】设置为【使用设备字体】，单击【格式】右侧的【左对齐】按钮，如图5-207所示。

提 示

消除锯齿需要嵌入文本字段使用的字体。如果不嵌入字体，则文本字段可能对传统文本显示空白。如果将【消除锯齿】设置为【使用设备字体】导致文本不能正常显示，则需要嵌入字体。Animate会自动为已经在舞台上创建的文本字段中存在的文本嵌入字体。

图5-207 设置文本参数

06 按Ctrl+F7组合键，打开【组件】面板，选择UIScrollBar，如图5-208所示。

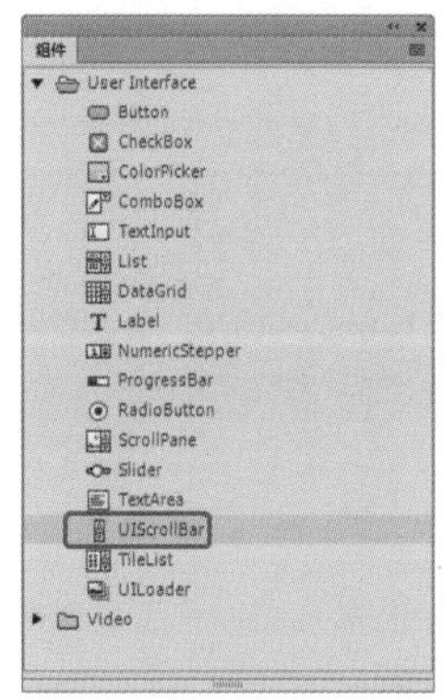

图5-208 选择UIScrollBar

07 将UIScrollBar拖曳至舞台中，打开【属性】面板，将X设置为301.7，Y设置为240，【宽】、【高】分别设置为15、215，【样式】设置为【色调】，【着色】设置为#FDFBE7，如图5-209所示。

图5-209 设置【属性】参数

08 在【属性】面板中单击【显示参数】按钮，打开【组件参数】面板，在scrollTargetName文本框中输入【文本段落】，如图5-210所示。

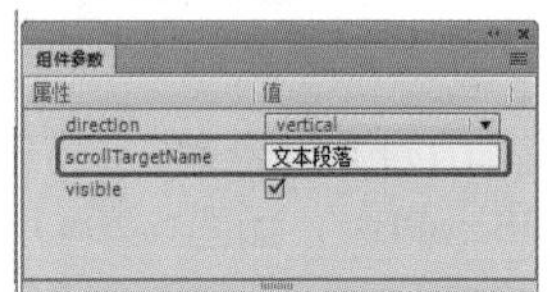

图5-210 设置组件属性

疑难解答 如何为组件添加UI效果?

按Ctrl+F7组合键，打开【组件】面板，选择UIScrollBar，将UIScrollBar拖曳至舞台中，在【属性】面板中单击【显示参数】按钮，弹出【组件参数】面板，在scrollTargetName右侧输入想要添加UI效果的元件名称即可。

知识链接：创建滚动传统文本

在Animate中创建滚动文本有多种方法。

通过使用菜单命令或文本字段手柄使动态或输入文本字段能够滚动。此操作不会将滚动条添加到文本字段，而是允许用户使用箭头键（对于文本字段同样设置为“可选”）或鼠标滚轮滚动文本。用户必须首先单击文本字段来使其获得焦点。

向文本字段添加ActionScript3.0 UIScrollBar组件以使其进行滚动。有关更多信息，请参阅使用ActionScript 3.0组件中的“使用UIScrollBar组件”。

在ActionScript 3.0中，使用TextField类的scrollH和scrollV属性。

向文本字段添加ActionScript 2.0 ScrollBar组件以使其进行滚动。有关详细信息，请参阅《ActionScript2.0语言参考》中的“UIScrollBar组件”。

在ActionScript2.0中，使用TextField对象的scroll和maxscroll属性控制文本字段中的垂直滚动，使用hscroll和maxhscroll属性控制水平滚动。请参阅示例：学习使用ActionScript2.0中的“创建滚动文本”。

09 按Ctrl+Enter组合键测试影片效果，如图5-211所示。

图5-211 测试效果

5.6 习题与训练

1. 文本字段分为哪三种类型？

2. 可为文本添加哪些滤镜效果?

3. 哪种滤镜可以调整对象的亮度、对比度、色相和饱和度?

4. 什么滤镜可以柔化对象的边缘和细节?

5. 如何替换缺失的字体?

第6章 设计简单动画——元件库和实例

本章围绕律动的音符、闪光文字、展开的画三个案例，来讲解元件与实例的应用方法。

基础知识

- 元件的类型
- 编辑元件

重点知识

- 律动的音符
- 闪光文字
- 展开的画

提高知识

- 元件的基本操作
- 实例的编辑与属性

元件是制作Animate CC动画的重要元素，实例是指位于舞台上或嵌套在另一个元件内的元件副本。本章将重点介绍元件库和实例的使用、编辑方法。

6.1 制作律动的音符——元件的创建与转换

音符是用来记录不同长短音的符号。全音符、二分音符、四分音符、八分音符、十六分音符是最常见的音符，是五线谱中最重要的元素，不同音符之间的碰撞形成了优美的旋律。

本例将介绍律动的音符动画的制作，通过导入两组序列图片完成，效果如图 6-1 所示。

图6-1 律动的音符

素材	素材\Cha06\音乐背景.jpg
场景	场景\Cha06\制作律动的音符——元件的创建与转换.fla
视频	视频教学\Cha06\制作律动的音符——元件的创建与转换.mp4

01 按 Ctrl+N 组合键，弹出【新建文档】对话框，将【宽】设置为 769，将【高】设置为 1088，将【帧频】设置为 6，单击【确定】按钮，如图 6-2 所示。

02 按 Ctrl+R 组合键，弹出【导入】对话框，打开“音乐背景.jpg”素材文件，打开【对齐】面板，单击【水平中齐】按钮和【垂直中齐】按钮，打开【变形】面板，将【缩放宽度】和【缩放高度】分别设置为 18.0、17.9，将素材文件调整至舞台中央，如图 6-3 所示。

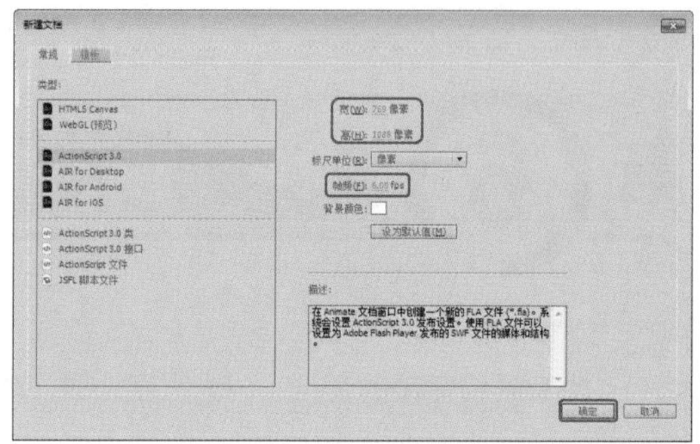

图6-2 设置【新建文档】参数

图6-3 导入并设置素材文件

03 按 Ctrl+F8 组合键，弹出【创建新元件】对话框，输入【名称】为【曲线】，将【类型】设置为【影片剪辑】，单击【确定】按钮，如图 6-4 所示。

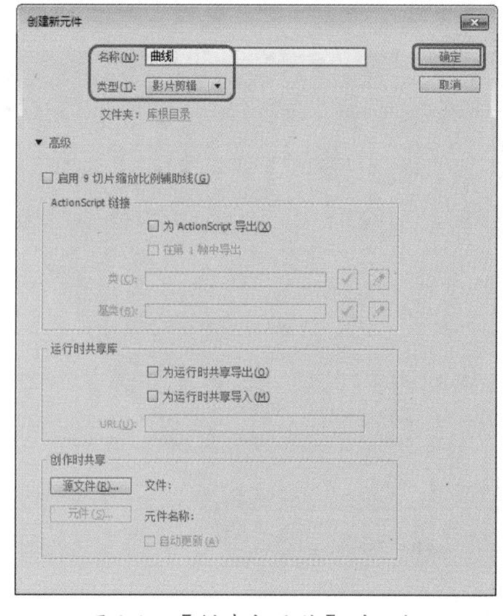

图6-4 【创建新元件】对话框

04 按Ctrl+R组合键，弹出【导入】对话框，选择“线条”文件夹中的“0010061.png”文件，单击【打开】按钮，如图6-5所示。

图6-5 选择文件

05 在弹出的信息提示对话框中单击【是】按钮，即可导入序列图片，如图6-6所示。

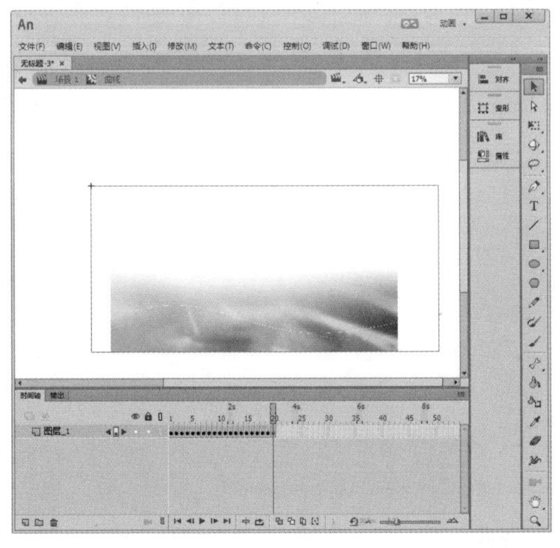

图6-6 导入序列图片

06 返回到【场景1】中，在【时间轴】面板中锁定【图层_1】，单击【新建图层】按钮，新建【图层_2】，如图6-7所示。

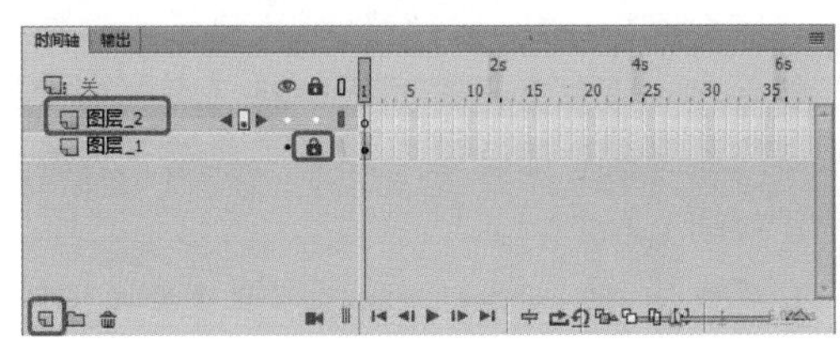

图6-7 新建图层

07 在【库】面板中将【曲线】影片剪辑元件拖曳至舞台中，在【变形】面板中将【缩放宽度】和【缩放高度】分别设置为30.1、21.5，并调整元件的位置，如图6-8所示。

图6-8 调整元件的位置

08 按Ctrl+F8组合键，弹出【创建新元件】对话框，输入【名称】为【音符】，将【类型】设置为【影片剪辑】，单击【确定】按钮，如图6-9所示。

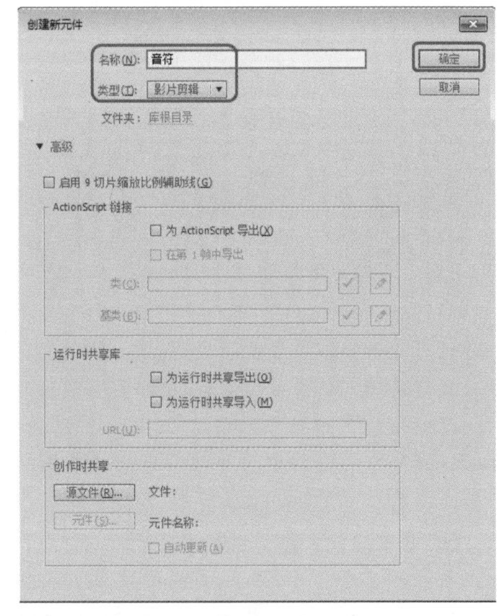

图6-9 【创建新元件】对话框

知识链接：元件库

库是元件和实例的载体，是使用Animate CC制作动画时一个非常得力的工具，使用库可以省去很多重复操作和其他一些不必要的麻烦。另外，使用库还能最大限度减小动画文件的体积，有效地控制文件大小，便于传输和下载。Animate CC的库包括两种：一种是当前编辑文件的专用库，另一种是Animate CC中自带的公用库。

Animate CC 的【库】面板中包括当前文件的标题栏、预览窗口、库文件列表及相关的库文件管理工具等，如图 6-10 所示。

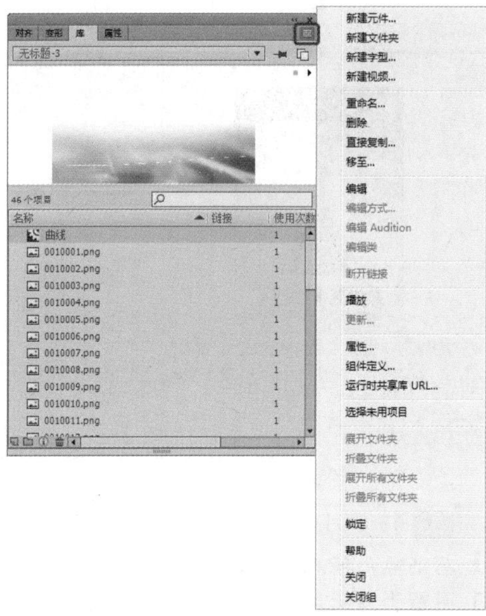

图6-10　下拉菜单

- 按钮：单击该按钮，可以弹出命令菜单，在该菜单中可以执行【新建元件】、【新建文件夹】或【属性】等命令。
- 文档标题栏：通过该下拉列表框，可以直接在一个文档中浏览当前 Animate CC 中打开的其他文档的库内容，方便将多个不同文档的库资源共享到一个文档中。
- 【固定当前库】：不同文档对应不同的库，当同时在 Animate CC 中打开两个或两个以上的文档时，切换当前显示的文档，【库】面板也随着文档切换。单击该按钮后，【库】面板始终显示其中一个文档对象的内容，不随文档的切换而切换，这样做可以方便将一个文档库内的资源共享到多个不同的文档中。
- 【新建库面板】：单击该按钮后，会在界面上新打开一个【库】面板，两个【库】面板的内容是一致的，相当于利用两个窗口同时访问一个目标资源。
- 预览窗口：当在【库】面板的资源列表中单击鼠标选择一个对象时，可以在该窗口中显示该对象的预览效果。
- 【新建元件】：单击该按钮，会弹出【创建新元件】对话框。
- 【新建文件夹】：在【库】面板中创建一些文件夹，将同类文件放到相应的文件夹中，以灵活方便地调用元件。
- 【属性】：用于查看和修改库元件的属性。
- 【删除】：用于删除库中多余的文件和文件夹。

09 按 Ctrl+R 组合键，弹出【导入】对话框，选择“音符”文件夹中的“0010001.png”文件，单击【打开】按钮，如图 6-11 所示。

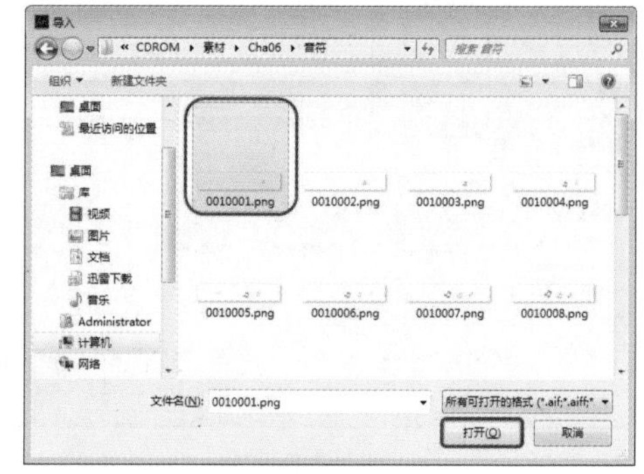

图6-11　选择文件

10 在弹出的信息提示对话框中单击【是】按钮，即可导入序列图片，如图 6-12 所示。

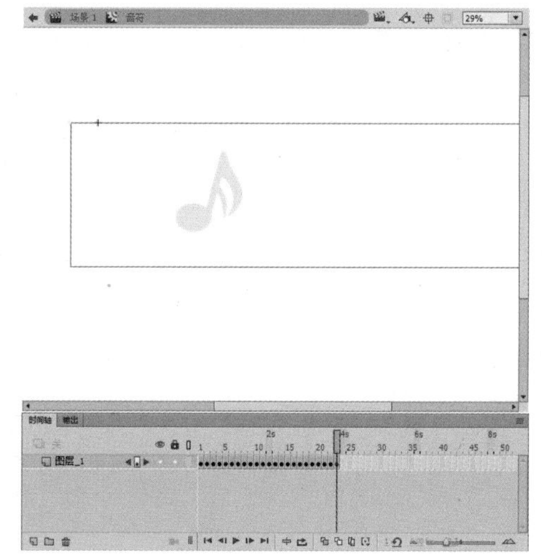

图6-12　导入序列图片

11 返回到【场景 1】中，在【时间轴】面板中锁定【图层_2】，并新建【图层_3】，在【库】面板中将【音符】影片剪辑元件拖曳至舞台中，在【变形】面板中将【缩放宽度】和【缩放高度】都设置为 7.9，并调整元件的位置，如图 6-13 所示。

12 在【时间轴】面板中锁定【图层_3】，并新建【图层_4】，在【库】面板中将【音符】影片剪辑元件拖曳至舞台中，在【变形】面板中将【缩放宽度】和【缩放高度】都设置为

14.5，并调整元件的位置，如图 6-14 所示。

图6-13　新建图层并调整元件的位置

图6-14　调整元件的位置

疑难解答　如何将元件的宽度和高度等比例缩放?

在【变形】面板的第一行中就可以改变宽度和高度参数，当后面的【约束】按钮显示为⊖状态时，设置【宽度】和【高度】中的任何一个参数，两者都将进行等比例缩放。

6.1.1　创建图形元件

本例将介绍如何创建图形元件，具体操作步骤如下。

01 打开"图形元件素材 .fla"素材文件，如图 6-15 所示。

图6-15　打开素材文件

02 选择图形对象，在菜单栏中选择【插入】|【新建元件】命令，弹出【创建新元件】对话框，将【类型】设置为【图形】，然后将【名称】设置为【图形元件】，单击【确定】按钮，如图 6-16 所示。

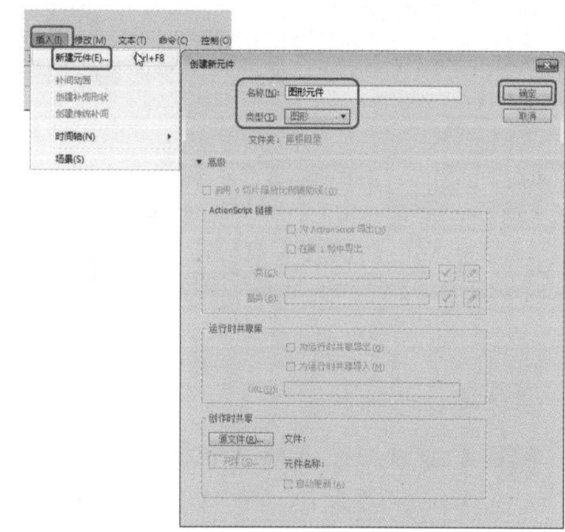
图6-16　【创建新元件】对话框

03 将场景中的玫瑰图案复制到图形元件中，并调整位置，如图 6-17 所示。

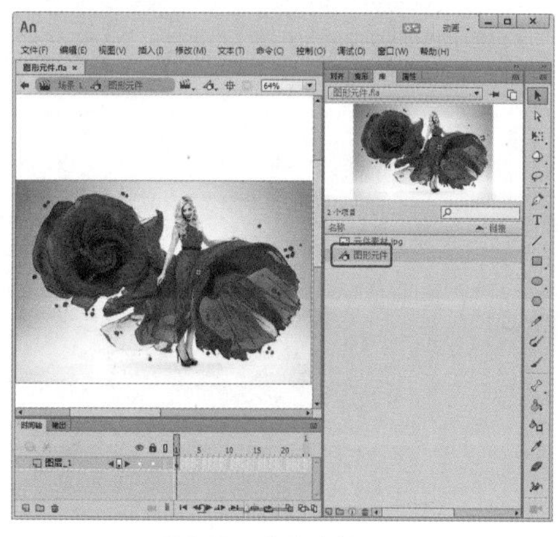
图6-17　元件编辑界面

知识链接：通过其他方式创建元件

方法一：按 Ctrl+F8 组合键，弹出【创建新元件】对话框。

方法二：单击【库】面板下方的【新建元件】按钮，也可以打开【创建新元件】对话框。

方法三：单击【库】面板右上角的按钮，在弹出的下拉菜单中选择【新建元件】命令。

6.1.2 创建影片剪辑元件

本例讲解如何创建影片剪辑元件，效果如图 6-18 所示。

图6-18　创建影片剪辑元件

具体操作步骤如下。

01 在菜单栏中选择【文件】|【新建】命令，在弹出的对话框中选择【常规】选项卡，在该选项卡中选择 ActionScript 3.0，在右侧的设置区域中将【宽】设置为 570，将【高】设置为 380，将【帧频】设置为 6，如图 6-19 所示。单击【确定】按钮，即可新建一个空白文档，如图 6-20 所示。

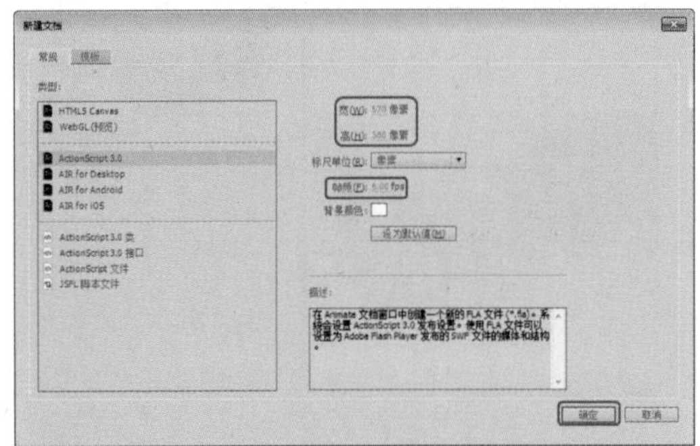

图6-19　【新建文档】对话框

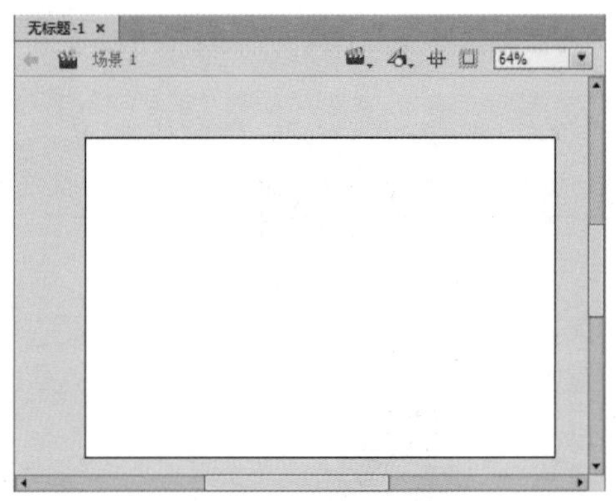

图6-20　新建空白文档

02 在菜单栏中选择【插入】|【新建元件】命令，如图 6-21 所示。

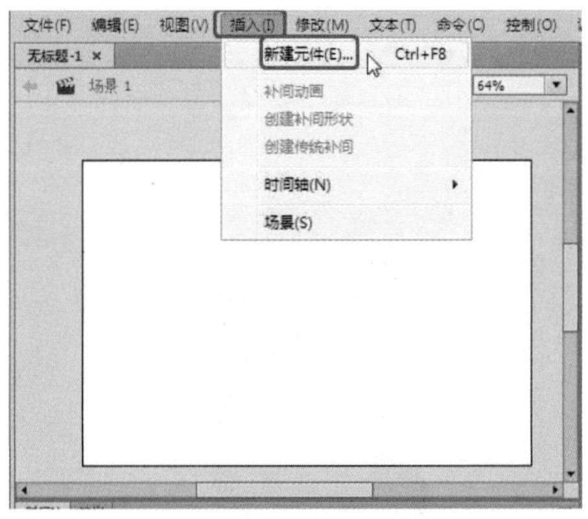

图6-21　选择【新建元件】命令

03 弹出【创建新元件】对话框，将【类型】设置为【影片剪辑】，在【名称】文本框中输入【影片剪辑】，单击【确定】按钮，如图 6-22 所示。

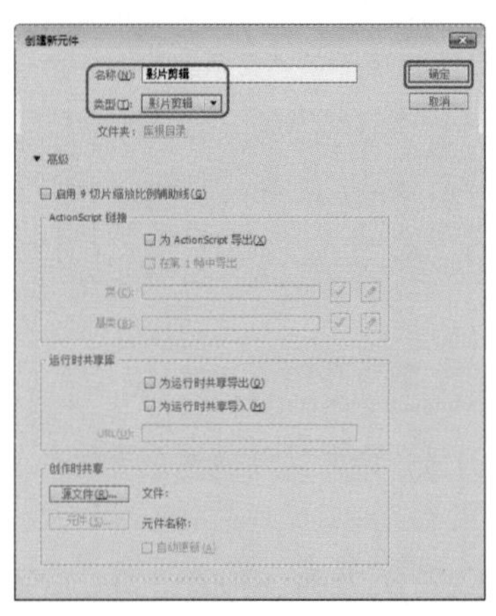

图6-22　【创建新元件】对话框

04 按 Ctrl+R 组合键，弹出【导入】对话框，选择“影片剪辑素材.jpg”素材文件，单击【打开】按钮，如图 6-23 所示。

图6-23 选择素材文件

05 按 Ctrl+T 组合键，弹出【变形】面板，确定【约束】按钮处于锁定状态，将【缩放】设置为 87.0，如图 6-24 所示。

图6-24 设置【缩放】

06 确定素材图片处于选中状态，在【属性】面板中将 X 和 Y 都设置为 0，如图 6-25 所示。

图6-25 设置图片位置

07 在【时间轴】面板中选择【图层 _1】第 40 帧，按 F6 键插入关键帧，如图 6-26 所示。

图6-26 插入关键帧

08 单击【新建图层】按钮，新建【图层 _2】，如图 6-27 所示。

图6-27 新建图层

09 选择【图层 _2】第 40 帧，按 F6 键插入关键帧，按 Ctrl+R 组合键，弹出【导入】对话框，选择“帆船.png”素材图片，单击【打开】按钮，如图 6-28 所示。

图6-28 选择素材图片

10 按 Ctrl+T 组合键，弹出【变形】面板，确定【约束】按钮处于锁定状态，将【缩放】设置为 10，如图 6-29 所示。

图6-29　设置【缩放】参数

11 确定素材图片处于选中状态，在【属性】面板中将 X 设置为 -400，将 Y 设置为 -40，如图 6-30 所示。

图6-30　设置图片位置

12 按 F8 键，弹出【转换为元件】对话框，输入【名称】为【帆船】，将【类型】设置为【图形】，单击【确定】按钮，如图 6-31 所示。

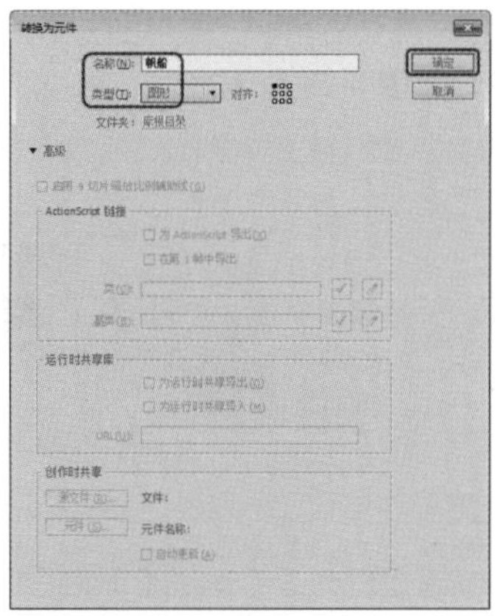
图6-31　【转换为元件】对话框

13 在舞台中选择图形元件，在【时间轴】面板中选择【图层_2】第 1 帧，打开【变形】面板，将【缩放宽度】和【缩放高度】均设置为 30.0，在【属性】面板中将 X 设置为 460，将 Y 设置为 152，如图 6-32 所示。

图6-32　设置元件的位置和大小

14 选择【图层_2】第 10 帧，单击鼠标右键，在弹出的快捷菜单中选择【创建传统补间】命令，如图 6-33 所示。

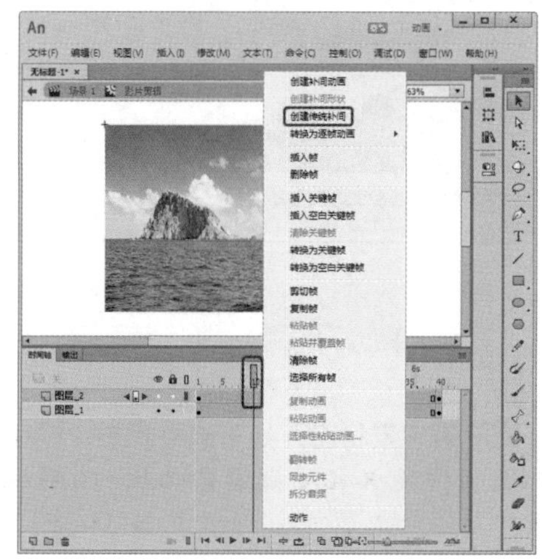
图6-33　选择【创建传统补间】命令

15 新建【图层_3】，在【库】面板中将【剪辑影片素材】拖曳至舞台中，打开【变形】面板，将【缩放宽度】和【缩放高度】均设置为 87.0，在【属性】面板中调整【位置和大小】，将 X 和 Y 均设置为 0，如图 6-34 所示。

16 在菜单栏中选择【修改】|【变形】|【垂直翻转】命令，如图 6-35 所示。

17 在【属性】面板中将 X 设置为 0，将 Y 设置为 232，如图 6-36 所示。

图6-34 设置素材的位置和大小

图6-35 选择【垂直翻转】命令

图6-36 设置位置参数

18 确认选中素材，按F8键，在打开的【转换为元件】对话框中输入【名称】为【重影1】，将【类型】设置为【图形】，单击【确定】按钮，如图6-37所示。

19 在工具箱中打开【属性】面板，在【色彩效果】选项组中将【样式】设置为【高级】，Alpha设置为50，【红】、【绿】、【蓝】分别设置为60、70、80，如图6-38所示。

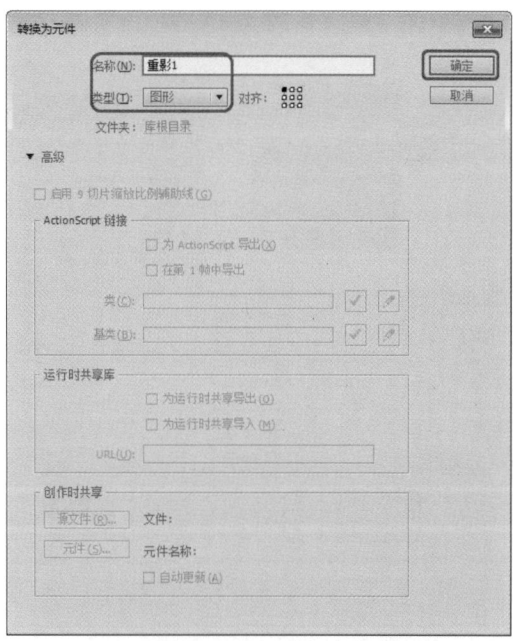

图6-37 【转换为元件】对话框

图6-38 设置属性

20 新建【图层_4】，在【库】面板中将【重影1】元件拖曳至舞台中，使其与【图层_2】中的元件对齐，打开【属性】面板，在【位置和大小】选项组中将X设置为0，将Y设置为232，在【色彩效果】选项组中，将【样式】设置为【高级】，Alpha设置为50，将【红】、【绿】、【蓝】分别设置为60、70、80，如图6-39所示。

21 再次新建【图层_5】，按Ctrl+F8组合键，打开【创建新元件】对话框，将【名称】设置为【矩形】，将【类型】设置为【图形】，单击【确定】按钮，如图 6-40 所示。

图6-39　新建图层并设置参数

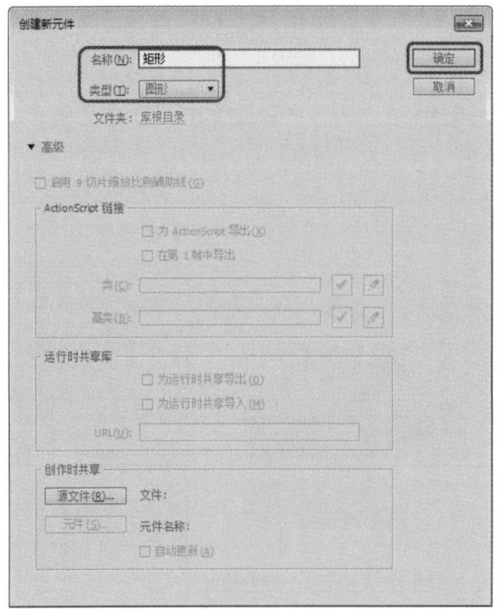

图6-40　【创建新元件】对话框

22 在工具箱中选择【矩形工具】，单击【对象绘制】按钮，关闭对象绘制使其呈现状态，绘制矩形并选中，打开【属性】面板，将【宽】、【高】分别设置为 570、8，【笔触颜色】设置为无，【填充颜色】随意设置，如图 6-41 所示。

23 对绘制的矩形进行复制，并调整位置，如图 6-42 所示。

24 在【库】面板中双击【影片剪辑】元件，返回到影片剪辑中，选择【图层 _5】第 1 帧，在【库】面板中将【矩形】元件拖曳至舞台中，使用【任意变形工具】，调整元件的位置和大小，如图 6-43 所示。

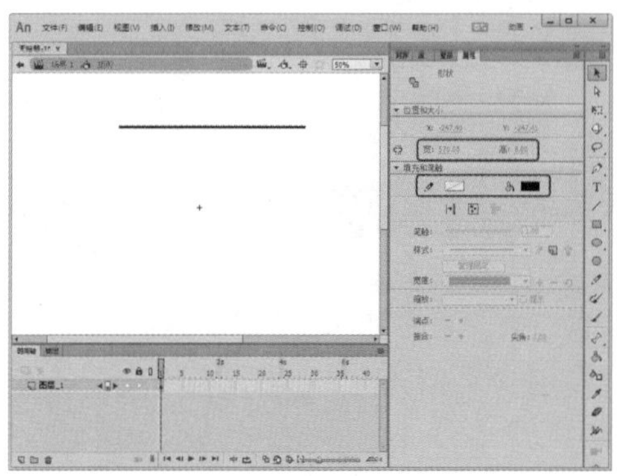

图6-41　绘制矩形并设置参数

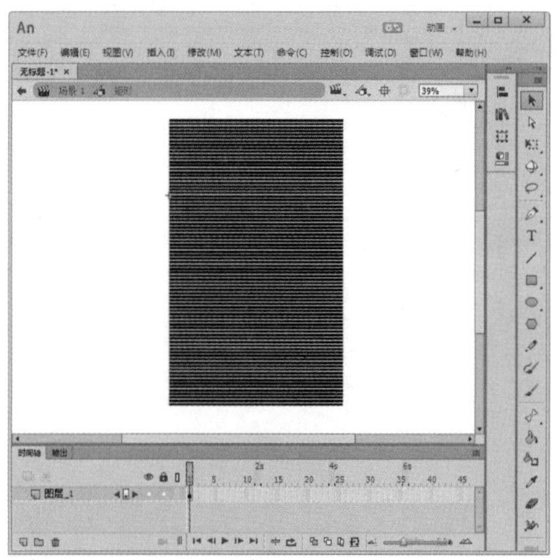

图6-42　复制矩形并调整

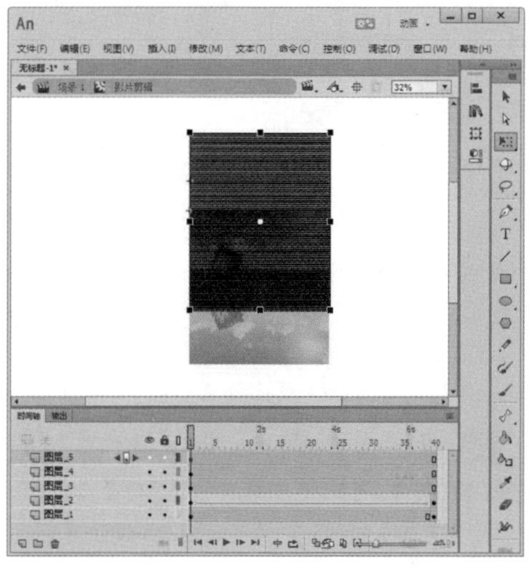

图6-43　拖入元件并调整

25 选择【图层 _5】的第 40 帧，按 F6 键插入关键帧，在舞台中调整【矩形】元件的位置，如图 6-44 所示。

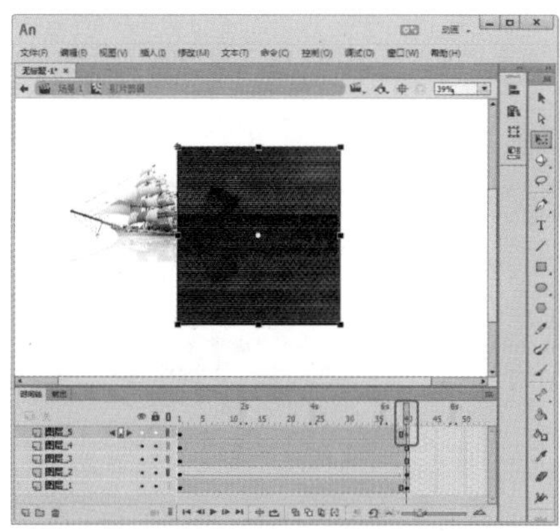

图6-44　插入关键帧并调整元件的位置

26 在该图层的第1帧至第40帧之间任意帧位置，单击鼠标右键，在弹出的快捷菜单中选择【创建传统补间】命令，如图6-45所示。

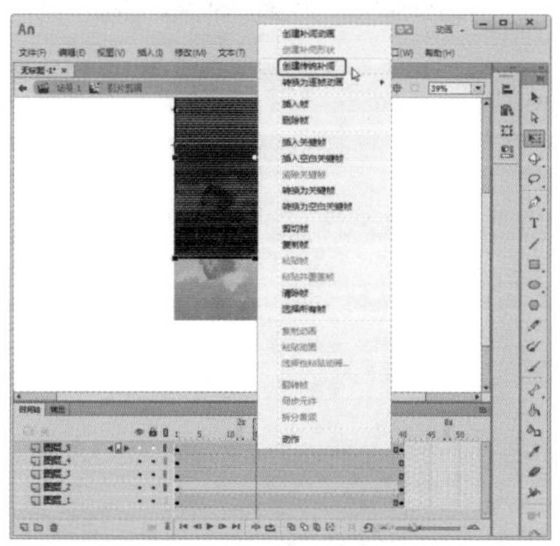

图6-45　选择【创建传统补间】命令

27 在【时间轴】面板中选中【图层_5】，单击鼠标右键，在弹出的快捷菜单中选择【遮罩层】命令，如图6-46所示。

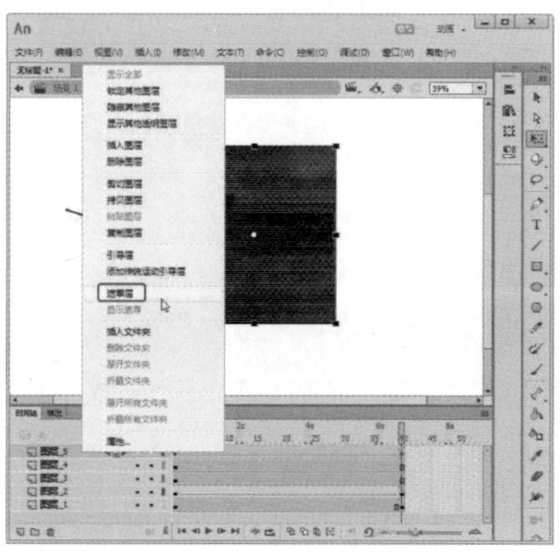

图6-46　选择【遮罩层】命令

28 将【图层_2】移动到顶层，如图6-47所示。

图6-47　移动【图层_2】到顶层

29 返回【场景1】，打开【库】面板，将刚才制作好的影片剪辑元件拖曳至舞台中，此时可以看到，影片剪辑元件只占了【场景1】中的1个关键帧，如图6-48所示。

图6-48　将影片剪辑元件拖曳至舞台中

30 按Ctrl+Enter组合键测试动画效果，如图6-49所示。

图6-49　测试动画效果

提 示

影片剪辑虽然可能包含比主场景更多的帧数，但它是以一个独立的对象出现的，其内部可以包含图形元件或按钮元件等，并且支持嵌套功能，这种强大的嵌套功能对编辑影片有很大帮助。

知识链接：元件概述

使用 Animate CC 制作动画影片的一般流程是先制作动画中所需要的各种元件，然后在场景中引用元件实例，并对实例化的元件进行适当的组织和编排，最终完成影片的制作。合理地使用元件和库可以提高影片的制作效率。

元件是 Animate CC 中一个比较重要而且使用非常频繁的概念，是指在 Animate CC 中创建的图形、按钮或影片剪辑这 3 种元件。一旦被创建，就会被自动添加到当前影片的库中，可在当前影片或其他影片中重复使用。创建的所有元件都会自动变为当前文件的库的一部分。

元件可以是任何静态的图形，也可以是连续的动画，甚至还能将动作脚本添加到元件中，以便对元件进行更复杂的控制。

6.1.3 创建按钮元件

按钮元件是 Animate 影片中创建互动功能的重要组成部分，效果如图 6-50 所示。

图6-50　按钮元件

具体操作步骤如下。

01 在菜单栏中选择【文件】|【新建】命令，弹出【新建文档】对话框，在【类型】列表框中选择 ActionScript3.0，在右侧的区域中将【宽】设置为 350，将【高】设置为 120，单击【背景颜色】右侧的色块，在弹出的【颜色】面板中选择黑色，单击【确定】按钮，如图 6-51 所示。即可新建文档，如图 6-52 所示。

02 在菜单栏中选择【插入】|【新建元件】命令，如图 6-53 所示。

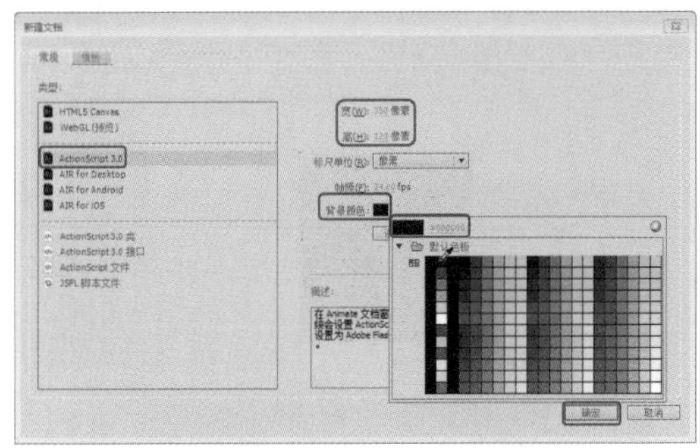

图6-51　【新建文档】对话框

图6-52　新建文档

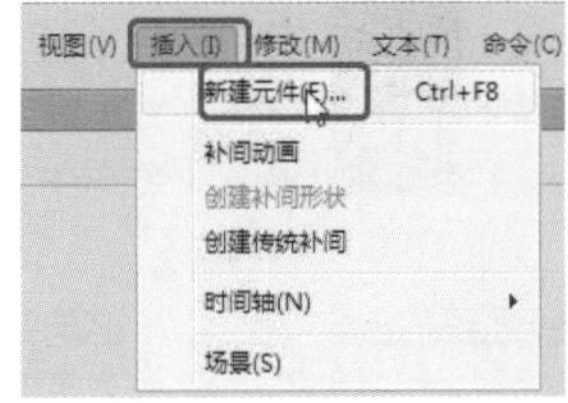

图6-53　选择【新建元件】命令

03 弹出【创建新元件】对话框，将【类型】设置为【按钮】，在【名称】文本框中输入【按钮】，单击【确定】按钮，如图 6-54 所示。

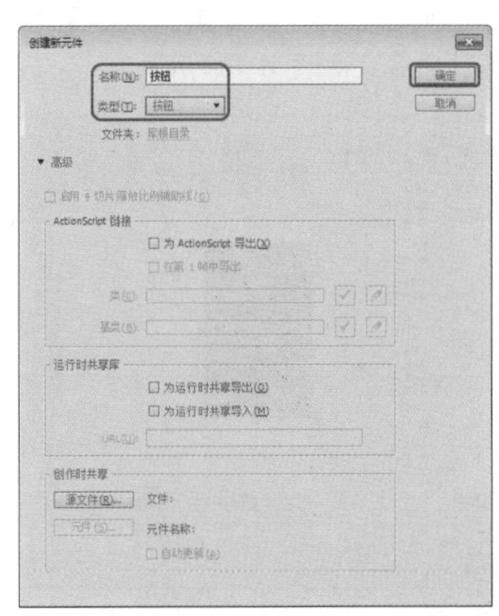

图6-54　【创建新元件】对话框

04 进入按钮元件的编辑界面，如图 6-55 所示。

图6-55 按钮元件编辑界面

05 在【时间轴】面板中选择【图层 _1】的【弹起】帧，如图 6-56 所示。

图6-56 选择【弹起】帧

06 在工具箱中选择【基本矩形工具】，在【属性】面板中将【笔触颜色】设置为无，将【填充颜色】设置为白色，在【矩形选项】选项组中将【矩形圆角半径】设置为 30，如图 6-57 所示。

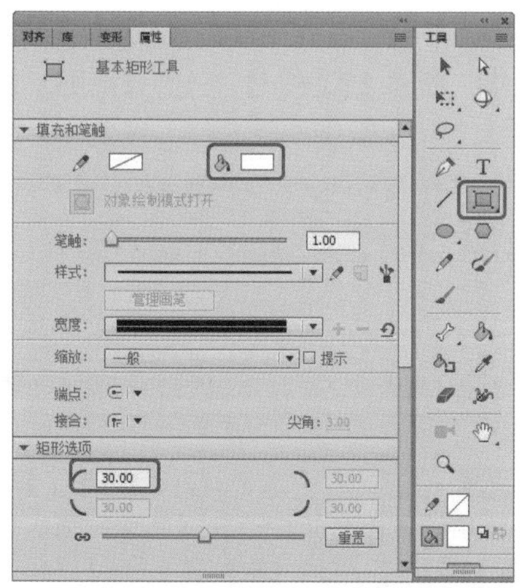

图6-57 设置【基本矩形工具】属性

07 在舞台中绘制圆角矩形，在【属性】面板中将【位置和大小】中的【宽】设置为 340.0，将【高】设置为 111.0，如图 6-58 所示。

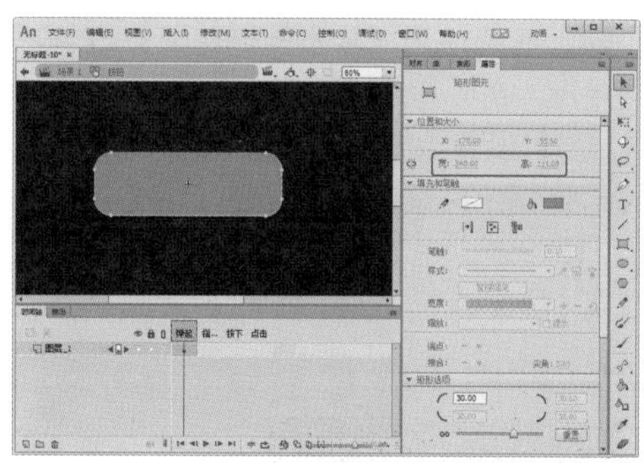

图6-58 绘制圆角矩形

08 在【时间轴】面板中选择【图层 _1】的【按下】帧，右击，在弹出的快捷菜单中选择【插入帧】命令，如图 6-59 所示。

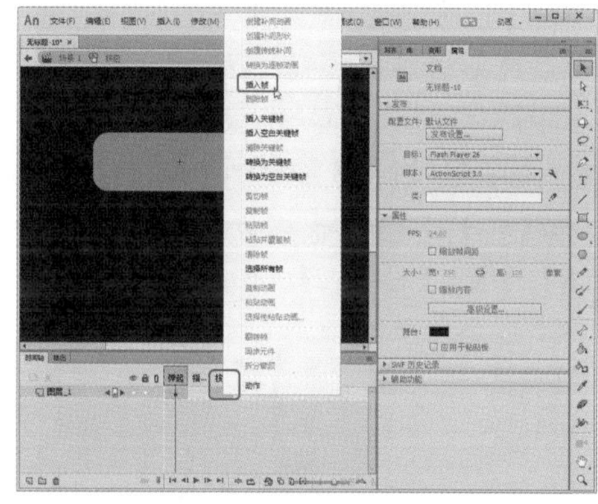

图6-59 选择【插入帧】命令

09 继续选择【基本矩形工具】，绘制一个圆角矩形，在【属性】面板中将【位置和大小】中的【宽】设置为 340.0，将【高】设置为 105.0，将【笔触颜色】设置为无，将【填充颜色】设置为 #cdc9c8，在【矩形选项】选项组中将【矩形圆角半径】设置为 30，如图 6-60 所示。

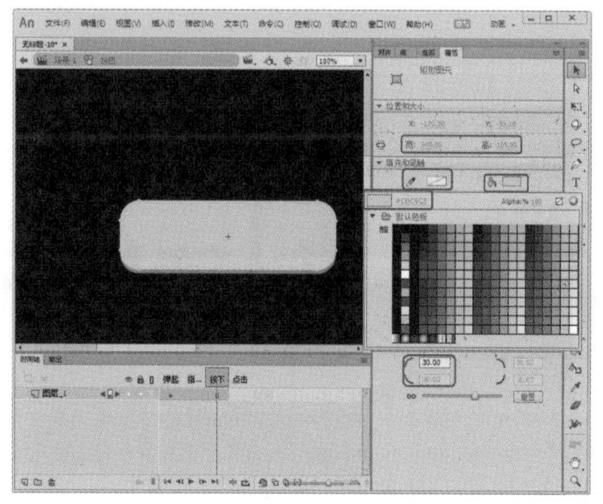

图6-60 绘制圆角矩形并设置参数

10 继续使用【基本矩形工具】绘制一个圆角矩形，在【属性】面板中将【位置和大小】中的【宽】设置为300.0，将【高】设置为87.0，将【笔触颜色】设置为无，将【填充颜色】设置为#1D7396，在【矩形选项】选项组中将【矩形圆角半径】设置为30，如图6-61所示。

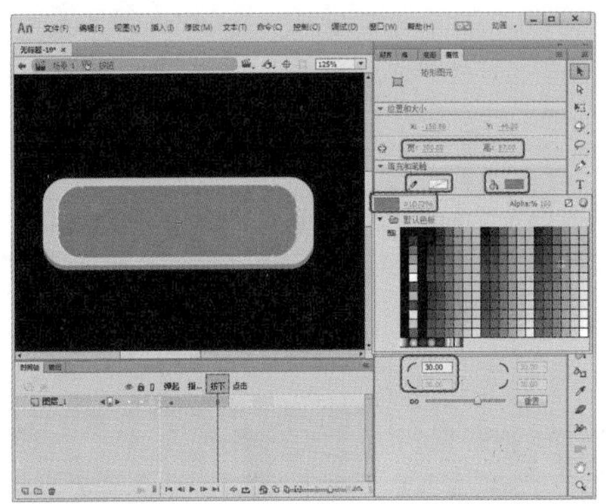

图6-61　绘制圆角矩形并设置参数

11 在【时间轴】面板中单击【新建图层】按钮，新建【图层_2】，如图6-62所示。

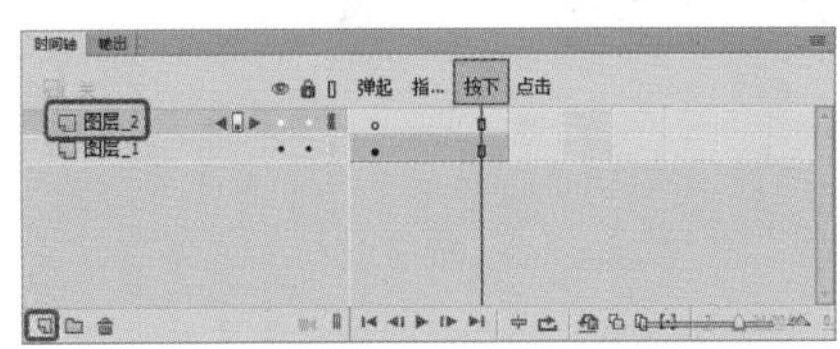

图6-62　新建【图层_2】

12 选择【图层_2】的【弹起】帧，在工具箱中选择【基本矩形工具】，绘制一个圆角矩形，在【属性】面板中将【位置和大小】中的【宽】、【高】分别设置为297.40、84.15，将【笔触颜色】设置为无，【填充颜色】设置为#2A74A1，如图6-63所示。

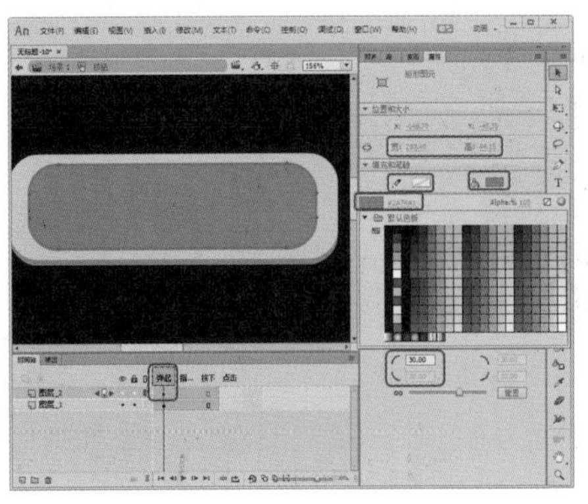

图6-63　绘制图形并设置参数

13 在【时间轴】面板中，选择【图层_2】的【指针经过】帧，并按F6键插入关键帧，如图6-64所示。

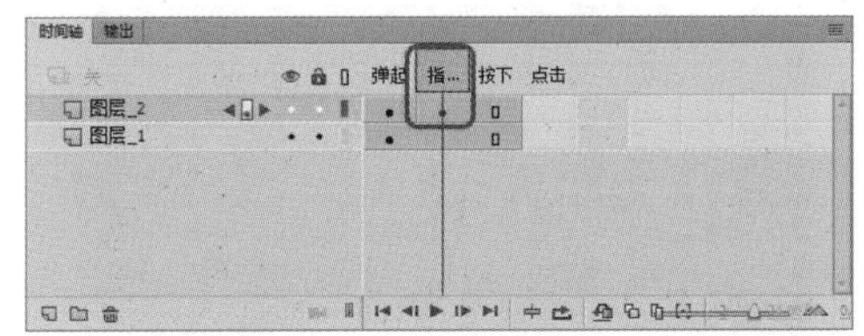

图6-64　插入关键帧

14 在舞台中选择新绘制的圆角矩形，在【属性】面板中将【填充颜色】设置为#3AC3ED，如图6-65所示。

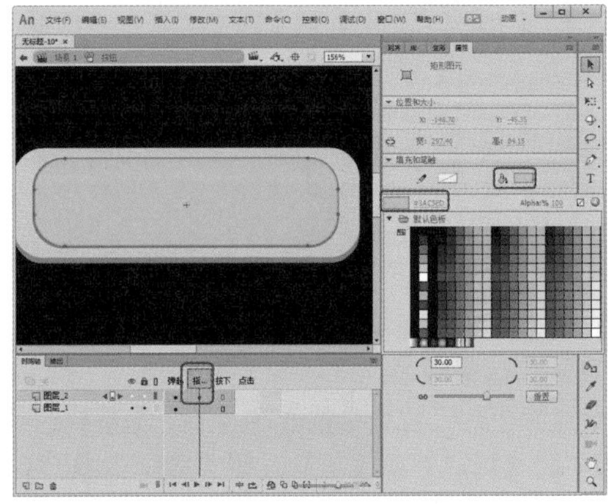

图6-65　绘制圆角矩形并设置参数

15 在【时间轴】面板中单击【新建图层】按钮，新建【图层_3】，选择【图层_3】的【弹起】帧，如图6-66所示。

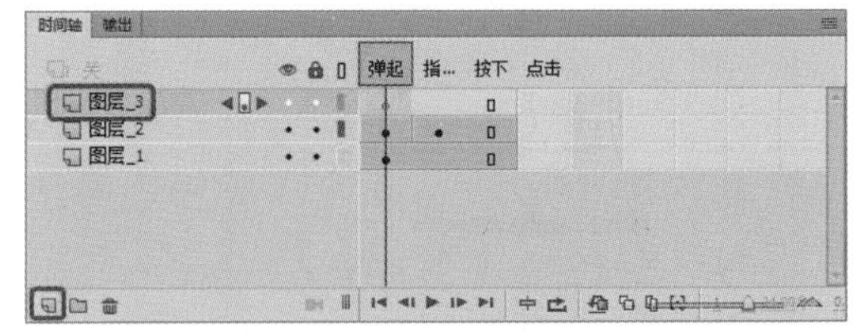

图6-66　新建图层

16 在工具箱中选择【基本矩形工具】，在舞台中绘制圆角矩形，在【属性】面板中将【位置和大小】中的【宽】设置为297.40，将【高】设置为84.15，将【笔触颜色】设置为无，如图6-67所示。

17 在菜单栏中选择【窗口】|【颜色】命令，如图6-68所示。

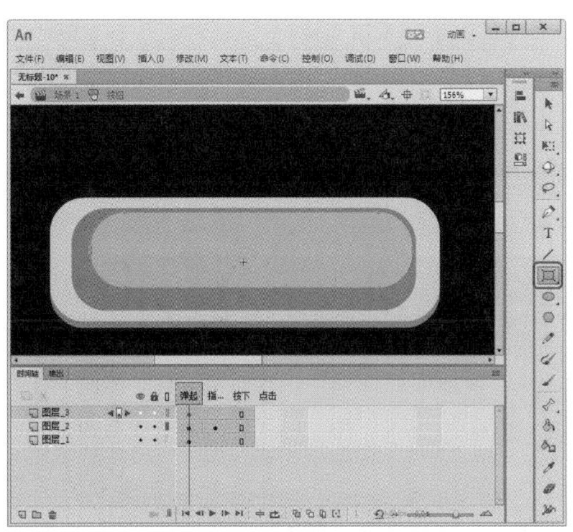
图6-67 绘制圆角矩形并设置参数

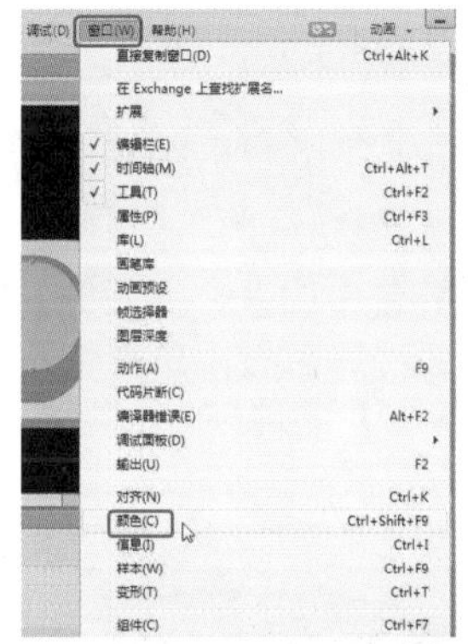
图6-68 选择【颜色】命令

18 打开【颜色】面板，在【颜色类型】下拉列表框中选择【径向渐变】，单击渐变条左侧的色块，将RGB设置为255、255、255，将Alpha设置为0，如图6-69所示。

19 单击渐变条右侧的色块，将Alpha设置为63，如图6-70所示。

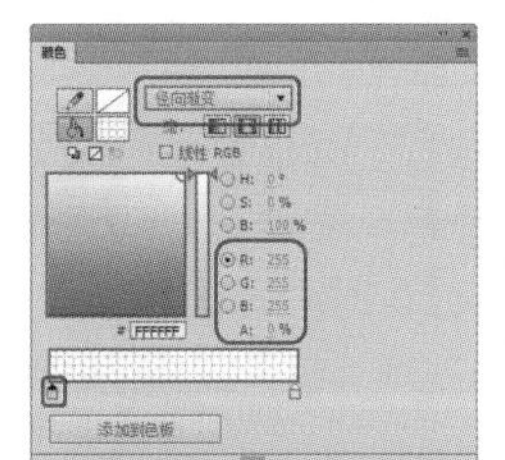
图6-69 设置左侧色块

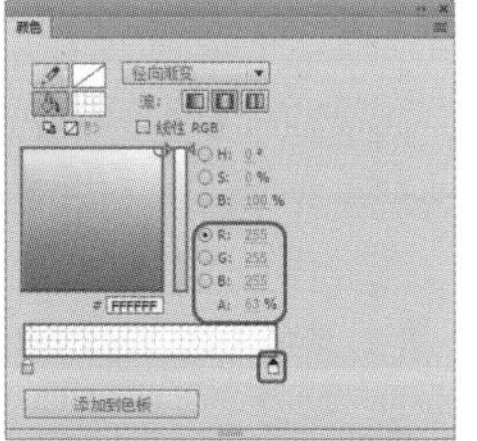
图6-70 设置右侧色块

20 在工具箱中选择【颜料桶工具】，在新绘制的圆角矩形下方单击鼠标左键并向上拖动至圆角矩形的上方，松开鼠标，即可为圆角矩形填充渐变颜色，如图6-71所示。

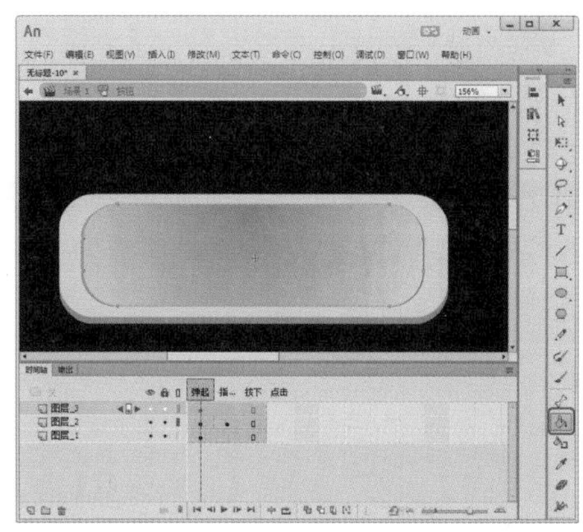
图6-71 填充渐变颜色

21 在【时间轴】面板中单击【新建图层】按钮，新建【图层_4】，选择【图层_4】的【弹起】帧，如图6-72所示。

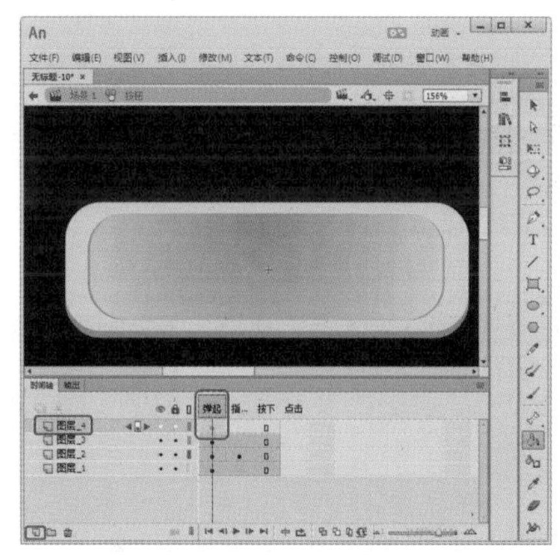
图6-72 新建图层

22 在工具箱中选择【椭圆工具】，在舞台中绘制椭圆并填充渐变颜色，如图6-73所示。

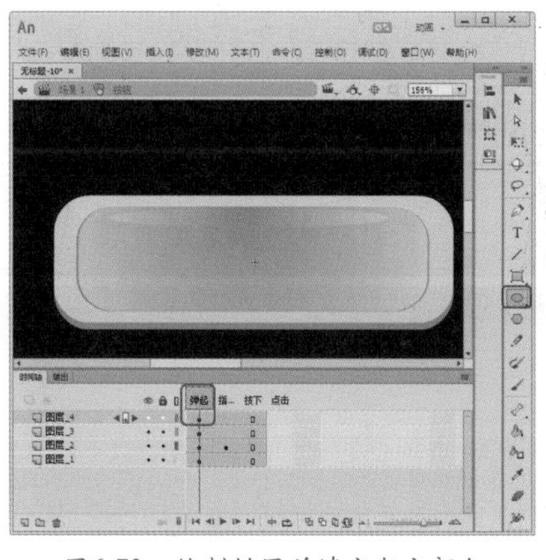
图6-73 绘制椭圆并填充渐变颜色

23 在【时间轴】面板中单击【新建图层】按钮，新建【图层 _5】，选择【图层 _5】的【弹起】帧，如图 6-74 所示。

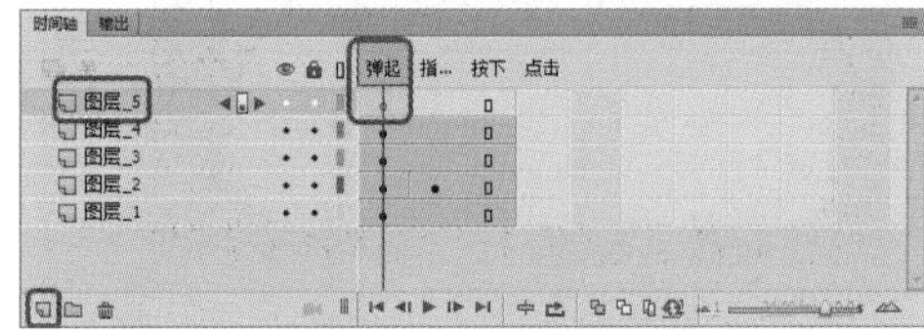

图6-74　新建图层

24 在工具箱中选择【文本工具】T，在舞台中输入文字并调整位置，在【属性】面板中将【系列】设置为【汉仪超粗圆简】，将【大小】设置为 40，单击【颜色】选项右侧的色块，在弹出的【颜色】面板中选择白色，将 Alpha 设置为 100，如图 6-75 所示。

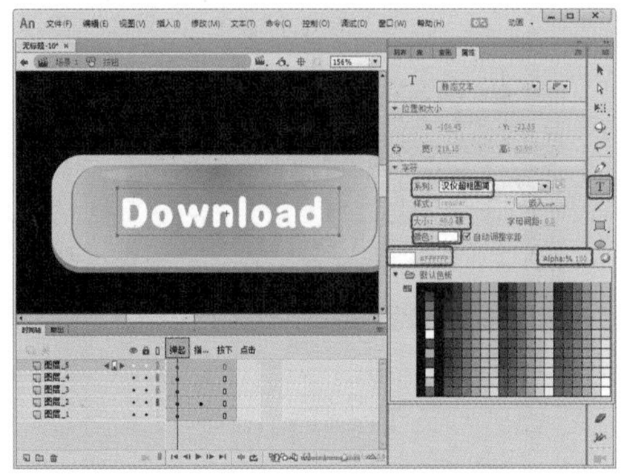

图6-75　输入文字并设置参数

25 确定输入的文字处于选中状态，按两次 Ctrl+B 组合键分离文字，如图 6-76 所示。

图6-76　分离文字

26 在【时间轴】面板中选择【图层 _5】的【指针经过】帧，并按 F6 键插入关键帧，如图 6-77 所示。

图6-77　插入关键帧

27 在舞台中确认分离后的文字处于选中状态，在【属性】面板中单击填充颜色色块，在弹出的【颜色】面板中将 Alpha 设置为 0，如图 6-78 所示。

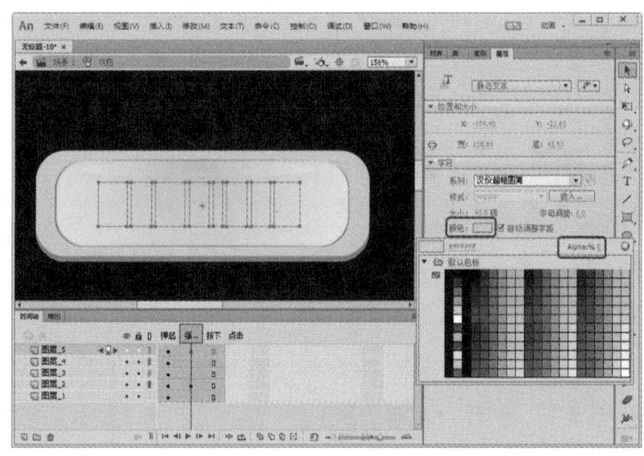

图6-78　设置Alpha

28 在【时间轴】面板中单击【新建图层】按钮，新建【图层 _6】，选择【图层 _6】的【指针经过】帧，并按 F6 键插入关键帧，如图 6-79 所示。

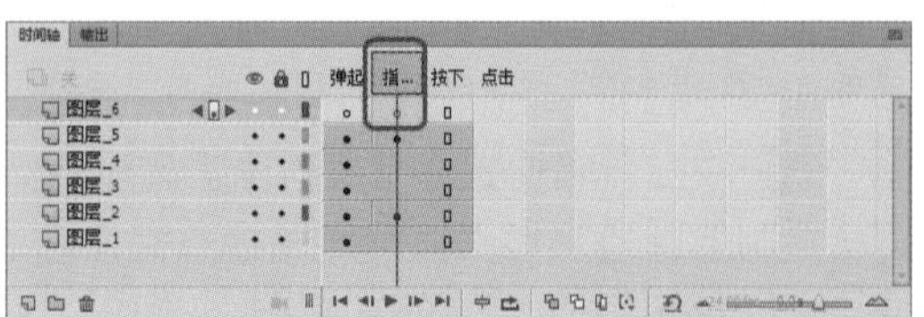

图6-79　新建图层并插入关键帧

29 在工具箱中选择【文本工具】T，在舞台中输入文字并调整位置，在【属性】面板中将【大小】设置为40，【填充颜色】设置为白色，Alpha设置为100，如图6-80所示。

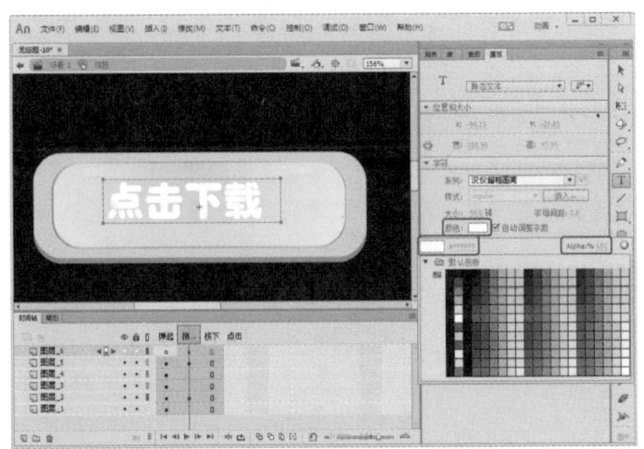

图6-80 输入文字并设置参数

30 确定输入的文字处于选中状态，按两次Ctrl+B组合键分离文字，如图6-81所示。

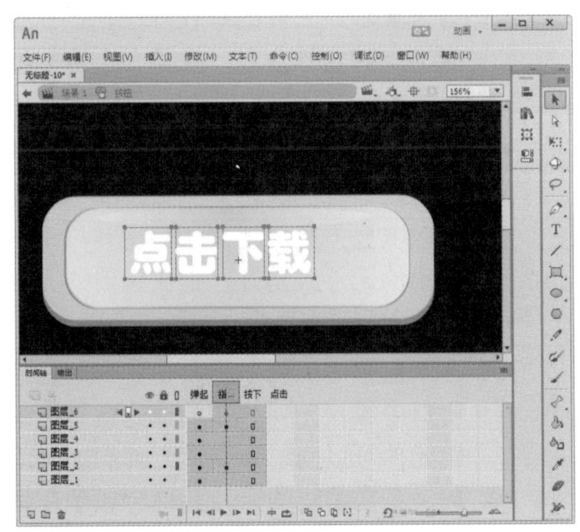

图6-81 分离文字

31 在【时间轴】面板中选择【图层_6】的【按下】帧，并按F6键插入关键帧，如图6-82所示。

32 在工具箱中选择【任意变形工具】，按住Shift键的同时，等比例放大分离后的文字，如图6-83所示。

33 返回至【场景1】中，即可完成按钮元件的创建，在【库】面板中可查看创建的按钮元件，如图6-84所示，动画演示效果如图6-85所示。

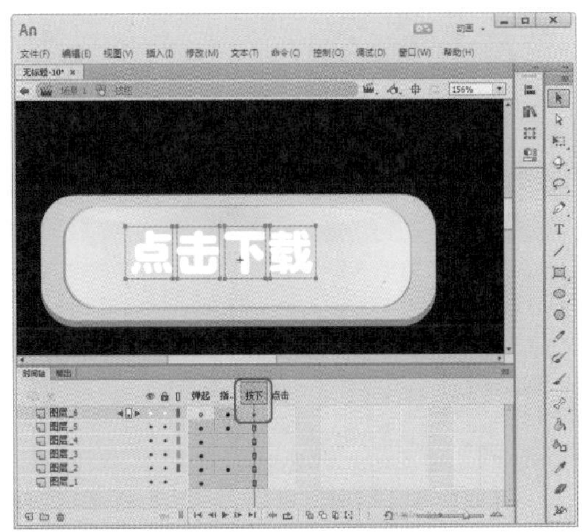

图6-82 插入关键帧

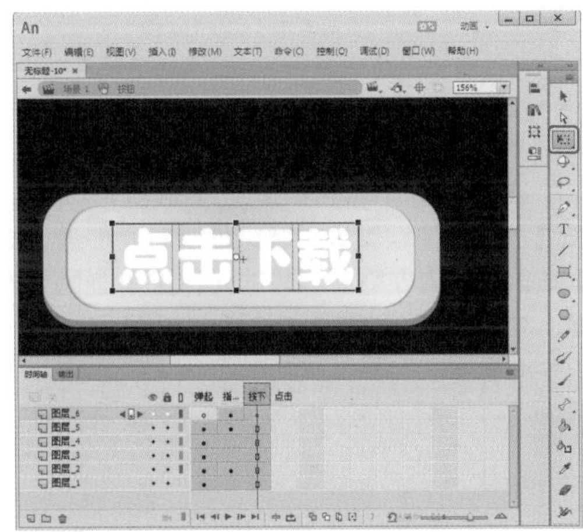

图6-83 等比例放大分离后的文字

图6-84 创建的按钮元件 图6-85 动画演示效果

6.1.4 转换为元件

在舞台中选择要转换为元件的图形对象，在菜单栏中选择【修改】|【转换为元件】命令或按F8键，弹出【转换为元件】对话框，设置要转换的元件类型，单击【确定】按钮，如图6-86所示。

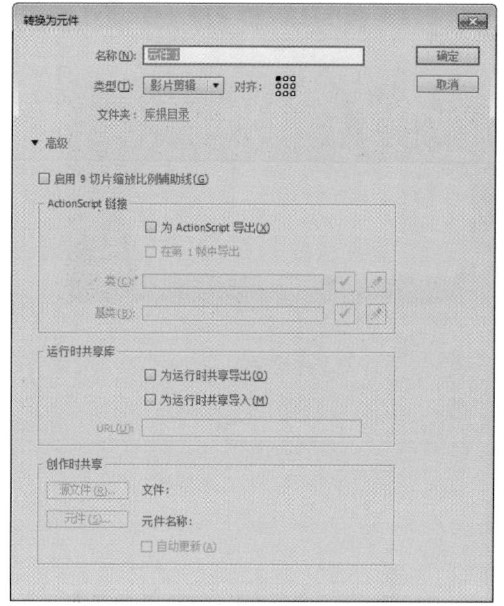

图6-86　【转换为元件】对话框

在【库】面板中双击需要编辑的元件，当进入到元件编辑模式时，可以对元件进行编辑修改。或者在需要编辑的元件上单击鼠标右键，在弹出的快捷菜单中选择【编辑】命令，如图 6-87 所示。

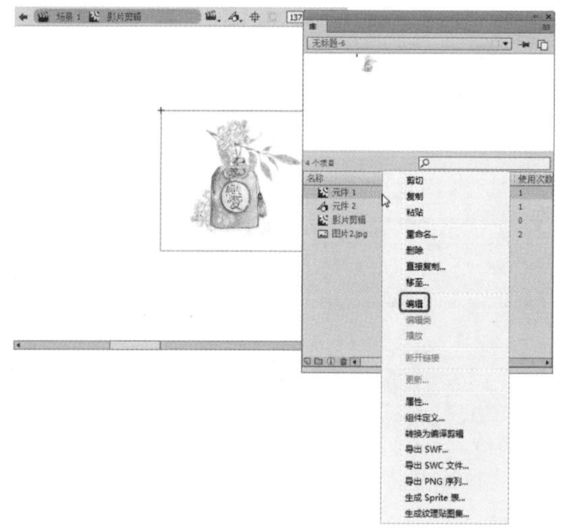

图6-87　选择【编辑】命令

也可以通过舞台上的实例来修改元件。在舞台中选择需要修改的实例，单击鼠标右键，在弹出的快捷菜单中选择【编辑文档】、【在当前位置编辑】或【在新窗口中编辑】命令，如图 6-88 所示。

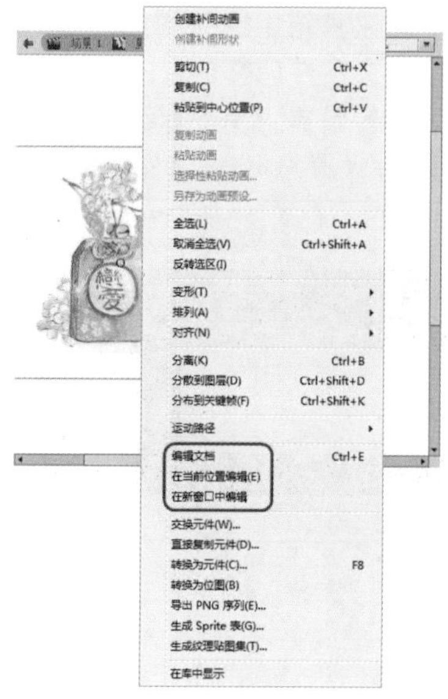

图6-88　编辑元件

- 编辑文档：可将窗口从舞台视图更改为只显示该元件的单独视图。正在编辑的元件名称会显示在舞台上方的信息栏内。
- 在当前位置编辑：可以在该元件和其他对象同在的舞台上编辑，其他对象将以灰显方式出现，从而将其与正在编辑的元件区别开。正在编辑的元件名称会显示在舞台上方的信息栏内。
- 在新窗口中编辑：可以在一个单独的窗口中编辑元件。在单独的窗口中编辑元件可以同时看到该元件和主时间轴，正在编辑的元件名称会显示在舞台上方的信息栏内。

6.1.5　元件的基本操作

元件的基本操作包括替换元件、复制元件和删除元件等。

1. 替换元件

在 Animate CC 中，场景中的实例可以被替换为另一个元件的实例，并保存原实例的初始属性。替换元件的具体操作步骤如下。

01 打开“替换元件 .fla”素材文件，在场景中选择需要替换的实例，如图 6-89 所示。

图6-89 选择实例

02 打开【属性】面板，将【样式】设置为【亮度】，然后将【亮度】设置为70，如图6-90所示。

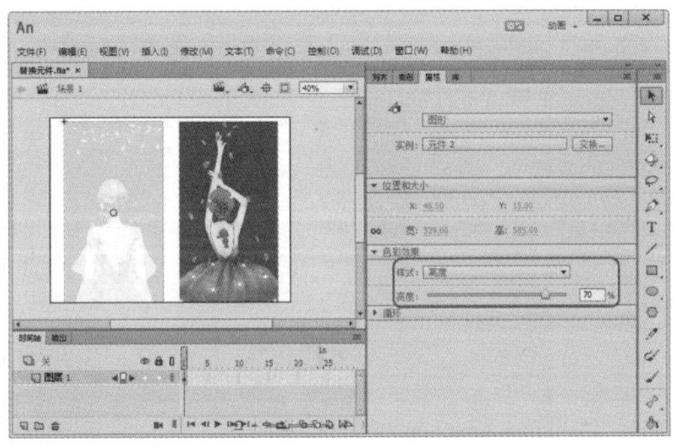

图6-90 【属性】面板

03 在【属性】面板中单击【交换】按钮，或者在菜单栏中选择【修改】|【元件】|【交换元件】命令，或者在实例上单击鼠标右键，在弹出的快捷菜单中选择【交换元件】命令，如图6-91所示。

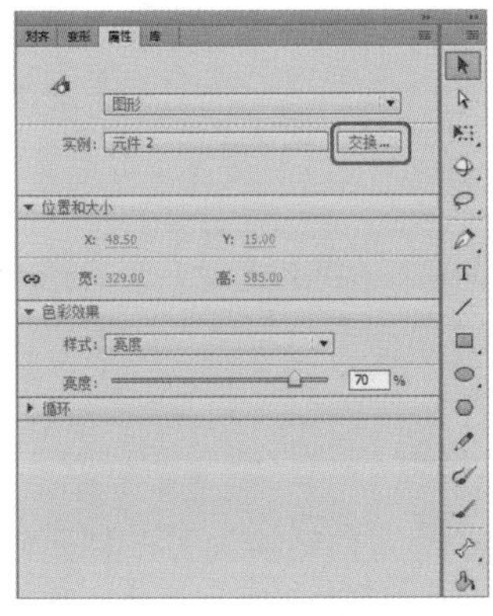

图6-91 单击【交换】按钮

04 弹出【交换元件】对话框，选择需要替换的元件，单击【确定】按钮，如图6-92所示。

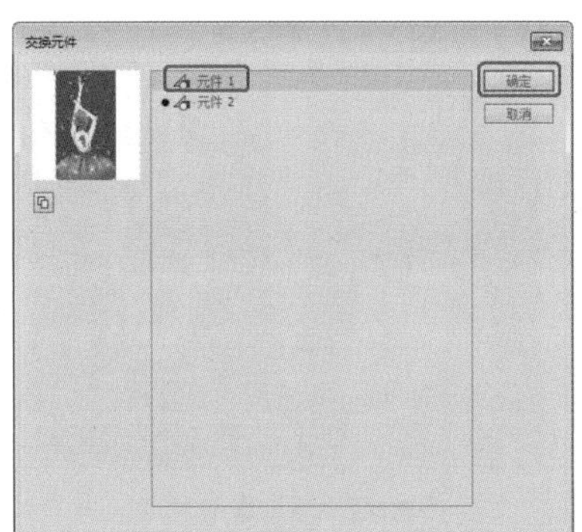

图6-92 【交换元件】对话框

05 舞台中的实例已经被替换，但还保留了被替换实例的色彩效果，如图6-93所示。

提 示

如果在【交换元件】对话框中单击【直接复制元件】按钮，在弹出的【直接复制元件】对话框中设置完成并单击【确定】按钮后，会再次返回到【交换元件】对话框中，并且新复制的元件会显示在【交换元件】对话框的列表中，单击【交换元件】对话框中的【确定】按钮，才会完成复制元件的操作。

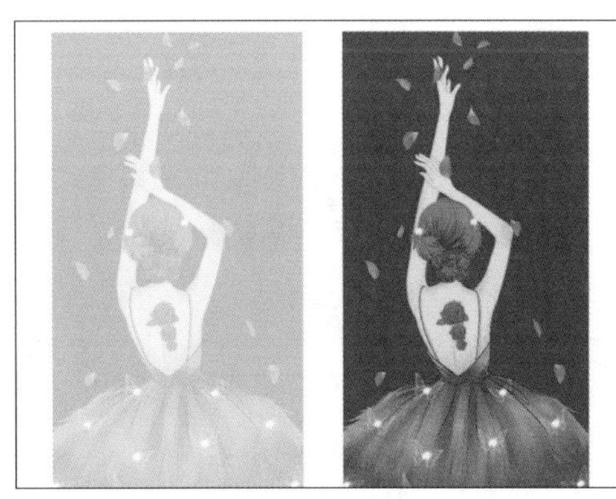

图6-93 交换元件后的效果

2. 复制元件

有时新创建的元件与另一个已存在的元件只存在很小的差异，对于这种情况，可以使用现有的元件作为创建新元件的起点，即复制元件后再进行修改，从而提高工作效率。

复制元件的具体操作步骤如下。

01 在舞台中选择需要复制的实例，如图6-94所示。

02 在菜单栏中选择【修改】|【元件】|【直接复制元件】命令，如图6-95所示。

图6-94　选择实例

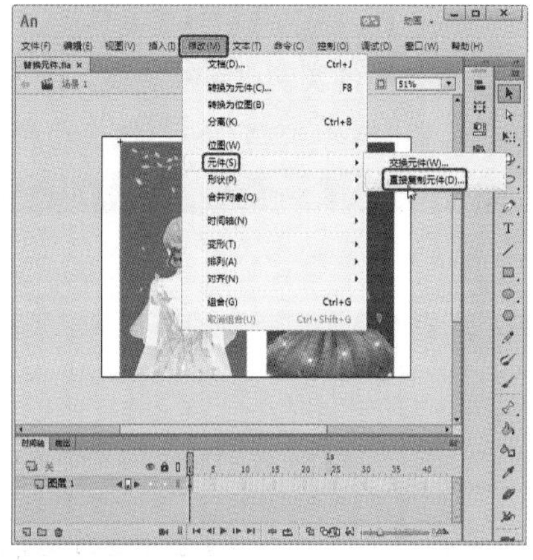

图6-95　选择【直接复制元件】命令

03 弹出【直接复制元件】对话框，在【元件名称】文本框中输入复制的元件的名称，单击【确定】按钮，如图 6-96 所示。

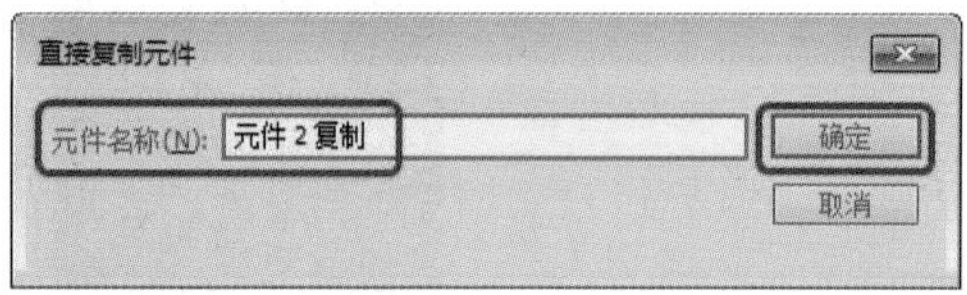

图6-96　【直接复制元件】对话框

04 从【库】面板中可以看到新复制的元件，如图 6-97 所示。

3. 删除元件

在 Animate CC 中，可以将不需要的元件删除，删除元件的方法如下。

- 在【库】面板中选择需要删除的元件，然后按键盘上的 Delete 键。
- 在【库】面板中选择需要删除的元件，然后单击面板底部的【删除】按钮。
- 在【库】面板中选择需要删除的元件，单击鼠标右键，在弹出的快捷菜单中选择【删除】命令，如图 6-98 所示。

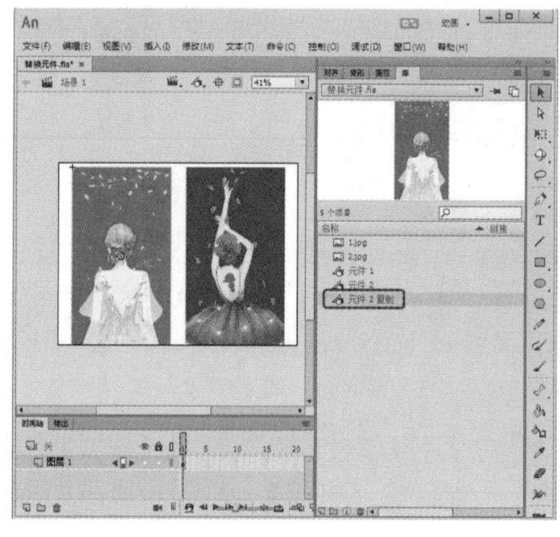

图6-97　复制的元件

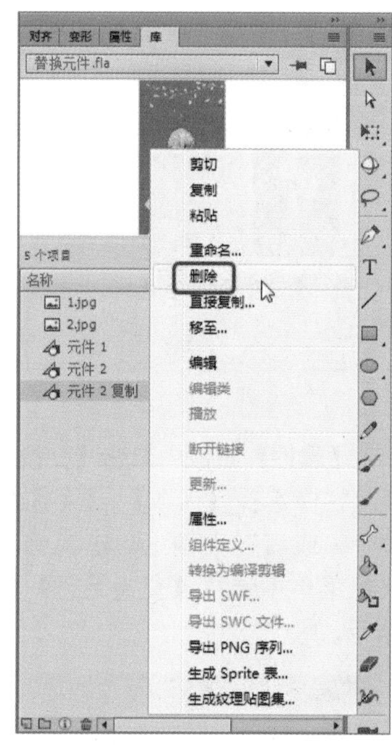

图6-98　选择【删除】命令

6.1.6　元件的相互转换

元件被创建后，可以在图形、按钮和影片剪辑这 3 种元件类型之间互相转换，同时保持原有特性不变。

要将一种元件转换为另一种元件，首先在【库】面板中选择该元件，单击鼠标右键，在弹出的快捷菜单中选择【属性】命令，打开【元件属性】对话框，选择要改变的元件类型，单击【确定】按钮，如图 6-99 所示。

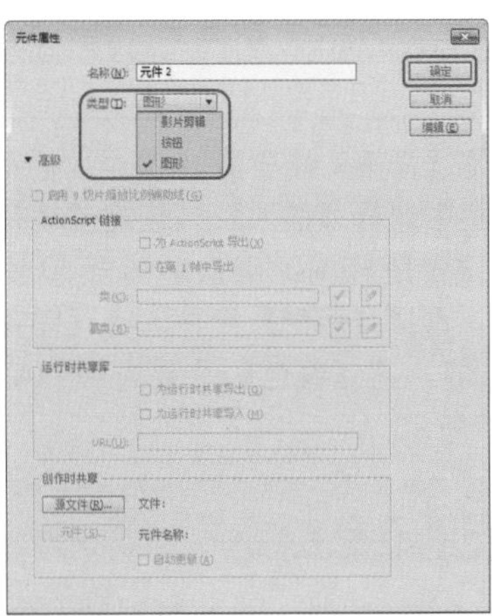

图6-99 【元件属性】对话框

知识链接：元件的优点

动画中使用元件有4个优点。

在使用元件时，由于一个元件在浏览中只需下载一次，这样就可以加快影片的播放速度，避免重复下载同一对象。

使用元件可以简化编辑操作。在影片编辑过程中，可以把需要多次使用的元素制成元件，若修改元件，则由同一元件生成的所有实例都会随之更新，而不必逐一对所有实例进行更改，这样就大大节省了创作时间，提高了工作效率。

制作运动类型的过渡动画效果时，必须将图形转换成元件，否则将失去透明度等属性，而且不能制作补间动画。

若使用元件，则在影片中只会保存元件，而不管该影片中有多少个该元件的实例，它们都是以附加信息保存的，即用文字性的信息说明实例的位置和其他属性，所以保存一个元件的几个实例比保存该元件内容的多个副本占用的存储空间小。

6.2 制作闪光文字——实例的应用

闪光文字更能吸引眼球，达到广泛传播的目的。

本例介绍如何制作文字闪光的效果，主要通过为文字元件添加样式，并创建关键帧来体现闪光效果，效果如图6-100所示。

素材	素材\Cha06\闪光文字素材.jpg
场景	场景\Cha06\制作闪光文字——实例的应用.fla
视频	视频教学\Cha06\制作闪光文字——实例的应用.mp4

图6-100 闪光文字动画效果

01 新建空白文档，将舞台大小设置为658×411，按Ctrl+R组合键，将“闪光文字素材.jpg”素材文件导入舞台中并调整位置，效果如图6-101所示。

图6-101 导入素材

02 按Ctrl+F8组合键，弹出【创建新元件】对话框，将【名称】设置为【矩形】，将【类型】设置为【图形】，单击【确定】按钮，如图6-102所示。

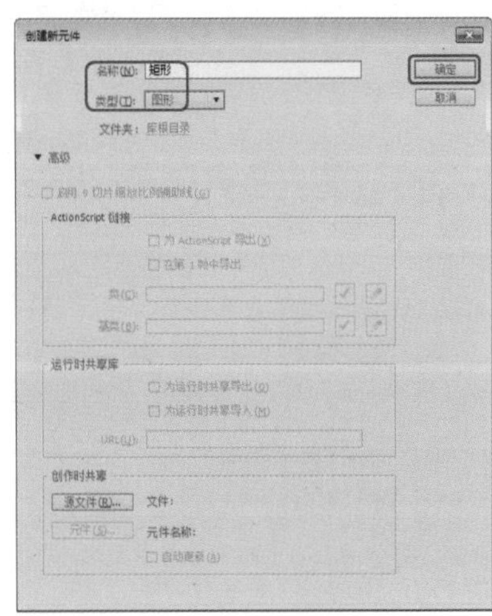

图6-102 创建新元件

03 使用【矩形工具】绘制矩形并选中，在【属性】面板中将【笔触颜色】设置为无，【填充颜色】设置为 #A5E8F1，如图 6-103 所示。

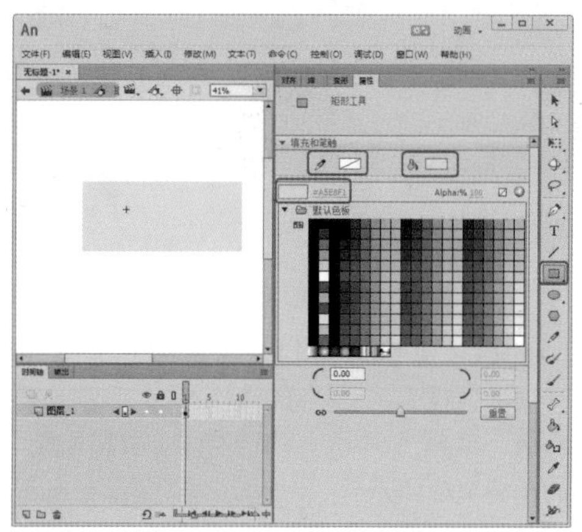

图6-103 绘制矩形并设置【填充和笔触】

04 再次打开【创建新元件】对话框，输入【名称】为【变色动画】，将【类型】设置为【影片剪辑】，单击【确定】按钮。在【库】面板中将【矩形】元件拖曳至舞台中，选择【矩形】元件，在【属性】面板中将【位置和大小】中的 X、Y 设置为 -290.0、72.0，将【位置和大小】中的【宽】、【高】设置为 380.0、180.0，选择【时间轴】面板中的第 15 帧，按 F6 键插入关键帧，在【属性】面板中将【样式】设置为【色调】，将【着色】设置为 #29B8CA，如图 6-104 所示。

疑难解答 为什么要为文字元件添加样式？

在案例中通过为文字添加样式制作闪光文字，文字本身不能产生动画，可以通过创建元件制作闪光部分，然后对文字进行遮罩层处理。

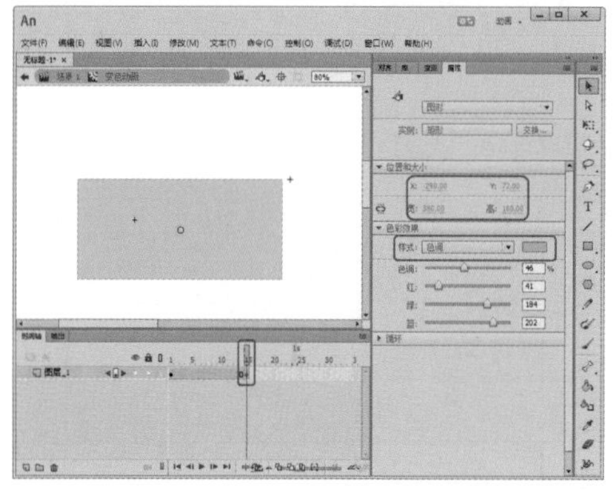

图6-104 拖入元件并设置参数

提 示

为了方便观察效果可以将背景颜色设置为黑色。

05 选择第 1 帧至第 15 帧中的任意一帧，在菜单栏中选择【插入】|【创建传统补间】命令，创建传统补间动画，选择第 30 帧，插入关键帧，选择【矩形】元件，将【样式】设置为【色调】，将【着色】设置为 #199AAB，如图 6-105 所示。

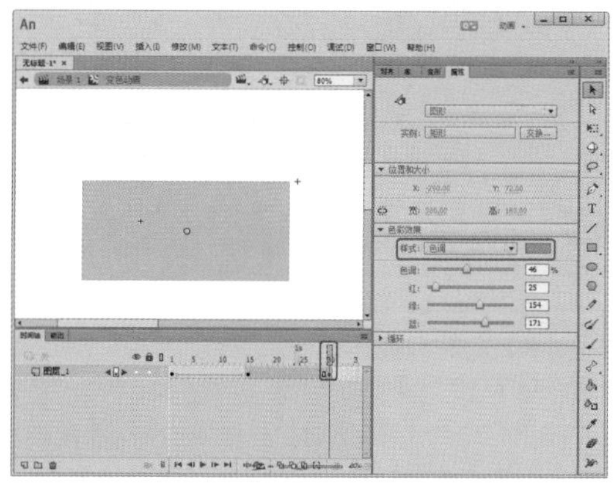

图6-105 设置第30帧的颜色

06 在第 15 帧至第 30 帧处任选一帧，单击鼠标右键，在弹出的快捷菜单中选择【创建传统补间】命令，创建传统补间动画，选择第 45 帧，插入关键帧，选择【矩形】元件，将【样式】设置为【色调】，将【着色】设置为 #0C76A8，如图 6-106 所示。

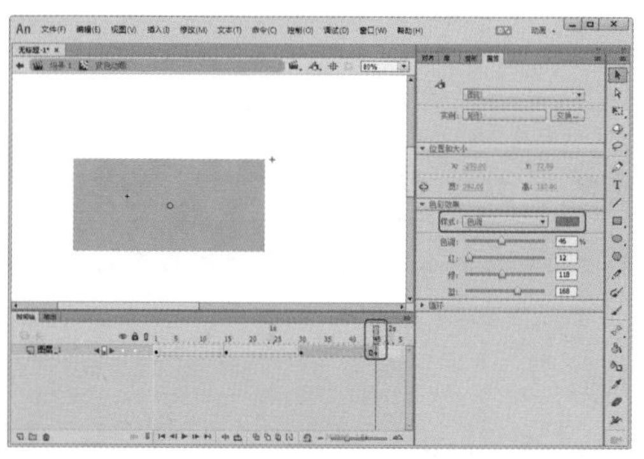

图6-106 设置第45帧的颜色

07 在第 30 帧与第 45 帧之间创建传统补间动画，使用同样方法选择第 60、75、90 帧，插入关键帧，选择【矩形】元件，分别将【着色】设置为 #078393、#29B8CA、#A5E8F1，并使用同样方法创建传统补间，如图 6-107 所示。

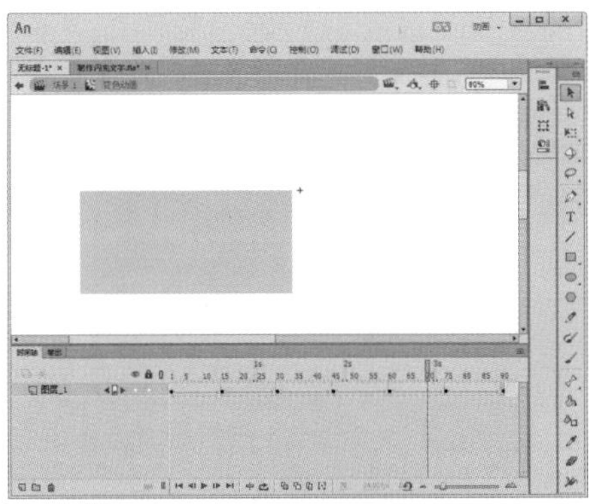

图6-107　设置矩形并创建传统补间

08 再次创建新元件，将【名称】设置为【遮罩 1】，将【类型】设置为【影片剪辑】。打开【库】面板，将【变色动画】元件拖曳至舞台中，并调整位置，如图 6-108 所示。

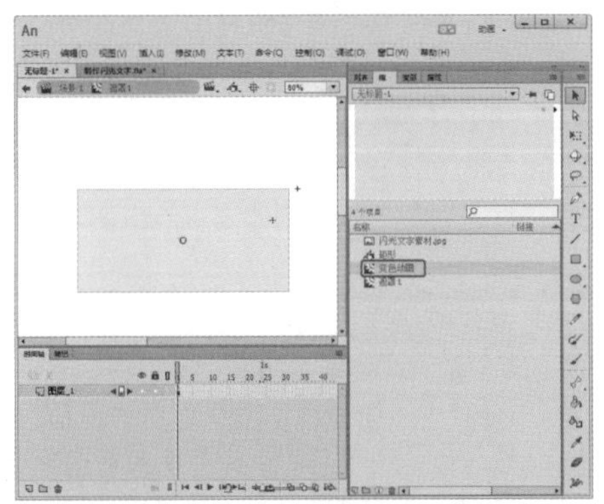

图6-108　向新建的元件中拖入元件

09 新建【图层 _2】，使用【文本工具】T输入文字，选中输入的文字【圣诞快乐】，在【属性】面板中将【系列】设置为【汉仪大宋简】，【大小】设置为 50，【颜色】设置为黑色，如图 6-109 所示。

图6-109　输入文字并设置参数

10 选择【图层 _2】，单击鼠标右键，在弹出的快捷菜单中选择【遮罩层】命令，如图 6-110 所示。

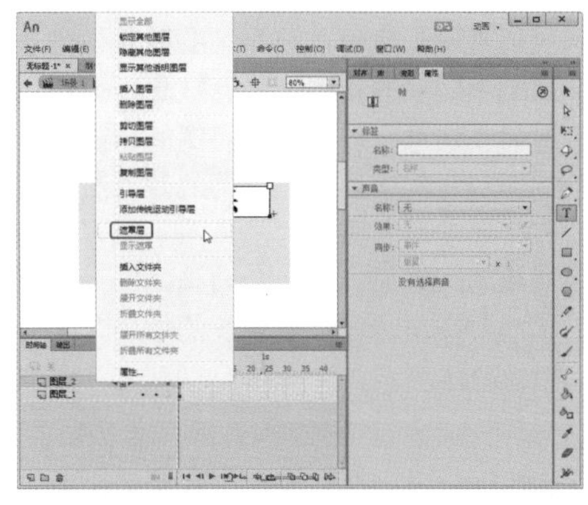

图6-110　选择【遮罩层】命令

11 在左上角单击按钮，返回到场景中，使用同样的方法制作【遮罩 2】影片剪辑，打开【库】面板，将【遮罩 1】和【遮罩 2】元件拖曳至舞台中，使用【任意变形工具】调整位置、形状和大小，如图 6-111 所示。

图6-111　调整元件位置

12 按 Ctrl+Enter 组合键测试影片，如图 6-112 所示。

图6-112　测试效果

6.2.1 实例的编辑

在库中存在元件的情况下，选中元件并将其拖曳到舞台中即可完成实例的创建。由于实例的创建源于元件，因此只要元件被修改编辑，那么所关联的实例也将会被更新。应用各实例时需要注意，影片剪辑实例的创建和包含动画的图形实例的创建是不同的，电影片段只需要一个帧就可以播放动画，而且编辑环境中不能演示动画效果；而包含动画的图形实例，则必须放置在与其元件同样长的帧中，才能显示完整的动画。

创建元件的新实例的具体操作步骤如下。

01 在【时间轴】面板中选择要放置实例的图层。Animate CC 2018 只能把实例放在【时间轴】面板的关键帧中，并且总是放置于当前图层上。如果没有选择关键帧，该实例将被添加到当前帧左侧的第 1 个关键帧上。

02 在菜单栏中选择【窗口】|【库】命令，打开影片的库。

03 将要创建实例的元件从库中拖到舞台上。

04 释放鼠标后，就会在舞台上创建元件的一个实例，然后就可以在影片中使用此实例或者对其进行编辑操作。

6.2.2 实例的属性

在【属性】面板中可以对实例进行指定名称、更改属性、指定元件、改变类型等操作。

1. 指定实例名称

具体操作步骤如下。

01 在舞台上选择要定义名称的实例。

02 在【属性】面板的【实例名称】文本框内输入该实例的名称，只有影片剪辑元件和按钮元件可以设置实例名称，分别如图 6-113 和图 6-114 所示。

创建元件的实例后，使用【属性】面板还可以指定实例的颜色效果和动作，设置图形显示模式或更改实例的行为。除非用户另外指定，否则实例的行为与元件行为相同。对实例所做的任何更改都只影响该实例，并不影响元件。

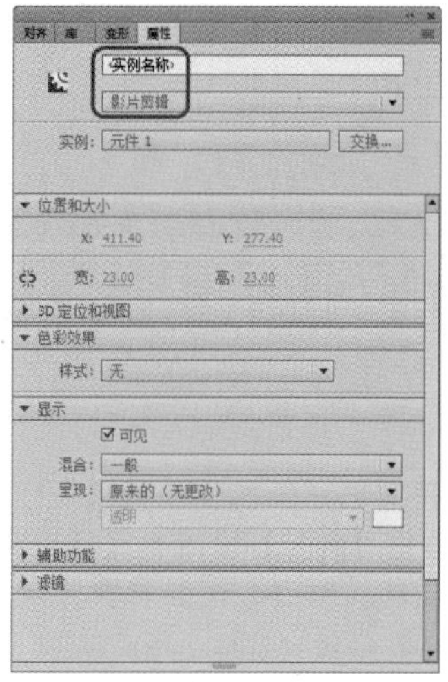

图6-113　影片剪辑元件

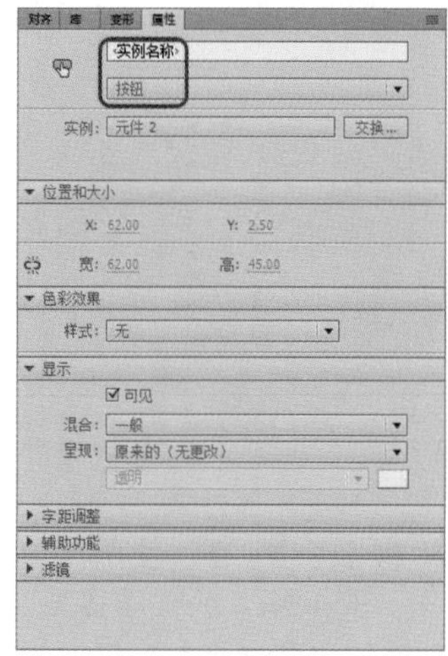

图6-114　按钮元件

2. 更改实例属性

每个元件实例都可以有自己的色彩效果，要设置实例的颜色和透明度，可使用【属性】面板，【属性】面板中的设置也会影响放置在元件内的位图。

要改变实例的颜色和透明度，可以从【属性】面板中【色彩效果】选项组下的【样式】下拉列表中选择，如图 6-115 所示。

- 无：不设置颜色效果，此项为默认设置。
- 亮度：用来调整图像的相对亮度和暗度。明亮值为 -100% ～ 100%，100%

为白色，-100% 为黑色。其默认值为 0。可直接输入数字，也可通过拖曳滑块调节，如图 6-116 所示。

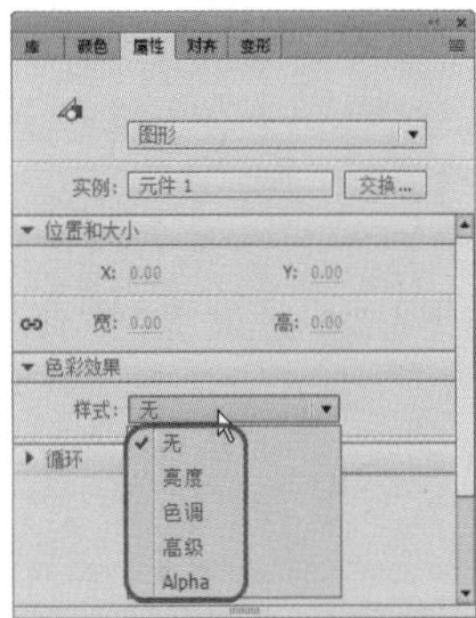

图6-115 【属性】面板

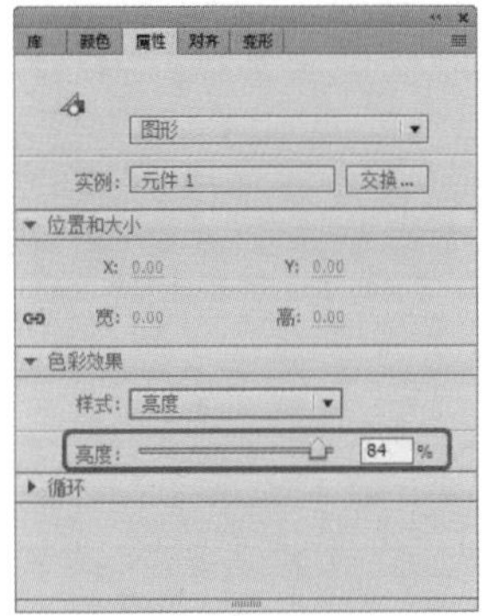

图6-116 设置亮度

- 色调：用来增加某种色调。可用颜色拾取器，也可以直接输入红、绿、蓝颜色值。数值为 0 ~ 100%，数值为 0 时不受影响，数值为 100% 时所选颜色将完全取代原有颜色，如图 6-117 所示。

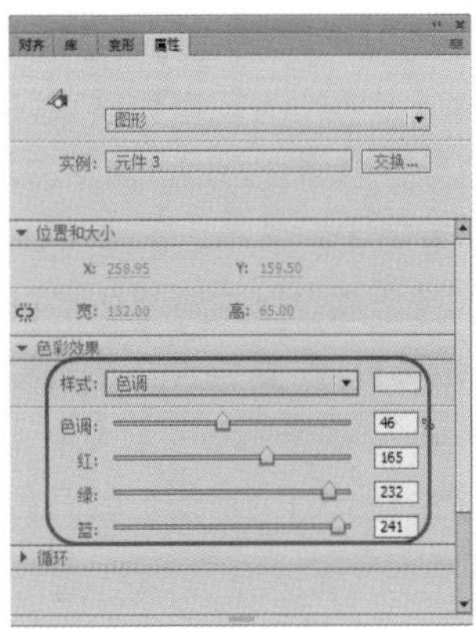

图6-117 设置色调

- 高级：用来调整实例中的红、绿、蓝和透明度，如图 6-118 所示。

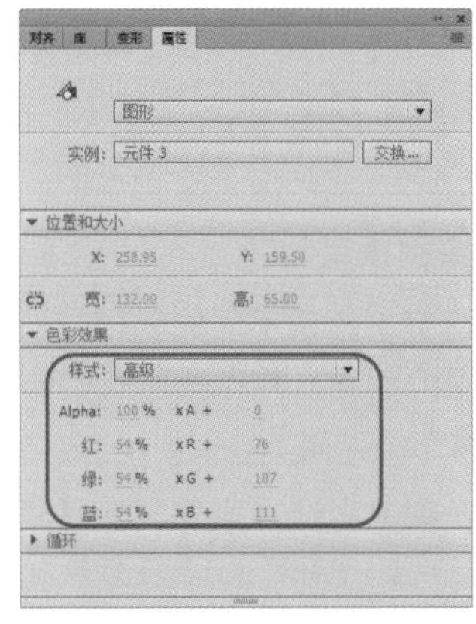

图6-118 高级设置

- Alpha(不透明度)：用来设置实例的透明度，数值为 0 ~ 100%，数值为 0 时实例完全不可见，数值为 100% 时实例将完全可见。可以直接输入数字，也可以拖曳滑块调节，如图 6-119 所示。

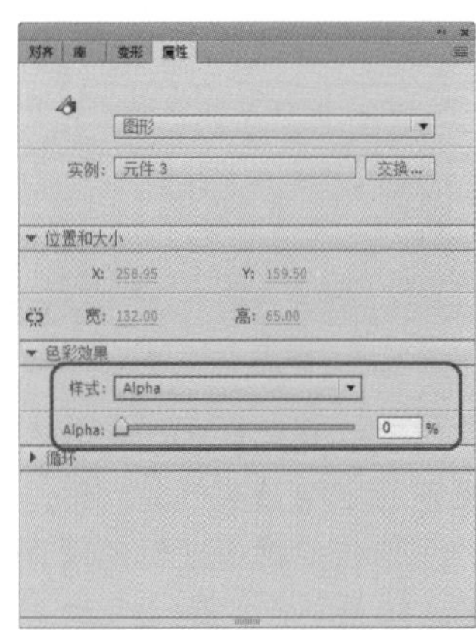

图6-119 设置不透明度

在【高级】选项下，可以单独调整实例元件的红、绿、蓝三原色和 Alpha(不透明度)参数，这在制作颜色变化非常精细的动画时最有用。每一项都通过两列文本框来调整，左列的文本框用来输入减少相应颜色分量或透明度的比例，右列的文本框通过具体数值来增加或减小相应颜色或透明度的值。

【高级】选项下的红、绿、蓝和 Alpha(不透明度)的值都乘以百分比值，然后加上右列中的常数值，就会产生新的颜色值。

提 示

【高级】选项的高级设置执行函数 (a×y+b)=x，其中 a 是文本框左列设置中指定的百分比，y 是原始位图的颜色，b 是文本框右侧设置中指定的值，x 是生成的效果 (RGB 值在 0 到 255 之间，Alpha 值在 0 到 100 之间)。

3. 给实例指定元件

可以给实例指定不同的元件，从而在舞台上显示不同的实例，并保留所有的原始实例属性。具体操作步骤如下。

01 在舞台上选择实例，在【属性】面板中单击【交换】按钮，打开【交换元件】对话框，如图 6-120 所示。

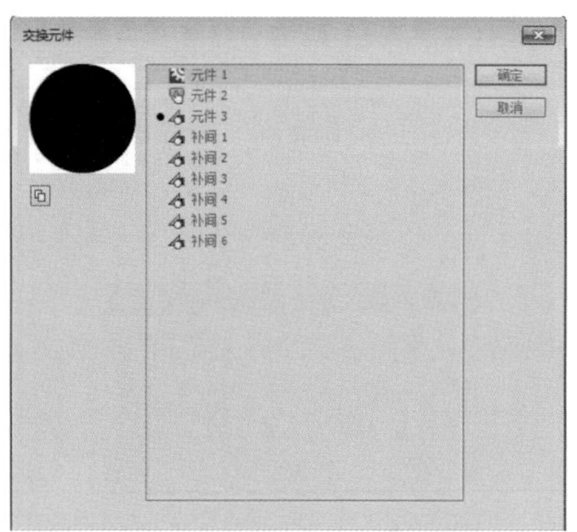

图6-120 【交换元件】对话框

02 在【交换元件】对话框中选择一个元件，替换当前指定给该实例的元件。要复制选定的元件，可单击对话框左侧的【直接复制元件】按钮。如果制作的是几个具有细微差别的元件，则复制操作可在库中现有元件的基础上建立一个新元件。

03 单击【确定】按钮。

4. 改变实例类型

无论是直接在舞台创建的还是从元件拖曳出的实例，都保留了其元件的类型。在制作动画时如果想将元件转换为其他类型，可以通过【属性】面板在三种元件类型之间进行转换，如图 6-121 所示。

按钮元件的设置选项如图 6-122 所示。

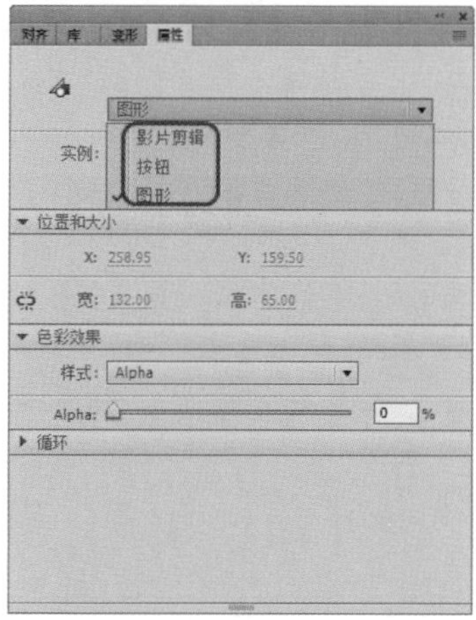

图6-121 改变实例类型

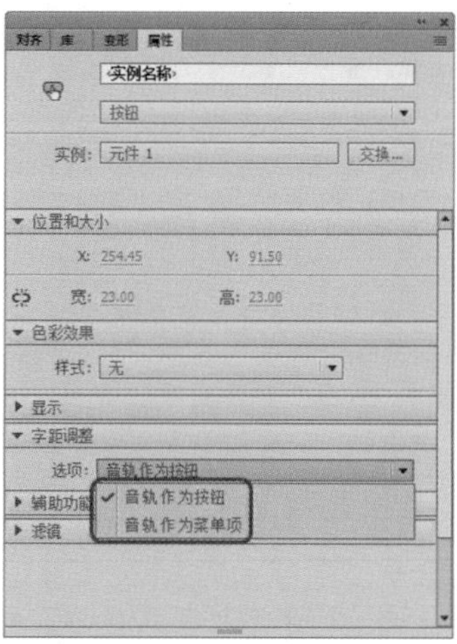

图6-122 按钮元件

- 【音轨作为按钮】：忽略其他按钮发出的事件，按钮 A 和 B，A 为【音轨作为按钮】模式，按住 A 不放并移动鼠标到 B 上，B 不会被按下。
- 【音轨作为菜单项】：按钮 A 和 B，B 为【音轨作为按钮】模式，按住 A 不放并移动鼠标到 B 上，B 为菜单时，B 则会按下。

图形元件的选项设置如图 6-123 所示。

- 【循环】：设置包含在当前实例中的序列动画循环播放。
- 【播放一次】：从指定帧开始，只播放动画一次。
- 【单帧】：显示序列动画指定的一帧。

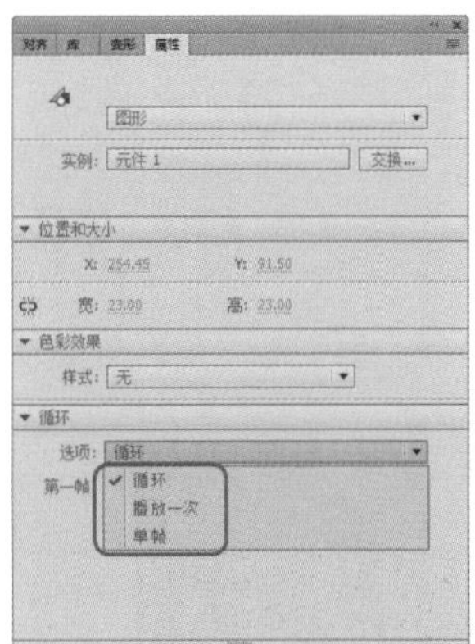

图6-123　图形元件

6.3 上机练习——制作展开的画

卷轴画是一种在纸和绢上绘制的艺术作品，至今已有 2000 年的历史，绘画风格也历经多次变化，经过几千年来不断演变、提高，形成了浓厚的民族风格和鲜明的时代特色。

本例介绍如何利用遮罩层制作展开的画，主要应用了传统补间动画和遮罩层，效果如图 6-124 所示。

图6-124　展开的画效果

素材	素材\Cha06\画.png、画轴1.png、画轴2.png
场景	场景\Cha06\制作展开的画. fla
视频	视频教学\Cha06\制作展开的画.mp4

01 启动软件，按 Ctrl+N 组合键，在弹出的【新建文档】对话框中，将【宽】、【高】分别设置为 800、450，【帧频】设置为 30，【背景颜色】设置为 #58000E，单击【确定】按钮，如图 6-125 所示。

02 在菜单栏中选择【文件】|【导入】|【导入到库】命令，如图 6-126 所示。

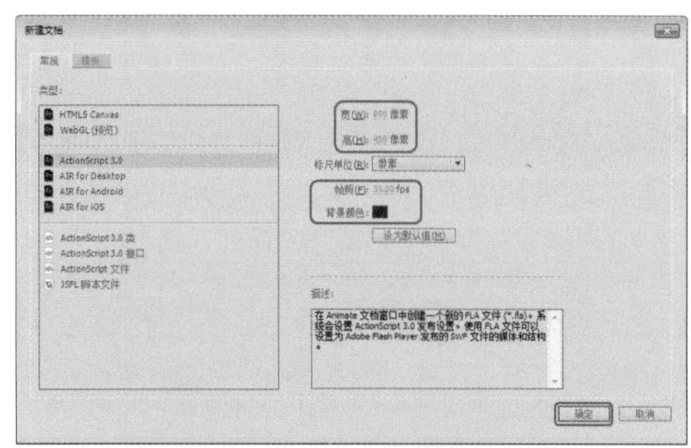

图6-125　【新建文档】对话框

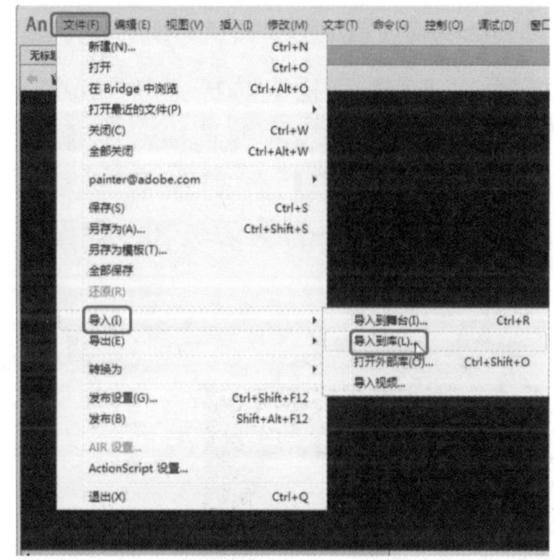

图6-126　选择【导入到库】命令

03 在弹出的【导入到库】对话框中选择“画 .png”“画轴 1.png”“画轴 2.png”素材文件，单击【打开】按钮，如图 6-127 所示。

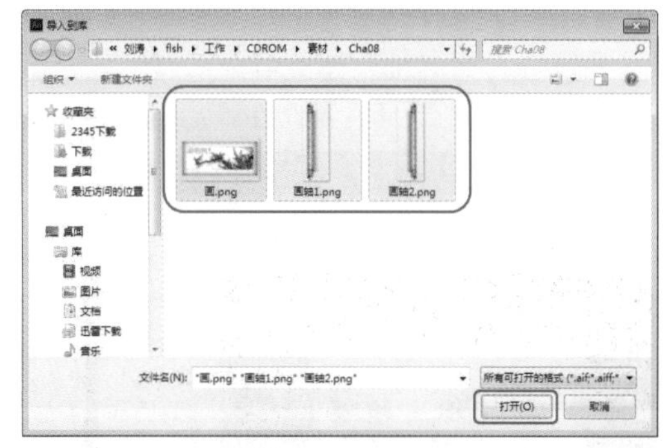

图6-127　选择素材文件

04 按 Ctrl+F8 组合键，在弹出的【创建新元件】对话框中，将【名称】设置为【卷轴画】，【类型】设置为【影片剪辑】，单击【确定】按钮，如图 6-128 所示。

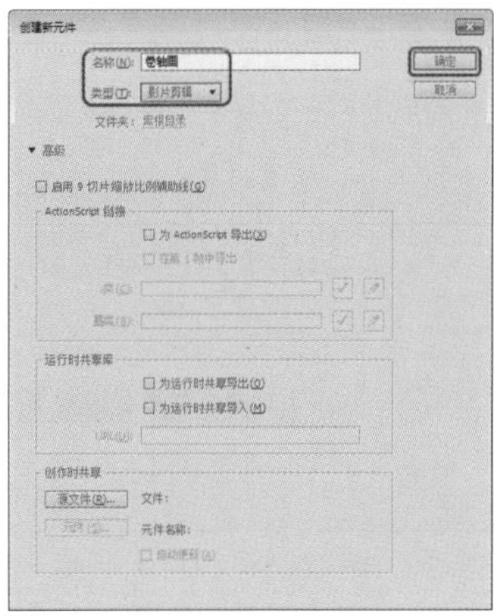

图6-128 【创建新元件】对话框

05 在【库】面板中选择“画.png”素材文件，将其拖曳至舞台中并选中，在【属性】面板中将【宽】、【高】分别设置为511.90、275.25，X、Y分别设置为234、6，如图6-129所示。

图6-129 添加素材文件并设置参数

06 在【时间轴】面板中选择【图层_1】的第58帧，单击鼠标右键，在弹出的快捷菜单中选择【插入帧】命令，如图6-130所示。

图6-130 选择【插入帧】命令

07 在【时间轴】面板中单击【新建图层】按钮，新建【图层_2】，在工具箱中单击【矩形工具】，在舞台中绘制一个矩形并选中，在【属性】面板中将【宽】、【高】分别设置为958.15、272.3，X、Y都设置为0，【笔触颜色】设置为无，【填充颜色】设置为黑色，如图6-131所示。

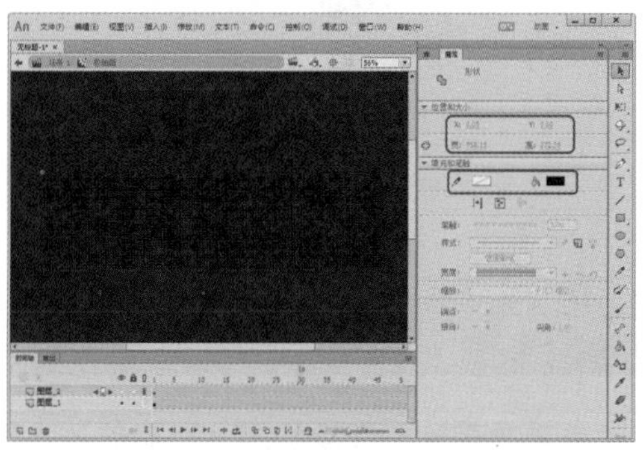

图6-131 绘制矩形并设置参数

08 继续选中该矩形，按F8键，在弹出的【转换为元件】对话框中将【名称】设置为【矩形】，将【类型】设置为【图形】，单击【确定】按钮，如图6-132所示。

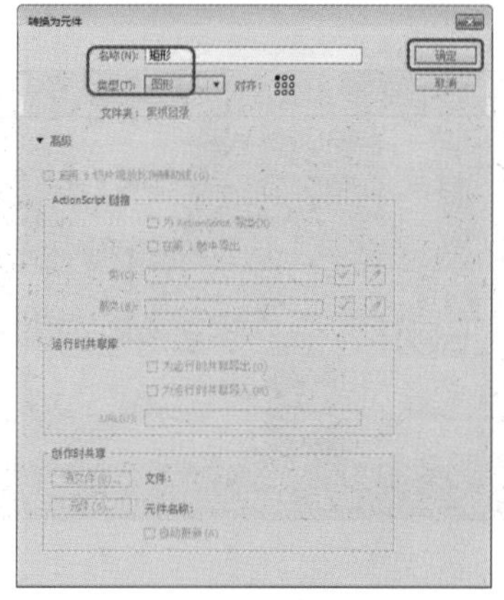

图6-132 【转换为元件】对话框

09 选中该元件，在【属性】面板中将【宽】、【高】分别设置为67.7、272.3，X、Y分别设置为485.1、23，如图6-133所示。

10 在【时间轴】面板中选择【图层_2】的第58帧，按F6键插入一个关键帧，选中该帧上的元件，在【属性】面板中将【宽】、【高】分别设置为507.9、272.3，X、Y分别设置为238、23，如图6-134所示。

图6-133 设置元件参数

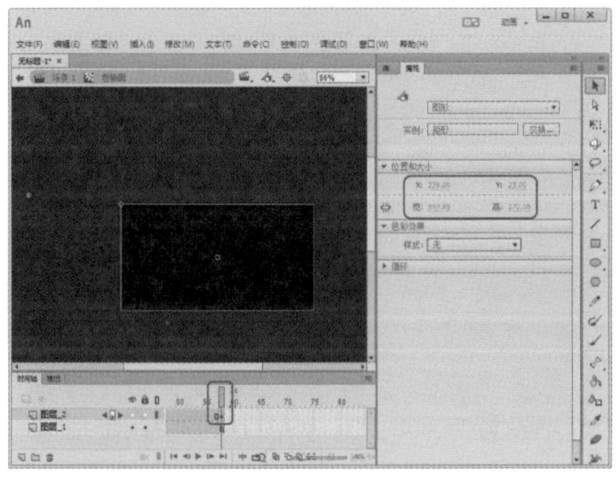

图6-134 插入关键帧并设置元件参数

11 在【时间轴】面板中选择【图层_2】的第30帧，单击鼠标右键，在弹出的快捷菜单中选择【创建传统补间】命令，如图6-135所示。

图6-135 选择【创建传统补间】命令

12 继续在【时间轴】面板中选择【图层_2】，单击鼠标右键，在弹出的快捷菜单中选择【遮罩层】命令，如图6-136所示。

图6-136 选择【遮罩层】命令

疑难解答 什么是遮罩层，怎样创建？

遮罩层就是将与遮罩层相链接的图形中的图像遮盖起来。用户可将多个层组合放在一个遮罩层下，以创建出多样的效果。在图层中，将遮罩的图层放在上面，将被遮罩的图层放在其下面，选择遮罩的图层并单击鼠标右键，在弹出的快捷菜单中选择【遮罩层】命令，即可创建遮罩层。

13 在【时间轴】面板中单击【新建图层】按钮，在【库】面板中选择“画轴1.png”素材文件，将其拖曳至舞台中并选中，按F8键，在弹出的【转换为元件】对话框中将【名称】设置为【画轴1】，将【类型】设置为【图形】，单击【确定】按钮，如图6-137所示。

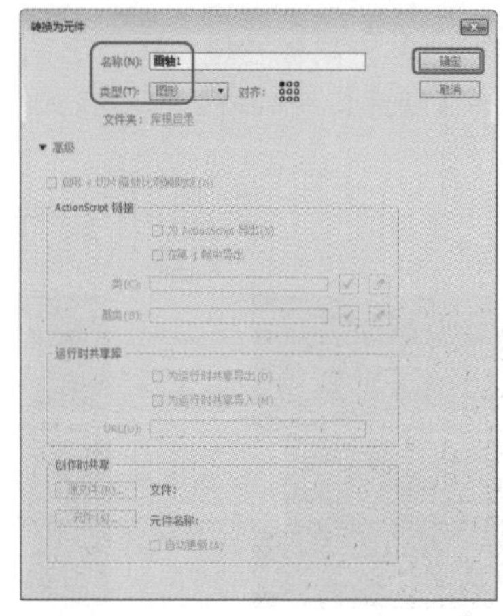

图6-137 【转换为元件】对话框

14 选中该元件，在【属性】面板中将X、Y分别设置为452.5、0，如图6-138所示。

15 在【时间轴】面板中选择【图层_3】的第58帧，按F6键插入关键帧，选中该帧上的元件，在【属性】面板中将X、Y分别设置为 218、0，如图 6-139 所示。

图6-138　调整元件的位置

图6-139　调整元件位置

16 在【时间轴】面板中选择【图层 _3】的第 30 帧，单击鼠标右键，在弹出的快捷菜单中选择【创建传统补间】命令，如图 6-140 所示。

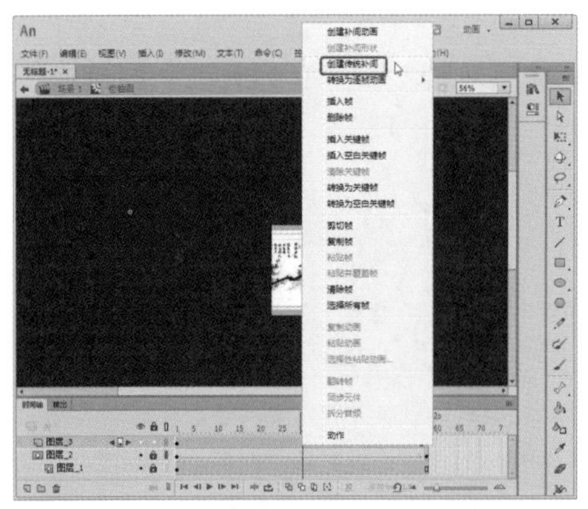

图6-140　选择【创建传统补间】命令

17 在【时间轴】面板中单击【新建图层】按钮，新建【图层 _4】，在【库】面板中选择“画轴 2.png”素材文件，将其拖曳至舞台中并选中，按 F8 键，在弹出的【转换为元件】对话框中将【名称】设置为【画轴 2】，将【类型】设置为【图形】，单击【确定】按钮，如图 6-141 所示。

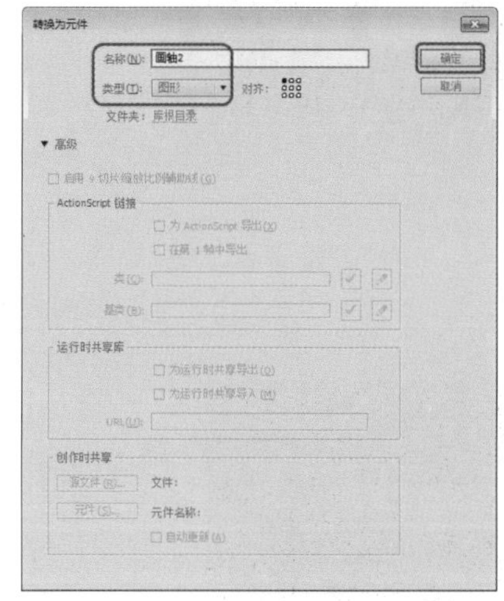

图6-141　将素材转换为元件

18 选中该元件，在【属性】面板中将 X、Y 分别设置为 530、0，如图 6-142 所示。

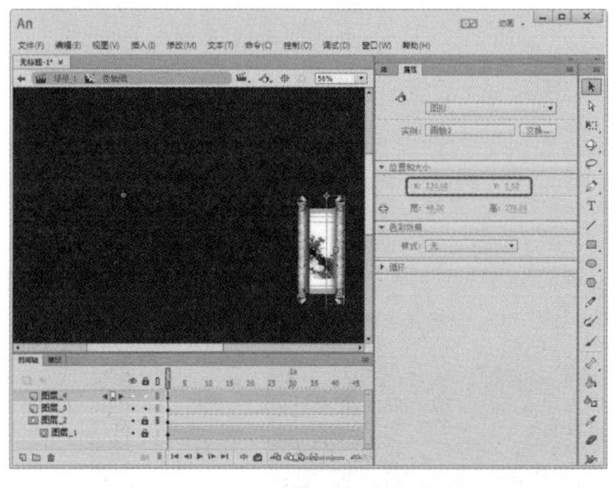

图6-142　调整元件位置

19 在【时间轴】面板中选择【图层 _4】的第 58 帧，按 F6 键插入关键帧，选中该帧上的元件，在【属性】面板中将 X、Y 分别设置为 718、0，如图 6-143 所示。

20 在【时间轴】面板中选择【图层 _4】的第 30 帧，单击鼠标右键，在弹出的快捷菜单中选择【创建传统补间】命令，如图 6-144 所示。

21 在【时间轴】面板中新建【图层 _5】，选择【图层 5】的第 58 帧，按 F6 键插入关键帧，按 F9 键打开【动作】面板，输入代码

stop();，如图 6-145 所示。

图6-143 插入关键帧并调整元件位置

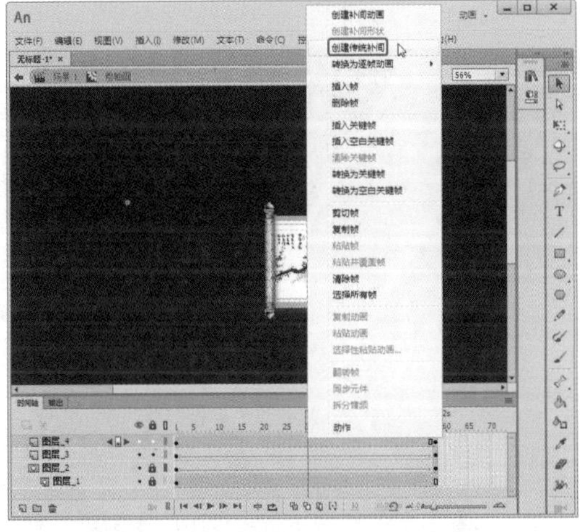

图6-144 选择【创建传统补间】命令

22 输入完成后，返回至【场景 1】中，在【库】面板中选择【卷轴画】影片剪辑元件，并将其拖曳至舞台中，调整其位置，效果如图 6-146 所示。

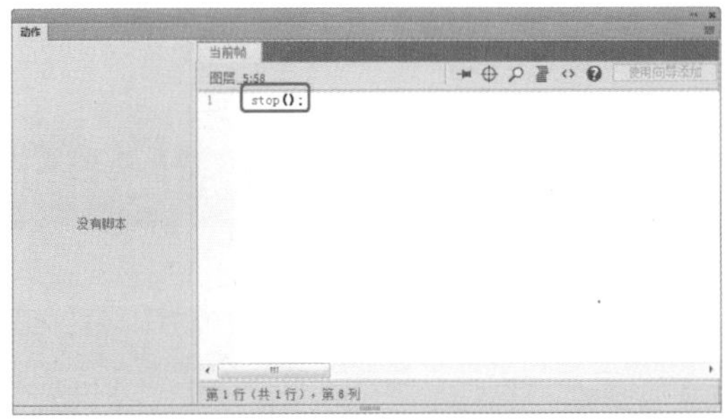

图6-145 输入代码

图6-146 添加【卷轴画】影片剪辑元件

6.4 习题与训练

1. 在 Animate CC 中可以制作的元件类型有几种？

2. 如何将图形对象转换为元件？

3. 元件如何相互转换？

第7章 设计卡通动画——制作简单的动画

动画是通过把人物的表情、动作、变化等分解后画成许多瞬间的画幅，再用摄影机连续拍摄成一系列画面，给视觉带来连续变化的图画。其基本原理与电影、电视一样，都是视觉暂留原理。医学证明人类具有“视觉暂留”的特性，眼睛看到一幅画或一个物体后，在0.34秒内不会消失。利用这一原理，在一幅画还没有消失前播放下一幅画，就会造成一种流畅的视觉变化效果，本章将通过图层、关键帧等来制作卡通动画。

基础知识

- 图层的管理
- 使用图层文件夹管理图层

重点知识

- 插入关键帧
- 帧标签、注释和锚记

提高知识

- 关键帧和普通帧的转换
- 帧的翻转

动画不同于一般意义上的动画片，动画是一种综合艺术，它是集合了绘画、动漫、电影、数字媒体、摄影、音乐、文学等众多艺术门类于一身的艺术表现形式。动画技术较规范的定义是逐帧拍摄对象并连续播放而形成运动的影像技术。不论拍摄对象是什么，只要它的拍摄方式采用的是逐格方式，播放时形成了连续活动影像，它就是动画。

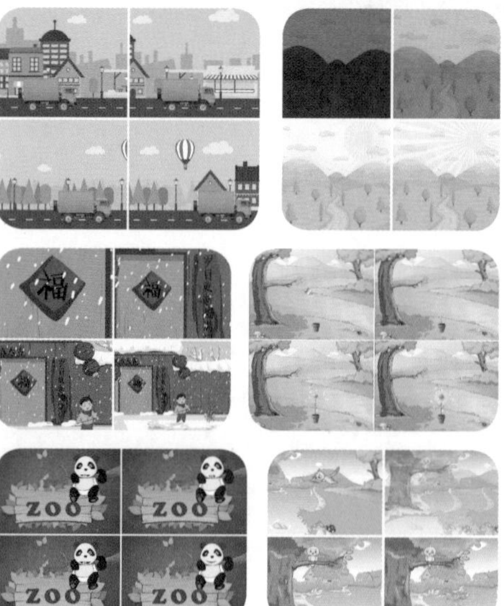

7.1 制作汽车行驶动画——图层的使用

在卡通动画设计中，汽车行驶动画比较常见，制作汽车行驶动画需要注意动画的行驶原理，使其更加流畅，本节介绍如何制作汽车行驶动画，效果如图 7-1 所示。

图7-1 汽车行驶动画效果

素材	素材\Cha07\城市.png、轮胎.png、汽车.png
场景	场景\Cha07\制作汽车行驶动画——图层的使用.fla
视频	视频教学\Cha07\制作汽车行驶动画——图层的使用.mp4

01 启动软件，按 Ctrl+N 组合键，弹出【新建文档】对话框，在【类型】列表框中选择 ActionScript3.0 选项，在右侧的区域中将【宽】、【高】设置为 900、739，单击【确定】按钮，如图 7-2 所示。

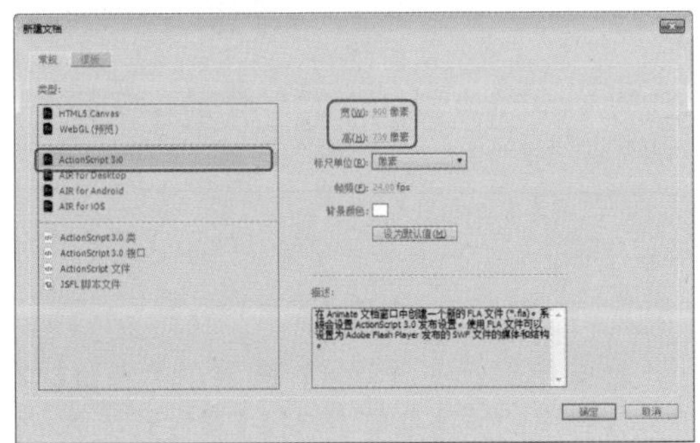

图7-2 设置【新建文档】参数

02 在工具箱中单击【矩形工具】，绘制一个矩形，在【属性】面板中将【宽】、【高】分别设置为 900、739，X、Y 都设置为 0，如图 7-3 所示。

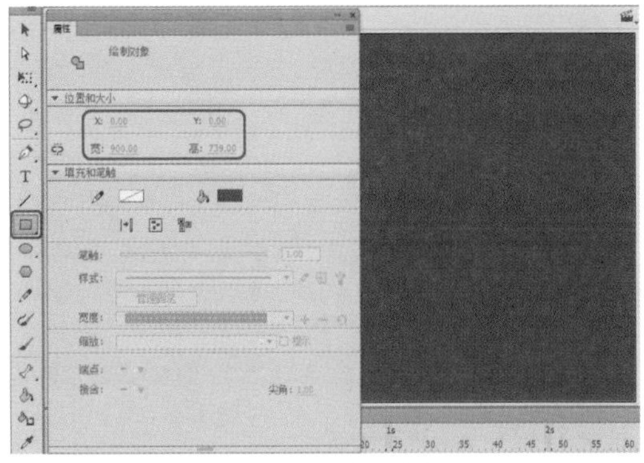

图7-3 绘制矩形并设置参数

提 示

如果在绘制矩形的进程中按住 Shift 键，则可以在工作区中绘制一个正方形，按住 Ctrl 键可以暂时切换到选择工具，对工作区中的对象进行选取。

03 使用【选择工具】选中绘制的矩形，在【颜色】面板中将【填充颜色】的【颜色类型】设置为【线性渐变】，单击【扩展颜色】按钮，将左侧色标的颜色值设置为 #B2D7C1，将右侧色标的颜色值设置为 # 98D6DD，如图 7-4 所示。

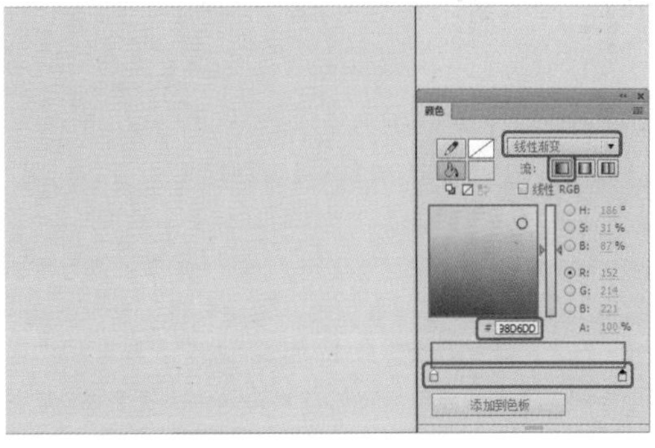

图7-4 设置填充颜色

04 继续选中该矩形，在工具箱中单击【渐变变形工具】，将鼠标放置在按钮上，按住鼠标向左移动，调整渐变角度，将鼠标放置在按钮上，调整渐变大小，在【时间轴】面板中选择【图层 _1】图层并双击，将其重命名为【背景】，效果如图 7-5 所示。

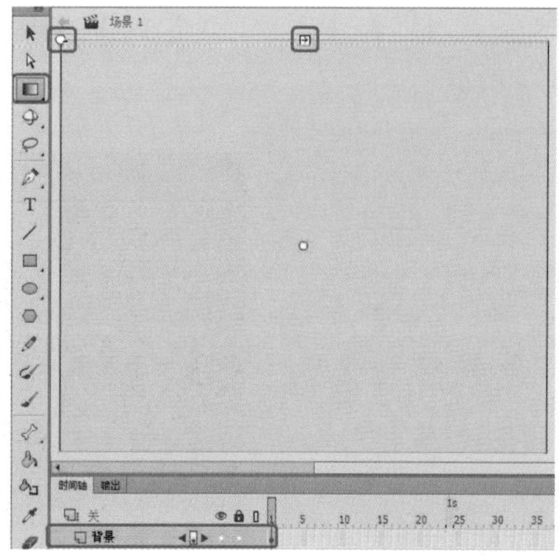

图7-5　调整渐变

知识链接：认识时间轴

时间轴是整个 Animate CC 的核心，使用它可以组织和控制动画中的内容在特定的时间出现在画面上。新建文档时，在工作窗口上方会自动出现【时间轴】面板，如图 7-6 所示，整个面板分为左右两个部分，左侧是【图层】，右侧是【帧】。左侧图层中包含的帧显示在【帧】面板中，正是这种结构使得 Animate CC 能巧妙地将时间和对象联系在一起。默认情况下，时间轴位于工作窗口的顶部，用户可以根据习惯调整位置，也可以将其隐藏起来。

图7-6　【时间轴】面板

1. 时间线

时间线用来指示当前所在帧。如果在舞台中按 Enter 键，则可以在编辑状态下运行影片，时间线也会随着影片的播放而向前移动，指示出播放到的帧的位置。

如果正在处理大量的帧，无法一次全部显示在时间轴上，则可以拖动时间线沿着时间轴移动，从而定位到目标帧，如图 7-7 所示。

2. 图层

在处理较复杂的动画时，特别是制作拥有较多对象的动画效果，同时对多个对象进行编辑会造成混乱，带来很多麻烦。针对这个问题，Animate CC 系列软件提供了图层操作模式，每个图层都有自己一系列的帧，各图层可以独立地进行编辑操作。这样可以在不同的图层上设置不同对象的动画效果。另外，由于每个图层的帧在时间上也是互相对应的，所以在播放过程中，同时显示的各个图层是互相融合地协调播放。

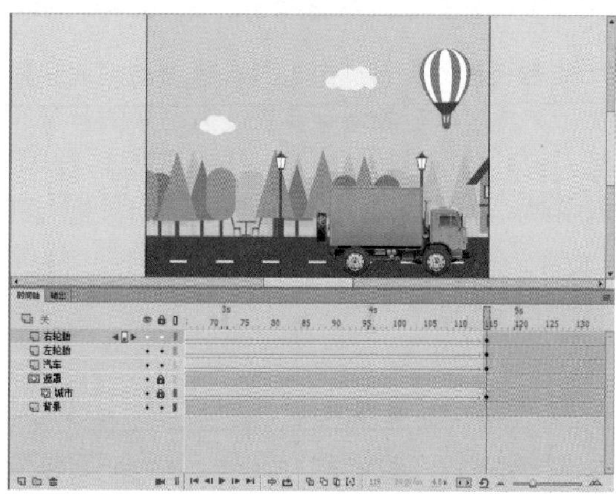

图7-7　时间线

3. 帧

帧就像电影中的底片，制作动画的大部分操作都是对帧的操作，不同帧的前后顺序将关系到这些帧中的内容在影片播放中的出现顺序。帧操作的好坏会直接影响影片的视觉效果和影片内容的流畅性。帧是一个广义概念，它包括三种类型：普通帧（也叫过渡帧）、关键帧和空白关键帧。

05 在【时间轴】面板中选择【背景】图层，选择该图层的第 145 帧，单击鼠标右键，在弹出的快捷菜单中选择【插入帧】命令，如图 7-8 所示。

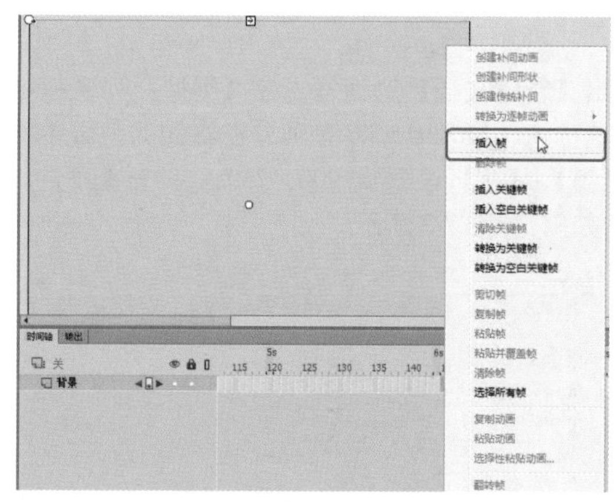

图7-8　选择【插入帧】命令

06 继续选中【背景】图层，单击鼠标右键，在弹出的快捷菜单中选择【属性】命令，如图 7-9 所示。

07 在弹出的【图层属性】对话框中勾选【锁定】复选框，单击【确定】按钮，如图 7-10

所示。

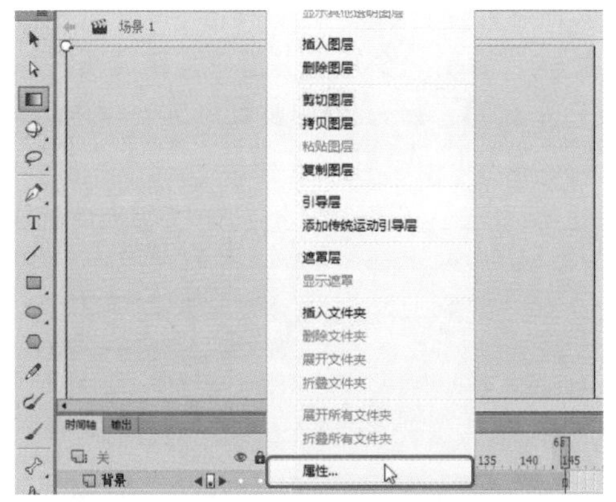

图7-9 选择【属性】命令

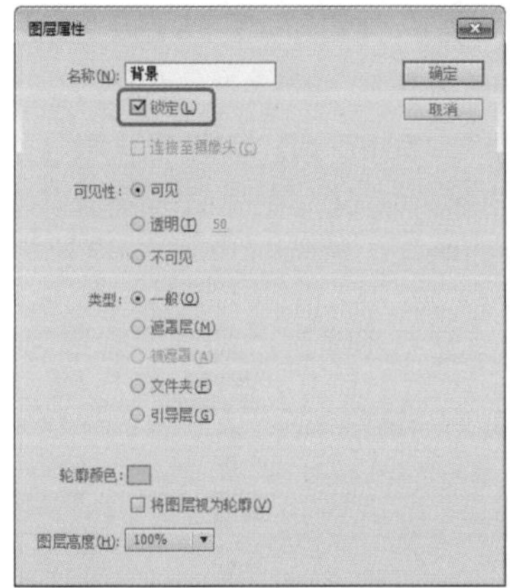

图7-10 勾选【锁定】复选框

08 在【时间轴】面板中单击【新建图层】按钮，新建图层，将其命名为【城市】，如图 7-11 所示。

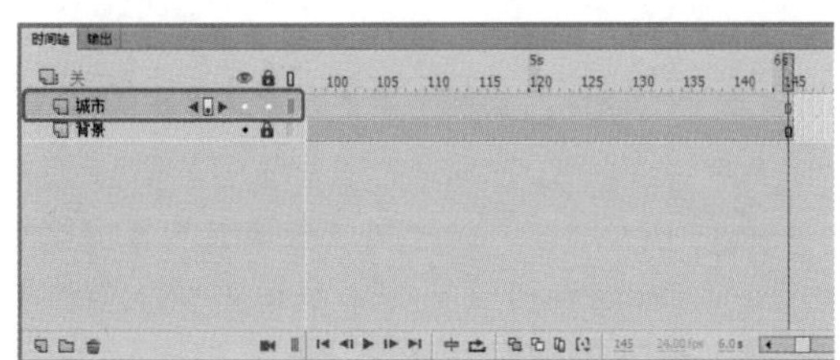

图7-11 新建图层并命名

09 按 Ctrl+R 组合键，在弹出的【导入】对话框中选择“城市 .png”素材文件，单击【打开】按钮，如图 7-12 所示。

10 选中导入的素材文件，在【属性】面板中将【宽】、【高】分别设置为 5084.35、739，X、Y 都设置为 0，如图 7-13 所示。

图7-12 选择素材文件

图7-13 导入素材文件并设置参数

11 继续选中该素材文件，按 F8 键，在弹出的【转换为元件】对话框中将【名称】设置为【城市】，将【类型】设置为【影片剪辑】，单击居中对齐方式，单击【确定】按钮，如图 7-14 所示。

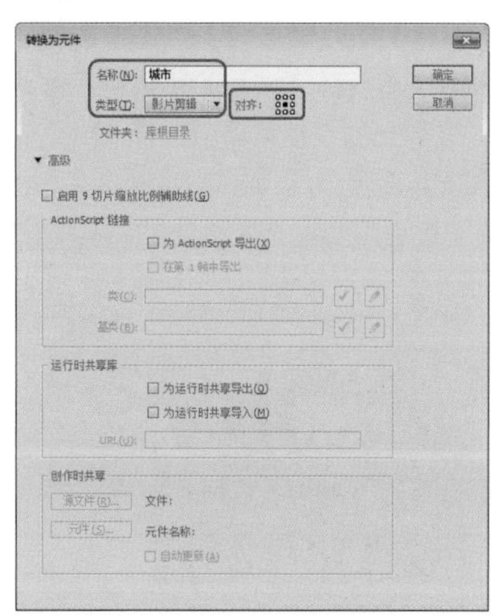

图7-14 【转换为元件】对话框

12 在【时间轴】面板中选择【城市】图

层，选中该图层的第 115 帧，单击鼠标右键，在弹出的快捷菜单中选择【插入关键帧】命令，如图 7-15 所示。

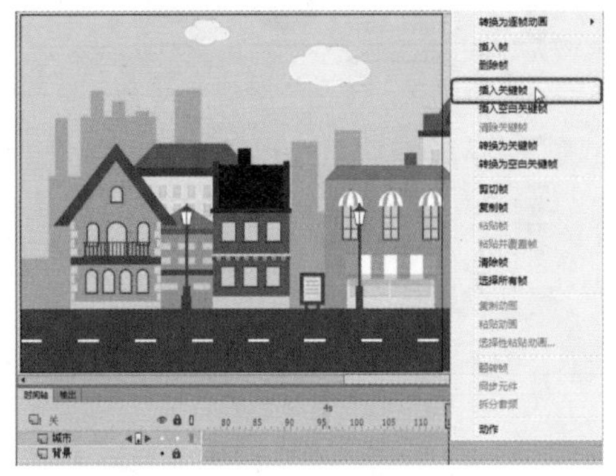

图7-15　选择【插入关键帧】命令

13 选中第 115 帧上的元件，在【属性】面板中将 X、Y 分别设置为 -1540.7、369.5，如图 7-16 所示。

图7-16　选中元件并调整位置

14 选择【城市】图层第 80 帧，单击鼠标右键，在弹出的快捷菜单中选择【创建传统补间】命令，如图 7-17 所示。

图7-17　选择【创建传统补间】命令

15 在【时间轴】面板中新建一个图层，将其命名为【遮罩】，在工具箱中单击【矩形工具】，绘制一个矩形并选中，在【属性】面板中将【宽】、【高】分别设置为 900、739，X、Y 都设置为 0，如图 7-18 所示。

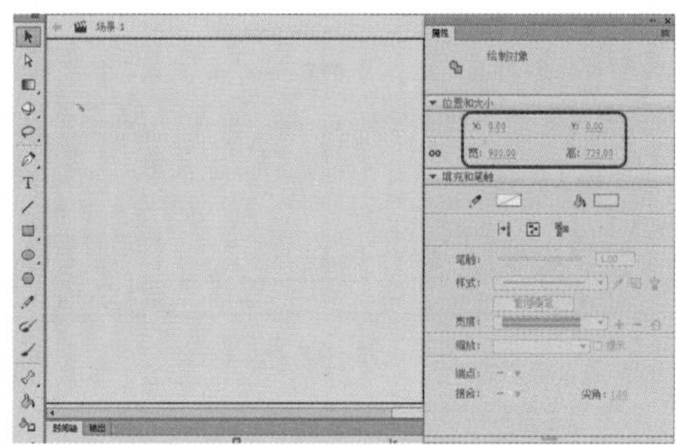

图7-18　绘制矩形并设置参数

16 在【时间轴】面板中选择【遮罩】图层，单击鼠标右键，在弹出的快捷菜单中选择【遮罩层】命令，如图 7-19 所示。

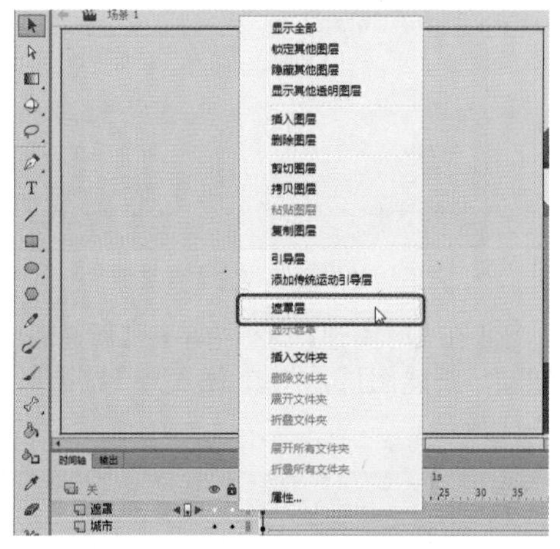

图7-19　选择【遮罩层】命令

17 按 Ctrl+F8 组合键，在弹出的【创建新元件】对话框中将【名称】设置为【汽车行驶动画】，将【类型】设置为【影片剪辑】，单击【确定】按钮，如图 7-20 所示。

18 按 Ctrl+R 组合键，在弹出的【导入】对话框中选择“汽车 .png”素材文件，单击【打开】按钮，如图 7-21 所示。

19 选中该素材文件，在【属性】面板中将【宽】、【高】分别设置为 403.35、230.25，X、Y 都设置为 0，如图 7-22 所示。

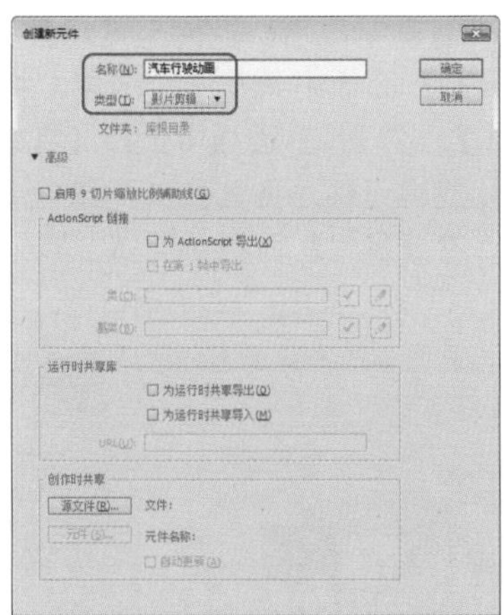

图7-20 设置新元件参数

图7-21 选择素材文件

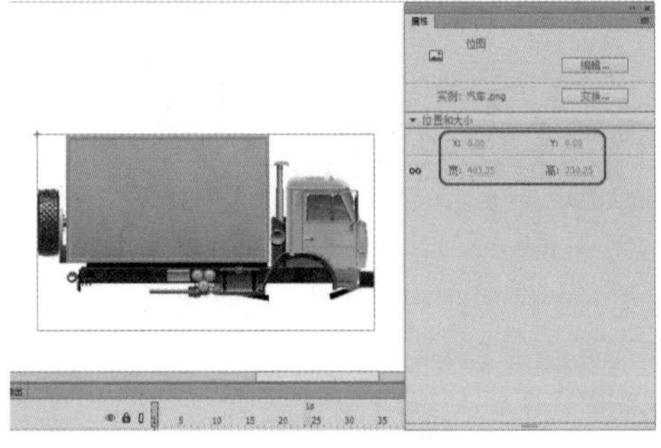

图7-22 设置素材文件参数

20 选中该图形，按F8键，在弹出的【转换为元件】对话框中将【名称】设置为【汽车】，将【类型】设置为【影片剪辑】，将【对齐】设置为居中，单击【确定】按钮，如图7-23所示。

21 继续选中该元件，在【时间轴】面板中选择【图层_1】的第6帧，按F6键插入关键帧，选中该帧上的元件，在【属性】面板中将Y设置为114.1，如图7-24所示。

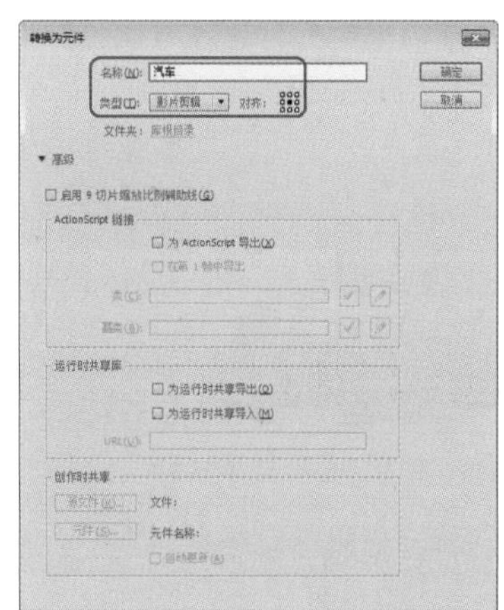

图7-23 【转换为元件】对话框

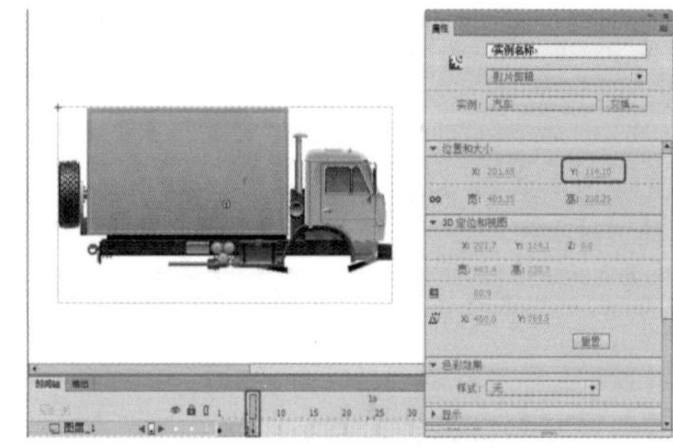

图7-24 调整元件位置

提 示

在此第1帧上的【汽车】元件的X、Y分别为201.65、115.1。

22 选择【图层_1】的第3帧，单击鼠标右键，在弹出的快捷菜单中选择【创建传统补间】命令，选择该图层的第10帧，按F6键插入关键帧，选中该帧上的元件，在【属性】面板中将Y设置为115.1，如图7-25所示。

图7-25 创建补间并设置元件参数

23 在第6帧与第10帧之间创建传统补间，选中该图层的第14帧，按F6键插入关键帧，选中该帧上的元件，在【属性】面板中将 Y 设置为 114.1，如图 7-26 所示。

图7-26　调整元件位置

24 在第 10 帧与第 14 帧之间创建传统补间，选中该图层的第 19 帧，按 F6 键插入关键帧，选中该帧上的元件，在【属性】面板中将 Y 设置为 115.1，如图 7-27 所示。

图7-27　在其他关键帧上调整元件位置

25 在第 14 帧与第 19 帧之间创建传统补间，使用同样的方法为轮胎创建上下起伏效果，如图 7-28 所示。

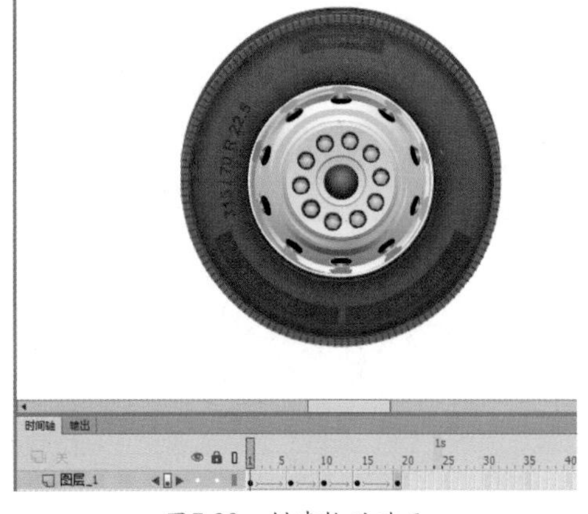

图7-28　创建轮胎动画

26 创建完成后，返回至【场景 1】中，在【时间轴】面板中新建一个图层，将其命名为【汽车】，在【库】面板中选择【汽车行驶动画】影片剪辑元件，将其拖曳至舞台中，选中该元件，在【属性】面板中将 X、Y 分别设置为 35.95、477.65，如图 7-29 所示。

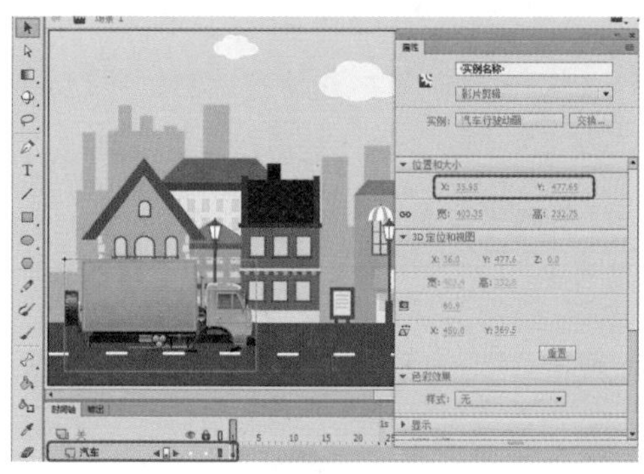

图7-29　添加元件并调整位置

27 选中【汽车】图层的第 115 帧，按 F6 键插入一个关键帧，选中该帧上的元件，在【属性】面板中将 X、Y 分别设置为 447.3、477.3，如图 7-30 所示。

图7-30　调整元件位置

28 在【时间轴】面板中选择【汽车】图层的第 100 帧，单击鼠标右键，在弹出的快捷菜单中选择【创建传统补间】命令，效果如图 7-31 所示。

29 在【时间轴】面板中新建一个图层，将其命名为【右轮胎】，在【库】面板中选择【轮胎行驶动画】影片剪辑元件，将其拖曳至舞台中并调整位置，效果如图 7-32 所示。

30 在【时间轴】面板中选择【右轮胎】的第 115 帧，按 F6 键插入关键帧，选中该帧上的元件并调整位置，如图 7-33 所示。

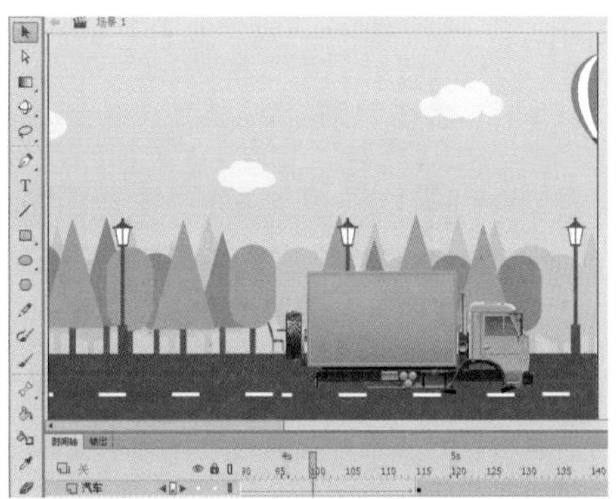

图7-31 创建传统补间后的效果

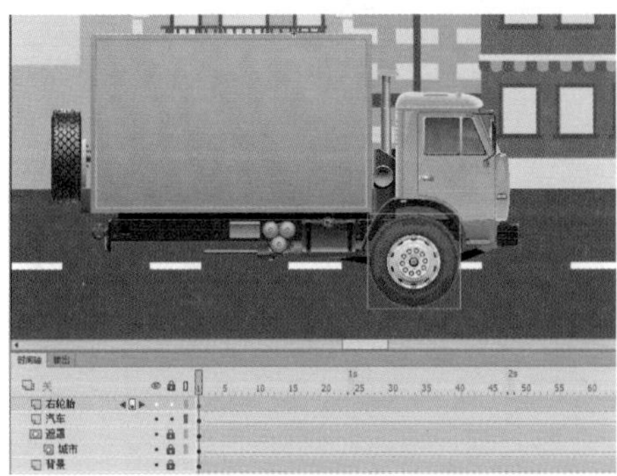

图7-32 添加轮胎后的效果

图7-33 插入关键帧并调整元件位置

31 在该图层的第1帧至第115帧之间创建传统补间，在【时间轴】面板中选择【右轮胎】的第1帧并调整位置，在【属性】面板中将【旋转】设置为【逆时针】，将【旋转次数】设置为53，如图7-34所示。

疑难解答 为什么无法在【属性】面板中找到【旋转】选项?

【旋转】选项只有在创建补间动画与传统补间动画时才可在【属性】面板中进行设置，若创建的是形状补间动画，则【旋转】选项不可见，当创建完成补间动画与传统补间动画后，选择补间的关键帧，在【属性】面板中设置【旋转】与【旋转次数】，即可将该图层中的对象添加旋转动画效果。

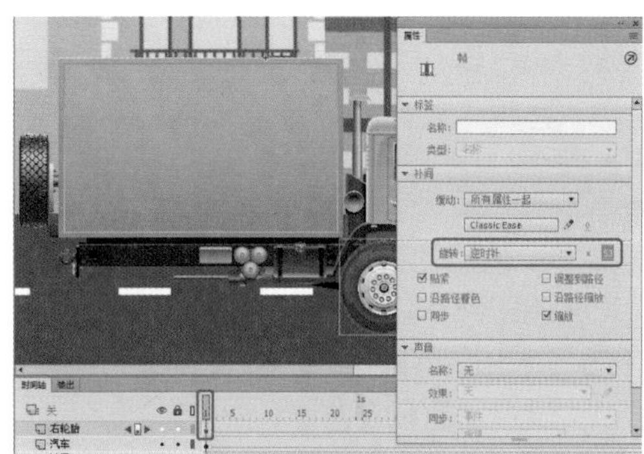

图7-34 设置帧参数

32 使用同样的方法创建左侧轮胎的动画效果，并对其进行相应设置，效果如图7-35所示。

图7-35 创建左侧轮胎动画效果

7.1.1 图层的管理

图层在制作动画中具有很重要的作用，每一个动画都是由不同图层组成的。在制作动画的过程中可以对图层进行管理，包括新建图层、重命名图层、改变图层顺序、选择图层、复制图层、删除图层。

1. 新建图层

为了方便动画的制作，往往需要添加新的层。选中一个图层，单击【时间轴】面板底部的【新建图层】按钮，如图7-36所示。此时当前选择图层上方新建一图层，如图7-37所示。

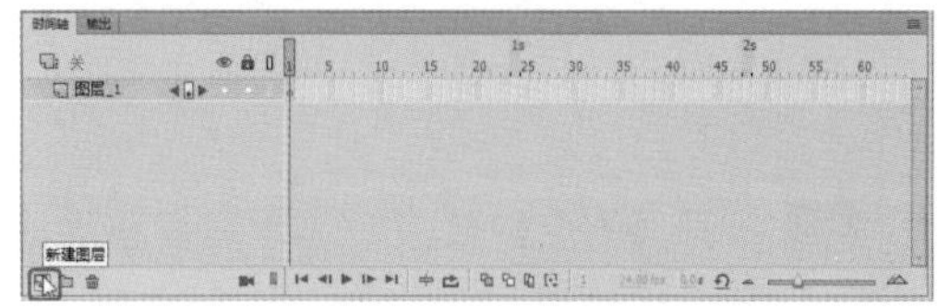

图7-36 单击【新建图层】按钮

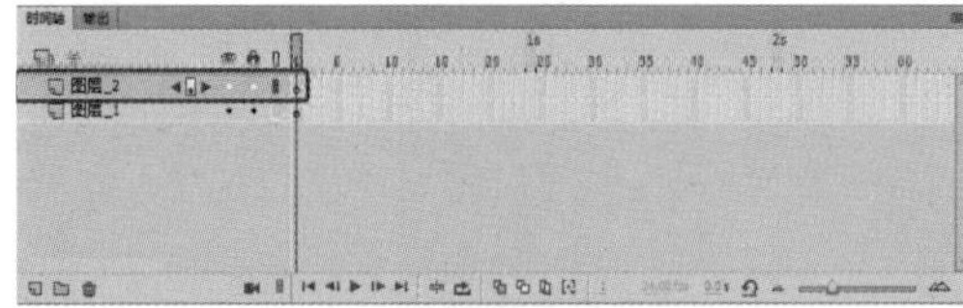
图7-37　新建【图层_2】

创建图层还有以下两种方法。

- 选中一个层，在菜单栏中选择【插入】|【时间轴】|【图层】命令。
- 选中一个层，单击鼠标右键，在弹出的快捷菜单中选择【插入图层】命令。

2. 重命名图层

默认情况下，新层是按照创建它们的顺序命名的：图层_1，图层_2，……，依此类推。给层重命名，可以更好地反映每层中的内容。在层名称上双击，将出现一个文本框，如图 7-38 所示。输入名称，按 Enter 键，即可对其重命名，如图 7-39 所示。

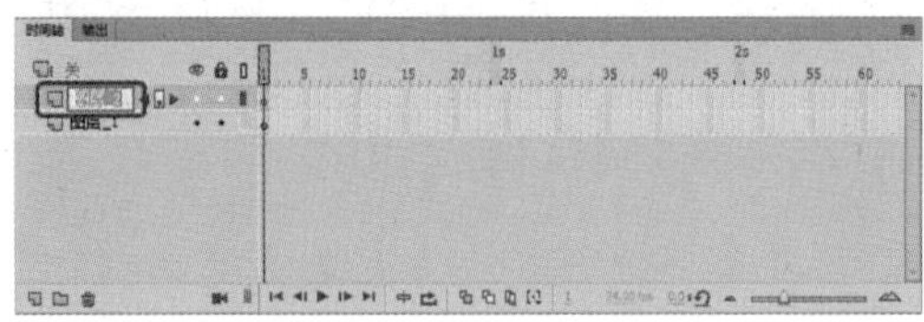
图7-38　出现文本框

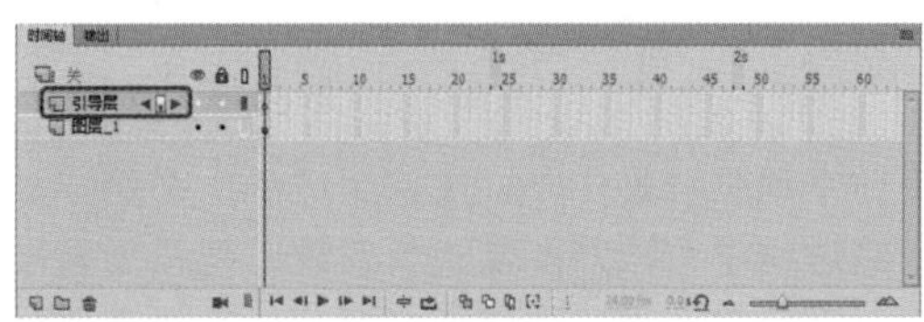
图7-39　重命名图层

除此之外，选择图层，单击鼠标右键，在弹出的快捷菜单中选择【属性】命令，如图 7-40 所示，弹出【图层属性】对话框，在【名称】文本框中输入名称，单击【确定】按钮，也可以对图层重新命名，如图 7-41 所示。

3. 改变图层顺序

在编辑时，往往要改变图层之间的顺序，操作步骤如下。

01 打开【图层】面板，选择需要移动的图层，如图 7-42 所示。

02 向下或向上拖动鼠标，当黑线出现在想要的位置，释放鼠标，效果如图 7-43 所示。

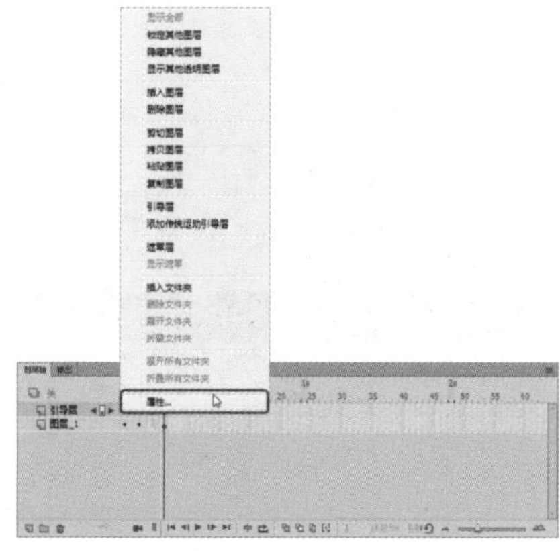
图7-40　选择【属性】命令

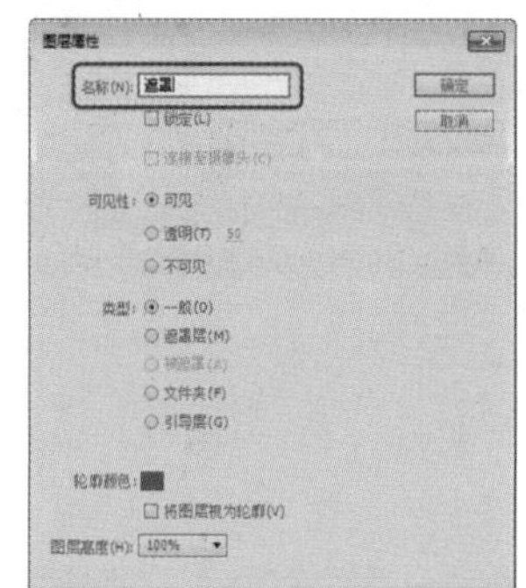
图7-41　【图层属性】对话框

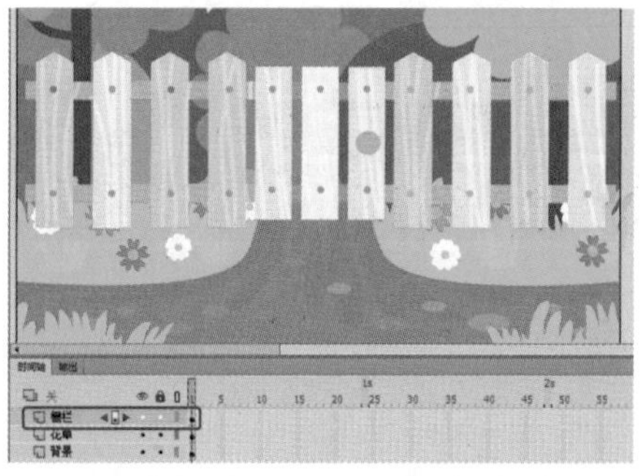
图7-42　选择要移动的图层

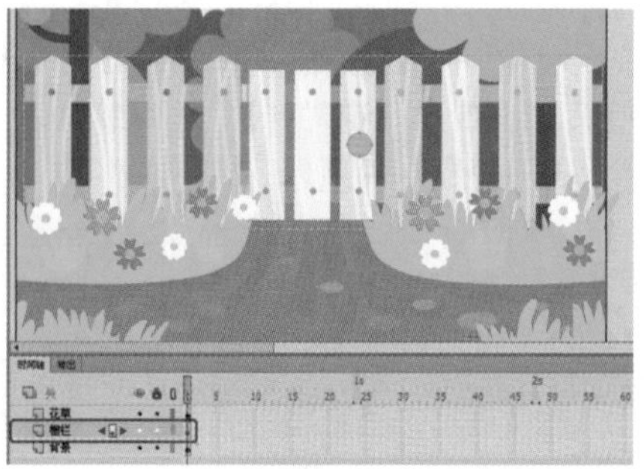
图7-43　改变图层的顺序

4. 选择图层

当一个文件具有多个图层时，往往需要在不同的图层之间来回选取，只有图层成为当前层才能进行编辑。当图层底纹为蓝色时，表示该层是当前工作层。每次只能编辑一个工作层。

选择图层的方法有以下三种。

- 单击时间轴上该层的任意一帧。
- 单击时间轴上层的名称。
- 选取工作区中的对象，则对象所在的图层被选中。

5. 复制图层

Animate CC 可以将图层中的所有对象复制下来，并粘贴到【时间轴】面板中，在【时间轴】面板中选择要复制的图层，单击鼠标右键，在弹出的快捷菜单中选择【复制图层】命令，如图 7-44 所示。

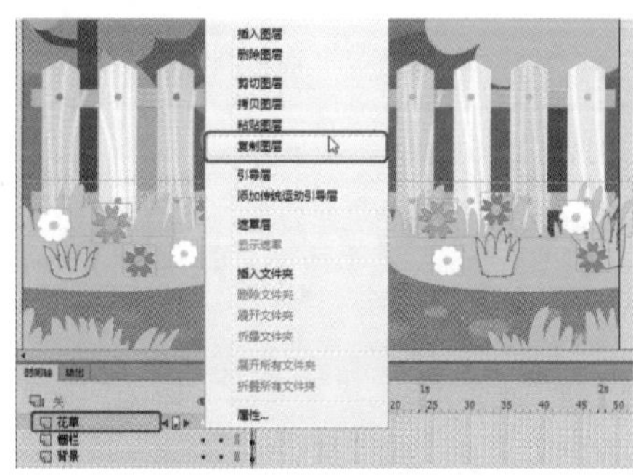

图7-44 选择【复制图层】命令

除了上述方法外，复制图层的方法还有以下两种。

- 选择要复制的图层，单击鼠标右键，在弹出的快捷菜单中选择【拷贝图层】命令，在【时间轴】面板中单击鼠标右键，在弹出的快捷菜单中选择【粘贴图层】命令。
- 选中要复制的图层，在菜单栏中选择【编辑】|【时间轴】|【复制图层】命令。

6. 删除图层

删除图层的方法有以下三种。

- 选择该图层，单击【时间轴】面板上右下角的【删除】按钮。
- 在【时间轴】面板上单击要删除的图层，并将其拖曳到【删除】按钮上。
- 在【时间轴】面板上右击要删除的图层，在弹出的快捷菜单中选择【删除图层】命令。

7.1.2 设置图层的状态

在时间轴的图层编辑区中有代表图层状态的三个图标，可以隐藏某个图层以保持工作区域的整洁；可以将某层锁定以防止被意外修改；可以在任何层查看对象的轮廓线，如图 7-45 所示。

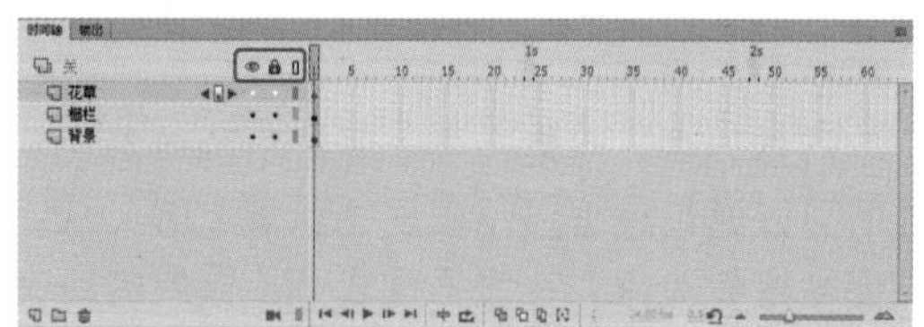

图7-45 图层状态图标

1. 隐藏图层

隐藏图层可以使一些图像隐藏起来，从而减少不同图层之间的图像干扰，使整个工作区保持整洁。在图层隐藏以后，就暂时不能对该层进行编辑了，如图 7-46 所示。

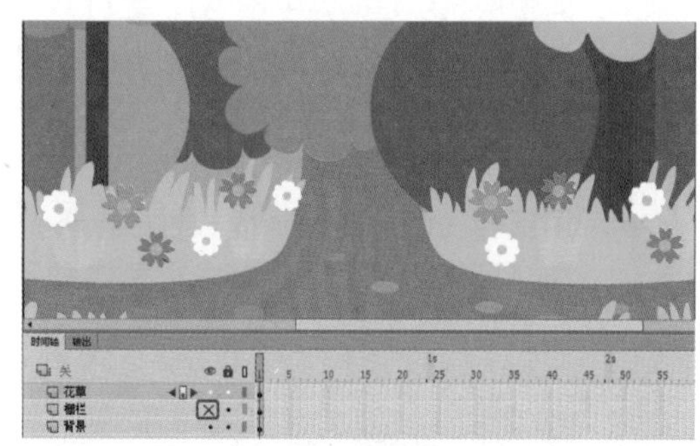

图7-46 隐藏图层状态

隐藏图层的方法有以下两种。

- 单击图层名称右边的隐藏栏即可隐藏图层，再次单击隐藏栏则可以取消隐藏该层。
- 单击【显示或隐藏所有图层】按钮，可以将所有图层隐藏，再次单击图标则会取消隐藏。

2. 锁定图层

锁定图层可以将某些图层锁定，这样可防止一些已编辑好的图层被意外修改。在图层被锁定以后，就暂时不能对该层进行各种编辑了。与隐藏图层不同的是，锁定图层上的图像仍然可以显示，如图 7-47 所示。

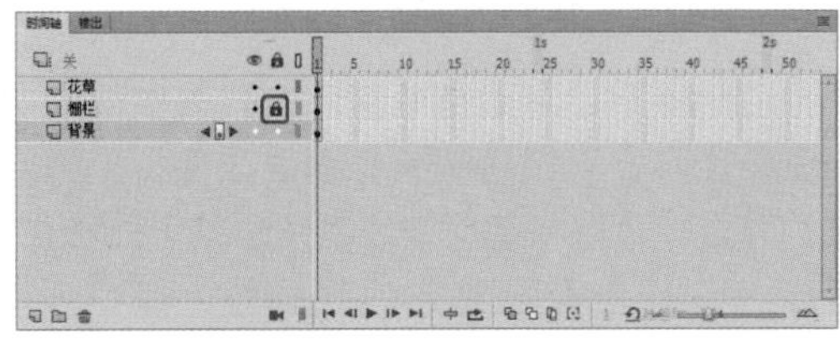

图7-47　锁定图层状态

3. 线框模式

在编辑中，可能需要查看对象的轮廓线，这时可以通过线框显示模式去除填充区，从而方便地查看对象。在线框模式下，该层的所有对象都以同一种颜色显示，如图 7-48 所示。

调出线框模式显示的方法有以下三种。

- 单击【将所有图层显示为轮廓】按钮▯，可以使所有图层以线框模式显示，再次单击图标则取消线框模式。
- 单击图层名称右边的显示模式栏▮（不同图层显示栏的颜色不同），之后，显示模式栏变成空心的正方形▯时，即可将图层转换为线框模式，再次单击显示模式栏则可取消线框模式。
- 用鼠标在图层的显示模式栏中上下拖动，可以使多个图层以线框模式显示或者取消线框模式。

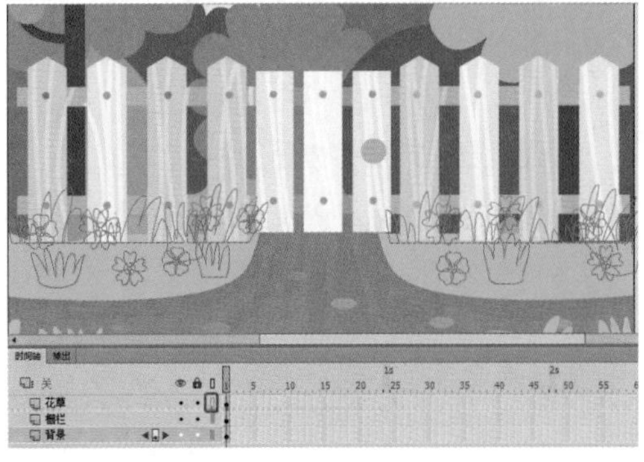

图7-48　线框模式

知识链接：图层属性

在 Animate CC 中的图层具有多种不同的属性，用户可以通过【图层属性】对话框设置图层的属性，如图 7-49 所示。

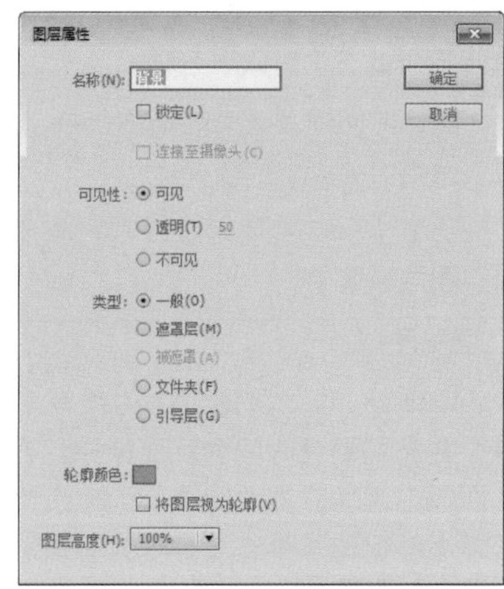

图7-49　【图层属性】对话框

- 名称：在此文本框中设置图层的名称。
- 锁定：用于设置是否可以编辑层里的内容，即图层是否处于锁定状态。
- 类型：用于设置图层的种类。
    - 一般：用于设置该图层为标准图层，这是 Animate CC 默认的图层类型。
    - 遮罩层：用于遮掩与其相连接的任何层上的对象。
    - 被遮罩：用于设置当前层为被遮罩层，这意味着它必须连接到一个遮罩层上。
    - 文件夹：用于消除该层包含的全部内容。
    - 引导层：用于引导与其相连的被引导层中的过渡动画。
- 轮廓颜色：用于设置该图层上对象的轮廓颜色。
- 图层高度：用于设置图层的高度，这在层中处理波形（如声波）时很实用，有 100%、200% 和 300% 三种高度。如图 7-50 所示，【花草】、【栅栏】和【背景】图层分别对应 3 种高度。

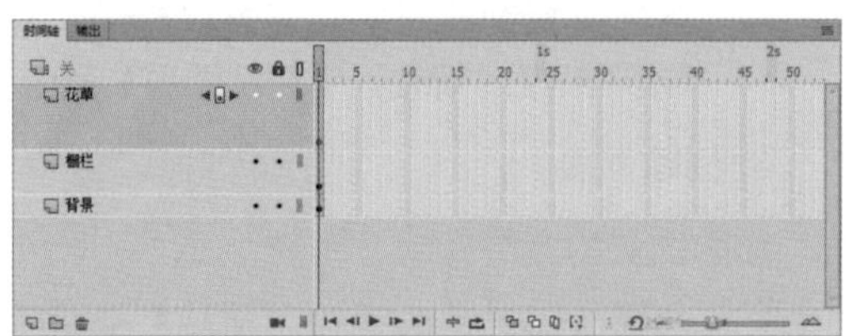

图7-50　图层高度

7.2 制作太阳升起动画——使用图层文件夹管理图层

本例将介绍如何制作太阳升起动画，在制作该动画时，需要注意太阳由暗逐渐到亮的过程，效果如图 7-51 所示。

图7-51　太阳升起动画效果

素材	素材\Cha07\太阳背景.jpg、山.png
场景	场景\Cha07\制作太阳升起动画——使用图层文件夹管理图层.fla
视频	视频教学\Cha07\制作太阳升起动画——使用图层文件夹管理图层.mp4

01 启动软件，按 Ctrl+N 组合键，弹出【新建文档】对话框，在【类型】列表框中选择 ActionScript3.0 选项，在右侧的区域中将【宽】、【高】都设置为 424，单击【确定】按钮，如图 7-52 所示。

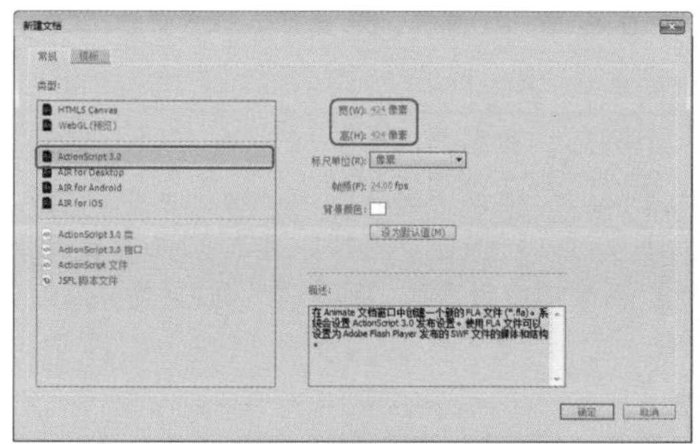

图7-52　设置【新建文档】参数

02 按 Ctrl+R 组合键，在弹出的【导入】对话框中选择“太阳背景 .jpg”素材文件，单击【打开】按钮，如图 7-53 所示。

图7-53　选择素材文件

03 选中导入的素材，在【对齐】面板中，勾选【与舞台对齐】复选框，单击【水平中齐】、【垂直中齐】和【匹配宽和高】按钮，如图 7-54 所示。

图7-54　设置对齐参数

04 在【时间轴】面板中将【图层_1】命名为【背景】，选中该图层的第 165 帧，单击鼠标右键，在弹出的快捷菜单中选择【插入帧】命令，如图 7-55 所示。

05 在【时间轴】面板中新建一个图层，将其命名为【太阳】，在工具箱中单击【椭圆工具】，按住 Shift 键绘制一个正圆并选中，在【属性】面板中将【宽】、【高】都设置为 54.6，【填充颜色】设置为 #FFFA92，【笔触颜色】设置为无，如图 7-56 所示。

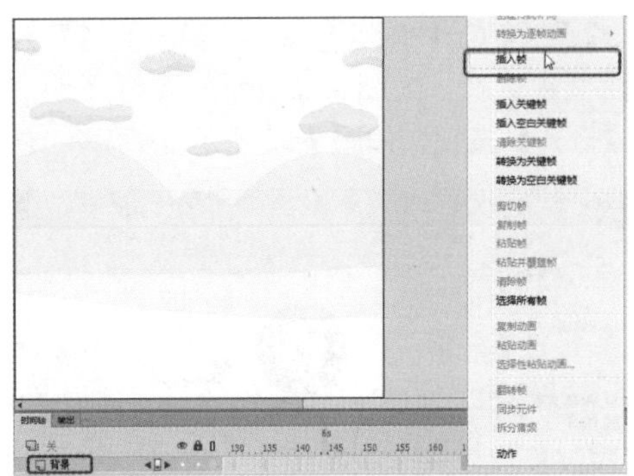
图7-55 选择【插入帧】命令

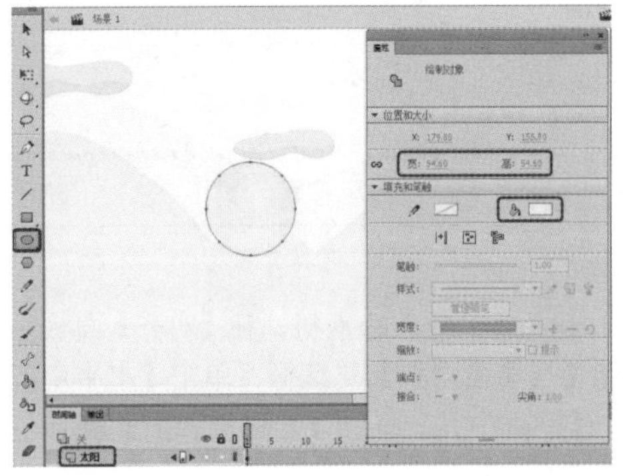
图7-56 绘制正圆并设置参数

提 示

在绘制图形时，单击绘图工具后，在【属性】面板中打开对象绘制模式，则绘制的图形为一个整体。

06 选中绘制的正圆，按F8键，在弹出的【转换为元件】对话框中将【名称】设置为【太阳】，将【类型】设置为【影片剪辑】，将对齐方式设置为居中，单击【确定】按钮，如图7-57所示。

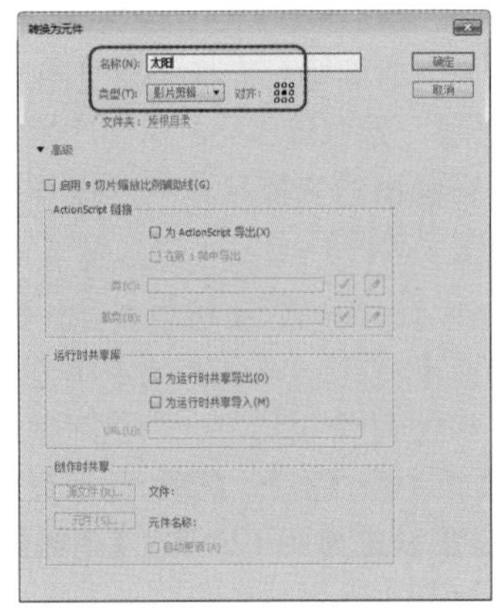
图7-57 【转换为元件】对话框

07 选中转换后的元件，在【属性】面板中将【宽】、【高】都设置为70.6，X、Y分别设置为247.45、256.4，在【滤镜】选项卡中单击【添加滤镜】按钮 +▾，在弹出的下拉列表中选择【模糊】选项，将【模糊X】、【模糊Y】设置为10，【品质】设置为【中】，如图7-58所示。

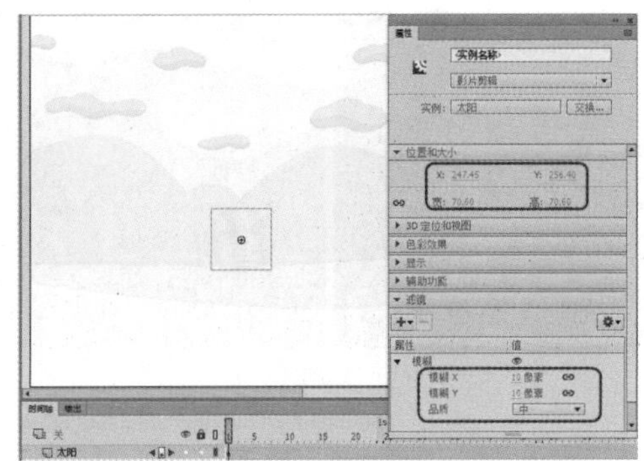
图7-58 设置元件大小、位置与【模糊】参数

08 在【时间轴】面板中选择【太阳】图层，选择该图层的第100帧，按F6键插入关键帧，选中该帧上的元件，在【属性】面板中将X、Y分别设置为321.45、70.35，如图7-59所示。

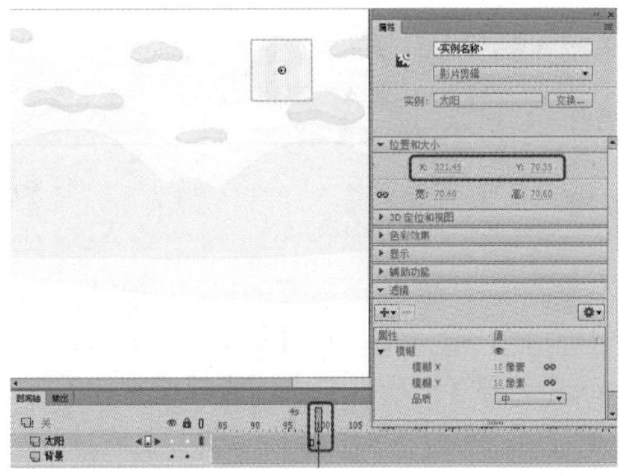
图7-59 调整元件位置

09 在【太阳】图层的第1帧与第100帧之间创建传统补间，在【时间轴】面板中新建一个图层，命名为【山】，按Ctrl+R组合键，在弹出的对话框中选择“山.png”素材文件，单击【打开】按钮，选中该素材文件，在【属性】面板中将【宽】、【高】分别设置为423.9、284.7，X、Y分别设置为0、139，如图7-60所示。

10 选中该素材文件，按F8键，在弹出的【转换为元件】对话框中将【名称】设置为

【山】,【类型】设置为【影片剪辑】，将对齐方式设置为居中，单击【确定】按钮，如图7-61所示。

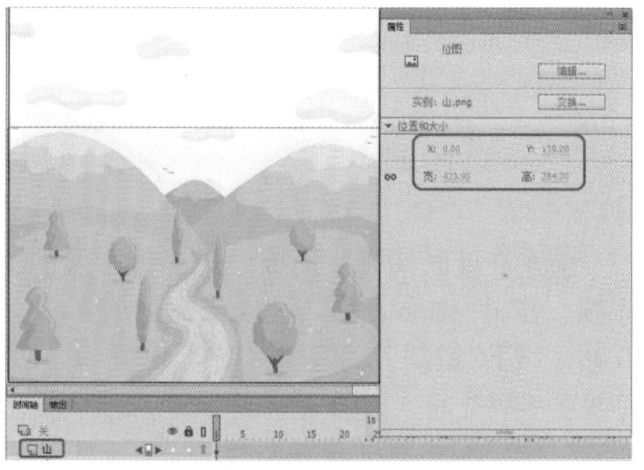

图7-60 导入素材文件并设置参数

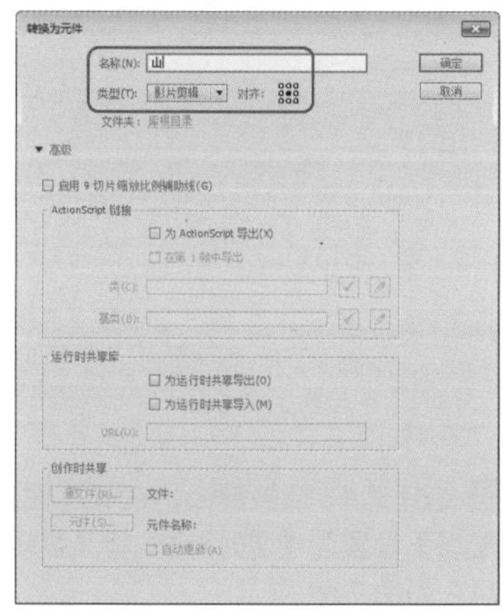

图7-61 【转换为元件】对话框

11 选中该元件，在【属性】面板中将【样式】设置为【高级】，并设置其参数，如图7-62所示。

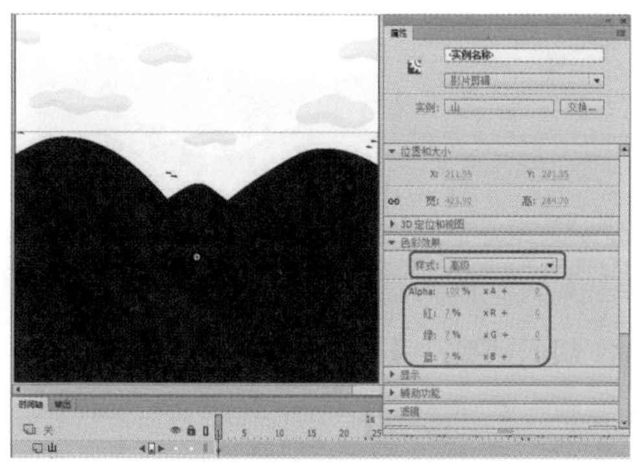

图7-62 设置【高级】参数

12 在【时间轴】面板中选择【山】图层的第100帧，按F6键插入关键帧，选中该帧上的元件，在【属性】面板中将【样式】设置为【无】，如图7-63所示。

图7-63 插入关键帧并设置元件参数

13 在【山】图层的第1帧与第100帧之间创建传统补间，在【时间轴】面板中单击【新建文件夹】按钮，新建一个文件夹，命名为【山、太阳】，在【时间轴】面板中选择【山】与【太阳】图层，将其拖曳至新建的文件夹中，如图7-64所示。

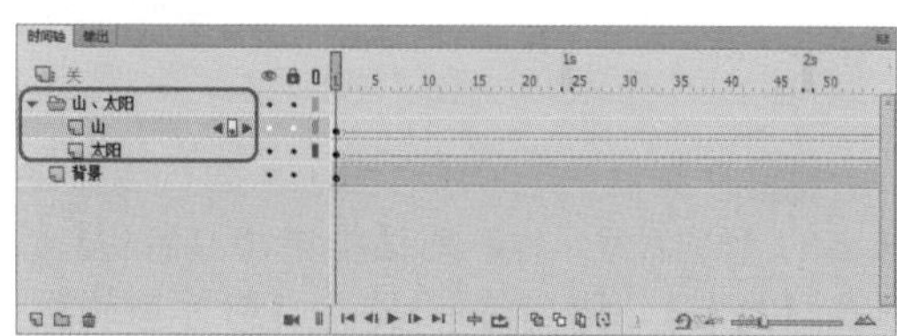

图7-64 新建文件夹并将图层添加至文件夹中

疑难解答 利用文件夹管理图层有什么优点?

若要在众多的图层中找到需要的图层，是一件很麻烦的事，如果使用文件夹来组织和管理图层，就可以使图层结构更加清晰并便于查找。将图层按照类别分别放置在不同的文件夹中，当关闭文件夹以后，在【时间轴】面板中将只显示文件夹的名称，无论是调整图层的排放顺序、锁定图层等，都会较为方便。

14 按Ctrl+F8组合键，在弹出的【创建新元件】对话框中将【名称】设置为【太阳光芒】,【类型】设置为【影片剪辑】，单击【确定】按钮，如图7-65所示。

15 在工具箱中单击【钢笔工具】，绘制图形，在【属性】面板中将【填充颜色】设置为#FFF100,【笔触颜色】设置为无，如图7-66所示。

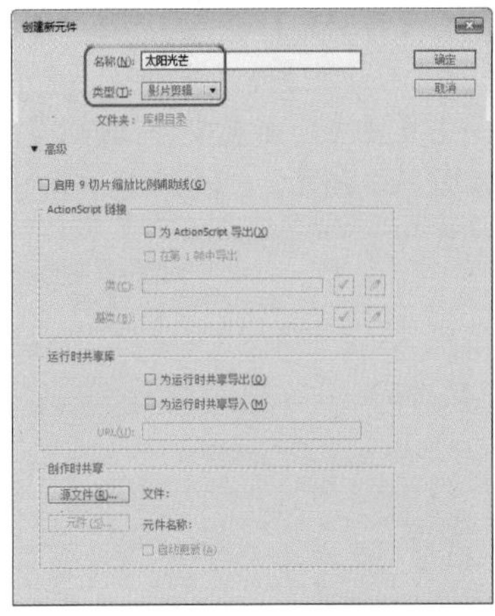

图7-65 【创建新元件】对话框

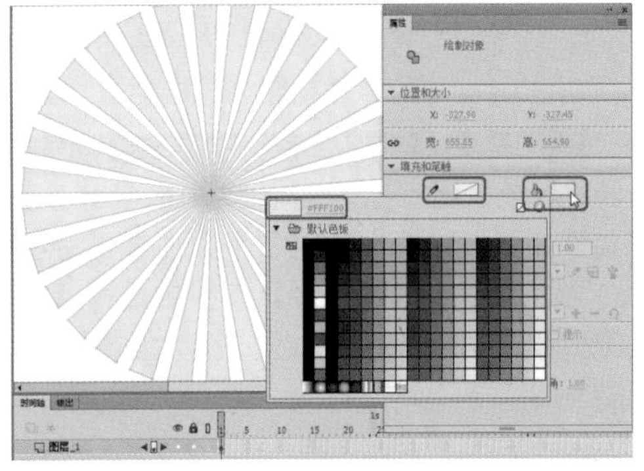

图7-66 绘制图形并设置【填充和笔触】

16 在舞台中选中所有图形，按F8键，在弹出的【转换为元件】对话框中将【名称】设置为【光芒】，【类型】设置为【影片剪辑】，将对齐方式设置为居中，单击【确定】按钮，如图7-67所示。

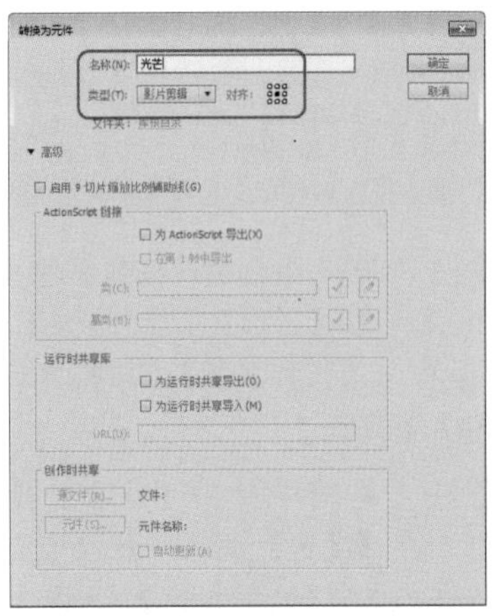

图7-67 【转换为元件】对话框

知识链接：使用【钢笔工具】修改轮廓线

使用【钢笔工具】还可以对图形轮廓进行修改。当使用【钢笔工具】单击某矢量图形的轮廓线时，轮廓的所有节点会自动出现，此时可以调整直线段以更改线段的角度或长度，或者调整曲线段以更改曲线的斜率和方向。移动曲线点上的切线手柄可以调整该点两边的曲线。移动转角点上的切线手柄只能调整该点的切线手柄所在的那一边曲线。

17 在【时间轴】面板中选择该图层的第65帧，按F5键插入帧，选择该图层的第18、50帧，按F6键插入关键帧，在第18至50帧之间创建传统补间，如图7-68所示。

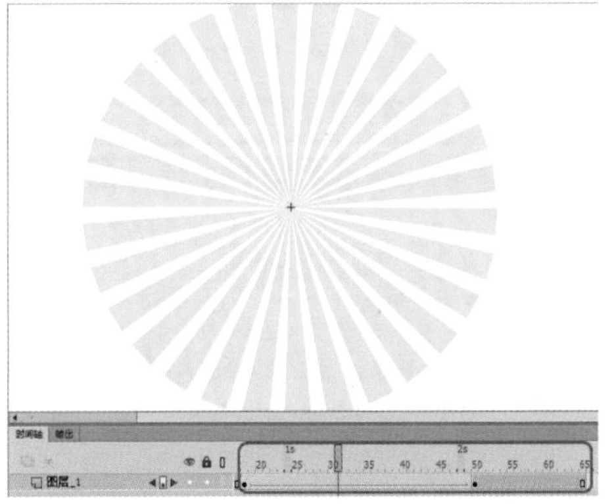

图7-68 插入关键帧并创建传统补间

18 选择第18帧关键帧，在【属性】面板中将【旋转】设置为【逆时针】，将【旋转次数】设置为4，如图7-69所示。

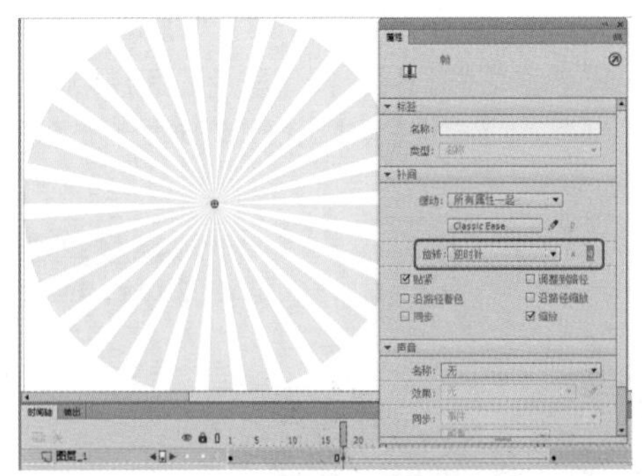

图7-69 设置【旋转】参数

知识链接：【补间】选项组

选中带有传统补间的关键帧后，在【属性】面板中将会显示【补间】选项组，该选项组中各个选项的功能如下。

- 【缓动】：应用于有速度变化的动画效果。当移动滑块在0值以上时，实现由快到慢的效果；当移动滑块在0值以下时，实现由慢到快的效果。
- 【旋转】：设置对象的旋转效果，包括【无】、【自动】、【顺时针】和【逆时针】4个选项。
- 【旋转次数】：用于设置旋转的次数。
- 【贴紧】：使物体可以附着在引导线上。
- 【同步】：用于设置元件动画的同步性。
- 【调整到路径】：在路径动画效果中，使对象能够沿着引导线的路径移动。
- 【缩放】：应用于有大小变化的动画效果。

19 在【时间轴】面板中再新建一个图层，在工具箱中单击【椭圆工具】，按住Shift键绘制一个正圆，在【属性】面板中将【宽】、【高】都设置为19，【填充颜色】设置为#66FF33，【笔触颜色】设置为无，并调整位置，如图7-70所示。

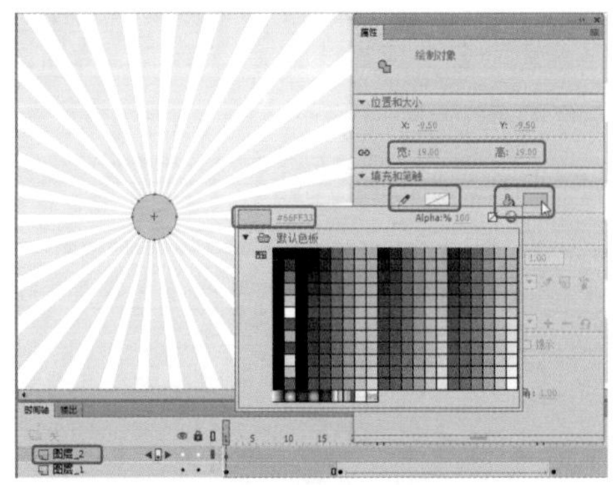

图7-70 绘制正圆并设置参数

20 在【时间轴】面板中选择第15帧，按F6键插入关键帧，选中该帧上的图形，在【属性】面板中将【宽】、【高】都设置为679.1，并调整位置，如图7-71所示。

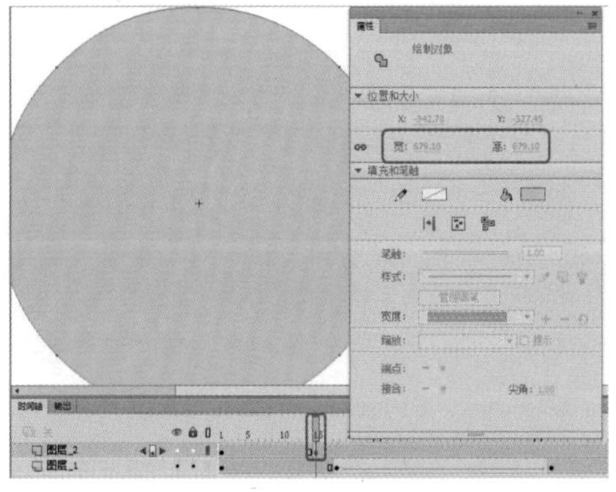

图7-71 插入关键帧并设置参数

21 在【图层_2】图层的第1帧至第15帧之间单击鼠标右键，在弹出的快捷菜单中选择【创建补间形状】命令，在【时间轴】面板中选择【图层_2】，单击鼠标右键，在弹出的快捷菜单中选择【遮罩层】命令，如图7-72所示。

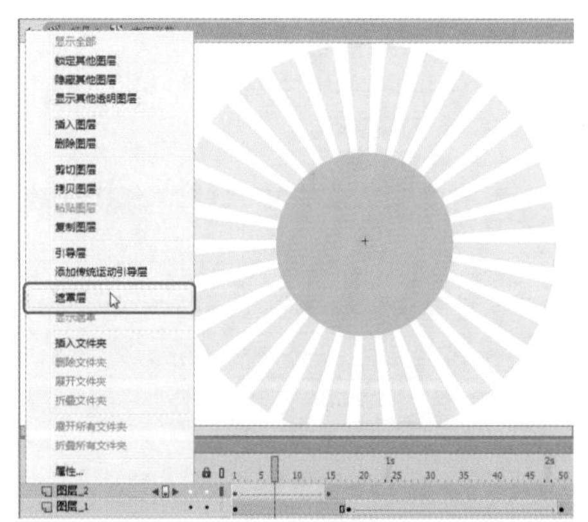

图7-72 选择【遮罩层】命令

提 示

补间形状动画是在某一帧中绘制对象，再在另一帧中修改对象或者重新绘制其他对象，然后由Animate计算两个帧之间的差异插入变形帧，这样当连续播放时会出现形状补间的动画效果，对于补间形状动画，要为一个关键帧中的形状指定属性，然后在后续关键帧中修改形状或者绘制另一个形状。

22 返回至【场景1】中，在【时间轴】面板中新建一个图层，命名为【太阳光芒】，选择该图层的第100帧，按F6键，插入关键帧，在【库】面板中选择【太阳光芒】影片剪辑元件，将其拖曳至舞台中并调整位置，选中该元件，在【属性】面板中将【样式】设置为Alpha，Alpha设置为20，如图7-73所示。

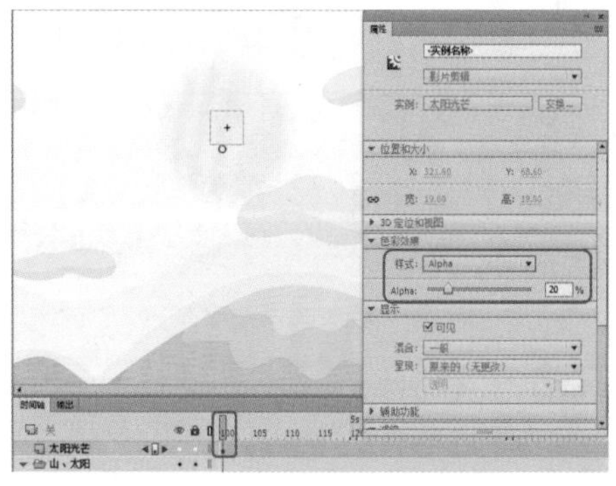

图7-73 添加元件并设置参数

提　示

Alpha 选项用于调节实例的透明度，调节范围从透明（0）到完全饱和（100%）。

23 在【时间轴】面板中新建一个图层，命名为【太阳光芒遮罩】，在工具箱中单击【矩形工具】，绘制一个矩形，在【属性】面板中将【宽】、【高】都设置为 424，X、Y 都设置为 0，任意设置一种填充颜色即可，如图 7-74 所示。

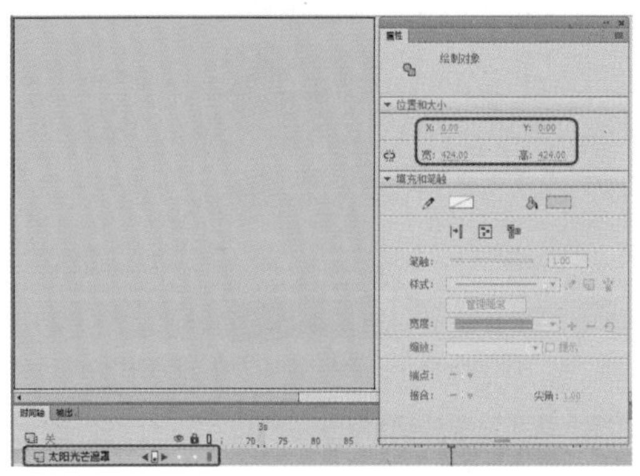

图7-74　绘制矩形并设置参数

24 在【时间轴】面板中选择【太阳光芒遮罩】图层，单击鼠标右键，在弹出的快捷菜单中选择【遮罩层】命令，在【时间轴】面板中选择【山、太阳】文件夹，并将其拖曳至【太阳光芒遮罩】图层的上方，效果如图 7-75 所示。

图7-75　调整图层排放顺序

25 在【时间轴】面板中新建一个图层，命名为【黑色遮罩】，在工具箱中单击【矩形工具】，绘制一个与舞台大小相同的矩形，将【填充颜色】设置为 #000000，并调整位置，如图 7-76 所示。

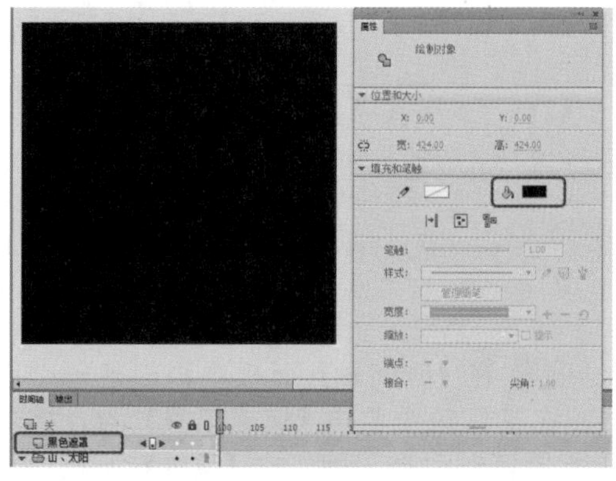

图7-76　绘制矩形并设置参数

26 选择该矩形，按 F8 键，在弹出的【转换为元件】对话框中将【名称】设置为【黑色遮罩】，将【类型】设置为【影片剪辑】，将对齐方式设置为居中，单击【确定】按钮，如图 7-77 所示。

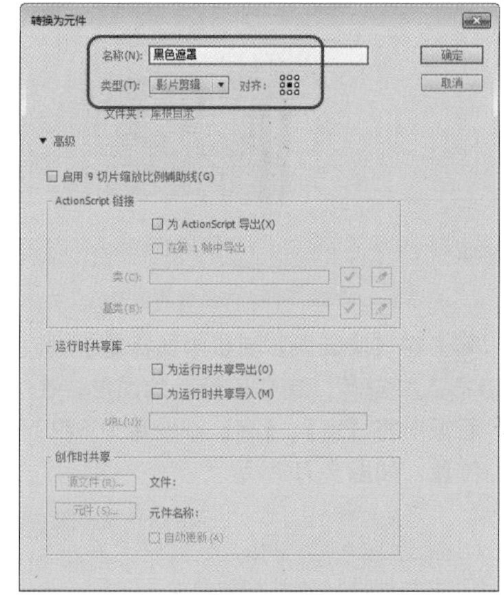

图7-77　【转换为元件】对话框

27 在【时间轴】面板中选择【黑色遮罩】图层的第 100 帧，按 F6 键插入关键帧，选中该帧上的元件，在【属性】面板中将【样式】设置为 Alpha，Alpha 设置为 0，如图 7-78 所示。

28 选择【黑色遮罩】图层的第 80 帧，单击鼠标右键，在弹出的快捷菜单中选择【创建传统补间】命令，效果如图 7-79 所示。

图7-78 设置Alpha参数

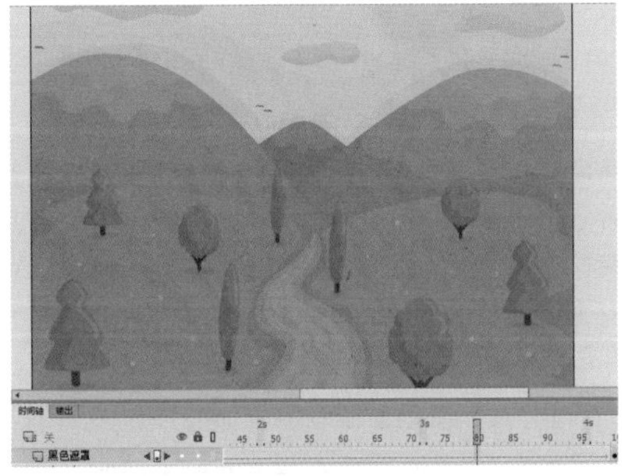

图7-79 创建传统补间后的效果

29 至此，太阳升起动画就制作完成了，对完成后的场景进行保存即可。

7.2.1 添加图层文件夹

在制作动画的过程中，有时需要创建图层文件夹来管理图层，以方便制作。添加图层文件夹的方法有以下三种。

- 单击【时间轴】面板下方的【新建文件夹】按钮，如图 7-80 所示。

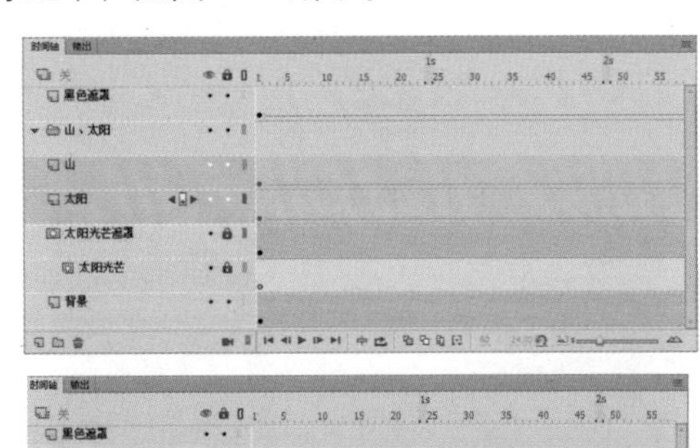

图7-80 新建文件夹

- 在菜单栏中选择【插入】|【时间轴】|【图层文件夹】命令，如图 7-81 所示。

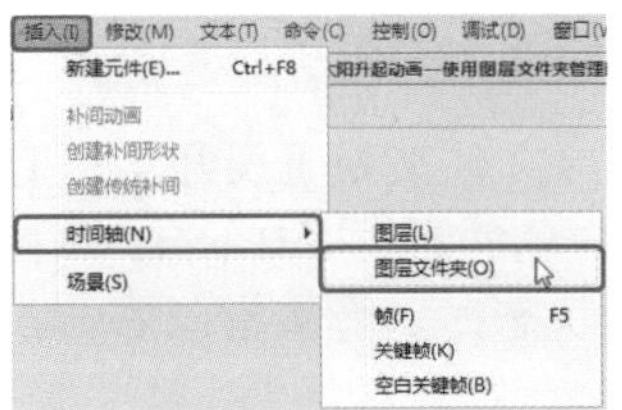

图7-81 选择【图层文件夹】命令

- 右击时间轴的图层编辑区，在弹出的快捷菜单中选择【插入文件夹】命令，如图 7-82 所示。

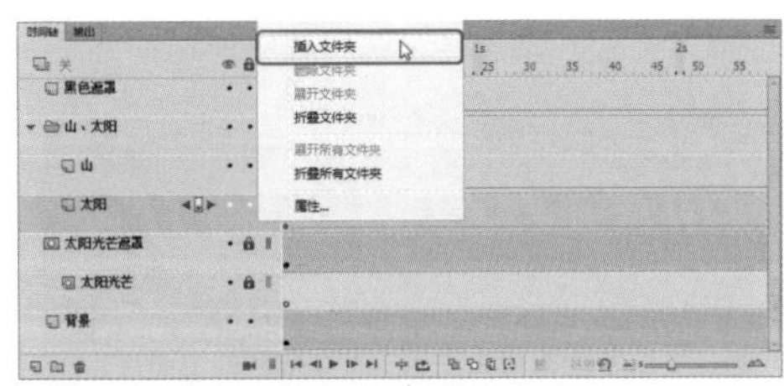

图7-82 选择【插入文件夹】命令

7.2.2 组织图层文件夹

用户可以向图层文件夹中添加、删除图层或图层文件夹，也可以移动图层或图层文件夹，其操作方法与图层的操作方法基本相同。要将外部的图层移动到图层文件夹中，可以拖曳图层到目标图层文件夹中，图层文件夹图标的颜色会变深，然后用鼠标拖动即可完成操作。移除图层的操作与之相反。图层文件夹内的图层图标以缩进的形式排放在图层文件夹图标之下，如图 7-83 所示。

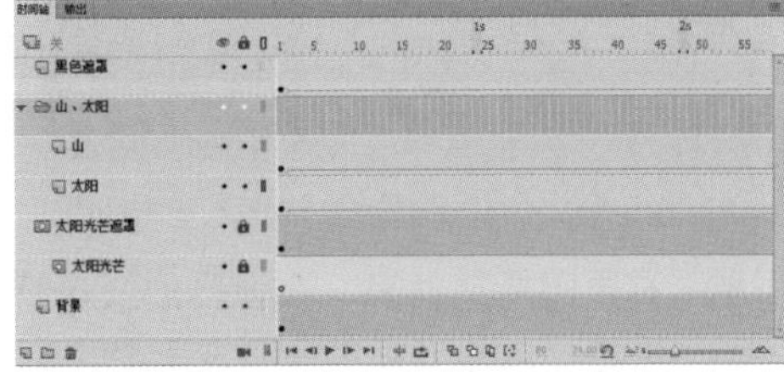

图7-83 拖入文件夹

7.2.3 展开或折叠图层文件夹

当图层文件夹处于展开状态时，图层文件夹图标左侧的箭头指向下方；当图层文件夹处于折叠状态时，箭头指向右方，如图 7-84 所示。

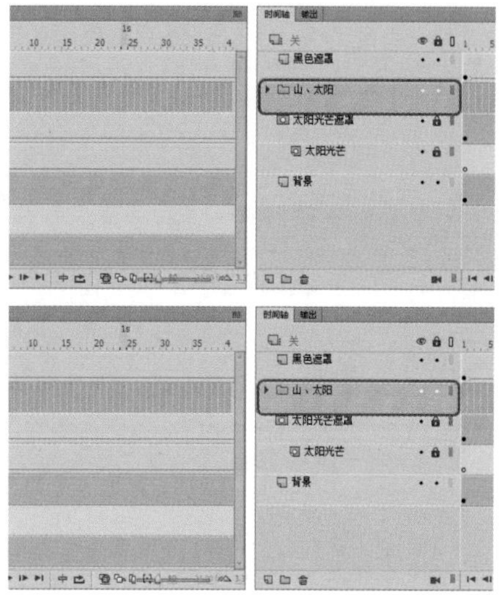

图7-84　折叠文件夹

展开图层文件夹的方法有以下三种。

- 单击箭头，展开的图层文件夹将折叠起来，同时箭头变为▶，单击箭头，折叠的图层文件夹又可以展开。
- 右击图层文件夹，在弹出的快捷菜单中选择【展开文件夹】命令，如图 7-85 所示。

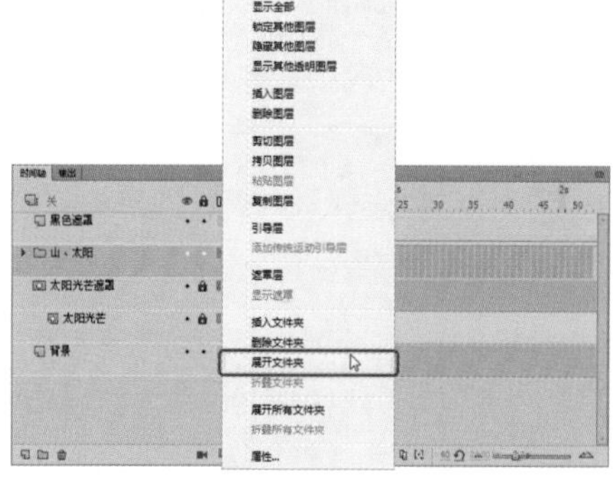

图7-85　选择【展开文件夹】命令

- 右击图层文件夹，在弹出的快捷菜单中选择【展开所有文件夹】命令，如图 7-86 所示。

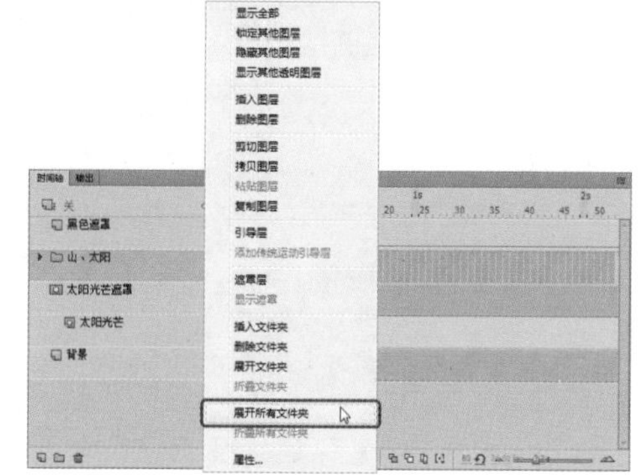

图7-86　选择【展开所有文件夹】命令

7.2.4 用【分散到图层】命令自动分配图层

Animate CC 允许设计人员选择多个对象，然后应用【修改】|【时间轴】|【分散到图层】命令自动为每个对象创建并命名新图层，而且将这些对象移动到对应的图层中，Animate 可以为这些图层提供恰当的命名，如果对象是元件或位图图像，新图层将按照对象的名称命名。

【分散到图层】命令的具体操作步骤如下。

01 按 Ctrl+O 组合键，在弹出的对话框中选择“素材 \Cha07\ 素材 02.fla”素材文件，单击【打开】按钮，如图 7-87 所示。

图7-87　选择素材

02 在工具箱中选择【文本工具】T输入【圣诞快乐】，打开【属性】面板，【系列】设置为【汉仪超粗圆简】，【大小】设置为 120，【颜色】设置为 #FFFFFF，如图 7-88 所示。

图7-88 输入文字并设置参数

03 使用【选择工具】选择输入的文字，按 Ctrl+B 组合键对文字进行分离，如图 7-89 所示。

图7-89 分离文字

04 在菜单栏中选择【修改】|【时间轴】|【分散到图层】命令，如图 7-90 所示。

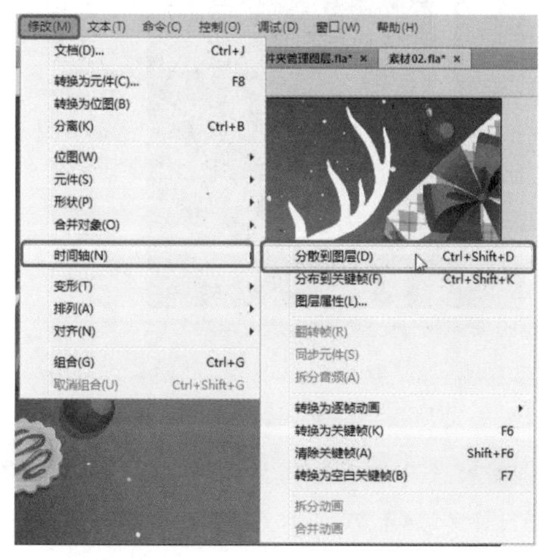

图7-90 选择【分散到图层】命令

05 在【时间轴】面板中将【图层_1】调整至最下方，效果如图 7-91 所示。

图7-91 分离后的效果

7.3 制作下雨动画——处理关键帧

本例将根据下雨这一自然现象制作下雨动画，效果如图 7-92 所示。

图7-92 下雨动画效果

素材	素材\Cha07\下雨背景.jpg
场景	场景\Cha07\制作下雨动画——处理关键帧.fla
视频	视频教学\Cha07\制作下雨动画——处理关键帧.mp4

01 启动软件，按 Ctrl+N 组合键，弹出【新建文档】对话框，在【类型】列表框中选择 ActionScript3.0 选项，在右侧的区域中将【宽】、【高】分别设置为 800、450，【背景颜色】设置为 #000000，单击【确定】按钮，如图 7-93 所示。

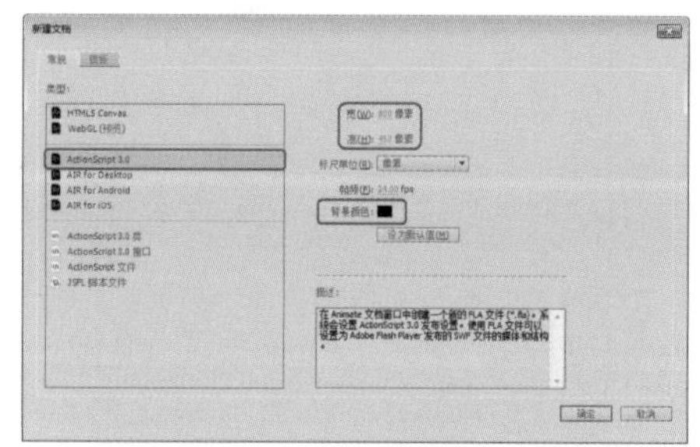

图7-93 设置【新建文档】参数

02 按 Ctrl+R 组合键，在弹出的【导入】对话框中选择“下雨背景 .jpg”素材文件，单击【打开】按钮，如图 7-94 所示。

图7-94　选择素材文件

03 选中导入的素材，在【对齐】面板中，勾选【与舞台对齐】复选框，单击【水平中齐】、【垂直中齐】和【匹配宽和高】按钮，如图 7-95 所示。

图7-95　设置素材文件

04 按 Ctrl+F8 组合键，在打开的【创建新元件】对话框中输入【名称】为【下雨】，将【类型】设置为【影片剪辑】，单击【高级】，勾选【为 ActionScript 导出】复选框，在【类】文本框中输入 xy，单击【确定】按钮，如图 7-96 所示。

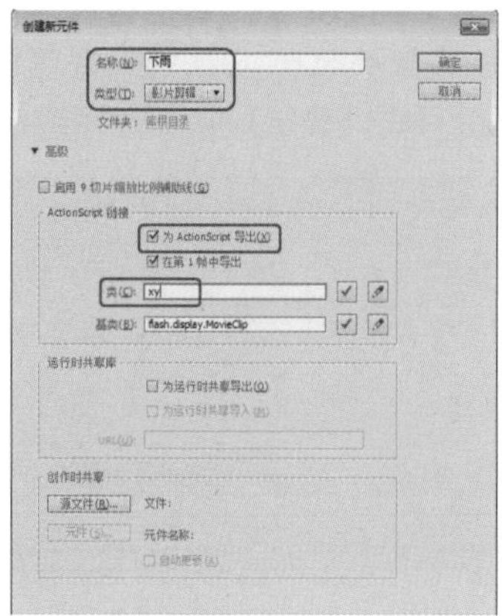

图7-96　【创建新元件】对话框

05 选择【线条工具】，单击【对象绘制】按钮，绘制一条直线并选中，在【属性】面板中，将【高】设置为 7，X、Y 分别设置为 0、-365，【笔触颜色】设置为 #FFFFFF，【笔触】设置为 1，如图 7-97 所示。

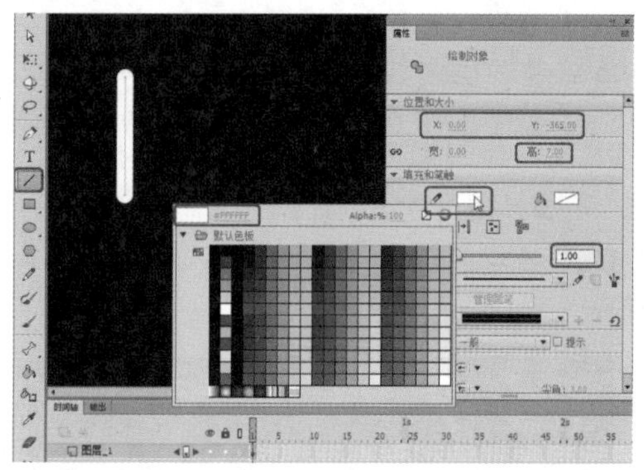

图7-97　绘制图形并设置参数

06 在【时间轴】面板中选择第 25 帧，单击鼠标右键，在弹出的快捷菜单中选择【插入关键帧】命令，如图 7-98 所示。

疑难解答　为什么要插入关键帧？

在Animate CC中，动画中的每一张图片相当于一个帧，因此帧是构成动画的核心元素。在很多时候不需要将动画的每一帧都绘制出来，而只需绘制起关键作用的帧，这样的帧称为关键帧。在创建动画效果时，插入关键帧可以方便创建动画效果。

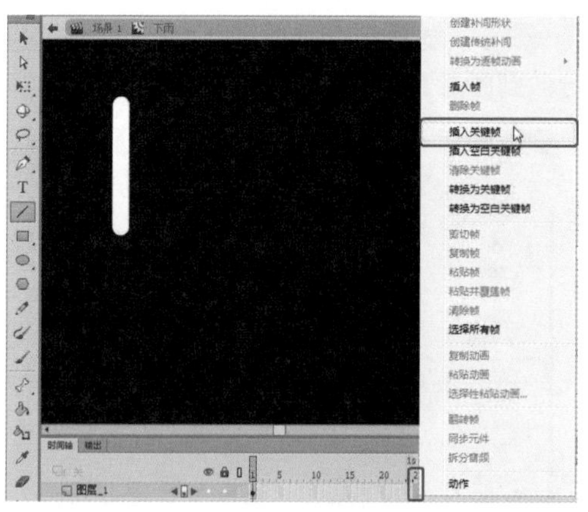

图7-98　选择【插入关键帧】命令

07 选中第 25 帧上的图形，在【属性】面板中将 X、Y 分别设置为 0、395，如图 7-99 所示。

08 在【时间轴】面板中选择【图层 _1】的第 20 帧，单击鼠标右键，在弹出的快捷菜单中选择【创建补间形状】命令，如图 7-100 所示。

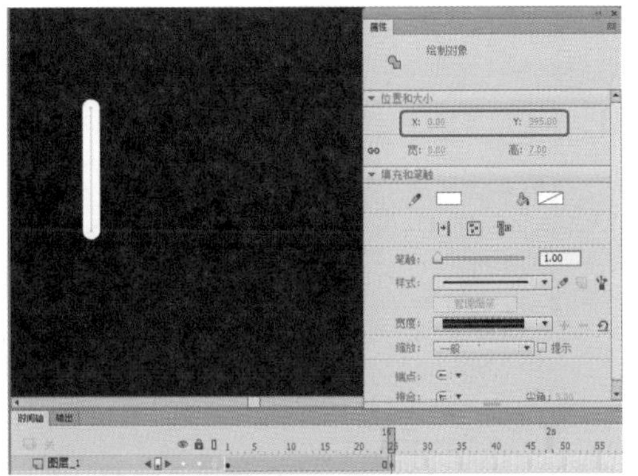

图7-99 调整图形位置

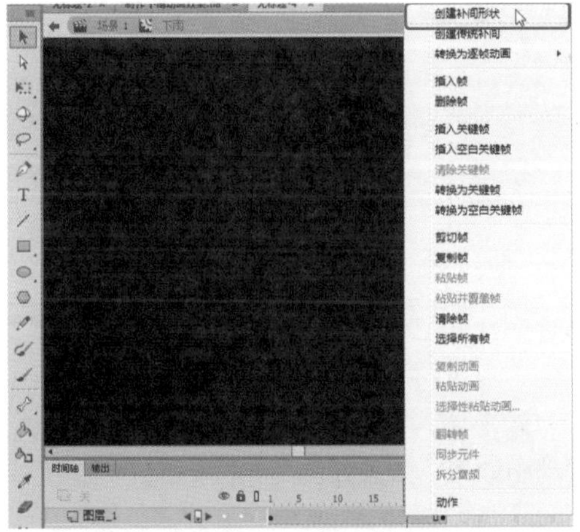

图7-100 选择【创建补间形状】命令

09 在【时间轴】面板中新建一个图层，选择【图层 _2】的第 26 帧，单击鼠标右键，在弹出的快捷菜单中选择【插入空白关键帧】命令，如图 7-101 所示。

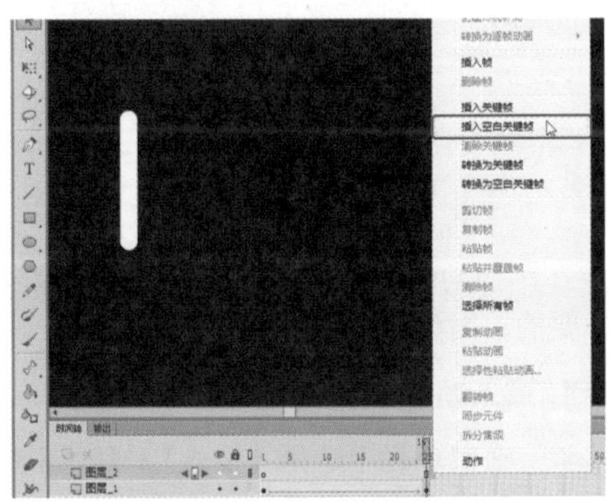

图7-101 选择【插入空白关键帧】命令

10 在工具箱中单击【椭圆工具】，绘制一个椭圆并选中，在【属性】面板中将【宽】、【高】分别设置为 12、2.5，X、Y 分别设置为 -6、400，【笔触颜色】设置为 #FFFFFF，Alpha 设置为 50，【填充颜色】设置为无，【笔触】设置为 1，如图 7-102 所示。

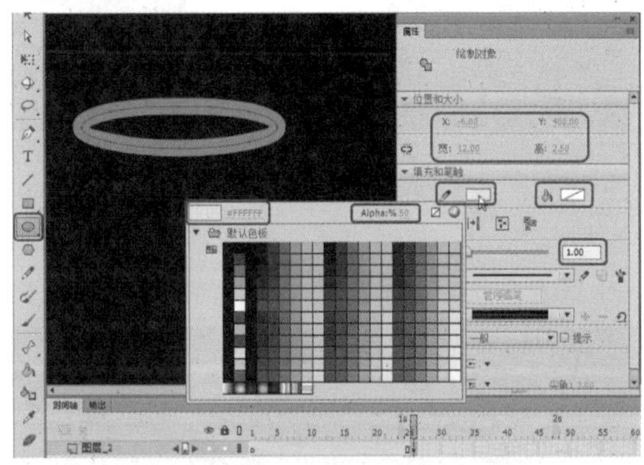

图7-102 绘制椭圆并设置参数

11 在【时间轴】面板中选择【图层 _2】的第 45 帧，按 F6 键插入关键帧，选中该帧上的图形，在【属性】面板中将【宽】、【高】分别设置为 48、13.5，X、Y 分别设置为 -24、397.75，如图 7-103 所示。

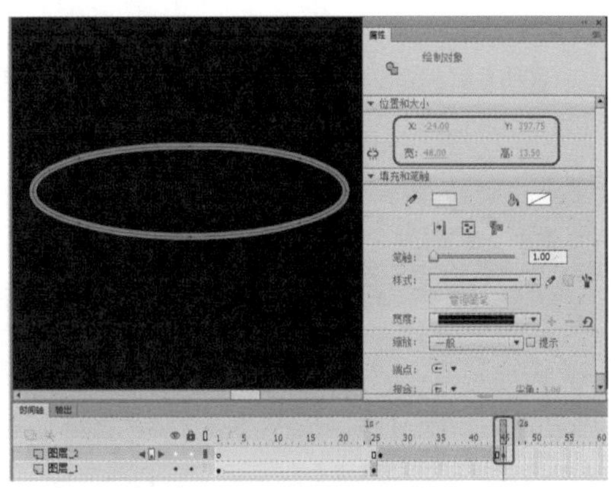

图7-103 插入关键帧并调整图形位置

12 在【图层 _2】的第 26 帧与第 45 帧之间创建补间形状，选中【图层 _2】图层，单击鼠标右键，在弹出的快捷菜单中选择【复制图层】命令，如图 7-104 所示。

13 在【时间轴】面板中按住 Shift 键选择【图层 _2 复制】图层的第 26 至 45 帧，如图 7-105 所示。

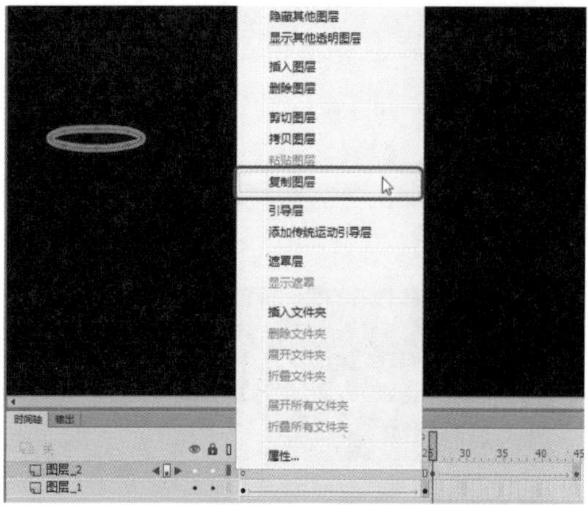
图7-104　选择【复制图层】命令

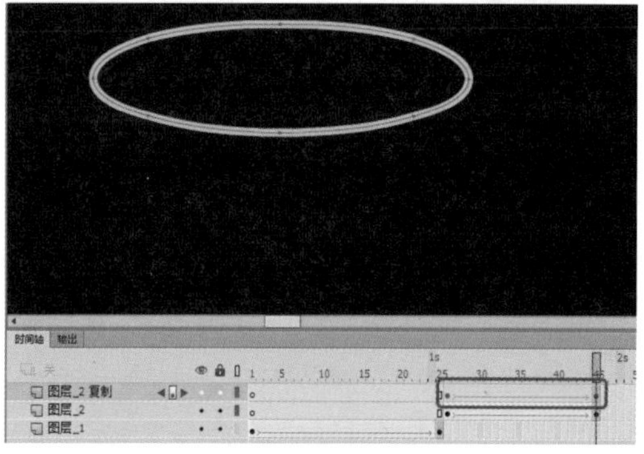
图7-105　选择帧

14 按住鼠标将选中的帧向右移动，效果如图 7-106 所示。

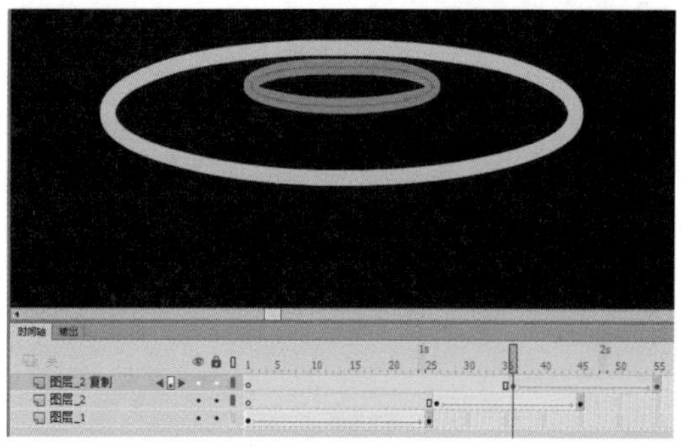
图7-106　调整关键帧后的效果

15 返回至【场景 1】中，在【时间轴】面板中新建一个图层，选中第 1 帧，按 F9 键，在弹出的面板中输入如下代码：

```
var i = 1;
addEventListener(Event.ENTER_
FRAME,xx);
function xx(event:Event):void {
var x_mc:xy = new xy();
addChild(x_mc);
x_mc.x = Math.random()*600;
x_mc.scaleX =  Math.random();
x_mc.scaleY = Math.random();
i++;
if(i>100){
this.removeChildAt(1);
i=100;
}
}
```

如图 7-107 所示。

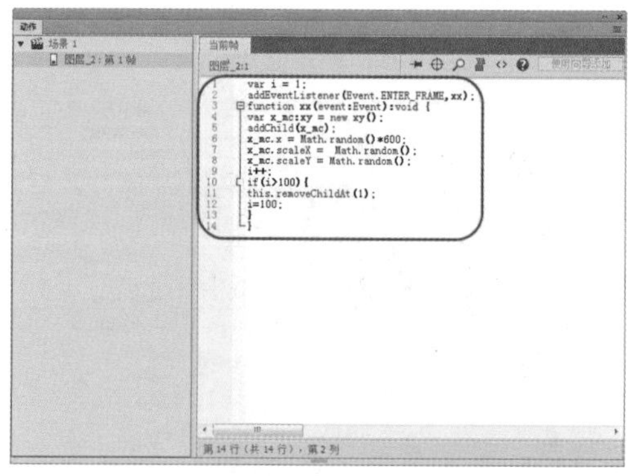
图7-107　输入代码

16 输入完成后，按 Ctrl+Enter 组合键测试动画效果，效果如图 7-108 所示。

图7-108　下雨动画效果

7.3.1 插入帧和关键帧

在制作动画的过程中，插入帧和关键帧是很必要的，因为动画都是由帧组成的。

1. 插入帧

- 在菜单栏中选择【插入】|【时间轴】|【帧】命令，如图 7-109 所示。

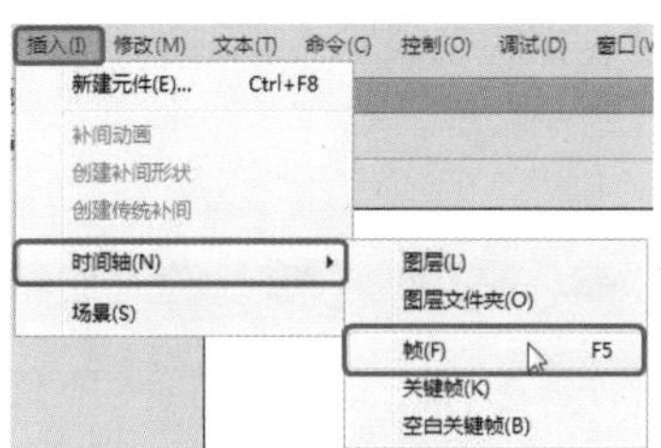

图7-109 选择【帧】命令

- 按 F5 键，插入帧。
- 在【时间轴】面板上选择要插入帧的位置，单击鼠标右键，在弹出的快捷菜单中选择【插入帧】命令，如图 7-110 所示。

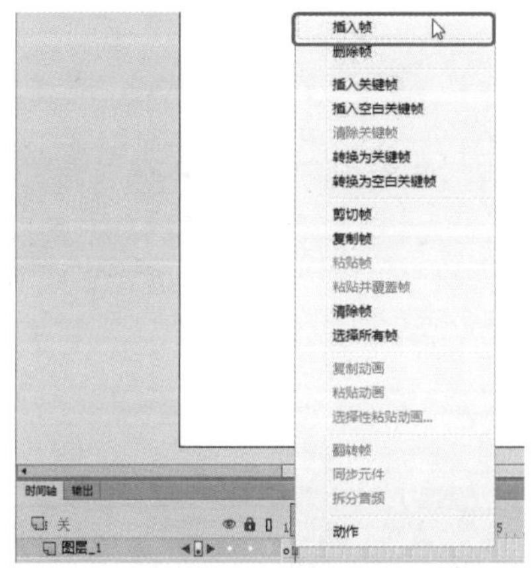

图7-110 选择【插入帧】命令

2. 插入关键帧

- 在菜单栏中选择【插入】|【时间轴】|【关键帧】命令，如图 7-111 所示。

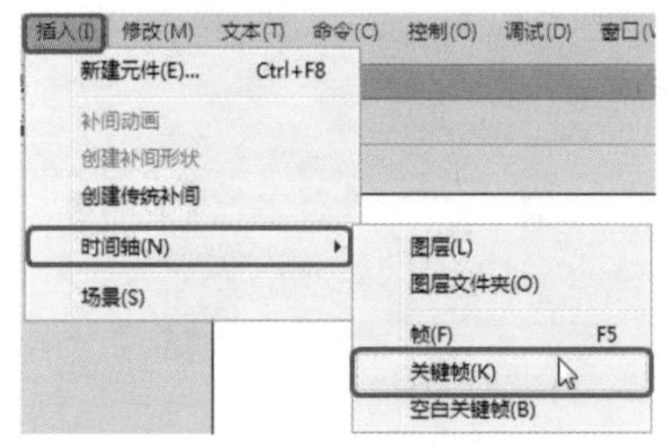

图7-111 选择【关键帧】命令

- 按 F6 键，插入关键帧。
- 在【时间轴】面板上选择要插入帧的位置，单击鼠标右键，在弹出的快捷菜单中选择【插入关键帧】命令，如图 7-112 所示。

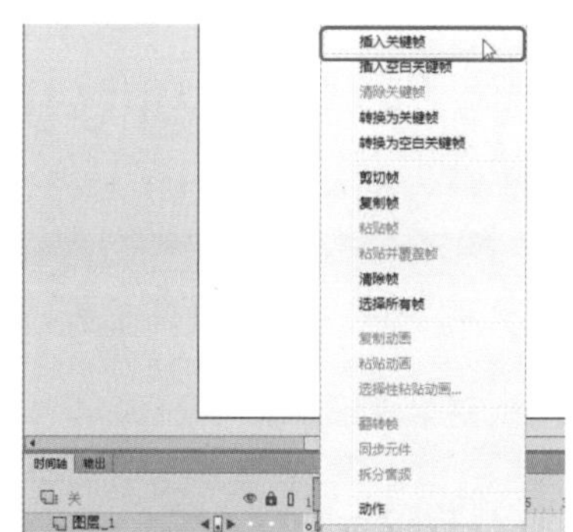

图7-112 选择【插入关键帧】命令

知识链接：插入空白关键帧

在 Animate 中，除了可以插入帧与关键帧外，还可以插入空白关键帧，插入空白关键帧有以下三种方法。

- 在菜单栏中选择【插入】|【时间轴】|【空白关键帧】命令。
- 在时间轴上选择要插入帧的位置，单击鼠标右键，在弹出的快捷菜单中选择【插入空白关键帧】命令。
- 按 F7 键插入空白关键帧。

7.3.2 帧的删除、移动、复制、转换与清除

1. 帧的删除

选取多余的帧，在菜单栏中选择【编辑】|【时间轴】|【删除帧】命令，或者单击鼠标右键，在弹出的快捷菜单中选择【删除帧】命令，都可以删除多余的帧。

2. 帧的移动

使用鼠标单击需要移动的帧或关键帧，然后拖动鼠标到目标位置即可，如图 7-113 所示。

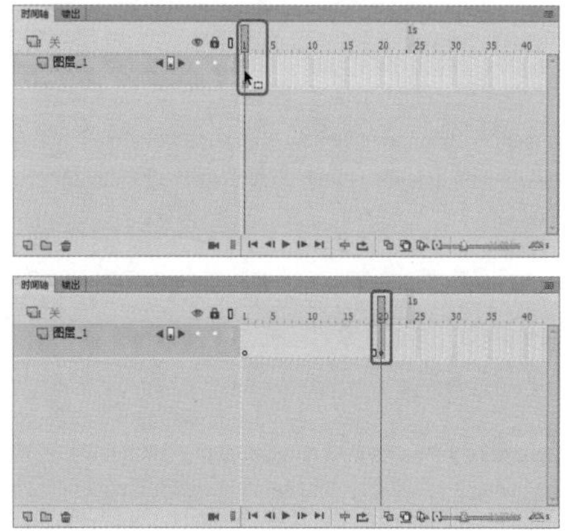

图7-113 移动帧

3. 帧的复制

单击要复制的关键帧，按住Alt键，将其拖曳到新的位置上，如图7-114所示。

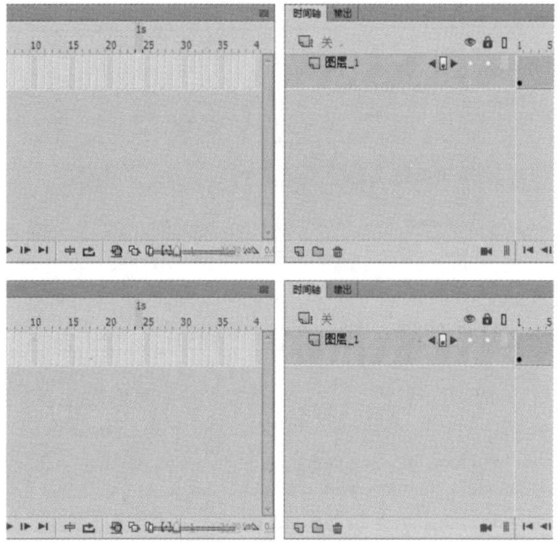

图7-114 复制帧

还有另一个方法也可以复制帧。

01 选中要复制的帧，在菜单栏中选择【编辑】|【时间轴】|【复制帧】命令或单击鼠标右键，在弹出的快捷菜单中选择【复制帧】命令，如图7-115所示。

图7-115 选择【复制帧】命令

02 选中目标位置，在菜单栏中选择【编辑】|【时间轴】|【粘贴帧】命令或单击鼠标右键，在弹出的快捷菜单中选择【粘贴帧】命令，如图7-116所示。

4. 帧的转换

如果要将帧转换为关键帧，可先选择需要转换的帧，在菜单栏中选择【修改】|【时间轴】|【转换为关键帧】命令，如图7-117所示；或者单击鼠标右键，在弹出的快捷菜单中选择【转换为关键帧】命令，如图7-118所示。

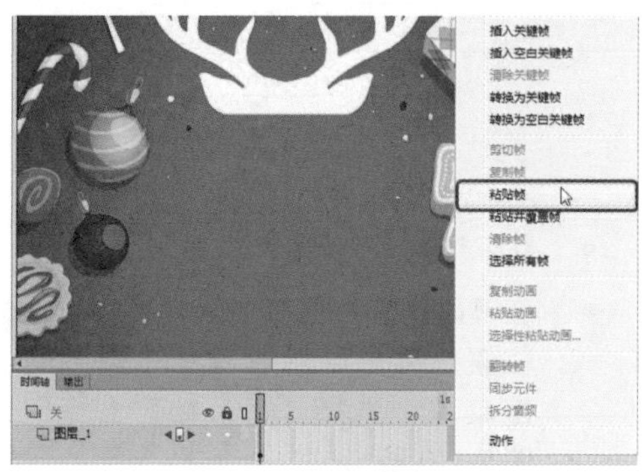

图7-116 选择【粘贴帧】命令

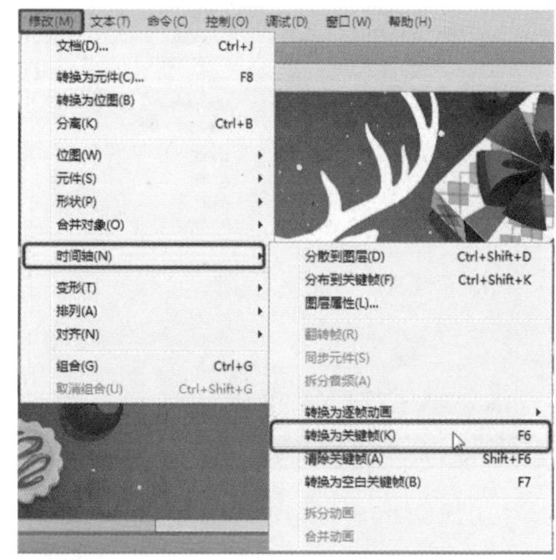

图7-117 选择【转换为关键帧】命令

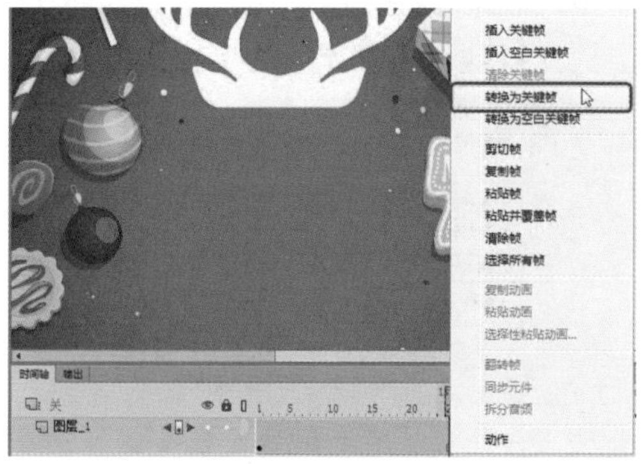

图7-118 选择【转换为关键帧】命令

5. 帧的清除

- 单击一个帧，在菜单栏中选择【编辑】|【时间轴】|【清除帧】命令，如图7-119所示。

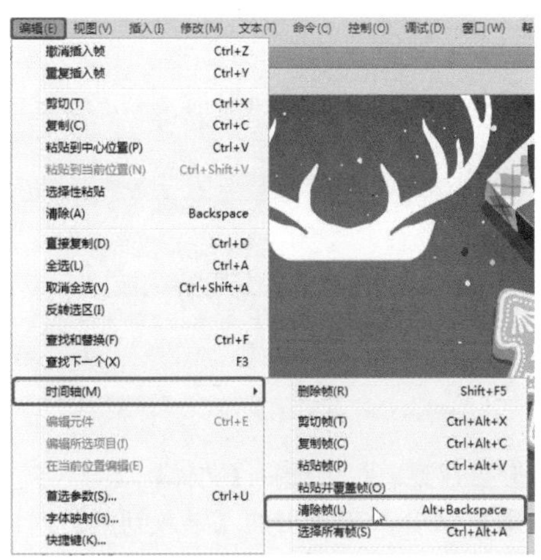

图7-119 选择【清除帧】命令

- 选择需要清除的帧，单击鼠标右键，在弹出的快捷菜单中选择【清除帧】命令，如图7-120所示。

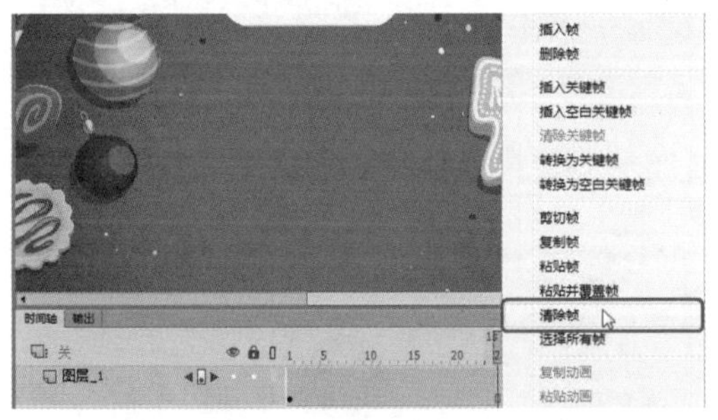

图7-120 选择【清除帧】命令

7.3.3 调整空白关键帧

下面介绍如何移动和删除空白关键帧。

1. 移动空白关键帧

移动空白关键帧的方法和移动关键帧完全一致：选中要移动的帧或者帧序列，然后将其拖曳到所需的位置上即可。

2. 删除空白关键帧

要删除空白关键帧，首先选中要删除的帧或帧序列，单击鼠标右键，在弹出的快捷菜单中选择【清除关键帧】命令，如图7-121所示。

> **提 示**
>
> 【清除关键帧】命令除了可以清除空白关键帧外，还可以清除关键帧。

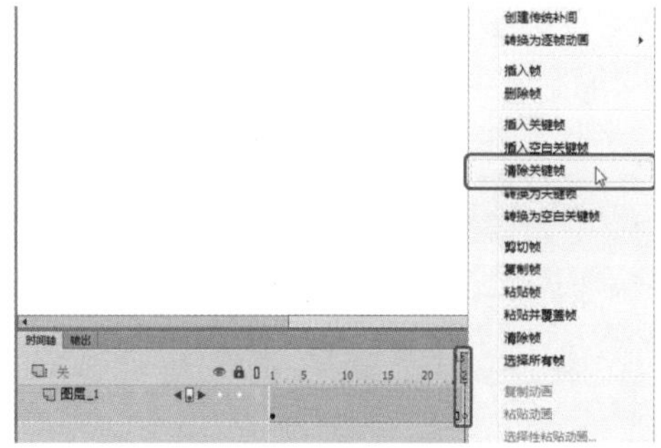

图7-121 选择【清除关键帧】命令

7.3.4 帧标签、帧注释和锚记

帧标签有助于在时间轴上确认关键帧。当在动作脚本中指定目标帧时，帧标签可用来取代帧号码。当添加或移除帧时，帧标签也随之移动，而无论帧号码是否改变，这样即使修改了帧，也不用再修改动作脚本了。帧标签同电影数据同时输出，所以要避免长名称，以获得较小的文件体积。

帧注释有助于对影片的后期操作和团体合作。同帧标签不同，帧注释不随电影一起输出，所以尽可能地详细写入注解，以方便制作者以后的阅读或其他合作伙伴的阅读。

锚记可以使影片观看者使用浏览器中的【前进】和【后退】按钮从一个帧跳到另一个帧，或是从一个场景跳到另一个场景，从而使Animate CC 2018影片的导航变得简单。命名锚记关键帧在时间轴中用锚记图标表示，如果希望Animate CC 2018自动将每个场景的第1个关键帧作为命名锚记，可以通过对首选参数的设置来实现。

创建帧标签、帧注释或锚记的具体操作步骤如下。

01 选择一个要加标签、注释或锚记的帧。

02 在如图7-122所示的【属性】面板中的【名称】文本框里输入名称，在【类型】下拉列表中选择【名称】、【注释】或【锚记】选项。

> **提 示**
>
> 只有先在【名称】文本框中输入文字，【类型】下拉列表才可用。

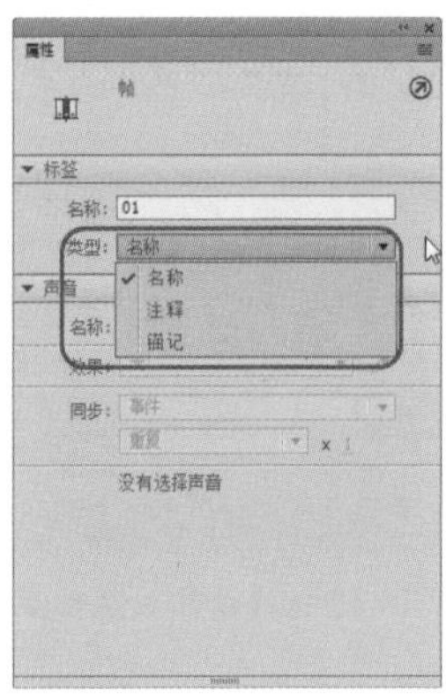

图7-122 【属性】面板

7.4 制作放鞭炮动画效果——处理普通帧

放鞭炮可以创造一种喜庆气氛，是节日的一种娱乐活动，它可以给人们带来欢愉。本例介绍如何制作放鞭炮动画，效果如图7-123所示。

图7-123 放鞭炮动画效果

素材	素材\Cha07\鞭炮背景.jpg、鞭炮素材01.png、爆炸01.png～爆炸03.png、鞭炮01.png～鞭炮03.png、鞭炮音乐1.mp3、鞭炮音乐2.mp3
场景	场景\Cha07\制作放鞭炮动画效果——处理普通帧.fla
视频	视频教学\Cha07\制作放鞭炮动画效果——处理普通帧.mp4

01 启动软件，按Ctrl+N组合键，弹出【新建文档】对话框，在【类型】列表框中选择ActionScript3.0选项，在右侧的区域中将【宽】、【高】分别设置为600、450，【帧频】设置为12，单击【确定】按钮，如图7-124所示。

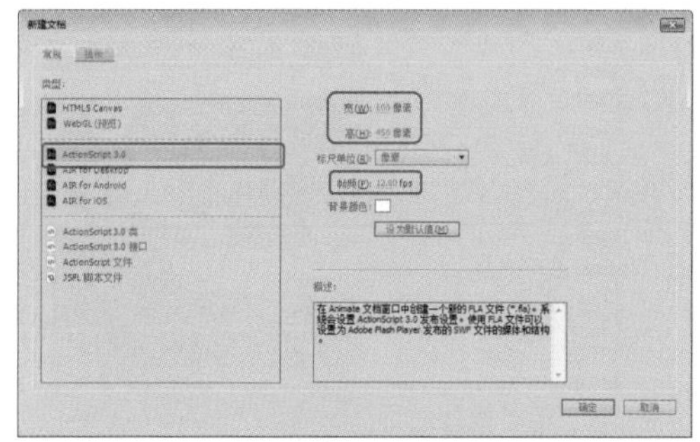

图7-124 设置【新建文档】参数

02 在菜单栏中选择【文件】|【导入】|【导入到库】命令，在弹出的【导入到库】对话框中选择“鞭炮背景.jpg”“鞭炮素材01.png”“爆炸01.png”“爆炸02.png”“爆炸03.png”“鞭炮01.png”“鞭炮02.png”“鞭炮03.png”素材文件，单击【打开】按钮，如图7-125所示。

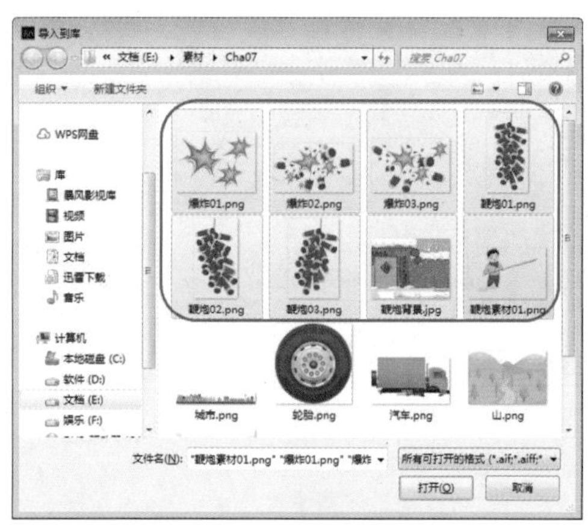

图7-125 选择素材文件

03 在【库】面板中选择“鞭炮背景.jpg”素材文件，将其拖曳至舞台中并选中该素材，在【对齐】面板中，勾选【与舞台对齐】复选框，单击【水平中齐】、【垂直中齐】和【匹配宽和高】按钮，如图7-126所示。

图7-126 调整素材文件

04 选中该素材文件，按F8键，在弹出的【转换为元件】对话框中将【名称】设置为【背景】，【类型】设置为【影片剪辑】，将对齐方式设置为居中，单击【确定】按钮，如图7-127所示。

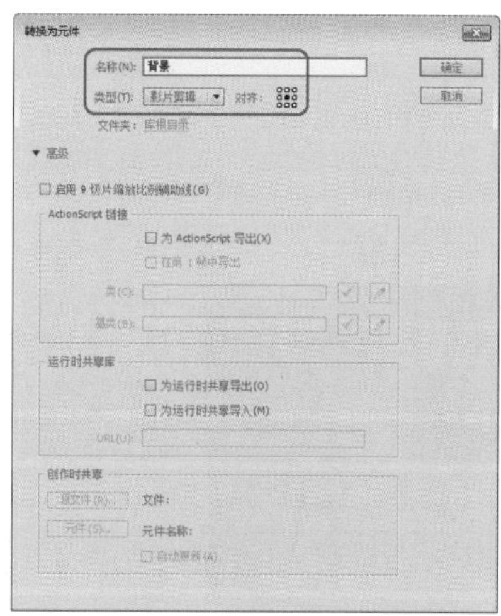

图7-127 设置转换元件参数

05 在【时间轴】面板中将【图层_1】命名为【背景】，选择该图层的第79帧，右击，在弹出的快捷菜单中选择【插入关键帧】命令，如图7-128所示。

图7-128 选择【插入关键帧】命令

06 选择第1帧上的元件，在【属性】面板中将【宽】、【高】分别设置为2272.2、1704.2，X、Y分别设置为1011.35、219.25，如图7-129所示。

提 示

在此选择第1帧上的元件时，将时间线拖曳至第1帧，在舞台中选择元件，即为选择第1帧上的元件。

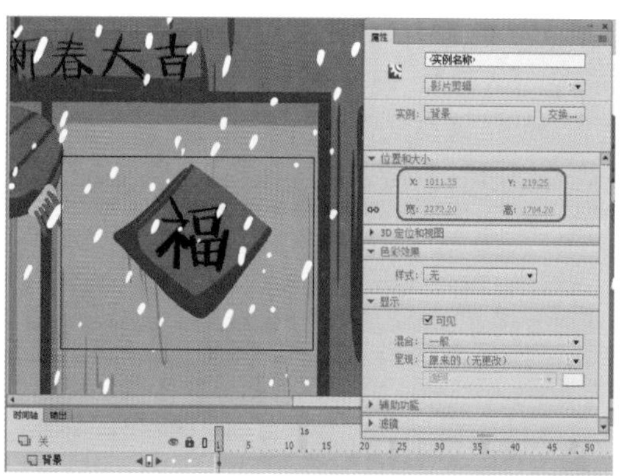

图7-129 设置元件参数

07 在【时间轴】面板中选择该图层的第10帧，单击鼠标右键，在弹出的快捷菜单中选择【转换为关键帧】命令，如图7-130所示。

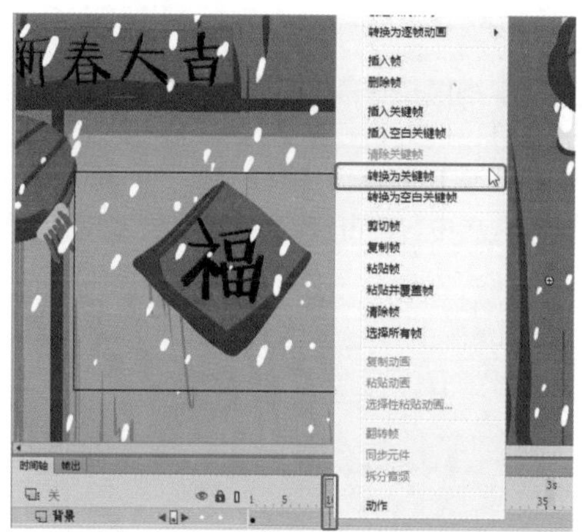

图7-130 选择【转换为关键帧】命令

08 在【时间轴】面板中选择该图层的第30帧，单击鼠标右键，在弹出的快捷菜单中选择【创建传统补间】命令，如图7-131所示。

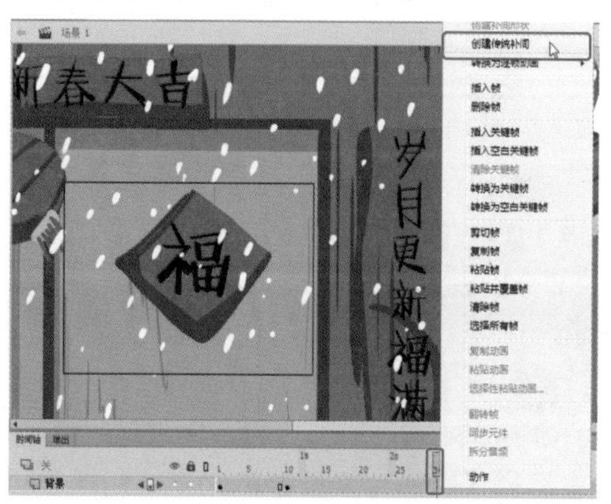

图7-131 选择【创建传统补间】命令

09 在【时间轴】面板中新建一个图层，命名为【人物】，在【库】面板中选择“鞭炮素材 01.png”素材文件，将其拖曳至舞台中并选中，在【属性】面板中将【宽】、【高】分别设置为 300、191.65，如图 7-132 所示。

图7-132　添加素材文件并调整位置

10 继续在舞台中选择该素材文件，按 F8 键，在弹出的对话框中将【名称】设置为【人物】，【类型】设置为【影片剪辑】，将对齐方式设置为居中，单击【确定】按钮，如图 7-133 所示。

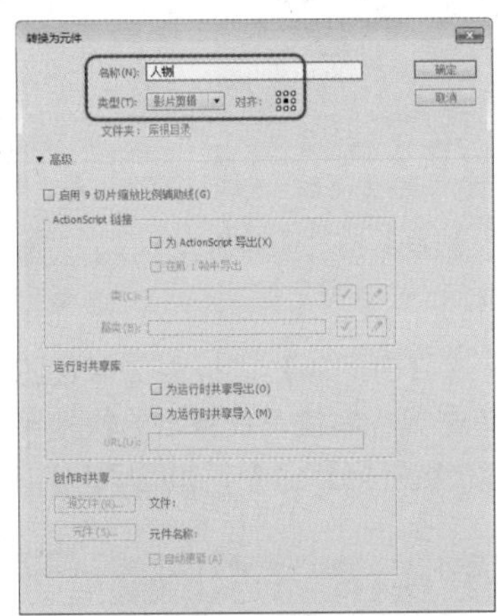

图7-133　【转换为元件】对话框

11 选择转换后的元件，在【属性】面板中将【宽】、【高】分别设置为 1136.1、725.8，X、Y 分别设置为 1390.05、722.85，如图 7-134 所示。

12 在【时间轴】面板中选择【人物】图层的第 10 帧，单击鼠标右键，在弹出的快捷菜单中选择【转换为关键帧】命令，如图 7-135 所示。

图7-134　设置元件的大小与位置

图7-135　选择【转换为关键帧】命令

13 使用同样的方法将该图层的第 79 帧转换为关键帧，并选中该帧上的元件，在【属性】面板中将【宽】、【高】分别设置为 300、191.65，X、Y 分别设置为 400、357.8，如图 7-136 所示。

图7-136　设置元件大小与位置

14 在【时间轴】面板中选择【人物】图层的第 65 帧，单击鼠标右键，在弹出的快捷菜单中选择【创建传统补间】命令，如图 7-137 所示。

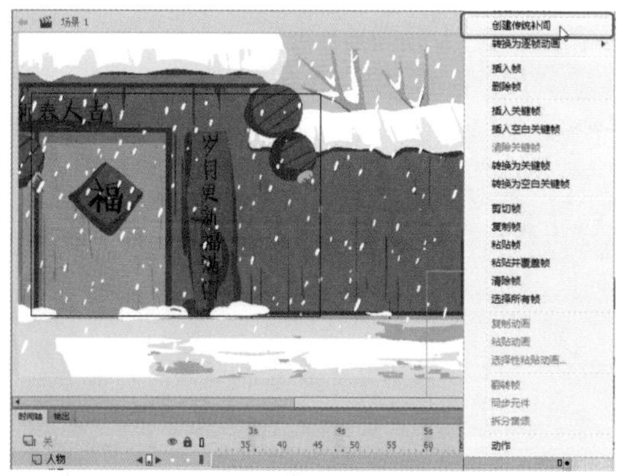

图7-137　选择【创建传统补间】命令

15 按 Ctrl+F8 组合键，在弹出的对话框中将【名称】设置为【鞭炮动画】，将【类型】设置为【影片剪辑】，单击【确定】按钮，如图 7-138 所示。

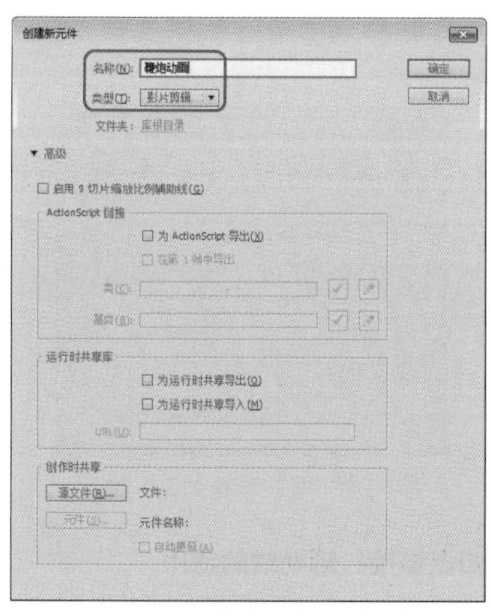

图7-138　【创建新元件】对话框

提　示

图形元件可以作为静态图像多次应用，并且图形元件也可以用到其他类型的元件当中，是 3 种 Animate 元件类型中最基本的类型。

16 在【库】面板中选择“鞭炮 01.png”素材文件，将其拖曳至舞台中并选中，在【属性】面板中将【宽】、【高】分别设置为 50、94.75，X、Y 分别设置为 -31、0，如图 7-139 所示。

17 在【库】面板中选择“爆炸 01.png”素材文件，将其拖曳至舞台中并选中，在【属性】面板中将【宽】、【高】分别设置为 41、30.95，X、Y 分别设置为 -20、77，如图 7-140 所示。

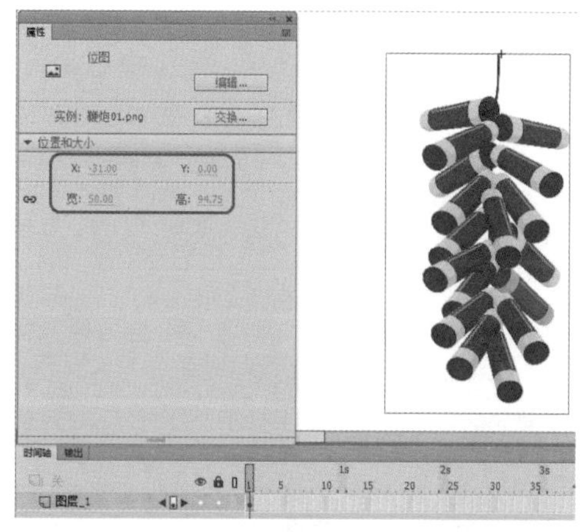

图7-139　添加素材文件并设置参数

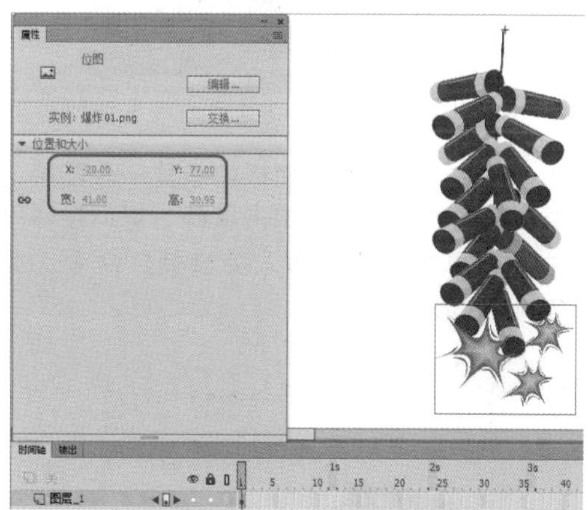

图7-140　添加素材文件并设置参数

18 在舞台中选中“鞭炮 01.png”与“爆炸 01.png”素材文件，按 F8 键，在弹出的【转换为元件】对话框中将【名称】设置为【鞭炮 1】，【类型】设置为【图形】，将对齐方式设置为居中，单击【确定】按钮，如图 7-141 所示。

19 按 Ctrl+Shift+Alt+R 组合键打开标尺，在舞台中拖曳两条垂直相交的辅助线，将辅助线的交点调整至鞭炮线的顶端，如图 7-142 所示。

疑难解答　如何精确调整辅助线位置?

在辅助线上双击鼠标，在弹出的对话框中设置【位置】参数，单击【确定】按钮。

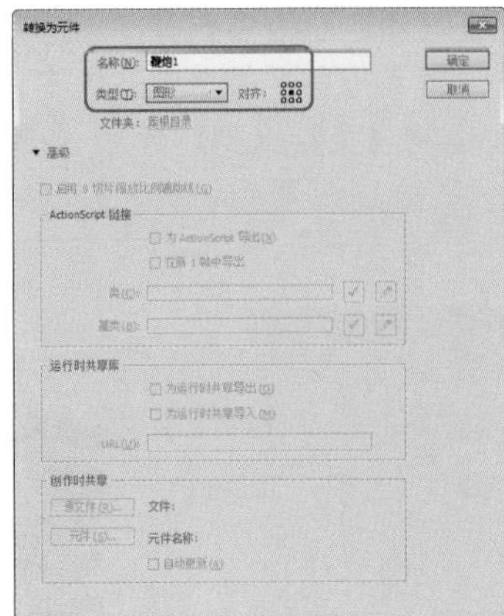
图7-141　设置转换元件参数

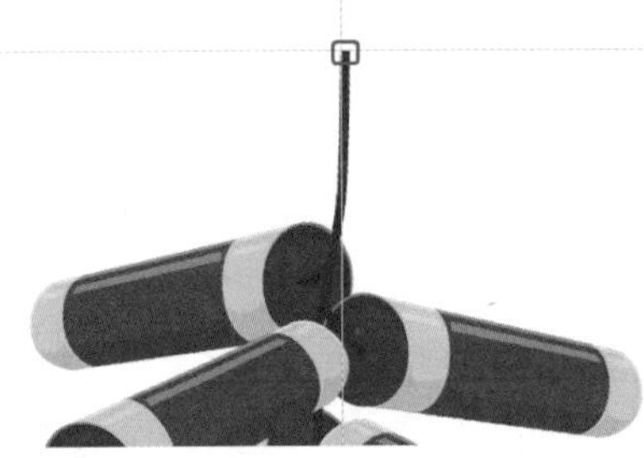
图7-142　创建辅助线

20 在【时间轴】面板中新建一个图层，选中该图层的第2帧，单击鼠标右键，在弹出的快捷菜单中选择【插入关键帧】命令，如图7-143所示。

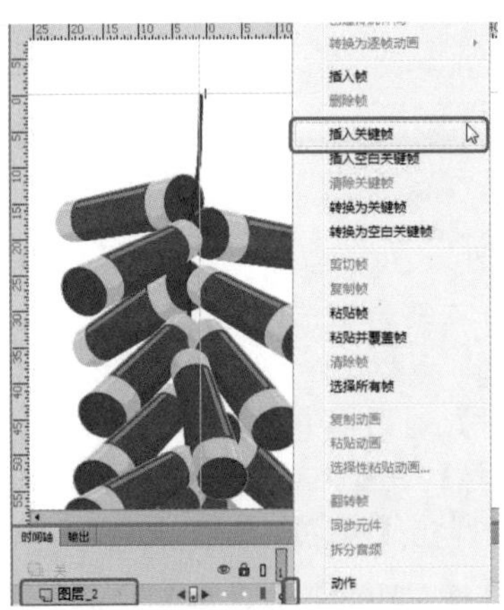
图7-143　选择【插入关键帧】命令

知识链接：标尺的使用

Animate中的标尺类似直尺，可以用来精确测量图像的位置和大小。打开标尺后，在工作区内移动一个元素，元素的尺寸位置会反映到标尺上。

1. 打开/隐藏标尺

默认情况下，标尺是没有打开的。在菜单栏中选择【视图】|【标尺】命令，或按Ctrl+Shift+Alt+R组合键，即可打开标尺，打开后标尺出现在文档窗口的左侧和顶部，如图7-144所示。

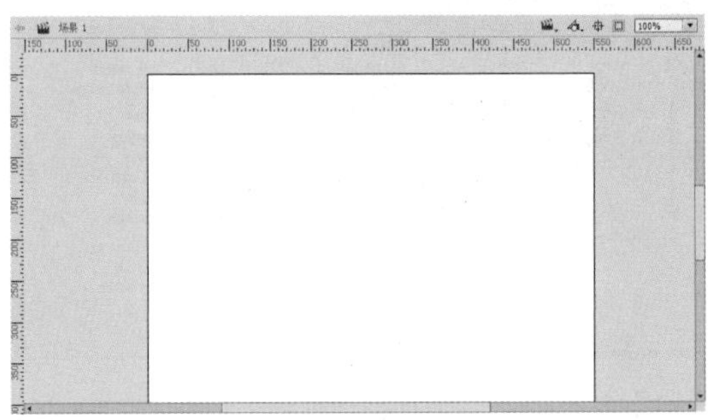
图7-144　打开标尺

如果要隐藏标尺，再次在菜单栏中选择【视图】|【标尺】命令即可。

2. 修改标尺单位

默认情况下，标尺的单位是像素。如果要修改单位，可以在菜单栏中选择【修改】|【文档】命令，打开【文档设置】对话框，在【单位】下拉列表框中选择其他的单位，单击【确定】按钮，如图7-145所示。

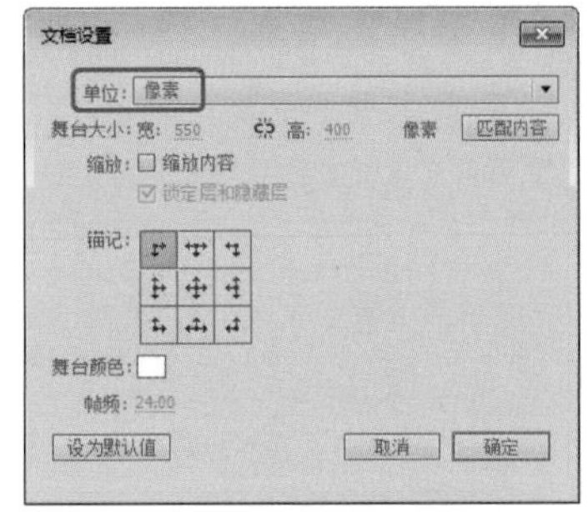
图7-145　【文档设置】对话框

知识链接：辅助线的使用

辅助线也可用于实例的定位。从标尺处开始向舞台中拖动鼠标，会拖出一条青色（默认）的直线，这条直线就是辅助线，如图7-146所示。不同的实例之间可以这条线作为对齐的标准。可以移动、锁定、隐藏和删除辅助线，也可以将对象与辅助线对齐，或者更改辅助线的颜色和对齐容差。

1. 删除辅助线

如果要删除辅助线，在菜单栏中选择【视图】|【辅助线】|【清除辅助线】命令

2. 移动/对齐辅助线

如果辅助线的位置需要变动，可以使用【选择工具】，将鼠标指针移到辅助线上，按住鼠标左键拖动辅

助线到合适的位置即可。在移动辅助线时辅助线会变为黑色的线，在合适的位置释放鼠标，即可完成辅助线的移动，如图7-147所示。

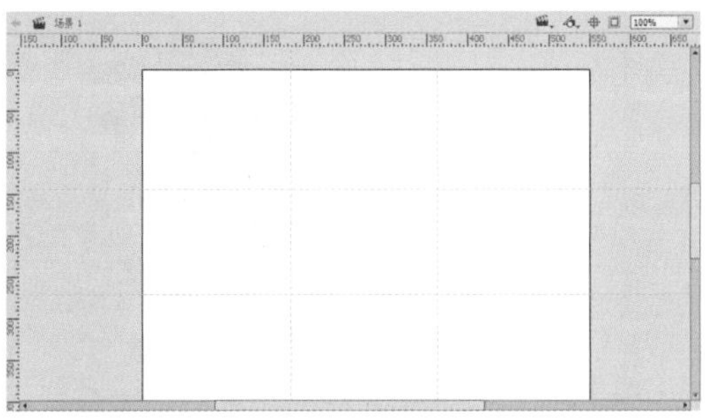

图7-146 添加辅助线

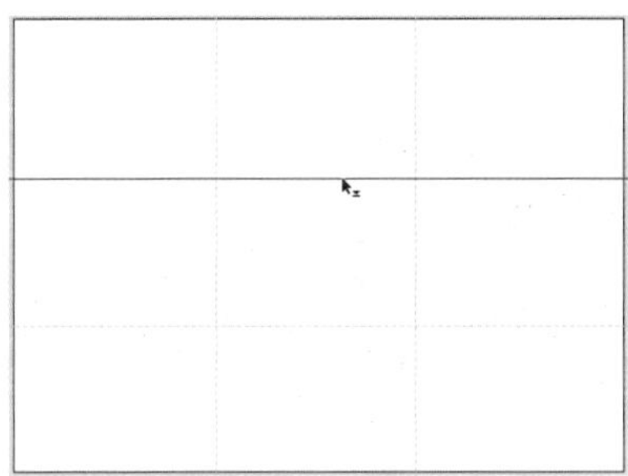

图7-147 移动辅助线

用户可以使用标尺和辅助线来精确定位或对齐文档中的对象，在菜单栏中选择【视图】|【贴紧】|【贴紧至辅助线】命令，如图7-148所示。

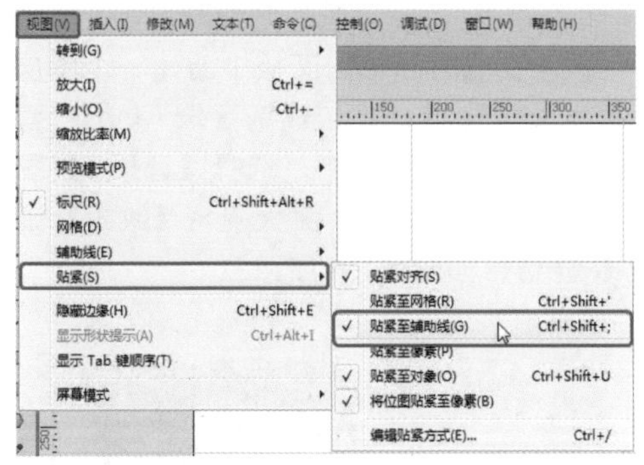

图7-148 选择【贴紧至辅助线】命令

3. 锁定/解锁辅助线

为了防止因不小心而移动辅助线，可以将辅助线锁定在某个位置，在菜单栏中选择【视图】|【辅助线】|【锁定辅助线】命令，如图7-149所示。

如果要再次移动辅助线，可以将其解锁，再次在菜单栏中选择【视图】|【辅助线】|【锁定辅助线】命令。

4. 显示/隐藏辅助线

如果文档中已经添加了辅助线，在菜单栏中选择【视图】|【辅助线】|【显示辅助线】命令，即可将辅助线隐藏，再次选择该命令可重新显示辅助线，如图7-150所示。

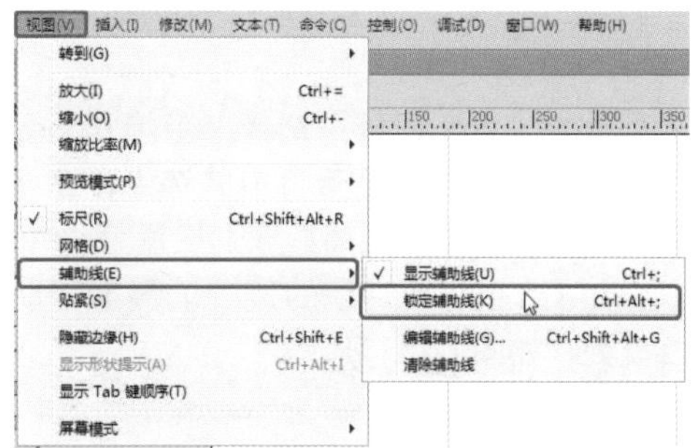

图7-149 选择【锁定辅助线】命令

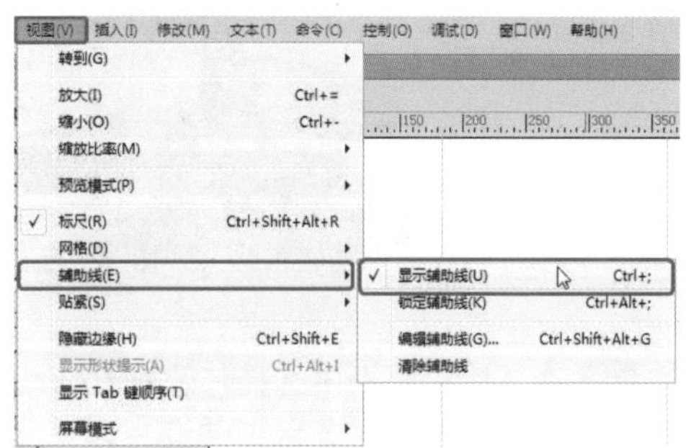

图7-150 选择【显示辅助线】命令

5. 设置辅助线参数

在菜单栏中选择【视图】|【辅助线】|【编辑辅助线】命令，打开【辅助线】对话框，如图7-151所示。

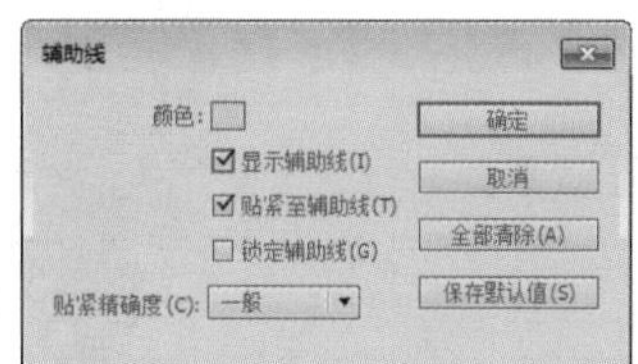

图7-151 【辅助线】对话框

其各项参数说明如下。

- 【颜色】：用于选择一种颜色，作为辅助线的颜色，如图7-152所示。

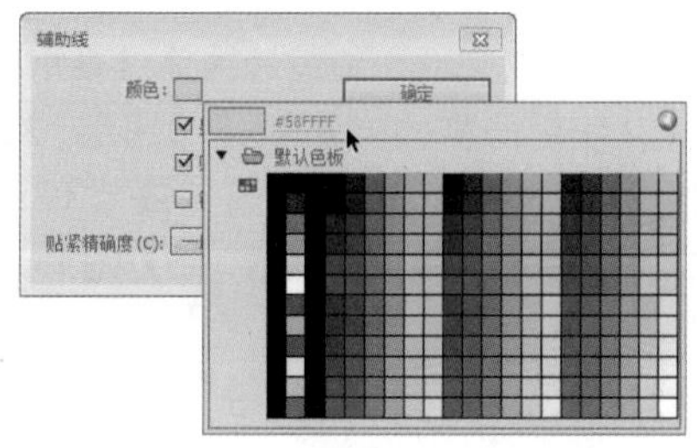

图7-152 颜色拾色器

- 【显示辅助线】：用于显示辅助线。
- 【贴紧至辅助线】：用于将图形吸附到辅助线。

- 【锁定辅助线】：用于辅助线锁定。
- 【贴紧精确度】：用于设置图形贴紧辅助线时的精确度，包括【必须接近】、【一般】和【可以远离】三个选项。

21 在【库】面板中选择“鞭炮 02.png”素材文件，将其拖曳至舞台中并选中，在【属性】面板中将【宽】、【高】分别设置为 46.15、83.6，在舞台中将鞭炮线的顶端调整至辅助线的相交处，如图 7-153 所示。

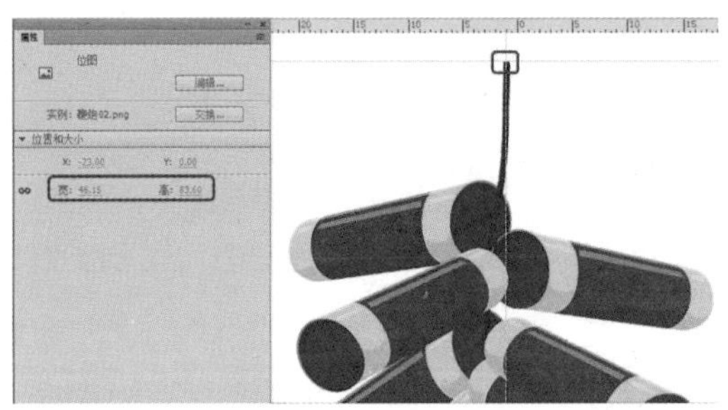

图7-153　调整辅助线

22 在【库】面板中选择“爆炸 02.png”素材文件，将其拖曳至舞台中并选中，在【属性】面板中将【宽】、【高】分别设置为 61.35、38，并调整位置，如图 7-154 所示。

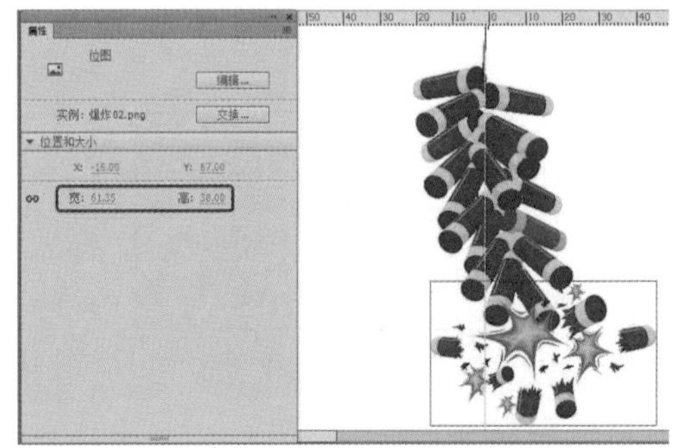

图7-154　添加素材文件并设置参数

23 按住 Ctrl 键选择“鞭炮 02.png”与“爆炸 02.png”素材文件，将其转换为【鞭炮 2】图形元件。使用同样的方法新建【图层_3】，在第 3 帧添加“鞭炮 03.png”与“爆炸 03.png”素材文件，并将其转换为【鞭炮 3】图形元件，如图 7-155 所示。

24 返回至【场景 1】中，在【时间轴】面板中新建一个图层，命名为【鞭炮】，将【鞭炮动画】影片剪辑元件添加至舞台中，并根据前面所介绍的方法创建缩放动画，效果如图 7-156 所示。

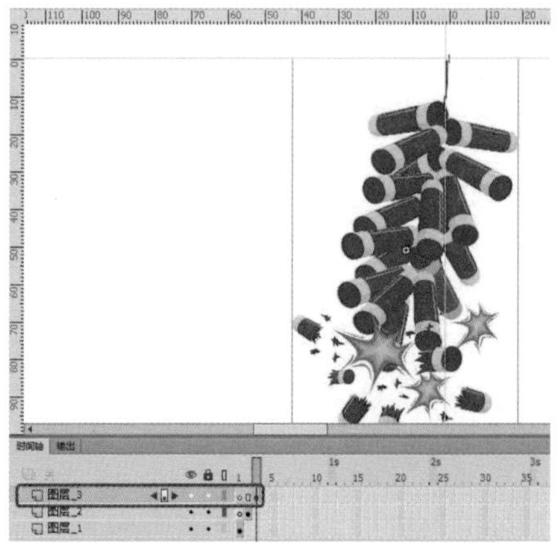

图7-155　添加素材文件并转换为元件

图7-156　创建鞭炮缩放动画

25 在【时间轴】面板中新建一个图层，命名为【音乐 1】，将“鞭炮音乐 1.mp3”音乐素材文件导入到舞台中，选择【音乐 1】图层的第 1 帧，在【属性】面板中将【效果】设置为【淡出】，如图 7-157 所示。

图7-157　添加鞭炮音乐

26 在【时间轴】面板中新建一个图层，命名为【音乐 2】，选择该图层的第 79 帧，按

F6 键插入关键帧，将“鞭炮音乐 2.mp3”音乐素材文件导入到舞台中，如图 7-158 所示。

图7-158 插入关键帧并添加鞭炮音乐

27 在【时间轴】面板中新建一个图层，命名为【停止代码】，选择第 79 帧，按 F6 键，插入关键帧，按 F9 键，在弹出的面板中输入代码，如图 7-159 所示。

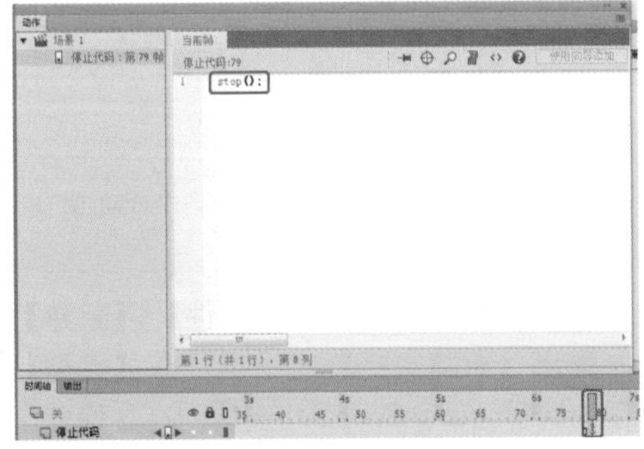

图7-159 输入代码

28 按 Ctrl+Enter 组合键测试影片，效果如图 7-160 所示。

图7-160 制作完成后的效果

7.4.1 延长普通帧

如果要在动画的末尾延长几帧，可以先选中要延长到的位置，然后单击 F5 键，如图 7-161 所示。这时将把前面关键帧中的内容延续到选中的位置上，如图 7-162 所示。

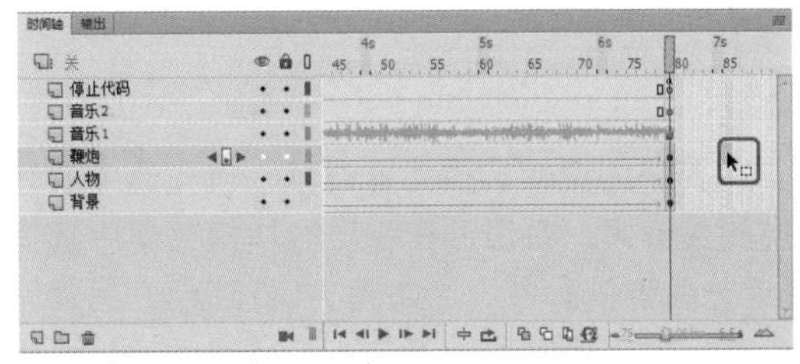

图7-161 选择插入帧的位置

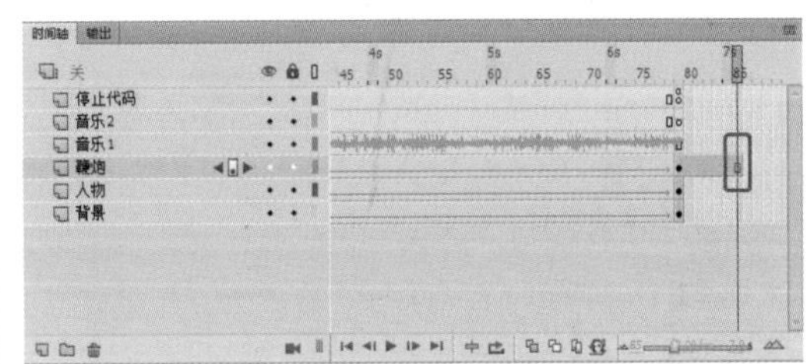

图7-162 延长普通帧

7.4.2 删除普通帧

将光标移到要删除的普通帧上，右击，从弹出的快捷菜单中选择【删除帧】命令，如图 7-163 所示。删除后整个普通帧段的长度减少一格，如图 7-164 所示。

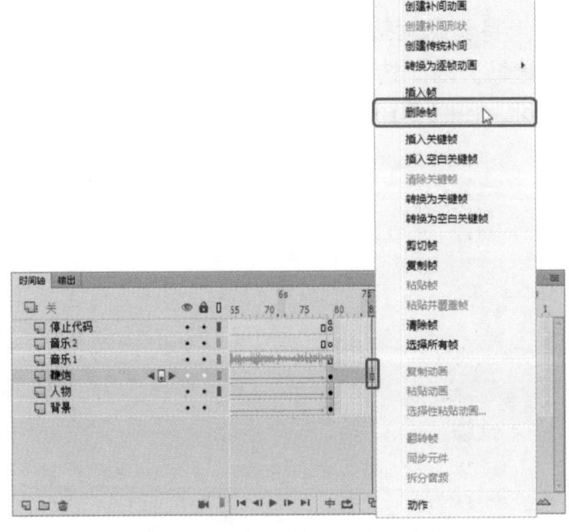

图7-163 选择【删除帧】命令

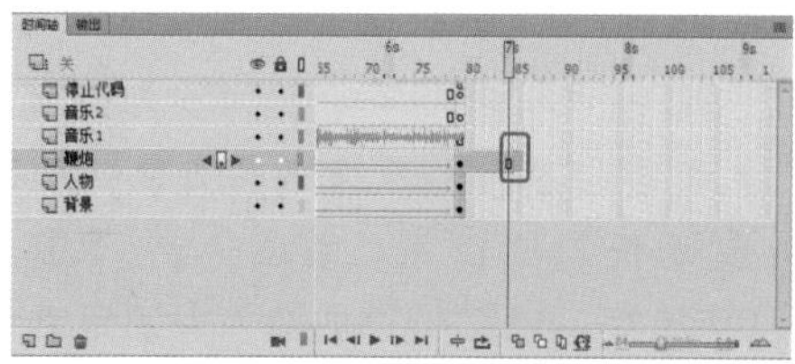

图7-164　删除普通帧

7.4.3　关键帧和普通帧的转换

要将关键帧转换为普通帧，首先选中要转换的关键帧，右击，在弹出的快捷菜单中选择【清除关键帧】命令，如图 7-165 所示。另外，还有一个比较常用的方法：在【时间轴】面板上选中要转换的关键帧，按 Shift+F6 组合键。

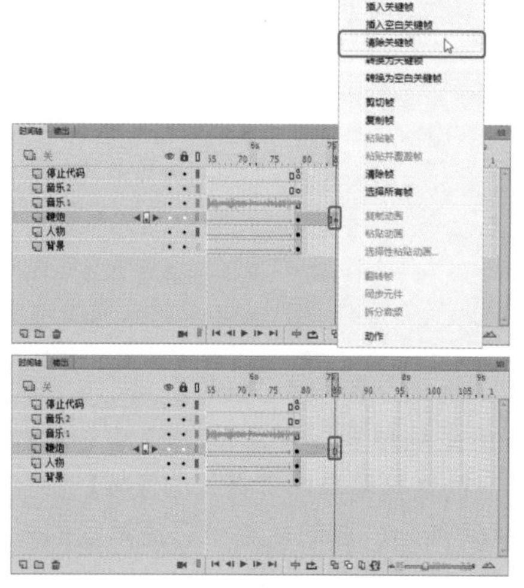

图7-165　转换为普通帧

将普通帧转换为关键帧，实际上就是插入关键帧。因此选中要转换的普通帧后，按 F6 键即可，如图 7-166 所示。

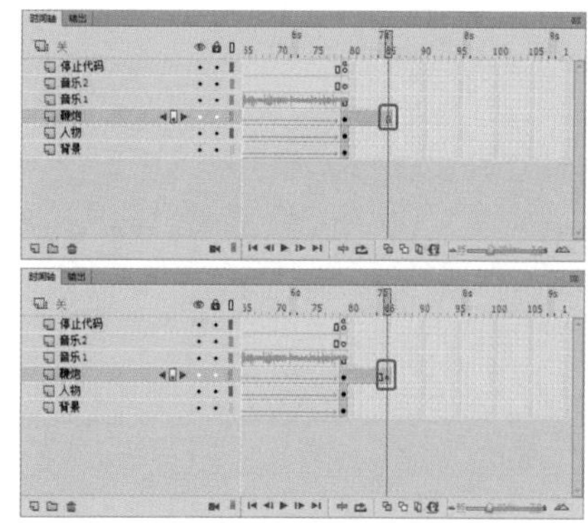

图7-166　转换为关键帧

7.5　制作向日葵生长动画——编辑多个帧

本例将介绍如何制作向日葵生长动画，主要通过将导入的序列图片制作成影片剪辑元件，再导入其他素材文件，并为导入的素材文件制作不同的效果，从而形成向日葵生长的效果，效果如图 7-167 所示。

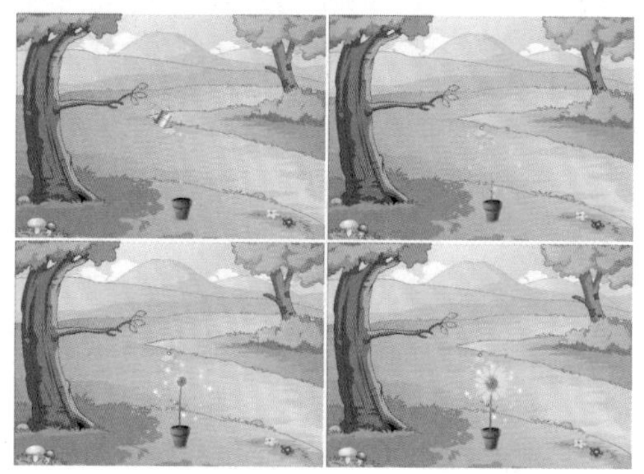

图7-167　向日葵生长动画效果

素材	素材\Cha07\向日葵生长动画背景.png、水壶.png、水滴.png、“向日葵”文件夹
场景	场景\Cha07\制作向日葵生长动画——编辑多个帧.fla
视频	视频教学\Cha07\制作向日葵生长动画——编辑多个帧.mp4

01 在菜单栏中选择【文件】|【新建】命令，弹出【新建文档】对话框，在【类型】列表框中选择 ActionScript3.0 选项，在右侧的区域中将【宽】、【高】分别设置为 845、606，单击【确定】按钮，如图 7-168 所示。

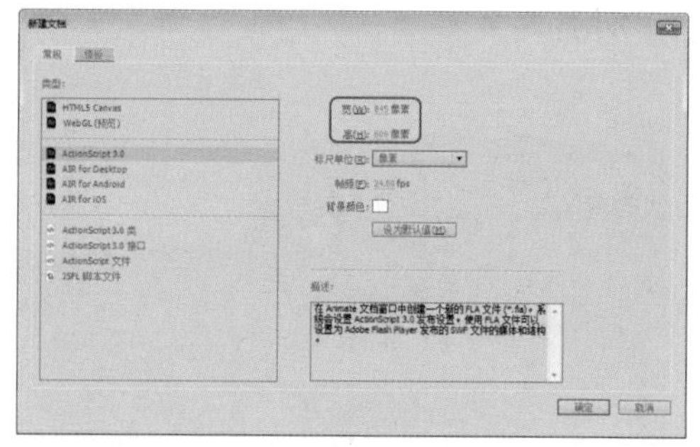

图7-168　设置【新建文档】参数

02 按 Ctrl+R 组合键，弹出【导入】对话框，选择“向日葵生长动画背景 .png”素材文件，单击【打开】按钮，如图 7-169 所示。

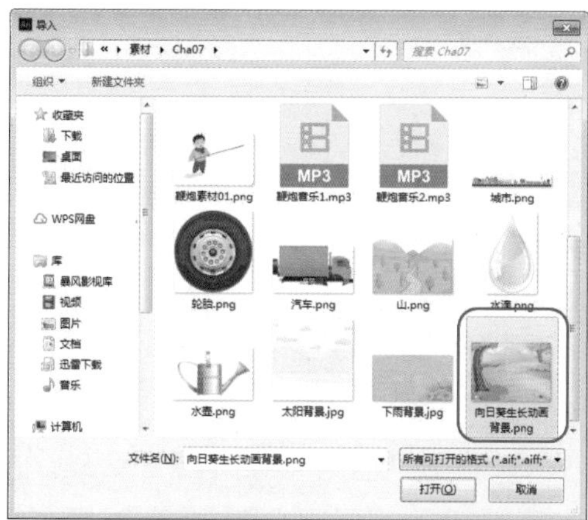

图7-169 选择素材文件

03 选中该素材，在【对齐】面板中，勾选【与舞台对齐】复选框，单击【水平中齐】、【垂直中齐】和【匹配宽和高】按钮，如图7-170所示。

图7-170 导入素材文件并设置参数

04 在【时间轴】面板中将【图层_1】命名为【背景】，并选中该图层的第60帧，右击鼠标，在弹出的快捷菜单中选择【插入帧】命令，如图7-171所示。

图7-171 选择【插入帧】命令

05 按Ctrl+F8组合键，在弹出的【创建新元件】对话框中将【名称】设置为【向日葵生长】，【类型】设置为【影片剪辑】，单击【确定】按钮，如图7-172所示。

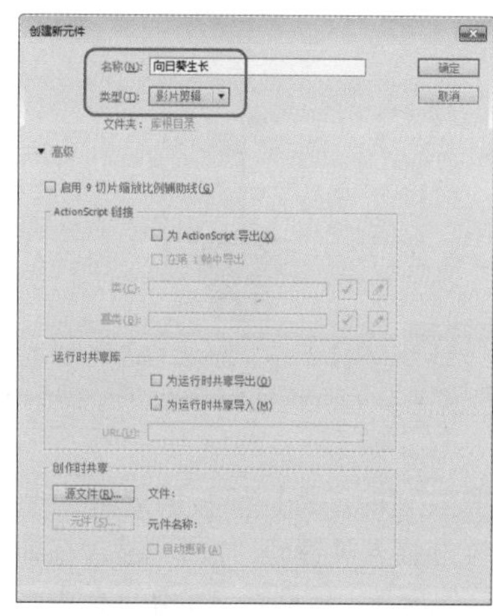

图7-172 设置【创建新元件】参数

06 按Ctrl+R组合键，在弹出的【导入】对话框中选择“向日葵”文件夹中的“0010001.png”素材文件，单击【打开】按钮，如图7-173所示。

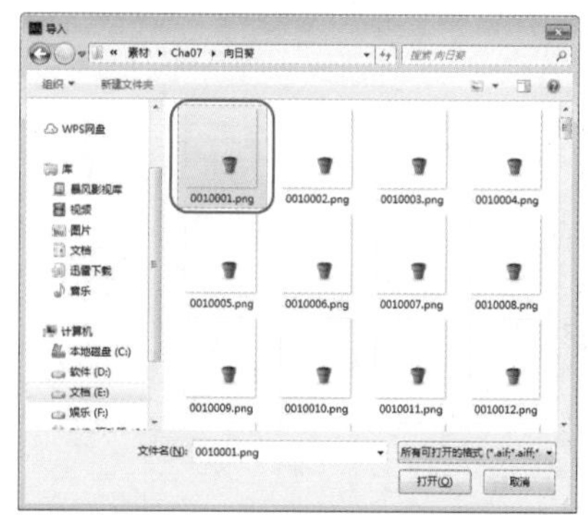

图7-173 选择素材文件

07 弹出提示对话框，单击【是】按钮，即可将选中的素材文件添加至舞台中，效果如图7-174所示。

疑难解答 为什么要导入序列图像?

此处导入序列图像可以创建向日葵生长的逐帧动画，逐帧动画也叫帧帧动画，顾名思义，它需要定义每一帧的内容，以完成动画的创建。

逐帧动画需要更改影片每一帧中的舞台内容。简单的逐帧动画并不需要定义过多的参数，只需设置好每一帧，即可播放动画。

逐帧动画最适合于每一帧中的图像都在改变，而不仅仅是简单地在舞台中移动的复杂动画。逐帧动画占用的电脑资源比补间动画大得多，所以逐帧动画的体积一般会比普通动画的体积大。在逐帧动画中，Animate会保存每个完整帧的值。

图7-174　添加素材文件

08 在【时间轴】面板中新建一个图层，在第154帧插入关键帧，按F9键，在弹出的面板中输入 stop();，返回至【场景1】中，在【时间轴】面板中新建一个图层，命名为【向日葵生长动画】，并选择该图层的第44帧，右击，在弹出的快捷菜单中选择【插入空白关键帧】命令，如图7-175所示。

图7-175　选择【插入空白关键帧】命令

09 在【库】面板中选择【向日葵生长】，将其拖曳至舞台中，选中该影片剪辑元件，在【属性】面板中将【宽】、【高】分别设置为262、289.65，X、Y分别设置为291.5、316.35，如图7-176所示。

10 在【时间轴】面板中新建一个图层，命名为【向日葵】，在【库】面板中选择“0010001.png”素材文件，将其拖曳至舞台中并选中，在【属性】面板中将【宽】、【高】分别设置为262、289.65，X、Y分别设置为291.5、316.35，如图7-177所示。

图7-176　添加元件并设置参数

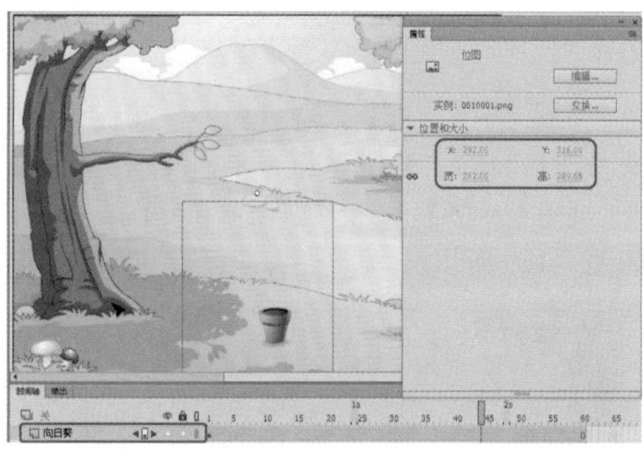

图7-177　添加素材文件并设置参数

11 在【时间轴】面板中选择【向日葵】图层的第44帧，单击鼠标右键，在弹出的快捷菜单中选择【转换为空白关键帧】命令，如图7-178所示。

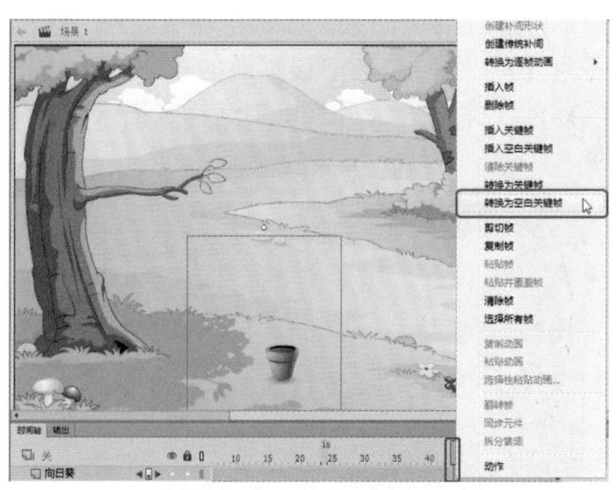

图7-178　选择【转换为空白关键帧】命令

12 在【时间轴】面板中新建一个图层，命名为【水壶】，按Ctrl+R组合键，在弹出的【导入】对话框中选择“水壶.png”素材文件，单击【打开】按钮，如图7-179所示。

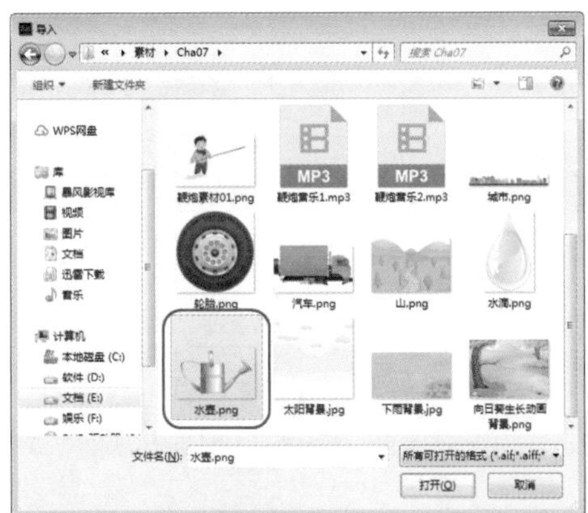

图7-179 选择素材文件

13 将选中的素材文件导入到舞台中并选中，在【属性】面板中将【宽】、【高】分别设置为 105、68.15，如图 7-180 所示。

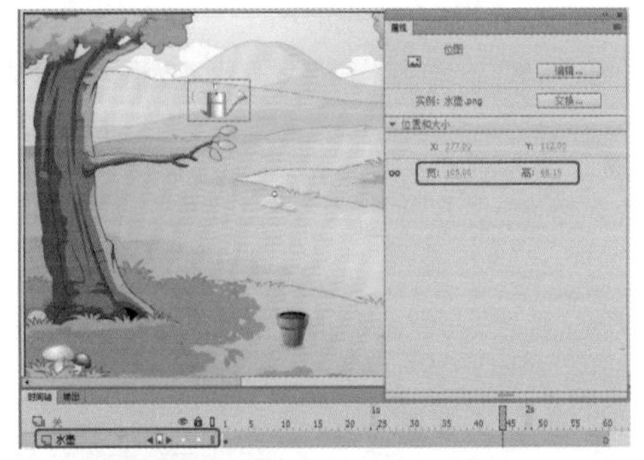

图7-180 导入素材文件并设置参数

14 选中该素材文件，按 F8 键，在弹出的【转换为元件】对话框中将【名称】设置为【水壶】，【类型】设置为【图形】，将对齐方式设置为居中，单击【确定】按钮，如图 7-181 所示。

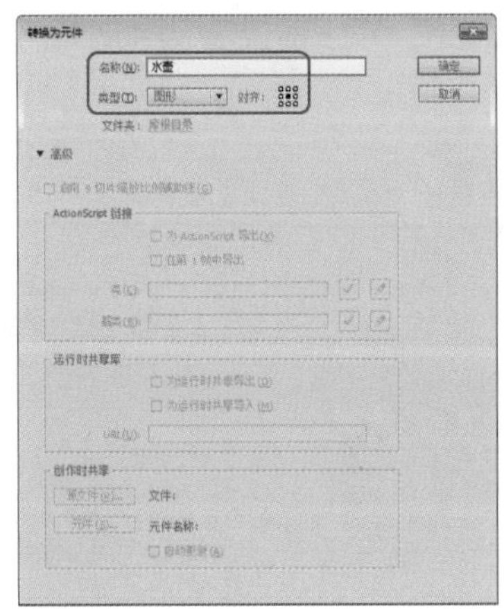

图7-181 设置【转换为元件】参数

15 选择转换后的元件，在【属性】面板中将 X、Y 分别设置为 410.15、280，如图 7-182 所示。

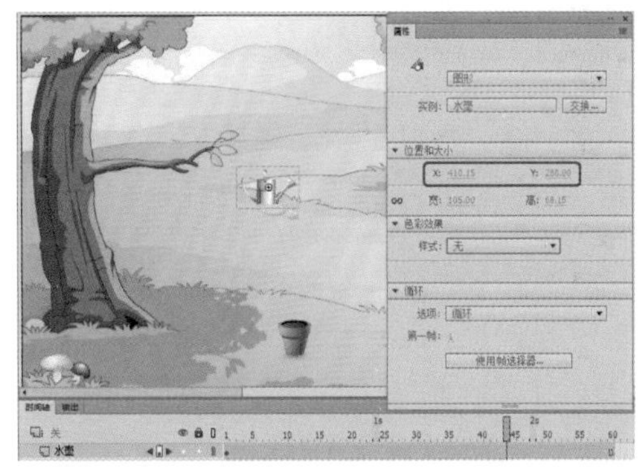

图7-182 调整元件的位置

16 在【时间轴】面板中选择【水壶】图层的第 15 帧，按 F6 键插入关键帧，选中该帧上的元件，在【变形】面板中将【旋转】设置为 31，如图 7-183 所示。

图7-183 插入关键帧并设置【旋转】参数

17 在第 1 帧至第 15 帧之间创建传统补间动画，选择该图层的第 43 帧，按 F6 键，插入关键帧，再在第 45 帧处，按 F6 键插入关键帧，选中该帧上的元件，在【属性】面板中将【样式】设置为 Alpha，Alpha 设置为 0，如图 7-184 所示。

18 选择该图层的第 44 帧，右击鼠标，在弹出的快捷菜单中选择【创建传统补间】命令，在【时间轴】面板中新建一个图层，命名为【水滴】，选择该图层第 15 帧，按 F6 键插入关键帧，将“水滴 .png”导入到舞台中并选中，在【属性】面板中将【宽】、【高】分别设置为 9.45、14.65，如图 7-185 所示。

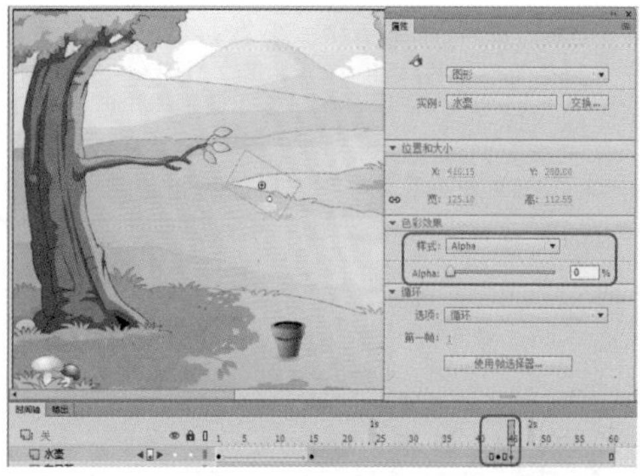
图7-184　插入关键帧并设置Alpha参数

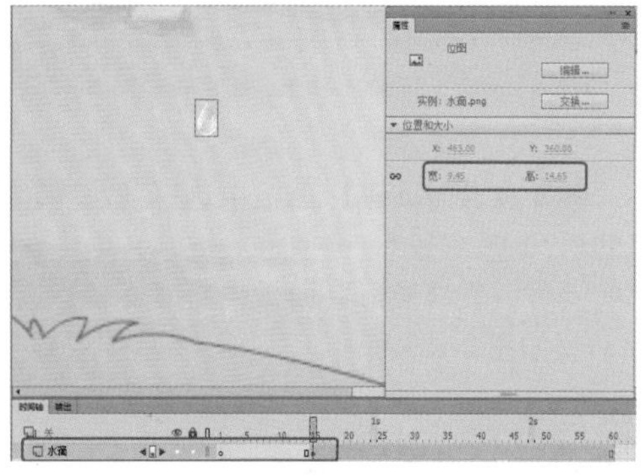
图7-185　插入关键帧并导入素材文件

19 选中该素材文件，按F8键，在弹出的【转换为元件】对话框中将【名称】设置为【水滴】，【类型】设置为【图形】，将对齐方式设置为居中，单击【确定】按钮，如图7-186所示。

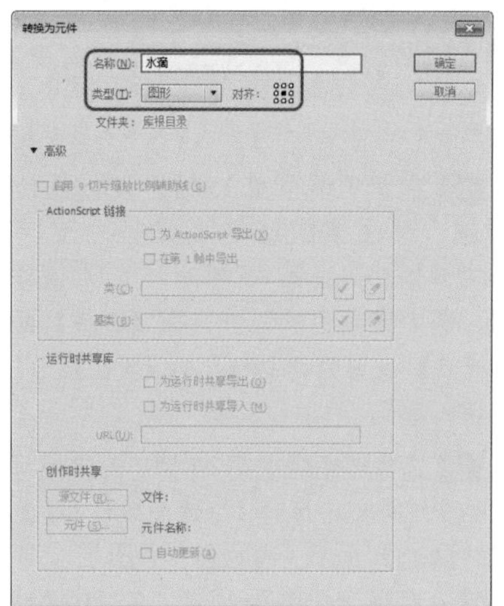
图7-186　设置【转换为元件】参数

20 选择转换后的元件，在【属性】面板中将X、Y分别设置为452.55、309.6，如图7-187所示。

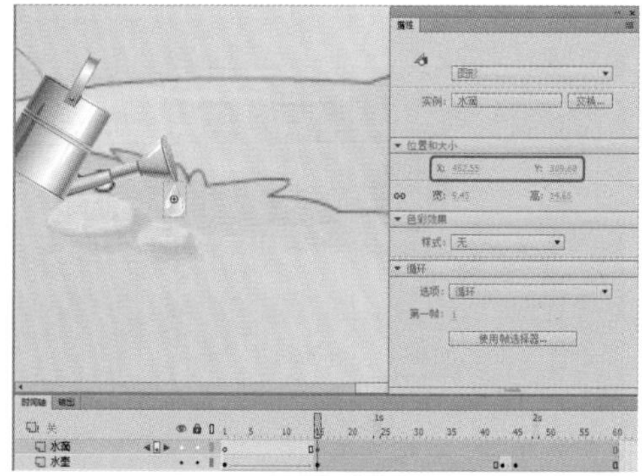
图7-187　调整转换元件的位置

21 选择该图层的第18帧，按F6键插入关键帧，然后选择第15帧上的元件，在【属性】面板中将【样式】设置为Alpha，将Alpha设置为0，如图7-188所示。

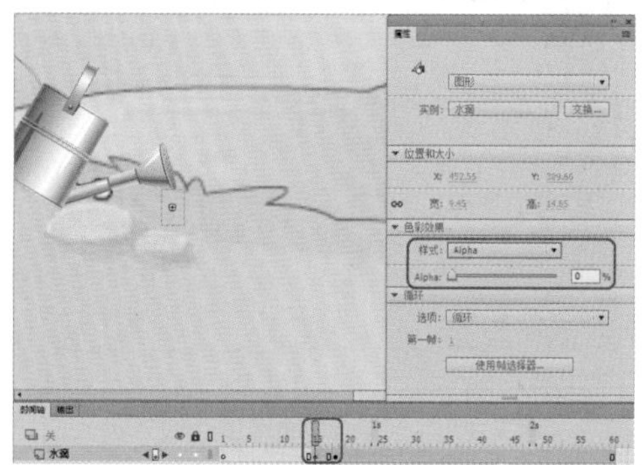
图7-188　插入关键帧并设置Alpha参数

22 在第15帧至第18帧之间创建传统补间，在【水滴】图层的第30帧，按F6键插入关键帧，选中该帧上的元件，在【属性】面板中将X、Y分别设置为452.55、498，如图7-189所示。

图7-189　调整元件位置

23 在第 18 帧至第 30 帧之间创建传统补间，再在【时间轴】面板中选择【水滴】图层的第 31 帧，单击鼠标右键，在弹出的快捷菜单中选择【插入空白关键帧】命令，如图 7-190 所示。

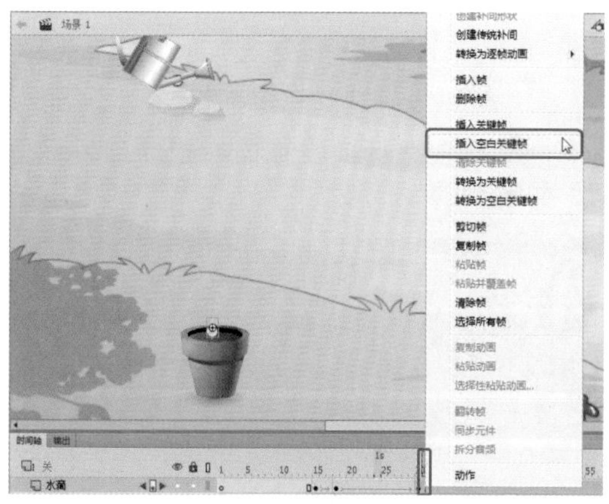

图7-190　选择【插入空白关键帧】命令

24 在【时间轴】面板中选择【水滴】图层，单击鼠标右键，在弹出的快捷菜单中选择【复制图层】命令，对其进行复制，按住 Shift 键选择【水滴 复制】图层的第 15 帧至第 31 帧，按住鼠标将其向右调整，效果如图 7-191 所示。

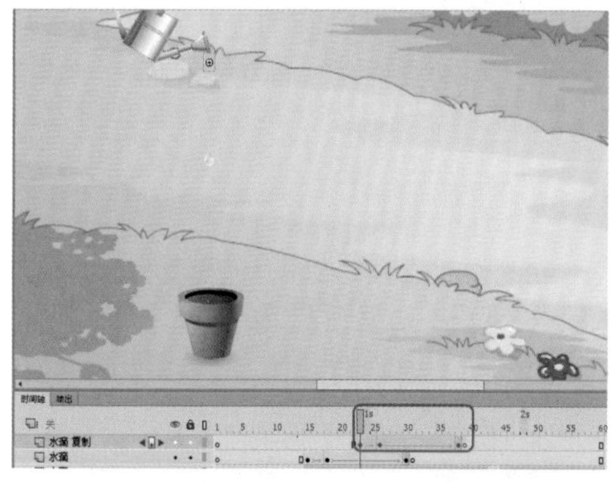

图7-191　复制图层并进行调整

25 使用同样的方法再次复制【水滴】图层，并调整关键帧的位置，将【水壶】图层调整至【时间轴】面板的顶层，如图 7-192 所示。

26 在【时间轴】面板中新建一个图层，选择该图层的第 60 帧，按 F6 键插入关键帧，按 F9 键，在弹出的面板中输入 stop();，如图 7-193 所示。

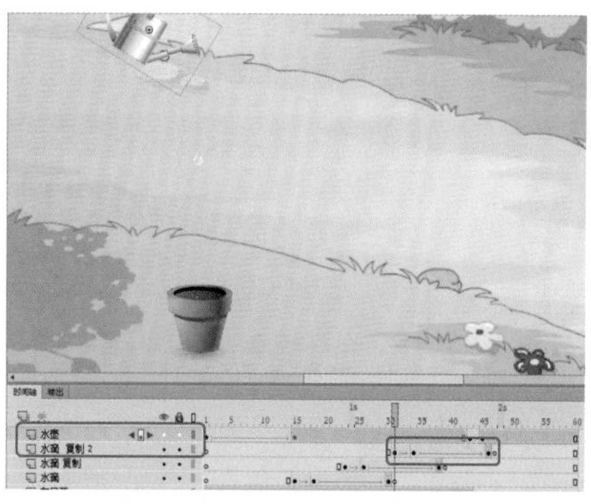

图7-192　复制图层并调整图层顺序

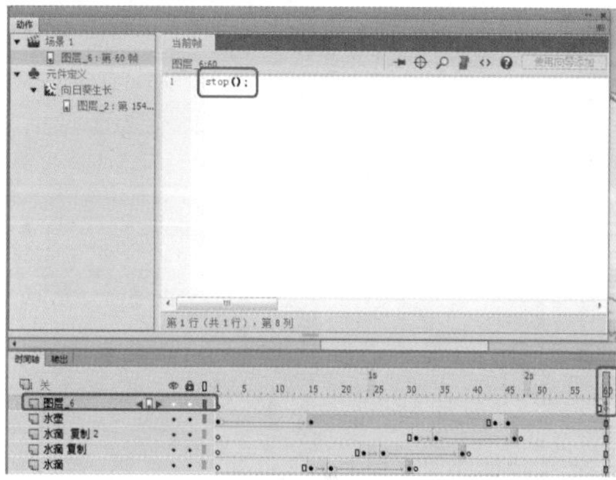

图7-193　新建图层并输入代码

27 至此，向日葵生长动画就制作完成了，对完成后的场景进行保存即可。

7.5.1 选择多个帧

下面介绍如何选择多个帧。

1. 选择多个连续的帧

首先选中一个帧，然后按住 Shift 键的同时单击最后一个要选中的帧，就可以将多个连续的帧选中，如图 7-194 所示。

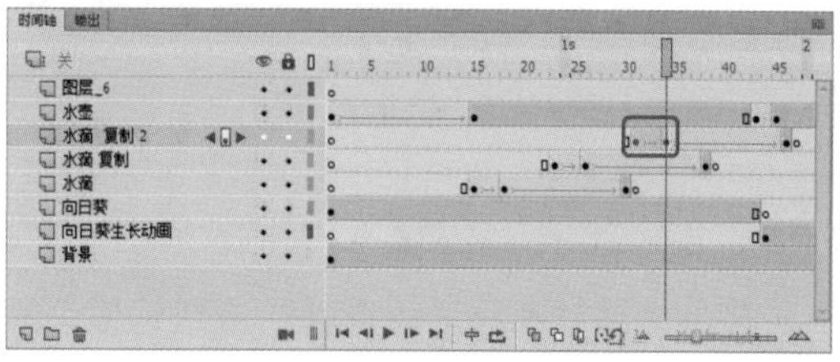

图7-194　选择连续的帧

2. 选择多个不连续的帧

按住 Ctrl 键的同时，单击要选中的各个帧，就可以将这些帧选中，如图 7-195 所示。

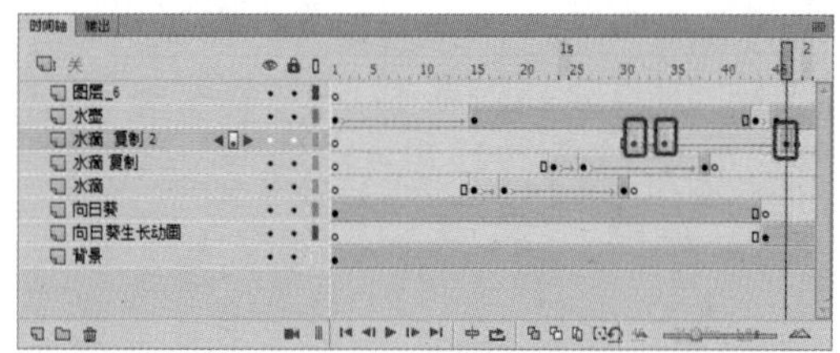

图7-195 选择不连续帧

3. 选择所有帧

选中时间轴上的任意一帧，在菜单栏中选择【编辑】|【时间轴】|【选择所有帧】命令，如图 7-196、图 7-197 所示。

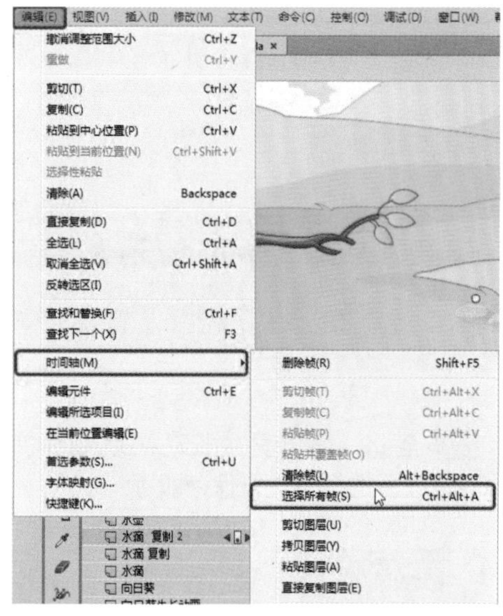

图7-196 选择【选择所有帧】命令

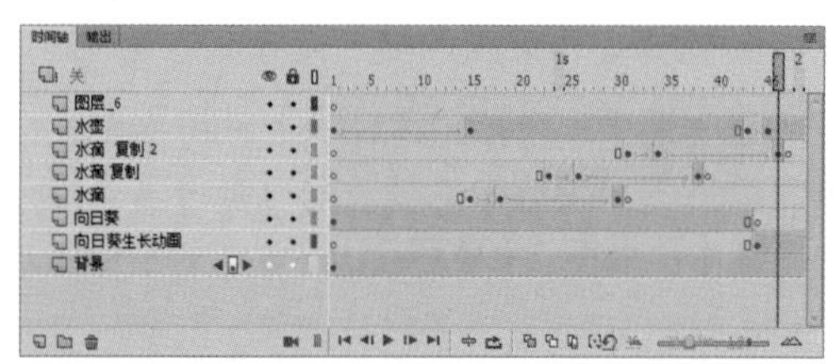

图7-197 选择所有帧

7.5.2 多帧的移动

多帧的移动和移动关键帧的方法相似，具体操作步骤如下。

01 选择多个帧，如图 7-198 所示。

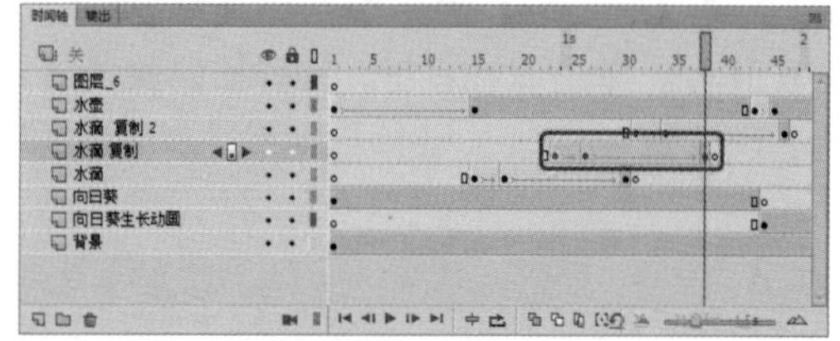

图7-198 选择多个帧

02 按住鼠标向左或向右拖动到目标位置，如图 7-199 所示。

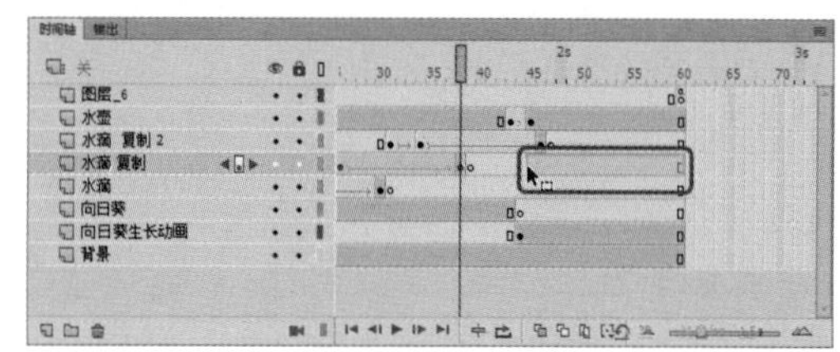

图7-199 进行移动

03 松开鼠标，这时关键帧移动到目标位置，同时原来的位置上用普通帧补足，如图 7-200 所示。

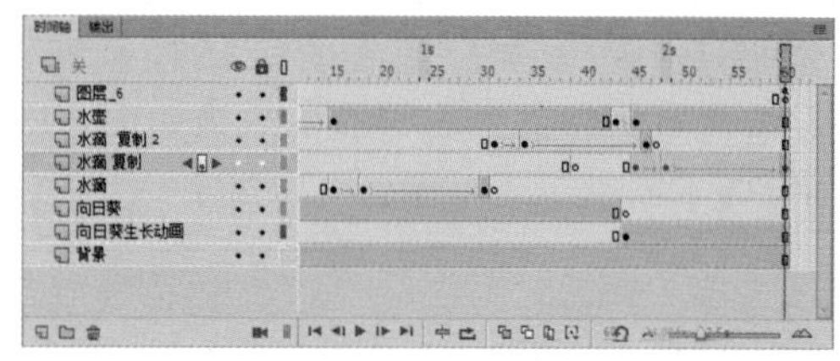

图7-200 移动完成后的效果

7.5.3 帧的翻转

在制作动画的过程中有时需要将时间轴内的帧进行翻转，以达到想要的效果。

01 在【时间轴】面板中选择要进行翻转的多个帧，如图 7-201 所示。

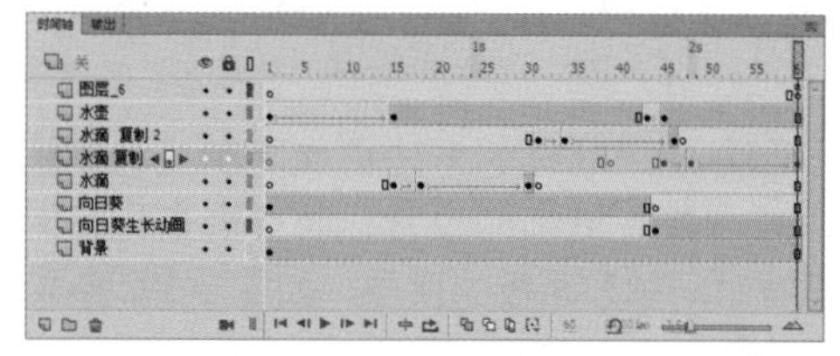

图7-201 选择要翻转的帧

02 在菜单栏中选择【修改】|【时间轴】|【翻转帧】命令，这时时间轴上的帧就发生了翻

转，如图 7-202 所示。

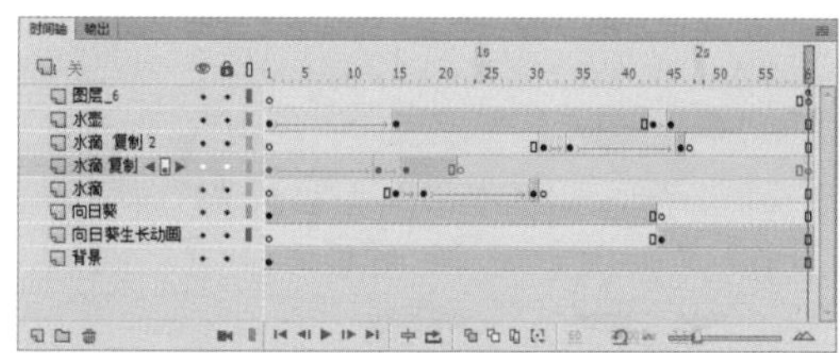

图7-202 翻转帧

提 示

如果只希望一部分帧进行翻转，在选择的时候，可以只选择一部分帧。

7.6 上机练习

7.6.1 制作熊猫说话动画效果

本例将制作模仿熊猫说话动画，效果如图 7-203 所示。

图7-203 熊猫说话动画效果

素材	素材\Cha07\熊猫场景.fla、熊猫素材.fla、熊猫说话.mp3
场景	场景\Cha07\制作熊猫说话动画效果.fla
视频	视频教学\Cha07\制作熊猫说话动画效果.mp4

01 按 Ctrl+O 组合键，在弹出的【打开】对话框中选择“熊猫场景 .fla”素材文件，单击【打开】按钮，如图 7-204 所示。

02 在【时间轴】面板中按住 Ctrl 键选择除【熊猫头】图层外的其他图层，单击鼠标右键，在弹出的快捷菜单中选择【属性】命令，如图 7-205 所示。

图7-204 选择素材文件

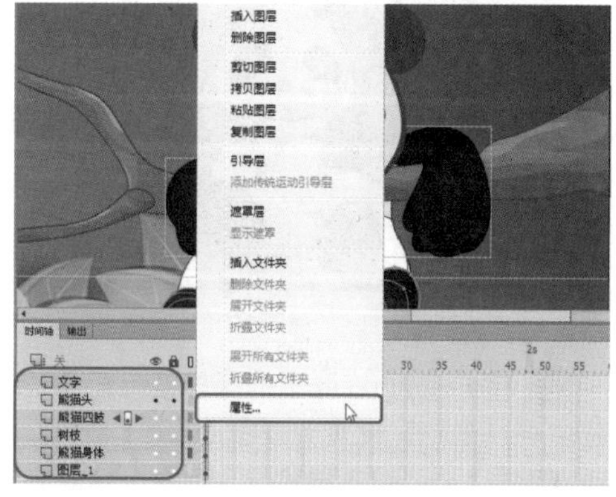

图7-205 选择【属性】命令

03 在弹出的【图层属性】对话框中勾选【锁定】复选框，单击【确定】按钮，如图 7-206 所示。

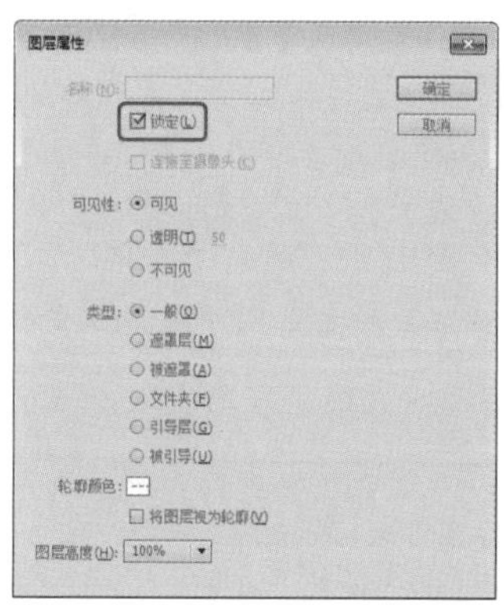

图7-206 勾选【锁定】复选框

04 将选中的图层进行锁定，效果如图 7-207 所示。

05 在工具箱中单击【选择工具】，在舞台中选择图形，如图 7-208 所示。

图7-207 锁定图层

图7-208 选择图形

06 按 F8 键，在弹出的【转换为元件】对话框中将【名称】设置为【嘴 10】，【类型】设置为【图形】，将对齐方式设置为左上角对齐，单击【确定】按钮，如图 7-209 所示。

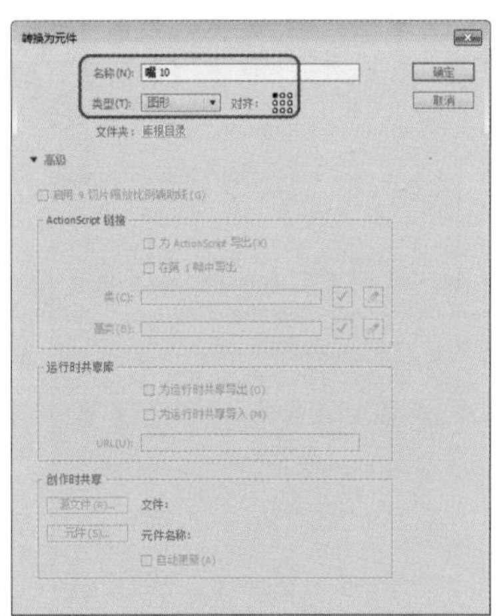

图7-209 设置【转换为元件】参数

07 按 Ctrl+O 组合键，在弹出的对话框中选择"熊猫素材 .fla"素材文件，单击【打开】按钮，效果如图 7-210 所示。

08 按 Ctrl+A 组合键，按 Ctrl+C 组合键进行复制，切换至"熊猫场景 .fla"中，按 Ctrl+V 组合键进行粘贴，并调整位置，效果如图 7-211 所示。

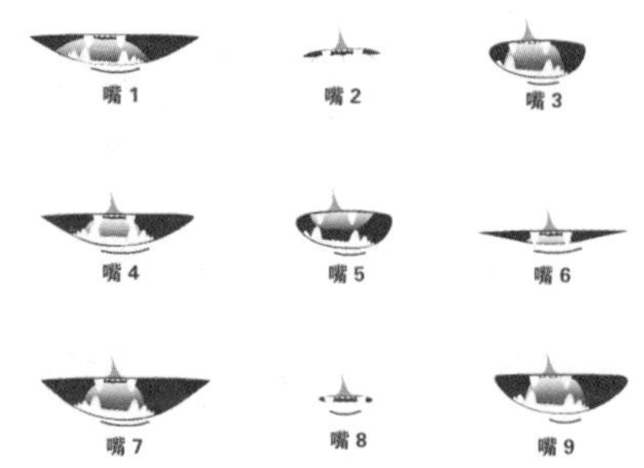

图7-210 打开素材文件

图7-211 复制粘贴素材

09 按 Ctrl+F8 组合键，在弹出的【创建新元件】对话框中将【名称】设置为【熊猫嘴巴】，【类型】设置为【影片剪辑】，单击【确定】按钮，如图 7-212 所示。

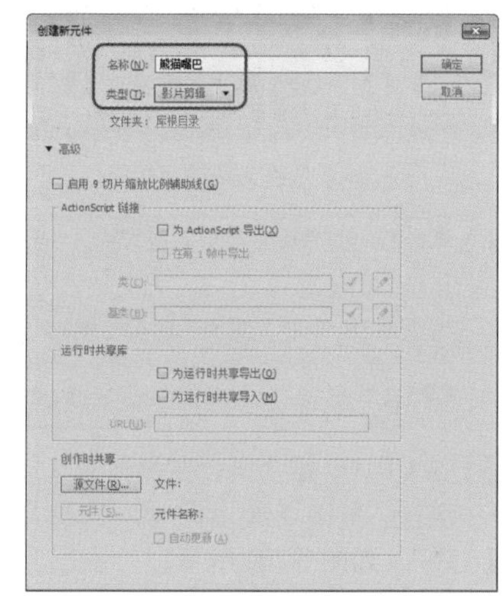

图7-212 【创建新元件】对话框

10 在【库】面板中选择【嘴 6】元件，将其拖曳至舞台中，并调整位置，如图 7-213 所示。

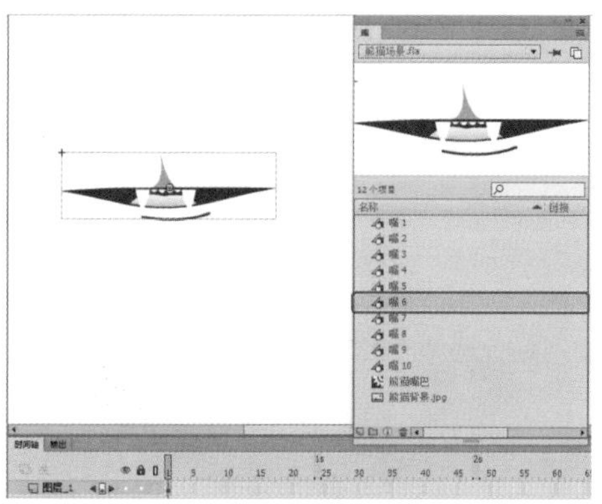
图7-213 向舞台添加元件

11 在【时间轴】面板中新建一个图层，选中该图层的第1帧，在【属性】面板中将【名称】设置为【嘴6】，【类型】设置为【名称】，如图7-214所示。

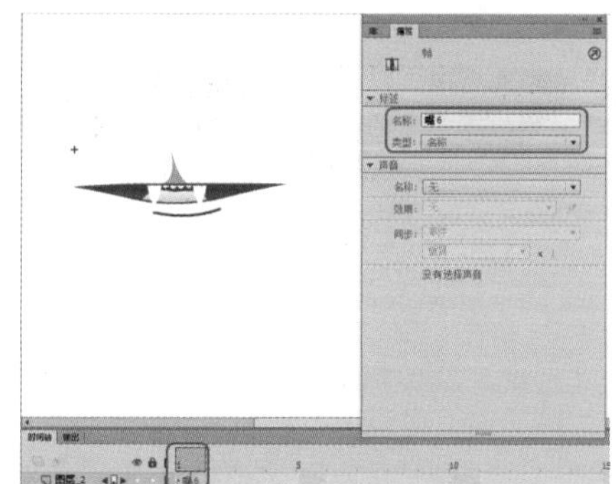
图7-214 设置帧名称

12 在【时间轴】面板中按住Ctrl键选择【图层_1】、【图层_2】的第10帧，单击鼠标右键，在弹出的快捷菜单中选择【插入空白关键帧】命令，如图7-215所示。

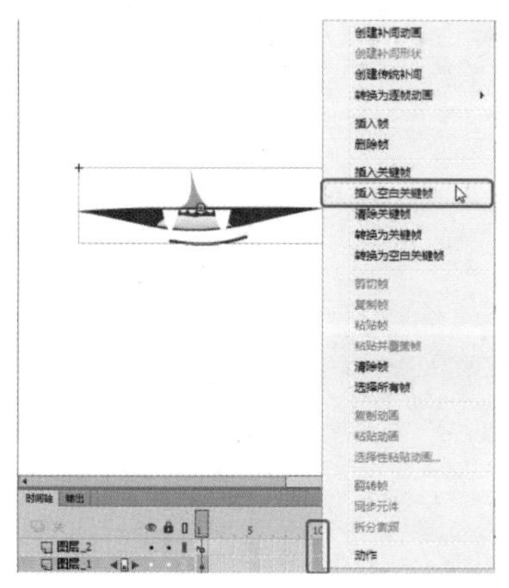
图7-215 选择【插入空白关键帧】命令

13 选择【图层_1】的第10帧，在【库】面板中选择【嘴1】元件，将其拖曳至舞台中并调整位置，如图7-216所示。

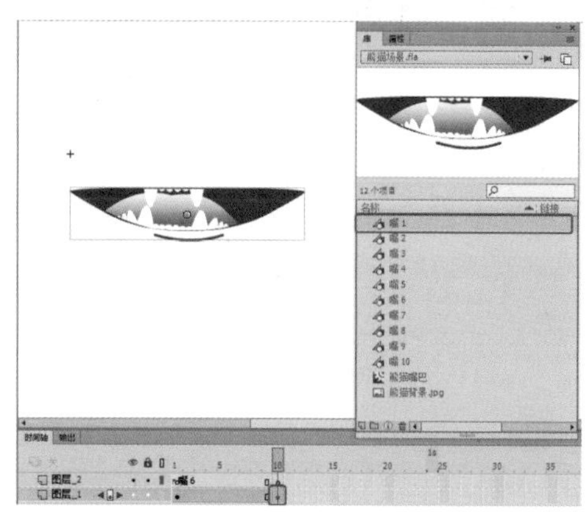
图7-216 添加元件并调整位置

14 在【时间轴】面板中选择【图层_2】的第10帧，在【属性】面板中将【名称】设置为【嘴1】，【类型】设置成【名称】，如图7-217所示。

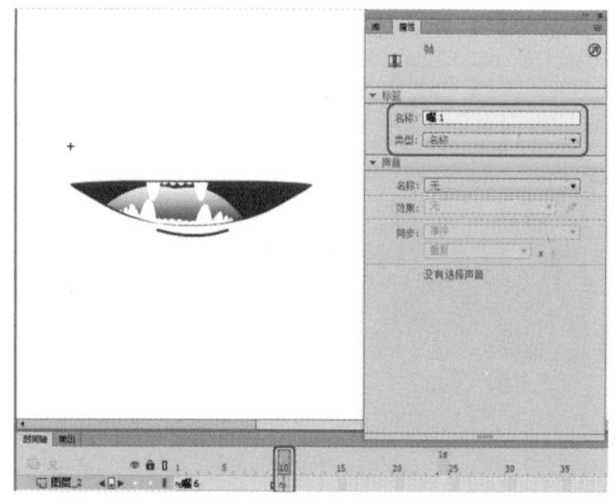
图7-217 设置帧名称

15 按照相同的方法在不同的时间添加关键帧和相应的元件，并对【图层_2】的关键帧进行标注，如图7-218所示。

疑难解答 在添加其他元件时位置不同怎么办？

在制作连续性的动画时，如果前后两帧的画面内容没有完全对齐，就会出现抖动现象。可以通过标尺、辅助线等来固定多个元件的位置，除此之外，还可以通过使用绘图纸来对齐元件的位置。

提 示

此处添加关键帧为每隔10帧添加1个关键帧，然后在不同的关键帧上添加相应的元件。

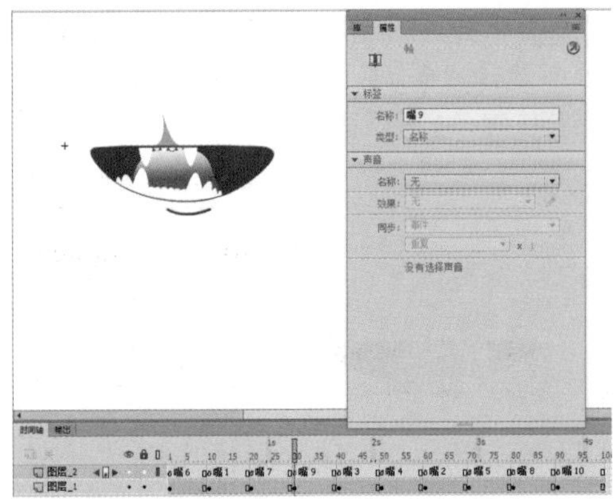
图7-218　添加关键帧并添加元件

16 按Ctrl+F8组合键，在弹出的【创建新元件】对话框中将【名称】设置为【说话动画】，【类型】设置为【影片剪辑】，单击【确定】按钮，如图7-219所示。

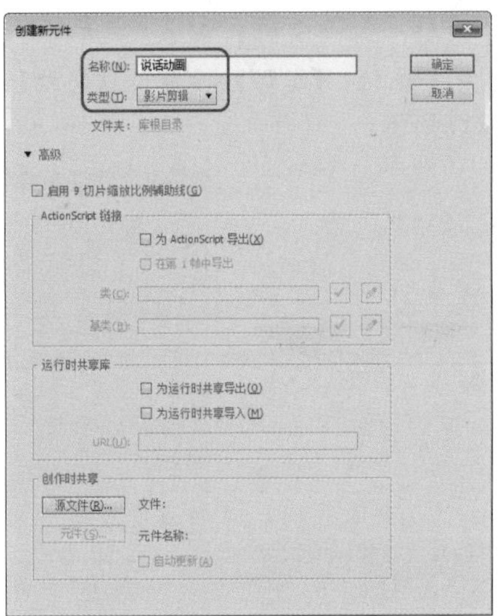
图7-219　【创建新元件】对话框

知识链接：使用绘图纸

在制作连续性的动画时，如果前后两帧的画面内容没有完全对齐，就会出现抖动现象。绘图纸工具不但可以用半透明方式显示指定序列画面的内容，还可以提供同时编辑多个画面的功能，如图7-220所示。

图7-220　绘图纸工具

绘图纸工具各选项功能如下。

- 【帧居中】：用于使播放头所在帧在时间轴中间显示。
- 【绘图纸外观】：用于显示播放头所在帧内容的同时显示其前后数帧的内容。播放头周围会出现方括号形状的标记，其中所包含的帧都会显示出来，有利于观察不同帧之间的图形变化过程，如图7-221所示。

图7-221　绘图纸外观

- 【绘图纸外观轮廓】：如果只希望显示各帧图形的轮廓线，则单击该按钮，如图7-222所示。

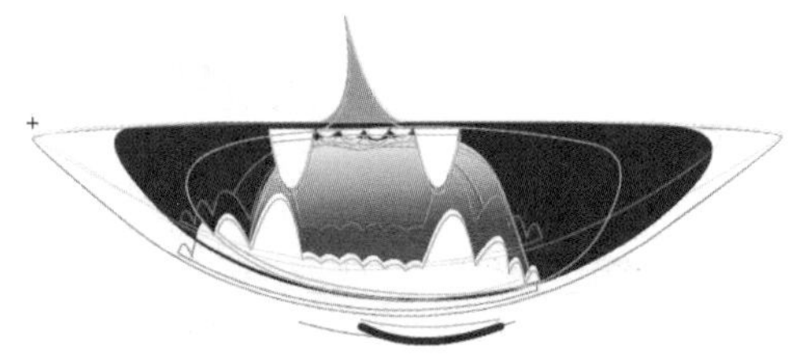
图7-222　绘图纸外观轮廓

- 【编辑多个帧】：用于编辑绘图纸标志之间的所有帧，【编辑多个帧】按钮只对帧动画有效，对渐变动画无效，因为过渡帧是无法编辑的。
- 【修改标记】：绘图纸修改器。用于改变绘图纸的状态和设置，单击该按钮弹出下拉菜单，如图7-223所示。

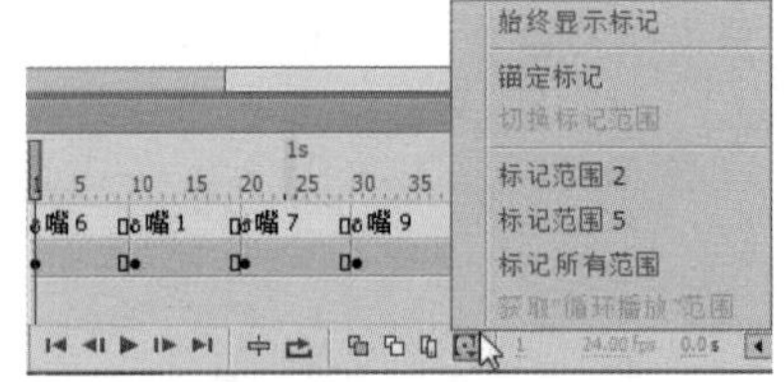

图7-223　修改标记

  - 始终显示标记：不论绘图纸是否开启，都显示其标记。当绘图纸未开启时，虽然显示范围，但是在画面上不会显示绘图效果。
  - 锚定标记：选择该项，绘图纸标记将标定在当前的位置，其位置和范围都将不再改变。否则，绘图纸的范围会跟着指针移动。
  - 标记范围2：显示当前帧两边各两帧的

内容。

- 标记范围5：显示当前帧两边各5帧的内容。
- 标记所有范围：显示当前帧两边所有的内容。

17 在【库】面板中选择【熊猫嘴巴】影片剪辑元件，将其拖曳至舞台中，并调整位置，如图7-224所示。

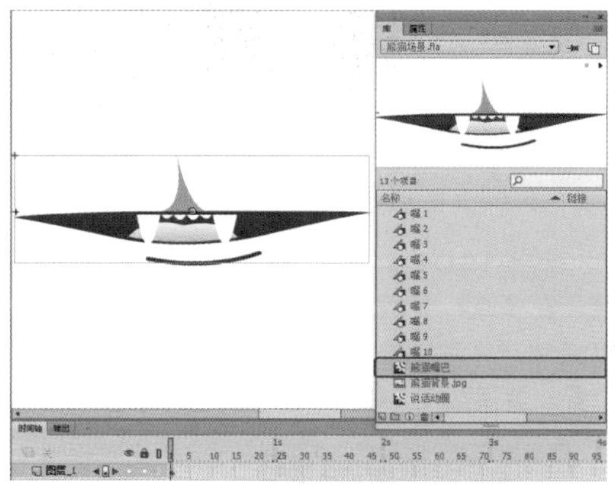

图7-224 添加元件

18 在【时间轴】面板中选择【图层_1】的第92帧，单击鼠标右键，在弹出的快捷菜单中选择【插入帧】命令，如图7-225所示。

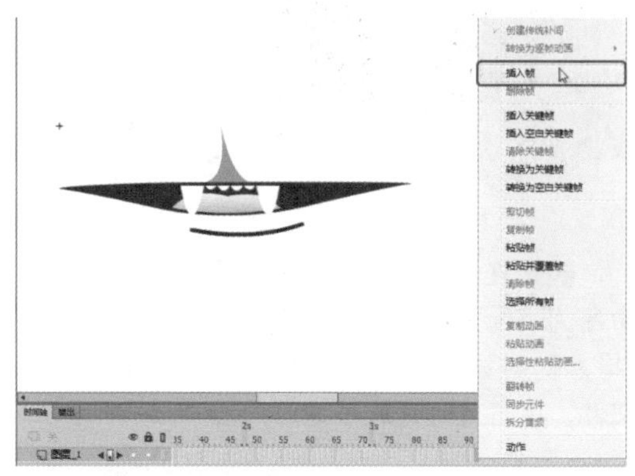

图7-225 选择【插入帧】命令

19 在【时间轴】面板中选择该图层的第1帧上的元件，在【属性】面板中将【实例名称】设置为【图形】，【选项】设置为【单帧】，【第一帧】设置为90，如图7-226所示。

20 再在【时间轴】面板中选择【图层_1】的第5帧，按F6键插入关键帧，选中该帧上的元件，在【属性】面板中将【选项】设置为【单帧】，【第一帧】设置为50，如图7-227所示。

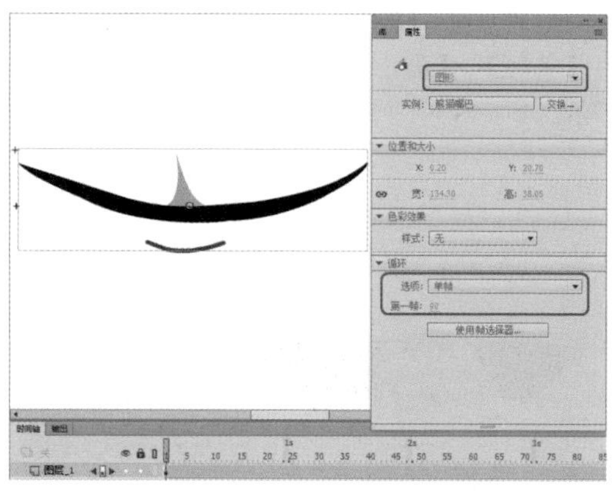

图7-226 设置元件属性

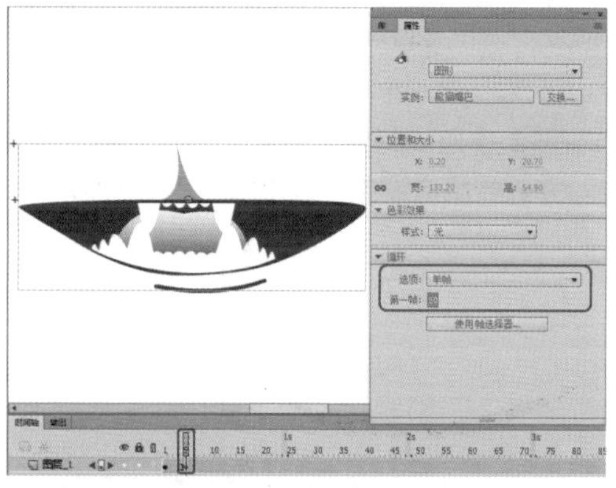

图7-227 插入关键帧并设置元件参数

21 在【时间轴】面板中选择【图层_1】的第7帧，按F6键插入关键帧，选中该帧上的元件，在【属性】面板中将【选项】设置为【单帧】，将【第一帧】设置为80，如图7-228所示。

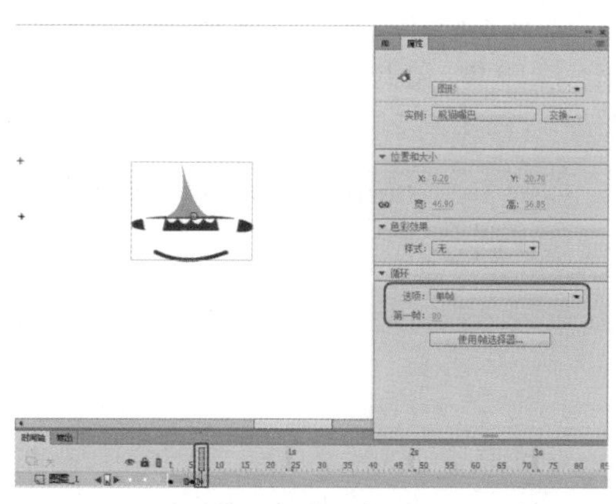

图7-228 插入关键帧并设置元件参数

22 在【时间轴】面板中选择【图层 _1】的第 10 帧，按 F6 键插入关键帧，选中该帧上的元件，在【属性】面板中将【选项】设置为【单帧】，【第一帧】设置为 20，如图 7-229 所示。

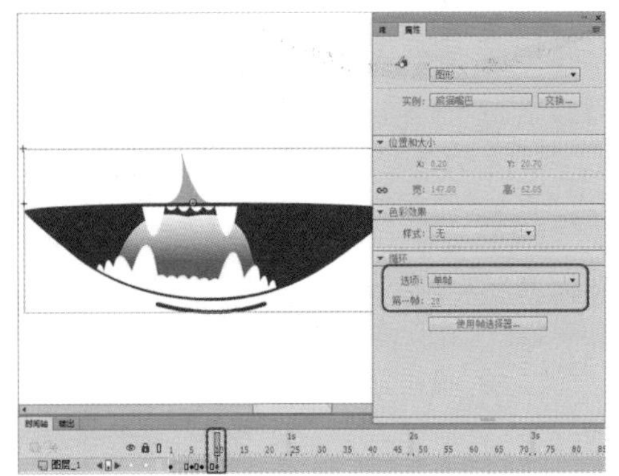

图7-229　插入关键帧并设置元件参数

23 使用同样的方法在其他帧上插入关键帧，并进行相应设置，效果如图 7-230 所示。

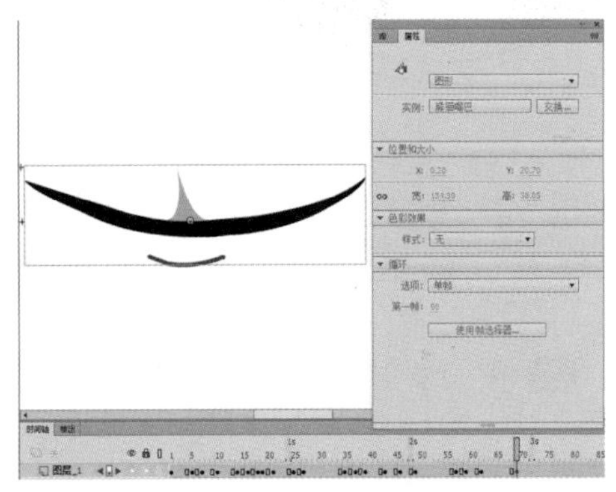

图7-230　插入其他关键帧并设置

24 在【时间轴】面板中新建一个图层，选择该图层的第 92 帧，按 F6 键插入一个关键帧，按 F9 键，在弹出的面板中输入 stop();，如图 7-231 所示。

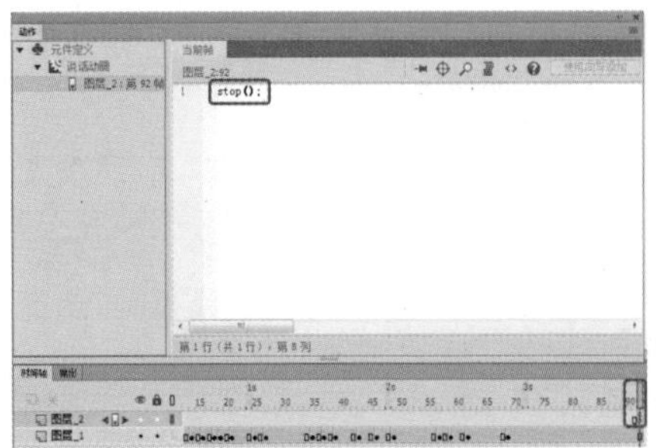

图7-231　输入代码

25 返回至【场景 1】中，在舞台中选择元件对象，如图 7-232 所示。

图7-232　选择元件对象

26 按 Delete 键，将选中的元件对象删除，在【库】面板中选择【说话动画】影片剪辑元件，将其拖曳至舞台中，并调整其大小与位置，效果如图 7-233 所示。

图7-233　添加影片剪辑元件

27 在【时间轴】面板中新建一个图层，命名为【配音】，按 Ctrl+R 组合键，在弹出的【导入】对话框中选择“熊猫说话 .mp3”音频文件，单击【打开】按钮，如图 7-234 所示。

图7-234　选择音频文件

28 在【时间轴】面板中选择【配音】的第1帧，在【属性】面板中将【声音循环】设置为【重复】，【循环次数】设置为2，如图7-235所示。

图7-235　设置声音循环

29 至此，熊猫说话动画效果就制作完成了，对完成后的场景进行保存即可。

7.6.2 制作小鸟飞行动画

本例介绍如何制作小鸟飞行动画，效果如图7-236所示。

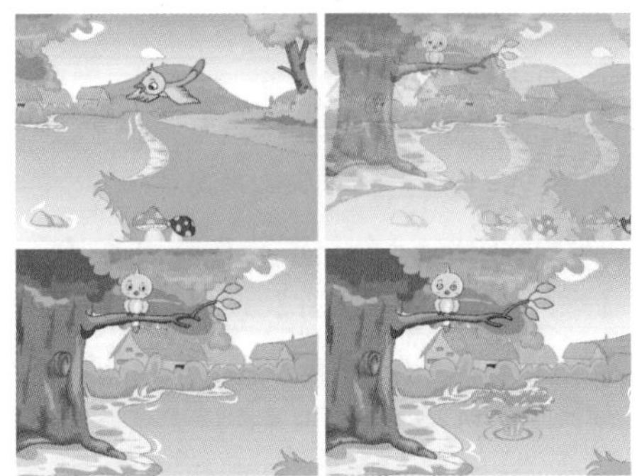

图7-236　小鸟飞行动画效果

素材	素材\Cha07\小鸟飞行背景.png、小鸟.png、小鸟脚.png、石头.png、树枝.png、“小鸟飞行”文件夹、“水花喷溅”文件夹、小鸟飞行背景音乐1.mp3、小鸟飞行背景音乐2.mp3
场景	场景\Cha07\制作小鸟飞行动画.fla
视频	视频教学\Cha07\制作小鸟飞行动画.mp4

01 启动软件，按Ctrl+N组合键，在弹出的【新建文档】对话框中选择【类型】列表框中的ActionScript3.0选项，将【宽】、【高】分别设置为352、288，【帧频】设置为12，单击【确定】按钮，如图7-237所示。

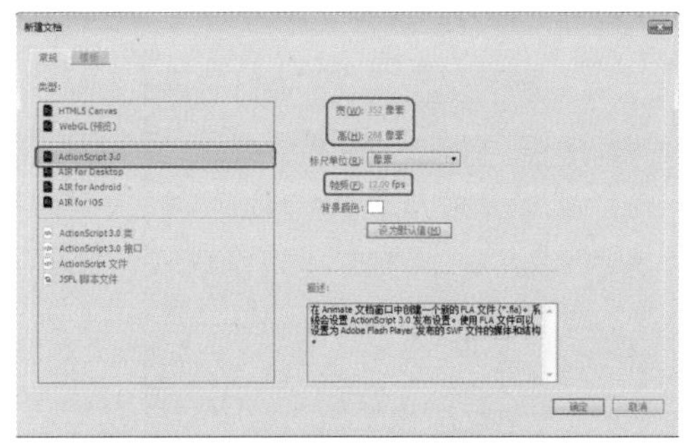

图7-237　设置【新建文档】参数

02 按Ctrl+R组合键，在弹出的【导入】对话框中选择“小鸟飞行背景.png”素材文件，单击【打开】按钮，如图7-238所示。

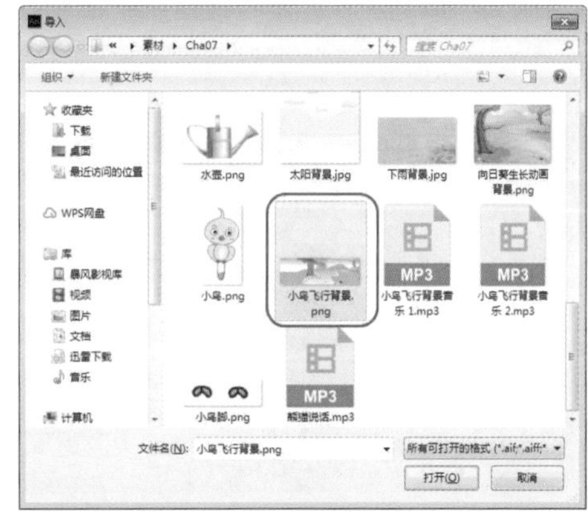

图7-238　选择素材文件

03 选中导入的素材文件，在【属性】面板中将【宽】、【高】分别设置为890、301.15，如图7-239所示。

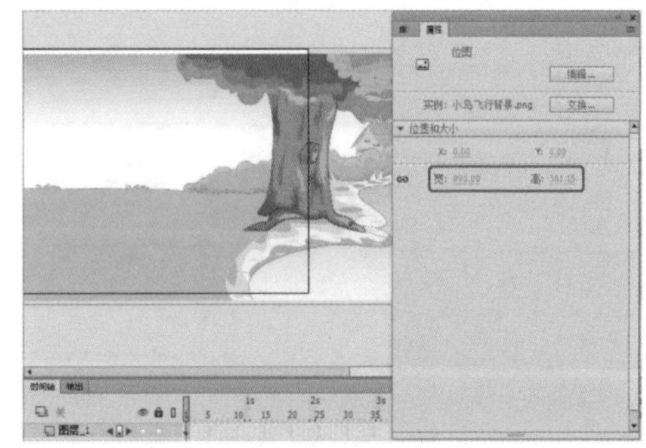

图7-239　设置素材文件大小

04 选中该素材文件，按F8键，在弹出的【转换为元件】对话框中将【名称】设置为【背景】，【类型】设置为【图形】，将对齐方式设置为居中，单击【确定】按钮，如图 7-240 所示。

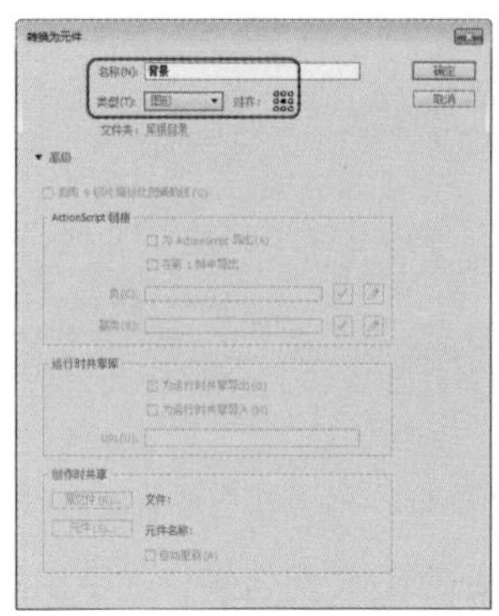

图7-240 设置【转换为元件】参数

05 选择转换后的元件，在【属性】面板中将 X、Y 分别设置为 -92、141.05，如图 7-241 所示。

图7-241 调整元件位置

06 在【时间轴】面板中将【图层 _1】重新命名为【背景 1】，然后选择该图层的第 45 帧，单击鼠标右键，在弹出的快捷菜单中选择【插入关键帧】命令，如图 7-242 所示。

图7-242 选择【插入关键帧】命令

07 选中该帧上的元件，在【属性】面板中将 X、Y 分别设置为 21、141.05，如图 7-243 所示。

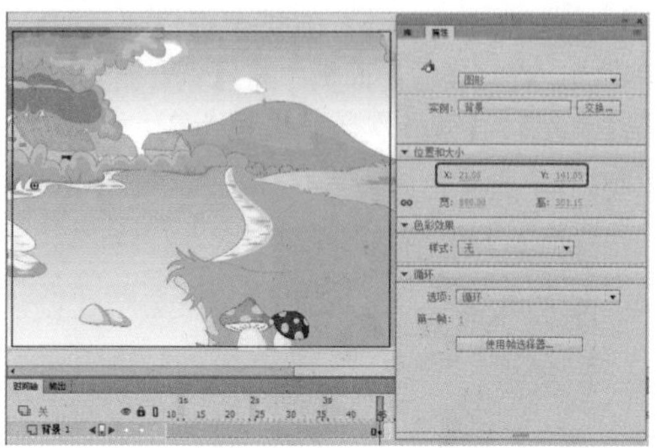

图7-243 调整元件位置

08 在【背景 1】图层的第 1 至第 45 帧之间创建传统补间，选择该图层的第 70 帧，单击鼠标右键，在弹出的快捷菜单中选择【插入帧】命令，如图 7-244 所示。

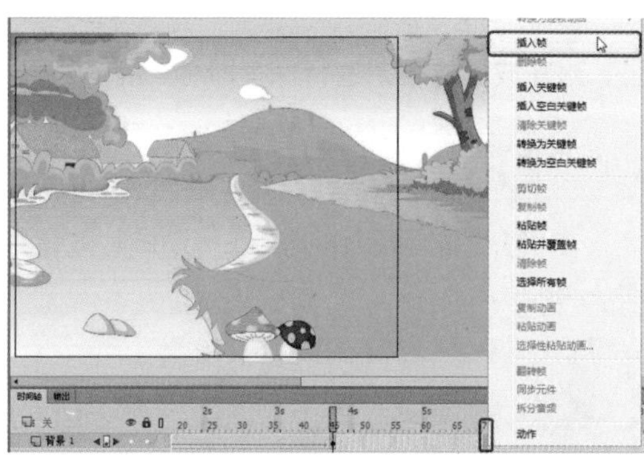

图7-244 选择【插入帧】命令

09 按 Ctrl+F8 组合键，在弹出的【创建新元件】对话框中将【名称】设置为【小鸟 1】，【类型】设置为【影片剪辑】，单击【确定】按钮，如图 7-245 所示。

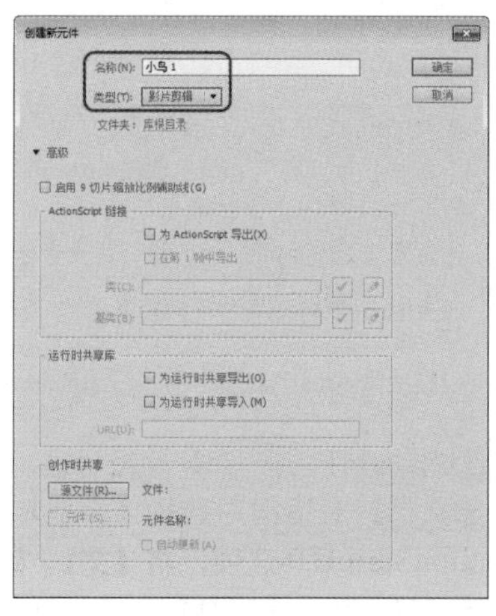

图7-245 设置【创建新元件】参数

10 按Ctrl+R组合键，在弹出的【导入】对话框中选择“小鸟飞行”文件夹中的“001.png”素材文件，如图7-246所示。

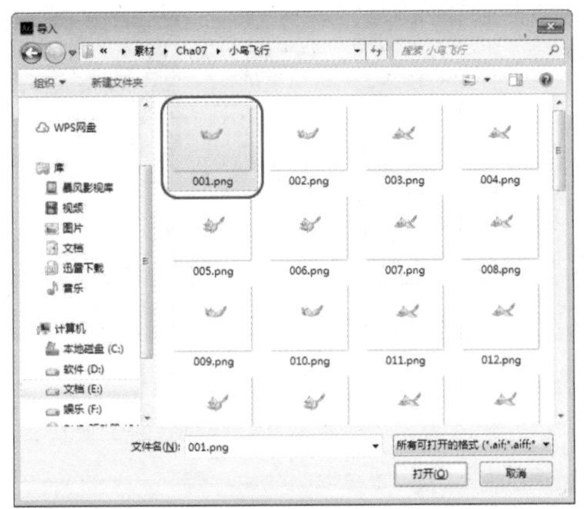

图7-246 选择素材文件

11 在弹出的对话框中单击【是】按钮，可将选中的素材文件导入至舞台中。在【时间轴】面板中选择【图层_1】的所有帧，单击鼠标右键，在弹出的快捷菜单中选择【翻转帧】命令，如图7-247所示。

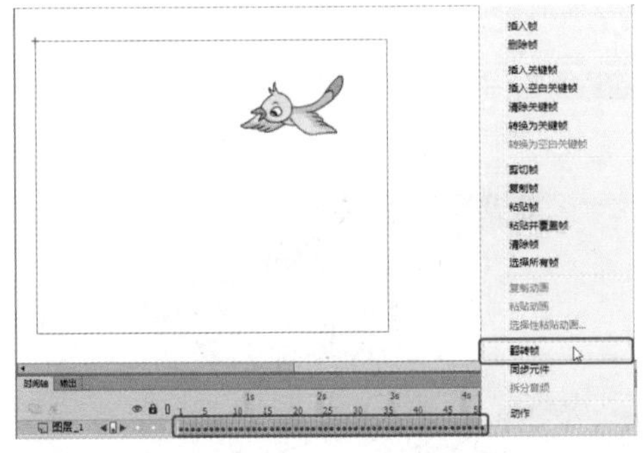

图7-247 选择【翻转帧】命令

疑难解答 为什么要进行【翻转帧】操作?

将序列文件导入至舞台后，拖动时间线可以观察出小鸟为倒放效果，在此执行【翻转帧】命令，可以将小鸟改为正向飞行效果。

12 返回至【场景1】中，在【时间轴】面板中新建一个图层，命名为【小鸟1】，在【库】面板中选择【小鸟1】影片剪辑元件，将其拖曳至舞台中，选中该元件，在【属性】面板中将X、Y都设置为0，如图7-248所示。

13 在【时间轴】面板中选择【小鸟1】图层的第44帧，按F6键，插入关键帧，选中该帧上的元件，在【属性】面板中将X、Y分别设置为-116.05、-10，如图7-249所示。

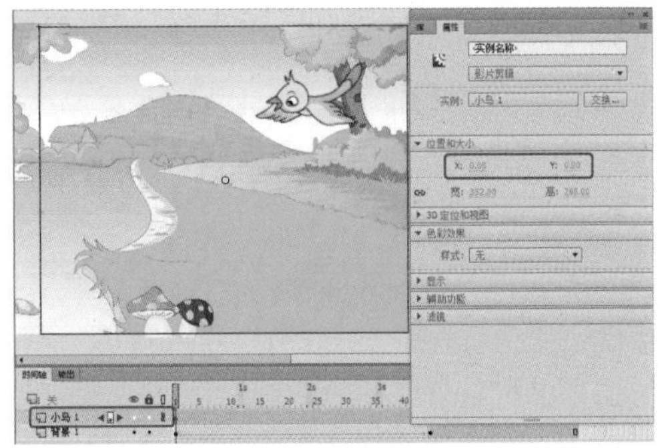

图7-248 调整元件位置

图7-249 插入关键帧并调整元件位置

14 在该图层的第1至第44帧之间创建传统补间，在【时间轴】面板中选择【小鸟1】图层的第45帧，单击鼠标右键，在弹出的快捷菜单中选择【转换为空白关键帧】命令，如图7-250所示。

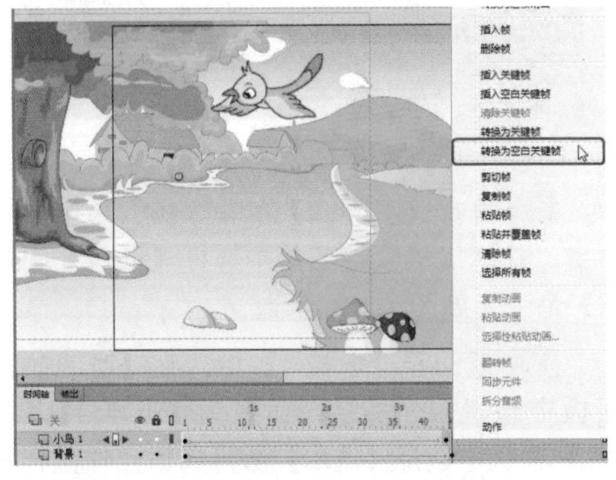

图7-250 选择【转换为空白关键帧】命令

15 按Ctrl+F8组合键，在弹出的对话框中将【名称】设置为【流水】，【类型】设置为【影片剪辑】，单击【确定】按钮，在工具箱中单击

【钢笔工具】，在舞台中绘制多个图形，并将【填充颜色】设置为 #FFFFFF，如图 7-251 所示。

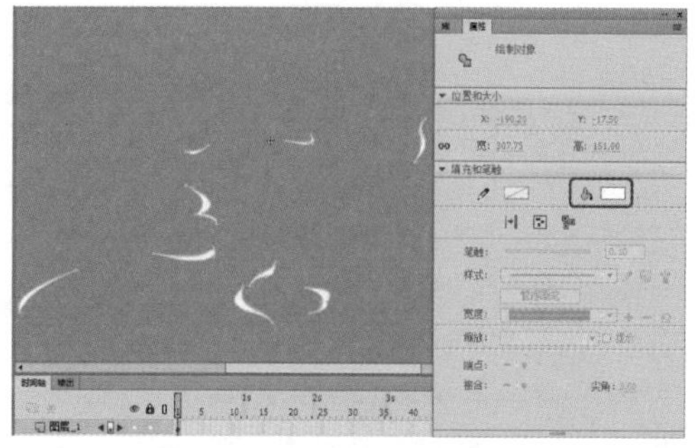

图7-251　绘制图形并设置参数

提　示

因为在此绘制的图形为白色，舞台填充颜色也是白色，不利于观察绘制的效果，因此可为舞台随意设置一种颜色（白色除外）。

16 在【时间轴】面板中选择【图层 _1】的第 9 帧，按 F6 键插入一个关键帧，在工具箱中单击【部分选取工具】，对图形进行调整，效果如图 7-252 所示。

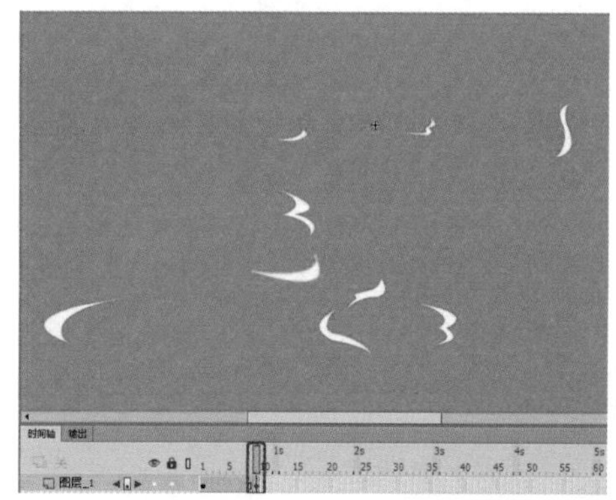

图7-252　插入关键帧并调整

17 选择【图层 _1】的第 8 帧，单击鼠标右键，在弹出的快捷菜单中选择【创建补间形状】命令，如图 7-253 所示。

18 返回至【场景 1】中，在【时间轴】面板中新建一个图层，命名为【流水 1】，在【库】面板中选择【流水】影片剪辑元件，将其拖曳至舞台中，并调整位置，如图 7-254 所示。

19 在【时间轴】面板中选择【流水 1】图层的第 45 帧，按 F6 键插入关键帧，选中该帧上的元件，并调整位置，如图 7-255 所示。

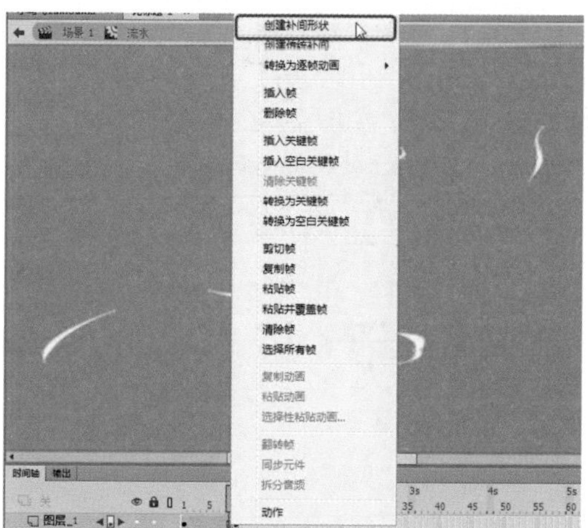

图7-253　选择【创建补间形状】命令

图7-254　添加元件并调整位置

图7-255　插入关键帧并调整元件位置

20 在【流水 1】图层的第 1 至第 45 帧之间创建传统补间，再选择该图层的第 70 帧，按 F6 键插入关键帧，选中该帧上的元件，在【属性】面板中将【样式】设置为 Alpha，将 Alpha 设置为 0，如图 7-256 所示。

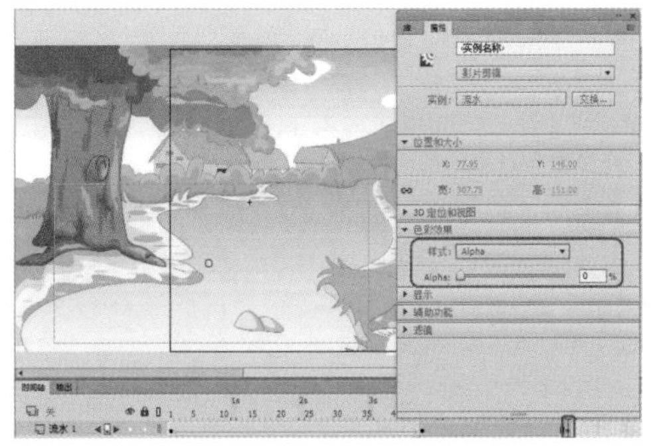

图7-256 设置Alpha参数

21 在该图层的第45至第70帧之间创建传统补间，在【时间轴】面板中新建一个图层，命名为【背景2】，在该图层的第45帧插入一个关键帧，在【库】面板中选择【背景】图形元件，将其拖曳至舞台中并选中，在【属性】面板中将X、Y分别设置为135、141.05，【样式】设置为Alpha，Alpha设置为0，如图7-257所示。

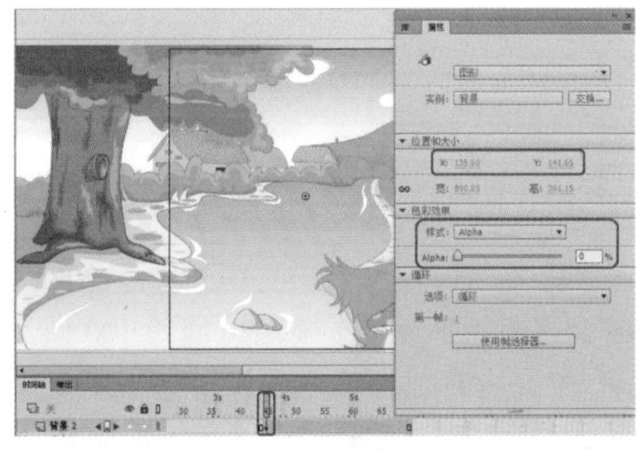

图7-257 新建图层并设置参数

22 在【时间轴】面板中选择【背景2】图层的第70帧，按F6键插入关键帧，选中该帧上的元件，在【属性】面板中将Alpha设置为100，如图7-258所示。

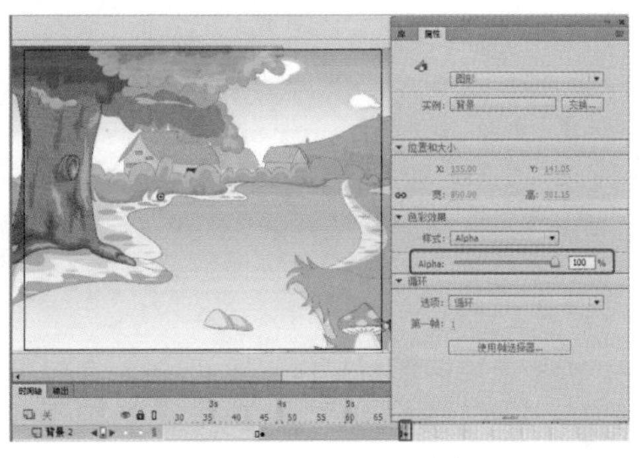

图7-258 设置Alpha参数

23 在第45至第70帧之间创建传统补间，在【时间轴】面板中新建一个图层，命名为【树枝】，选择该图层的第45帧，按F6键插入关键帧，将"树枝.png"素材文件导入至舞台中并选中，在【属性】面板中将【宽】、【高】分别设置为172.15、54.65，如图7-259所示。

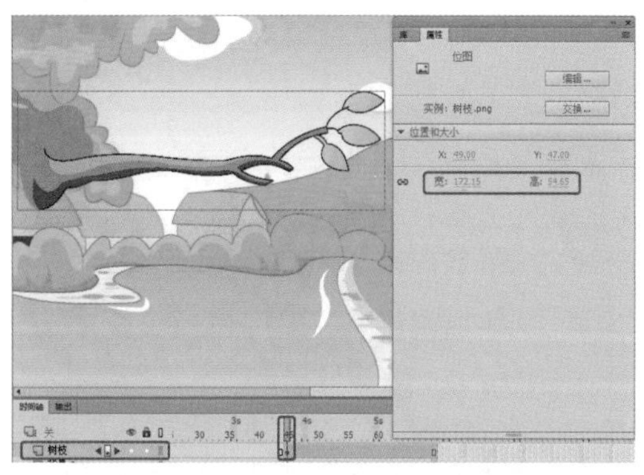

图7-259 新建图层并添加素材文件

24 选中该素材文件，将其转换为【树枝】影片剪辑元件，并调整位置，效果如图7-260所示。

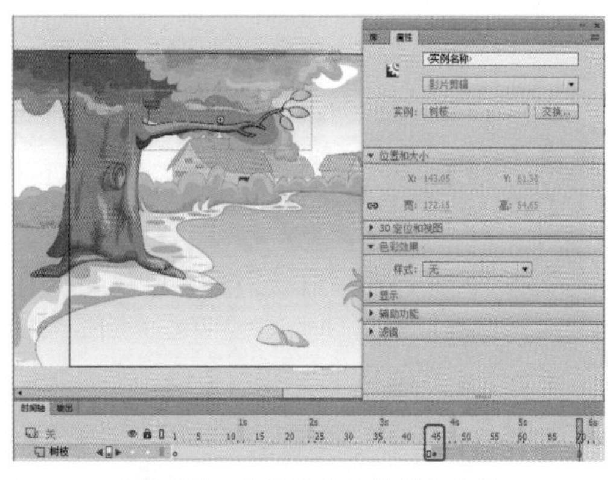

图7-260 转换为元件并调整位置

25 根据前面所介绍的方法为【树枝】元件创建渐显动画效果，并在【时间轴】面板中创建其他渐显动画，然后在【时间轴】面板中调整图层的排放顺序，如图7-261所示。

26 在【时间轴】面板中按住Ctrl键，选择4个关键帧，如图7-262所示。

27 按F6键插入关键帧，将时间线拖曳至第95帧处，在工具箱中单击【任意变形工具】，在舞台中框选该帧上的所有元件，并调整大小及位置，如图 7-263 所示。

图7-261　创建其他渐显动画效果

图7-262　选择4个关键帧

图7-263　选择元件并调整元件大小及位置

28 按住 Ctrl 键在【时间轴】面板中选择【小鸟脚】、【树枝】、【小鸟 2】、【背景 2】4 个图层的第 83 帧，右击，在弹出的快捷菜单中选择【创建传统补间】命令，如图 7-264 所示。

29 再次按住 Ctrl 键在【时间轴】面板中选择【小鸟脚】、【树枝】、【小鸟 2】、【背景 2】4 个图层的第 150 帧，单击鼠标右键，在弹出的快捷菜单中选择【插入帧】命令，如图 7-265 所示。

图7-264　选择【创建传统补间】命令

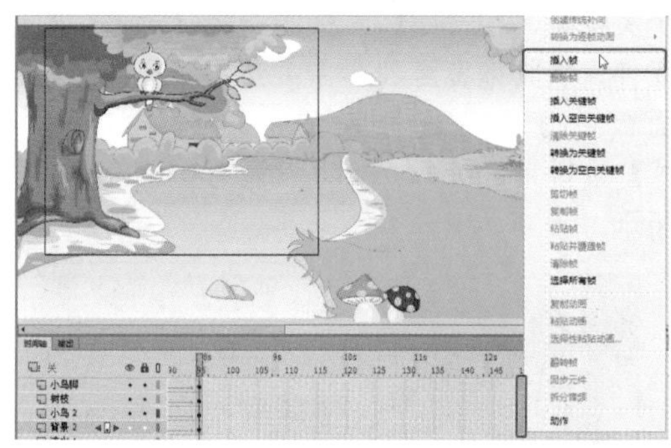

图7-265　选择【插入帧】命令

30 在【时间轴】面板中新建一个图层，命名为【石头】，选择该图层的第 100 帧，按 F6 键插入关键帧，将“石头 .png”素材文件导入至舞台中并选中，在【属性】面板中将【宽】、【高】分别设置为 15、10.45，如图 7-266 所示。

图7-266　插入关键帧并导入素材文件

31 选中该素材文件，按 F8 键，在弹出的【转换为元件】对话框中将【名称】设置为【石头】，【类型】设置为【影片剪辑】，将对齐方式设置为居中，单击【确定】按钮，如图 7-267 所示。

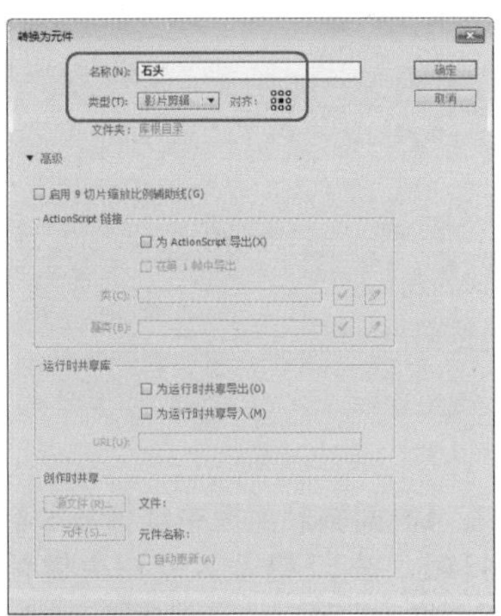

图7-267 设置转换元件参数

32 在舞台中调整石头的位置，如图 7-268 所示。

图7-268 调整元件位置

33 在【时间轴】面板中选择【石头】图层的第 112 帧，按 F6 键插入关键帧，选中该帧上的元件并调整位置，如图 7-269 所示。

图7-269 插入关键帧并调整石头的位置

34 在该图层的第 100 至第 112 帧之间创建传统补间，选中第 100 帧，在【属性】面板中将【旋转】设置为【逆时针】,【旋转次数】设置为 2，如图 7-270 所示。

图7-270 设置【旋转】参数

35 在【时间轴】面板中选择【石头】图层的第 115 帧，按 F6 键插入关键帧，再选择该图层的第 126 帧，按 F6 键插入关键帧，选中该帧上的元件并调整位置，如图 7-271 所示。

图7-271 插入关键帧并调整元件位置

36 在第 115 至第 126 帧之间创建传统补间，选择第 115 帧，在【属性】面板中将【旋转】设置为【逆时针】,【旋转次数】设置为 2，如图 7-272 所示。

37 在【时间轴】面板中选择【石头】图层的第 128 帧，按 F7 键插入一个空白关键帧。按 Ctrl+F8 组合键，在弹出的对话框中将【名称】设置为【水花】,【类型】设置为【影片剪辑】，单击【确定】按钮。按 Ctrl+R 组合键，在弹出的【导入】对话框中选择“水花喷溅”文件夹中的“水花 0001.png”素材文件，单击

【打开】按钮，如图 7-273 所示。

图7-272　设置【旋转】参数

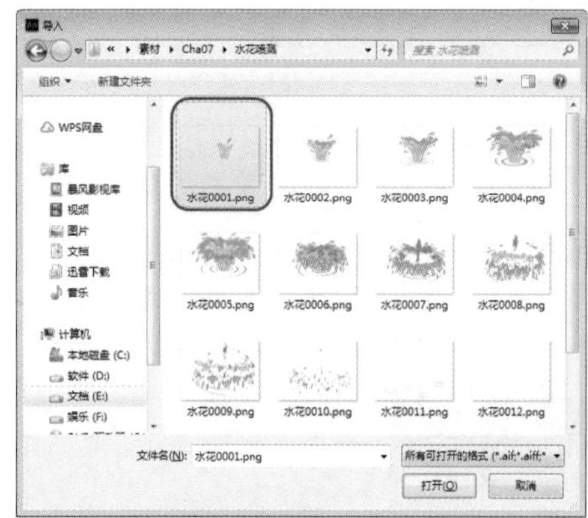
图7-273　选择素材文件

38 在弹出的对话框中单击【是】按钮，即可将素材文件导入至舞台中，如图 7-274 所示。

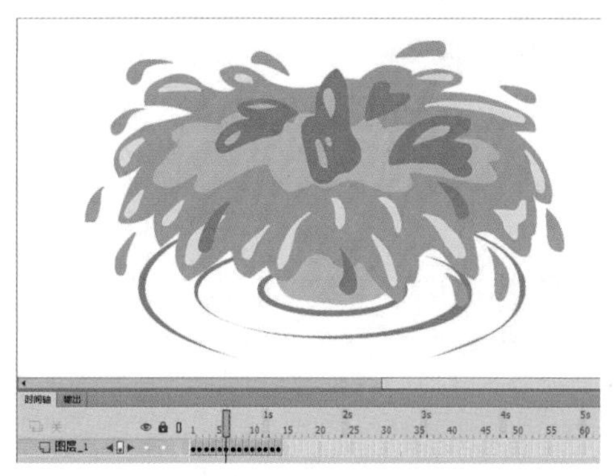
图7-274　导入素材文件

39 返回至场景 1，在【时间轴】面板中新建一个图层，命名为【水花】，选择该图层的第 127 帧，按 F6 键插入关键帧，在【库】面板中选择【水花】影片剪辑元件，将其拖曳至舞台中并选中，在【属性】面板中将【宽】、【高】分别设置为 150、110.9，并调整位置，如图 7-275 所示。

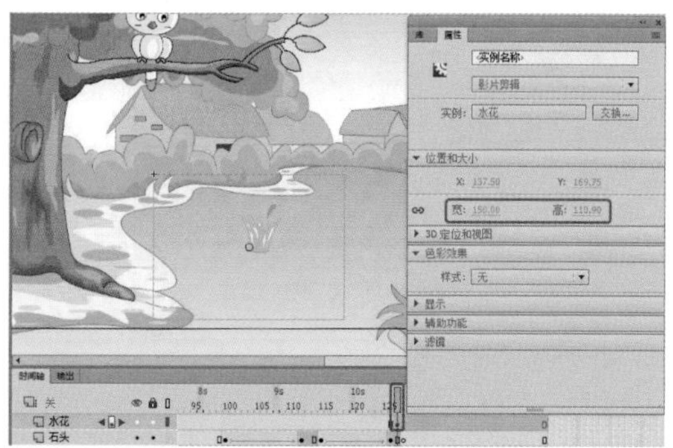
图7-275　插入关键帧并添加元件

40 在【时间轴】面板中选择【水花】图层的第 142 帧，按 F7 键插入空白关键帧，按 Ctrl+F8 组合键，在弹出的【创建新元件】对话框中将【名称】设置为【晕】,【类型】设置为【影片剪辑】，单击【确定】按钮，如图 7-276 所示。

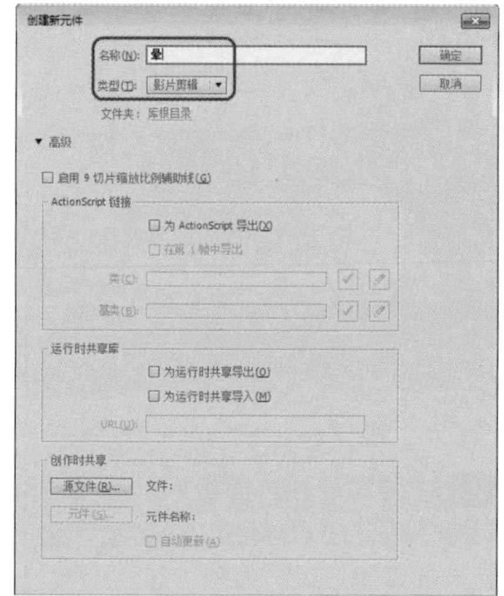
图7-276　设置创建新元件参数

41 在工具箱中单击【钢笔工具】，绘制图形并选中，在【属性】面板中将【笔触颜色】设置为 #000000，【笔触】设置为 1，如图 7-277 所示。

42 继续选中该图形，按 F8 键，在弹出的【转换为元件】对话框中将【名称】设置为【螺旋线】,【类型】设置为【图形】，将对齐方式设置为居中对齐，单击【确定】按钮，如图 7-278 所示。

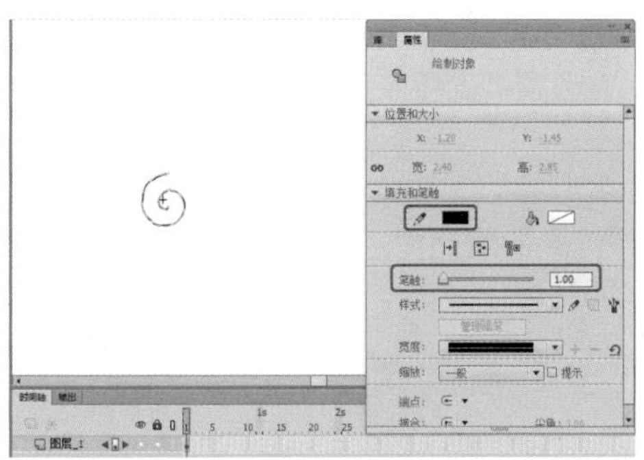

图7-277 绘制图形并设置参数

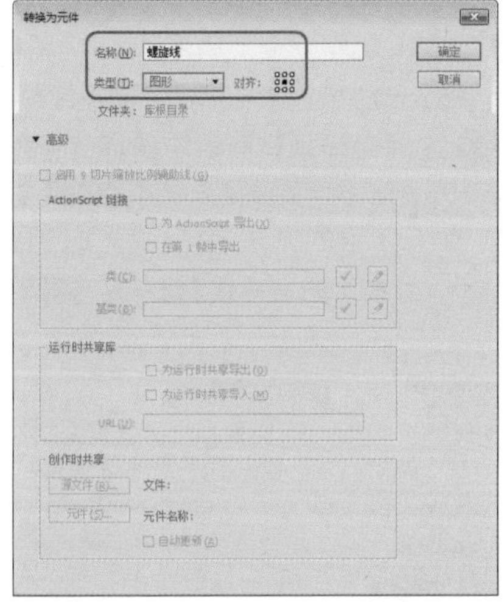

图7-278 设置转换元件参数

43 在【时间轴】面板中选择【图层_1】的第35帧，按F5键插入帧；在第30帧，按F6键插入关键帧；在第1帧至第30帧之间创建传统补间。选择第1帧，在【属性】面板中将【旋转】设置为【顺时针】，【旋转次数】设置为3，如图7-279所示。

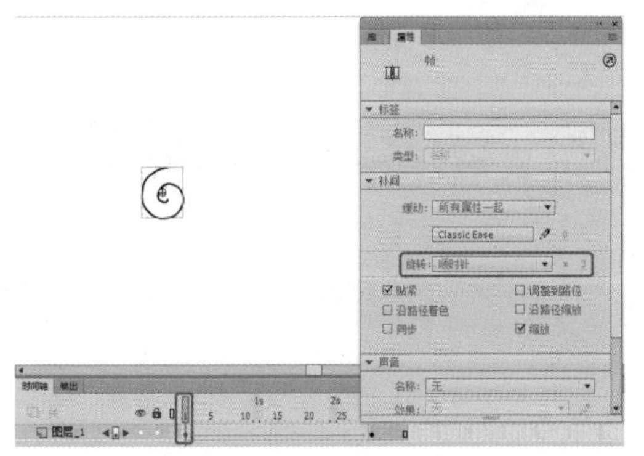

图7-279 设置【旋转】参数

44 返回至【场景1】，在【时间轴】面板中新建一个图层，命名为【眼睛】，选择该图层的第112帧，按F6键插入关键帧，在工具箱中单击【钢笔工具】，在舞台中绘制两个图形并选中，在【属性】面板中将【填充颜色】设置为#FFFFFF，【笔触颜色】设置为无，如图7-280所示。

图7-280 新建图层并绘制图形

45 在【时间轴】面板中新建一个图层，命名为【晕眩】，选中该图层的第112帧，按F6键插入关键帧，在【库】面板中选择【晕】影片剪辑元件，将其拖曳至舞台中两次，添加两个【晕】影片剪辑元件，并调整位置与大小，如图7-281所示。

图7-281 新建图层并添加元件

46 在【时间轴】面板中新建一个图层，命名为【流水2】，选择该图层的第70帧，按F6键插入关键帧，在【库】面板中选择【流水】影片剪辑元件，将其拖曳至舞台并调整位置，如图7-282所示。

47 在【时间轴】面板中选择【流水2】图层的第95帧，按F6键插入关键帧，选中该帧上的元件并调整位置与大小，如图7-283所示。

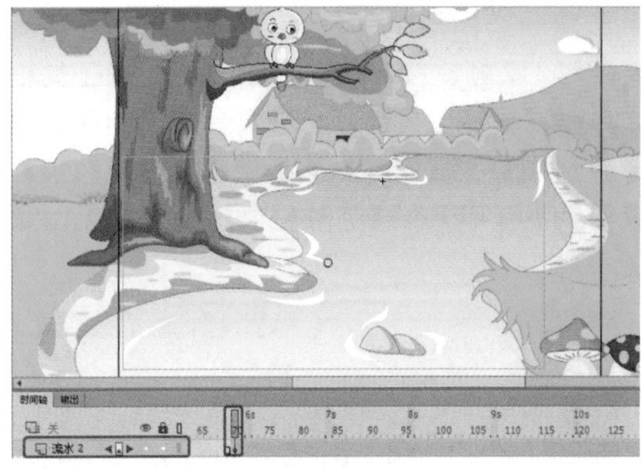

图7-282　新建图层并添加元件

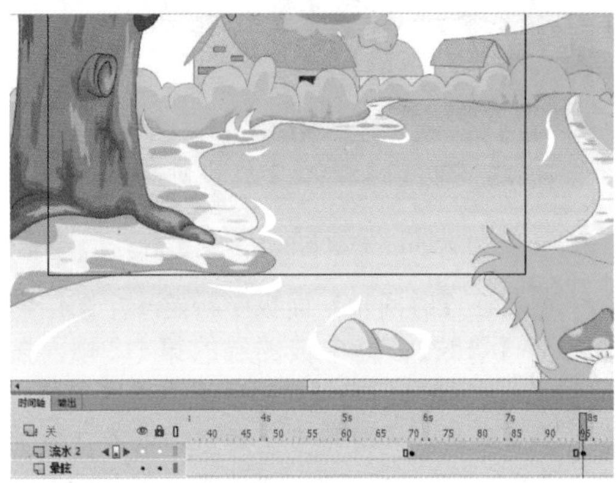

图7-283　插入关键帧并设置元件参数

48 将时间线拖曳至第 70 帧，选中第 70 帧上的元件，在【属性】面板中将【样式】设置为 Alpha，Alpha 设置为 0，在第 70 至第 95 帧之间创建传统补间动画，如图 7-284 所示。

图7-284　插入关键帧并设置Alpha参数

49 在【时间轴】面板上新建一个图层，命名为【音乐】，根据前面所介绍的方法将“小鸟飞行背景音乐 1.mp3”音频文件导入至舞台中，如图 7-285 所示。

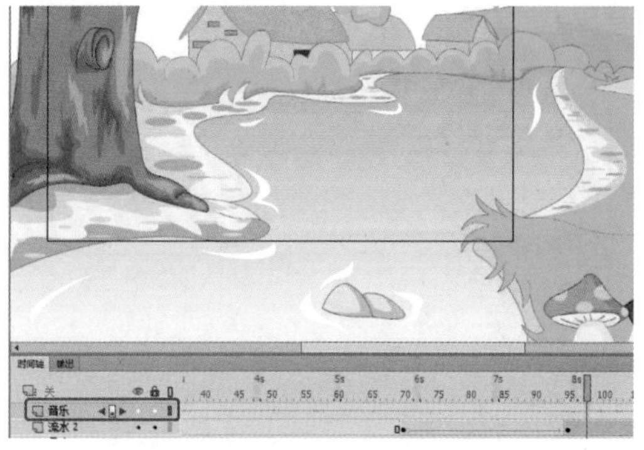

图7-285　新建图层并添加音频文件

50 在【时间轴】面板中选择【音乐】图层的第 101 帧，按 F7 键插入一个空白关键帧，根据前面所介绍的方法将“小鸟飞行背景音乐 2.mp3”音频文件导入至舞台中，如图 7-286 所示。

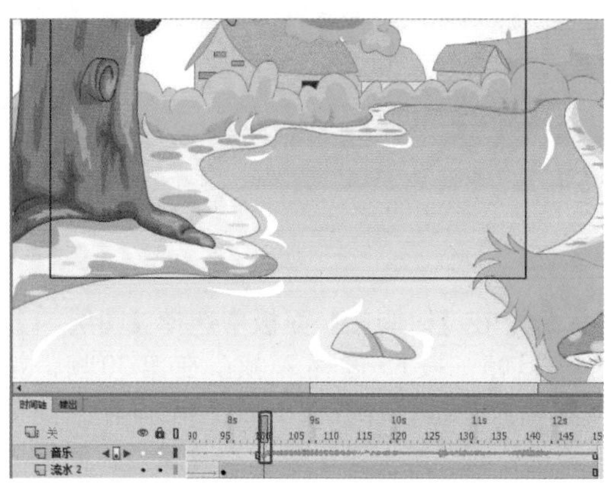

图7-286　插入空白关键帧并添加音频文件

51 至此，小鸟飞行动画效果就制作完成了，对完成后的场景进行保存即可。

7.7 习题与训练

1. 如何应用【分散到图层】命令？

2. 如何对帧进行删除、移动、复制、转换与清除操作？

3. 帧的删除和清除有何不同？

第 8 章 设计广告动画——补间与多场景动画的制作

本章主要介绍如何通过创建传统补间命令创建简单的动画效果、创建补间形状动画和创建花式动作动画，使用引导层功能创建形状间的连贯运动效果，运用遮罩功能显示创建不同方式的动画效果。主要通过实例讲解补间与多场景动画的制作。

基础知识

- 创建传统补间基础
- 补间形状动画基础

重点知识

- 创建补间动画
- 创建补间形状动画

提高知识

- 引导层动画
- 遮罩动画

广告动画是将一幅幅色彩绚丽、形象生动的广告作品组合在一起所产生的动画效果，能以其非同凡响的美感力量增强广告的感染力，使消费者沉浸在商品和服务形象给予的愉悦中，使其自觉接受广告的引导。

8.1 制作汽车行驶广告动画——创建补间动画

下面通过创建补间动画制作汽车行驶广告动画，效果如图 8-1 所示。

图8-1　汽车行驶广告动画效果

素材	素材\Cha08\制作汽车行驶动画素材.fla
场景	场景\Cha08\制作汽车行驶广告动画——创建补间动画.fla
视频	视频教学\Cha08\制作汽车行驶广告动画——创建补间动画.mp4

01 启动软件，打开“制作汽车行驶动画素材 .fla”素材文件，如图 8-2 所示。

图8-2　打开素材文件

02 在【库】面板中双击【汽车 1】影片剪辑，进入【汽车 1】影片剪辑的编辑模式，如图 8-3 所示。

03 在【时间轴】面板中选中【图层 _3】的第 10 帧，然后选择前侧轮胎，在【变形】面板中将【旋转】设置为 -135°，如图 8-4 所示。

04 在【图层 _3】的第 1 至第 10 帧之间，单击鼠标右键，在弹出的快捷菜单中选择【创建传统补间】命令，如图 8-5 所示。

图8-3　打开【汽车1】影片剪辑

图8-4　设置【旋转】参数

图8-5　选择【创建传统补间】命令

05 在【时间轴】面板中选中【图层 _4】的第 10 帧，然后选择后侧轮胎，在【变形】面板中将【旋转】设置为 -135°，如图 8-6 所示。

06 在【图层 _4】的第 1 至第 10 帧之间，单击鼠标右键，在弹出的快捷菜单中选择【创建传统补间】命令，如图 8-7 所示。

图8-6 设置【旋转】参数

图8-7 选择【创建传统补间】命令

07 返回到【场景 1】，新建【图层_2】，将【汽车 1】影片剪辑添加到舞台中，在【变形】面板中将【缩放宽度】和【缩放高度】都设置为 60.0，在【属性】面板中将【位置和大小】选项组中的 X 和 Y 分别设置为 1228.95、660.0，如图 8-8 所示。

图8-8 添加【汽车1】影片剪辑

08 在【图层_2】的第 40 帧处，按 F6 键插入关键帧，在【属性】面板中将【位置和大小】选项组中的 X 和 Y 分别设置为 528.95、660，如图 8-9 所示。

图8-9 插入关键帧并设置参数

09 在【图层_2】的第 1 至第 40 帧之间，单击鼠标右键，在弹出的快捷菜单中选择【创建传统补间】命令，如图 8-10 所示。

图8-10 选择【创建传统补间】命令

10 新建【图层_3】，在第 40 帧处插入关键帧，将【汽车 2】影片剪辑添加到舞台中，在【变形】面板中将【缩放宽度】和【缩放高度】都设置为 60，在【属性】面板中将【位置和大小】选项组中的 X 和 Y 分别设置为 528.95、660，使其与【汽车 1】影片剪辑位置重合，如图 8-11 所示。

11 在第 45 帧处插入关键帧，在【属性】面板中将【位置和大小】选项组中的 X 和 Y 分别设置为 534、660，如图 8-12 所示。

图8-11　添加【汽车2】影片剪辑

图8-12　调整【汽车2】影片剪辑的位置

12 在【图层_2】的第41帧处插入关键帧，并将【汽车1】影片剪辑删除，如图8-13所示。

疑难解答　如何将重合的影片剪辑删除?

在影片剪辑位置重合的时候，可将不删除的先进行隐藏，然后删除多余的对象。

图8-13　删除【汽车1】影片剪辑

13 在【图层_3】的第40至第45帧之间，单击鼠标右键，在弹出的快捷菜单中选择【创建传统补间】命令，如图8-14所示。

图8-14　选择【创建传统补间】命令

14 在【图层_3】的第150帧处插入关键帧，如图8-15所示。

图8-15　插入关键帧

15 新建【图层_4】，在第150帧处插入关键帧，将【汽车1】影片剪辑添加到舞台中，在【变形】面板中将【缩放宽度】和【缩放高度】都设置为60，在【属性】面板中将【位置和大小】选项组中的X和Y分别设置为534、660，使其与【汽车2】影片剪辑位置重合，如图8-16所示。

16 选中【图层_3】的第150帧，将【汽车2】影片剪辑删除，如图8-17所示。

图8-16 添加【汽车1】影片剪辑

图8-17 删除【汽车2】影片剪辑

17 在【图层_4】的第184帧处插入关键帧，选中【汽车1】影片剪辑，在【属性】面板中将【位置和大小】选项组中的X和Y分别设置为-206.7、660。在【图层_4】的第150至第184帧之间，单击鼠标右键，在弹出的快捷菜单中选择【创建传统补间】命令，创建传统补间动画，如图8-18所示。

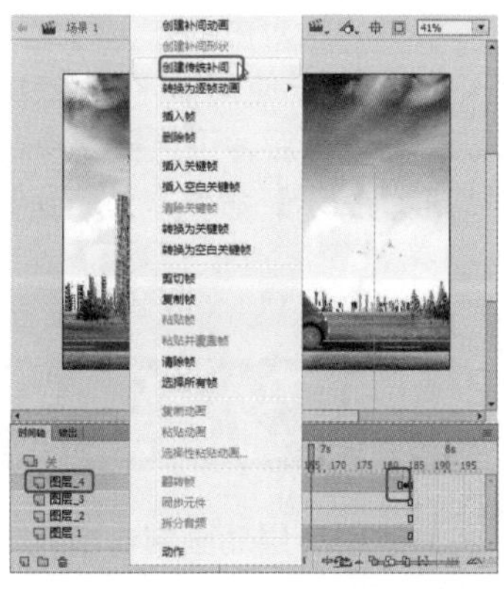
图8-18 选择【创建传统补间】命令

18 按Ctrl+Enter组合键测试影片，如图8-19所示。

图8-19 动画效果

8.1.1 传统补间

传统补间动画又叫作中间帧动画、渐变动画，只要建立起始和结束的画面，中间部分由软件自动生成，省去了中间动画制作的复杂过程。

利用传统补间方式可以制作出多种类型的动画效果，如位置移动、大小变化、旋转移动、逐渐消失等。

使用传统补间，需要具备以下两个前提条件：

- 起始关键帧与结束关键帧缺一不可。
- 应用于动作补间的对象必须具有元件或者群组的属性。

为时间轴设置了补间效果后，【属性】面板将有所变化，如图8-20所示。

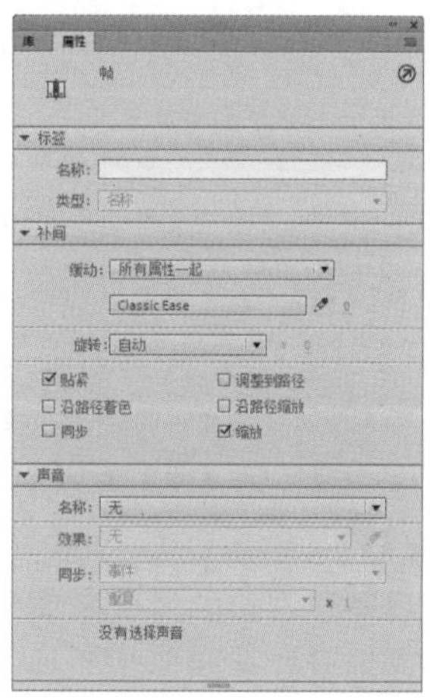
图8-20 【属性】面板

其中的选项及参数说明如下。

- 缓动：用于有速度变化的动画效果。当移动滑块在 0 值以上时，实现由快到慢的效果；当移动滑块在 0 值以下时，实现由慢到快的效果。
- 旋转：用于设置对象的旋转效果，包括【自动】、【顺时针】、【逆时针】和【无】4 项。
- 贴紧：使物体可以附着在引导线上。
- 同步：用于设置元件动画的同步性。
- 调整到路径：在路径动画效果中，使对象能够沿着引导线的路径移动。
- 缩放：用于有大小变化的动画效果。

8.1.2 形状补间

形状补间和动作补间的主要区别在于形状补间不能应用到实例上，必须是被打散的形状图形之间才能产生形状补间。所谓形状图形，是由无数个点堆积而成，并非一个整体。选中该对象时外部没有一个蓝色边框，而是会显示为掺杂白色小点的图形。通过形状补间可以实现将一幅图形变为另一幅图形的效果。

当将某一帧设置为形状补间后，如果想取得一些特殊的效果，需要在【属性】面板中进行相应的设置，如图 8-21 所示。其中选项说明如下。

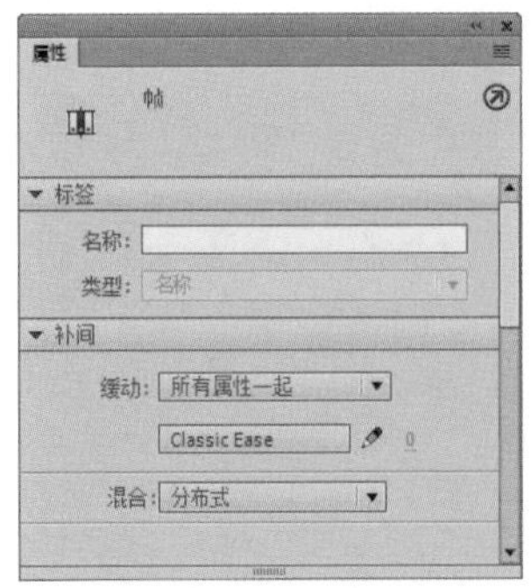

图8-21 【属性】面板

- 【缓动】：输入一个 -100 ～ 100 的数，或者通过右边的滑块来调整。如果要慢慢地开始补间形状动画，并朝着动画的结束方向加速补间过程，可以向下拖动滑块或输入一个 -100 ～ -1 的负值。如果要快速地开始补间形状动画，并朝着动画的结束方向减速补间过程，可以向上拖动滑块或输入一个 1 ～ 100 的正值。默认情况下，补间帧之间的变化速率是不变的，通过调节此项可以调整变化速率，从而创建更加自然的变形效果。
- 【混合】：【分布式】选项创建的动画，形状比较平滑和不规则。【角形】选项创建的动画，形状会保留明显的角和直线。【角形】只适合于具有锐化转角和直线的混合形状。如果选择的形状没有角，Animate CC 2018 会还原到分布式补间形状。

要控制更加复杂的动画，可以使用形状提示。形状提示可以标识起始形状和结束形状中相对应的点。变形提示点用字母表示，这样可以方便地确定起始形状和结束形状，每次最多可以设定 26 个变形提示点。

> **提　示**
>
> 形状提示点在开始关键帧中是黄色的，在结束关键帧中是绿色的，如果不在曲线上则是红色的。

在创建形状补间时，如果完全由 Animate CC 自动完成创建动画的过程，那么很可能创建出的渐变效果不是很令人满意。因此如果要控制更加复杂或罕见的形状变化，可以使用 Animate CC 提供的形状提示功能。形状提示会标识起始形状和结束形状中的相对应的点。

形状提示是用字母 (从 a 到 z) 标识起始形状和结束形状中的相对应的点，因此一个形状渐变动画中最多可以使用 26 个形状提示。在创建完形状补间动画后，可选择【修改】|【形状】|【添加形状提示】命令，为动画添加形状提示。

8.2 制作情人节广告动画——引导层动画

本节将通过引导层动画制作情人节广告动画，效果如图 8-22 所示。

图8-22 情人节广告动画效果

素材	素材\Cha08\情人节素材1.jpg、情人节素材2.png、情人节素材3.png
场景	场景\Cha08\制作情人节广告动画——引导层动画.fla
视频	视频教学\Cha08\制作情人节广告动画——引导层动画.mp4

01 在菜单栏中选择【文件】|【新建】命令，弹出【新建文档】对话框，在【类型】列表框中选择 ActionScript3.0，将【宽】【高】分别设置为 658、247，【帧频】设置为 24，单击【确定】按钮，如图 8-23 所示。

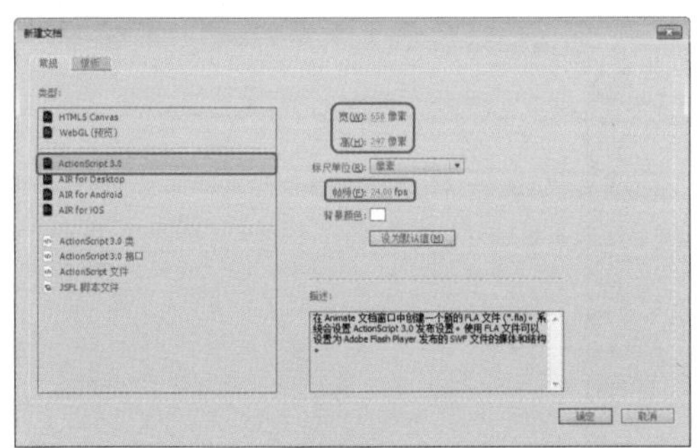

图8-23 设置【新建文档】参数

02 按 Ctrl+R 组合键，在弹出的【导入】对话框中选择“情人节素材 1.jpg”素材文件，单击【打开】按钮，如图 8-24 所示。

图8-24 选择素材文件

03 在【时间轴】面板中将【图层_1】重命名为【背景】，将选中的素材文件导入至舞台中并选中，在【对齐】面板中勾选【与舞台对齐】复选框，单击【水平中齐】、【垂直中齐】和【匹配宽和高】按钮，如图 8-25 所示。

图8-25 导入素材文件并进行设置

04 按 Ctrl+F8 组合键，在弹出的【创建新元件】对话框中【名称】设置为【心形动画】，将【类型】设置为【影片剪辑】，单击【确定】按钮，如图 8-26 所示。

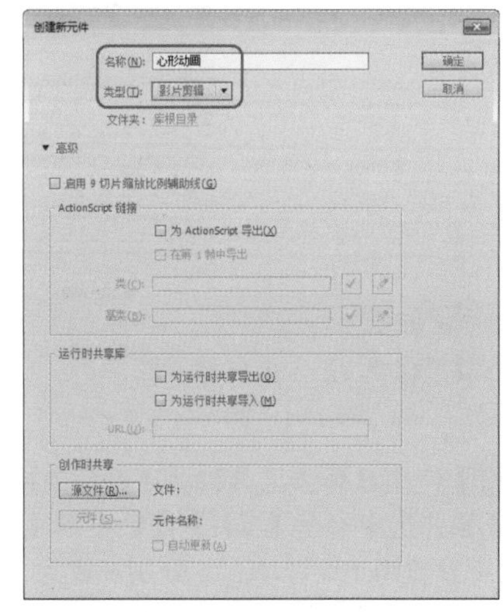

图8-26 设置【创建新元件】参数

05 在【时间轴】面板中将【图层_1】重命名为【心形 1】，选中【心形 1】图层，单击鼠标右键，在弹出的快捷菜单中选择【添加传统运动引导层】命令，如图 8-27 所示。

疑难解答 如何创建传统运动引导层？

如果在时间轴中已有引导图层，可以将包含传统补间的图层拖曳到该引导层下方。此操作会将引导层转换为运动引导层，并将传统补间绑定到该引导层。

06 在【时间轴】面板中选择【引导层：心形 1】图层，在工具箱中单击【椭圆工具】

，在舞台中按住 Shift 键绘制一个正圆并选中，在【属性】面板中将【宽】、【高】都设置为 105.1，X、Y 分别设置为 -43.2、-63.9，【笔触颜色】设置为 #000000，【填充颜色】设置为无，【笔触】设置为 0.1，如图 8-28 所示。

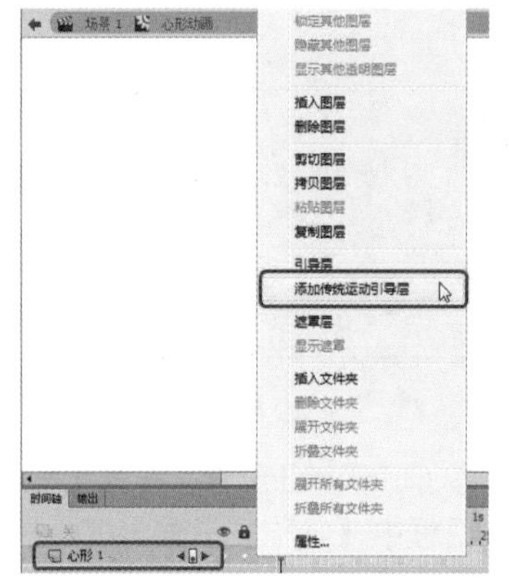

图8-27　选择【添加传统运动引导层】命令

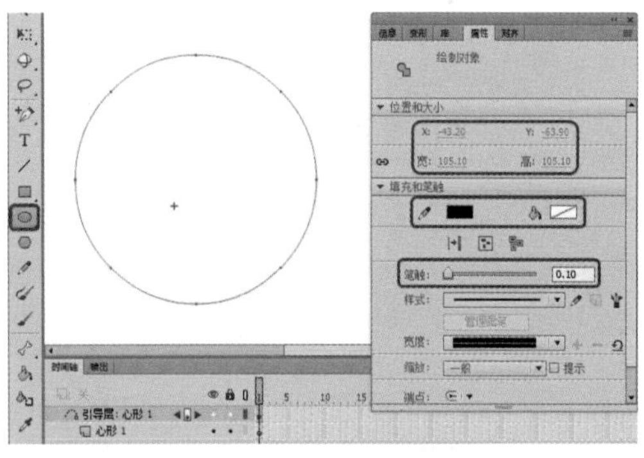

图8-28　绘制正圆并设置参数

07 使用【椭圆工具】在舞台中再绘制一个正圆并选中，在【属性】面板中将【宽】、【高】都设置为 105.1，X、Y 分别设置为 16.7、-64.55，【笔触颜色】设置为 #000000，【填充颜色】设置为无，【笔触】设置为 0.1，如图 8-29 所示。

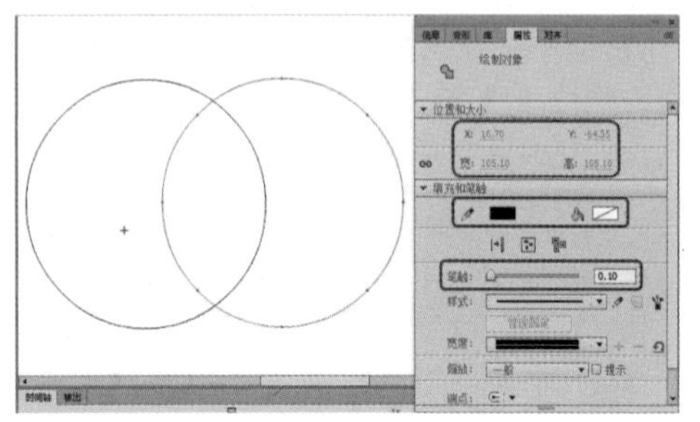

图8-29　再次绘制正圆并设置参数

08 使用【选择工具】选中绘制的两个正圆，在菜单栏中选择【修改】|【合并对象】|【联合】命令，如图 8-30 所示。

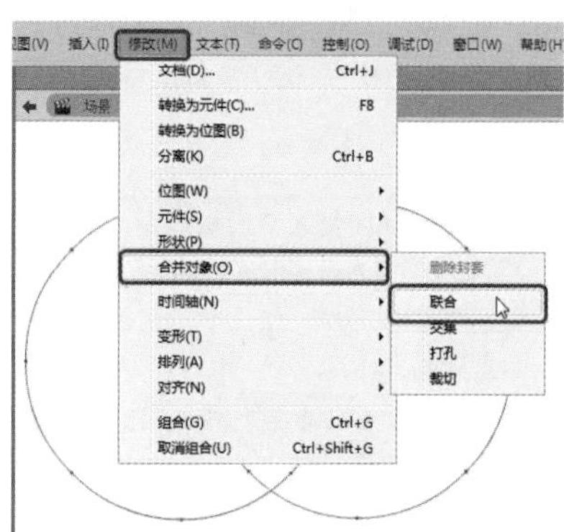

图8-30　选择【联合】命令

09 选中合并后的对象，在工具箱中单击【部分选取工具】，在舞台中调整合并的图形，效果如图 8-31 所示。

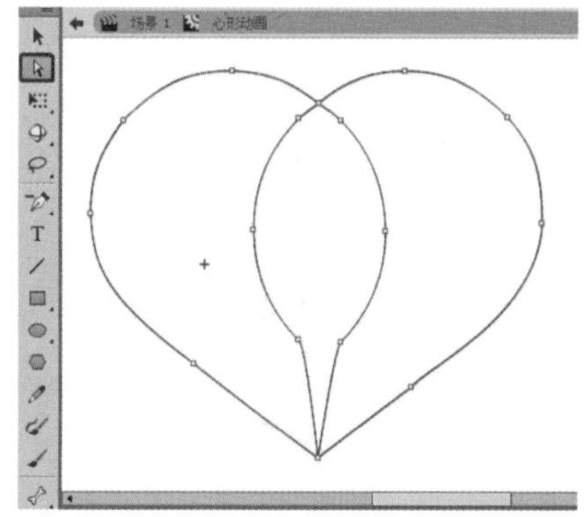

图8-31　调整图形后的效果

10 选择【部分选取工具】，按住 Shift 键在舞台中选择锚点，如图 8-32 所示。

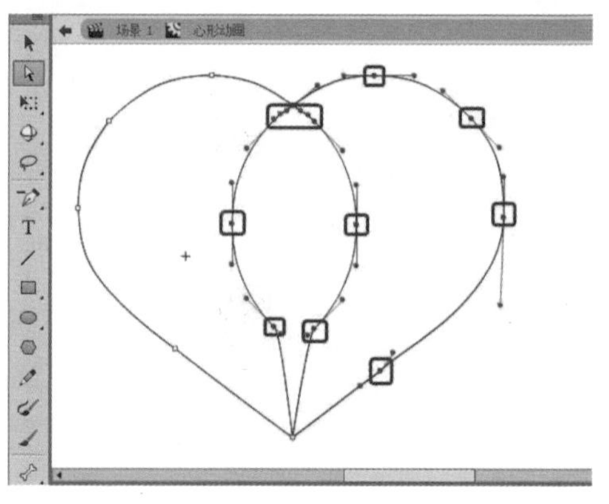

图8-32　选择锚点

11 按Delete键将选中的锚点删除，在【时间轴】面板中选择【引导层：心形 1】图层的第100帧，单击鼠标右键，在弹出的快捷菜单中选择【插入帧】命令，如图8-33所示。

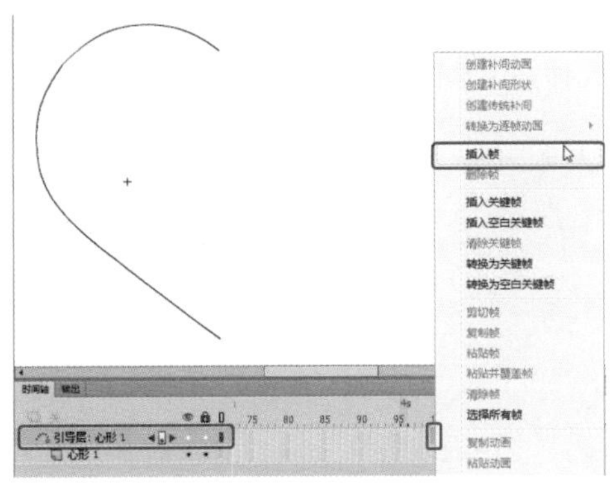

图8-33 选择【插入帧】命令

12 在【时间轴】面板中选择【心形 1】图层，在工具箱中选择【椭圆工具】，在舞台中按住Shift键绘制一个正圆并选中，在【属性】面板中将【填充颜色】设置为#C864C8，【笔触颜色】设置为无，【宽】、【高】都设置为12.9，X、Y分别设置为-9.7、-8.8，如图8-34所示。

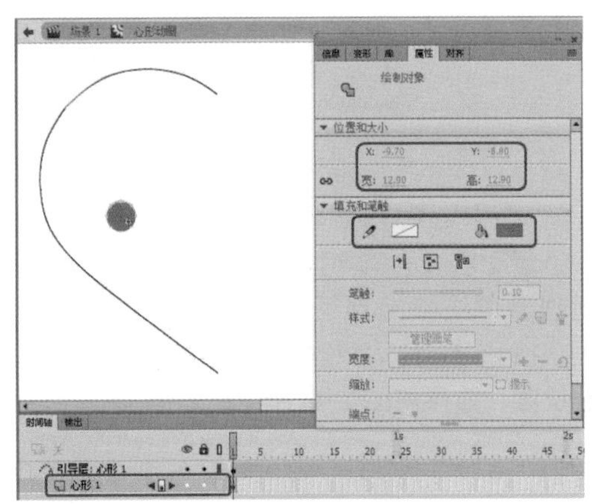

图8-34 绘制正圆并设置参数

13 选择【椭圆工具】，在舞台中按住Shift键绘制一个正圆，选中绘制的圆形，在【属性】面板中将【填充颜色】设置为#C864C8，【笔触颜色】设置为无，将【宽】、【高】都设置为12.9，X、Y分别设置为-3.15、-8.9，如图8-35所示。

14 使用【选择工具】在舞台中选择新绘制的两个圆形，在菜单栏中选择【修改】|【合并对象】|【联合】命令，如图8-36所示。

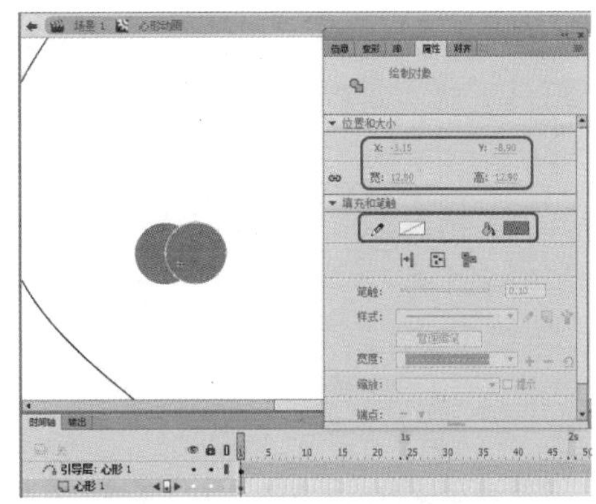

图8-35 再次绘制正圆并设置参数

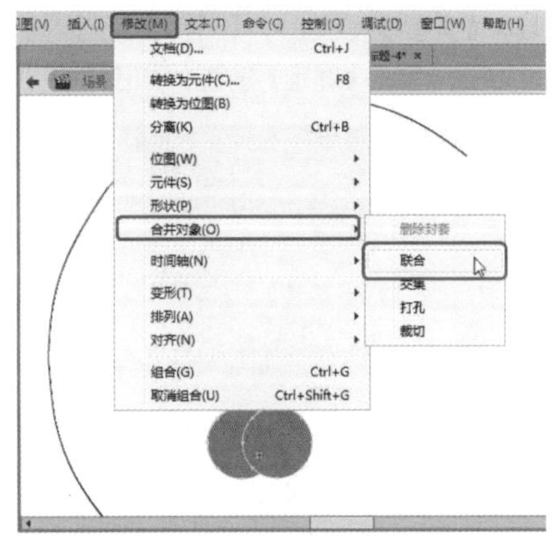

图8-36 选择【联合】命令

15 选中合并后的对象，在工具箱中单击【部分选取工具】，在舞台中调整合并的图形，效果如图8-37所示。

图8-37 调整合并后的图形

16 选中调整后的图形，在【颜色】面板中将【填充颜色】的【颜色类型】设置为【径向渐变】，将左侧色标的颜色值设置为

FFFFFF，右侧色标的颜色值设置为# C864C8，如图 8-38 所示。

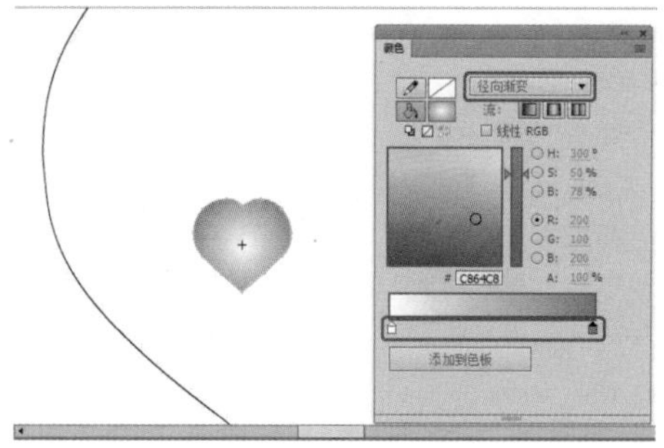

图8-38 设置填充颜色

17 选中设置后的图形，按 F8 键，在弹出的【转换为元件】对话框中将【名称】设置为【心形】，【类型】设置为【图形】，将对齐方式设置为居中，单击【确定】按钮，如图 8-39 所示。

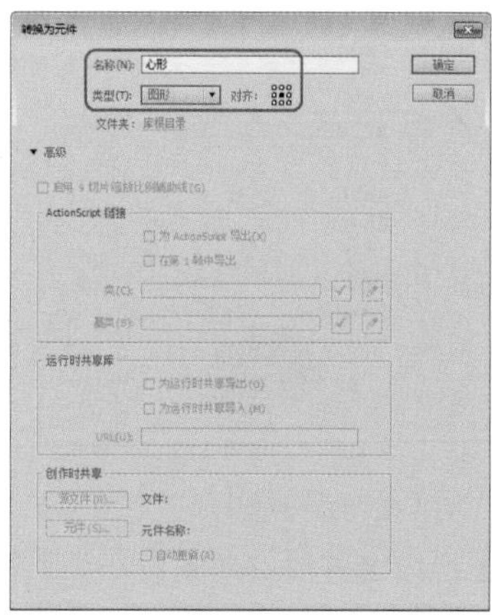

图8-39 设置【转换为元件】参数

18 在工具箱中单击【选择工具】，选中转换后的元件并调整位置，如图 8-40 所示。

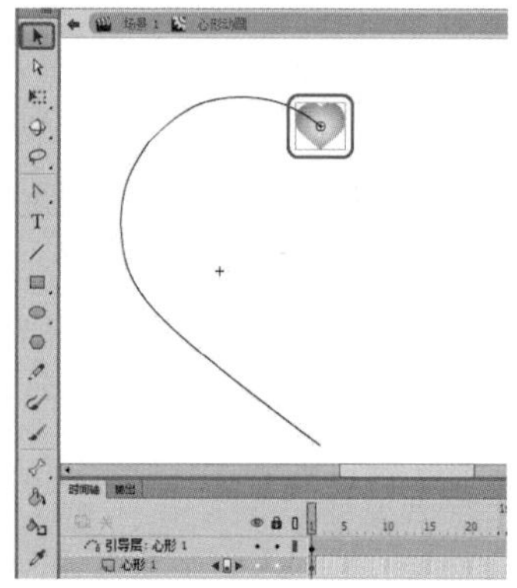

图8-40 调整元件位置

提 示

在调整引导层动画时，需要将【心形】的中心点与引导层图形的起点与结尾处对齐。

19 在【时间轴】面板中选择【心形 1】图层的第50帧，按F6键插入关键帧，选中该帧上的元件并调整位置，如图8-41所示。

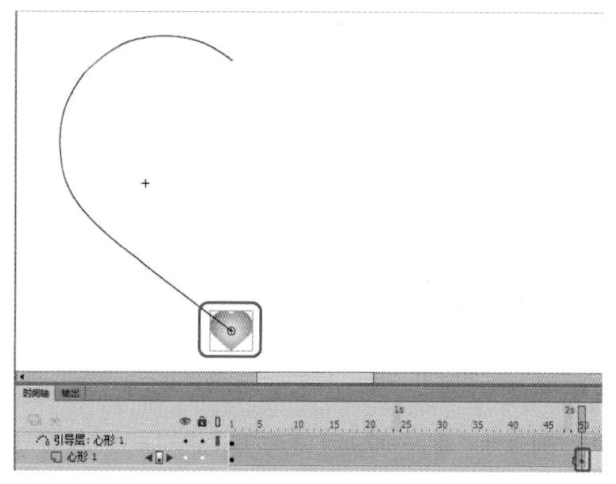

图8-41 插入关键帧并调整元件位置

知识链接：关键帧

Animate 会在关键帧之间创建内容。补间动画的插补帧显示为浅蓝色，并会在关键帧之间绘制一个箭头。Animate 文档会保存每一个关键帧中的形状，因此应只在插图中有变化的点处创建关键帧。

关键帧在时间轴中有相应的表示符号：实心圆表示该帧为有内容的关键帧，帧前的空心圆则表示该帧为空白关键帧。以后添加到同一图层的帧的内容将和关键帧相同。

在传统补间中，只有关键帧是可编辑的。补间帧是无法直接编辑的。若要编辑补间帧，可修改一个定义关键帧，或在起始和结束关键帧之间插入一个新的关键帧。

20 在【心形 1】图层的第 1 至第 50 帧之间创建传统补间动画，并选中该图层的第 52 帧，按 F6 键插入关键帧，选中帧上的元件并调整位置，效果如图 8-42 所示。

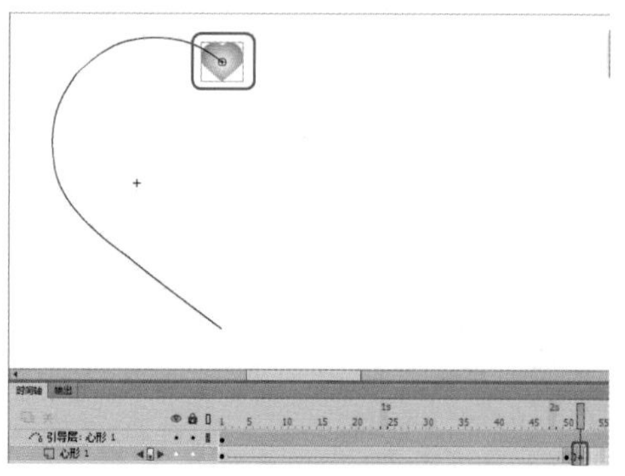

图8-42 调整元件的位置

21 在【时间轴】面板中选择【心形 1】图层的第 100 帧，按 F6 键插入关键帧，选中该帧上的元件并调整元件的位置，在【属性】面板中将【样式】设置为 Alpha，Alpha 设置为 0，如图 8-43 所示。

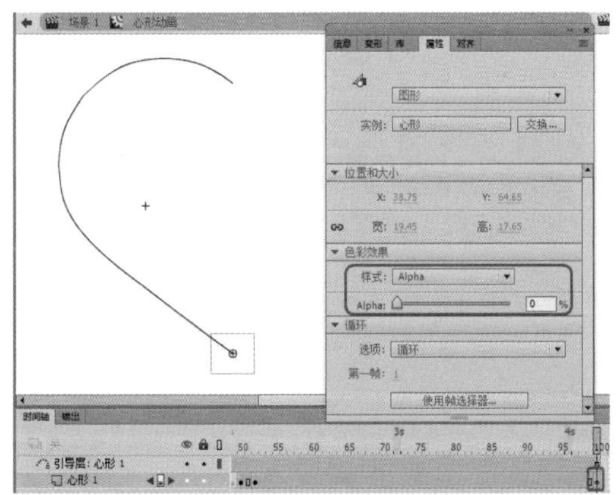

图8-43　插入关键帧并调整元件位置

22 在【心形 1】图层的第 52 至第 100 帧之间创建传统补间动画，在【时间轴】面板中选择【心形 1】图层，依次新建 10 个图层，并对其进行重命名，效果如图 8-44 所示。

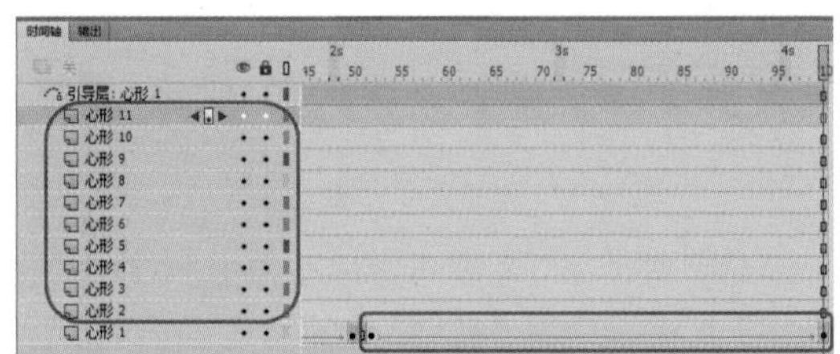

图8-44　创建传统补间并新建图层

知识链接：传统补间的必备条件

使用传统补间，需要具备以下两个前提条件：

（1）起始关键帧与结束关键帧缺一不可。

（2）应用于动作补间的对象必须具有元件或者群组的属性。

23 在【时间轴】面板中按住 Shift 键选择【心形 1】图层的第 1 至第 100 帧，单击鼠标右键，在弹出的快捷菜单中选择【复制帧】命令，如图 8-45 所示。

24 在【时间轴】面板中选择【心形 2】图层的第 5 帧，单击鼠标右键，在弹出的快捷菜单中选择【粘贴并覆盖帧】命令，如图 8-46 所示。

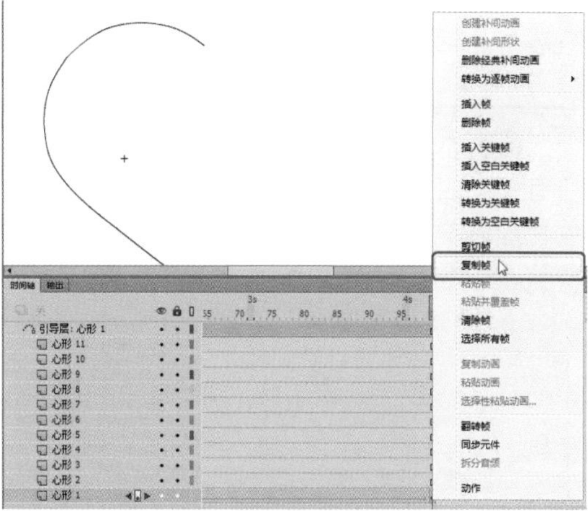

图8-45　选择【复制帧】命令

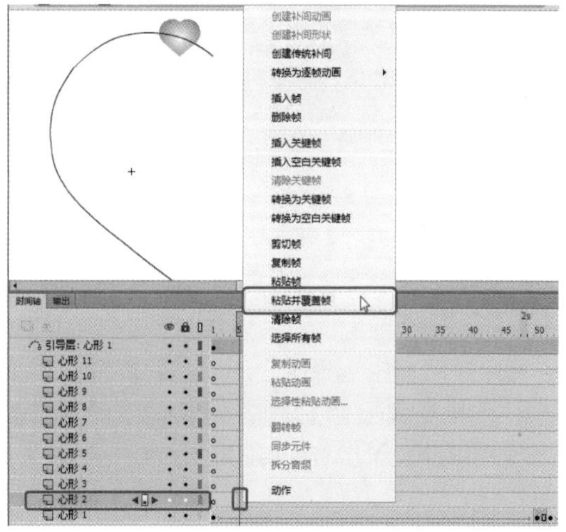

图8-46　选择【粘贴并覆盖帧】命令

25 使用同样的方法依次在其他图层粘贴并覆盖帧，效果如图 8-47 所示。

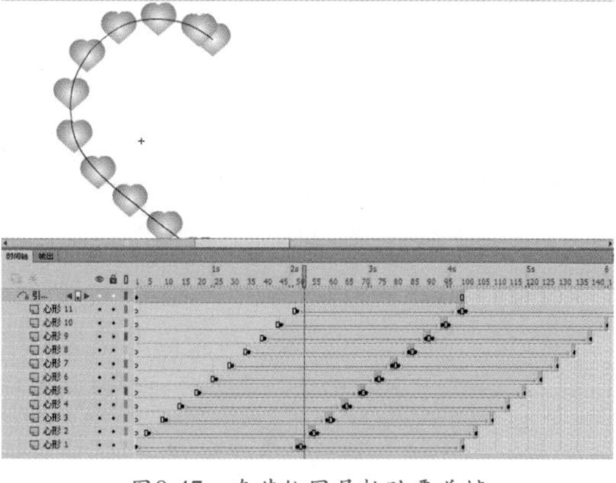

图8-47　在其他图层粘贴覆盖帧

提 示

在其他图层粘贴覆盖帧时，每个图层的第 1 帧需要与前一图层相差 5 帧，这样才会呈现心形依次显示的效果。

26 在【时间轴】面板中按住 Ctrl 键选择所有图层的第 180 帧，单击鼠标右键，在弹出的快捷菜单中选择【插入帧】命令，如图 8-48 所示。

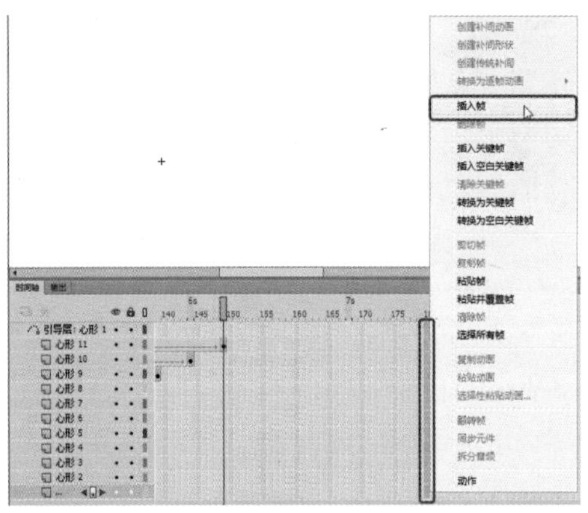

图8-48 选择【插入帧】命令

27 返回至【场景 1】中，在【时间轴】面板中新建一个图层，命名为【心形动画 - 左】，在【库】面板中选择【心形动画】影片剪辑元件，将其拖曳至舞台中并选中，在【属性】面板中将 X、Y 分别设置为 376.05、89.2，如图 8-49 所示。

图8-49 新建图层并添加元件

28 在【时间轴】面板中选择【心形动画 - 左】图层，单击鼠标右键，在弹出的快捷菜单中选择【复制图层】命令，如图 8-50 所示。

29 将复制后的图层重命名为【心形动画 - 右】，并选中该图层上的元件，单击鼠标右键，在弹出的快捷菜单中选择【变形】|【水平翻转】命令，如图 8-51 所示。

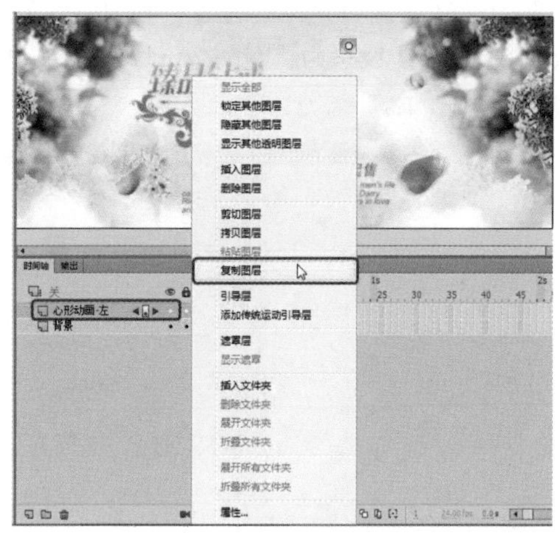

图8-50 选择【复制图层】命令

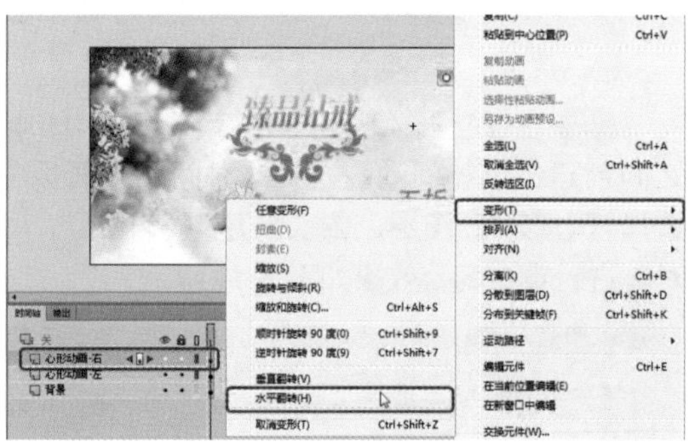

图8-51 选择【水平翻转】命令

30 按 Ctrl+F8 组合键，在弹出的【创建新元件】对话框中将【名称】设置为【钻戒与光】，【类型】设置为【影片剪辑】，单击【确定】按钮，如图 8-52 所示。

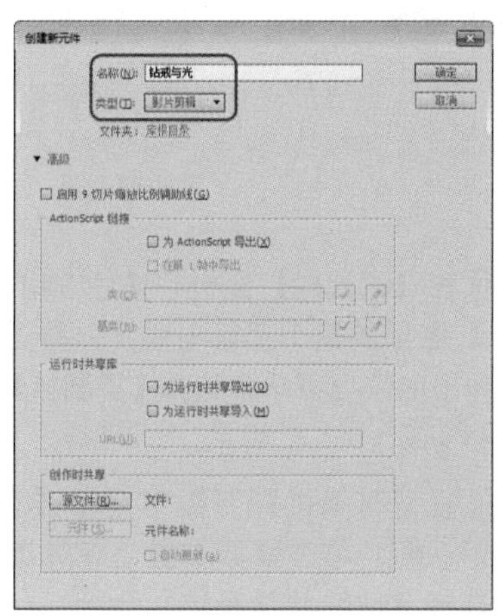

图8-52 设置创建新元件参数

31 按 Ctrl+R 组合键，在弹出的对话框中选择“情人节素材 3.png”素材文件，单击【打开】按钮，选中导入的素材文件，按 F8 键，在弹出的【转换为元件】对话框中将【名称】设置为【钻戒】，【类型】设置为【图形】，将对齐方式设置为居中，单击【确定】按钮，如图 8-53 所示。

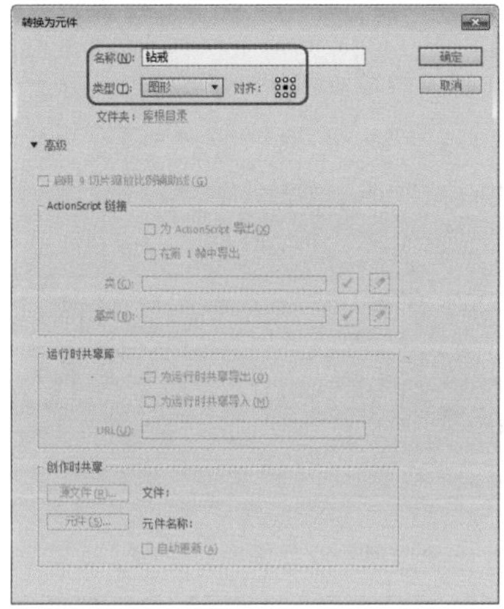

图8-53　设置转换为元件参数

32 选中转换后的元件，在【属性】面板中将 X、Y 都设置为 0，【样式】设置为 Alpha，Alpha 设置为 0，在【变形】面板中将【缩放宽度】、【缩放高度】都设置为 5，如图 8-54 所示。

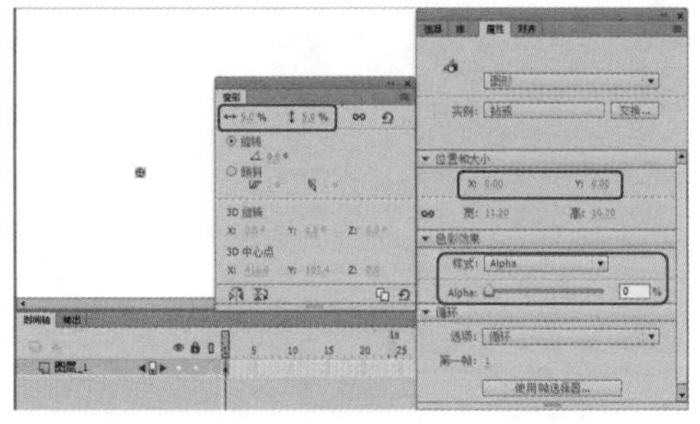

图8-54　设置元件参数

33 在【时间轴】面板中选择【图层_1】的第 10 帧，按 F6 键插入关键帧，选中帧上的元件，在【属性】面板中将 Alpha 设置为 100，如图 8-55 所示。

34 在【图层_1】的第 1 至第 10 帧之间创建传统补间动画，然后选择该图层的第 130 帧，按 F6 键插入关键帧，选中该帧上的元件，在【变形】面板中将【缩放宽度】、【缩放高度】都设置为 100，如图 8-56 所示。

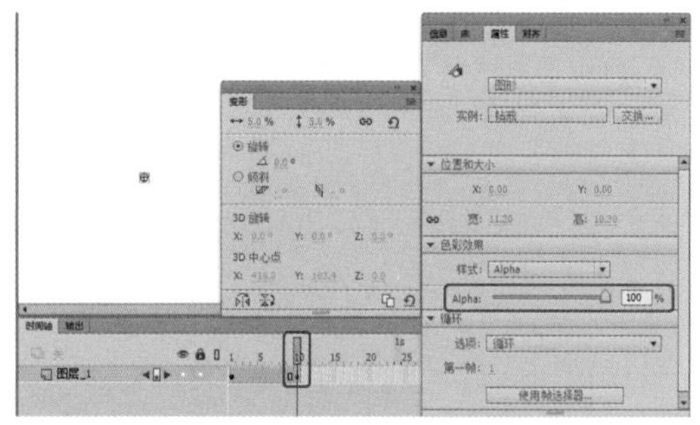

图8-55　设置Alpha参数

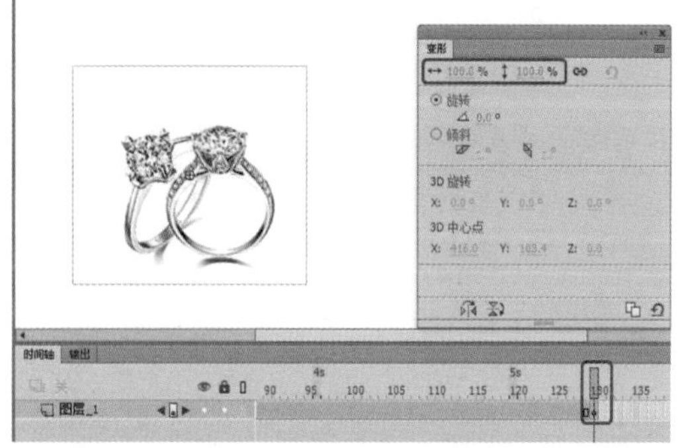

图8-56　插入关键帧并设置参数

35 在【图层_1】的第 10 至第 130 帧之间创建传统补间动画，然后选择该图层的第 180 帧，单击鼠标右键，在弹出的快捷菜单中选择【插入帧】命令，如图 8-57 所示。

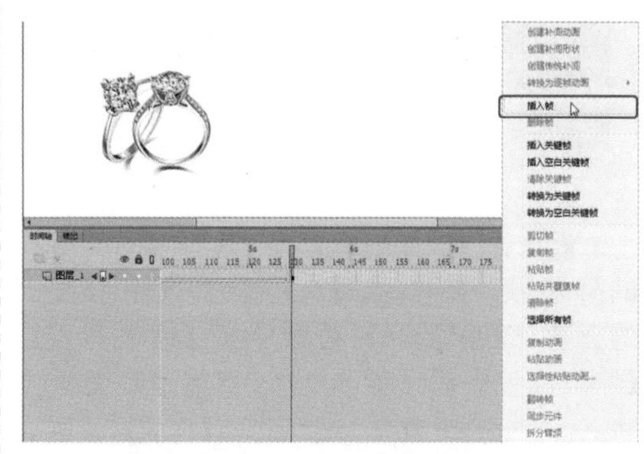

图8-57　创建传统补间并插入帧

36 在【时间轴】面板中新建一个图层，将“情人节素材 2.png”素材文件导入至舞台中，选中该素材文件，按 F8 键，在弹出的【转换为元件】对话框中将【名称】设置为【光】，

【类型】设置为【图形】，将对齐方式设置为居中，单击【确定】按钮，如图 8-58 所示。

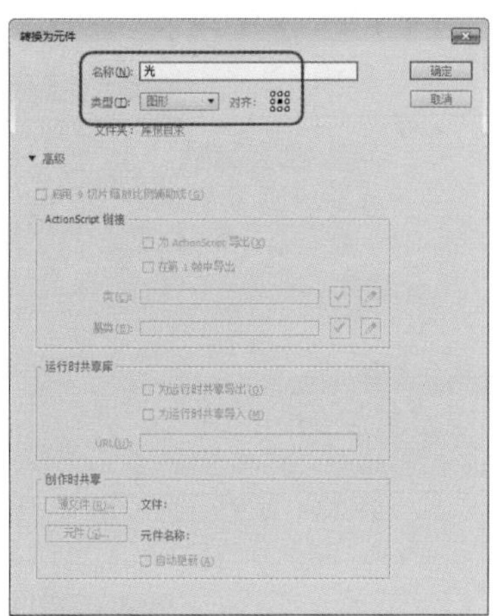

图8-58　设置【转换为元件】参数

提　示

为了更好地观察“情人节素材2.png”素材文件的效果，在此将舞台颜色设置为 #669933。

37 选中转换后的元件，在【变形】面板中将【缩放宽度】、【缩放高度】都设置为 50，在【属性】面板中将 X、Y 分别设置为 27.5、−16.5，如图 8-59 所示。

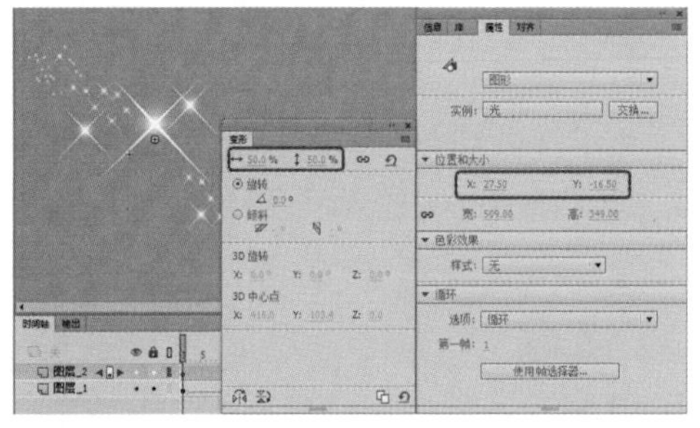

图8-59　设置元件的大小与位置

38 在【时间轴】面板中选择【图层_2】的第 10 帧，按 F6 键插入关键帧，选中该帧上的元件，在【变形】面板中将【缩放宽度】【缩放高度】都设置为 5，在【属性】面板中将 X、Y 分别设置为 1.6、0.05，【样式】设置为 Alpha，Alpha 设置为 0，如图 8-60 所示。

39 在【时间轴】面板中选择【图层_2】的第 40 帧，按 F6 键插入关键帧，选中帧上的元件，在【属性】面板中将 Alpha 设置为 100，X、Y 分别设置为 7、7.05，在【变形】面板中将【缩放宽度】、【缩放高度】都设置为 50，如图 8-61 所示。

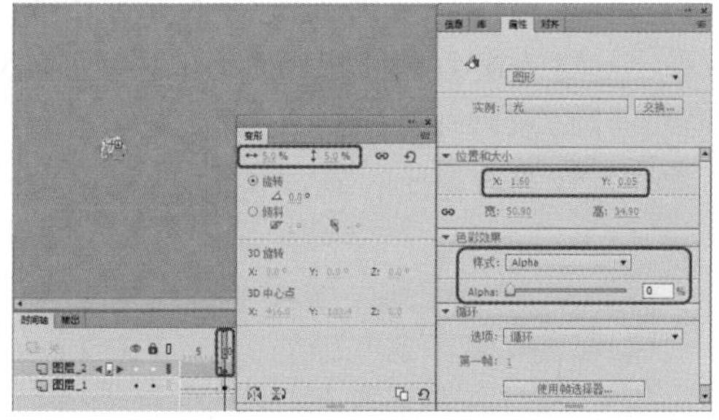

图8-60　插入帧并设置元件

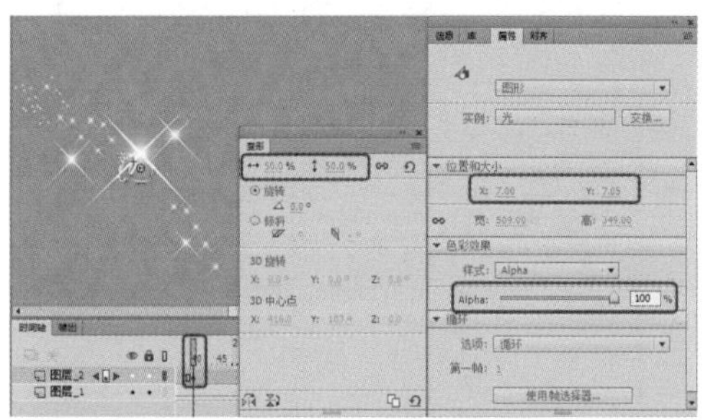

图8-61　设置元件参数

40 在【图层_2】的第 10 至第 40 帧之间创建传统补间动画，然后选择该图层的第 70 帧插入关键帧，选中该帧上的元件，在【变形】面板中将【缩放宽度】、【缩放高度】都设置为 15，在【属性】面板中将 X、Y 分别设置为 7.3、−11.3，Alpha 设置为 15，如图 8-62 所示。

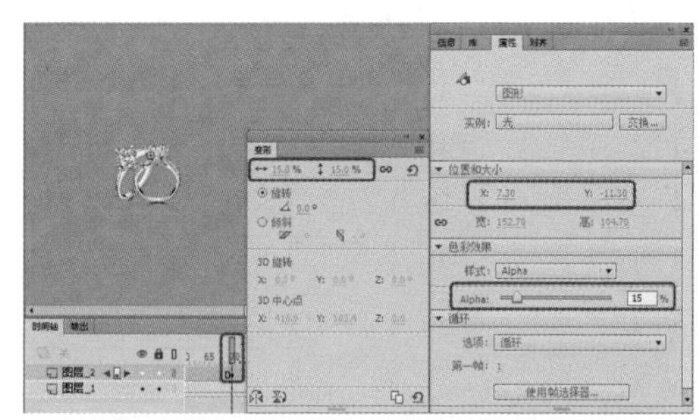

图8-62　插入关键帧并设置元件参数

41 在【图层_2】的第 40 至第 70 帧之间创建传统补间动画，然后选择该图层的第 90 帧，按 F6 键插入关键帧，选中该帧上的元件，在【变形】面板中将【缩放宽度】、【缩放高度】都设置为 60，在【属性】面板中将 Alpha 设置为 100，X、Y 分别设置为 18.7、−1.85，如图 8-63 所示。

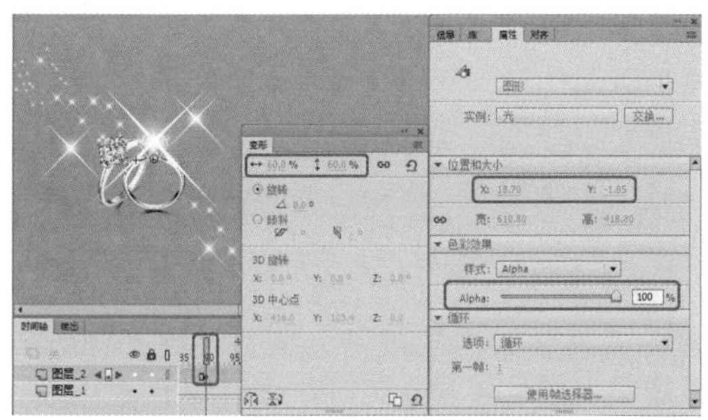
图8-63 创建传统补间动画并设置元件参数

42 在【图层 _2】的第 70 至第 90 帧之间创建传统补间动画，然后选择该图层的第 102 帧，按 F6 键插入关键帧，选中该帧上的元件，在【变形】面板中将【缩放宽度】、【缩放高度】都设置为 20，在【属性】面板中将 X、Y 分别设置为 19.2、−19.25，Alpha 设置为 0，如图 8-64 所示。

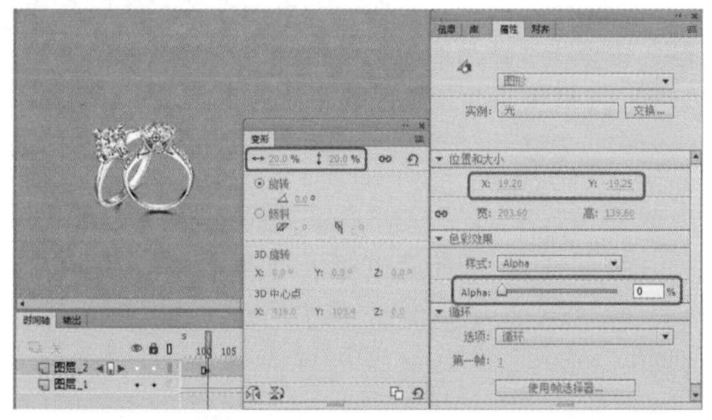
图8-64 设置元件大小与位置

43 在【图层 _2】的第 90 至第 102 帧之间创建传统补间动画，然后选择该图层的第 117 帧，按 F6 键插入关键帧，选中该帧上的元件，在【变形】面板中将【缩放宽度】、【缩放高度】都设置为 70，在【属性】面板中将 X、Y 分别设置为 20.45、−6.7，Alpha 设置为 100，如图 8-65 所示。

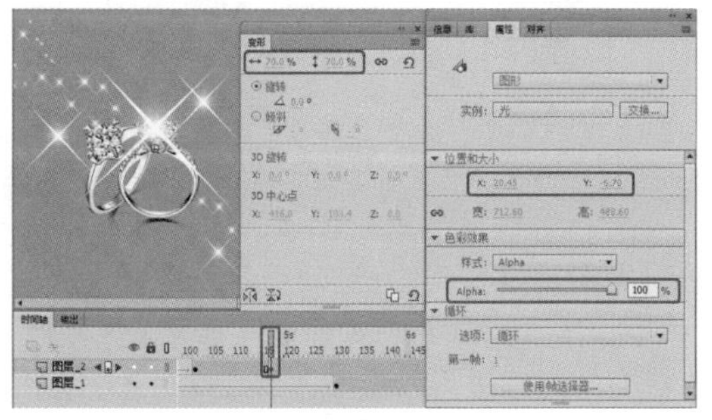
图8-65 创建传统补间动画并设置元件参数

44 在【图层 _2】的第 102 至第 117 帧之间创建传统补间动画，然后选择该图层的第 129 帧，按 F6 键插入关键帧，选中该帧上的元件，在【变形】面板中将【缩放宽度】、【缩放高度】都设置为 30，在【属性】面板中将 X、Y 分别设置为 31.05、−22.1，Alpha 设置为 0，如图 8-66 所示。

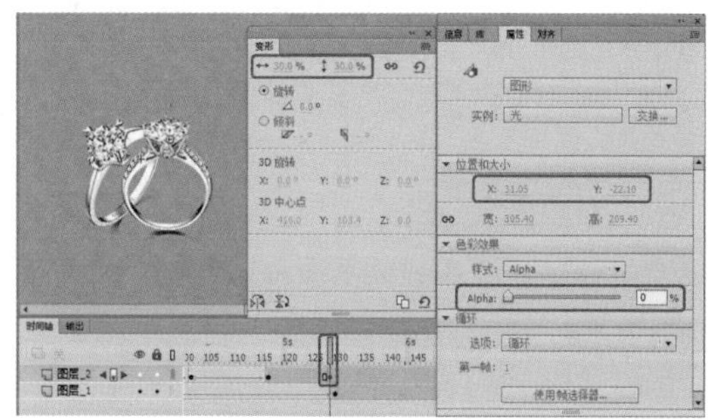
图8-66 创建传统补间动画并设置元件参数

45 在【图层 _2】的第 117 至第 129 帧之间创建传统补间动画，然后选择该图层的第 139 帧，按 F6 键插入关键帧，选中该帧上的元件，在【变形】面板中将【缩放宽度】、【缩放高度】都设置为 47，在【属性】面板中将 X、Y 分别设置为 30.75、−17.9，Alpha 设置为 100，如图 8-67 所示。

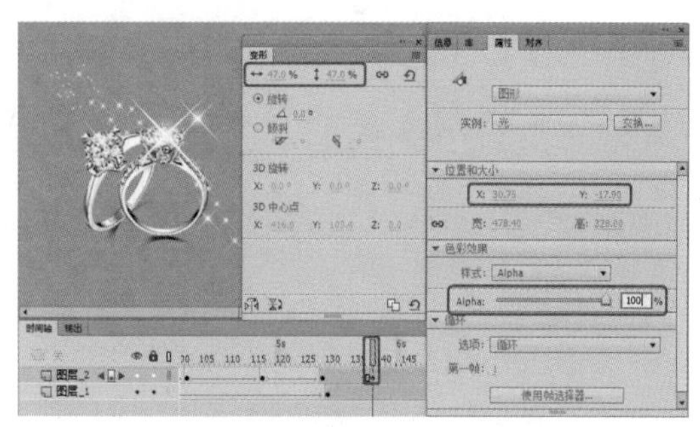
图8-67 设置元件大小与位置

46 在【图层 _2】的第 129 帧至第 139 帧之间创建传统补间动画，设置完成后，返回至【场景 1】中，在【时间轴】面板中新建一个图层，将其命名为【戒指与光】，在【库】面板中选择【戒指与光】影片剪辑元件，将其拖曳至舞台中并选中，在【属性】面板中将 X、Y 分别设置为 412.5、78.55，如图 8-68 所示。

47 至此，情人节广告动画效果就制作完成了，对完成后的场景进行保存即可。

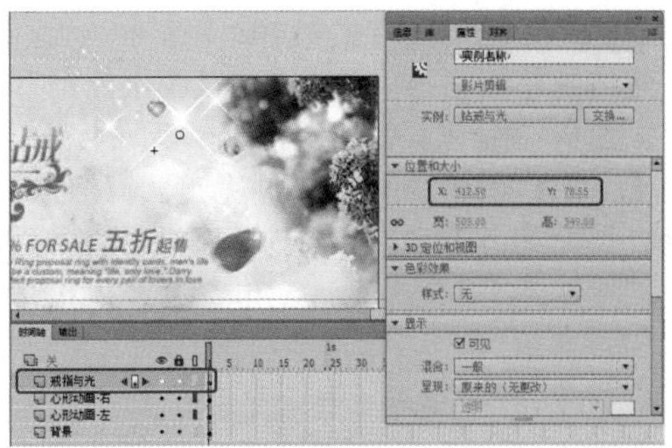

图8-68　新建图层并添加元件

8.2.1　普通引导层

引导层在影片制作中起辅助作用，分为普通引导层和运动引导层两种。

普通引导层以图标表示，起到辅助静态对象定位的作用，它无须使用被引导层，可以单独使用。创建普通引导层的操作很简单，只需选中要作为引导层的那一层，右击，在弹出的快捷菜单中选择【引导层】命令即可，如图 8-69 所示。

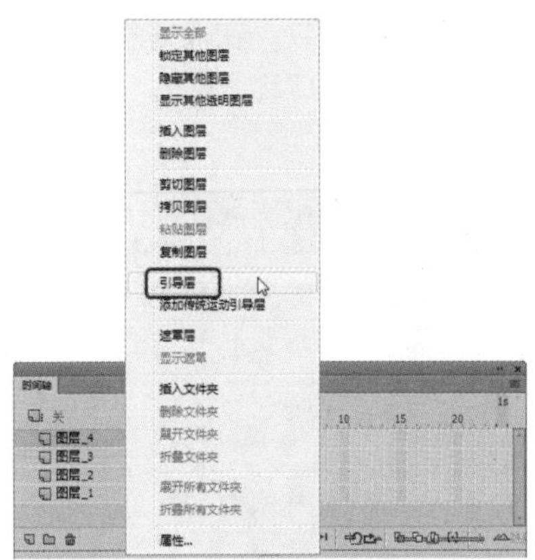

图8-69　选择【引导层】命令

如果想将普通引导层改为普通图层，只需要再次在图层上单击鼠标右键，从弹出的快捷菜单中选择【引导层】命令即可。引导层有着与普通图层相似的图层属性，因此，可以在普通引导层上进行任何针对图层的操作，如锁定、隐藏等。

8.2.2　运动引导层

在 Animate CC 2018 中建立直线运动是件很容易的工作，但建立曲线运动或沿一条特定路径运动的动画却不是直接能够完成的，而需要运动引导层的帮助。在运动引导层的名称旁边有一个图标，表示当前图层的状态是运动引导，运动引导层总是与至少一个图层相关联（如果需要，它可以与任意多个图层相关联），这些被关联的图层被称为被引导层。将层与运动引导层关联起来可以使被引导图层上的任意对象沿着运动引导层上的路径运动。创建运动引导层时，已被选择的层都会自动与该运动引导层建立关联，也可以在创建运动引导层之后，将其他任意多的标准层与运动层相关联或者取消它们之间的关联。任何被引导层的名称栏都将被嵌在运动引导层的名称栏下面，表明一种层次关系。

提　示

在默认情况下，任何一个新生成的运动引导层都会自动放置在用来创建该运动引导层的普通层的上面。可以像操作标准图层一样重新安排它的位置，但所有同它连接的层都将随之移动，以保持它们之间的引导与被引导关系。

创建运动引导层的操作也很简单，选中被引导层，单击【添加运动引导层】按钮或右击鼠标，在弹出的菜单中选择【添加传统运动引导层】命令即可，如图 8-70 所示。

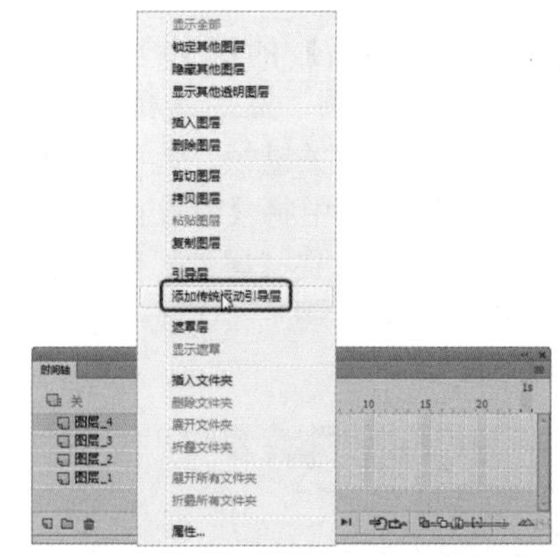

图8-70　选择【添加传统运动引导层】命令

运动引导层的默认命名规则为【引导层：被引导图层名】。建立运动引导层的同时也建立了两者之间的关联，如图 8-71 所示【图层 4】的标签向内缩进可以看出两者之间的关系，具有缩进的图层为被引导层，上方无缩进的图层为运动引导层。如果在运动引导层上绘制一条路径，任何同该层建立关联的层上的过渡元件都将沿这条路径运动。以后可以将任意多的标准图层关联到运动引导层，这样，所有被关联的图层上的过渡元件都共享同一条运动路径。要使更多的图层同运动引导层建立关联，只需将其拖曳到引导层下即可。

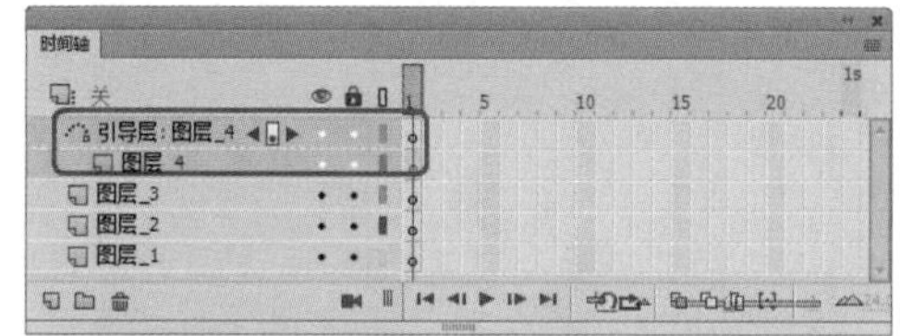

图8-71　引导层：被引导图层名

8.3 制作护肤品广告动画——遮罩动画

本例将介绍制作散点遮罩动画的方法：将绘制的图形转换为元件，并为其添加传统补间动画，然后将创建后的图形动画对添加的图像进行遮罩，从而完成散点遮罩动画的制作，效果如图 8-72 所示。

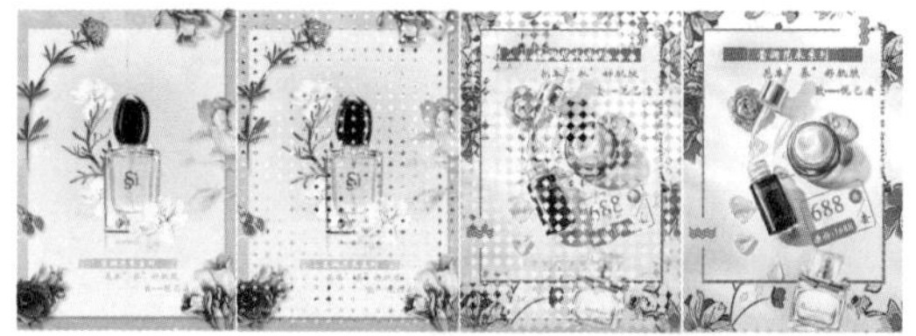

图8-72　护肤品广告动画效果

素材	素材\Cha08\护肤品广告动画素材1.jpg、护肤品广告动画素材2.jpg
场景	场景\Cha08\制作护肤品广告动画——遮罩动画.fla
视频	视频教学\Cha08\制作护肤品广告动画——遮罩动画.mp4

01 启动软件后，在欢迎界面中单击【新建】选项组中的 Action Script3.0 按钮，如图 8-73 所示。

02 在工具箱中单击【属性】按钮，在打开的【属性】面板中将【大小】选项组中的【宽】、【高】分别设置为 1017、1450，如图 8-74 所示。

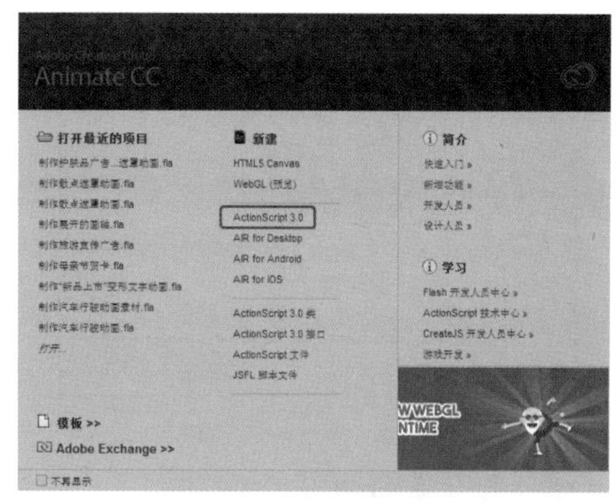

图8-73　选择新建类型

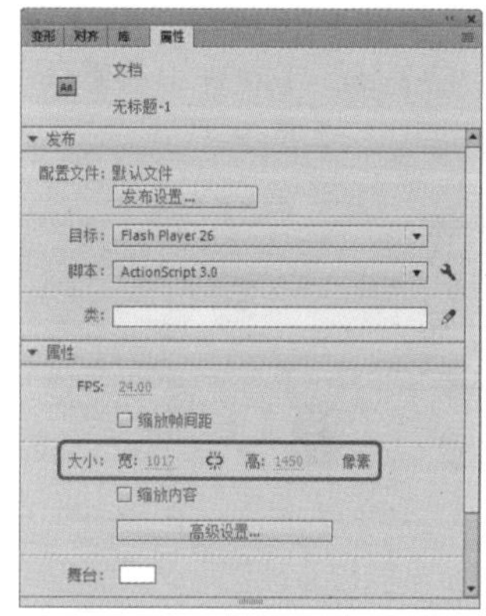

图8-74　设置场景大小

03 在菜单栏中选择【文件】|【导入】|【导入到库】命令，如图 8-75 所示。

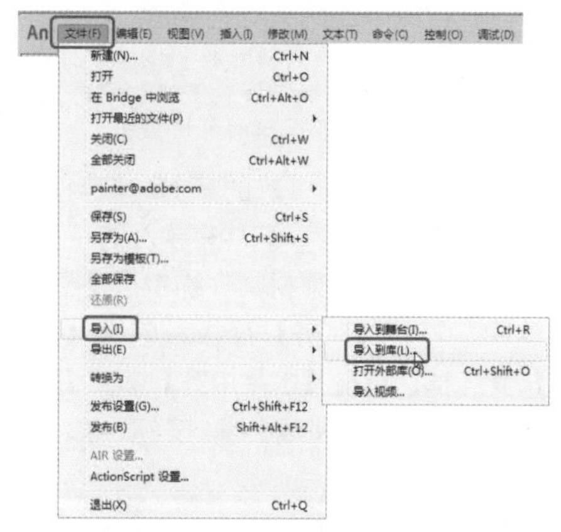

图8-75　选择【导入到库】命令

04 弹出【导入到库】对话框，选择“护肤品广告动画素材 1.jpg”和“护肤品广告动画素材 2.jpg”素材文件，单击【打开】按钮，如图 8-76 所示。

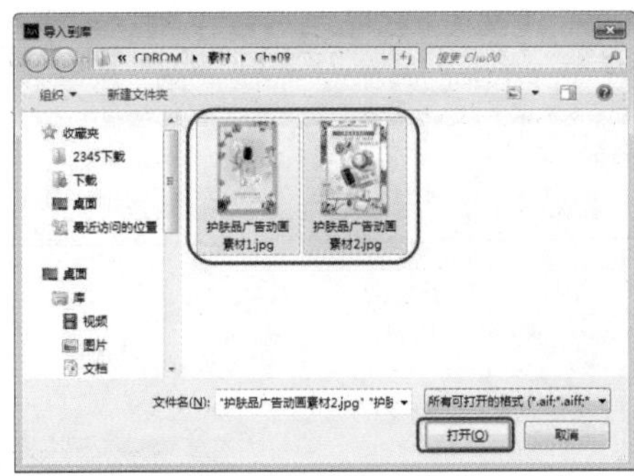

图8-76　选择素材文件

05 打开【库】面板，将“护肤品广告动画素材 1.jpg”素材拖曳至舞台中并选中，打开【对齐】面板，勾选【与舞台对齐】复选框，单击【水平中齐】、【垂直中齐】和【匹配宽和高】按钮，如图 8-77 所示。

图8-77　调整导入的素材文件

06 选择【图层_1】的第 65 帧，按 F5 键插入帧。新建【图层_2】，将导入的“护肤品广告动画素材 2.jpg”素材文件拖曳至【图层 2】中并选中，打开【对齐】面板，勾选【与舞台对齐】复选框，单击【水平中齐】、【垂直中齐】和【匹配宽和高】按钮，如图 8-78 所示。

07 按 Ctrl+F8 组合键，打开【创建新元件】对话框，将【名称】设置为【菱形】，【类型】设置为【影片剪辑】，单击【确定】按钮，如图 8-79 所示。

08 在工具箱中选择【多角星形工具】，打开【属性】面板，随意设置【笔触颜色】与【填充颜色】，将【笔触】设置为 1，单击【选项】按钮，在打开的【工具设置】对话框中将【边数】设置为 4，如图 8-80 所示。

图8-78　新建图层并调整素材

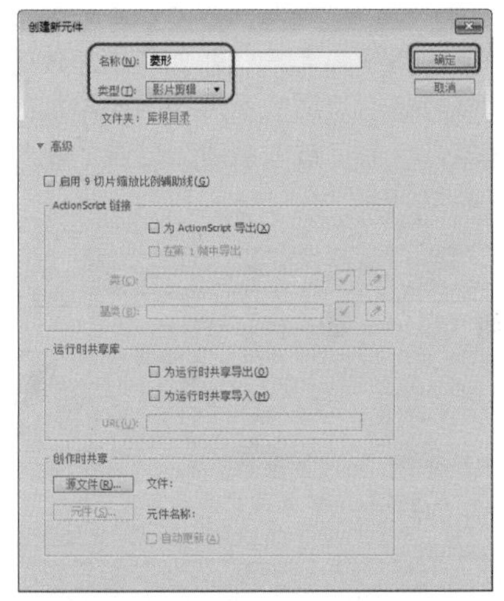

图8-79　【创建新元件】对话框

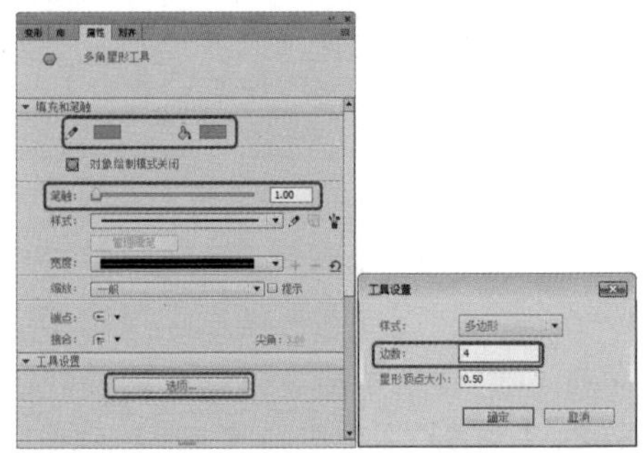

图8-80　【属性】面板和【工具设置】对话框

09 在舞台中绘制一个菱形，使用【选择

工具】选中绘制的图形，在【属性】面板中将【宽】和【高】均设置为 10，打开【对齐】面板，勾选【与舞台对齐】复选框，单击【水平中齐】、【垂直中齐】按钮，将菱形调整至舞台的中心位置，如图 8-81 所示。

提 示

这里菱形的颜色值为 #5D86B2。

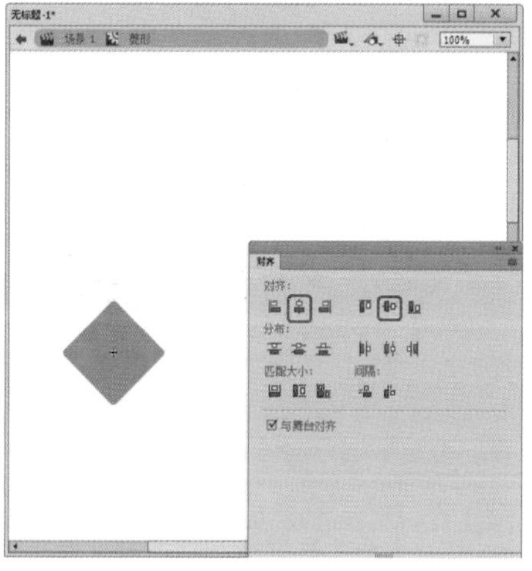

图8-81 设置菱形大小

10 在【时间轴】面板中选择第 10 帧，按 F6 键插入关键帧，选择第 55 帧，按 F6 键插入关键帧，选中矩形，在【属性】面板中将【宽】设置为 110，打开【对齐】面板，勾选【与舞台对齐】复选框，单击【水平中齐】、【垂直中齐】按钮，将元件移动到舞台的中心位置，如图 8-82 所示。

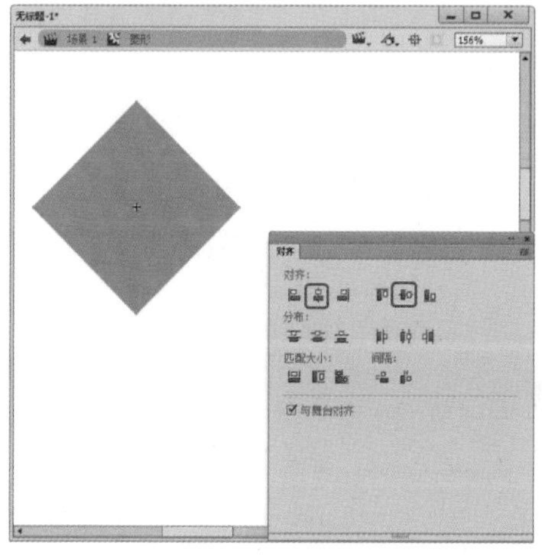

图8-82 再次设置菱形大小

11 在【图层_1】第 10 至第 55 帧之间的任意帧位置单击鼠标右键，在弹出的快捷菜单中选择【创建补间形状】命令，如图 8-83 所示。

提 示

当插入关键帧调整图形的大小后，需将图形调整至中心位置。

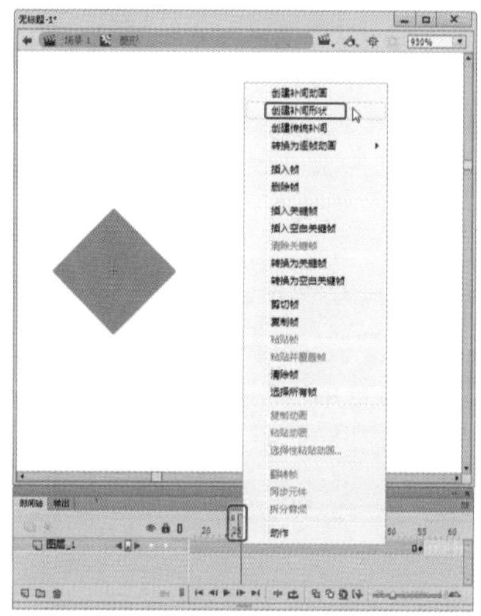

图8-83 选择【创建补间形状】命令

12 在该图层的第 65 帧处按 F5 键插入帧，按 Ctrl+F8 组合键，弹出【创建新元件】对话框，在【名称】中输入【多个菱形】，【类型】设置为【影片剪辑】，单击【确定】按钮，如图 8-84 所示。

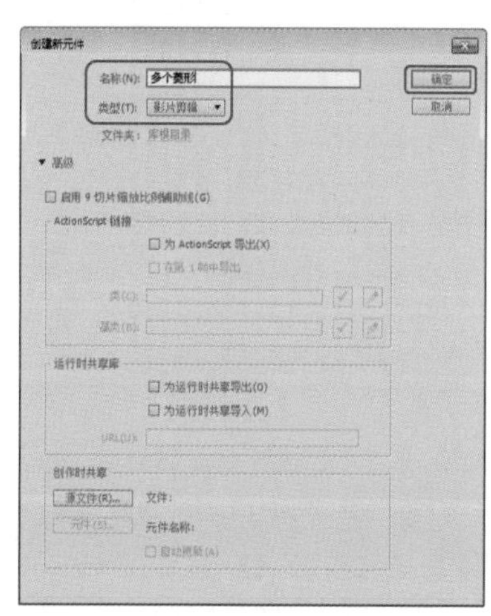

图8-84 【创建新元件】对话框

13 打开【库】面板，将【菱形】元件拖曳至舞台中，并将图形调整到舞台的中心位置，如图 8-85 所示。

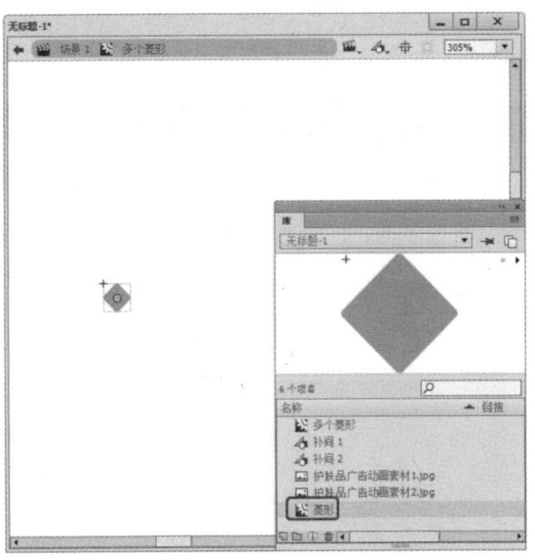

图8-85　在【库】面板中拖出元件

14 在舞台中复制多个菱形动画对象，并调整位置，如图 8-86 所示。

提　示

复制完成后的图形元件大小，应尽量与创建的文件大小（600×619）差不多。

疑难解答　怎样复制多个图形对象？

使用【选择工具】选择要复制的图形对象，按住Alt键进行移动即可复制该图形对象。

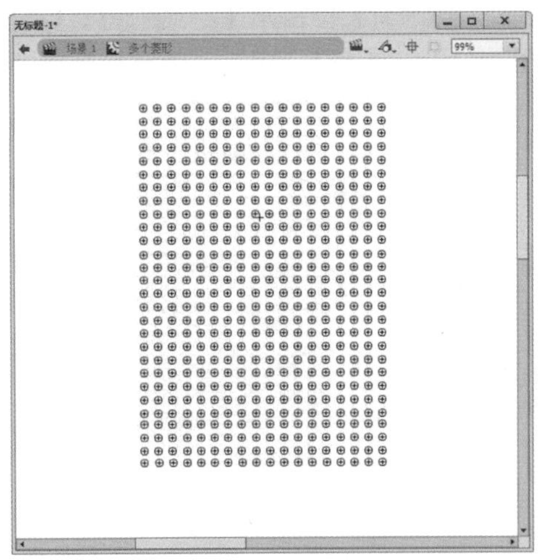

图8-86　复制多个菱形并调整位置

15 选择【图层_1】的第 65 帧，按 F5 键插入帧。单击左上角的按钮，新建【图层 3】，在【库】面板中选择【多个菱形】影片剪辑元件，将其拖曳至舞台中并调整位置，如图 8-87 所示。

图8-87　添加元部件

提　示

如果将【多个菱形】元件拖入图层后，其大小与舞台大小相差过大需要调整时，应进入元件的调整舞台进行调整，且不使用【任意变形工具】调整，而是使用【选择工具】调整。

16 在【时间轴】面板中的【图层_3】上单击鼠标右键，在弹出的快捷菜单中选择【遮罩层】命令，如图 8-88 所示。

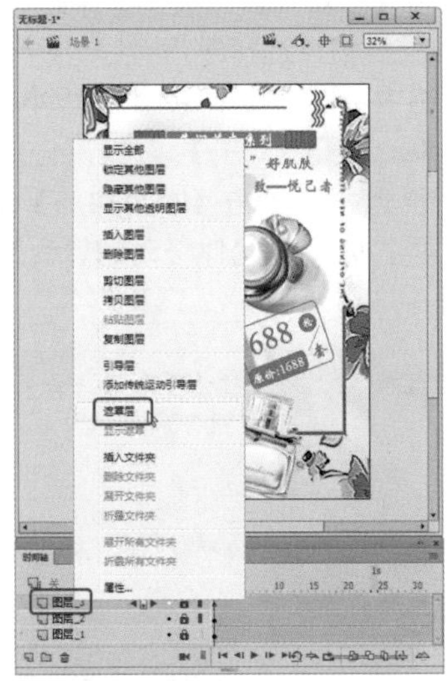

图8-88　选择【遮罩层】命令

知识链接：遮罩层

Animate CC 中的遮罩是和遮罩层紧密联系在一起的。在遮罩层中的任何填充区域都是完全透明的，而任何非填充区域都是不透明的。换句话说，遮罩层中如果什么也没有，被遮层中的所有内容都不会显示出来；如果遮罩层全部填满，被遮层的所有内容都能显示出来；如果只有部分区域有内容，那么只有在有内容的部分才会显示被遮层的内容。

遮罩层中的内容包括图形、文字、实例、影片剪辑在内的各种对象，但是 Animate CC 会忽略遮罩层中内容的具体细节，只关心它们占据的位置。每个遮罩层可以有多个被遮盖层，这样可以将多个图层组织在一个遮罩层之下创建复杂的遮盖效果。

遮罩动画主要分为两大类：遮罩层在运动，被遮对象在运动。

17 图像及图层的显示效果，如图 8-89 所示。

图8-89 图像和图层的显示效果

18 按 Ctrl+Enter 组合键测试动画效果，效果如图 8-90 所示。

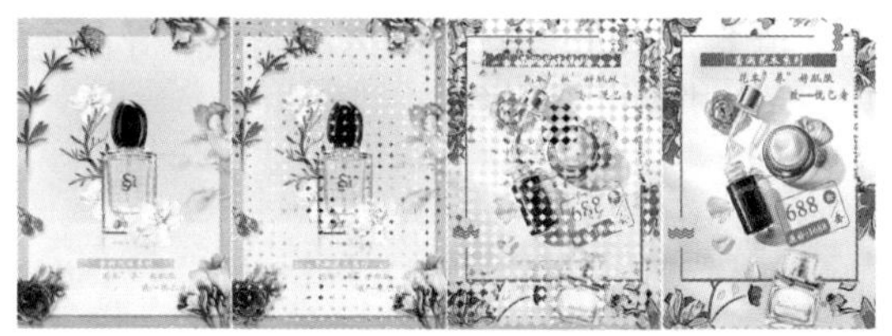

图8-90 遮罩效果

8.3.1 遮罩层动画基础

要创建遮罩层，可以将遮罩放在作用的层上。与填充不同的是，遮罩就像个窗口，透过它可以看到位于其下面链接层的区域。除了显示的内容之外，其余的所有内容都会被隐藏起来。

同运动引导层一样，遮罩层与一个单独的被遮罩层关联，被遮罩层位于遮罩层的下面。遮罩层也可以与任意多个被遮罩的图层关联，仅那些与遮罩层相关联的图层会受其影响，其他所有图层（包括组成遮罩的图层下面的那些图层及与遮罩层相关联的层）将显示出来。

8.3.2 创建遮罩层

创建遮罩层的具体操作步骤如下。

01 创建【图层_1】，并在此层绘制出可透过遮罩层显示的图形与文本。

02 新建【图层_2】，将该图层移动到【图层 1】的上面。

03 在【图层_2】上创建一个填充区域和文本。

04 在该层上单击鼠标右键，从弹出的快捷菜单中选择【遮罩层】命令，如图 8-91 所示。

这样就将【图层_2】设置为遮罩层，而其下面的【图层_1】就变成了被遮罩层。

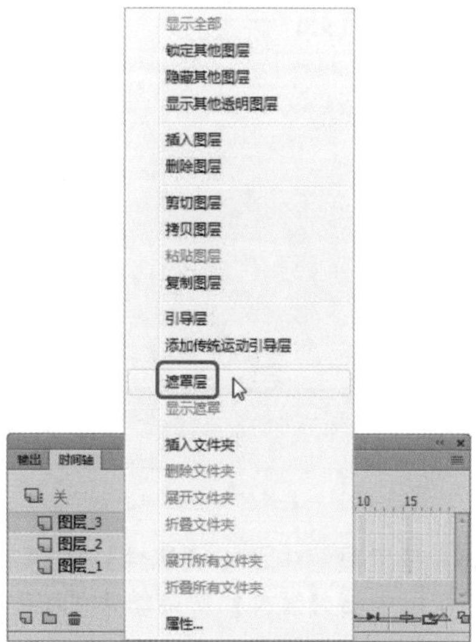

图8-91 选择【遮罩层】命令

8.4 上机练习——制作“新品上市”广告动画

本例主要制作文字变形的效果，可对文本进行分离为文字、创建传统补间制作动画的方法有进一步的了解，效果如图 8-92 所示。

图8-92　制作“新品上市”广告动画

素材	素材\Cha08\“新品上市”广告动画素材1.jpg、“新品上市”广告动画素材2.jpg
场景	场景\Cha08\制作“新品上市”广告动画.fla
视频	视频教学\Cha08\制作“新品上市”广告动画.mp4

01 在菜单栏中选择【文件】|【新建】命令，弹出【新建文档】对话框，在【类型】列表框中选择ActionScript3.0，在右侧区域中将【宽】、【高】分别设置为658、449，单击【确定】按钮，如图8-93所示。

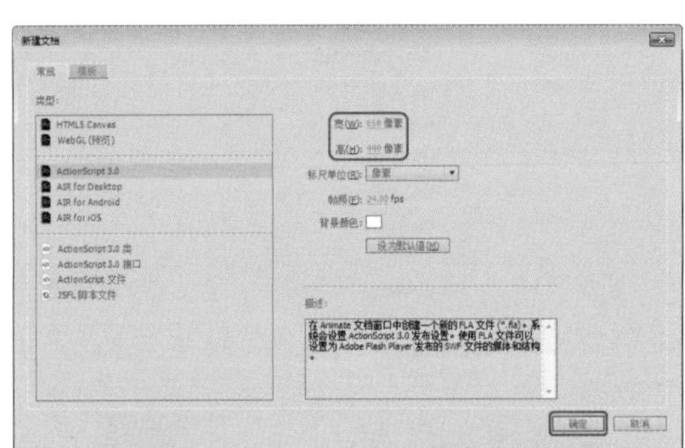

图8-93　【新建文档】对话框

02 在工具箱中单击【属性】按钮，在打开的面板中将【属性】选项组中的FPS设置为20，如图8-94所示。

疑难解答　如何设置舞台的背景颜色?

设置舞台背景的颜色有两种方法，本案例中讲解的是在【属性】面板中设置，还可以在【新建文档】对话框中设置。

03 在菜单栏中选择【文件】|【导入】|【导入到库】命令，在弹出的【导入到库】对话框中选择“‘新品上市’广告动画素材1.jpg”和“‘新品上市’广告动画素材2.jpg”素材文件，单击【打开】按钮，如图8-95所示。

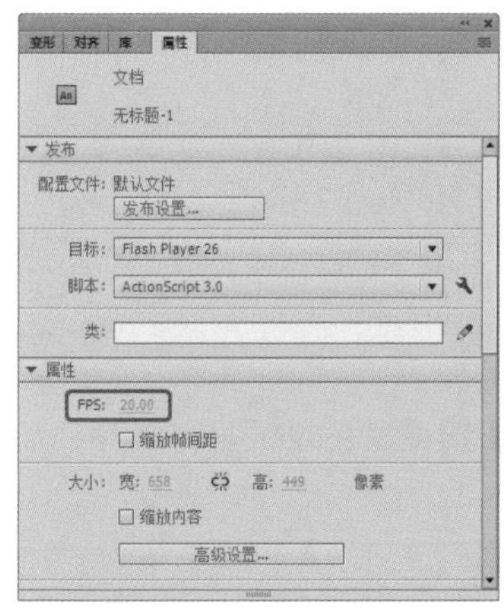

图8-94　设置场景大小

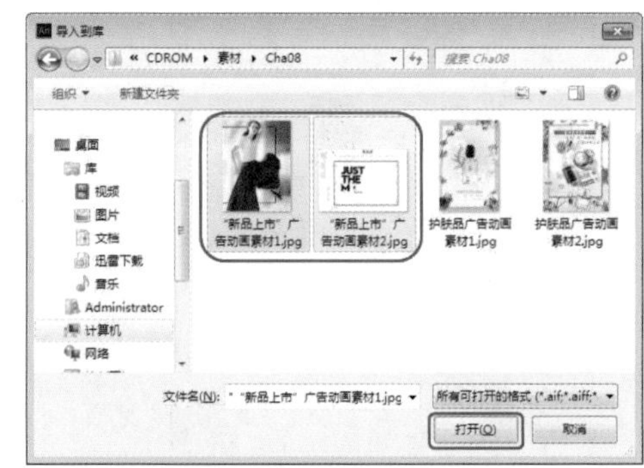

图8-95　【导入到库】对话框

04 打开【库】面板，将“‘新品上市’广告动画素材2.jpg”素材拖曳到舞台中，在【对齐】面板中单击【水平中齐】按钮、【垂直中齐】按钮和【匹配宽和高】按钮，如图8-96所示。

图8-96　设置素材参数

05 选择【图层_1】的第100帧，按F5键插入帧，按Ctrl+F8组合键，弹出【创建新元件】对话框，在【名称】文本框中输入【人物】，在【类型】下拉列表框中选择【图形】，单击【确定】按钮，如图 8-97 所示。

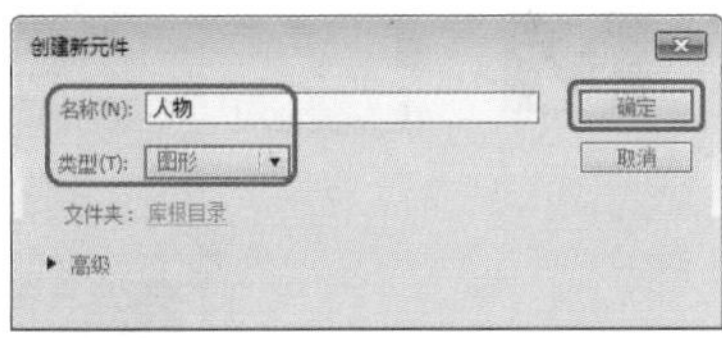

图8-97 【创建新元件】对话框

06 在【库】面板中选择“‘新品上市’广告动画素材 1.jpg”素材文件，将其拖曳至舞台，将 X、Y 分别设置为 -125、-182，如图 8-98 所示。

图8-98 添加图形文件

07 返回到场景中，新建【图层_2】，将创建的【人物】图形元件拖曳至舞台中，在【属性】面板中，将【位置和大小】选项组中的 X、Y 分别设置为 487、240.9，如图 8-99 所示。

图8-99 新建图层并设置参数

08 在第 75 帧处插入关键帧，如图 8-100 所示。

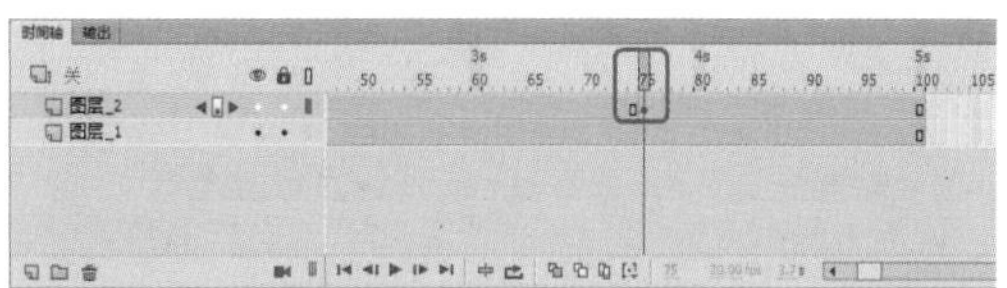

图8-100 插入关键帧

09 选择【图层_2】的第 1 帧，打开【属性】面板，将【色彩效果】选项组中的【样式】设置为 Alpha，Alpha 设置为 0，如图 8-101 所示。

图8-101 设置Alpha参数

10 在【图层_2】的第 1 帧至第 75 帧之间的任意帧位置，单击鼠标右键，选择【创建传统补间】命令，如图 8-102 所示。

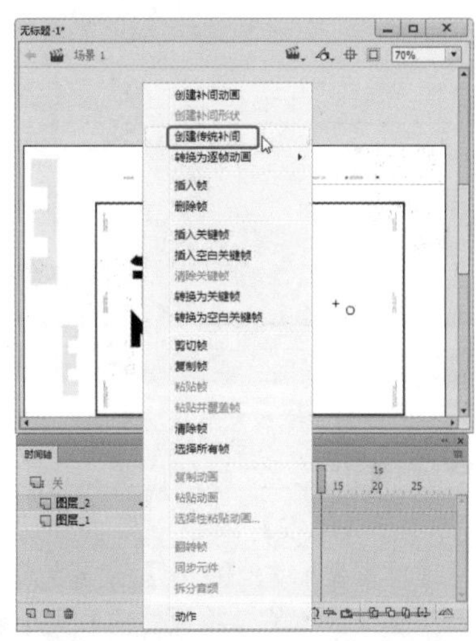

图8-102 选择【创建传统补间】命令

11 新建【图层_3】，在工具箱中选择【钢笔工具】，绘制图形，将【颜色】设置为白色，在【属性】面板中将【位置和大小】中的 X、Y 分别设置为 173.0、515.0，如图 8-103

所示。

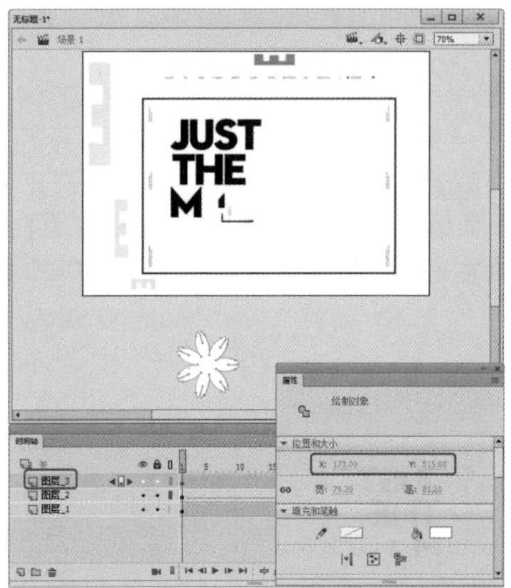

图8-103　绘制图形并设置参数

12 选择该图层的第 10 帧，按 F6 键插入关键帧，然后在第 27 帧的位置按 F7 键插入空白关键帧，使用【文本工具】在舞台中输入文字，在【属性】面板中将字体【系列】设置为【迷你简菱心】，【大小】设置为 75，【颜色】设置为 #C7AE8F，将【位置和大小】中的 X、Y 分别设置为 150、320.0，如图 8-104 所示。

图8-104　输入文本并设置参数

13 在该图层第 27 帧的位置，将刚创建的文字复制，在【属性】面板中将字体【系列】设置为【迷你简菱心】，【大小】设置为 75，【颜色】设置为 #CCCCCC，将【位置和大小】中的 X、Y 分别设置为 151.40、321.40，如图 8-105 所示。

14 按 Ctrl+B 组合键分别分离两个文字对象，在该图层的第 10 至第 27 帧任意帧位置右击，选择【创建补间形状】命令，如图 8-106 所示。

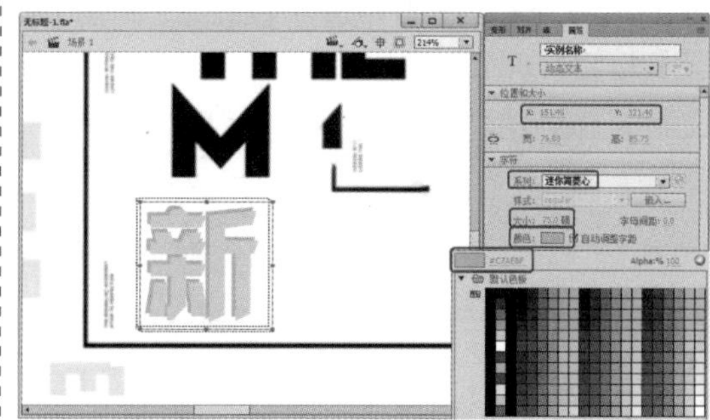

图8-105　复制文本并设置文本参数

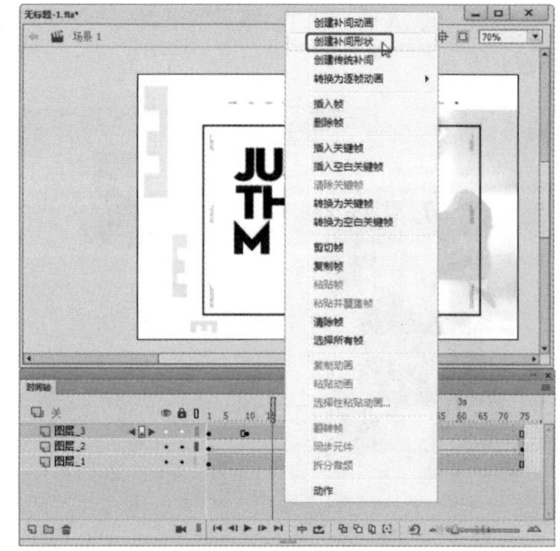

图8-106　分离文字后创建形状补间

知识链接：形状补间变化

若要控制更加复杂或罕见的形状变化，可以使用形状提示。形状提示会标识起始形状和结束形状中相对应的点。

要在补间形状时获得最佳效果，应遵循以下准则：

（1）在复杂的补间形状中需要创建中间形状，然后再进行补间，而不要只定义起始和结束的形状。

（2）确保形状提示符合逻辑。例如，在一个三角形中使用三个形状提示，则在原始三角形和补间三角形中它们的顺序必须相同。

（3）如果按逆时针顺序从形状的左上角开始放置形状提示，它们的工作效果最好。

15 新建【图层 _4】，继续使用【钢笔工具】绘制图形，将【填充颜色】设置为白色，在【属性】面板中将【位置和大小】中的 X、Y 分别设置为 538.0、218.0，如图 8-107 所示。

16 在该图层的第 27 帧处插入关键帧，在第 44 帧的位置按 F7 键插入空白关键帧，确认选中第 44 帧，使用【文本工具】T在舞台中输入文字，在【属性】面板中将字体【系列】设置为【迷你简菱心】，【大小】设置为 75，【颜色】设置为 #C7AE8F，将【位置和大小】中的 X、Y 分别设置为 224.0、320.0，如图 8-108 所示。

图8-107　绘制图形并设置

图8-108　输入文本并设置参数

17 在该图层第 44 帧的位置将刚创建的文字复制，在【属性】面板中将字体【系列】设置为【迷你简菱心】，【大小】设置为 75，【颜色】设置为 #CCCCCC，将【位置和大小】中的 X、Y 分别设置为 225.4、321.4，如图 8-109 所示。

18 确认选中文字，按 Ctrl+B 组合键分别分离两个对象，在【图层_3】的第 27 至第 44 帧之间任意帧位置创建补间形状，如图 8-110 所示。

图8-109　复制图形并设置参数

图8-110　分离文字后创建形状补间

19 新建【图层_5】，使用【钢笔工具】绘制图形，将【填充颜色】设置为白色，在【属性】面板中将【位置和大小】中的 X、Y 分别设置为 531.0、360.0，效果如图 8-111 所示。

图8-111　新建图层并绘制图形

20 在该图层的第 44 帧处插入关键帧，在第 61 帧的位置插入空白关键帧，使用同样的方法在舞台中输入文字并设置参数，将对象分离后创建形状补间，如图 8-112 所示。

图8-112　插入关键帧和空白关键帧并输入文字

21 再次新建图层，使用同样的方法绘制图形，将【填充颜色】设置为白色，在第 61 帧的位置插入关键帧，在第 78 帧的位置插入空白关键帧，使用同样的方法输入文字并设置，将对象分离后创建形状补间，如图 8-113 所示。

图8-113　使用同样的方法制作其他动画

22 按 Ctrl+Enter 组合键测试动画效果，如图 8-114 所示。

23 在菜单栏中选择【文件】|【导出】|【导出影片】命令，在弹出的【导出影片】对话框中选择存储路径，设置文件名称，在【保存类型】下拉列表框中选择【SWF 影片（*.swf）】，单击【保存】按钮，如图 8-115 所示。

24 在菜单栏中选择【文件】|【另存为】命令，在弹出的【另存为】对话框中为其指定一个正确的存储路径，在【文件名】文本框中输入【制作“新品上市”广告动画—创建补间形状动画 .fla】，在【保存类型】下拉列表框中选择【Animate 文档（*fla）】，单击【保存】按钮，如图 8-116 所示。

图8-114　测试动画效果

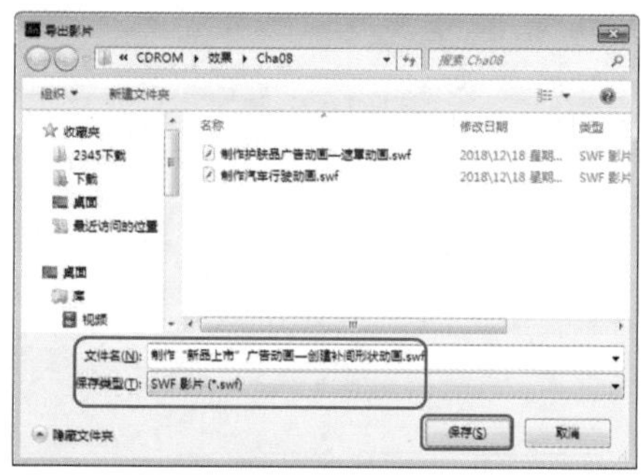

图8-115　导出影片

图8-116　保存文件

8.5 习题与训练

1. 创建传统补间动画时，需要具备哪两个前提条件？

2. 引导层在影片制作中起辅助作用，它可以分为哪两种？

3. 如何创建遮罩层？

第9章 设计网站动画——ActionScript基础与基本语句

本章主要介绍Animate CC的编程环境，熟悉常用的控制命令，以动画中的关键帧、按钮和影片剪辑作为对象，使用动作选项对ActionScript脚本语言进行定义和编写。

网站(Website)是指在互联网上根据一定的规则，使用HTML（标准通用标记语言下的一个应用）等工具制作的用于展示特定内容的集合。简单地说，网站是一种沟通工具，可以通过网站发布资讯，或者利用网站提供相关的网络服务。人们可以通过网页浏览器来访问网站，获取需要的资讯或者享受网络服务。

9.1 制作旋转的摩天轮——数据类型

本例将介绍旋转的摩天轮的制作，在【时间轴】面板中创建各个图层，并导入图片，使用【元件属性】对话框设置图形，再使用代码为图形提供动态效果，效果如图 9-1 所示。

图9-1　旋转的摩天轮效果

素材	素材\Cha09\摩天轮.png、图01.jpg、箭头.png
场景	场景\Cha09\制作旋转的摩天轮——数据类型.fla
视频	视频教学\Cha09\制作旋转的摩天轮——数据类型.mp4

01 在菜单栏中选择【文件】|【新建】命令，在弹出的【新建文档】对话框中，选择 ActionScript3.0 类型，将【宽】、【高】分别设置为 1588、992，单击【确定】按钮，如图 9-2 所示。

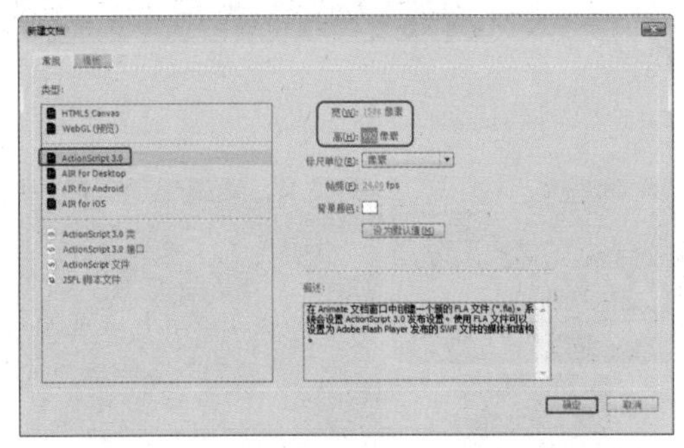

图9-2　【新建文档】对话框

02 按 Ctrl+S 组合键，弹出【另存为】对话框，选择一个保存路径，并输入文件名，单击【保存】按钮，如图 9-3 所示。

03 按 Ctrl+F8 组合键，弹出【创建新元件】对话框，输入【名称】为【摩天轮】，将【类型】设置为【影片剪辑】，单击【确定】按钮，如图 9-4 所示。

图9-3　保存文件

图9-4　【创建新元件】对话框

04 在菜单栏中选择【文件】|【导入】|【导入到舞台】命令，在弹出的【导入】对话框中选择"摩天轮 .png"文件，如图 9-5 所示。

图9-5　导入素材

05 在【库】面板中的【摩天轮】影片剪辑元件上单击鼠标右键，在弹出的快捷菜单中选择【属性】命令，如图 9-6 所示。

06 弹出【元件属性】对话框，展开【高级】选项，勾选【为 ActionScript 导出】复选框，设置【类】为 Fs，单击【确定】按钮，如图 9-7 所示。

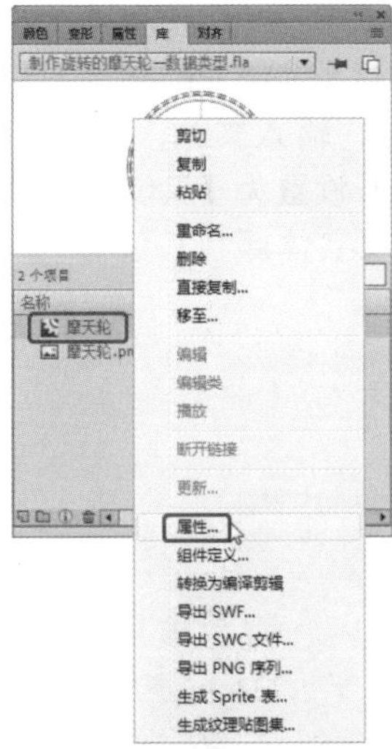

图9-6 选择【属性】命令

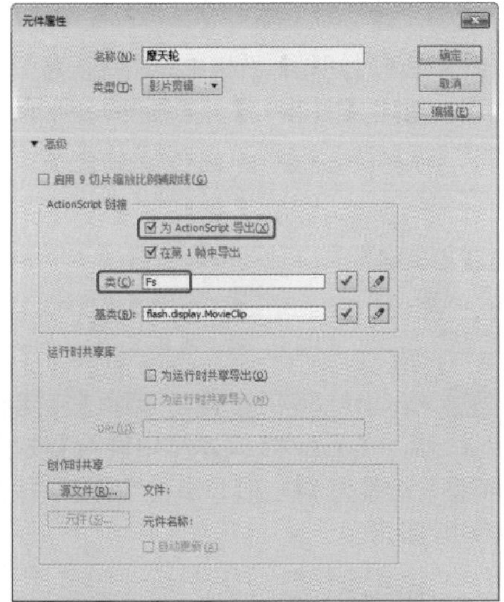

图9-7 设置【元件属性】

07 弹出【ActionScript 类警告】对话框，单击【确定】按钮，如图 9-8 所示。

图9-8 【ActionScript类警告】对话框

08 在菜单栏中选择【文件】|【新建】命令，弹出【新建文档】对话框，在【类型】列表框中选择【ActionScript 文件】选项，单击【确定】按钮，如图 9-9 所示。

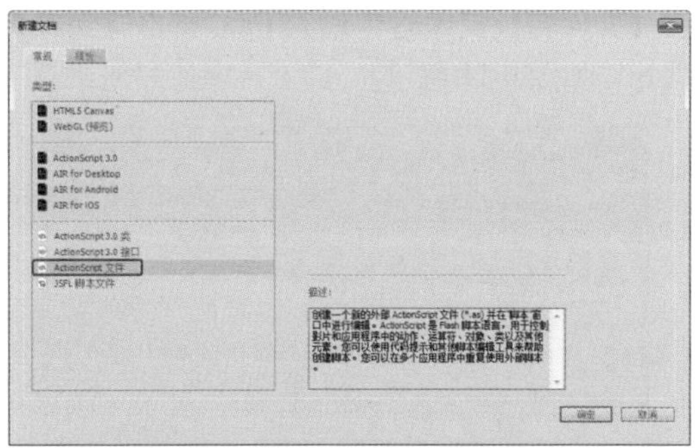

图9-9 【新建文档】对话框

提 示

ActionScript 针对 Animate 的编程语言，它在 Animate CC 的内容和应用程序中具有交互性、数据管理以及其他许多功能。

09 在场景中输入脚本语言，如图 9-10 所示。

图9-10 输入脚本语言

在此输入脚本语言如下。

```
package
{
    import flash.display.*;

    dynamic public class Fs extends MovieClip
    {

        public function Fs()
        {
            return;
        }// end function

    }
}
```

10 在菜单栏中选择【文件】|【保存】命令，弹出【另存为】对话框，将 ActionScript 文件与【旋转的摩天轮】文件保存在同一目录下，

在【文件名】文本框中输入 Fs，单击【保存】按钮，如图 9-11 所示。

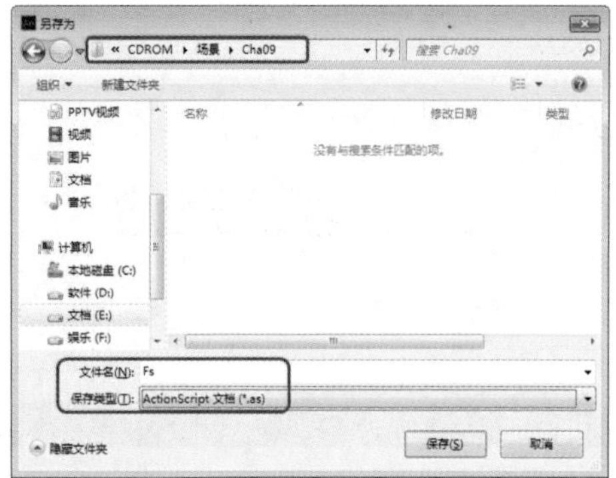

图9-11 【另存为】对话框

11 返回到【旋转的摩天轮】的【场景 1】中，按 Ctrl+R 组合键，在弹出的【导入】对话框中选择“图 01.jpg”文件，单击【打开】按钮，如图 9-12 所示。

图9-12 选择素材文件

12 按 Ctrl+K 组合键，弹出【对齐】面板，勾选【与舞台对齐】复选框，单击【水平中齐】按钮、【垂直中齐】按钮和【匹配宽和高】按钮，如图 9-13 所示。

图9-13 导入素材并设置参数

13 在【时间轴】面板中单击【新建图层】按钮，新建【图层 _2】，在工具箱中选择【文本工具】T，输入文本，并在【属性】面板中将【系列】设置为【汉仪粗黑简】，【大小】设置为 30，【字体颜色】设置为 #009900，如图 9-14 所示。

图9-14 输入文本并设置参数

14 在【时间轴】面板中单击【新建图层】按钮，新建【图层 _3】，如图 9-15 所示。

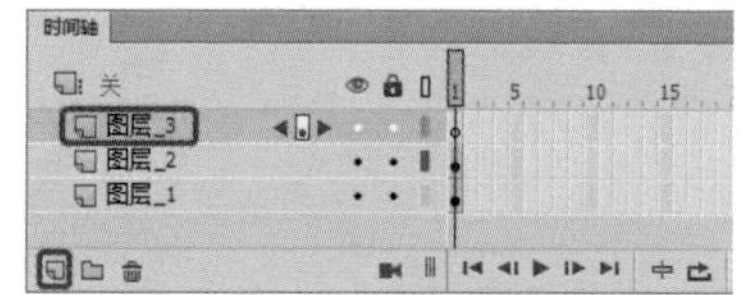

图9-15 创建图层

15 按 Ctrl+F8 组合键，弹出【创建新元件】对话框，在【名称】文本框中输入【按钮】，将【类型】设置为【按钮】，单击【确定】按钮，如图 9-16 所示。

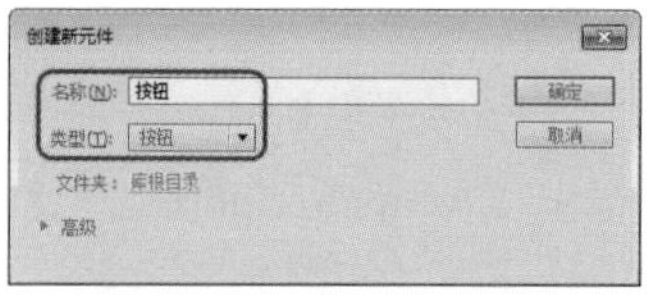

图9-16 【创建新元件】对话框

16 在菜单栏中选择【文件】|【导入】|【导入到舞台】命令，在弹出的【导入】对话框中选择“箭头 .png”文件，单击【打开】按钮，如图 9-17 所示。

17 选中该素材文件，在【属性】面板中将【宽】、【高】分别设置为 107.35、112.8，X、Y 都设置为 0，如图 9-18 所示。

18 选中该素材文件，按 F8 键，在弹出的【转换为元件】对话框中将【名称】设置为【元件 1】，将【类型】设置为【影片剪辑】，单击【确定】按钮，如图 9-19 所示。

图9-17　选择素材文件

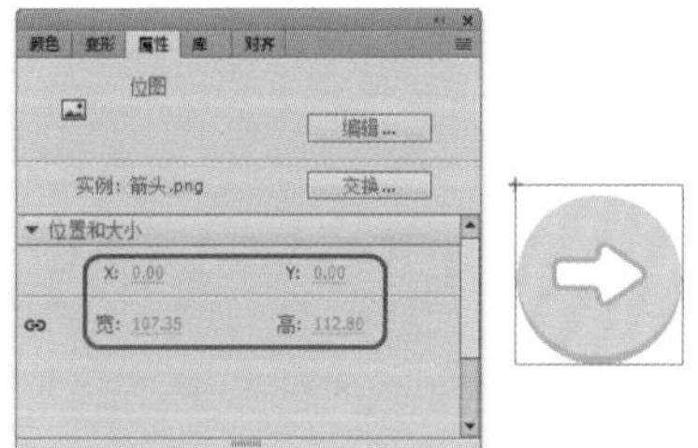

图9-18　设置素材位置与大小

图9-19　将素材转换为元件

19 选择【图层 _1】的第 3 帧，右击，在弹出的快捷菜单中选择【插入关键帧】命令，如图 9-20 所示。

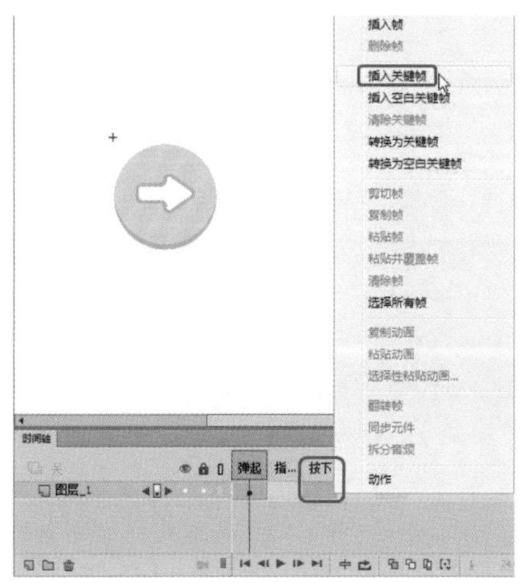

图9-20　选择【插入关键帧】命令

20 选中该帧上的元件，在【属性】面板中将【样式】设置为【高级】，并设置参数，如图 9-21 所示。

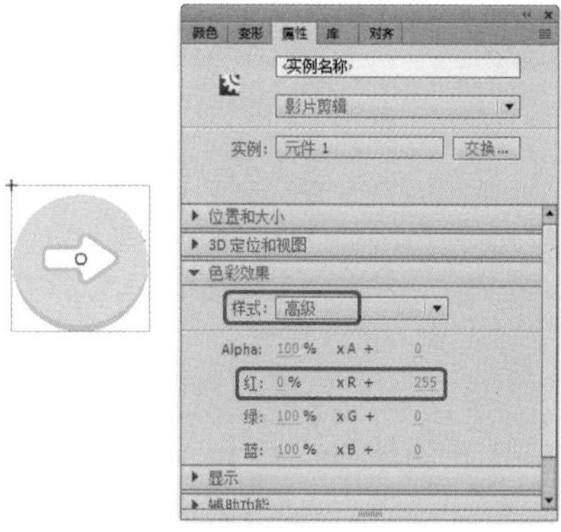

图9-21　设置高级参数

21 返回至【场景 1】中，选择【图层 3】，在【库】面板中选择【按钮】元件，将其拖曳至舞台中，选中该元件，在【属性】面板中将【宽】、【高】分别设置为 58.2、61.16，X、Y 分别设置为 1415.65、512，【实例名称】设置为 an_btn，如图 9-22 所示。

图9-22　设置元件参数

22 取消选择场景中的所有对象，在【属性】面板中，将【目标】设置为 Flash Player 11.7，在【类】文本框中输入 MainTimeline，如图 9-23 所示。

图9-23　设置文档属性

23 在菜单栏中选择【文件】|【新建】命令，弹出【新建文档】对话框，在【类型】列表框中选择【ActionScript 文件】选项，单击【确定】按钮，如图 9-24 所示。

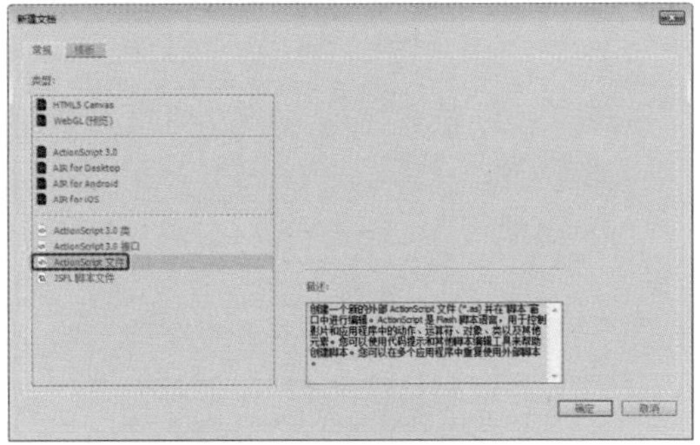

图9-24 【新建文档】对话框

24 在场景中输入脚本语言，如图 9-25 所示。

图9-25 输入脚本语言

在此输入的代码如下。

```
package
{
    import flash.display.*;
    import flash.events.*;
    import flash.text.*;

    dynamic public class MainTimeline extends MovieClip
    {
        public var myt:TextField;
        public var an_btn:SimpleButton;
        public var myf:TextFormat;
        public var fs:MovieClip;

        public function MainTimeline()
        {
            addFrameScript(0, frame1);
            return;
        }// end function

        function frame1()
        {
            wblx();
            an_btn.addEventListener(MouseEvent.MOUSE_DOWN,down);
            return;
        }// end function

        public function wblx()
        {
            fs = new Fs();
            fs.x = 500;
            fs.y = 480;
            addChild(fs);
            myt = new TextField();
            myt.x = 1300;
            myt.y = 533;
            myt.width = 90;
            myt.height = 25;
            myt.background = true;
            myt.backgroundColor = 16777215;
            myt.type = TextFieldType.INPUT;
            myt.text = " ";
            myf = new TextFormat();
            myf.align = TextFormatAlign.CENTER;
            myf.color = 18888703;
            myf.size = 20;
            myt.defaultTextFormat = myf;
            addChild(myt);
            return;
        }// end function

        public function ss(param1:Event)
        {
            fs.rotation = fs.rotation + 10;
            return;
        }// end function

        public function down(param1:MouseEvent) : void
```

```
            {
              if (myt.text == "顺时针")
              {
                          addEventListener
(Event.ENTER_FRAME, ss);
                       removeEventListener
(Event.ENTER_FRAME,ns);
                 }
                 else if (myt.text == "
逆时针")
                 {
                       removeEventListener
(Event.ENTER_FRAME,ss);
                          addEventListener
(Event.ENTER_FRAME, ns);
                 }// end else if
                 return;
            }// end function

                 public function ns
(param1:Event)
            {
              fs.rotation = fs.rotation
- 10;
                 return;
            }// end function

         }
      }
```

25 在菜单栏中选择【文件】|【保存】命令，弹出【另存为】对话框，将ActionScript文件与“旋转的摩天轮.fla”文件保存在同一目录下，在【文件名】文本框中输入MainTimeline，单击【保存】按钮，如图9-26所示。

图9-26 保存脚本文件

26 在【库】面板中双击【摩天轮】元件，在【变形】面板中将【缩放宽度】和【缩放高度】都设置为235，如图9-27所示。

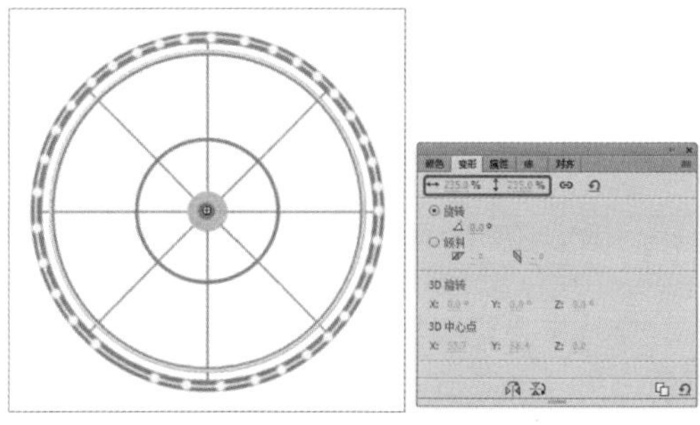

图9-27 设置【变形】参数

疑难解答 测试影片时，为什么在提示框中输入不了文字?

在提示框中输入不了文字时，可将输入法设置为【中文简体-微软拼音ABC输入风格】，即可输入文字，或者在导出的影片中测试效果。

27 返回至【场景1】中，在菜单栏中选择【文件】|【导出】|【导出影片】命令，如图9-28所示。

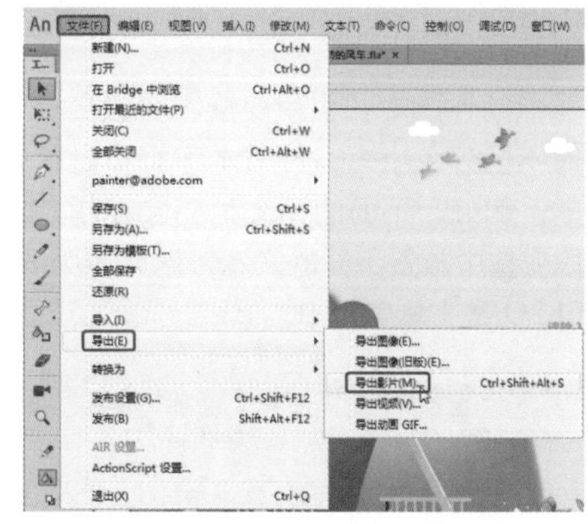

图9-28 选择【导出影片】命令

28 弹出【导出影片】对话框，选择一个导出路径，并将【保存类型】设置为【SWF影片(*.swf)】，单击【保存】按钮，如图9-29所示。

图9-29 导出影片

> **提 示**
>
> 按 Ctrl+Shift+Alt+S 组合键，可快速打开【导出影片】对话框。

9.1.1 字符串数据类型

字符串是诸如字母、数字和标点符号等字符的序列。字符串放在单引号或双引号之间，可以在动作脚本语句中输入它们。字符串被当作字符，而不是变量进行处理。例如，在下面的语句中，L7 是一个字符串。

```
favoriteBand = "L7";
```

可以使用加法 (+) 运算符连接或合并两个字符串。动作脚本将字符串前面或后面的空格作为该字符串的文本部分。下面的表达式在逗号后包含一个空格。

```
greeting = "Welcome, " + firstName;
```

虽然动作脚本在引用变量、实例名称和帧标签时不区分大小写，但文本字符串是区分大小写的。例如，下面的两个语句会在指定的文本字段变量中放置不同的文本，这是因为 Hello 和 HELLO 是文本字符串。

```
invoice.display = "Hello";
invoice.display = "HELLO";
```

要在字符串中包含引号，可以在它前面放置一个反斜杠字符 (\)，此字符称为转义字符。在动作脚本中，还有一些必须用特殊的转义序列才能表示的字符。

9.1.2 数字数据类型

数字类型是很常见的类型，其中包含的都是数字。在 Animate CC 2018 中，所有的数字类型都是双精度浮点类，可以用数学运算来得到或者修改这种类型的变量，如 +、-、*、/、% 等。Animate CC 2018 提供了一个数学函数库，其中有很多有用的数学函数，这些函数都放在 Math 这个 Object 里面，可以被调用。例如：

```
result=Math.sqrt(100);
```

在这里调用的是一个求平方根的函数，先求出 100 的平方根，然后赋值给 result 这个变量，这样 result 就是一个数字变量了。

9.1.3 布尔值数据类型

布尔值是 true 或 false 中的一个。动作脚本也会在需要时将值 true 和 false 转换为 1 或 0。布尔值通过进行比较来控制脚本流的动作脚本语句，经常与逻辑运算符一起使用。例如，在下面的脚本中，如果变量 password 为 true，则会播放影片。

```
onClipEvent(enterFrame)
{
        if(userName == true &&
password == true)
        {
                play();
        }
}
```

9.1.4 对象数据类型

对象是属性的集合，每个属性都有名称和值。属性的值可以是任何的 Animate CC 2018 数据类型，甚至可以是对象数据类型。这使得用户可以将对象相互包含，或“嵌套”它们。要指定对象和其属性，可以使用点 (.) 运算符。例如，在下面的代码中，hoursWorked 是 weeklyStats 的属性，而后者是 employee 的属性。

```
employee.weeklyStats.hoursWorked
```

可以使用内置动作脚本对象访问和处理特定种类的信息。例如，Math 对象具有一些方法，这些方法可以对传递给它们的数字执行数学运算。此示例使用 sqrt 方法。

```
squareRoot = Math.sqrt(100);
```

动作脚本 MovieClip 对象具有一些方法，可以使用这些方法控制舞台上的电影剪辑元件实例。此示例使用 play 和 nextFrame 方法。

```
mcInstanceName.play();
mcInstanceName.nextFrame();
```

也可以创建自己的对象来组织影片中的信息。要使用动作脚本向影片添加交互操作，需要许多不同的信息。例如，可能需要用户的姓名、球的速度、购物车中的项目名称、加载的帧的数量、用户的邮编或上次按下的键。创建对象可以将信息分组，简化脚本撰写过程，并且能重新使用脚本。

9.1.5 电影剪辑数据类型

这个类型是对象类型中的一种，但是因为它在 Animate CC 2018 中处于极其重要的地位，且使用频率很高，所以在这里特别加以介绍。在整个 Animate CC 2018 中，只有 MC 真正指向了场景中的一个电影剪辑。通过这个对象和它的方法及对其属性的操作，即可控制动画的播放和 MC 状态，也就是说可以用脚本程序来书写和控制动画。例如：

```
onClipEvent(mouseUp)
{
  myMC.prevFrame();
}
//松开鼠标左键时，电影片段 myMC 就会跳到前一帧
```

9.1.6 空值数据类型

空值数据类型只有一个值，即 null。此值意味着“没有值”，即缺少数据。null 值可以用于以下情况。

- 表明变量还没有接收到值。
- 表明变量不再包含值。
- 作为函数的返回值，表明函数没有可以返回的值。
- 作为函数的一个参数，表明省略了一个参数。

9.2 制作风景网站切换动画——变量

下面介绍制作按钮切换图片效果，通过使用按钮元件和代码进行制作，效果如图 9-30 所示。

图9-30 按钮切换图片效果

素材	素材\Cha09\风景01.jpg~风景04.jpg、左箭头.png、右箭头.png
场景	场景\Cha09\制作风景网站切换动画——变量.fla
视频	视频教学\Cha09\制作风景网站切换动画——变量.mp4

01 按 Ctrl+N 组合键，在弹出的对话框中将【宽】、【高】分别设置为 550、344，【背景颜色】设置为 #990000，单击【确定】按钮，如图 9-31 所示。

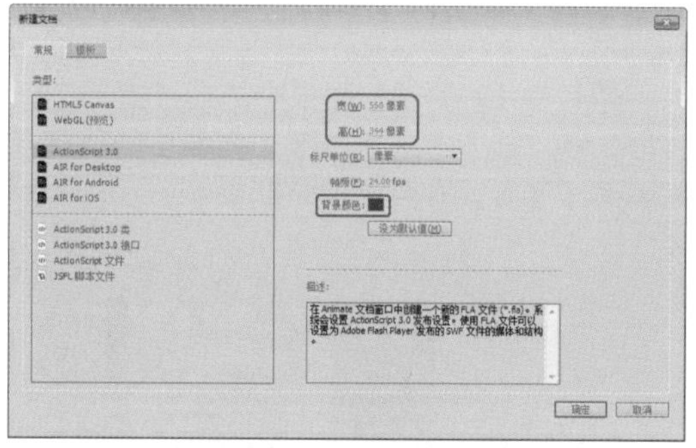

图9-31 【新建文档】对话框

02 在菜单栏中选择【文件】|【导入】|【导入到库】命令，在弹出的【导入到库】对话框中选择“风景 01.jpg~ 风景 04.jpg”“左箭头 .png”“右箭头 .png”素材文件，单击【打开】按钮，如图 9-32 所示。

03 在【库】面板中选择“风景 01.jpg”素材文件，将其拖曳至舞台中并选中，在【属性】面板中将【宽】、【高】分别设置为 550、365.45，X、Y 分别设置为 0、-19，如图 9-33 所示。

提 示

单击【宽】和【高】左侧的按钮，将其取消链接，即可分别设置【宽】和【高】的参数。

图9-32　选择素材文件

图9-33　添加素材文件并设置大小与位置

04 在【时间轴】面板中选择【图层_1】的第 2 帧，单击击鼠标右键，在弹出的快捷菜单中选择【插入空白关键帧】命令，如图 9-34 所示。

图9-34　选择【插入空白关键帧】命令

05 在【库】面板中将“风景 02.jpg”素材拖曳至舞台中，在【属性】面板中将【宽】、【高】分别设置为 550、365.45，X、Y 分别设置为 0、-8，如图 9-35 所示。

图9-35　拖入素材并设置参数

06 使用同样的方法在第 3、4 帧处插入空白关键帧，并在不同关键帧处拖入不同素材，效果如图 9-36 所示。

图9-36　使用同样的方法制作关键帧

07 新建【图层_2】，在工具箱中选择【矩形工具】，绘制一个矩形，在【属性】面板中将【宽】【高】分别设置为 543.4、335.95，X、Y 分别设置为 3、4，将【笔触颜色】设置为白色，【填充颜色】设置为无，【笔触】高度设置为 10，【端点】设置为【方形】，【接合】设置为【圆角】，如图 9-37 所示。

08 新建【图层_3】，按 Ctrl+F8 组合键，在打开的对话框中输入【名称】为 1，将【类型】设置为【按钮】，单击【确定】按钮。在【库】面板中，将【左箭头】拖曳至舞台中，在【属性】面板中将 X、Y 都设置为 -39，如图 9-38 所示。

图9-37 绘制矩形并设置属性

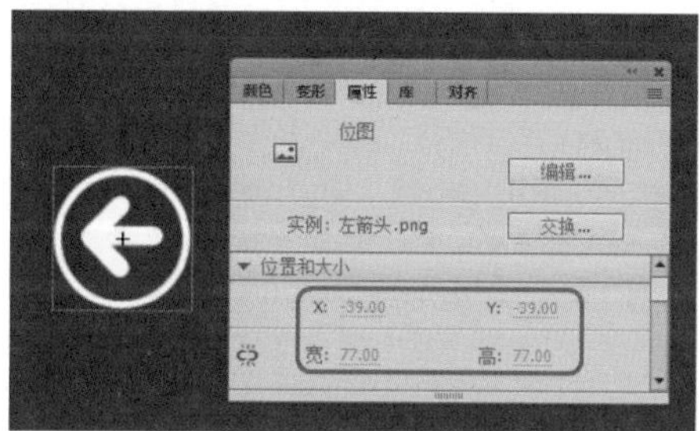

图9-38 设置素材位置属性

09 继续选中该素材文件，按 F8 键，在弹出的【转换为元件】对话框中将【名称】设置为【左箭头】，将【类型】设置为【图形】，将对齐方式设置为居中，如图 9-39 所示。

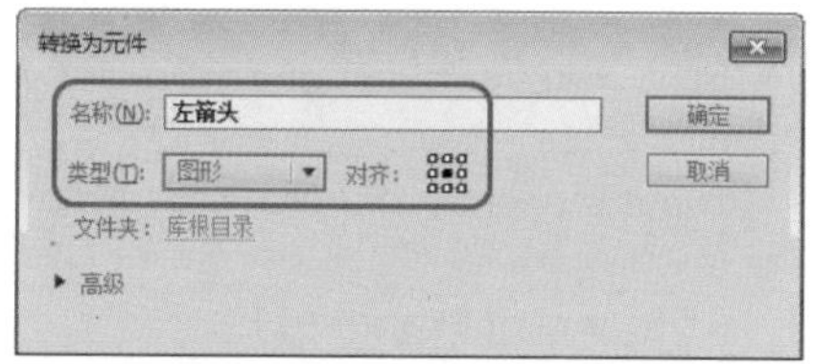

图9-39 【转换为元件】对话框

10 选中转换后的元件，将【样式】设置为 Alpha，Alpha 设置为 30，如图 9-40 所示。

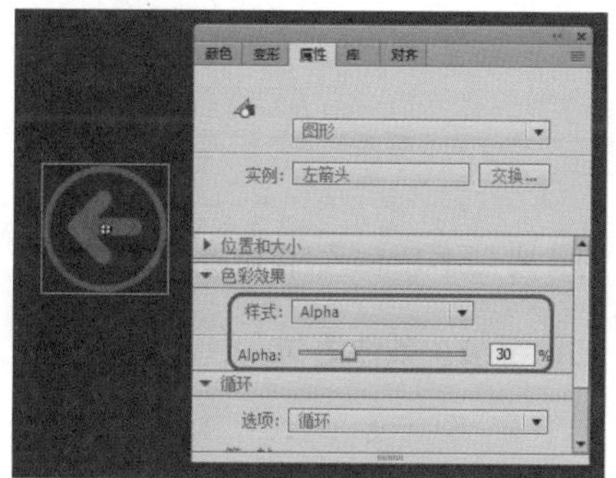

图9-40 设置Alpha参数

11 在【图层_1】的【指针经过】帧处插入关键帧，在舞台中选中元件，打开【属性】面板，将【样式】设置为【无】，如图 9-41 所示。

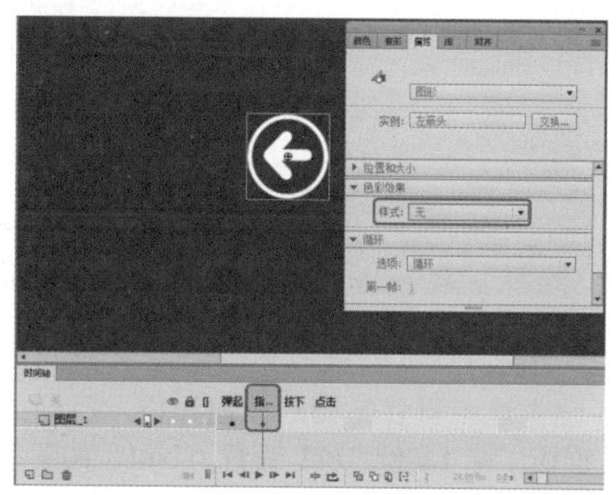
图9-41 插入关键帧并设置元件属性

12 使用同样方法新建按钮元件，将【右箭头】拖曳至舞台中，在不同帧处设置属性，效果如图 9-42 所示。

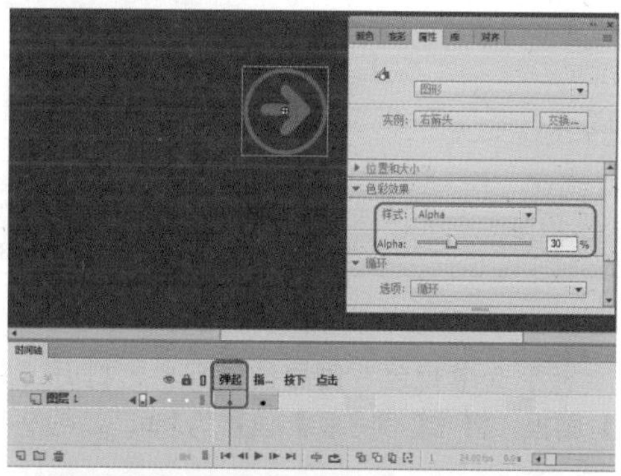

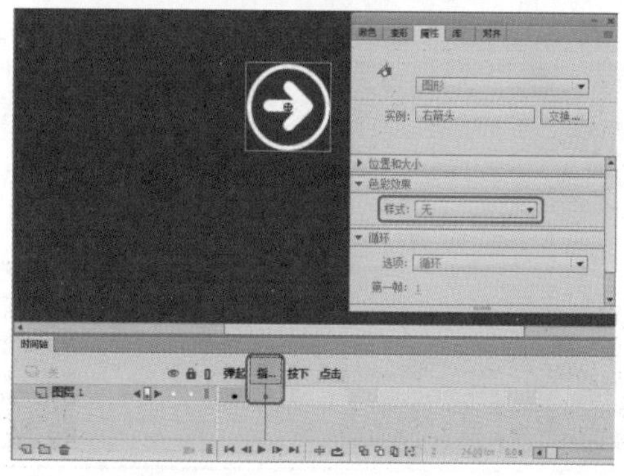
图9-42 新建元件并设置帧动画

13 返回到场景中，在【库】面板中将创建的按钮元件拖曳至舞台中，将【变形】的【缩放宽度】和【缩放高度】都设置为 50，并调整位置，效果如图 9-43 所示。

图9-43　在舞台中添加按钮元件

14 选中舞台左侧的按钮元件，打开【属性】面板，将【实例名称】设置为btn1，如图9-44所示。

图9-44　设置元件属性

15 选中舞台右侧的按钮元件，打开【属性】面板，将【实例名称】设置为btn，如图9-45所示。

图9-45　设置另一个元件属性

16 新建【图层_4】，在【时间轴】面板中选中【图层_4】，按F9键，在打开的面板中输入代码，如图9-46所示。

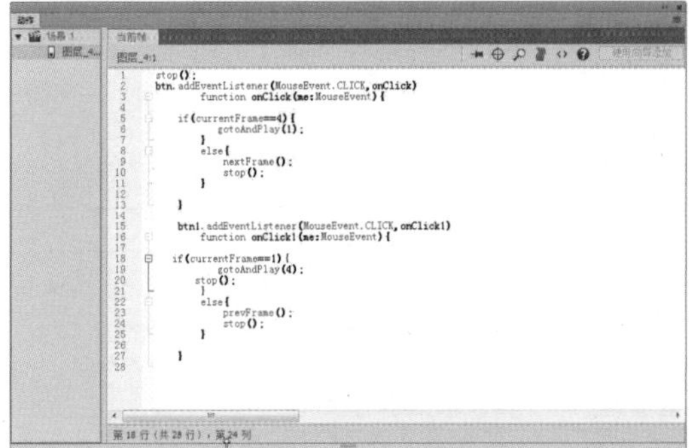
图9-46　新建图层并输入代码

在此输入的代码如下。

```
stop();
btn.addEventListener(MouseEvent.CLICK,onClick)
    function onClick(me:MouseEvent){

    if(currentFrame==4){
            gotoAndPlay(1);
        }
        else{
                nextFrame();
                stop();
        }
    }

    btn1.ddEventListener(MouseEvent.CLICK,onClick1)
    function onClick1(me:MouseEvent){

    if(currentFrame==1){
            gotoAndPlay(4);
      stop();
        }
        else{
                prevFrame();
                stop();
        }

    }
```

17 按Ctrl+Enter组合键测试动画效果。

知识链接：条件语句

条件语句，即一个以if开始的语句，用于检查一个条件的值是true还是false。如果条件值为true，则ActionScript按顺序执行后面的语句；如果条件值为false，则ActionScript将跳过这个代码段，执行下面的语句。if 经常与 else 结合使用，用于多重条件的判断和跳转执行。

1. if 条件语句

作为控制语句之一的条件语句，通常用来判断所给定的条件是否满足，根据判断结果（真或假）决定执行所给出两种操作的其中一条语句。其中的条件一般是以关系表达式或逻辑表达式的形式进行描述的。

单独使用 if 语句的语法如下。

```
if(condition)
{
        statement(s);
}
```

当 ActionScript 执行至此处时，将会先判断给定的条件是否为真，若条件式 (condition) 的值为真，则执行 if 语句的内容 (statement(s))，然后再继续执行后面的流程。若条件式 (condition) 的值为假，则跳过 if 语句，直接执行后面的流程语句，如下列语句。

```
input="film"
if(input==Animate CC 2018&&passward==123)
{
  gotoAndPlay(play);
}
  gotoAndPlay(wrong);
```

在这个简单的示例中，ActionScript 执行到 if 语句时先进行判断，若括号内的逻辑表达式的值为真，则先执行 gotoAndPlay(play)，然后再执行后面的 gotoAndPlay(wrong)，若为假则跳过 if 语句，直接执行后面的 gotoAndPlay(wrong)。

2. if 与 else 语句联用

if 和 else 的联用语法如下。

```
if(condition){ statement(a); }
else{ statement(b); }
```

当 if 语句的条件式 (condition) 的值为真时，执行 if 语句的内容，跳过 else 语句。反之，将跳过 if 语句，直接执行 else 语句的内容。例如：

```
input= "film"
if(input==Animate  CC  2018&&passward==123){
gotoAndPlay(play);}
    else{gotoAndPlay(wrong);}
```

这个例子看起来和上一个例子很相似，只是多了一个 else，但第 1 种 if 语句和第 2 种 if 语句 (if...else) 在控制程序流程上是有区别的。在第 1 个例子中，若条件式值为真，将执行 gotoAndPlay(play)，然后再执行 gotoAndPlay(wrong)。而在第 2 个例子中，若条件式的值为真，将只执行 gotoAndPlay(play)，而不执行 gotoAndPlay(wrong) 语句。

3. if 与 else if 语句联用

if 和 else if 联用的语法格式如下：

```
if(condition1){ statement(a); }
   else if(condition2){ statement(b); }
else if(condition3){ statement(c); }
…
```

这种形式的 if 语句的原理是：当 if 语句的条件式 condition1 的值为假时，判断紧接着的一个 else if 的条件式，若仍为假则继续判断下一个 else if 的条件式，直到某一个语句的条件式的值为真，则跳过紧接着的一系列 else if 语句。else if 语句的控制流程和 if 语句大体一样，这里不再赘述。

使用 if 条件语句，需注意以下几点。

else 语句和 else if 语句均不能单独使用，只能在 if 语句之后伴随存在。

if 语句中的条件式不一定只是关系式和逻辑表达式，其实作为判断的条件式也可是任何类型的数值。例如下面的语句也是正确的：

```
if(8){
  fscommand("fullscreen", "true");
}
```

如果上面代码中的 8 是第 8 帧的标签，则当影片播放到第 8 帧时将全屏播放，这样就可以随意控制影片的显示模式了。

4. Switch、continue 和 break 语句

break 语句通常出现在一个循环 (for、for...in、do...while 或 while 循环) 中，或者出现在与 switch 语句内特定 case 语句相关联的语句块中。break 语句可命令 Animate CC 2018 跳过循环体的其余部分，停止循环动作，并执行循环语句之后的语句。当使用 break 语句时，Animate CC 2018 解释程序会跳过该 case 块中的其余语句，转到包含它的 switch 语句后的第 1 个语句。使用 break 语句可跳出一系列嵌套的循环。例如：

```
switch(number)

{
            case 1:
                    trace("A");
            case 2:
                    trace("B");
                    break;
            default
                    trace("D")
}
```

因为第 1 个 case 组中没有 break，并且若 number 为 1，则 A 和 B 都将被发送到输出窗口。如果 number 为 2，则只输出 B。

continue 语句主要出现在以下几种类型的循环语句中，它在每种类型的循环中的行为方式各不相同。

如果 continue 语句在 while 循环中，可使 Animate CC 2018 解释程序跳过循环体的其余部分，并转到循环的顶端（在该处进行条件测试）。

如果 continue 语句在 do...while 循环中，可使 Animate CC 2018 解释程序跳过循环体的其余部分，并转

到循环的底端（在该处进行条件测试）。

如果 continue 语句在 for 循环中，可使 Animate CC 2018 解释程序跳过循环体的其余部分，并转而计算 for 循环后的表达式 (post-expression)。

如果 continue 语句在 for...in 循环中，可使 Animate CC 2018 解释程序跳过循环体的其余部分，并跳回循环的顶端（在该处处理下一个枚举值）。

例如：

```
i=4;
while(i>0)
{
    if(i==3)
    {
            i--;
            //跳过 i==3 的情况
            continue;
    }
    i--;
    trace(i);
}
i++;
trace(i);
```

9.2.1 变量的命名

变量的命名主要遵循以下 3 条规则。

- 变量必须是以字母或者下画线开头，其中可以包括 $、数字、字母或者下画线。例如：_myMC、e3game、worl$dcup 都是有效的变量名，但是 !go、2cup、$food 就不是有效的变量名了。
- 变量不能与关键字同名（注意 Animate CC 2018 是不区分大小写的），并且不能是 true 或者 false。
- 变量在自己的有效区域中必须唯一。

9.2.2 变量的声明

全局变量的声明，可以使用 set variables 动作或赋值操作符，这两种方法可以达到同样的目的；局部变量的声明，则可以在函数体内部使用 var 语句来实现，局部变量的作用域被限定在所处的代码块中，并在块结束处终结。没有在块的内部被声明的局部变量将在它们的脚本结束处终结。

9.2.3 变量的赋值

在 Animate CC 中，不强迫定义变量的数据类型，也就是说当把一个数据赋给一个变量时，这个变量的数据类型就确定下来了。例如：

```
s=100;
```

将 100 赋给了 s 这个变量，那么就认定 s 是 Number 类型的变量。如果在后面的程序中出现了如下语句：

```
s="this is a string"
```

那么从现在开始，s 的变量类型就变成了 String 类型，且不需要进行类型转换。而如果声明一个变量，又没有被赋值，则这个变量不属于任何类型，在 Animate CC 中称它为未定义类型（Undefined）。

在脚本编写过程中，Animate CC 会自动将一种类型的数据转换成另一种类型。如 "this is the"+7+"day"。

该语句中“7”属于 Number 类型，但是前后用运算符号“+”连接的都是 String 类型，这时应把“7”自动转换成字符，也就是说，这个语句的值是“this is the 7 day”，原因是使用了“+”操作符，而“+”操作符在用于字符串变量时，其左右两边的内容都是字符串类型，这时就会自动做出转换。

这种自动转换在一定程度上可以在编写程序时省去不少麻烦，但是也会给程序带来不稳定因素。因为这种操作是自动执行的，有时可能就会对一个变量在执行中的类型变化感到疑惑，此时该变量是什么类型的呢？

Animate CC 提供了一个 trace() 函数进行变量跟踪，可以使用这个语句得到变量的类型，使用形式如下：

```
Trace(typeof(variable Name));
```

这样就可以在输出窗口中看到需要确定的变量的类型。

另外，也可以手动转换变量的类型，使用 number 和 string 两个函数就可以把一个变量的类型在 Number 和 String 之间切换，例如：

```
s="123";
number(s);
```

这样，就把 s 的值转换成了 Number 类型，它的值是 123。同理，String 也是一样的用法。

```
q=123;
string(q);
```

这样，就把 q 转换成为 String 型变量，它的值是 123。

9.2.4 变量的作用域

变量的“范围”是指一个区域，在该区域内变量是已知的并且可以引用。在动作脚本中有以下 3 种类型的变量范围。

- 本地变量：是在它们自己的代码块（由大括号界定）中可用的变量。
- 时间轴变量：是可以用于任何时间轴的变量，条件是使用目标路径。
- 全局变量：是可以用于任何时间轴的变量（即使不使用目标路径）。

可以使用 var 语句在脚本内声明一个本地变量。例如，变量 i 和 j 经常用作循环计数器。在下面的示例中，i 用作本地变量，它只存在于函数 makeDays 的内部。

```
function makeDays()
{
        var i;
          for( i = 0; i <
monthArray[month]; i++ )
          {
                _root.Days.
attachMovie("DayDisplay", i, i + 2000 );
                _root.Days[i].
num = i + 1;
                _root.Days[i]._x
= column * _root.Days[i]._width;
                _root.Days[i]._y
= row * _root.Days[i]._height;
                column = column
+ 1;
                if(column == 7 )
                {
                    column = 0;
                    row = row
+ 1;
                }
        }
}
```

本地变量也可防止出现名称冲突，名称冲突会导致影片出现错误。例如，使用 name 作为本地变量，可以用它在一个环境中存储用户名，而在其他环境中存储电影剪辑实例，因为这些变量是在不同的范围中运行的，它们不会有冲突。

在函数体中使用本地变量是一个很好的习惯，这样该函数可以充当独立代码。本地变量只有在它自己的代码块中是可更改的。如果函数中的表达式使用全局变量，则在该函数以外也可以更改它的值，这样也就更改了该函数。

9.2.5 变量的使用

要想在脚本中使用变量，必须在脚本中声明这个变量，如果使用了未作声明的变量，则会出现错误。

另外，还可以在一个脚本中多次改变变量的值。变量包含的数据类型将对变量何时改变以及怎样改变产生影响。原始的数据类型，如字符串和数字等，将以值的方式进行传递，也就是说变量的实际内容将被传递给变量。

例如，变量 ting 包含一个基本数据类型的数字 4，因此这个实际的值数字 4 被传递给了函数 sqr，返回值为 16。

```
function sqr(x)
{
  return x*x;
}
var ting = 4;
var out=sqr(ting);
```

其中，变量 ting 中的值仍然是 4，并没有改变。

又如，在下面的程序中，x 的值被设置为 1，然后这个值被赋给 y，随后 x 的值被重新改变为 10，但此时 y 仍然是 1，因为 y 并不跟踪 x 的值，它在此只是存储 x 曾经传递给它的值。

```
var x=1;
var y=x;
var x=10;
```

9.3 制作美食网站切换动画——运算符

下面介绍制作图片切换动画效果，主要使用元件、传统补间和代码完成，效果如图 9-47 所示。

图9-47　图片切换动画效果

素材	素材\Cha09\美食01.jpg～美食03.jpg
场景	场景\Cha09\制作美食网站切换动画——运算符.fla
视频	视频教学\Cha09\制作美食网站切换动画——运算符.mp4

01 按 Ctrl+N 组合键，在弹出的【新建文档】对话框中将【宽】、【高】分别设置为 965、483，单击【确定】按钮，如图 9-48 所示。

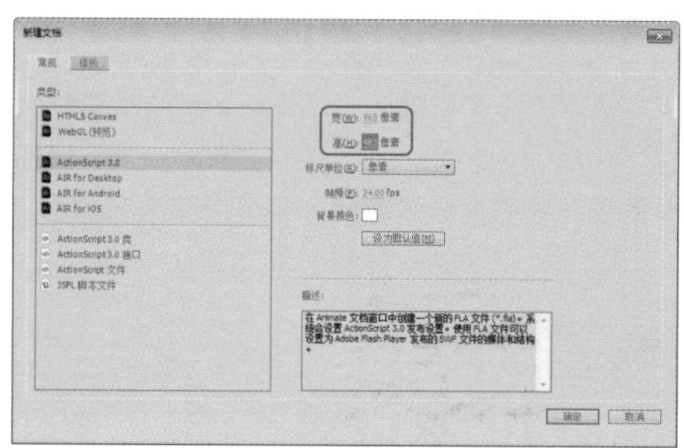

图9-48　设置【新建文档】参数

02 按 Ctrl+R 组合键，在弹出的【导入】对话框中选择"美食 01.jpg"素材文件，单击【打开】按钮，在弹出的对话框中单击【否】按钮，选中该素材文件，在【属性】面板中将【宽】、【高】分别设置为 965、482.5，如图 9-49 所示。

03 选中导入的素材，按 F8 键，在打开的对话框中输入【名称】为【图 1】，将【类型】设置为【图形】，单击【确定】按钮，在【属性】面板中将【样式】设置为 Alpha，Alpha 设置为 0，如图 9-50 所示。

04 在第 49 帧的位置按 F6 键插入关键帧，在【属性】面板中将【样式】设置为【无】，并在【图层 _1】的两个关键帧之间插入传统补间，如图 9-51 所示。

图9-49　将素材导入舞台

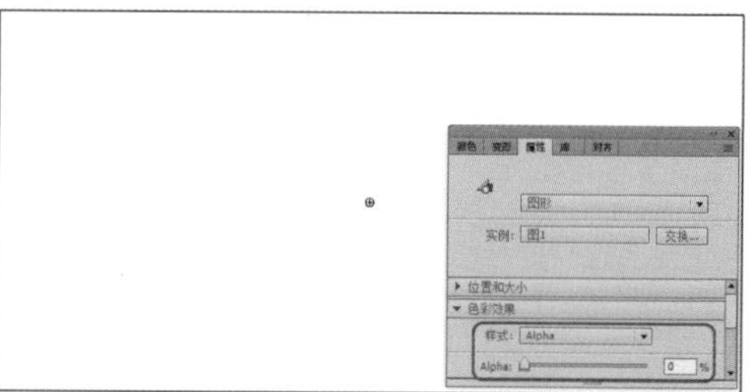

图9-50　设置元件属性

图9-51　创建传统补间

05 在该图层第 150 帧和第 180 帧的位置插入关键帧，选中第 180 帧上的元件，在【属性】面板中将【样式】设置为 Alpha，Alpha 设置为 0，并在第 150 至 180 帧之间创建传统补间，如图 9-52 所示。

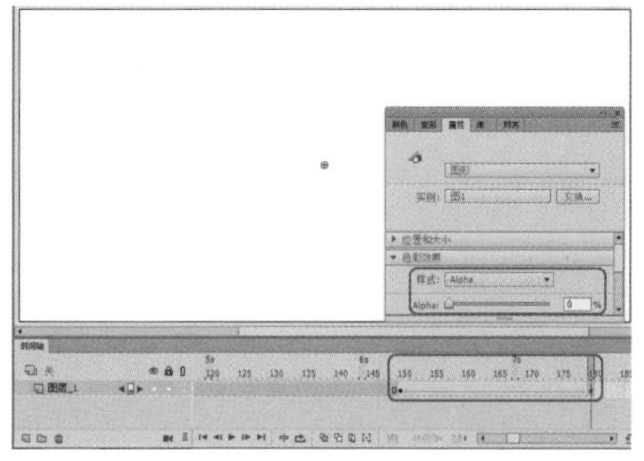

图9-52 插入关键帧并创建传统补间

06 新建【图层 _2】，然后在第 180 帧的位置插入关键帧，使用同样方法导入“美食 02.jpg”素材文件，并将其转换为图形元件，选中舞台中的元件，在【属性】面板中将【样式】设置为 Alpha，Alpha 设置为 0，然后在第 235 帧的位置插入关键帧，将元件的 Alpha 设置为无，并在两个关键帧之间创建传统补间，如图 9-53 所示。

图9-53 设置元件属性并创建传统补间

07 在第 335 帧和第 360 帧的位置插入关键帧，将 Alpha 设置为 0，并在这两个关键帧之间创建传统补间，如图 9-54 所示。

08 使用同样的方法新建图层并创建动画效果，按 Ctrl+F8 组合键，在打开的对话框中输入【名称】为【按钮 1】，将【类型】设置为【按钮】，单击【确定】按钮，使用【矩形工具】绘制矩形，在【属性】面板中将【宽】和【高】均设置为 30，【笔触颜色】设置为白色，【填充颜色】设置为黑色，【笔触】高度设置为 1.5，如图 9-55 所示。

图9-54 插入关键帧并创建传统补间

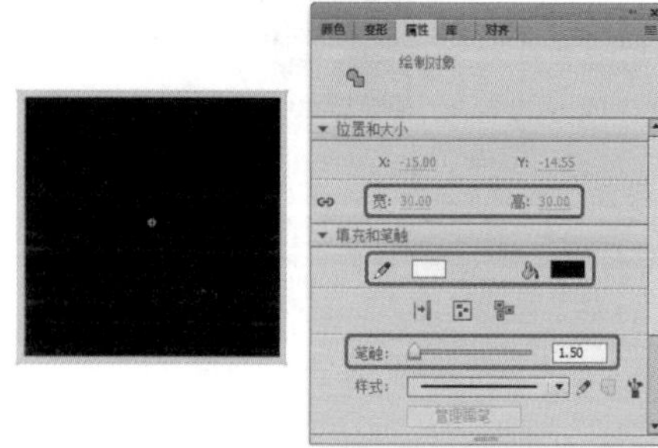

图9-55 绘制矩形并设置参数

09 使用【文本工具】T在矩形中输入文字并选中，在【属性】面板中将【系列】设置为【方正大标宋简体】，【大小】设置为 20，【颜色】设置为白色，如图 9-56 所示。

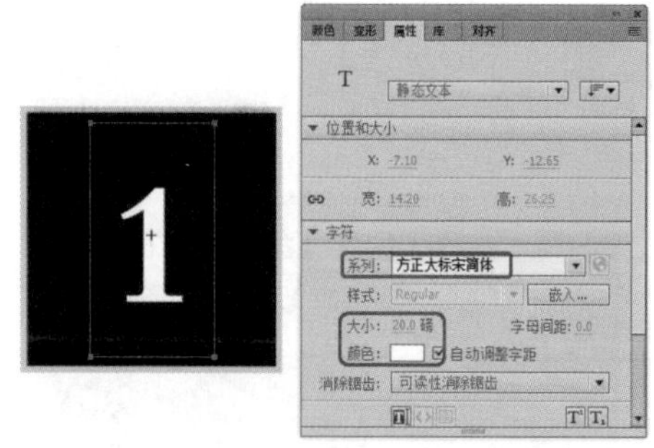

图9-56 输入文字并设置参数

10 在该图层的【指针经过】帧插入关键帧，选中文字，将【颜色】设置为 #FFCC00，如图 9-57 所示。

11 使用同样方法再制作两个按钮元件，并输入不同文字，效果如图 9-58 所示。

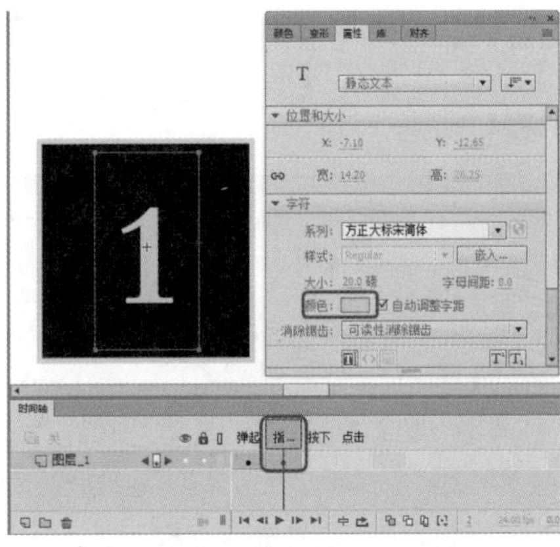

图9-57 插入关键帧并设置颜色

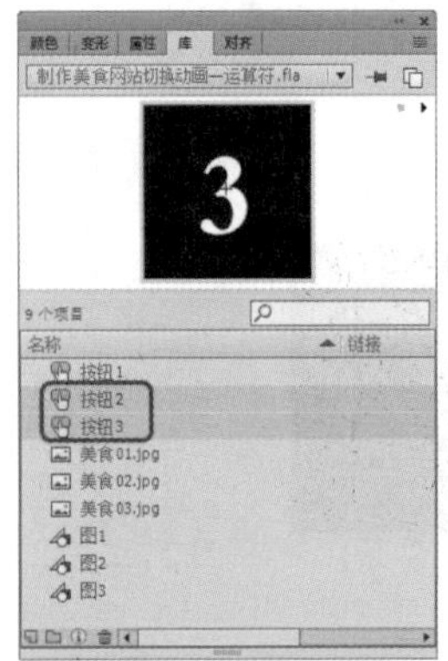

图9-58 创建的其他按钮元件

提 示

在【库】面板中要复制元件，可选中要复制的元件，右击，在弹出的快捷菜单中选择【直接复制】命令。

12 返回到场景中，新建【图层_4】，将创建的按钮元件拖曳至舞台中并调整位置和大小，如图9-59所示。

图9-59 新建图层并拖入元件

13 分别在舞台中选中按钮元件1、2、3，在【属性】面板中设置【实例名称】为a、b、c，新建【图层5】，并选中第1帧，按F9键，在打开的【动作】面板中输入代码，如图9-60所示。

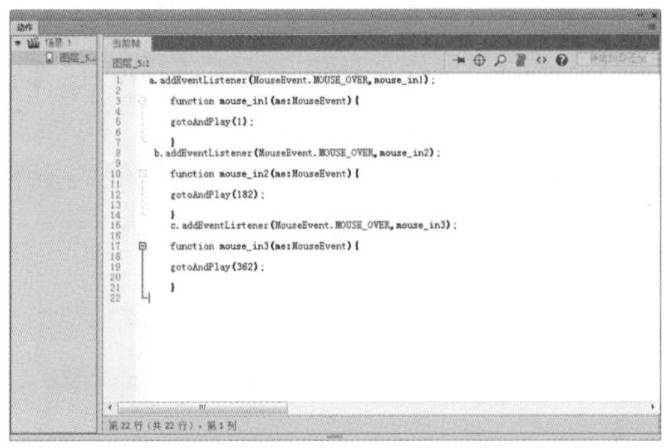

图9-60 在第1帧处输入代码

在此输入的代码如下。

```
a.addEventListener(MouseEvent.MOUSE_OVER,mouse_in1);
    function mouse_in1(me:MouseEvent){
    gotoAndPlay(1);
    }
  b.addEventListener(MouseEvent.MOUSE_OVER,mouse_in2);
    function mouse_in2(me:MouseEvent){
    gotoAndPlay(182);
    }
    c.addEventListener(MouseEvent.MOUSE_OVER,mouse_in3);
    function mouse_in3(me:MouseEvent){
    gotoAndPlay(362);
    }
```

14 选中【图层_5】的第540帧，按F6键插入关键帧，按F9键，在打开的【动作】面板中输入代码：gotoAndPlay(3);，如图9-61所示。

图9-61 在第540帧处输入代码

15 关闭该面板，对场景进行保存导出即可。

知识链接：循环语句

在 ActionScript 中，可以按照指定的次数重复执行一系列的动作，或者在一个特定条件下，执行某些动作。在使用 ActionScript 编程时，可以使用 for、while、do...while 以及 for...in 动作来创建一个循环语句。

1. for 循环语句

for 循环语句是 Animate CC 2018 中运用相对较灵活的循环语句，用 while 语句或 do...while 语句写的 ActionScript 脚本，完全可以用 for 语句替代，而且 for 循环语句的运行效率更高。其语法形式如下：

```
for(init; condition; next)
{
            statement(s);
}
```

参数 init 是一个在开始循环序列前要计算的表达式，通常为赋值表达式。此参数还允许使用 var 语句。

条件 condition 是计算结果为 true 或 false 时的表达式。在每次循环迭代前计算该条件，当条件的计算结果为 false 时退出循环。

参数 next 是一个在每次循环迭代后要计算的表达式，通常为使用 ++(递增) 或 --(递减) 运算符的赋值表达式。

语句 statement(s) 表示在循环体内要执行的指令。

在执行 for 循环语句时，首先计算一次 init(已初始化) 表达式，只要条件 condition 的计算结果为 true，则按照顺序开始循环序列，并执行 statement，然后计算 next 表达式。

要注意的是，一些属性无法用 for 或 for...in 循环进行枚举。例如，Array 对象的内置方法 (Array.sort 和 Array.reverse) 就不包括在 Array 对象的枚举中，另外，电影剪辑属性，如 _x 和 _y 也不能枚举。

2. while 循环语句

while 循环语句用来实现“当”循环，表示当条件满足时就执行循环，否则跳出循环体，其语法形式如下：

while(condition){statement(s);}

当 ActionScript 脚本执行到循环语句时，都会先判断 condition 表达式的值，如果该语句的计算结果为 true，则运行 statement(s)。statement(s) 条件的计算结果为 true 时要执行代码。每次执行 while 动作时都要重新计算 condition 表达式。

例如：

```
i=10;
while(i>=0)
{
    duplicateMovieClip("pictures",pictures&i,i);
    // 复制对象 pictures
   setProperty("pictures",_alpha,i*10);
    // 动态改变 pictures 的透明度值
    i=i-1;}
    // 循环变量减 1
}
```

在该示例中，变量 i 相当于一个计数器。while 语句先判断开始循环的条件 i>=0，如果为真，则执行其中的语句块。可以看到循环体中有语句“i=i-1;”，这是用来动态地为 i 赋新值，直到 i<0 为止。

3. do...while 循环语句

与 while 语句不同，do...while 循环语句用来实现“直到”循环，其语法形式如下：

```
do {statement(s)}
while(condition)
```

在执行 do...while 语句时，程序首先执行 do...while 语句中的循环体，然后再判断 while 条件表达式 condition 的值是否为真，若为真则执行循环体，如此反复直到条件表达式的值为假，才跳出循环。

例如：

```
i=10;
do{duplicateMovieClip("pictures",pictures&i,i);
// 复制对象 pictures
setProperty("pictures",_alpha,i*10);
// 动态改变 pictures 的透明度值
i=i-1; }
while(i>=0);
```

此例和前面 while 语句中的例子所实现的功能是一样的，这两种语句可以相互替代，但它们却存在着内在的区别。while 语句在每一次执行循环体之前要先判断条件表达式的值，而 do...while 语句在第 1 次执行循环体之前不必判断条件表达式的值。如果上两例的循环条件均为 while(i=10)，则 while 语句不执行循环体，而 do...while 语句要执行一次循环体。

4. for...in 循环语句

for...in 循环语句是一个非常特殊的循环语句，因为 for...in 循环语句是通过判断某一对象的属性或某一数组的元素来进行循环的，它可以实现对对象属性或数组元素的引用，通常 for...in 循环语句的内嵌语句主要对所引用的属性或元素进行操作。其语法形式如下：

```
for(variableIterant in object)
{
      statement(s);
}
```

其中，variableIterant 作为迭代变量的变量名，会引用数组中对象或元素的每个属性。object 是要重复的变量名。statement(s) 为循环体，表示每次要迭代执行的指令。循环的次数是由所定义的对象的属性个数或数组元素的个数决定的，因为它是对对象或数组的枚举。

如下面的示例使用 for...in 循环迭代某对象的属性：

```
myObject = { name：'Animate CC 2017', age：23, city：'San Francisco' }；
for(name in myObject)
{
        trace("myObject." + name + " = " + myObject[name])；
}
```

9.3.1 数值运算符

数值运算符可以执行加法、减法、乘法、除法运算，也可以执行其他算术运算。增量运算符最常见的用法是 i++，而不是比较烦琐的 i = i+1，可以在操作数前面或后面使用增量运算符。在下面的示例中，age 首先递增，然后再与数字 30 进行比较。

```
if(++age >= 30)
```

下面的示例 age 在执行比较之后递增。

```
if(age++ >= 30)
```

动作脚本数值运算符见表 9-1。

表9-1 数值运算符

运算符	执行的运算
+	加法
*	乘法
/	除法
%	求模(除后的余数)
-	减法
++	递增
--	递减

9.3.2 比较运算符

比较运算符用于比较表达式的值，然后返回一个布尔值 (true 或 false)。这些运算符常用于循环语句和条件语句中。在下面的示例中，如果变量 score 为 100，则载入 winner 影片，否则，载入 loser 影片。

```
if(score > 100)
{
    loadMovieNum("winner.swf", 5);
} else
{
    loadMovieNum("loser.swf", 5);
}
```

动作脚本比较运算符见表 9-2。

表9-2 比较运算符

运算符	执行的运算
<	小于
>	大于
<=	小于或等于
>=	大于或等于

9.3.3 逻辑运算符

逻辑运算符用于比较布尔值 (true 和 false)，然后返回第 3 个布尔值。例如，两个操作数都为 true，则逻辑“与”运算符 (&&) 将返回 true。如果其中一个或两个操作数为 true，则逻辑“或”运算符 (||) 将返回 true。逻辑运算符通常与比较运算符配合使用，以确定 if 动作的条件。例如，在下面的脚本中，两个表达式都为 true，则会执行 if 动作。

```
if(i > 10 && _framesloaded > 50)
{
    play();
}
```

动作脚本逻辑运算符见表 9-3。

表9-3 逻辑运算符

运算符	执行的运算
&&	逻辑“与”
||	逻辑“或”
!	逻辑“非”

9.3.4 赋值运算符

可以使用赋值运算符 (=) 给变量指定值，例如：

```
password = "Sk8tEr"
```

还可以使用赋值运算符在一个表达式中给多个参数赋值。在下面的语句中，a 的值会被赋予变量 b、c 和 d。

```
a = b = c = d
```

也可以使用复合赋值运算符联合多个运算。复合赋值运算符可以对两个操作数都进行运算，然后将新值赋予第 1 个操作数。例如，下面两条语句是等效的：

```
x += 15;
x = x + 15;
```

赋值运算符也可以用在表达式的中间，如下所示：

```
// 如果 flavor 不等于 vanilla，输出信息
if((flavor = getIceCreamFlavor())!=
"vanilla")
{
        trace("Flavor was " +
flavor + ", not vanilla.");
}
```

此代码与下面稍显烦琐的代码是等效的：

```
flavor = getIceCreamFlavor();
if(flavor != "vanilla")
{
        trace("Flavor was " +
flavor + ", not vanilla.");
}
```

动作脚本赋值运算符见表 9-4。

表9-4 赋值运算符

运算符	执行的运算
=	赋值
+=	相加并赋值
-=	相减并赋值
*=	相乘并赋值
%=	求模并赋值
/=	相除并赋值
<<=	按位左移位并赋值
>>=	按位右移位并赋值
>>>=	右移位填零并赋值
^=	按位“异或”并赋值
|=	按位“或”并赋值
&=	按位“与”并赋值

9.3.5 运算符的优先级和结合性

当两个或两个以上的操作符在同一个表达式中被使用时，一些操作符与其他操作符相比具有更高优先级。例如，带“*”的运算要在“+”运算之前执行，因为乘法运算优先级高于加法运算。ActionScript 就是严格遵循这个优先等级来决定先执行哪个操作。

例如，在下面的程序中，先执行括号里面的内容，结果是 12：

```
number=(10-4)*2;
```

而在下面的程序中，先执行乘法运算，结果是 2：

```
number=10-4*2;
```

如果两个或两个以上的操作符拥有同样的优先级时，此时决定它们执行顺序的就是操作符的结合性了，结合性可以从左到右，也可以从右到左。

例如，乘法操作符的结合性是从左向右，所以下面的两条语句是等价的：

```
number=3*4*5;
number=(3*4)*5;
```

9.4 制作按钮切换背景颜色——ActionScript的语法

本例介绍按钮切换背景颜色动画的制作，该例的制作比较简单，主要是制作按钮元件，然后输入代码，效果如图 9-62 所示。

图9-62 按钮切换背景颜色效果

素材	素材\Cha09\圣诞树.png
场景	场景\Cha09\制作按钮切换背景颜色——ActionScript的语法.fla
视频	视频教学\Cha09\制作按钮切换背景颜色——ActionScript的语法.mp4

01 按 Ctrl+N 组合键弹出【新建文档】对话框，在【类型】列表框中选择 ActionScript3.0，将【宽】、【高】分别设置为 367、457，单击【确定】按钮，如图 9-63 所示。

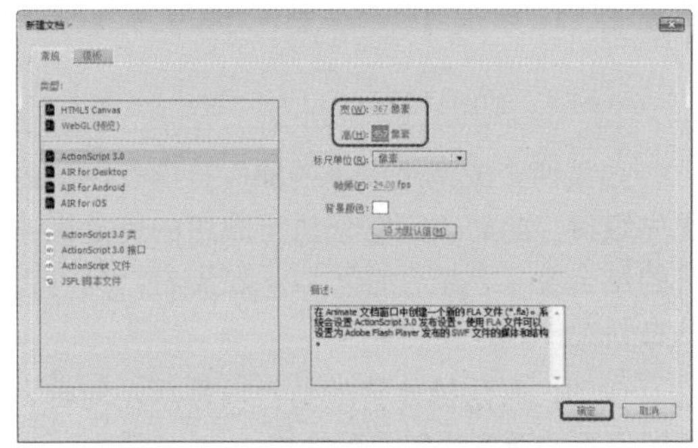

图9-63 【新建文档】对话框

02 使用【矩形工具】绘制矩形并选中，将【宽】、【高】分别设置为 367、457，在【颜色】面板中将【颜色类型】设置为【径向渐变】，将左侧色块的颜色设置为＃F95050，将右侧色块的颜色设置为＃B50000，将【笔触颜色】设置为无，效果如图 9-64 所示。

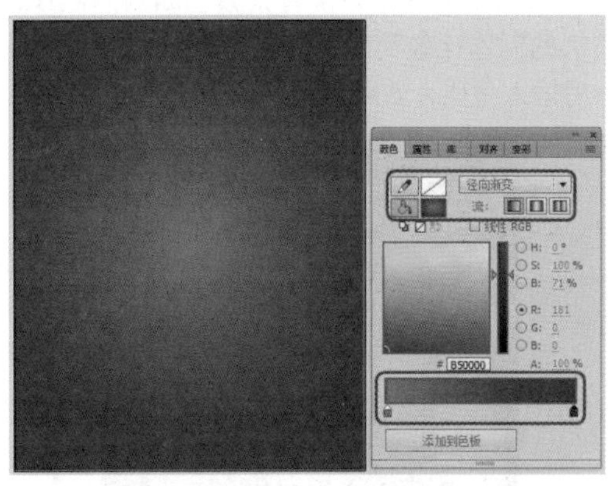

图9-64 绘制矩形并填充颜色

03 确认绘制的矩形处于选择状态，按 Ctrl+C 组合键进行复制，选择【图层_1】第 2 帧，按 F7 键插入空白关键帧，并按 Ctrl+Shift+V 组合键进行粘贴，然后选择复制后的矩形，在【颜色】面板中将左侧色块的颜色设置为＃13647F，将右侧色块的颜色设置为＃13223E，效果如图 9-65 所示。

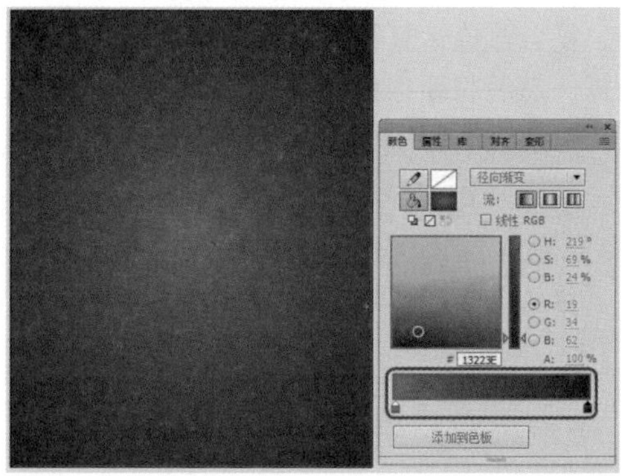

图9-65 复制矩形并更改颜色

04 选择【图层_1】的第 3 帧，按 F7 键插入空白关键帧，按 Ctrl+Shift+V 组合键进行粘贴，并选择复制后的矩形，在【颜色】面板中将左侧色块的颜色设置为＃6ECB23，将右侧色块的颜色设置为＃3F8803，效果如图 9-66 所示。

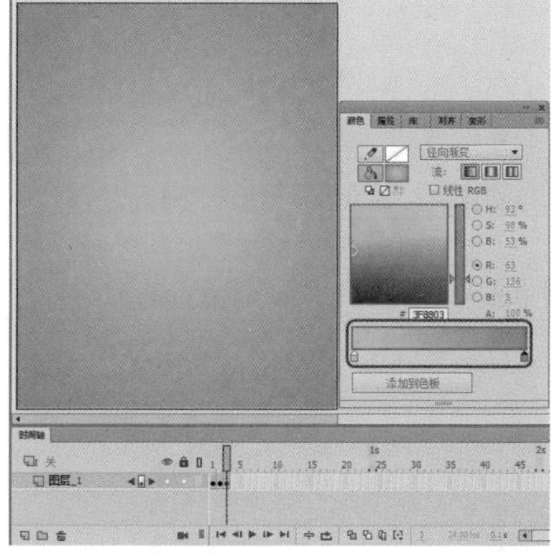

图9-66 更改矩形颜色

05 选择【图层_1】第 1 帧上的矩形，按 F8 键弹出【转换为元件】对话框，输入【名称】为【红色矩形】，将【类型】设置为【图形】，将对齐方式设置为左上角对齐，单击【确定】按钮，如图 9-67 所示。

06 使用同样的方法，将【图层_1】第 2 帧和第 3 帧上的矩形分别转换为【蓝色矩形】图形元件和【绿色矩形】图形元件，如图 9-68 所示。

图9-67 【转换为元件】对话框

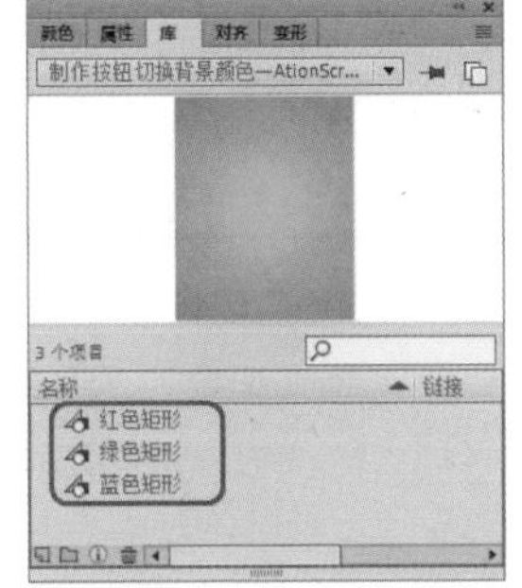

图9-68 转换其他元件

07 按 Ctrl+F8 组合键，弹出【创建新元件】对话框，输入【名称】为【红色按钮】，将【类型】设置为【按钮】，单击【确定】按钮，如图 9-69 所示。

图9-69 【创建新元件】对话框

08 在【库】面板中将【红色矩形】图形元件拖曳至舞台中，并在【属性】面板中取消【宽】、【高】的锁定，将【红色矩形】图形元件的【宽】、【高】分别设置为 70、28，如图 9-70 所示。

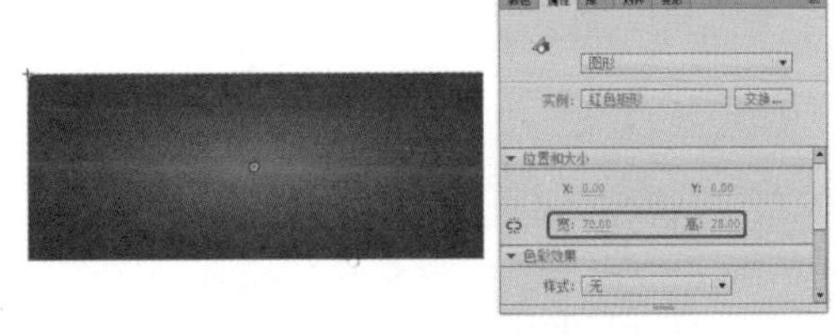

图9-70 调整图形元件

09 选择【指针经过】帧，按 F6 键插入关键帧，在工具箱中选择【矩形工具】，绘制矩形并选中，将【宽】、【高】分别设置为 70、28，在【属性】面板中将【填充颜色】设置为白色，Alpha 设置为 30，【笔触颜色】设置为无，如图 9-71 所示。

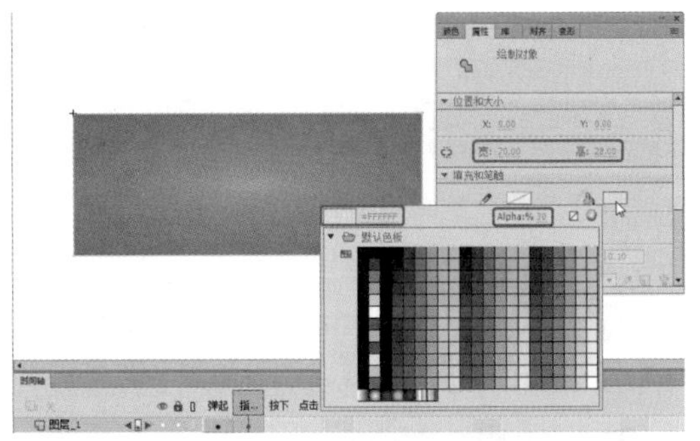

图9-71 绘制矩形并填充颜色

10 使用同样的方法制作【蓝色按钮】和【绿色按钮】按钮元件，如图 9-72 所示。

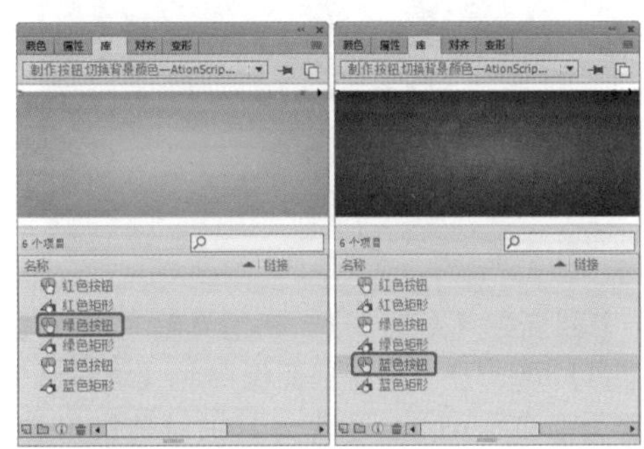

图9-72 制作其他按钮元件

11 返回到【场景 1】中，新建【图层_2】，按 Ctrl+R 组合键，弹出【导入】对话框，选择“素材 \Cha09\ 圣诞树 .png”素材图片，单击【打开】按钮，选中该素材图片，在【属性】面板中将 X、Y 都设置为 0，将【宽】【高】分别设置为 367、457.2，效果如图 9-73 所示。

图9-73 新建图层并设置参数

12 确认素材图片处于选中状态，按 F8 键，弹出【转换为元件】对话框，输入【名称】为【圣诞树】，将【类型】设置为【影片剪辑】，单击【确定】按钮，如图 9-74 所示。

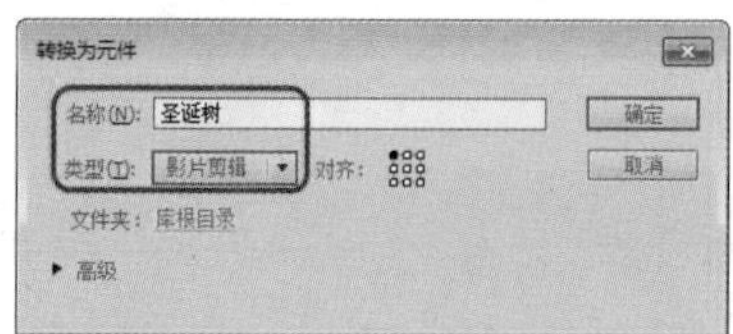

图9-74 【转换为元件】对话框

13 在【属性】面板中的【显示】选项组中，将【混合】设置为【滤色】，效果如图 9-75 所示。

图9-75 设置元件显示方式

14 新建【图层_3】，在工具箱中选择【矩形工具】，在【属性】面板中将【填充颜色】设置为白色，Alpha 设置为 100，【笔触颜色】设置为无，绘制一个矩形，将【宽】、【高】分别设置为 80、100，如图 9-76 所示。

图9-76 绘制矩形

15 新建【图层_4】，在【库】面板中将【蓝色按钮】元件拖曳至舞台中，并调整位置，在【属性】面板中，在【实例名称】文本框中输入 B，如图 9-77 所示。

16 使用同样的方法，将【红色按钮】元件和【绿色按钮】元件拖曳至舞台中，在【属性】面板中，在【实例名称】文本框中输入 R 和 G，如图 9-78 所示。

图9-77 添加元件并设置实例名称

图9-78 设置实例名称

17 新建【图层_5】，按 F9 键，打开【动作】面板，输入代码，如图 9-79 所示。

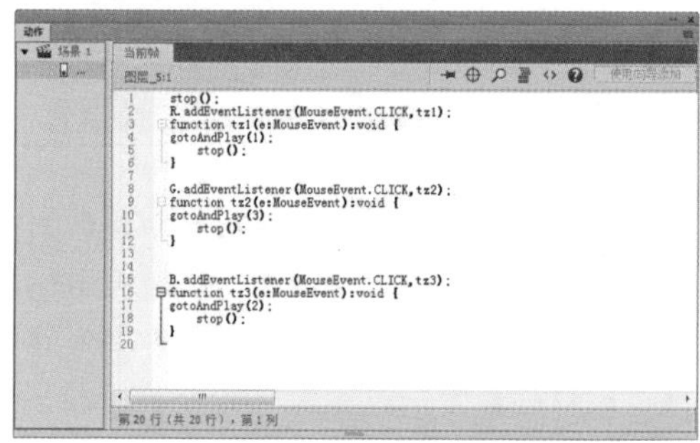

图9-79 输入代码

在此输入的代码如下。

```
stop();
R.addEventListener(MouseEvent.
CLICK,tz1);
function tz1(e:MouseEvent):void {
gotoAndPlay(1);
   stop();
}

G.addEventListener(MouseEvent.
CLICK,tz2);
function tz2(e:MouseEvent):void {
gotoAndPlay(3);
```

```
        stop();
    }

    B.addEventListener(MouseEvent.
CLICK,tz3);
    function tz3(e:MouseEvent):void {
    gotoAndPlay(2);
        stop();
    }
```

18 至此，完成该动画的制作，按 Ctrl+Enter 组合键测试影片，如图 9-80 所示。

图9-80 测试影片

知识链接：【动作】面板的使用

在【动作】面板中有两种模式：普通模式和脚本助手模式。在普通模式下，可以直接在脚本窗口中撰写和编辑动作，这和用文本编辑器撰写脚本很相似。在脚本助手模式下，通过填充参数文本框来撰写动作。

1. 动作工具箱

浏览 ActionScript 语言元素（函数、类、类型等）的分类列表，然后将其插入到脚本窗格中。要将脚本元素插入到脚本窗格中，可以双击该元素，或直接将其拖动到脚本窗格中。

2. 工具栏

在【脚本助手】未启用的情况下，【动作】面板工具栏中的按钮如图 9-81 所示，其各按钮说明如下。

- 【固定脚本】：将脚本固定到脚本窗格中各个脚本的固定标签，可相应移动它们。其可将脚本固定，以保留代码在【动作】面板中的打开位置，然后在各个打开的不同脚本中切换。还可用于调试。
- 【插入实例路径和名称】：该动作的名称和地址被指定以后，才能用它来控制一个影片剪辑或者下载一个动画，这个名称和地址就被称为目标路径。单击该按钮，可打开【插入目标路径】对话框，如图 9-82 所示。

图9-81 【动作】面板工具栏

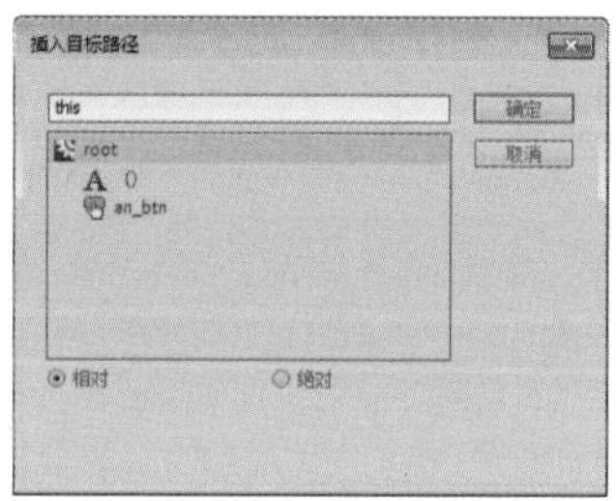

图9-82 【插入目标路径】对话框

- 【查找】：单击该按钮可打开【查找】选项栏，如图 9-83 所示。在【查找内容】文本框中输入要查找的名称，单击【下一个】按钮或者【上一个】按钮，即可选择【查找】或【查找和替换】，在【替换为】栏中输入要【替换为】的内容，然后单击右侧的【替换】按钮或【全部替换】按钮即可，单击【高级】按钮，即可弹出【查找和替换】面板，如图 9-84 所示。

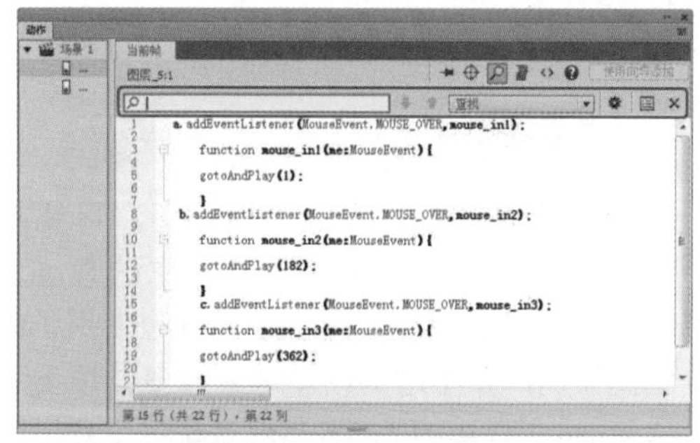

图9-83 【查找】选项栏

- 【设置代码格式】：用于设置代码格式。
- 【代码片段】：可打开【代码片段】面板，如图 9-85 所示。
- 【帮助】：由于动作语言太多，不管是初学者或是资深的动画制作人员都会有忘记代码功能的时候，因此，Animate CC 专门为此提供了帮助工具。

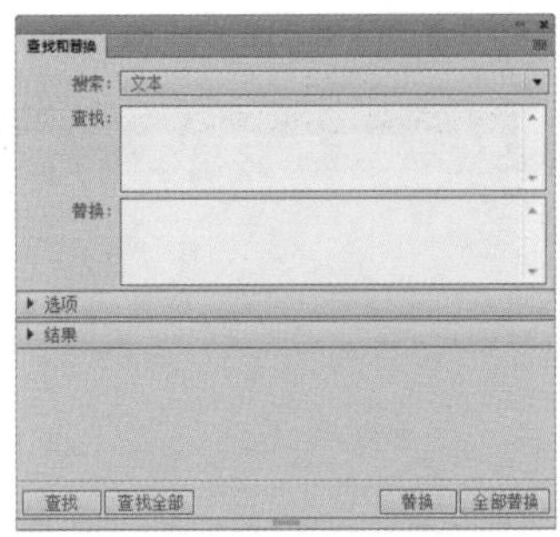

图9-84 【查找和替换】面板

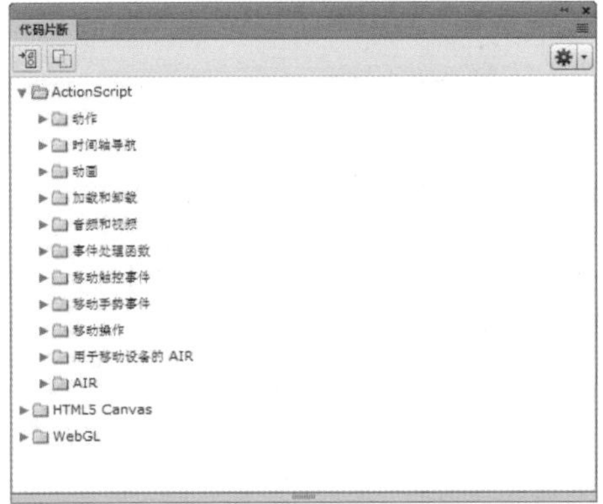

图9-85 【代码片段】面板

3. 动作脚本编辑窗口

该编辑器中包括代码的语法格式设置和检查、代码提示、代码着色、调试及其他一些简化脚本创建的功能。【脚本助手】将提示输入脚本的元素，有助于更轻松地向 Animate SWF 文件或应用程序中添加简单的交互性。对于那些不喜欢编写自己的脚本，或者喜欢工具所带来的简便性的用户来说，脚本助手模式是理想的选择。

9.4.1 点语法

如果读者有 C 语言的编程经历，可能对“.”不会陌生，它用于指向一个对象的某一个属性或方法，在 Animate CC 中同样也沿用了这种使用惯例，只不过其具体对象大多数情况下是 Animate CC 中的 MC，也就是说这个点指向了每个 MC 所拥有的属性和方法。

例如，有一个 MC 的 Instance Name 是 desk，_x 和 _y 表示这个 MC 在主场景中的 x 坐标和 y 坐标。可以用如下语句得到它的 x 位置和 y 位置。

```
trace(desk._x);
trace(desk._y);
```

这样，就可以在输出窗口中看到这个 MC 的位置了，也就是说，desk._x、desk._y 指明了 MC 在主场景中的 x 位置和 y 位置。

再来看一个例子，假设有一个 MC 的实例名为 cup，在 cup 这个 MC 中定义了一个变量 height，那么可以通过以下代码访问 height 这个变量并对其赋值。

```
cup.height=100;
```

如果这个叫 cup 的 MC 又是放在一个叫作 tools 的 MC 中，那么，可以使用以下代码对 cup 的 height 变量进行访问：

```
tools.cup.height=100;
```

对于方法 (Method) 的调用也是一样的，下面的代码调用了 cup 这个 MC 的一个内置函数 play。

```
cup.play();
```

这里有两个特殊的表达方式，一个是 _root.，一个是 _parent.。

- _root.：表示主场景的绝对路径，也就是说 _root.play() 表示开始播放主场景，_root.count 表示在主场景中的变量 count。
- _parent.：表示父场景，也就是上一级的 MC，就如前面那个 cup 的例子，如果在 cup 这个 MC 中写入 parent.stop()，表示停止播放 tool 这个 MC。

9.4.2 斜杠语法

在 Animate CC 的早期版本中，“/”被用来表示路径，通常与“:”搭配用来表示一个 MC 的属性和方法。Animate CC 仍然支持这种表达，但其已不是标准语法，完全可以用“.”来表达，而且“.”更符合习惯，也更科学。所以建议在编程中尽量少用或不用“/”表达方式。例如：

```
myMovieClip/childMovieClip:
myVariable
```

可以替换为如下代码：

```
myMovieClip.childMovieClip.
myVariable
```

9.4.3 界定符

在 Animate CC 中，很多语法规则都沿用了 C 语言的规范，最典型的就是“{}”语法。在 Animate CC 和 C 语言中，都是用“{}”把程序分成一个一个的模块，可以把括号中的代码看作一句表达。而“()”则多用来放置参数，如果括号里面是空，就表示没有任何参数传递。

1. 大括号

ActionScript 的程序语句被一对大括号“{}”结合在一起，形成一个语句块，如下面的语句：

```
onClipEvent(load)
{
        top=_y;
        left=_x;
        right=_x;
        bottom=_y+100;
}
```

2. 括号

括号用于定义函数中的相关参数，例如：

```
function Line(x1,y1,x2,y2){…}
```

另外，还可以通过使用括号来改变 ActionScript 操作符的优先级顺序，对一个表达式求值，以及提高脚本程序的可读性。

3. 分号

在 ActionScript 中，任何一条语句都是以分号来结束的，但是即使省略了作为语句结束标志的分号，Animate CC 同样可以成功地编译这个脚本。

例如，下列两条语句有一条采用分号作为结束标记，另一条则没有，但它们都可以由 Animate CC 2018 CS3 编译。

```
html=true;
html=true
```

9.4.4 关键字

关键字是在 ActionScript 程序语言中有特殊含义的保留字符，见表 9-5，不能将它们作为函数名、变量名或标号名来使用。

表9-5　关键字

break	continue	delete	else
for	function	if	in
new	return	this	typeof
var	void	while	with

9.4.5 注释

可以使用注释语句对程序添加注释信息，这有利于帮助设计者或程序阅读者理解这些程序代码的意义，例如：

```
function Line(x1,y1,x2,y2){…}
//定义 Line 函数
```

在动作编辑区，注释在窗口中以灰色显示。

9.5 上机练习——制作餐厅网站动画

本节将介绍如何制作餐厅网站动画效果，效果如图 9-86 所示。

图9-86　餐厅网站动画效果

素材	素材\Cha09\餐厅背景.jpg、CP01.jpg～CP08.jpg、CP09.png
场景	场景\Cha09\制作餐厅网站动画.fla
视频	视频教学\Cha09\制作餐厅网站动画.mp4

01 启动软件，按Ctrl+N组合键，弹出【新建文档】对话框，在【类型】列表框中选择ActionScript3.0选项，在右侧的区域中将【宽】、【高】分别设置为800、500，【帧频】设置为24，将【背景颜色】设置为#66CCCC，单击【确定】按钮，如图9-87所示。

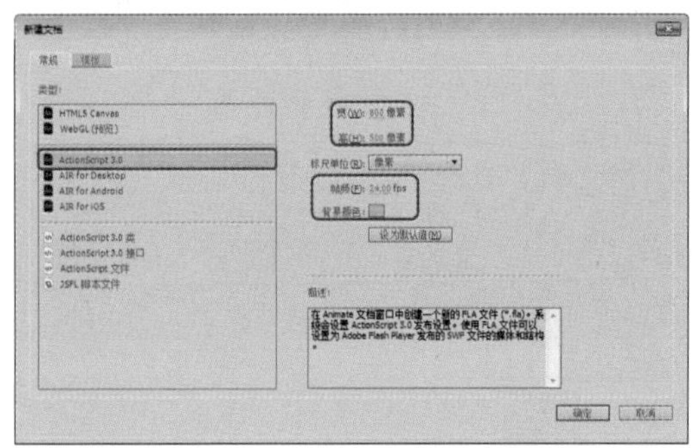

图9-87 设置【新建文档】参数

02 在菜单栏中选择【文件】|【导入】|【导入到库】命令，在弹出的【导入到库】对话框中选择“餐厅背景.jpg”“CP01.jpg~CP08.jpg”“CP09.png”素材文件，单击【打开】按钮，如图9-88所示。

图9-88 选择素材文件

03 在【库】面板中选择“餐厅背景.jpg”素材文件，将其拖曳至舞台中并选中，在【对齐】面板中勾选【与舞台对齐】复选框，单击【水平中齐】、【垂直中齐】和【匹配宽和高】按钮，在【时间轴】面板中将【图层_1】命名为【背景】，如图9-89所示。

04 在【时间轴】面板中选择该图层的第212帧，单击鼠标右键，在弹出的快捷菜单中选择【插入帧】命令，如图9-90所示。

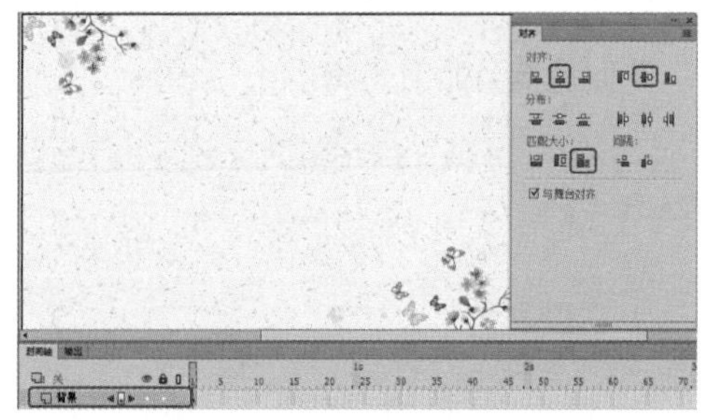

图9-89 添加素材文件并进行设置

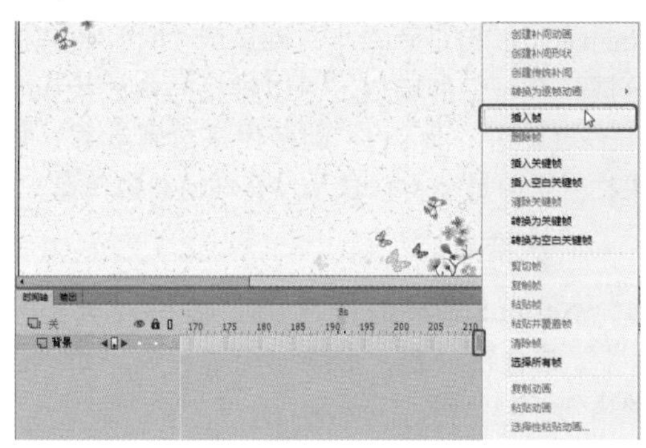

图9-90 选择【插入帧】命令

05 按Ctrl+F8组合键，在弹出的对话框中将【名称】设置为【加载动画】，【类型】设置为【影片剪辑】，单击【确定】按钮，在工具箱中单击【矩形工具】，绘制一个矩形，在【属性】面板中将【填充颜色】设置为#D2D2D2，【笔触颜色】设置为无，【矩形边角半径】设置为5，如图9-91所示。

图9-91 绘制圆角矩形

06 选中绘制的矩形，在【属性】面板中将【宽】、【高】分别设置为300、12，按F8键，在弹出的【转换为元件】对话框中将【名称】设置为【进度条】，【类型】设置为【影片剪辑】，将对齐方式设置为居中，单击【确定】

按钮，如图 9-92 所示。

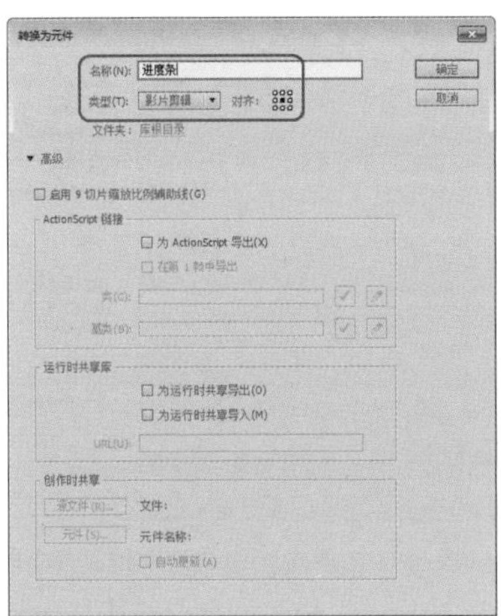

图9-92　将矩形转换为元件

07 选中转换后的元件，在【属性】面板中单击【添加滤镜】按钮，在弹出的下拉列表中选择【发光】选项，将【模糊 X】、【模糊 Y】都设置为 6，【强度】设置为 51，【品质】设置为【高】，【颜色】设置为 #FFFFFF，在【时间轴】面板中选择该图层的第 31 帧，按 F5 键插入帧，如图 9-93 所示。

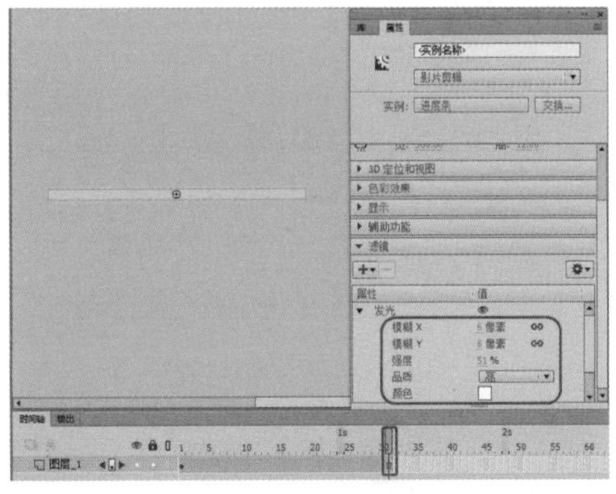

图9-93　添加滤镜效果

08 在【时间轴】面板中新建一个图层，在工具箱中单击【矩形工具】，在舞台中绘制一个矩形并选中，在【属性】面板中将【宽】【高】分别设置为 300、12，【填充颜色】设置为 #FFCC00，如图 9-94 所示。

09 在【时间轴】面板中新建一个图层，在工具箱中单击【矩形工具】，在【属性】面板中将【矩形边角半径】设置为 0，在舞台中绘制一个矩形并选中，在【属性】面板中将【宽】、【高】分别设置为 4、22，【填充颜色】设置为 #00FF00，如图 9-95 所示。

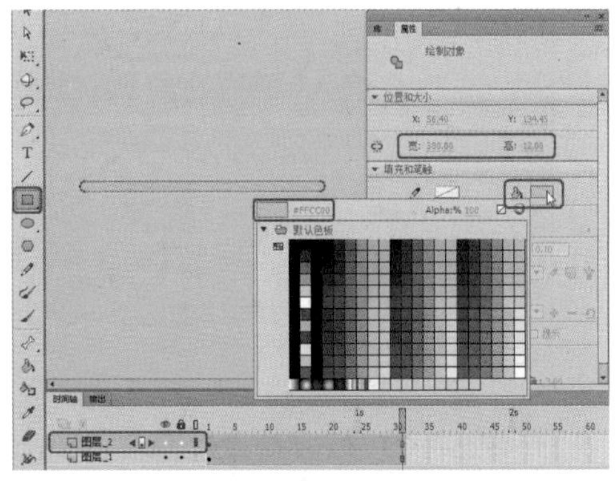

图9-94　绘制矩形并设置参数

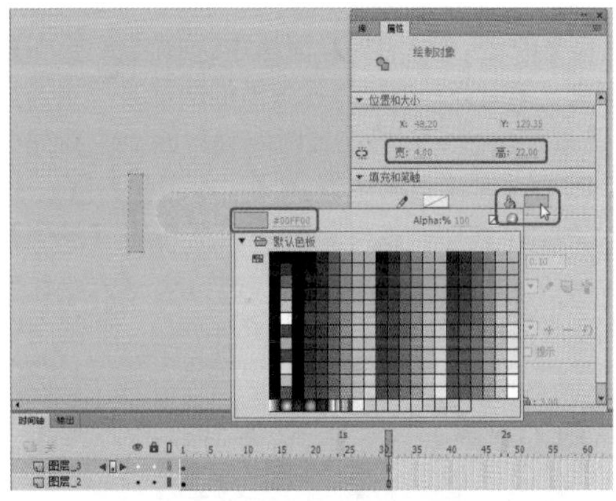

图9-95　绘制矩形并设置参数

10 在【时间轴】面板中选择【图层 _3】的第 31 帧，按 F6 键插入关键帧，选中该帧上的图形，在【属性】面板中将【宽】设置为 315，如图 9-96 所示。

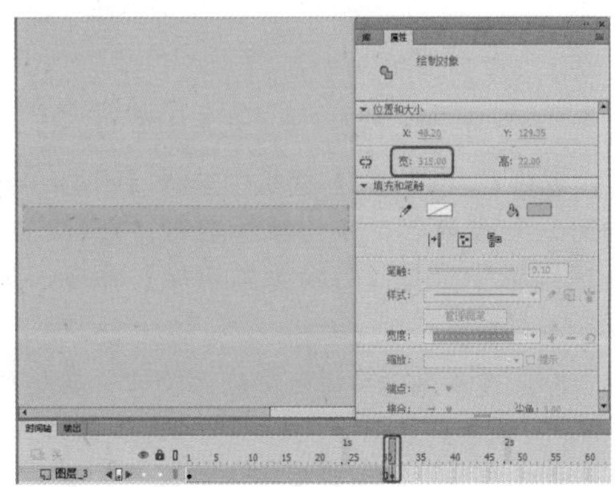

图9-96　插入关键帧并进行设置

11 选择【图层 _3】的第 25 帧，单击鼠标右键，在弹出的快捷菜单中选择【创建补间形状】命令，如图 9-97 所示。

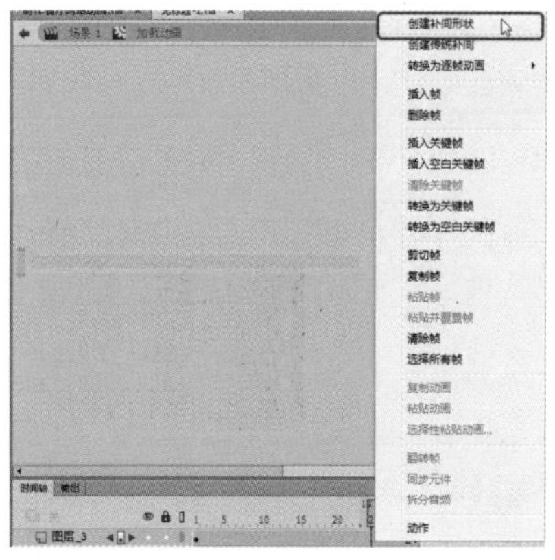

图9-97　选择【创建补间形状】命令

12 在【时间轴】面板中选择【图层 _3】图层，单击鼠标右键，在弹出的快捷菜单中选择【遮罩层】命令，再在【时间轴】面板中新建一个图层，在工具箱中选择【文本工具】T，输入文字并选中，在【属性】面板中将【系列】设置为 Arial，【样式】设置为 Bold，【大小】设置为 15，【颜色】设置为 #666666，如图 9-98 所示。

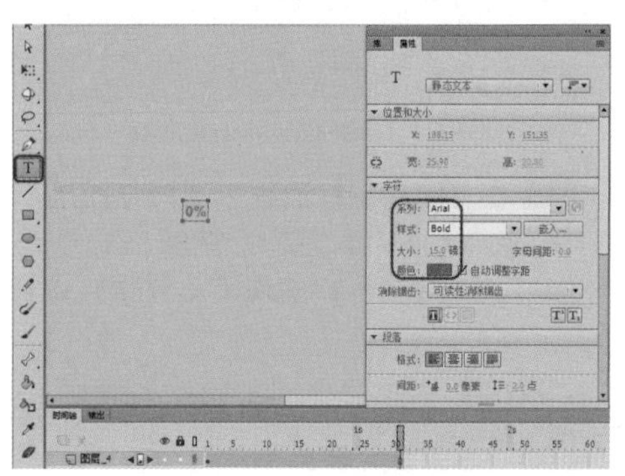

图9-98　输入文字并设置参数

13 在【时间轴】面板中选择【图层 _4】的第 2 至第 31 帧，单击鼠标右键，在弹出的快捷菜单中选择【转换为关键帧】命令，如图 9-99 所示。

14 在不同的关键帧处修改文字，效果如图 9-100 所示。

15 在【时间轴】面板中新建一个图层，选中该图层的第 31 帧，按 F6 键插入关键帧，按 F9 键，在弹出的面板中输入 stop();，如图 9-101 所示。

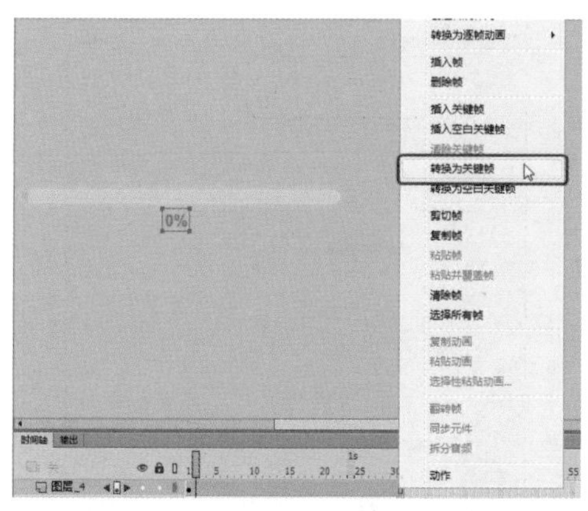

图9-99　选择【转换为关键帧】命令

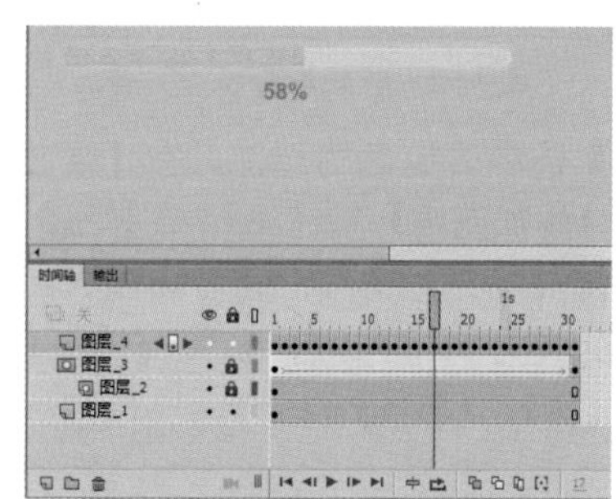

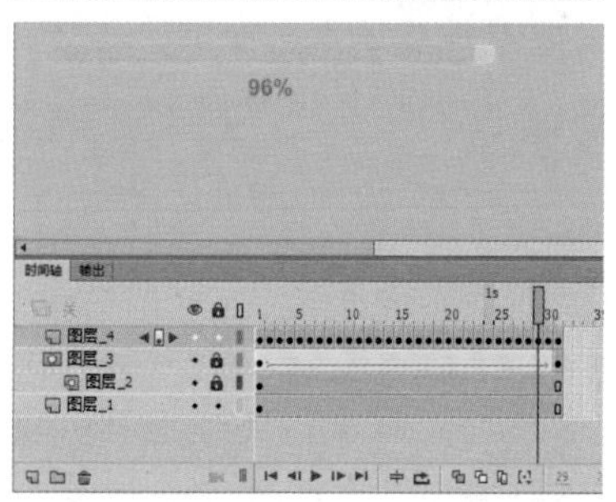

图9-100　修改不同关键帧的文字

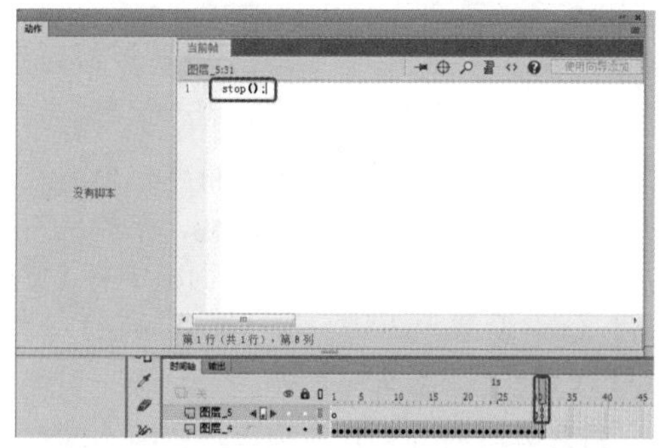

图9-101　输入代码

16 关闭【动作】面板，返回至【场景 1】中，在【时间轴】面板中新建一个图层，命名为【进度条】，将【加载动画】拖曳至舞台中并调整位置，选择【进度条】的第32帧，按F7键插入空白关键帧，如图9-102所示。

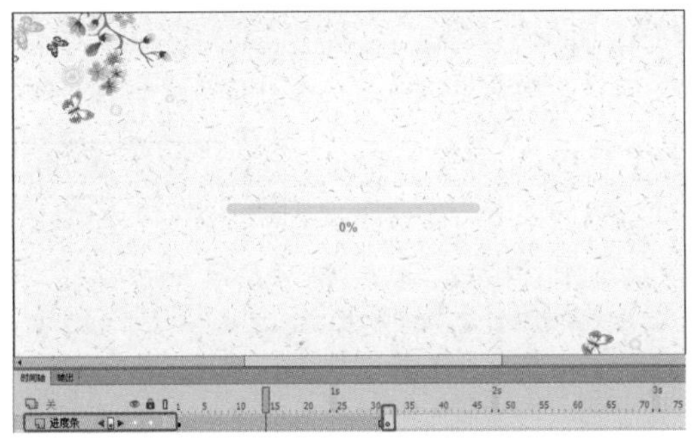

图9-102 新建图层并添加元件

17 在【时间轴】面板中新建一个图层，命名为【矩形1】，选择该图层的第32帧，按F6键插入关键帧，在工具箱中选择【矩形工具】绘制矩形。使用【选择工具】选择刚刚绘制的矩形，打开【属性】面板，将【笔触颜色】设置为#666666，【笔触】设置为1.5，【填充颜色】设置为#FFCC00，【宽】、【高】分别设置为137、50，X、Y分别设置为331.5、225，如图9-103所示。

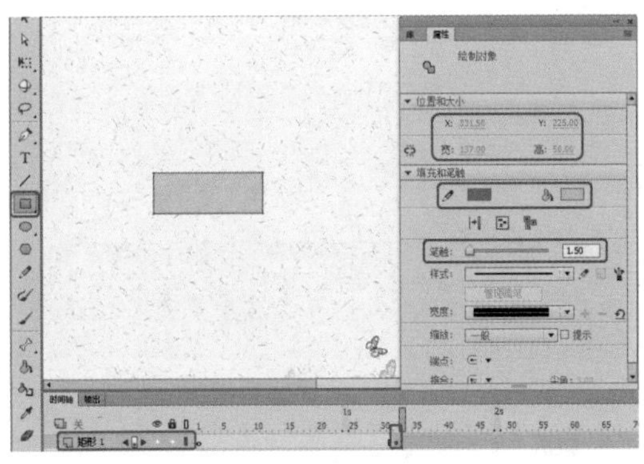

图9-103 绘制矩形并设置参数

18 在【时间轴】面板中新建一个图层，命名为【矩形2】，选择该图层的第32帧，插入关键帧，选择工具箱中的【矩形工具】，绘制矩形并选中，在【属性】面板中将【笔触】设置为无，【填充颜色】设置为#666666，【宽】、【高】分别设置为137、3，X、Y分别设置为331.5、218，如图9-104所示。

19 在【矩形1】和【矩形2】的第36帧和第41帧处按F6键插入关键帧，选择第41帧，使用【选择工具】在舞台中选择两个矩形对象，打开【属性】面板，将Y设置为265，如图9-105所示。

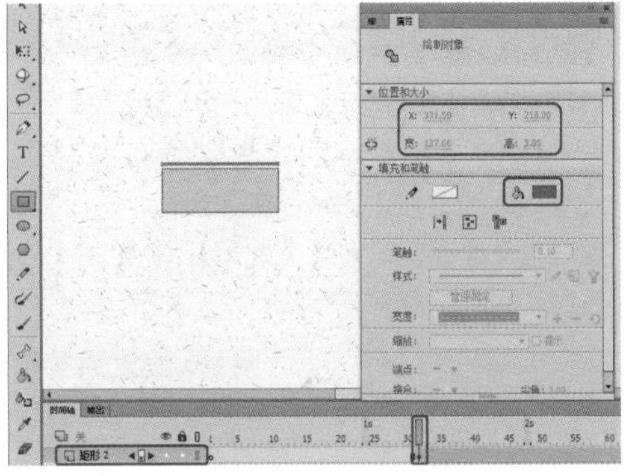

图9-104 绘制矩形并设置参数

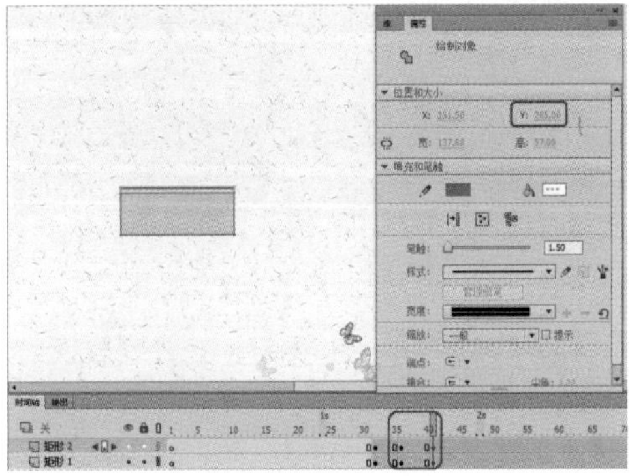

图9-105 调整选择对象的位置

20 为【矩形1】和【矩形2】的第36至第41帧处创建补间形状动画，在【矩形1】、【矩形2】的第46帧处添加关键帧，选择所有对象，在【属性】面板中将Y设置为20，在【矩形1】【矩形2】的第41帧至第46帧之间创建补间形状动画，如图9-106所示。

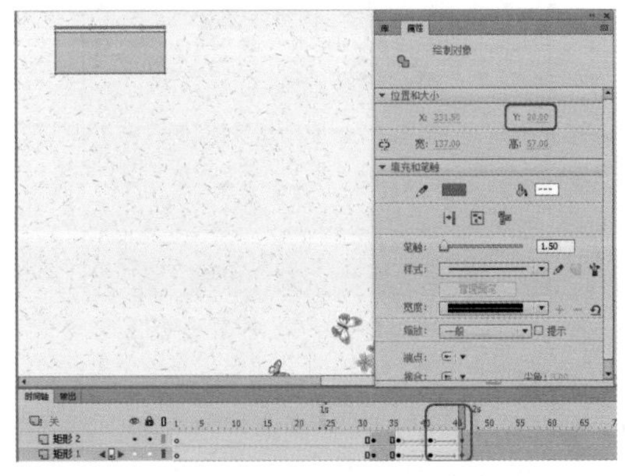

图9-106 调整位置并创建补间形状动画

21 在【时间轴】面板中新建一个图层，将其重命名为 LOADING，选择该图层的第 32 帧，按 F6 键插入关键帧，在工具箱中选择【文本工具】T，输入 LOADING……并选中，在【属性】面板中将【系列】设置为【方正琥珀简体】，【大小】设置为 15，【颜色】设置为 #FF3300，X、Y 分别设置为 346、244，单击【添加滤镜】按钮，在弹出的下拉列表中选择【投影】选项，将【距离】设置为 2，如图 9-107 所示。

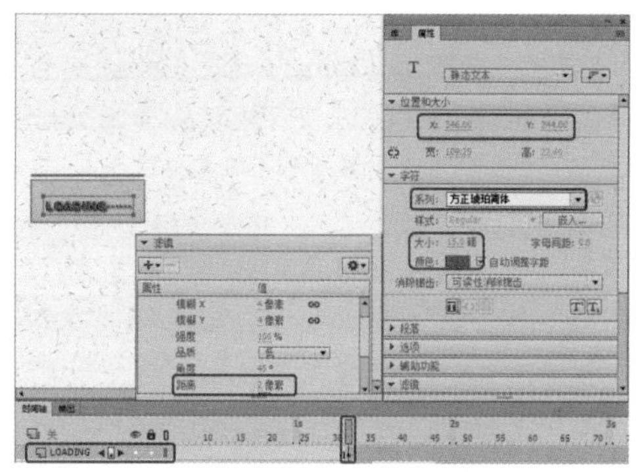

图9-107　输入文字并设置参数

22 选择文字，按 F8 键，打开【转换为元件】对话框，将【名称】设置为 LOADING，将【类型】设置为【图形】，将对齐方式设置为居中，单击【确定】按钮，如图 9-108 所示。

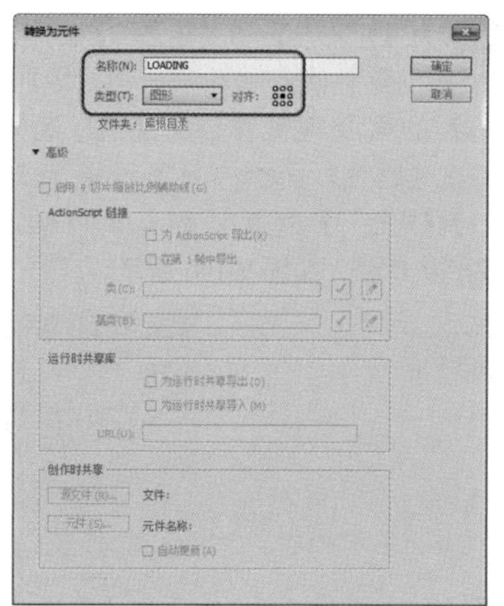

图9-108　【转换为元件】对话框

23 选择 LOADING 图层的第 36 帧，按 F6 键插入关键帧，在场景中选择元件，在【属性】面板中将【样式】设置为 Alpha，Alpha 设置为 0，如图 9-109 所示。

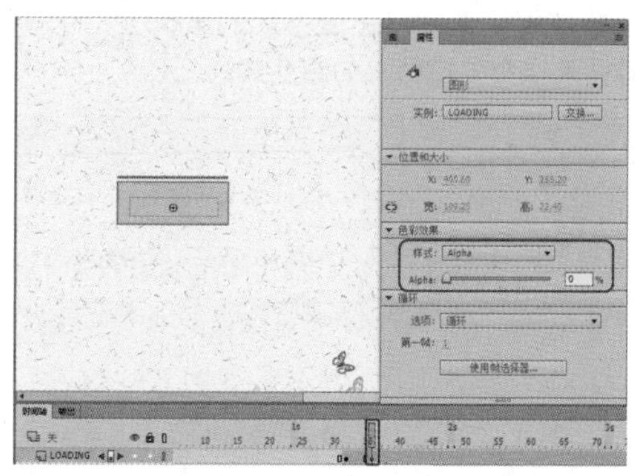

图9-109　设置Alpha参数

24 选择 LOADING 图层的第 33 帧，单击鼠标右键，在弹出的快捷菜单中选择【创建传统补间】命令，单击【新建图层】按钮，将该图层重命名为【底矩形】，选择该图层的第 36 帧，按 F6 键插入关键帧，将该【底矩形】图层调整至【矩形 1】的下方，如图 9-110 所示。

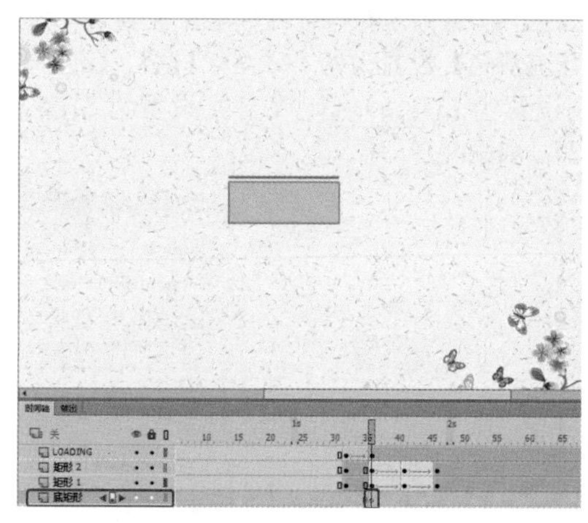

图9-110　插入关键帧并调整位置

25 在工具箱中选择【矩形工具】，绘制矩形，打开【属性】面板，将【宽】【高】分别设置为 600、1，【笔触】设置为无，【填充颜色】设置为 #CCCCCC，Alpha 设置为 89，打开【对齐】面板，单击【水平中齐】按钮和【顶对齐】按钮，如图 9-111 所示。

26 选择【底矩形】的第 46 帧，按 F6 键插入关键帧，选择矩形，在【属性】面板中将【高】设置为 460，选择该图层的第 40 帧，单击鼠标右键，在弹出的快捷菜单中选择【创建补间形状】命令，效果如图 9-112 所示。

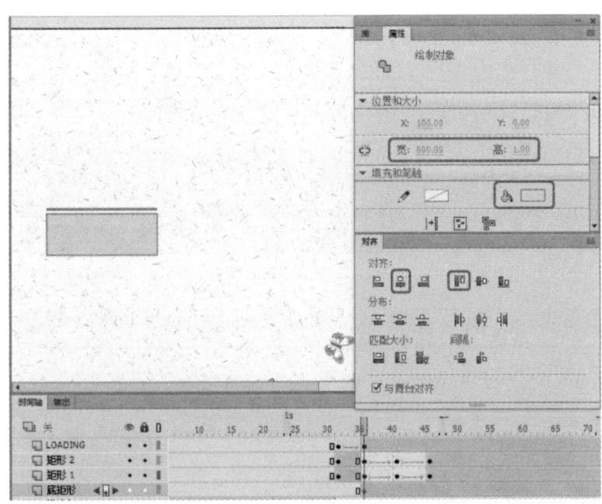
图9-111 绘制矩形并设置参数

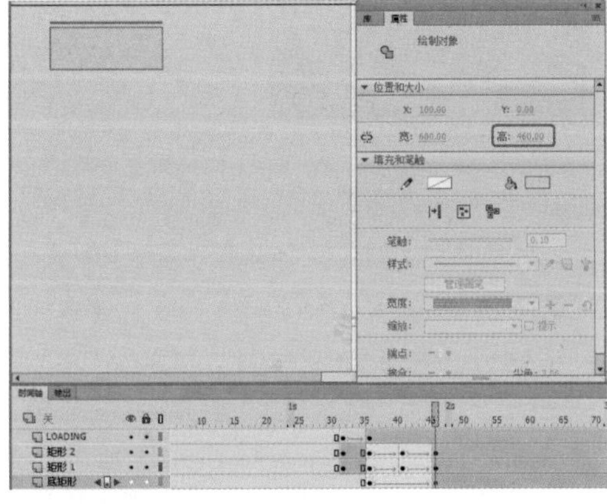
图9-112 创建补间形状动画

27 选择【矩形 1】、【矩形 2】的第 51、56 帧，按 F6 键插入关键帧，选择第 56 帧，选择【矩形 1】、【矩形 2】，在【属性】面板中将【宽】设置为 590，在【对齐】面板中单击【水平中齐】按钮，如图 9-113 所示。

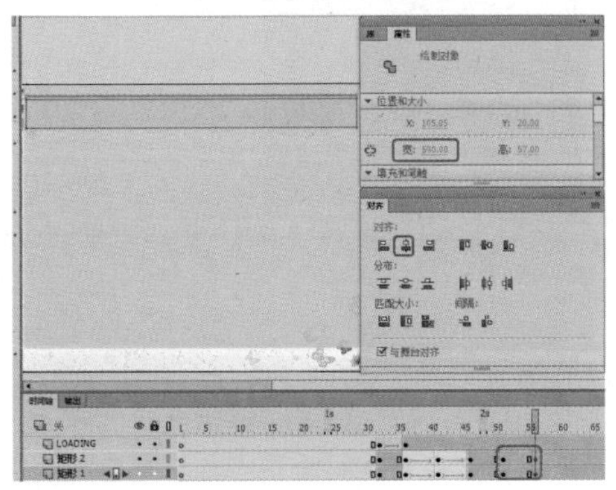
图9-113 调整矩形

28 在【矩形 1】【矩形 2】的第 51 至第 56 帧之间创建补间形状，选择【矩形 1】的第 61 帧，按 F6 键插入关键帧，在舞台上选择【矩形 1】的矩形，在【属性】面板中将【高】设置为 420，选择第 58 帧，右击，在弹出的快捷菜单中选择【创建补间形状】命令，如图 9-114 所示。

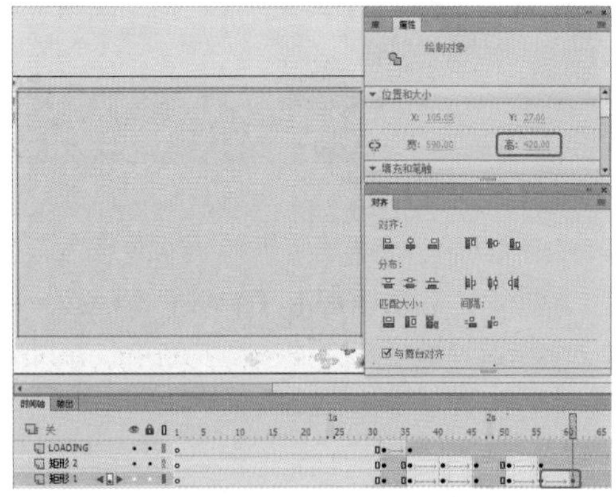
图9-114 创建补间形状

29 将【矩形 1】图层的第 51、56、61 帧上的矩形的【填充颜色】设置为 #333333，按 Ctrl+F8 组合键，弹出【创建新元件】对话框，将【名称】命名为 cp01，将【类型】设置为【按钮】，单击【确定】按钮，如图 9-115 所示。

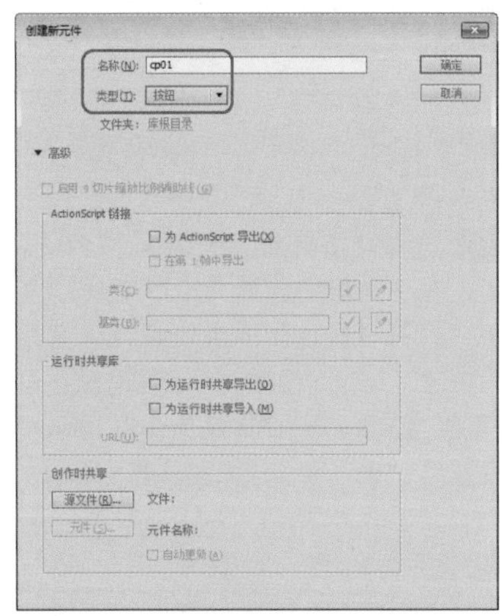

图9-115 【创建新元件】对话框

30 打开【库】面板，将“CP01.jpg”拖曳至舞台上，打开【属性】面板，单击【将宽度值和高度值锁定在一起】按钮，将【宽】和【高】锁定在一起，将【高】设置为 85，打开【对齐】面板，单击【水平中齐】按钮和【垂直中齐】按钮，如图 9-116 所示。

图9-116　等比例缩放图片并调整位置

31 在工具箱中单击【矩形工具】，绘制一个与图片大小相同的矩形并选中，在【属性】面板中将【笔触颜色】设置为#FFFFFF，【填充颜色】设置为无，【笔触】设置为1.5，效果如图9-117所示。

图9-117　绘制矩形并设置参数

32 选择【指针经过】帧，按F6键插入关键帧，在工具箱中选择【矩形工具】，绘制矩形，打开【属性】面板，将【填充颜色】设置为白色，Alpha设置为50，【笔触】设置为无，【宽】、【高】分别设置为100、85，X、Y分别设置为-50、-42.5，如图9-118所示。

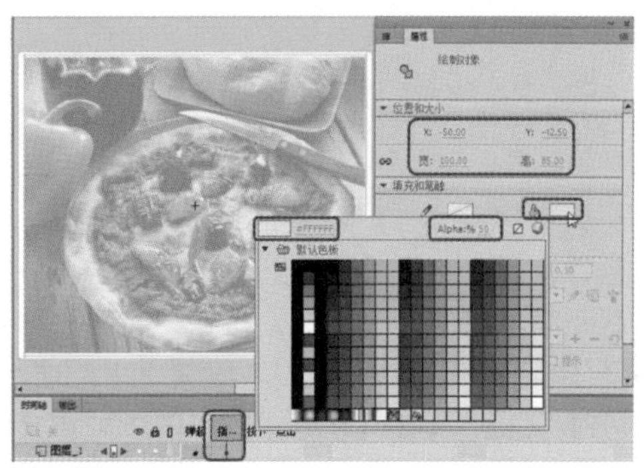
图9-118　绘制矩形并设置参数

33 选择【按下】帧，按F6键插入关键帧，选择刚刚绘制的矩形，按Delete键将其删除，返回至【场景1】中，使用同样的方法制作其他按钮，如图9-119所示。

提　示

在制作其他按钮效果时，可以对cp01按钮元件进行复制，然后对该元件中的素材文件进行替换即可。

图9-119　使用同样的方法制作其他按钮

34 选择LOADING图层，单击【新建图层】按钮，将该图层命名为【菜品1】，选择该图层的第61帧，按F6键插入关键帧，打开【库】面板，将cp01按钮元件拖曳至舞台上，打开【属性】面板，将【实例名称】设置为cp01，X、Y分别设置为163.7、85.6，如图9-120所示。

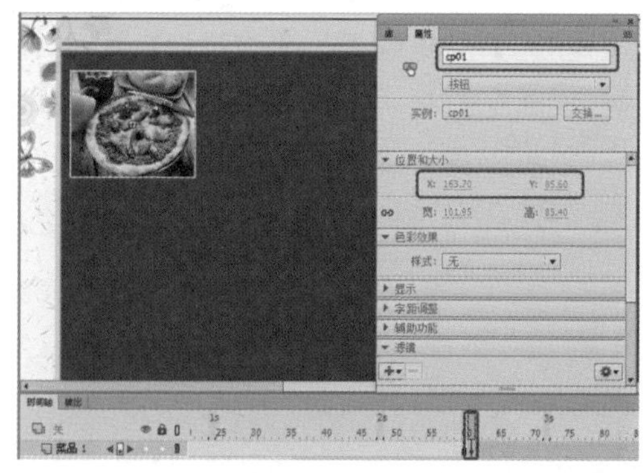
图9-120　设置按钮的位置

35 单击【新建图层】按钮，将新建的图层命名为【菜品2】，选择该图层的第63帧，按F6键插入关键帧，打开【库】面板，将cp02按钮元件拖曳至舞台上，打开【属性】面板，将【实例名称】设置为cp02，并调整其位置，如图9-121所示。

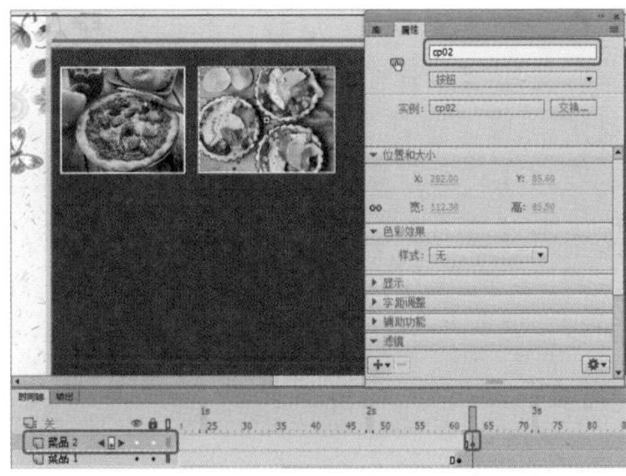

图9-121 设置按钮的实例名称并调整位置

36 使用同样的方法制作其他按钮的动画，效果如图 9-122 所示。

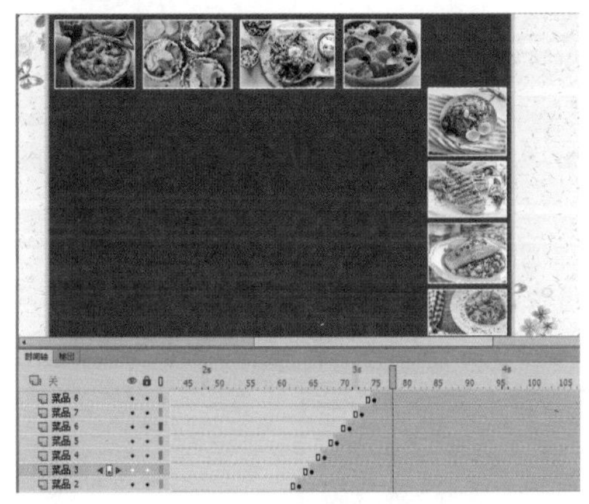

图9-122 制作完成后的效果

37 单击【新建图层】按钮，将新建的图层命名为【矩形 3】，选择该图层的第 67 帧，按 F6 键插入关键帧，使用【矩形工具】绘制矩形，将【宽】、【高】分别设置为 467、305，X、Y 分别设置为 112.7、132.05，【笔触】设置为无，【填充颜色】设置为 #FFAA00，Alpha 设置为 57，如图 9-123 所示。

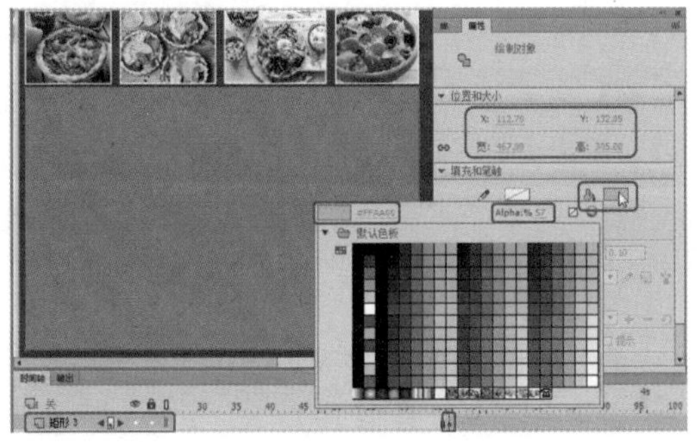

图9-123 绘制矩形并设置参数

38 选择矩形，按 F8 键，弹出【转换为元件】对话框，将【名称】命名为【矩形】，【类型】设置为【图形】，单击【确定】按钮，如图 9-124 所示。

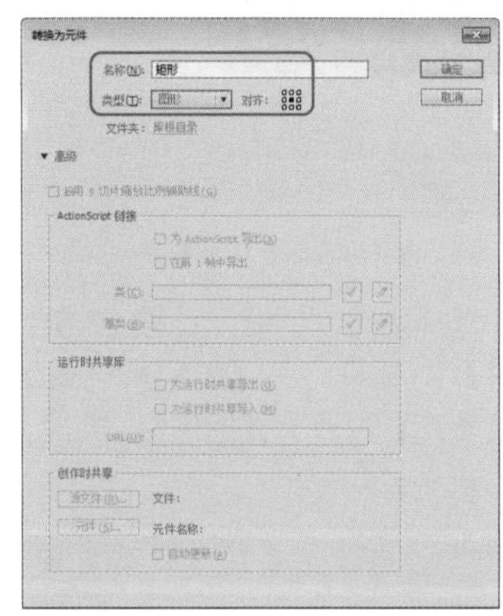

图9-124 【转换为元件】对话框

39 选择【矩形】元件，在【属性】面板中将【样式】设置为 Alpha，将 Alpha 设置为 0，选择【矩形】图层的第 73 帧，按 F6 键插入关键帧，在【属性】面板中将 Alpha 设置为 100，选择第 70 帧，右击，在弹出的快捷菜单中选择【创建传统补间】命令，效果如图 9-125 所示。

图9-125 创建传统补间动画

40 将【矩形 3】图层拖曳至【新建图层】按钮上，对【矩形 3】图层进行拷贝，然后新建图层，将其图层命名为【矩形 4】，选择第 67 帧，按 F6 键插入关键帧，在工具箱中选择【矩形工具】，在舞台上绘制矩形，在【属性】面板中将【宽】、【高】分别设置为 600、30，将【笔触】设置为无，【填充颜色】设置为 #990000，Alpha 设置为 100，如图 9-126 所示。

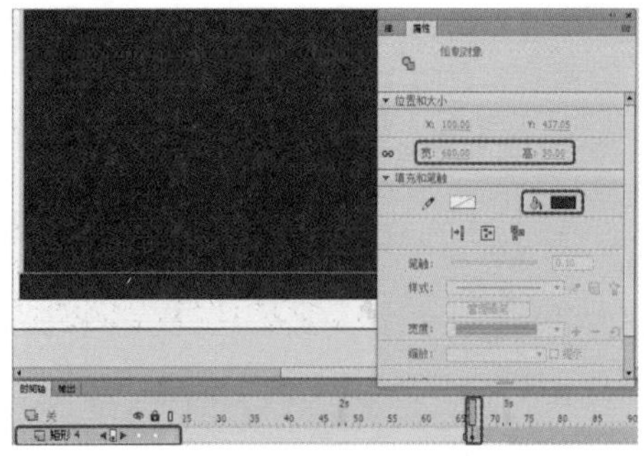

图9-126 【属性】面板

41 选择刚绘制的矩形，按F8键打开【转换为元件】对话框，将【名称】设置为【矩形1】，将【类型】设置为【图形】，单击【确定】按钮，如图9-127所示。

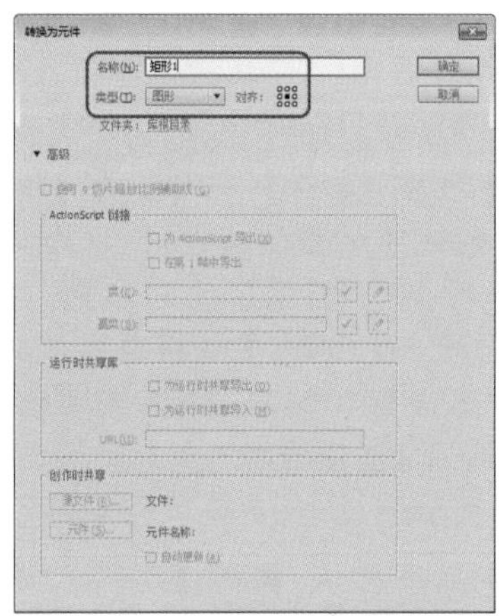

图9-127 【转换为元件】对话框

42 在【属性】面板中将X、Y分别设置为400、517，将【色彩效果】下的【样式】设置为Alpha，将Alpha设置为0。选择第73帧，按F6键插入关键帧，在【属性】面板中将X、Y分别设置为400、479，Alpha设置为100，如图9-128所示。

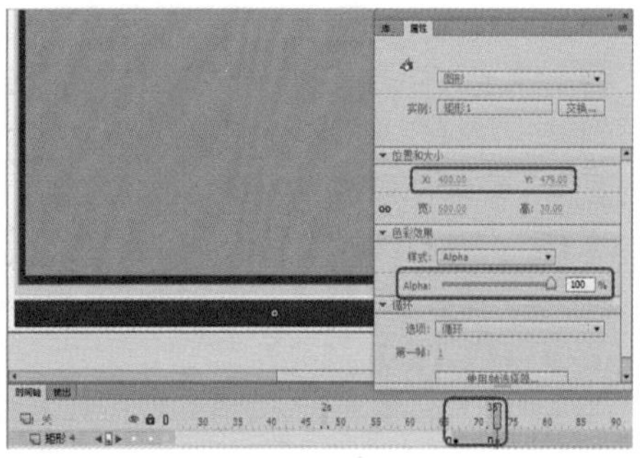

图9-128 设置位置

43 在第67至第73帧之间创建传统补间动画，单击【新建图层】按钮，将其重命名为【文字1】，选择第73帧，按F6键插入关键帧，使用【文本工具】输入文字，在【属性】面板中将【系列】设置为【方正综艺体简体】，【大小】设置为14，【颜色】设置为白色，【字母间距】设置为2，如图9-129所示。

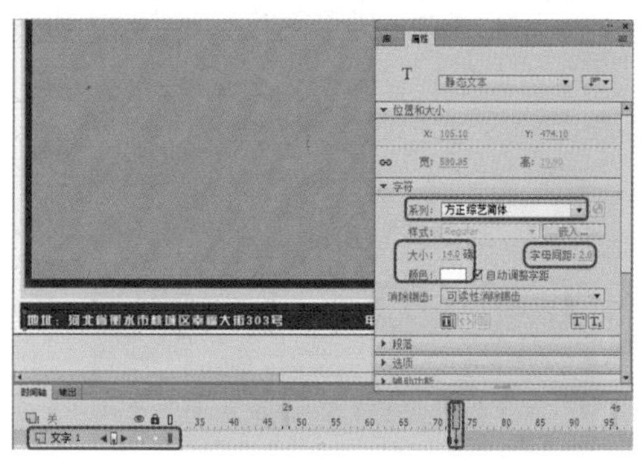

图9-129 输入文字并设置参数

44 打开【库】面板，将CP09.png拖曳至舞台中，在【属性】面板中将【宽】、【高】分别设置为25、20.2，并调整位置，如图9-130所示。

图9-130 设置图片属性

45 选择刚刚输入的文字和CP09.png图片，按F8键打开【转换为元件】对话框，将【名称】命名为【文字1】，【类型】设置为【图形】，单击【确定】按钮，选择【文字1】元件，在【属性】面板中将X、Y分别设置为401.8、510，【样式】设置为Alpha，Alpha设置为0，如图9-131所示。

46 在第78帧处插入关键帧，在【属性】面板中将Alpha设置为100，X、Y分别设置为401.8、479，然后在第73至第78帧之间创建传统补间动画，如图 9-132 所示。

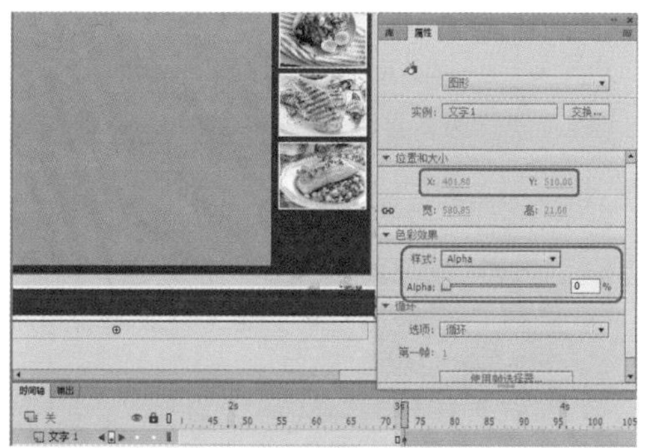

图9-131 设置关键帧

图9-132 创建传统补间动画

47 按 Ctrl+F8 组合键，在弹出的对话框中将【名称】命名为【菜 01】，将【类型】设置为【影片剪辑】，单击【确定】按钮，打开【库】面板，将 CP01.jpg 拖曳至舞台中，在【属性】面板中将【宽】、【高】分别设置为 467、305，在【对齐】面板中单击【水平中齐】按钮和【垂直中齐】按钮，如图 9-133 所示。

图9-133 设置图片

48 选择第 15 帧，按 F5 键插入帧，单击【新建图层】按钮，在工具箱中选择【矩形工具】，绘制矩形并选中，在【属性】面板中将【宽】、【高】分别设置为 35、305，将 X、Y 设置为 -233.5、-152.5，【笔触】设置为无，【填充颜色】设置为白色，如图 9-134 所示。

图9-134 绘制矩形并设置参数

49 选择刚刚绘制的矩形，按 F8 键，打开【转换为元件】对话框，将【名称】设置为【白色矩形】，【类型】设置为【图形】，将对齐方式设置为居中，单击【确定】按钮，如图 9-135 所示。

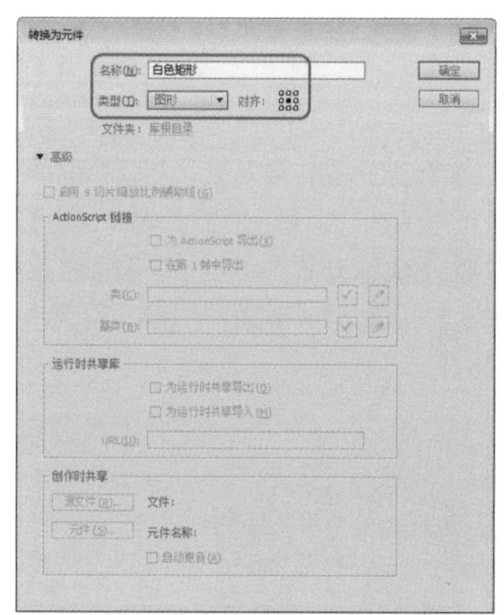

图9-135 【转换为元件】对话框

50 选择【图层_2】的第 5 帧，按 F6 键插入关键帧，在【属性】面板中，将【宽】设置为 20，将【色彩效果】下的【样式】设置为 Alpha，Alpha 设置为 0，如图 9-136 所示。

51 在第 0 帧至第 5 帧之间创建传统补间动画，单击【新建图层】按钮，打开【库】面板，将【白色矩形】拖曳至舞台上，在【属性】面板中将【宽】设置为 85，X、Y 分别设置为 -156、0，如图 9-137 所示。

图9-136　插入关键帧并设置参数

图9-137　设置元件的位置和大小

52 选择新图层的第 3 帧，按 F6 键插入关键帧，选择该图层的第 8 帧，按 F6 键插入关键帧，在场景中选择【矩形】元件，在【属性】面板中将【宽】设置为 50，将【色彩效果】下的【样式】设置为 Alpha，Alpha 设置为 0，如图 9-138 所示。

图9-138　设置元件属性

53 在【图层_3】的第 3 至第 8 帧之间创建传统补间动画，并使用同样的方法制作其他图层动画效果，效果如图 9-139 所示。

54 单击【新建图层】按钮，选择第 15 帧，按 F6 键插入关键帧，按 F9 键，打开【动作】面板，输入代码 stop();，如图 9-140 所示。

图9-139　设置完成后的效果

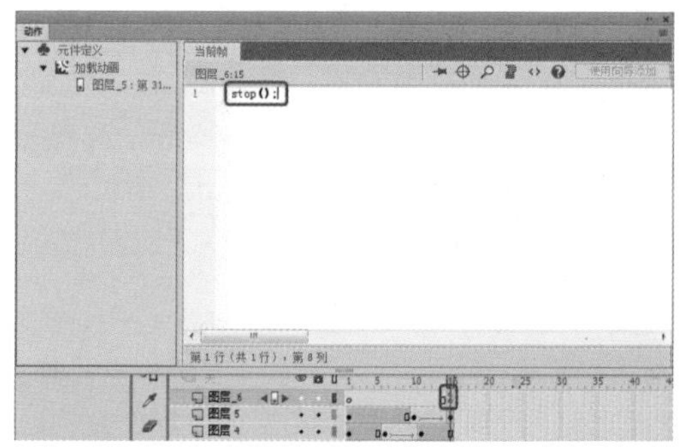

图9-140　输入代码

55 使用同样的方法设置其他的影片剪辑，返回到【场景 1】中，将【矩形 3 复制】图层先隐藏显示，选择【矩形 3】图层，单击【新建图层】按钮，将新建的图层重命名为【菜品赏析】，选择该图层的第 75 帧，按 F6 键插入关键帧，打开【库】面板，将【菜 01】拖曳至舞台上，在【属性】面板中将 X、Y 分别设置为 346.25、284.55，如图 9-141 所示。

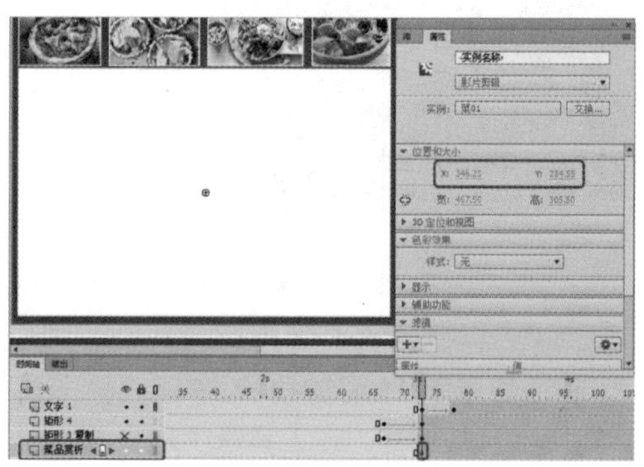

图9-141　将影片剪辑拖曳至舞台中并调整位置

56 选择第 88 帧，按 F6 键插入关键帧，选择该图层的第 102 帧，按 F7 键插入空白关键帧，选择第 103 帧，按 F6 键插入关键帧，将【菜 02】拖曳至舞台上，在【属性】面板中将 X、Y 分别设置为 346.25、284.55，如图 9-142 所示。

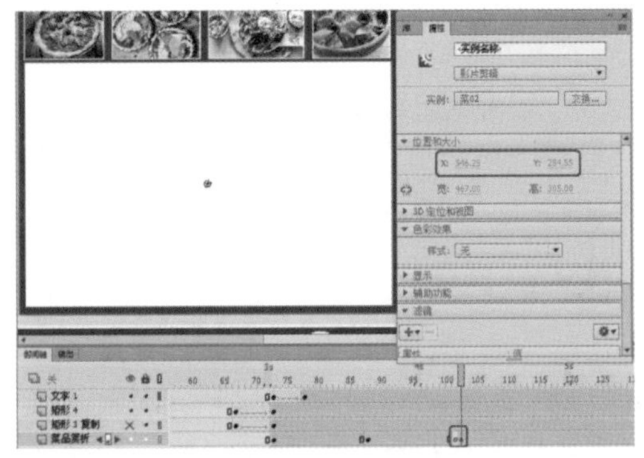

图9-142 设置关键帧

57 使用同样的方法设置该图层的其他动画，设置完成后将【矩形 3 复制】图层显示，选择该图层，右击，在弹出的快捷菜单中选择【遮罩层】命令，如图 9-143 所示。

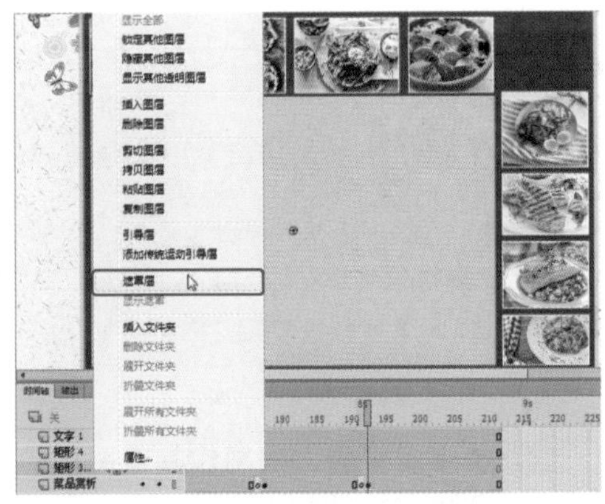

图9-143 选择【遮罩层】命令

疑难解答 如何快速制作其他类似的影片剪辑动画效果?

可以在【库】面板中选择类似的影片剪辑元件，右击，在弹出的快捷菜单中选择【直接复制】命令，将其复制并选中，双击该元件，对元件进行编辑，在舞台中交换元件或者位图对象即可。

58 选择【文字 1】图层，单击【新建图层】按钮，将其重命名为【文字 2】，按 Ctrl+F8 组合键，打开【创建新元件】对话框，将【名称】设置为【文字 2】，【类型】设置为【影片剪辑】，单击【确定】按钮，如图 9-144 所示。

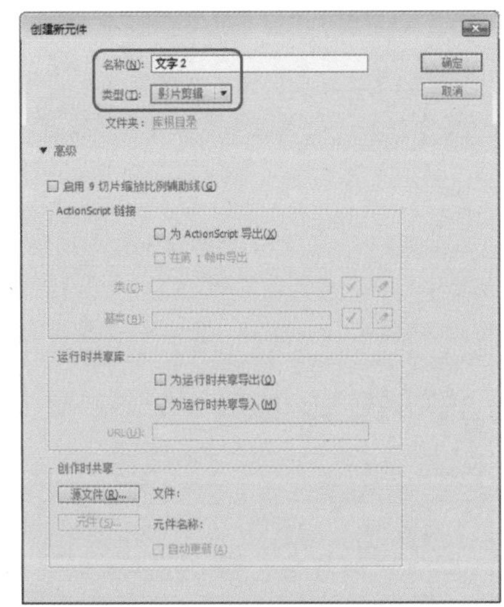

图9-144 【创建新元件】对话框

59 在工具箱中选择【文本工具】，输入【锦源餐厅】，在【属性】面板中将【系列】设置为【汉仪综艺体简】，【大小】设置为 25，将【字母间距】设置为 2，【颜色】设置为白色，如图 9-145 所示。

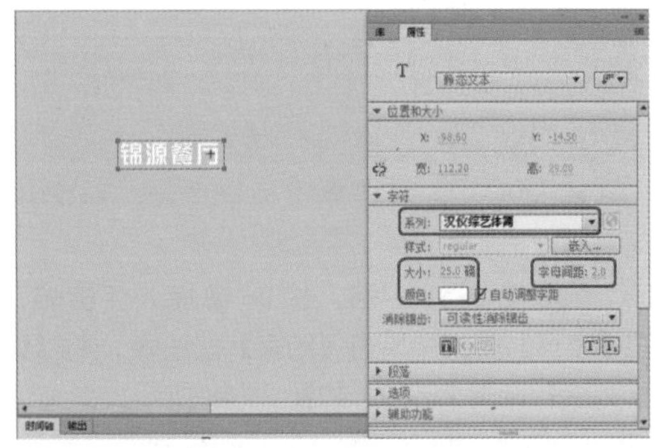

图9-145 输入文字并设置参数

60 选择文字，按 Ctrl+B 组合键，将文字打散，选择【锦】文字，按 F8 键，打开【转换为元件】对话框，将【名称】命名为【锦】，【类型】设置为【图形】，单击【确定】按钮，如图 9-146 所示。选择【源】文字，按 F8 键打开【转换为元件】对话框，将【名称】命名为【源】，【类型】设置为【图形】，单击【确定】按钮。

61 使用同样的方法将其他文字转换为元件，除【锦】元件外，将其他元件删除。选择

【锦】元件，在【属性】面板中将 X、Y 分别设置为 -83、0，如图 9-147 所示。

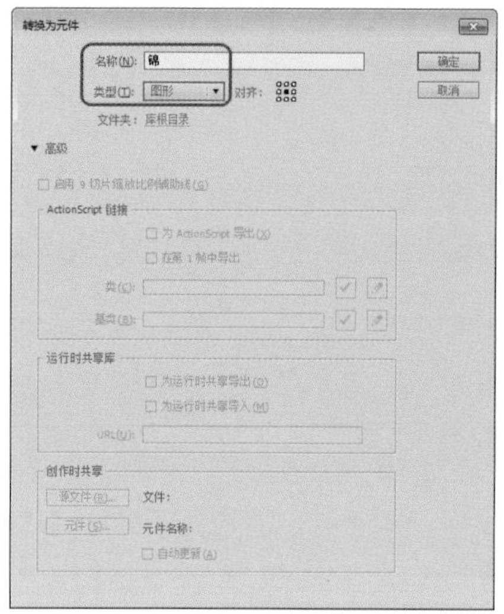

图9-146 【转换为元件】对话框

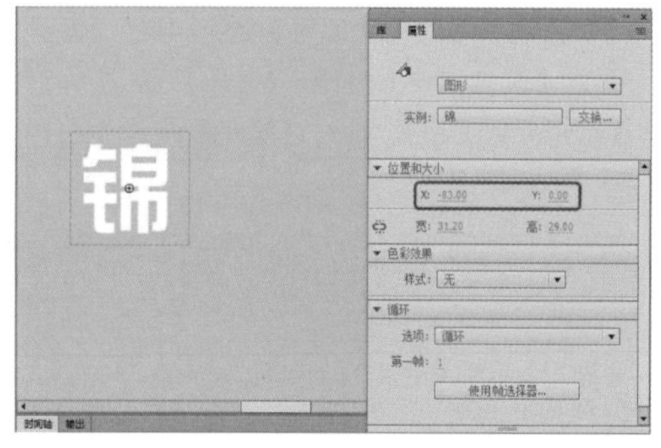

图9-147 设置文字属性

62 选择第 15 帧，按 F6 键插入关键帧，在【变形】面板中单击【约束】按钮，将【缩放宽度】设置为 130，如图 9-148 所示。

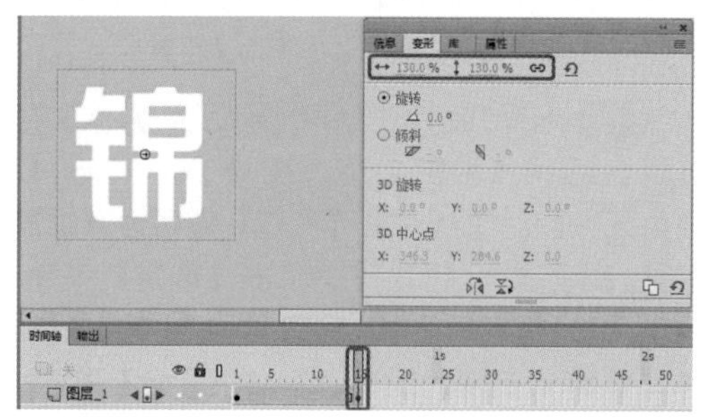

图9-148 设置变形

63 选择第 17 帧，按 F6 键插入关键帧，在【变形】面板中将【缩放宽度】设置为 100。选择【图层_1】的第 23 帧，按 F5 键插入帧。单击【新建图层】按钮，将【源】元件拖曳至舞台中，在【属性】面板中将 X、Y 分别设置为 -51.8、0，如图 9-149 所示。

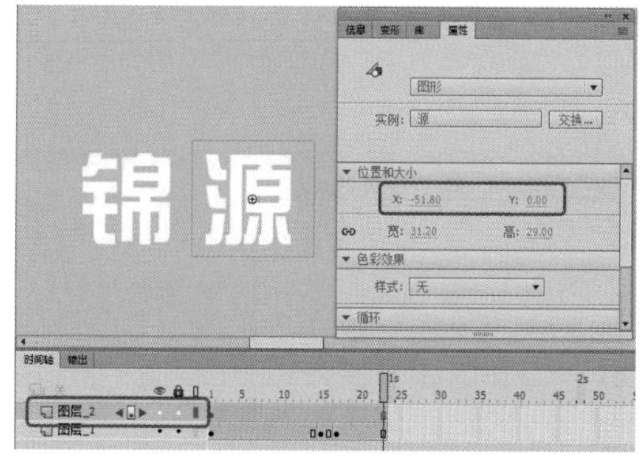

图9-149 插入关键帧并设置参数

64 选择第 17 帧，按 F6 键插入关键帧，选中该帧上的元件，在【变形】面板中将【缩放宽度】设置为 130。选择第 19 帧，按 F6 键插入关键帧，将【缩放宽度】设置为 100，如图 9-150 所示。

图9-150 调整元件的大小

65 使用同样的方法制作其他图层的动画，效果如图 9-151 所示。

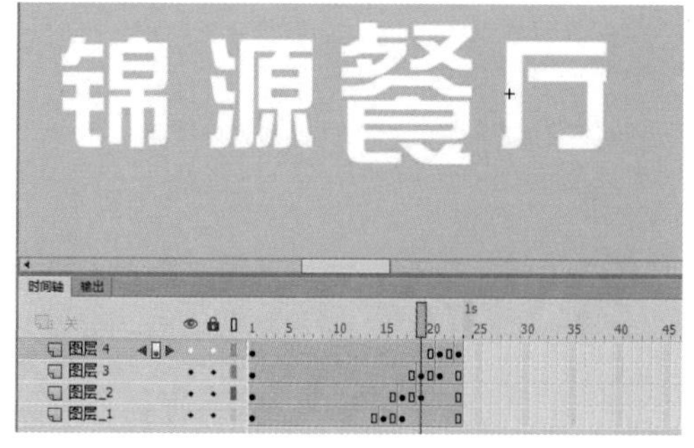

图9-151 设置完成后的效果

66 返回到【场景1】中，在工具箱中选择【文本工具】T，输入文字 Jinyuan Restaurant，将【系列】设置为【汉仪综艺体简】，【大小】设置为 9.5，【颜色】设置为白色，【字母间距】设置为 0。按 F8 键，弹出【转换为元件】对话框，将【名称】设置为【英文字母】，将【类型】设置为【图形】，单击【确定】按钮，如图 9-152 所示。

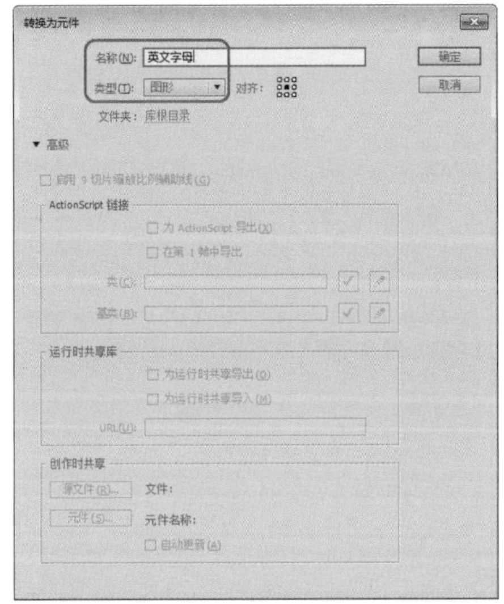

图9-152 【转换为元件】对话框

67 在舞台上将【英文字母】元件删除，选择【文字2】图层的第 67 帧，按 F6 键插入关键帧，在【库】面板中将【文字2】影片剪辑拖曳至舞台上，在【属性】面板中将【宽】、【高】分别设置为 112.35、26.1，X、Y 分别设置为 793.25、88.2，【样式】设置为 Alpha，Alpha 设置为 0，如图 9-153 所示。

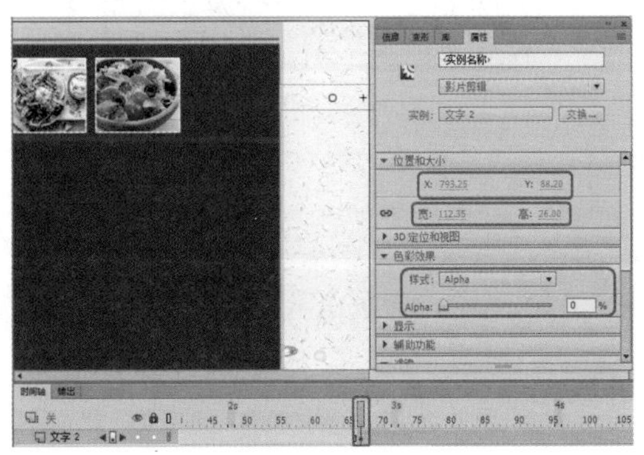

图9-153 插入关键帧并设置参数

68 选择第 73 帧，按 F6 键插入关键帧，选择元件，在【属性】面板中将 X 设置为 670.9，Alpha 设置为 100。选择第 70 帧，右击，在弹出的快捷菜单中选择【创建传统补间】命令，效果如图 9-154 所示。

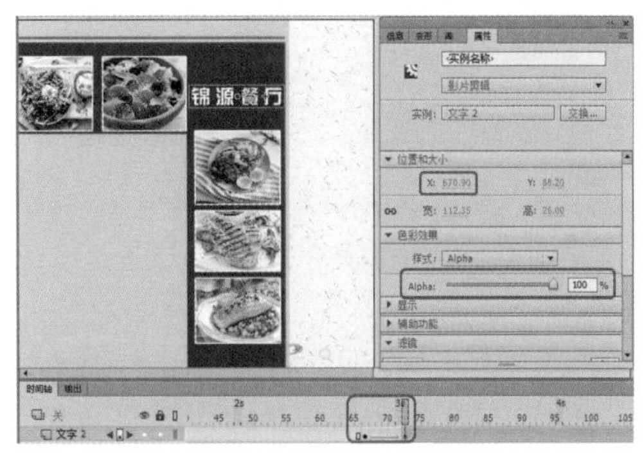

图9-154 创建传统补间动画

69 单击【新建图层】按钮，将其重命名为【英文】，选择第 67 帧，按 F6 键插入关键帧，在【库】面板中将【英文字母】元件拖曳至舞台上，在【属性】面板中将 X、Y 分别设置为 636.45、151，【样式】设置为 Alpha，Alpha 设置为 0，如图 9-155 所示。

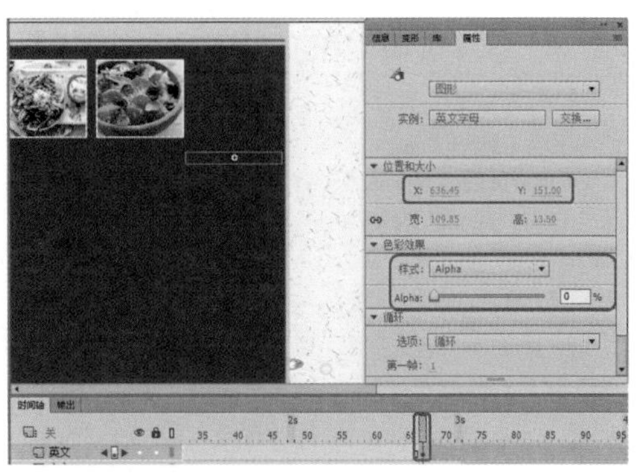

图9-155 插入关键帧并设置参数

70 选择第 73 帧，按 F6 键插入关键帧，选择元件，在【属性】面板中将 Y 设置为 108，Alpha 设置为 100。在第 67 至第 73 帧之间创建传统补间动画。单击【新建图层】按钮，将新建的图层重命名为【代码】，选择该图层的第 87 帧，按 F6 键插入关键帧，按 F9 键，打开【动作】面板，输入代码，如图 9-156 所示。

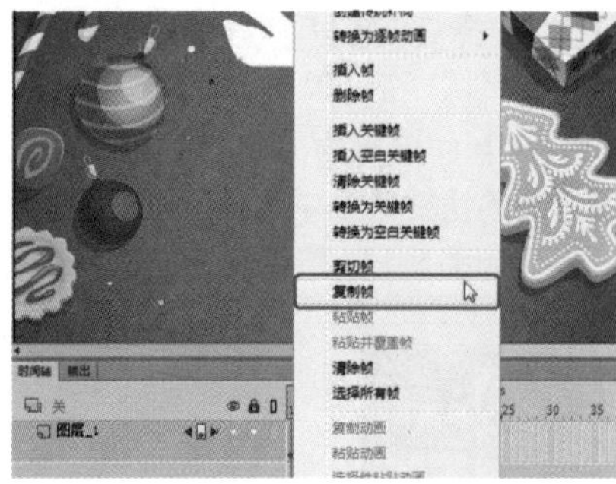

图9-156　在【动作】面板中输入代码

在此输入的代码如下。

```
stop();
cp01.addEventListener("click", 跳转 );
function 跳转 (me:MouseEvent)
{

   gotoAndPlay(88);

   stop()
}
cp02.addEventListener("click", 跳转 1);
function 跳转 1(me:MouseEvent)
{

   gotoAndPlay(103);
   stop()

}
cp03.addEventListener("click", 跳转 2);
function 跳转 2(me:MouseEvent)
{

   gotoAndPlay(118);
   stop()

}
cp04.addEventListener("click", 跳转 4);
function 跳转 4(me:MouseEvent)
{

   gotoAndPlay(133);
   stop()

}
cp05.addEventListener("click", 跳转 5);
function 跳转 5(me:MouseEvent)
{

   gotoAndPlay(148);
   stop()

}
cp06.addEventListener("click", 跳转 6);
function 跳转 6(me:MouseEvent)
{

   gotoAndPlay(163);
   stop()

}
cp07.addEventListener("click", 跳转 7);
function 跳转 7(me:MouseEvent)
{

   gotoAndPlay(178);
   stop()

}
cp08.addEventListener("click", 跳转 8);
function 跳转 8(me:MouseEvent)
{

   gotoAndPlay(193);
   stop()

}
```

71 按 Ctrl+Enter 组合键测试影片，效果如图 9-157 所示。

图9-157　餐厅网站动画效果

9.6 习题与训练

1. 在【动作】面板中有哪几种模式，分别是什么？

2. 变量的命名主要遵循 3 条规则，分别是什么？

3. 在动作脚本中有哪 3 种类型的变量范围？

附录 1　Animate 常用快捷键

工具		
箭头工具 V	部分选取工具 A	线条工具 N
套索工具 L	钢笔工具 P	文本工具 T
椭圆工具 O	矩形工具 R	铅笔工具 Y
画笔工具 B	任意变形工具 Q	填充变形工具 F
墨水瓶工具 S	颜料桶工具 K	滴管工具 I
橡皮擦工具 E	手形工具 H	缩放工具 Z

菜单命令		
新建文件 Ctrl+N	打开文件 Ctrl+O	作为库打开 Ctrl+Shift+O
关闭 Ctrl+W	保存 Ctrl+S	另存为 Ctrl+Shift+S
导入 Ctrl+R	导出影片 Ctrl+Shift+Alt+S	发布设置 Ctrl+Shift+F12
发布预览 Ctrl+F12	发布 Shift+F12	打印 Ctrl+P
退出 Animate Ctrl+Q	撤销命令 Ctrl+Z	剪切到剪贴板 Ctrl+X
拷贝到剪贴板 Ctrl+C	粘贴剪贴板内容 Ctrl+V	粘贴到当前位置 Ctrl+Shift+V
复制所选内容 Ctrl+D	全部选取 Ctrl+A	取消全选 Ctrl+Shift+A
剪切帧 Ctrl+Alt+X	拷贝帧 Ctrl+Alt+C	粘贴帧 Ctrl+Alt+V
选择所有帧 Ctrl+Alt+A	编辑元件 Ctrl+E	首选参数 Ctrl+U
转到第一个 HOME	转到前一个 PGUP	转到下一个 PGDN
转到最后一个 END	放大视图 Ctrl++	缩小视图 Ctrl+–
100% 显示 Ctrl+1	缩放到帧大小 Ctrl+2	全部显示 Ctrl+3
按轮廓显示 Ctrl+Shift+Alt+O	显示 / 隐藏场景工具栏 Shift+F2	消除锯齿显示 Ctrl+Shift+Alt+A
消除文字锯齿 Ctrl+Shift+Alt+T	显示 / 隐藏时间轴 Ctrl+Alt+T	显示 / 隐藏工作区以外部分 Ctrl+Shift+W
显示 / 隐藏标尺 Ctrl+Shift+Alt+R	显示 / 隐藏网格 Ctrl+’	对齐网格 Ctrl+Shift+’
编辑网格 Ctrl+Alt+G	显示 / 隐藏辅助线 Ctrl+;	锁定辅助线 Ctrl+Alt+;
对齐辅助线 Ctrl+Shift+;	编辑辅助线 Ctrl+Shift+Alt+G	对齐对象 Ctrl+Shift+/
显示形状提示 Ctrl+Alt+H	显示 / 隐藏边缘 Ctrl+H	显示 / 隐藏面板 F4
转换为元件 F8	新建元件 Ctrl+F8	新建空白帧 F5
新建关键帧 F6	删除帧 Shift+F5	删除关键帧 Shift+F6
取消变形 Ctrl+Shift+Z	修改文档属性 Ctrl+J	优化 Ctrl+Shift+Alt+C
添加形状提示 Ctrl+Shift+H	缩放与旋转 Ctrl+Alt+S	顺时针旋转 90 度 Ctrl+Shift+9
逆时针旋转 90 度 Ctrl+Shift+7	显示 / 隐藏脚本参考 Shift+F1	移至顶层 Ctrl+Shift+ ↑
上移一层 Ctrl+ ↑	下移一层 Ctrl+ ↓	移至底层 Ctrl+Shift+ ↓
锁定 Ctrl+Alt+L	解除全部锁定 Ctrl+Shift+Alt+L	左对齐 Ctrl+Alt+1
水平居中 Ctrl+Alt+2	右对齐 Ctrl+Alt+3	顶对齐 Ctrl+Alt+4
垂直居中 Ctrl+Alt+5	底对齐 Ctrl+Alt+6	按宽度均匀分布 Ctrl+Alt+7
按高度均匀分布 Ctrl+Alt+9	设为相同宽度 Ctrl+Shift+Alt+7	设为相同高度 Ctrl+Shift+Alt+9

续表

相对舞台分布 Ctrl+Alt+8	转换为关键帧 F6	转换为空白关键帧 F7
组合 Ctrl+G	取消组合 Ctrl+Shift+G	打散分离对象 Ctrl+B
分散到图层 Ctrl+Shift+D	字体样式设置为正常 Ctrl+Shift+P	字体样式设置为粗体 Ctrl+Shift+B
字体样式设置为斜体 Ctrl+Shift+I	文本左对齐 Ctrl+Shift+L	文本居中对齐 Ctrl+Shift+C
文本右对齐 Ctrl+Shift+R	文本两端对齐 Ctrl+Shift+J	增加文本间距 Ctrl+Alt+ →
减小文本间距 Ctrl+Alt+ ←	重置文本间距 Ctrl+Alt+ ↑	播放 / 停止动画回车
后退 Ctrl+Alt+R	单步向前 > 单步向后 <	测试影片 Ctrl+ 回车
调试影片 Ctrl+Shift+ 回车	测试场景 Ctrl+Alt+ 回车	启用简单按钮 Ctrl+Alt+B
新建窗口 Ctrl+Alt+N	显示 / 隐藏工具面板 Ctrl+F2	显示 / 隐藏时间轴 Ctrl+Alt+T
显示 / 隐藏属性面板 Ctrl+F3	显示 / 隐藏解答面板 Ctrl+F1	显示 / 隐藏对齐面板 Ctrl+K
显示 / 隐藏混色器面板 Shift+F9	显示 / 隐藏颜色样本面板 Ctrl+F9	显示 / 隐藏信息面板 Ctrl+I
显示 / 隐藏场景面板 Shift+F2	显示 / 隐藏变形面板 Ctrl+T	显示 / 隐藏动作面板 F9
显示 / 隐藏调试器面板 Shift+F4	显示 / 隐藏输出面板 F2	显示 / 隐藏辅助功能面板 Alt+F2
显示 / 隐藏组件面板 Ctrl+F7	显示 / 隐藏组件参数面板 Alt+F7	显示 / 隐藏库面板 F11

附录2　参考答案

第1章

1. 在绘制的过程中如果按住Shift键，可以绘制垂直、水平和45°斜线，这给绘制特殊的直线提供了方便。如果按Ctrl键可以切换到【选择工具】，对工作区中的对象进行选取，当松开Ctrl键时，会自动切回到线条工具。Shift键和Ctrl键在绘图工具中经常用到，它们是许多工具的辅助键。

2. 按住Shift键的同时拖动鼠标，可绘制正圆。

3. 首先选择【多角星形工具】，然后打开【属性】面板，在【工具设置】选项组中单击【选项】按钮，随即会弹出【工具设置】对话框，将【样式】设置为【星形】，【边数】设置为5，单击【确定】按钮，即可绘制五角星。

第2章

1. 相同点都可以对图形进行选择，不同点，【选择工具】可以对图形某一部分进行修改，【任意变形工具】可以对图形进行整体缩放。

2. 按住Shift键对控制点进行拉伸，即可对其进行等比缩放。

3. 优化曲线通过减少用于定义这些元素的曲线数量来改进曲线和填充轮廓，能够缩小Animate文件体积。

第3章

1. 使用【颜料桶工具】可以给工作区内有封闭区域的图形填色。

【滴管工具】的作用是采集某一对象的色彩特征，以应用到其他对象上。

2. 中心点主要用于使用【任意变形工具】对图形进行调整时，以中心点位置为中心进行调整，当中心点位置发生变化时，调整图形时也会发生变化。

3. 首先选择【渐变变形工具】，将【笔触颜色】设置为黑色，将【填充颜色】设置为线性渐变，在舞台中绘制一个图形，在工具箱中选择【渐变变形工具】，将鼠标指针放置在绘制的图形上，在右下角将出现一个具有梯形渐变填充的矩形，单击绘制的图形，将鼠标移动到右上侧的旋转按钮上，按住左键进行旋转，此时渐变就发生了变化，将鼠标移动到图标→处，拖动鼠标进行拖动。

第4章

1. 在菜单栏中选择【文件】|【导入】|【导入到舞台】命令，打开【导入】对话框，选择所需要的位图即可。

2. 在音频层中任意选择一帧(含有声音数据的)，打开【属性】面板，在【效果】下拉列表框中选择一种效果即可。

3. 在【属性】面板的【声音】下拉列表框中可设置【重复】音频重复播放的次数，如果要连续播放音频，可以选择【循环】，以便在一段时间内一直播放音频。

第5章

1. 文本字段分为静态文本字段、动态文本字段、输入文本字段类型。

2. 可为文本添加滤镜效果有【投影滤镜】、【模糊滤镜】、【发光滤镜】、【斜角滤镜】、【渐变发光滤镜】、【渐变斜角滤镜】、【调整颜色滤镜】类型。

3.【颜色】滤镜可以调整对象的亮度、对比度、色相和饱和度。

4.【模糊】滤镜可以柔化对象的边缘和细节。

5. 替换指定字体的具体操作步骤如下：

(1) 从菜单栏中选择【编辑】|【字体映射】命令，弹出【字体映射】对话框，此时可以从系统中选择已经安装的字体进行替换。

(2) 在【字体映射】对话框中，选中【缺少字体】栏中的某种字体，在选择替换字体之前，默认替换字体会显示在【映射为】栏中。

(3) 从【替换字体】下拉列表框中选择一种字体。

(4) 单击【确定】按钮。

第6章

1. 在 Animate 中可以制作的元件类型有三种：图形元件、按钮元件及影片剪辑元件，

2. 在舞台中选择要转换为元件的图形对象，然后在菜单栏中选择【修改】|【转换为元件】命令或按 F8 键，打开【转换为元件】对话框，设置要转换的元件类型，单击【确定】按钮。

3. 要将一种元件转换为另一种元件，首先在【库】面板中选择该元件，单击右键，在弹出的快捷菜单中选择【属性】命令，打开【元件属性】对话框，选择要改变的元件类型，然后单击【确定】按钮即可。

第7章

1. 在菜单栏中选择【修改】|【时间轴】|【分散到图层】命令，自动地为每个对象创建并命名新图层，并将这些对象移动到对应的图层中，然后为图层命名，如果对象是元件或位图图像，新图层将按照对象的名称命名。

2. 通过快捷菜单可以对帧进行删除、复制、转换与清除操作，移动帧直接用鼠标拖动即可。

3. 删除帧表示此帧被删除，清除帧则表示变为空白帧。

第8章

1. (1) 起始关键帧与结束关键帧缺一不可。

(2) 应用于动作补间的对象必须具有元件或者群组的属性。

2. 引导层在影片制作中起辅助作用，它可以分为普通引导层和运动引导层两种。

3. (1) 首先创建一个普通层【图层 1】，并在此层绘制出可透过遮罩层显示的图形与文本。

(2) 新建一个【图层 2】，将该图层移动到【图层 1】的上面。

(3) 在【图层 2】上创建一个填充区域和文本。

(4) 在该层上右击，从弹出的快捷菜单中选择【遮罩层】命令，这样就将【图层 2】设置为遮罩层，而其下面的【图层 1】就变成了被遮罩层。

第9章

1. 在【动作】面板中有两种模式选择，分别是普通模式和脚本助手模式。

2. (1) 变量必须是以字母或者下画线开头，其中可以包括 $、数字、字母或者下画线。如 _myMC、e3game、worl$dcup 都是有效的变量名，!go、2cup、$food 不是有效的变量名。

(2) 变量不能与关键字同名(注意 Animate 是不区分大小写的)，并且不能是 true 或者 false。

(3) 变量在自己的有效区域中必须唯一。

3. (1) 本地变量：是在它们自己的代码块(由大括号界定)中可用的变量。

(2) 时间轴变量：是可以用于任何时间轴的变量，条件是使用目标路径。

(3) 全局变量：是可以用于任何时间轴的变量(即使不使用目标路径)。